Educational Producer For Your Success

농촌지도사 / 생활지도사 시험대비

농촌 지도론

| 이영복 편저 |

핵심 이론과 단원별 출제 예상 문제의 단권화 완성 ⚖
철저한 이해 중심의 서술과 내용으로 구성 ⚖

RURAL
EXTENSION

에듀피디 동영상강의 www.edupd.com

농촌지도론 | 이론 + 문제

인 쇄	2024년 9월 10일
발 행	2024년 9월 17일

저 자	이영복
발행처	에듀피디
등 록	제300-2005-146
주 소	서울 종로구 대학로 45 임호빌딩 2층 (연건동)

전 화	1600-6690
팩 스	02)747-3113

※ 이 책은 저작권법에 따라 보호받는 저작물이므로 무단전재와 무단복제를 금지하며 책 내용의 전부 또는 일부를 이용하려면 반드시 저작권자와 에듀피디의 서면 동의를 받아야 합니다.

농촌지도론 | 이론+문제

PART 01 농촌지도의 기초

CHAPTER 01. 농촌지도의 개념 ········· 6
1. 농촌지도의 정의 ······················· 6
2. 농촌지도의 최근 정의 ················ 14
3. 농촌지도의 목적 ····················· 19
📝 예상문제 ································ 25

CHAPTER 02. 농촌지도의 역사 및 관련학문 ··· 39
1. 근대 농촌지도의 기원 ················ 39
2. 세계 농촌지도의 발달 ················ 40
3. 인접학문과의 관련성 ················· 42
4. 농촌사회의 구조와 문화 ·············· 45
5. 농촌지도 환경의 변화 ················ 46
📝 예상문제 ································ 50

CHAPTER 03. 농촌지도접근법과 추진체계 ····· 58
1. 농촌지도 접근법 ····················· 58
2. 주요 농촌지도 접근법 ················ 64
3. 새로운 농촌지도 접근법 ·············· 67
4. 농촌주민참여와 농촌지도 ············· 75
5. 사업적 성격의 농촌지도 ·············· 79
6. 농촌지도사업의 변화 ················· 89
📝 예상문제 ································ 92

CHAPTER 04. 농촌지도의 이론적 배경 ········ 116
1. 성인학습이론 ························ 116
2. 성인교육에서 교수학습 ·············· 127
3. 혁신전파이론
   (innovation diffusion theory, 개혁의 확산) ··· 140
4. 기술수용모형 ························ 160
📝 예상문제 ································ 164

PART 02 정책과 농촌지도의 실행

CHAPTER 01. 정책 ···················· 198
1. 정책의 의의 ························· 198
2. 정책 과정 ··························· 199
📝 예상문제 ································ 202

CHAPTER 02. 농촌지도 계획 ············ 205
1. 농촌지도계획 ························ 205
   1. 농촌지도계획의 개념 ·············· 205
   2. 농촌지도계획 수립과 절차 ········· 207
2. 전략적 기획 ························· 214
   1. 전략적 기획의 개념과 특성 ········ 214
   2. 공공부문의 전략적 기획 ··········· 221
3. 전략적 농촌지도사업 ················· 227
   1. 농촌지도사업을 위한 전략적 기획 ·· 227
   2. 우리나라 농촌지도의 전략적 기획 과정 ··· 230
📝 예상문제 ································ 235

CHAPTER 03. 농촌지도 실천 ············ 253
1. 농촌지도실천 ························ 253
   1. 농촌지도 실천의 개념 ·············· 253
   2. 농촌 성인의 교육특성 ·············· 255
2. 농촌지도방법 ························ 258
   1. 농촌지도방법의 분류 ·············· 258
   2. 보편적 농촌지도방법 ·············· 260
   3. 새로운 농촌지도방법 ·············· 275
📝 예상문제 ································ 279

CHAPTER 04. 농촌지도 평가 ············ 301
1. 농촌지도평가 ························ 301
   1. 농촌지도평가의 개념 ·············· 301
   2. 농촌지도평가의 구성요소 ········· 305
   3. 농촌지도의 평가모형 ·············· 309
2. 농촌지도평가 절차 ··················· 312
   1. 녹스(Knox)의 평가절차 ············ 312
   2. 시버스(Seevers)의 평가절차 ······· 317
   3. 미시간대학교의 평가절차 ········· 318
📝 예상문제 ································ 322

PART 03 농촌지도 조직

CHAPTER 01. 한국의 농촌지도 조직 ······ 344
1. 농촌지도 조직체계 ··················· 344
   1. 조직론 일반 ······················· 344
   2. 우리나라 농촌지도조직 ············ 350
   3. 농업산학협동 ····················· 353

2 우리나라 농촌지도의 발달과 변화 ········· 356
1. 우리나라 농촌지도 발달 ············ 356
2. 지도사업 추진체계의 변화 ·········· 365

3 농업경영지도 ································· 371
1. 농업경영지도의 개념 ··············· 371
2. 의사결정 ···························· 373
3. 농업경영지도 분석 ················· 375
4. 농업경영지도의 과제와 내용 ······· 378

📝 예상문제 ······································ 381

CHAPTER 02. 외국의 농촌지도 조직
1 미국의 농촌지도 ···························· 398
1. 농촌지도 발달 및 특징 ············· 398
2. 미국 농촌지도 조직 ················ 404
2 일본의 농촌지도 ···························· 410
1. 농촌지도 발달 과정 ················ 410
2. 협동농업보급사업 ·················· 411
3. 협동농업보급사업 조직 ············ 414
3 네덜란드의 농촌지도 ······················ 416
1. 농촌지도 발달 및 특징 ············· 416
2. 농촌지도체계 ······················· 417

📝 예상문제 ······································ 423

PART 04 농촌지도요원과 인적자원개발

CHAPTER 01. 농촌지도요원의 전문성 ······· 440
1 지도공무원 선발과 교육 ·················· 440
1. 지도직 공무원 ······················ 440
2. 전문성 개발을 위한 교육훈련 ······ 448
2 농촌지도공무원의 역량 및 경력단계 ······ 452
1. 농촌지도요원의 역할 ··············· 452
2. 농촌지도요원의 역량 ··············· 455
3. 지도공무원의 교육체계 ············ 458
4. 농촌지도요원의 경력단계 ·········· 460
3 농촌리더십 ·································· 463
1. 리더십 이론 ························ 463
2. 농촌 리더 ··························· 467

4 외국 농촌지도공무원 인적자원개발 ········· 477
1. 미국 HRD(Human Resource Development;
   인적자원개발) ······················ 477
2. 일본 HRD ·························· 480

📝 예상문제 ······································ 483

CHAPTER 02. 농촌인적자원 개발(HRD) ········ 505
1 농업인 지도 및 소농 중심 농촌지도 ········· 505
1. 농업인 지도 ························ 505
2. 소농중심 농촌지도 ················· 511
2 농촌청소년지도 ····························· 518
1. 농촌청소년지도의 개념 ············ 518
2. 농촌 4-H 주요 활동 ················ 521
3. 영농후계자의 육성 ················· 525
3 농촌여성지도 ································ 528
1. 여성의 특성 ························ 528
2. 농촌여성지도의 개념 ··············· 529
3. 농촌여성지도의 접근방법 ·········· 533
4. 농촌여성지도 내용 ················· 537
5. 이주여성농업인 지도 ··············· 541
4 우리나라 농촌지도사업 성과 및 과제 ········· 544
1. 농촌지도사업의 문제점과 개선방안 ········· 544
2. 농촌지도사업 성과와 과제 ········· 550

📝 예상문제 ······································ 556

부 록

농촌진흥법 ······································ 582
농촌진흥법 시행령 ······························ 592
농촌진흥법 시행규칙 ··························· 599

기출문제

2020년 서울시 기출문제 ······················ 602
2023년 서울시 기출문제 ······················ 613

PART 01
농촌지도의 기초

- CHAPTER 01. 농촌지도의 개념
- CHAPTER 02. 농촌지도의 역사 및 관련학문
- CHAPTER 03. 농촌지도접근법과 추진체계
- CHAPTER 04. 농촌지도의 이론적 배경

01 CHAPTER 농촌지도의 개념

① 농촌지도의 정의

(1) 농촌지도의 이념

농촌지도는 국가발전과 우리나라 국민의 권익 창달에 중요한 역할을 하는 농업발전과 농촌주민의 복지증진을 이념으로 한다. 특히 농촌지도는 사회 교육적 기능과 역할로서 농촌발전을 도모한다.

1) **사회교육의 이론과 원리가 그대로 적용**

2) **사회교육의 광의로 볼 수 있지만, 협의적으로 본다면 주요대상은 농촌주민 중 농민**

3) 궁극적 목적
   ① 농촌발전과 농촌주민의 복지증진
   ② 지역사회 발전과 개선도모
   ③ 농업생산성 증대와 생활향상을 위한 필요한 지식, 정보제공하는 실천적인 사회교육

(2) 농촌지도의 어원

1) 영국
   ① 19세기 후반 영국의 캠브리지, 옥스퍼드대학에서 정규학생이 아닌 일반인을 대상으로 실시하는 대학확장교육에서 출발하였다.
   ② 확장(Extention)
      ㉠ 1973년 영국 캠브리지대학교에서 일반시민에게 제공하였던 교육혁신을 소개하면서 처음 사용되었다.
      ㉡ 본래 확장이란 대학이 갖고 있는 인적, 물적, 과학적 자원을 일반시민에게 확장한다는 의미이다.
      ㉢ 미국의 협동확장체계에서 확장이란 USDA와 주립대학이 캠퍼스가 아닌 곳에서 민간인에게 지식과 다른 자원을 확대하는 역할을 수행함으로써 파트너를 확대시키는 것이다.

2) 미국의 농촌지도: 협동확장체계(Cooperative Extension System; CES)
   ① 교육확장 활동은 미국에 전파되어 미국 주립대학단위로 주로 농민을 대상으로 실시되었다.(최초)
   ② 협동확장체계를 농촌지도 의미로 사용하여 공적재원으로 USDA(미국농무부) - 주립대학교 - 지역행정조직의 교육, 연구를 연계시킨 비형식적 교육활동의 의미로 사용하였다.

3) FAO, World bank, OECD
   ① 농촌지도가 농업연구, 교육을 포함하는 광범위 지식체계로 보고 일련의 시스템적 시각에서 농업지식정보체계(AKIS/RD)라고 정의한다.
   ② OECD는 농촌지도를 농업지식체계(AKS)라고 정의하였는데, 이는 농촌지도사업을 광범위한 지식체계로 인식하는 것을 의미한다.

4) **세계 여러 나라의 농촌지도 의미**
   ① **자문활동(advisory service)**: 영국, 독일, 유엔식량농업기구, 세계은행 등 유럽각국에서 사용하는 농촌지도의 의미
   ② **독일**: "불 밝힘활동", 가야할 길을 쉽게 갈 수 있도록 불을 밝혀주는 활동.
   ③ **인도네시아**: torch(횃불)
   ④ **말레이시아**: perkembangan(개발, 발전, 팽창, 확장)
   ⑤ **스페인**: capacitoin, 일반적으로 '훈련'을 가리키나 사람들의 기술을 향상시키는 의도이다.
   ⑥ **오스트리아**: Forderung, 바람직한 방향으로 가게 한다는 의미
   ⑦ **중국**: 추광(推廣)사업, '옮기고 넓히다'는 의미
   ⑧ **일본**: 협동농업기술보급사업, 농업에 대한 부족한 부분을 보완하여 더 좋게 고치는 개량과 전파로 많은 사람들이 효과를 누리게 하는 보급의 의미
   ⑨ **한국**: 농촌지도사업, 어떤 목적이나 방향으로 가르쳐 이끈다는 의미
   ⑩ **시대별 농촌지도의 세계적 동향**
      ㉠ 초기식민지: 개발도상국가에서 추진되었던 농촌지도사업은 검모디티프로그램이 강조
      ㉡ 1950년대: 국가차원에서 농촌지도가 제도화, 중단기의 발전계획의 수립추진
      ㉢ 1960년대 이후
         ⓐ 이전시기 농촌지도사업의 선진농업기술 이전목적과 전략이 지속
         ⓑ 지도자와 농업인의 대인커뮤니케이션이 중요한 방법으로 제시
         ⓒ 개별농가에 대한 관심보다는 농촌지역을 하나의 사업단위로 간주하는 "지역사회개발"
         ⓓ 농산물을 대량생산하는 녹색혁명이 시작된 시기
      ㉣ 1970년대: 60년대 중반부터 공공부문이 확대, 식량자급을 위한 농업기술적인 문제에 대한 지도와 자문이 보다 체계적으로 추진
      ㉤ 1980년
         ⓐ 전환기 시기 "참여접근법"이 급속히 강조
         ⓑ 여성생산성 증대와 생태계 보전에 관심부각
      ㉥ 1990년대
         ⓐ 새로운 접근법이 시도되는 전환 시기
         ⓑ 사회교육, 지역개발, 커뮤니케이션 기술혁신 이외 인적개발까지 다양한 학문영역이 체계적으로 진행

⊗ 최근농촌지도
  ⓐ 개발도상국의 빈곤 극복일 뿐만 아니라 세계화 추세 속에 FTA체결
  ⓑ 농업R&D를 통한 신기술 개발과 그 전달 체계를 포함
  ⓒ 소농과 도시의 빈농들까지 농업관련교육훈련 및 정보서비스 전달 목적의 비형식적 교육체계
  ⓓ 가장 광범위하게 지원되는 통합서비스전달체계

(3) 농촌지도의 일반적 정의

1) 일반적 정의
  ① 농촌지역 또는 농민을 대상으로 한 사회교육이다.
  ② 성인과 청소년이 실천을 통하여 배우는 교외교육활동이다.
  ③ 비형식적, 비학점제의 교육으로 모든 연령의 사람을 위한 사업이다.
  ④ 행동적 변화를 통하여 경제적 혹은 사회적 개선을 도모하는 사업이다.
  ⑤ 인적자원개발까지 다양한 학문영역의 간학문적 응용분야이다.
  ⑥ 농촌주민들이 일상적인 농업경영, 가정생활, 기타 농촌생활에 과학적인 지식을 적용하도록 촉진하는 교실 외 교육이다.
  ⑦ 자연과학, 사회과학을 농업경영, 가정생활, 1차적 지역사회생활에 적응하도록 촉진하는 학교 외 노변교육이다.
  ⑧ 농촌주민 스스로 농촌을 발전시켜 나갈 수 있도록 능력을 배양하는 사회교육적 접근방법이다.

2) 행정지도
  ① 의의: 행정측면의 지도로 행정기관이 행정 목적 달성을 위해 시민에게 영향을 미치려는 행동으로 강제력을 직접 수반하지 않는 행위로 행정주체의 의도를 실현하기 위해 국민의 자발적 협력을 기대하여 행하는 비권력적 사실행위
  ② 유형
    ㉠ 공익이나 행정목적에 위배되는 행위의 규제와 예방을 목적으로 하는 규제적 행정지도
    ㉡ 대립 당사자들의 이해관계를 조정하려는 조정적 행정지도
    ㉢ 시민 이익 또는 복리증진을 위한 보상적 성격의 조성적 행정지도

3) 농촌지도 정의에 대한 학자들의 견해
  ① 마운더(Maunder, 1972): 농촌 사람들을 가르치는 활동을 통해 삶의 질을 높이는 활동
  ② 모셔(Mosher, 1978): 농업인에게 지식과 기술을 제공하여 농업생산성과 물리적 삶의 질을 향상시키는 활동
  ③ 애덤스(Adams, 1982): 농업인이 가지고 있는 문제를 분석하고 확인하도록 돕는 활동
  ④ 스완슨(Swanson, 1984): 서비스, 시스템을 제공하여 농업기술, 방법을 향상시키고 생산성, 소득, 삶의 질을 향상시키는 활동

⑤ 오클리, 가포스(Oakiey & Garforth, 1985): 농촌주민 생활을 향상시키기 위해 주민과 함께 생활하는 과정으로 생산성 향상을 돕고 능력을 개발하는 활동

⑥ 에드가(Edgar, 1989): 농촌지도를 하나의 사회교육체계로 정의하면서 인류를 가르치는 사업, 인류를 돕는 사업, 혁신을 실천하도록 격려하는 사업 3가지 측면에서 정의

⑦ 반 덴 반, 호킨스(Van den Ban & Hawkins, 1996): 다음 7개의 사항을 체계적으로 전개하는 일련의 과정
  ㉠ 농업인이 현재와 미래의 상태를 분석하도록 도와주는 과정
  ㉡ 분석을 통해 밝혀진 문제점을 농업인이 명확히 인식하도록 도와주는 과정
  ㉢ 지식을 증대시키고 문제에 대한 통찰력을 개발시켜 기존의 지식을 구조화하도록 도와주는 행위
  ㉣ 특정 문제해결과 관련된 상세한 지식과 정보를 획득하고 가능한 대안들을 발견할 수 있도록 도와주는 행위
  ㉤ 농업인 자신이 처한 상황에서 가장 적절한 대안을 책임감 있게 선택할 수 있도록 도와주는 행위
  ㉥ 농업인 자신이 선택한 것을 실천할 수 있도록 동기를 촉진시키는 행위
  ㉦ 자신의 의견 형성과 의사결정의 기술을 향상시키고 평가하도록 도와주는 체계적인 과정

⑧ 페더, 윌렛, 지프(Feder & Willet & Zip): 기능으로서 농촌지도와 체계로서 농촌지도로 나눔
  ㉠ 기능으로서 농촌지도
    ⓐ 지속가능한 농산물 생산, 가공, 유통을 위한 다양한 방향에서 관련 기술보급
    ⓑ 농장, 농촌집단, 지역사회를 동원하고 조직함
    ⓒ 교육을 통하여 잠재역량과 인적자원을 개발하고 개인과 지역의 역량을 향상시킴
  ㉡ 체계로서 농촌지도: 기술 보급, 인적·물적 자원의 동원, 교육하고 있는 공공기관과 민간기관을 모두 포함

⑨ 임상봉(1995): 농촌지도란 농업지도보다 광범위한 개념으로 농촌개발 또는 농촌구조개선을 촉진하기 위하여 정보를 수집, 관리하고 새로운 정보를 창출하며 이러한 정보를 필요로 하는 농촌개발과 관련 고객에게 제공하는 것. 정보제공 기능을 강조하였다.

⑩ 최민호(1995): 농촌지도란 농촌지도요원이 농촌지도대상을 일방적으로 지도하는 과정이 아니라, 농촌지도대상자들이 자신의 직업이나 생활에서
  ㉠ 자신의 문제를 스스로 인식
  ㉡ 주도적으로 해결하도록 동기를 부여하고
  ㉢ 필요한 정보와 지식, 기술 등을 제공하여
  ㉣ 스스로 합리적인 의사결정을 할 수 있도록 도와주며
  ㉤ 동시에 자문하고 교육하는 활동.

(4) 사회교육으로서의 농촌지도

1) 농업발전을 위한 교육사업(Coombs & Ahmed)

① 일반기초교육(general or basic education): 국어, 수학, 과학과 환경에 대한 기초적인 지식과 이해 등 초등학교와 중학교 수준에서 배워야 할 일반적 내용의 교육

② 직업교육(occupational education): 여러 가지 경제활동과 생계유지에 필요한 지식 및 기술을 개발시키기 위한 내용의 교육

③ 가정생활개선교육(family improvement education): 보건, 위생과 영양, 가사, 양육, 주택개량, 가족계획 등 주로 가정생활의 질을 향상시키기 위하여 필요한 지식, 기술, 태도에 관한 교육

④ 지역사회개선교육(community improvement education): 농촌개발 사업을 활성화시키기 위하여 중앙정부, 지방자치단체, 협동조합, 지역사회 개발사업 등에 관한 내용의 교육

2) 학교교육(형식교육)과 사회교육(농촌지도) 비교

교육과정	학교교육(형식교육)	사회교육(농촌지도)
교육구조	고도의 조직화와 구조화	조직화와 구조화 정도가 낮음
교육내용	이론적, 추상적, 학문적	기능적, 실용적
교육기간	장기간의 이수	단기간의 이수
교육보상	연기된 보상	직접적 보상
교육장소	장소의 공간적 제한	장소의 공간적 제한이 적음
교육방법	교사 중심	학습자 중심
학습자	학습자 연령 제한	학습자 연령 무제한
교사	자격증의 필요	다양한 교육배경
졸업	졸업이 사회적 성취를 좌우	졸업이 사회적 성취의 좌우가 적음
교육기능	일반화된 지식강조	가변적 지식 강조
교육목표	미래지향적	현재지향적

3) 사회교육 지도자들의 형식교육의 구조적 모순(Coombs & Ahmed)

① 학교는 농촌주민들의 생활과 유리된 기관으로 존재

② 학교에서 가르치는 학습내용 및 학습경험은 직업 준비적인 성격 때문에 실제의 현장과 차이가 있다.

③ 학교 자체의 구조는 학생들보다 교사를 중심으로 되어 있기 때문에 학습보다는 교수에게 보다 주력

④ 학습결과는 직접적인 보상을 받도록 해야 보다 효과적인데 현행 학교체제는 연기된 보상 즉, 학습 후 오랜 기간이 지난 후에 보상을 받게 되어 있다.

⑤ 학교의 교수 영역은 인지적 영역을 중심으로 하는 전근대적인 방법이다.

4) 사회교육의 필요성(Lengarand, 1970)
   ① 대중매체의 발달과 정보의 급증
   ② 과학지식과 기술의 발달
   ③ 경제수준의 향상과 여가의 증대
   ④ 현대의 급격한 사회구조 변화와 인구증대
   ⑤ 민주화를 위한 정치적 도전
   ⑥ 생활양식의 인간관계 균형상실
   ⑦ 이데올로기의 위기

5) 사회교육의 특성(Brembeck, 1975)
   ① 인간의 기본적 욕구에 기초를 둔 교육
   ② 인간 평등 구현에 공헌하는 교육
   ③ 실제의 세계에 보다 연관되어 있는 교육
   ④ 비용이 적게 드는 교육
   ⑤ 이수에 시간이 적게 드는 교육
   ⑥ 학습자가 중심으로 이끌어지는 교육

6) 평생교육
   ① 1970년 유네스코가 평생교육 이념을 교육의 기본 정책으로 채택하여 세계 각국에 보급하는 데서 비롯되었다.
   ② 평생교육은 한 개인의 유아기에서 노년기까지 평생 동안 체계적이고 종합적인 교육을 받는 것을 의미하며 특히, 아동기와 유아기의 교육, 사회교육을 모두 포함한다.
   ③ 형식적 교육의 양적팽창으로 인한 질적 저하와 극단적 분화에서 오는 비인간화 현상을 시정하고 학령 전 교육, 학교교육, 사회교육을 유기적으로 통합하여 가정, 학교, 사회가 다함께 인간답게 육성하려는 교육이다.
   ④ 새로운 시도에서 평생교육은 형식교육의 제한성을 극복하고 상대적으로 사회교육과 학령 전 교육을 강조함과 동시에 그들의 조직화·계획화를 주장하고 있으며 3가지 교육 간 통합과 조정이 필요하며 학교에만 교육의 책임을 맡길 것이 아니라 가정과 사회도 교육의 장으로 기능을 다 해야 한다는 개념이다.

(5) 농촌발전으로서의 농촌지도

1) 농촌발전의 의미
   ① 농촌사회가 다원적인 측면에서 균형적으로 조화롭게 더욱 진보되고 안정된 사회로 변하는 과정이다.

② 농촌주민의 균등한 참여를 전제로 하며 농업생산뿐만 아니라 수입의 보다 공평한 분배와 농촌주민의 경제적, 비경제적 측면의 안정, 나아가 보다 적극적인 국가사회와의 참여를 의미한다.

③ 와트슨(Waterson, 1974)은 농업발전을 농업 및 농촌산업 발전뿐만 아니라 제반사회개발과 하부구조의 확대·개선, 보건향상, 영양증대, 문명퇴치, 가족계획을 포함한 다원적인 개발이라 정의했다.

2) 농촌개발의 접근법

① **행정적 접근**: 일방적이고 현실적 차원에서 접근하는 방식
② **교육적 접근**: 쌍방적이고 미래지향적 교육을 목표로 접근하는 방식
③ **자족적 접근**: 농촌주민 스스로 농촌개발에 참여하는 방식

3) 클라크(Clack)의 종합농촌개발

① 종합농촌개발의 필수 성격
  ㉠ 농촌개발계획과 전체적인 국가개발계획과의 상호관련성
  ㉡ 정치, 경제, 사회, 기술적 요인의 총괄성

② 종합농촌개발의 기본 요구조건
  ㉠ 농촌의 빈곤층에 대한 취업알선
  ㉡ 이익의 공정분배
  ㉢ 개발활동과 의사결정과정에서의 농민의 참여 유도
  ㉣ 지역자원의 합리적 관리

4) 농촌행정과 농촌지도

비교기준	농촌행정	농촌지도
목표	농업증산 및 식량수급	영농상의 문제점
주기능	규제, 조장, 관리	기술전달, 사회교육
원리	법령에 의한 권력작용 및 이에 근거한 일방적 조정·통제	농민의 자발적 참여를 전제로 교육적 원리에 입각한 쌍방접근
주요업무	인·허가, 등록, 신고, 증명, 지원 등 행정적 업무	기술교육, 새품종·새기술 전달, 다수확 시범 및 전시포 설치, 청소년 및 부녀자 지도 등 교육업무
접촉수단	이·동장 등을 통한 직선적 접촉과 홍보	농촌학습단체육성을 통한 우회적 접촉과 시범, 전시 및 교육
소속 공무원의 자질	농업공무원 ① 행정법, 행정실무 ② 자재 및 생산물 수급계획 수립 ③ 농림 자원 통계	농촌지도사 ① 교육학, 인간관계, 심리이론 ② 교수법, 교재제작 활용법 ③ 농업전문지식 및 기술

(6) 농촌지도의 기본성격

1) 미국 농무성, 주립대학, 농촌지도위원회 보고서
① 농촌지도는 비형식적, 비학점제 교육으로 모든 연령의 사람을 위한 사업이다.
② 사업내용과 사업추진방법에 있어 교육적 사업의 하나이다.
③ 목적에 있어 지역단위 간, 지도영역 간, 지도대상 간 균형적 발전을 도모해야 한다.
④ 교육을 통해 주민의 문제를 결정하고 해결하며 기회를 이용할 수 있도록 도와주는 사업이다.
⑤ 주민 스스로 자기자신을 위한 의사결정을 할 수 있도록 사실적 정보를 객관적으로 제시하고 분석한다.
⑥ 지방주민이 쉽게 접근할 수 있고 주민의 영향력에 좌우되는 반자치단체인 일선지도센터를 통해 전개된다.
⑦ 협동적 성격을 갖으나 반드시 연방, 주, 군, 정부가 똑같은 재정적 보조와 사업전개를 해야 하는 것은 아니다.
⑧ 지도내용은 실용적이고 문제중심적이며 설정에 의거하여야 한다. 주민들로 하여금 그들의 문제와 필요를 파악하게 하는데서 출발하여 그들의 문제점을 해결하는데 새로운 정보와 기술을 사용하도록 도와주는 사업이다.
⑨ 국가의 재정적, 행정적 뒷받침으로 농촌지도가 국가적 목적을 달성함과 지역적 우선순위에 따라 특수지역의 필요를 충족시키는 사업이다.
⑩ 농촌지도기구는 전문적인 기관으로서 대학이나 농촌지도원직으로 훈련받은 사람이 활동을 전개해야 한다.

2) 농촌지도의 기본성격
① 교육적 성격
　㉠ 농촌지도는 인간의 행동과 자질의 함양을 직접목표로 하는 사업으로 농업생산 또는 농가소득 등 물질 증대를 직접목표로 하는 사업이 아니다.
　㉡ 사회교육의 일환으로 실용적이며 현재지향적이다.
　㉢ 행동적 변화를 통해 경제적, 사회적 개선을 도모하는 사업이다.
　㉣ 객체지향적 교육으로 객체의 자발성과 자원성이 더욱 강조되며 행정독려적 성격을 가장 경계해야 한다.
　㉤ 농촌지역주민의 잠재성과 창의성을 개발하여 농업생산과 생활향상을 도모할 수 있도록 필요한 정보와 지식을 제공하고 필요시 함께 토의, 상의, 격려, 조언하는 사업이다.
　㉥ 농촌지도는 학교교육과는 다른 사회교육(비형식)적 성격을 갖는다.
　㉦ 사회교육(비형식)적 교육의 교육자는 모든 분야에 대해 폭넓게 알고 있어야 한다.
　㉧ 농촌지도는 행정적 과정과는 다른 교육적 과정으로 추진된다.

② 민주적 성격
- ㉠ 모든 의사결정이 농촌주민에게 달려 있으며 농촌지도의 계획, 실천, 평가는 농촌주민의 참여를 전제로 한다.
- ㉡ 농촌지도는 농촌주민 개인의 발전을 통한 농촌지역사회의 발전을 추구하고 이를 통하여 국가발전을 도모하는 사업이다.
- ㉢ 농촌지도는 지도대상자를 위한 사업이다.
- ㉣ 농촌지도는 농촌주민의 소득증대와 복지향상을 위해 전개되어야 한다.

③ 균형적 성격
- ㉠ 지역단위간 균형: 국가, 지역사회, 농촌주민 각 수준의 목적들이 상호보완적 관계를 유지하고 있어야 한다.
- ㉡ 지도영역간 균형: 농업발전, 환경보존, 관광발전, 가정생활 개선 등 여러 영역을 연관시켜 균형있게 개선해야 한다.
- ㉢ 지도대상간 균형: 농촌주민과 도시주민, 남자와 여자, 생산자와 소비자, 어린이, 청소년, 성인, 노인, 장애인 등을 대등한 비중으로 균형적으로 다루어야 한다.

④ 협동적 성격
- ㉠ 농촌지도는 농업관계기관들 상호간 수직적 또는 상하로 유기적 관계들로 상호 협동해야 효과적으로 그 목적에 도달할 수 있다.
- ㉡ 농업연구기관, 대학, 농업행정기관, 농업협동조합, 각종 농업기관과 농민단체 등의 기관과 단체가 적극적으로 협동하여야 농촌지도는 물론 농업과 농촌의 발전이 이루어진다.

② 농촌지도의 최근 정의

(1) 농업지식체계(Agricultural Knowledge System; AKS)의 흐름

1) 1950~60년대

국가농업연구기관(National Agricultural Research Institute; NARI)을 중심으로 연구기관의 연구결과를 농촌지도기관을 통해 농업인에게 전달하는 선형적 기술보급모형(linear model)이었다.

2) 1970년대

국가농업연구체계(National Agricultural Research System; NARS), 국가농촌지도체계(National Agricultural Extension System; NAES), 국가농업교육훈련체계(National Agricultural Education & Training System; NAETS)가 개별적으로 공존하면서 농업연구-지도-교육체계가 연계와 협력이 이루어졌다.

3) 1980년대

농업인을 체계의 중심으로 두면서 연구, 지도, 교육 간의 연계를 강조하는 농업지식정보체계(Agricultural Knowledge and Information System; AKIS)가 대두되었다.

4) 2000년대

농업혁신체계(Agricultural Innovation System; AIS)가 등장했다.

(2) 국가농업연구체계(National Agricultural Research System; NARS)

1) 의의
① 국가농업연구체계는 한 국가 내에서 그 나라의 농업발전과 자연자원 기반을 유지하는데 기여하는 연구를 조직화하고 조정, 실행하는 책임을 지는 모든 조직들로 구성되며 농업연구는 기술이전을 통해 기술채택과 생산성을 향상시키는데 그 목적이 있다.
② 국가농업연구체계에서의 농업은 공공부문 농업연구, 훈련, 지도를 담당하는 조직에 의존하는 특성이 있다.
③ 농업연구의 역량향상을 위해 과학 인프라에 투자, 인적자원 충원, 연구의 우선순위를 세우고 집행할 수 있는 운영비를 제공한다.

2) 특징
① 국가농업연구체계의 모델은 식량 확보를 위한 농업생산성 기술개발 같은 전통적인 농업 틀에서 효과적이다.
② 생산성 기술향상을 위한 연구기반의 강조가 지나침에 따라 농업에서 파생되는 다양한 상품의 중요성에 대한 우선순위를 정하지 못하여 농업의 경제적 중요성을 제대로 다루지 못하는 한계가 있다.
③ 연구체계의 역량 개발을 강조하면서 새로운 기술개발을 가능하게 하는 다른 요인에 치중하므로 급격히 변하는 시장 조건들에 빠른 대응이 어렵고 생산자들이 새롭게 등장하는 고부가가치 틈새시장에 공급하기 위한 기술의 제공에는 적합하지 않다.

(3) 농업지식정보체계(Agricultural Knowledge and Information System for Rural Development; AKIS/RD)

1) 의의
① 농업지식정보체계는 농업인, 농업교육자, 연구자, 농촌지도요원을 통합하고, 이들이 속한 다양한 분야에서 도출되는 지식(Knowledge)과 정보(Information)를 활용하여 농업경영 개선과 생산수준 향상을 동시에 도모하려는 것이다.
② 농촌지도를 기능, 목적적 차원의 정의보다는 일련의 체제적 관점에서 정의한다.

2) 농업지식정보체계 구성 3요소

① 3요소: 농업연구(Research), 농촌지도(Extension), 교육(Education)
② 3요소는 개별적으로 기능하기보다는 하나의 체계 내에서 상호보완적인 투자관계이면서 연속성을 유지하도록 계획, 실천되어야 한다.
③ 농업지식체계는 농업인과 관계기관 간의 긴밀한 유대관계를 통해 학습효과를 증진시키고, 농업관련 지식, 기술, 정보를 새로이 창출하고 공유하며, 효과적으로 활용할 수 있다.
④ 관련된 모든 행위자가 농업인 또는 농촌지역의 행위주체와 관계를 맺으며, 관계 양상은 하향식 접근방법이 아닌 쌍방향이다.

3) AKIS/RD의 특징

① 농업지식정보체계에서 농촌지도는 농가와 농업교육시스템으로부터 적절한 정보를 수용하여 정책담당자, 농업교사, 농업인 등 현장관찰자에게 피드백을 해주는 역할을 수행한다.
② 지도는 농업관련 직업 및 고등교육(대학) 시스템과 직접 연계되어 있으며 지도사업에 종사할 인력을 배출하기도 한다.
③ 농촌지도사가 전달하는 농업관련지식은 농업연구개발 과정에서 응용과 적용을 통해 도출되는 것이기 때문에 농업지도와 농업연구는 훨씬 더 긴밀한 관계에 놓여있다.
④ 교육이 농민들의 혁신과정에 참여하는 역량을 향상시킨다는 것을 인식함으로 교육자의 역할을 강조하였다.

4) 유엔식량농업기구(FAO)와 세계은행에서 제시한 AKIS/RD 전략적 비전과 지도원리 전략

① 농업지식정보체계는 재정적, 사회적, 기술적으로 지속가능하다.
② 농업지식정보체계는 지식과 기술의 창출과 공유, 흡수에 적절하고 효과적인 과정이다.
③ 농업인, 교육, 연구와 지도 간의 접촉(Interface)이고 통합(Integration)이다.
④ 농업지식정보체계는 농업인의 요구를 반영한 프로그램에 참여하도록 동기를 부여하는 요구지향적 시스템이다.
⑤ 시스템의 구성요소들은 각자의 기능에 대한 책임을 져야 한다.

5) AKIS/RD의 한계와 대책

① 한계
  ㉠ 정보전달의 중요성을 강조하면서 농촌환경에서 행위자 및 과정에만 제한되고 투입과 산출 시장, 민간부문, 촉진적 정책환경, 다른 산업부문의 역할에 대한 연구는 부족하다는 한계를 가지고 있다.
  ㉡ 국가가 재정을 제공하는 연구-지도-교육훈련의 체계가 비효율적이고 관료화되었으며 농업인의 요구에 부응하지 못한다.
  ㉢ 시스템 구성요소 간 지휘, 명령체계가 중요한데 연구와 지도 간의 연계가 쉽지 않다.
② 대책: 여러 국가에서 지도기관의 다각화와 지도서비스 전달의 민영화, 연구 및 지도에 대한 농업인의 비용부담, 연구과제에 대한 경쟁공모제 도입, 엄격한 평가절차 강화 등이 나타나고 있다.

(4) 농업혁신체계(Agricultural Innovation System; AIS)

1) 의의
   ① 최근 농촌지도사업을 하나의 농업혁신체계의 구성요소 중 하나로 인식한다.
   ② 경제협력개발기구(OECD) 국가에서 과학과 기술정책을 주도하는데 널리 활용된 국가혁신체계(NIS) 개념에 기반을 두며 NIS는 진화경제학자가 개발하였다.
   ③ 농업혁신체계에서 혁신체계는 가치사슬을 따라 등장하는 연구와 보급, 민간부문, 자원, 행위자들 간 상호작용 등에 대한 광범위한 유형의 관계로 이루어짐에 따라 기술적, 사회적, 정치적 환경에 산업적 관점에서 역량강화를 제공한다.
   ④ 개발도상국 농업부문에 국가혁신체계 개념을 적용시킬 때 농업연구, 지도, 교육을 넘어 다양한 이해관계자 간의 파트너십을 강조한다.

2) 특징
   ① 농업혁신체계에서 행위자는 국립농업과학연구기관, 농과대학, 기관, 지도기관, 농가, 농산물 원료제공자, 가공업체, 수출회사, 비정부기구(NGO), 미디어 등 공공 및 민간 영역의 모든 농 관련 주체이며 최근 고부가가치 제품 요구의 증가와 대형유통업체의 등장과 같은 농식품체계의 변화가 나타나면서 농산업회사와 민간회사가 특히 관심을 받고 있다.
   ② 농업지식정보체계(AKIS)는 농업혁신체계(AIS)의 하부시스템으로 볼 수 있다.
   ③ 지도기관은 농업혁신체계에서 촉진, 조정, 지원 등 중요한 기능을 수행한다.
   ④ 농업지식정보체계와 농업혁신체계의 관점에서 지도사업의 역할은 고객의 제약요소나 새로운 기회의 출현을 잘 구명하여 고객을 지도할 전략을 설계하고 행동하고 돕는 것이다.
   ⑤ 농업혁신체계에서 혁신의 중심점이 연구라는 시각에서 벗어나 연구도 다양한 혁신의 근원들 중 하나로 인식한다.
   ⑥ 농업경영체가 현장에서 실행하고 활용하며 상호작용하는 과정을 통하여 학습한 지식, 정보가 혁신시스템에 들어오게 된다.
   ⑦ 기관, 조직, 관리영역의 혁신은 특히 현장과 거리가 있는 연구보다 현장에서 학습과정에서 더 많이 일어난다.

   ※ 국가농업연구체계, 농업지식정보체계, 농업혁신체계 비교
   - 국가농업연구체계, 농업지식정보체계, 농업혁신체계는 각각 장단점이 있으며 서로 연계되고 누적된다.(World Bank)
   - 국가농업연구체계는 지식생산에, 농업지식정보체계는 지식의 생산과 전파에, 농업혁신체계는 지식의 생산과 정보 및 적용에 초점을 두고 있다.

구분	국가농업연구체계(NARS)	농업정보지식체계(AKIS)	농업혁신체계(AIS)
목적	농업R/D, 보급기능의 강화	농업, 농촌 부문 종사자 대상의 지식전달과 소통	농업생산 및 마케팅체제 전반의 혁신능력 강화
행위자	국립농업과학연구기관, 농과대학 및 기관, 지도기관, 농가	국립농업과학연구기관, 농과대학 및 기관, 지도기관, 농가, NGO, 산업체	공공, 민간 영역의 모든 농업 관련 주체
결과	기술개발, 기술이전	기술적용, 농업생산혁신	생산, 마케팅, 정책 산업체 부문에서 기술 및 구조혁신의 결합
운영 원리	과학을 기술개발에 이용	지식의 축적과 접근	사회, 경제변화에 지식을 활용
혁신 메커니즘	기술이전	상호학습	상호학습
시장과의 결합	미약함	낮음	높음
정책의 역할	자원배분, 우선순위책정	연계틀 마련	요소통합과 연계 마련
필요역량	인프라, 인적자원의 개발	농업부문 행위자간의 소통강화	소통강화, 상호작용, 학습, 혁신을 위한 조직구조마련, 환경조성

(5) 농업지식혁신체계(Agricultural Knowledge and Innovation System; AKIS)

1) 의의
① 농업지식혁신체계는 농업지식 및 혁신전파와 관련된 주체들의 참여형 농업정책에 의해 탄생했다.
② 1960년대 농업지원보급시스템이었던 농업지식체계(AKS)에서 발전하였으며 농업혁신체계(AIS)의 하부시스템으로 볼 수도 있다.
③ 농업분야에서의 의사결정, 문제해결, 혁신을 지원하기 위해 시너지를 창출하면서 지식과 정보의 확산, 활용, 복원, 저장, 전달, 변화, 생성에 관여하는 조직 및 종사자들 간 상호작용 및 연계를 뜻한다.

2) 특징
① 수요자 참여에 의한 연구개발(R&D)과 지식공유 방식, 이를 뒷받침하는 네트워킹 체계를 갖추었다.
② 기존 지도사업 개념과 다른 협력, 공유, 사업모델로서 산학연협력체계, 혁신체제(Innovation system), 클러스터(Cluster) 등이 주 모델로 활용되고 있다.

3) 농업지식혁신체계(AKIS) 4대 구성요소의 국가별 사례
① AKIS 4대 구성요소: 연구, 지도, 교육, 지원
② 연구(Research) 분야
  ㉠ 핀란드: 과학기술 및 혁신전략센터(Strategic Centers for Science and Technology and Innovation)
  다수의 주체가 지분을 소유한 유한회사로서 혁신 프로세스를 가속화하기 위해 민·관이 파트너십을 구축하여 가장 필수적이고 미래 분야인 에너지, 환경, 보건, 참살이 등에서 장기적으로 협력하고 있다.

ⓛ 프랑스: 응용 농업연구네트워크(Network for Applicative Research in Agriculture; NARA)
- ⓐ 농민이 설립, 운영하고 농업 연구개발(R&D)기관이 참여하는 형태로 응용연구, 실험, 기술지원, 전문성, 교육, 보급전문기관의 성격을 가진다.
- ⓑ 연구결과를 지역 상황에 맞게 수정함으로써 농업인 기대를 충족시키는 연구프로젝트를 운영한다.
- ⓒ 분야별 특화된 응용과학자로 구성되었으며 농업생산지 인근에 소재하고 있다.
- ⓓ 농업 R&D기관은 과학위원회의 지원을 받으며 프랑스 농업부의 감독하에 공적 자금지원을 받는다.

③ 농촌지도 분야
  ㉠ 덴마크 농업자문기구(Danish Agricultural Advisory Service; DAAS)
  - ⓐ 농업자문기구는 영농단체연합회 소속 농업인이 소유, 운영하면서 농업의 모든 문제와 관련된 운영기술(농업회계, 생산 및 농장운영 등)을 농민에게 자문한다.
  - ⓑ 농업자문기구는 덴마크 내 1개의 국립지식센터와 31개 지역지원센터를 통해 농업연구와 현장농업을 연계하여 새 기술이 농장 및 관련분야에 빨리 정착될 수 있도록 지원한다.

④ 농업교육(Agricultural education) 분야
  ㉠ 프랑스: AKIS와 연계한 중등농업교육학교(Place of Secondary Agriculture Education in the Akis)
  프랑스 농업혁신에 기여하고 있는 AKIS 중등농업교육학교는 연구센터, 기술보급 서비스, 관련된 네트워크 및 민간기업과의 파트너십을 통해 혁신 및 개발프로젝트에도 참여하고 있다.

⑤ 지원시스템(Support system) 분야
  ㉠ EU: 농업회의소 플랫폼(Platform of Chamber of Agriculture; PCA)
  PCA는 유럽 14개국에서 활동하며 150개의 독립 농업회의소로 구성되어 있으며 직원수가 15,000명 정도이며 500만 명 이상의 농업인, 지방자치단체, 응용연구기관 및 농촌기업에 보급 및 자문서비스를 제공하고 있다.

③ 농촌지도의 목적

(1) 농촌지도의 이념

1) 의의
농촌지도의 기본정신과 이상, 농촌지도의 본질과 목적, 접근법이 지향하는 기본정신과 철학

2) 농촌지도사업이 지향하는 이념
① 농촌주민 개개인의 발전과 행복의 추구

② 농촌주민의 소득증대와 복지의 증진
③ 농업과 농촌발전을 통한 국가발전과 복지사회 건설
④ 세계와 인류의 발전 지향

3) 농촌지도의 개념 정의

① 기능으로서 농촌지도
  ㉠ 지속가능한 농산물의 생산, 가공, 유통을 위해 다양한 방향에서 관련 기술을 보호하는 기능의 수행
  ㉡ 농장, 농촌집단, 지역사회를 동원하고 조직하는 기능의 수행
  ㉢ 교육을 통하여 잠재역량과 인적자원을 개발하고 개인과 지역의 역량을 향상시키는 기능
  ㉣ 농촌지도는 농업 및 농촌개발을 포함하여 광범위한 영역에서 농업인의 역량을 향상시키는 기능

② 일반적 측면에서 지도사업은 다양한 영역에 적용될 수 있는 하나의 기능적 요소

교육	농업	농촌개발	건강(보건)	산업
대학지도사업 (평생교육)	농업지도	농촌개발지도	건강관리지도	산업교육(HRI)

③ 체계로서의 농촌지도
  ㉠ 기술을 보급하고
  ㉡ 인적·물적 자원을 동원하며
  ㉢ 교육하고 있는 공공기관과 민간기관을 모두 포함한다.

(2) 농촌지도의 목적

1) 농촌지도 목적의 의의

① 농촌지도를 통해 달성하고자 하는 일종의 최종 종착점이다.
② 농촌지도의 목적은 영구불변한 것이 아닌 시대적 양심과 사회적 변동에 따라 변화되므로 새롭게 검토, 수정해 나가야 한다.
③ 농촌지도의 목적에 대하여 이해와 의식이 있어야 지도내용, 지도방법과 선택, 지도사업의 평가, 농촌지도대상자, 농촌지도 홍보가 가능하다.
④ 목적은 구체적이고 이해하기 쉽고 실현 가능한 것이어야 하며 사업에 포함되는 모든 영역과 분야를 포괄적으로 다루어야 하고 호소력 있고 매력적인 문장으로 진술되어야 한다.
⑤ 어떤 사업 목적은 그 자체로 방향제시적 기능, 평가기준적 기능, 의사전달적 기능이 있어야 하므로 어떤 사업이나 활동의 전개과정에서 기본지침이 될 목적을 뚜렷하고 선명하게 설정하여야 한다.

2) 일반적 목적

① 합리적 영농활동을 통한 농업생산이 증대될 수 있도록 자질을 키운다.
② 효율적 시장유통을 통해 소득증대의 도모가 가능하도록 자세와 능력을 키운다.
③ 농업기계화, 협동영농에 대한 능력의 배양
④ 지역에 맞는 작목의 복합영농이 가능하도록 능력의 개발
⑤ 건전한 시민성, 합리성을 기르고 복지증진을 위한 협동능력의 배양
⑥ 가정생활을 행복하게 영위할 수 있는 자질의 배양
⑦ 애향정신, 개발의욕 증진 등 스스로 향토발전에 공헌할 수 있는 자세의 확립
⑧ 자연자원의 보호, 개발, 활용하는데 필요한 자세와 능력의 배양
⑨ 국제사회에 대한 안목의 증대, 인류발전에 대한 책임의식의 고양

3) 데이비슨과 아메드(Davidson & Ahmed)의 농촌지도 기능

① 교육(Education)
   ㉠ 농업인에게 교육을 제공할 뿐 아니라 교육여건을 조성하는 것
   ㉡ 정보제공과 기술 전이를 넘어 농업인이 적극 참여할 수 있도록 촉진하는 것
   ㉢ 지식이야말로 힘이고, 교육은 동기부여다.
② 정보제공(Disseminating information): 농업인의 생산능력을 강화하는데 필요한 정보를 제공하는 것
③ 기술전이(Transferring technology): 농업인에게 새로운 기술과 기법을 영농현장에 적용하도록 도와주는 것

4) 반 데 반과 호킨스(Van den Ban & Hawkins)의 농촌지도 목적

① 이전: 연구자가 농업인에게 농업기술과 지식의 전달과 보급
② 자문: 농업인의 의사결정에 도움
③ 교육: 농업인의 능력향상을 위해 가르치는 행위
④ 조력: 목적과 가능성을 명확하게 하고 이를 실현할 수 있도록 하는 것
⑤ 자극: 자발적으로 농업, 농촌개발에 참여할 수 있도록 촉진시키는 것

(3) 농촌지도의 목표와 필요성

1) 인간행동에 의한 분류

① 인지적 영역: 지식, 사고력, 분석력, 이해력, 평가력, 종합력 등
② 정의적 영역: 흥미, 태도, 성격, 가치관, 습관 등
③ 신체적 영역: 건강, 숙련기능, 전문기능, 예술기능 등

2) 지도내용에 의한 분류

① 경제적 영역: 농업생산, 농업경영, 농산물 유통, 농외소득 등
② 사회적 영역: 사회복지사업, 농촌주민의 사회참여, 건전한 사회의식 함양 등
③ 문화적 영역: 문화시설의 확충, 농촌생활환경 개선, 전통문화의 개발 등
④ 보건적 영역: 농촌주민의 건강, 보건, 영양개선, 위생관리 등
⑤ 자연환경보전 목적: 삶의 질 향상을 위한 자연환경과 생활환경의 중요성

3) 농촌지도의 필요성

① 현대산업 사회적 특성에 따른 필요성
  ㉠ 빠른 사회변화
  ㉡ 과학의 발달
  ㉢ 산업의 전문화
  ㉣ 지식수준 향상
② 국가발전 측면에서의 필요성
  ㉠ 도시와 농촌간의 균형발전
  ㉡ 농촌주민의 현대적 시민자질
  ㉢ 농촌가정생활의 합리적 운영
  ㉣ 농촌 청소년 지도
  ㉤ 식량생산

4) 밀러(Miller)의 농촌지도 영역

① 농업생산의 효율화
② 지도력의 배양
③ 농산물 시장유통과 이용의 효율화
④ 경영관리 능력 배양(의사결정력)
⑤ 자연 및 환경자원의 보존과 이용
⑥ 지역사회개발
⑦ 가정생활 개선
⑧ 공공사업교육
⑨ 청소년 지도
⑩ 사회경제적 지도
⑪ 소비자 교육
⑫ 국제농촌지도사업

(4) 최근 새로운 농촌지도 목적

1) 농업지식정보체계(AKIS/RD)에서는 농촌지도의 기능, 영역을 확대해석하고 있다.

① 기존 농촌지도의 단순 목적 → 광의의 목적 → 최광의의 목적

② 기존 농촌지도의 단순 목적은 농업인의 생산성 향상과 수익의 증대를 위한 정보전달의 과정이다.

③ 광의의 목적은 농업생산 관련지식을 포함하여 신용, 공급, 판매, 시장정보 등과 같은 농업발전의 전반적 영역으로 확대되었다.

④ 최광의의 목적은 농업과 관련된 비형식적 평생교육을 제공하는 기능으로서 농업인, 여성, 청소년, 지역사회, 도시화훼업자 등을 포함한 다양한 계층을 학습대상으로 하고 있으며 궁극적으로 농업개발, 지역사회자원개발, 단결심 고취, 협동조직 개발 등 다양한 목표를 추구하는데 있다.

2) 미국 농무부, 주립대학의 농촌지도 목적

① 농업 및 농업관련 사업의 생산, 시장, 유통 효율화를 통해 미국 농업을 강화함으로써 소비와 수출을 위한 식량, 섬유를 공급하는데 도움이 될 수 있는 정보의 제공

② 모든 국민의 생활의 질 향상을 위해 환경보호를 확실히 하며, 국가의 자연과 환경자원의 현명한 이용, 관리를 위하여 개인과 집단의 의사결정능력을 향상시킨다.

③ 가정생활의 개선, 성인과 청소년의 생활기술, 태도, 가치관의 발견과 강화에 조력과 함께 이러한 것들이 자발적이고 생산적이며 동시에 조화로운 사회 건설에 도움이 되도록 한다.

④ 개인, 지역사회, 주정부, 지방정부의 능력을 강화하여 공공정책의 문제점이나 지역적 요구와 문제점을 더욱 효과적으로 해결할 수 있게 한다.

⑤ 지방, 주정부, 연방정부의 여러 기구나 기관, 민간부문과 협력 하에 대중을 위한 교육과 정보체계를 개발 및 실행한다.

⑥ 국내와 국제적 문제점 이해 증진과 개발도상국에 대한 연구, 지도 개념의 전달에 조력한다.

(5) 농촌지도의 대상과 방법적 측면

1) **무형식의 학습**: 지도는 다양한 산업과 관련하여 그 대상에게 지속적으로 제공하는 성인교육으로 무형식의 학습을 의미하며 형식적 교육의 영역을 넘어 특정산업인력 또는 지역이나 주민을 대상으로 총체적 지식, 태도, 기술, 실천의 변화를 지원하기 위하여 지식의 교류와 활용, 서비스를 통한 다양한 비형식적 학습과정의 중재, 문제해결을 돕는 역할을 수행한다.

2) **교육, 학습과정의 측면과 전문적 의사소통의 개입**: 교육적 설계, 학습과정, 학습기법과 도구, 다양한 매체활용의 조정과 촉진을 중재하는 역할을 한다.

3) 각종 산업부문관련 민간과 공공기관들을 통해 이루어진 다양한 무형식적 학습형태의 생활전반에 관련한 사회교육의 역할을 한다.

4) 직업적 측면에서의 기술향상과 직업 지속성을 위한 계속교육과 개인 생애 발전 측면에서의 평생학습

(6) Bloom의 지도사업 목적

1) 농촌지도의 궁극적 목적
연구개발(R&D)의 핵심 부분으로 특정 신기술의 보급부터 현장에서 직면하는 문제를 해결해 나갈 역량을 지니도록 하는 문제해결, 더 포괄적이고 보편적인 인문·사회과학적 인식을 제공하는 교육으로 한층 더 거시적인 인간개발을 제시한다.

2) 궁극적인 사회교육으로의 농촌지도
모든 사람이 학습자이며 변화의 가능성과 잠재력에 대한 신념에서 출발하였으며 농촌지도 수행자는 학습주체인 농업인과 그 가족들이 농업경영과 생산활동에 대한 새로운 지식과 기술을 배우고 전달받은 교육과제를 수행하면서 태도의 변화와 목표의식과 실제적 행동변화를 통하여 생산성 향상, 수익 증진, 삶의 질 개선 등으로 지속적인 영향력을 제고한다.

3) 필요한 학습역량
① 학습역량의 기반: 자발성(Volunteerism), 주도성(self-direction), 다양성(Diversity), 융통성(Flexibility), 강화(Reinforcement)원리 등이 있다.

② 자신의 문제, 필요, 방해요인, 기회요인들을 평가할 수 있는 분석력과 필요와 문제를 대처해 갈 수 있는 지식과 기술을 지니고 문제해결력을 갖추는 것을 의미한다.

③ 개인의 자기주도적 학습, 협동적 집단행동과 사회활동을 통하여 조직적 실천학습 속에서 민주적 지도력, 경영기술, 정보 습득 및 응용을 자발적으로 선택할 수 있는 의사결정력이 무엇보다도 필요하다.

농촌지도의 개념 예상문제

01. 다음 중 학교교육과 사회교육의 비교로 옳지 않은 것은?

① 학교교육은 이론적, 추상적, 학문적 교육이다.
② 학교교육은 단기간의 교육이다.
③ 사회교육은 학습의 공간적 제한이 적다.
④ 사회교육은 학습자 중심의 교육이다.

해설 학교교육은 장기간의 교육이다.

02. 농촌지도, 농촌사회교육 및 지역사회개발의 공통점으로 옳지 않은 것은?

① 어떤 학문적 계보를 갖고 발전한 것이 아닌 다학문적, 간학문적 접근의 특성을 가진다.
② 도시지역보다 농촌지역사회에 더 큰 비중을 둔다.
③ 연구과정이나 실제 사업수행에서 대상자의 참여를 강조한다.
④ 일정 지역의 성인 남녀를 위한 형식적 사회교육에 역점을 둔다.

해설 비형식적 사회교육에 역점을 둔다.

03. 농촌지도의 성격을 종합·분석하여 보면 크게 4가지 측면으로 나눌 수 있는데, 이에 속하지 않는 것은?

① 민주적 성격
② 행동적 성격
③ 균형적 성격
④ 협동적 성격

해설 농촌지도의 기본성격: ㉠ 교육적 성격 ㉡ 민주적 성격 ㉢ 협동적 성격 ㉣ 균형적 성격

정답 01. ② 02. ④ 03. ②

PART 01 농촌지도의 기초

04. 농촌지도사업은 농촌인에 의한 농촌개발 사업이다. 지도공무원이 일방적으로 사업을 계획하고 실천하는 것이 아니라 농촌인과 함께 사업을 계획하고 실천·평가하여야 한다. 이는 농촌지도사업의 어떤 특성에 속하는가?

① 교육적 성격
② 민주적 성격
③ 협동적 성격
④ 균형적 성격

해설 민주적 성격
㉠ 농촌지도가 농촌주민의 동의를 전제로 하여야 하는 것은 당위성 외에 그 효용성의 측면에서도 필요하다.
㉡ 농촌지도의 계획·실천·평가에 있어서 그들이 동의한 것을 보다 적극적으로 지원하고 협조하면 각종 행사에 더욱 많이 참석할 것이며, 평가의 결과를 더욱 절실하게 받아 들일 것이다.
㉢ 농민들의 뜻이나 의사를 무시하고 일방적으로 지도하게 되면 농민들의 성격은 피동적인 것이 되며 창의적인 성격을 소유하지 못하게 된다.

05. 농촌지도의 의미에 대한 설명으로 옳지 않은 것은?

① extension 개념은 미국 주립대학의 농민 대상 교육에서 처음 시작되었다.
② 교육확장 활동은 미국에 전파되어 미국 주립대학 단위로 주로 농민을 대상으로 실시되었다.
③ 일본의 농촌지도사업은 농업개량보급사업에서 최근 협동농업기술보급사업으로 개칭되었다.
④ 중국의 농촌지도는 추광사업이라고 한다.

해설 확장(Extention)
㉠ 1973년 영국 케임브리지대학교에서 일반시민에게 제공하였던 교육혁신을 소개하면서 처음 사용되었다.
㉡ 본래 확장이란 대학이 갖고 있는 인적, 물적, 과학적 자원을 일반시민에게 확장한다는 의미이다.
㉢ 미국의 협동확장체계에서 확장이란 USDA와 주립대학이 캠퍼스가 아닌 곳에서 민간인에게 지식과 다른 자원을 확대하는 역할을 수행하므로써 파트너를 확대시키는 것이다.

06. 다음 세계 각국의 농촌지도 의미로 바르게 연결되지 않은 것은?

① 미국 - 자문활동
② 중국 - 추광사업
③ 우리나라 - 농촌지도사업
④ 일본 - 농업개량보급사업

해설 미국의 농촌지도: 협동확장체계(Cooperative Extension System; CES)
① 교육확장 활동은 미국에 전파되어 미국 주립대학단위로 주로 농민을 대상으로 실시되었다.(최초)
② 협동확장체계를 농촌지도 의미로 사용하여 공적재원으로 USDA(미국농무부)-주립대학교-지역행정조직의 교육, 연구를 연계시킨 비형식적 교육활동의 의미로 사용하였다.

정답 04. ② 05. ① 06. ①

07. 농촌지도 개념에 대한 설명으로 옳지 않은 것은?

① 최근 FAO, World Bank는 농촌지도를 농업지식정보체계(AKIS/RD)라고 정의한다.
② OECD는 농업지식체계(AKS)라고 정의한다.
③ 미국은 협동확장체계를 농촌지도 의미로 사용하여 공적재원으로 USDA - 주립대학 - 지역행정조직의 교육, 연구를 연계시킨 형식적 교육활동의 의미로 사용하였다.
④ 19세기 후반 영국의 케임브리지대학에서 일반시민을 대상으로 개설된 대학확장교육에서 농촌지도의 어원이 출발하였다.

해설 미국의 농촌지도: 협동확장체계(Cooperative Extension System; CES)
① 교육확장 활동은 미국에 전파되어 미국 주립대학단위로 주로 농민을 대상으로 실시되었다.(최초)
② 협동확장체계를 농촌지도 의미로 사용하여 공적재원으로 USDA(미국농무부)-주립대학교-지역행정조직의 교육, 연구를 연계시킨 비형식적 교육활동의 의미로 사용하였다.

08. 학교교육과 사회교육에 대한 설명으로 옳은 것은?

① 학교교육의 교육구조는 조직화가 낮으나, 사회교육은 조직화와 구조화가 높다.
② 학교교육의 교육기능은 일반화된 지식을 강조하나, 사회교육은 가변적 지식을 강조한다.
③ 학교교육의 교육기간은 단기간이나 사회교육은 장기간이다.
④ 학교교육의 교육목표는 현재지향적이며 사회교육의 교육목표는 미래지향적이다.

해설 학교교육(형식교육)과 사회교육(농촌지도) 비교

교육과정	학교교육(형식교육)	사회교육(농촌지도)
교육구조	고도의 조직화와 구조화	조직화와 구조화 정도가 낮음
교육내용	이론적, 추상적, 학문적	기능적, 실용적
교육기간	장기간의 이수	단기간의 이수
교육보상	연기된 보상	직접적 보상
교육장소	장소의 공간적 제한	장소의 공간적 제한이 적음
교육방법	교사 중심	학습자 중심
학습자	학습자 연령 제한	학습자 연령 무제한
교사	자격증의 필요	다양한 교육배경
졸업	졸업이 사회적 성취의 좌우	졸업이 사회적 성취의 좌우가 적음
교육기능	일반화된 지식강조	가변적 지식강조
교육목표	미래지향적	현재지향적

PART 01 농촌지도의 기초

09. 다음 중 농촌사회교육을 기술한 내용으로 옳지 않은 것은?

① 자율성에 바탕을 두어야 한다.
② 교육의 내용은 정신교육이어야 한다.
③ 사회적인 참여의식 교육이 포함되어야 한다.
④ 농민의 시각에서 이루어져야 한다.

해설 교육의 내용은 기능적, 실용적이어야 한다.

10. 다음 중 농촌지도사업의 목적을 가장 잘 설명한 것은?

① 농민의 지식습득
② 농민의 행동변화
③ 영농기술자 교육
④ 농업생산량의 증대

해설 농촌지도사업의 목표는 그 지역사회의 사회·경제적 발전에 있어서 존재하는 여러 가지 문제를 농촌지도사업을 통하여 해결할 수 있는 방향을 의미하므로 농촌지도사업의 목적은 농민의 행동변화에 있다.

11. 농촌지도사업의 원리 중 틀린 것은?

① 농민의 자발적 참여
② 농민의 필요를 충족시키는 지도
③ 과제의 단계적 발전유도
④ 모든 지역의 동일한 방법지도

해설 ④ 농촌지도사업을 모든 지역에 동일한 방법으로 지도하는 것은 바람직하지 못하며, 그 지역과 장소의 실정에 맞는 방법을 사용하는 것이 바람직하다.

12. 농업지식정보체계 구성 3요소에 해당하지 않는 것은?

① 농업연구
② 농업지식
③ 농촌지도
④ 교육

정답 09. ② 10. ② 11. ④

해설 농업지식정보체계 구성 3요소
① 3요소: 농업연구(Research), 농촌지도(Extension), 교육(Education)
② 3요소는 개별적으로 기능하기보다는 하나의 체계 내에서 상호보완적인 투자관계이면서 연속성을 유지하도록 계획, 실천되어야 한다.
③ 농업지식체계는 농업인과 관계기관 간의 긴밀한 유대관계를 통해 학습효과를 증진시키고, 농업관련 지식, 기술, 정보를 새로이 창출하고 공유하며, 효과적으로 활용할 수 있다.
④ 관련된 모든 행위자가 농업인 또는 농촌지역의 행위주체와 관계를 맺으며, 관계 양상은 하향식 접근방법이 아닌 쌍방향이다.

13. 다음 설명 중 옳지 않은 것은?

① 농업혁신체계의 목적은 농업생산 및 마케팅 체제 전반의 혁신능력강화이다.
② 국가농업연구체계의 혁신 메커니즘은 기술이전이다.
③ 농업정보지식체계의 운영원리는 지식의 축적과 접근에 있다.
④ 국가농업연구체계는 시장과의 결합성이 매우 높다.

해설

구분	국가농업연구체계(NARS)	농업정보지식체계(AKIS)	농업혁신체계(AIS)
목적	농업R/D, 보급기능의 강화	농업, 농촌 부문 종사자 대상의 지식전달과 소통	농업생산 및 마케팅체제 전반의 혁신능력강화
행위자	국립농업과학연구기관, 농과대학 및 기관, 지도기관, 농가	국립농업과학연구기관, 농과대학 및 기관, 지도기관, 농가, NGO, 산업체	공공, 민간 영역의 모든 농업 관련 주체
결과	기술개발, 기술이전	기술적용, 농업생산혁신	생산, 마케팅, 정책 산업체 부문에서 기술 및 구조혁신의 결합
운영 원리	과학을 기술개발에 이용	지식의 축적과 접근	사회, 경제변화에 지식을 활용
혁신 메커니즘	기술이전	상호학습	상호학습
시장과의 결합	미약함	낮음	높음
정책의 역할	자원배분, 우선순위책정	연계틀 마련	요소통합과 연계 마련
필요역량	인프라, 인적자원의 개발	농업부문 행위자간의 소통강화	소통강화, 상호작용, 학습, 혁신을 위한 조직구조마련, 환경조성

14. 농업지식혁신체계(AKIS)의 4대 구성요소에 해당되지 않는 것은?

① 지식　　② 연구
③ 지원　　④ 지도

해설 농업지식혁신체계(AKIS) 4대 구성요소: 연구, 지도, 교육, 지원

PART 01 농촌지도의 기초

15. 농촌 지도의 필요성에 대한 설명 중 "현대 산업 사회적 측면"에 해당하지 않은 것은?

① 연구개발 결과의 증가
② 농촌 지도의 필요성
③ 급격한 사회의 변화
④ 직업의 단일화 및 전문화

해설 현대 산업 사회적 측면 : 연구개발 결과의 증가, 급격한 사회의 변화, 직업의 분화 및 전문화, 지적 수준의 향상

16. 다음 중 농촌지도의 원리와 관련이 먼 사항은?

① 농촌지도는 농촌에서 요구되는 전문적인 분야에서 채택할 것
② 지역실정을 토대로 한 지도
③ 민주적인 방법에 의한 지도
④ 국가정책과 상충되는 면이 없어야 한다.

해설 농촌지도는 인간의 행동과 자질의 함양을 직접적인 목표로 하기 때문에 농촌지도의 원리는 지역실정을 토대로 하고, 민주적인 방법에 의하며, 국가정책과도 상충되는 면이 없어야 하며, 농촌에서 요구되는 전문적인 분야에서 채택하는 것으로는 볼 수 없다.

17. 다음 중 밀러의 분류에 의한 농촌지도의 영역이 아닌 것은?

① 국가시책의 달성
② 농업생산의 효율화 추구
③ 자연자원의 보호 및 이용
④ 경영관리능력 향상지도

해설 밀러(Miller)의 농촌지도 영역
　① 농업생산의 효율화
　② 지도력의 배양
　③ 농산물 시장유통과 이용의 효율화
　④ 경영관리 능력 배양(의사결정력)
　⑤ 자연 및 환경자원의 보존과 이용
　⑥ 지역사회개발

정답 15. ④ 16. ① 17. ①

⑦ 가정생활 개선
⑧ 공공사업교육
⑨ 청소년 지도
⑩ 사회경제적 지도
⑪ 소비자 교육
⑫ 국제농촌지도사업

18. 농촌지도에 대한 학자들의 일반적 정의 중 옳지 않은 것은?

① 모셔(Mosher): 농업인에게 지식과 기술을 제공하여 농업생산성과 물리적 삶의 질을 향상시키는 활동
② 에드가(Edgar): 농촌지도를 하나의 사회교육체계로 정의하면서 인류를 가르치는 사업, 인류를 돕는 사업, 혁신을 실천하도록 격려하는 사업 3가지 측면에서 정의
③ 애덤스(Adams): 농촌주민 생활을 향상시키기 위해 주민과 함께 생활하는 과정으로 생산성 향상을 돕고 능력을 개발하는 활동
④ 스완슨(Swanson): 서비스, 시스템을 제공하여 농업기술, 방법을 향상시키고 생산성, 소득, 삶의 질을 향상시키는 활동

[해설] 농촌지도 정의에 대한 학자들의 견해
① 마운더(Maunder, 1972): 농촌 사람들을 가르치는 활동을 통해 삶의 질을 높이는 활동
② 모셔(Mosher, 1978): 농업인에게 지식과 기술을 제공하여 농업생산성과 물리적 삶의 질을 향상시키는 활동
③ 애덤스(Adams, 1982): 농업인이 가지고 있는 문제를 분석하고 확인하도록 돕는 활동
④ 스완슨(Swanson, 1984): 서비스, 시스템을 제공하여 농업기술, 방법을 향상시키고 생산성, 소득, 삶의 질을 향상시키는 활동
⑤ 오클리, 가포스(Oakiey & Garforth, 1985): 농촌주민 생활을 향상시키기 위해 주민과 함께 생활하는 과정으로 생산성 향상을 돕고 능력을 개발하는 활동
⑥ 에드가(Edgar, 1989): 농촌지도를 하나의 사회교육체계로 정의하면서 인류를 가르치는 사업, 인류를 돕는 사업, 혁신을 실천하도록 격려하는 사업 3가지 측면에서 정의

19. 반데반과 호킨스가 주장한 농촌지도사업의 목적이 아닌 것은?

① 자문
② 자극
③ 조력
④ 연구

[해설] 반데반과 호킨스의 농촌지도 목적: 이전, 자문, 교육, 조력, 자극

20. 랑그랑이 주장한 사회교육 필요성에 해당하지 않는 것은?

① 현대의 급격한 사회구조 변화와 인구의 감소
② 대중매체의 발달과 정보의 급증
③ 민주화를 위한 정치적 도전
④ 인간관계의 균형상실

해설 사회교육의 필요성: 랑그랑(Lengarand, 1970)
① 대중매체의 발달과 정보의 급증
② 과학지식과 기술의 발달
③ 경제수준의 향상과 여가의 증대
④ 현대의 급격한 사회구조의 변화와 인구증대
⑤ 민주화를 위한 정치적 도전
⑥ 생활양식의 인간관계의 균형상실
⑦ 이데올로기의 위기

21. 브램백이 주장하는 사회교육의 특성으로 옳은 것은?

① 인간의 기본적 욕구에 기초를 둔 교육이다.
② 이수에 시간이 많이 소요된다.
③ 비용이 많이 소요된다.
④ 교육자 중심으로 이끌어가는 교육이다.

해설 사회교육의 특성: 브램백(Brembeck, 1975)
① 인간의 기본적 욕구에 기초를 둔 교육
② 인간 평등 구현에 공헌하는 교육
③ 실제의 세계에 보다 연관되어 있는 교육
④ 비용이 적게 드는 교육
⑤ 이수에 시간이 적게 드는 교육
⑥ 학습자가 중심으로 이끌어지는 교육

22. 다음 중 현대 산업사회의 특성에 속하는 것은?

① 산업의 전문화　　　　② 식량자급의 필요성 대두
③ 농촌청소년 지도의 필요성　　④ 농촌, 도시와의 균형적 발전

해설 현대 산업사회의 특성
㉠ 과학의 발달　㉡ 산업의 전문화　㉢ 사회변화의 신속　㉣ 지식수준의 향상

CHAPTER 01 농촌지도의 개념

23. 다음 중 농촌지도사업의 목표로 적합하지 않은 항목은?

① 학교교육
② 합리적 생각
③ 진취적 태도
④ 실천하는 농민양성

해설 농촌지도사업의 목표는 그 지역사회의 사회·경제적 발전에 있어서 존재하는 여러 가지 문제를 해결할 수 있는 방향을 의미하기 때문에 실천을 통한 과학교육, 자주적인 정신교육, 진취적인 태도, 합리적인 생각, 과학적으로 생각하고 실천하는 농민육성 등으로 볼 수 있다.

24. 농촌지도의 성격으로 틀린 것은?

① 국가시책의 달성을 위한 행정 독려
② 민주적인 사회교육
③ 실용적이고 문제 중심적인 지도내용
④ 지도사와 농민, 농민 상호간의 협동사업

해설 농촌지도의 성격으로는 민주적인 사회교육, 실용적이고 문제 중심적인 지도내용, 지도사와 농민, 농민 상호간의 협동사업 등이 있다.

25. 다음 농촌지도의 성격 중 농촌개발기관들과 수평적으로 혹은 상하로 유기적 관계를 유지하여야 효과적으로 그 목적에 도달할 수 있다는 성격은?

① 민주적 성격
② 균형적 성격
③ 협동적 성격
④ 교육적 성격

해설 협동적 특성은 농촌지도가 본질적으로 농촌지도 이외의 농촌개발기관들과 수평적으로 혹은 상하로 유기적 협동을 하여야 효과적으로 그 목적에 도달할 수 있기 때문에 타기관들과 긴밀한 협동을 할 때 그 효과가 매우 크다는 특성이다.

정답 23. ① 24. ① 25. ③

26. 다음 중 미래의 농촌지도상의 과제를 잘 설명한 것은?

① 사회교육에서 강조하는 내실충실의 추구방향에서의 발전
② 환경농업에 적합한 농촌지도소 규모의 확대와 저변화
③ 농촌지도기관의 행정기관으로의 소속변경으로 연구와 지도를 구별하여 실시
④ 급변하는 사회에의 적응을 위하여 행정적인 지도기능 강화

해설 ① 오늘날 사회변화는 매우 급속하게 변화하고 있기 때문에 미래의 농촌지도는 급변하는 사회에 적응하기 위해서 사회교육으로 내실 있는 지식수준을 향상시키는 방향으로 발전되어야 한다.

27. 농촌개발 접근법으로 가장 올바르지 못한 것은?

① 행정적 접근
② 교육적 접근
③ 연구적 접근
④ 자족적 접근

해설 농촌개발의 접근법
① 행정적 접근: 일방적이고 현실적 차원에서 접근하는 방식
② 교육적 접근: 쌍방적이고 미래지향적 교육을 목표로 접근하는 방식
③ 자족적 접근: 농촌주민 스스로 농촌개발에 참여하는 방식

28. 농촌지도사업이 지향하는 이념에 대한 설명으로 거리가 먼 것은?

① 농촌주민의 소득증대와 복지증진
② 국가의 산업발전 추구와 농업전통문화 보존
③ 농촌주민의 발전과 행복추구
④ 농업과 농촌발전을 통한 국가발전

해설 농촌지도의 이념
농촌지도는 국가발전과 우리나라 국민의 권익 창달에 중요한 역할을 하는 농업발전과 농촌주민의 복지증진을 이념으로 한다. 특히 농촌지도는 사회 교육적 기능과 역할로서 농촌발전을 도모한다.
1) 사회교육의 이론과 원리가 그대로 적용
2) 사회교육의 광의로 볼 수 있지만, 협의적으로 본다면 주요대상은 농촌주민 중 농민
3) 궁극적 목적
① 농촌발전과 농촌주민의 복지증진
② 지역사회 발전과 개선도모
③ 농업생산성 증대와 생활향상을 위한 필요한 지식, 정보제공하는 실천적인 사회교육

정답 26. ① 27. ③ 28. ②

29. 클라크의 종합농촌개발의 기본 요구조건으로 보기 어려운 것은?

① 개발활동과 의사결정과정에서의 농민참여 유도
② 이익의 공정한 분배
③ 농민 의사결정능력의 평가
④ 농촌의 빈곤층에 대한 취업알선

해설 클라크(Clack)의 종합농촌개발
① 종합농촌개발의 필수 성격
  ㉠ 농촌개발계획과 전체적인 국가개발계획과의 상호관련성
  ㉡ 정치, 경제, 사회, 기술적 요인의 총괄성
② 종합농촌개발의 기본 요구조건
  ㉠ 농촌의 빈곤층에 대한 취업알선
  ㉡ 이익의 공정분배
  ㉢ 개발활동과 의사결정과정에서의 농민의 참여 유도
  ㉣ 지역자원의 합리적 관리

30. 다음 미국농무성 보고서의 농촌지도에 대한 설명으로 옳지 않은 것은?

① 농촌지도는 형식적, 비학점제 교육으로 모든 연령의 사람을 위한 사업이다.
② 사업내용과 사업추진방법에 있어 교육적 사업의 하나이다.
③ 교육을 통해 주민의 문제를 결정하고 해결하며 기회를 이용할 수 있도록 도와주는 사업이다.
④ 국가의 재정적, 행정적 뒷받침으로 농촌지도가 국가적 목적을 달성함과 지역적 우선순위에 따라 특수지역의 필요를 충족시키는 사업이다.

해설 미국 농무성, 주립대학, 농촌지도위원회 보고서
① 농촌지도는 비형식적, 비학점제 교육으로 모든 연령의 사람을 위한 사업이다.
② 사업내용과 사업추진방법에 있어 교육적 사업의 하나이다.
③ 목적에 있어 지역단위 간, 지도영역 간, 지도대상 간 균형적 발전을 도모해야 한다.
④ 교육을 통해 주민의 문제를 결정하고 해결하며 기회를 이용할 수 있도록 도와주는 사업이다.
⑤ 주민 스스로 자기자신을 위한 의사결정을 할 수 있도록 사실적 정보를 객관적으로 제시하고 분석한다.
⑥ 지방주민이 쉽게 접근할 수 있고 주민의 영향력에 좌우되는 반자치단체인 일선지도센터를 통해 전개된다.
⑦ 협동적 성격을 갖으나 반드시 연방, 주, 군, 정부가 똑같은 재정적 보조와 사업전개를 해야 하는 것은 아니다.
⑧ 지도내용은 실용적이고 문제중심적이며 설정에 의거하여야 한다. 주민들로 하여금 그들의 문제와 필요를 파악하게 하는데서 출발하여 그들의 문제점을 해결하는데 새로운 정보와 기술을 사용하도록 도와주는 사업이다.
⑨ 국가의 재정적, 행정적 뒷받침으로 농촌지도가 국가적 목적을 달성함과 지역적 우선순위에 따라 특수지역의 필요를 충족시키는 사업이다.
⑩ 농촌지도기구는 전문적인 기관으로서 대학이나 농촌지도원직으로 훈련받은 사람이 활동을 전개해야 한다.

PART 01 농촌지도의 기초

31. 다음 보기와 같은 농촌지도의 성격은?

> • 농촌지도의 계획, 실천, 평가는 농촌주민의 참여를 전제로 한다.
> • 농촌지도는 지도대상자를 위한 사업이다.
> • 농촌지도는 농촌주민의 소득증대와 복지향상을 위해서 전개되어야 한다.

① 민주적 성격
② 협동적 성격
③ 사회적 성격
④ 교육적 성격

해설 민주적 성격
① 모든 의사결정이 농촌주민에게 달려 있으며 농촌지도의 계획, 실천, 평가는 농촌주민의 참여를 전제로 한다.
② 농촌지도는 농촌주민 개인의 발전을 통한 농촌지역사회의 발전을 추구하고 이를 통하여 국가발전을 도모하는 사업이다.
③ 농촌지도는 지도대상자를 위한 사업이다.
④ 농촌지도는 농촌주민의 소득증대와 복지향상을 위해 전개되어야 한다.

32. 다음 중 농촌지도의 일반적 목적에 해당하지 않는 것은?

① 향토발전에 공헌할 수 있는 자세확립
② 농업기계화, 협동영농에 대한 능력의 배양
③ 자연자원의 보호, 개발, 활용하는데 필요한 자세와 능력의 배양
④ 인생의 가치인식

해설 일반적 목적
① 합리적 영농활동을 통한 농업생산이 증대될 수 있도록 자질을 키운다.
② 효율적 시장유통을 통해 소득증대의 도모가 가능하도록 자세와 능력을 키운다.
③ 농업기계화, 협동영농에 대한 능력의 배양
④ 지역에 맞는 작목의 복합영농이 가능하도록 능력의 개발
⑤ 건전한 시민성, 합리성을 기르고 복지증진을 위한 협동능력의 배양
⑥ 가정생활을 행복하게 영위할 수 있는 자질의 배양
⑦ 애향정신, 개발의욕 증진 등 스스로 향토발전에 공헌할 수 있는 자세의 확립
⑧ 자연자원의 보호, 개발, 활용하는데 필요한 자세와 능력의 배양
⑨ 국제사회에 대한 안목의 증대, 인류발전에 대한 책임의식의 고양

CHAPTER 01 농촌지도의 개념

33. 다음 중 농촌지도사업이 지향하는 이념으로 보기 어려운 것은?

① 농촌주민 개개인의 발전과 행복의 추구
② 농촌주민의 소득증대와 복지의 증진
③ 농업과 농촌발전을 통한 통일적이고 전체적인 사회건설
④ 세계와 인류의 발전 지향

해설 농촌지도사업이 지향하는 이념
① 농촌주민 개개인의 발전과 행복의 추구
② 농촌주민의 소득증대와 복지의 증진
③ 농업과 농촌발전을 통한 국가발전과 복지사회 건설
④ 세계와 인류의 발전 지향

34. 농촌지도목표의 분류 영역이 다른 것은?

① 경제적 영역
② 인지적 영역
③ 사회적 영역
④ 보건적 영역

해설 농촌지도목표의 분류
1) 인간행동에 의한 분류
① 인지적 영역: 지식, 사고력, 분석력, 이해력, 평가력, 종합력 등
② 정의적 영역: 흥미, 태도, 성격, 가치관, 습관 등
③ 신체적 영역: 건강, 숙련기능, 전문기능, 예술기능 등
2) 지도내용에 의한 분류
① 경제적 영역: 농업생산, 농업경영, 농산물 유통, 농외소득 등
② 사회적 영역: 사회복지사업, 농촌주민의 사회참여, 건전한 사회의식 함양 등
③ 문화적 영역: 문화시설의 확충, 농촌생활환경 개선, 전통문화의 개발 등
④ 보건적 영역: 농촌주민의 건강, 보건, 영양개선, 위생관리 등
⑤ 자연환경보전 목적: 삶의 질 향상을 위한 자연환경과 생활환경의 중요성

35. 농촌지도가 목적하는 인간행동의 인지적 영역에 해당하는 것은?

① 흥미, 태도, 성격
② 가치관, 습관
③ 지식, 사고력, 평가력
④ 숙련기능, 예술기능

정답 33. ③ 34. ② 35. ③

36. 농촌지도가 목적하는 인간행동의 정의적 영역에 속하지 않는 것은?

① 태도
② 지식
③ 성격
④ 흥미

37. 다음 중 농촌지도사업의 목표로 적합하지 않은 것은?

① 학교교육
② 합리적 생각
③ 진취적 태도
④ 실천하는 농민 양성

해설 농촌지도는 교실 외 교육이다.

38. 데이비슨과 아메드(Davidson & Ahmed)의 농촌지도 기능에 해당하지 않는 것은?

① 교육
② 정보제공
③ 조직구성
④ 기술전이

해설 데이비슨과 아메드(Davidson & Ahmed)의 농촌지도 기능
① 교육(Education)
  ㉠ 농업인에게 교육을 제공할 뿐 아니라 교육여건을 조성하는 것
  ㉡ 정보제공과 기술 전이를 넘어 농업인이 적극 참여할 수 있도록 촉진하는 것
  ㉢ 지식이야말로 힘이고, 교육은 동기부여다.
② 정보제공(Disseminating information): 농업인의 생산능력을 강화하는데 필요한 정보를 제공하는 것
③ 기술전이(Transferring technology): 농업인에게 새로운 기술과 기법을 영농현장에 적용하도록 도와주는 것

정답 36. ② 37. ① 38. ③

02 CHAPTER 농촌지도의 역사 및 관련학문

① 근대 농촌지도의 기원

근대 농촌지도 기원은 농업교육 관점과 농업협회로 보는 관점으로 구분되고 있다.

(1) 농업교육을 기원으로 보는 관점

1) 농촌지도의 기원을 유럽의 르네상스 시기로 본다.

2) 르네상스 이전
① 주지주의 학문에 대한 관심 때문에 농업 같은 실용중심의 학문에 대한 관심이 부족하였다.
② **주지주의(主知主義)**: 의지나 감정보다도 지성을 중요시하는 철학적 세계관으로 세계의 본원을 이루는 것은 지적인 정신 활동이란 견해이다.

3) 르네상스 이후
① 르네상스 시대가 도래하면서 인간의 현실문제에 대한 과학적 접근을 시도하면서 농업과 같은 실용주의 교육에 대한 관심이 높아졌다.
② 16~17세기 라블레(Rabelais), 루쏘(Rousseau), 페스탈로치(Pestalozzi) 등 많은 학자들이 교육적 관점에서 자연과 노동의 중요성을 강조하고 실제로 실험학교를 통해 농업교육의 중요성을 강조하였다.
③ 농업교육 강조를 통해 1779년 헝가리 자바에서 최초의 농업학교가 설립되었다.
④ 1797년 헝가리의 케스트헤이(Keszthely)에서 조지콘 아카데미(Georgicon Academy)가 설립되었다.(유럽의 농업대학 모델)

(2) 농업협회를 기원으로 보는 관점

1) 농촌지도 기원을 유럽, 북미의 농촌지도사업으로 보는 관점
① 유럽: 1723년 스코틀랜드에서 조직된 'The Society of Improvers in the Knowledge of agriculture'가 농업협회의 최초 형태이다.
② 미국: 1744년 Franklin의 지도하에 결성된 'The American Philosophcal Society'와 1785년 결성된 'The Philadelphia Society for Promoting Agriculture'에 의해 농촌지도 관련 사업이 추진되었다.

2) 농업협회의 발달
① 초기의 농업협회는 농업에 관계된 사람들이 모여서 서로 정보를 교환하고 협력하기 위한 목적으로 설립되었다.
② 농업협회가 점차 발전함에 따라 지역조직까지 확대, 농업관계 정보를 활자화하여 비회원에게까지 전파하였다.
③ 대학교수를 초청해 강의를 듣거나 품평회를 주관하였다.(1818년 영국의 Brighton에서 메사추세스협회의 품평회)

3) 농업협회의 활동 특성
① 미국 농업발전을 위한 후원단체의 활동으로 연방정부에 농무성과 농업을 가르칠 주립대학 설립 필요성을 환기시켰다.
② 1790년 연방단위에서 처음으로 농업분야의 업무를 담당하기 위한 사무소가 설치, 운영되었다.
③ 1862년 링컨 대통령 시기에 미 농무부가 설립되었다.

② 세계 농촌지도의 발달

(1) 리베라(Rivera, 1992)

시기	19세기 후반	2차대전 ~ 1980년대	1980년대 이후
흐름	소외계층에 대한 사회적 관심	농업을 통한 산업발전의 기반 확보	농촌지도사업의 다양화
목적	소외된 계층에 새로운 기회제공	식량증산을 통한 국부창출	다양한 농업, 농촌, 농업인 문제해결
주요 활동	귀족과 부유층 자제들을 중심으로 대학 주변의 소외된 주민에게 읽고 쓰는 것과 생활을 영위하는데 필요한 기술을 교육함	① 흉작으로 농촌경제가 파탄에 이르자 농업인을 교육하여 농업을 개량하기 위한 활동 착수 ② 2차대전 후 많은 국가가 자국의 부족한 식량을 자급하고 수입 식량을 대체하기 위하여 식량증산에 필요한 생산기술 보급	① 국토의 균형발전을 위한 지역개발사업 ② 농업인의 보건, 복지환경 및 농촌생활환경사업 ③ 소득개발을 중시하여 종래의 일반적 기술보급에서 전문화된 컨설팅 사업으로 변화
주요 특징	소외된 자에 대한 관심과 이들의 지위 향상을 위한 계몽활동 중심	농업이 국민경제 내에서 먹거리, 유기원료를 공급하는 산업의 역할을 제대로 수행하는데 초점	① 일부국가는 농촌문제에 관심을 가지면서 지도사업의 범위를 확대 ② 일부국가는 농업기술에 한정하여 지도사업의 효율화 방안 모색

(2) 페더, 윌렛, 지프(Feder, Willett & Zip, 2002)

세계 농촌지도의 흐름을 제시하였다.

1) 초기 식민지시대

① 초기 식민지시대 개발도상국 농촌지도사업 동향은 코모디티 프로그램(Commodity program)이 강조되었다.
② 코모디티 프로그램(Commodity program): 농촌에 거주하는 사람에게 직접 생필품을 지원하고 원조하는 형태의 사업으로 후진국을 중심으로 현재에도 존재한다.
③ 농촌지도사업은 다목적 농촌개발의 성격을 가졌다.
④ 식민지 권력층이 농촌전문가를 파견하여 건강, 보건, 세금징수, 인구조사 등의 역할을 수행하게 하였다.

2) 1950년대

① 국가차원의 농촌지도가 제도화되고 중단기 발전계획이 수립되어 추진되기 시작하였다.
② 위계적이고 독려식 과정으로 기술보급이 이루어지는 전달체계였다.
③ 아직까지는 대학체계가 존재하지 않거나 취약했기 때문에 대학보다 주로 행정당국의 주관에 의해 추진되었고 연구기관과 연계도 미흡하였다.
④ 주로 선진국 농업기술을 후진국과 개발도상국에 이전되는 확산모델(Diffusion model)이 적용되기 시작하였다.

3) 1960년대

① 이전 시기의 농촌지도사업의 목적과 전략이었던 선진농업기술의 이전을 지속하면서 그 과정에서 지도자와 농업인 간 대인커뮤니케이션이 중요한 방법으로 활용된다.
② 개별농가에 대한 관심보다 농촌지역을 하나의 사업단위로 생각하는 지역사회개발에 초점을 맞추었다.
③ 농산물을 대량생산으로 녹색혁명(Green revolution)이 시작되었다.

4) 1970년대

① 1960년대 중반부터 공공부문이 확대되면서 식량자급을 위한 농업의 기술적 문제에 대한 지도와 자문이 더 체계적으로 진행되었다.
② 농촌지도를 전담하는 기관이 제도적으로 설치, 운영되기 시작하였다.
　㉠ 농촌지도기관의 50%가 1970년대 이후 새롭게 조직되거나 개편되었으며 특징은 통합농촌개발(Integrated Rural Development)의 성격이었다.
　㉡ 농촌지도방법으로 T&V 시스템(Training & Visiting system)이 등장하였고 농촌지도의 전파 모델을 통해 기술권리획득 모델이 도입되었다.
③ 농가수준에서 해결하기 어려운 문제를 해결할 수 있는 통합적 농촌지도 전략에도 불구하고 농가들이 기술을 수용하지 않는 경향도 나타났다.

5) 1980년대
① 전환기의 시기로 참여접근법이 급속히 강조되었다.
② 여성의 생산성 증대와 생태계 보전에 대한 관심이 부각되었다.

6) 1990년대
① 새로운 접근법이 시도되는 전환기의 시기이다.
② 공공부문에서 재정집행과 관련하여 민주화가 실현되었다.
③ 방법론적으로 연구자와 농민 간에 직접적 네트워킹이 강조되었다.
④ 농촌지도의 재정에 대한 지속가능한 접근은 융통성과 다면적 파트너를 포함시키게 된다.

③ 인접학문과의 관련성

(1) 농촌사회교육 및 지역사회개발

1) 농촌사회교육
① 세계 농촌지도는 규모, 역사, 전문성으로 보아 가장 크고 체계화된 사회교육으로 농촌지도를 농촌사회교육과 동일하게 보고 있다.
② 농촌지도와 농촌사회교육은 대상면에서 차이가 없으나 내용면에서 차이를 보인다.
   ㉠ 농촌지도: 새로운 농업기술의 보급, 생활개선 지도, 농촌청소년 교육에 초점을 두고 있다.
   ㉡ 농촌사회교육: 농촌지도보다 범위가 넓고, 민주화, 산업화 현대사회 발전에 따라 지도내용도 농업기술 중심에서 벗어나 농촌지도(권위적, 비민주적)에서 농촌사회교육으로 범위가 발전, 확장되었다.

2) 지역사회개발
① 농촌지도의 발전 추이
   ㉠ 농촌지도 → 농촌사회교육 → 지역사회개발로 발전하고 있다.
   ㉡ 1948년 UN이 지역사회개발을 세계 각국 정책의 하나로 채택할 것을 권장하여 농촌지도사업에서 이를 반영하였다.
   ㉢ 1958년 미국 농촌지도사업에서 처음 지역사회개발(Community Improvement)이 농촌지도사업의 중점사업으로 공식 인정받았다.

② 농촌지도와 지역사회개발의 비교

농촌지도사업	지역사회개발
농업과 생활개선에만 중점을 둠	지역주민의 건강, 교육, 교통 문제 등 지역사회의 다양한 문제를 다루고 있다.
개개 농민의 기술변화에 역점을 두고, 농촌지도에서 다루는 집단활동은 개개인에게 영향력을 미치기 위한 부차적인 수단이다.	개개인 또는 개인의 행동보다 사회집단을 더 강조함

③ 지역사회개발에 대한 학자들의 주장
  ㉠ 스미스와 윌슨(Smith & Wilson)
    ⓐ 농촌지도와 지역사회개발의 관계를 이상적으로 보며 지역사회개발은 지역사회에 사는 모든 주민이 참여할 수 있는 것으로 상정하였다.
    ⓑ 기존 농촌지도로 효과를 거두기 힘들었던 지역사회의 개인과 집단을 지역개발사업에 참여시키도록 유도하였다.
    ⓒ 지역사회개발의 지도력은 지도원이 보다 지역사회 주민 편에서 활동할 것을 요구하며 지역사회개발이 농촌지도를 민주화하는 방향으로 진전시켰다.
  ㉡ 피퍼와 리스트(Phifer & List): 농촌지도와 지역사회개발의 긴밀한 관계 또는 농촌지도의 새로운 방향으로서 지역사회개발의 위상을 강조하였다.
  ㉢ 로버츠(Roberts): 지역사회개발에 대한 사회교육적 접근을 체계화하면서 사회교육자의 지역사회개발에 대한 관심을 유도하였다.

(2) 농촌지도학, 농촌사회교육, 지역사회개발 비교

1) 공통점

① 일정한 지역의 성인 남녀를 위한 비형식적 사회교육에 역점을 두고 있다.
미국에서 농촌지도를 지도교육(Extension education)이라 하고, 교육학에서 지역사회교육(Community education)이나 학습공동체 활동(Community of practice; COP) 등이 지역사회개발과 사회교육의 불가분의 관계로 인정하고 있다.
② 도시지역보다 농촌지역사회에 더 큰 비중을 두고 있다.
③ 연구과정이나 실제 사업수행에서 대상자의 참여를 강조한다.
④ 어떤 학문적 계보를 가지고 발전된 것이 아니라 다문학적 또는 종합학문적 접근의 특성을 가진다.

2) 차이점

① 관련학문적 측면
  ㉠ 농촌지도: 농업기술과 생활과학이 강조된다.

○ **농촌사회교육**: 사회교육학의 한 범위로 농촌지역에서 전개되는 사회교육을 넓게 다룬다.
○ **지역사회개발**: 농업기술과 생활과학 이외에도 교육학, 사회학, 사회복지학, 경제학, 행정학, 보건학, 커뮤니케이션학 등이 긴밀한 관계를 가진다.

② 주민접근 전략 측면
○ **농촌지도**: 농장 및 가정방문과 같은 개인접촉을 주로 활용한다.
○ **농촌사회교육**: 개인적, 집단적, 대중적 접촉을 때와 장소에 따라 탄력적으로 사용한다.
○ **지역사회개발**: 주로 집단적 접촉이나 조직적 접근방법을 더 많이 활용한다.
○ 농촌지도가 집단적 접근, 대중 홍보 방법을 전혀 사용하지 않는 것은 아니며, 지역사회개발도 집단적 결정 전에 설득을 위한 개인적 접촉이 중시되기도 한다.

③ 대상의 범위
○ **농촌지도**: 농민, 농가주부, 농촌청소년
○ **농촌사회교육**: 농민, 농가주부, 농촌청소년
○ **지역사회개발**: 지역사회 및 사업추진체로서의 주민으로 대상의 범위가 도시까지 확장되었다.

④ 전문인력
○ **농촌지도**: 지도 전문인력을 지도사, 지도요원을 호칭
○ **농촌사회교육**: 담당자를 교사라고도 하나 학습도우미, 촉진자라고 호칭하며 민주적 학습 촉진자의 역할을 강조한다.
○ 지역사회개발요원, 사업조정관으로 호칭하며 개발요원은 사업 수행 책임과 조정 역할을 강조한다.

⑤ 농촌지도, 농촌사회교육, 지역사회개발 비교

구분	농촌지도	농촌사회교육	지역사회개발
주요 관련 학문 분야	농업기술, 생활과학	사회교육학	교육학, 사회학, 사회복지학, 경제학, 행정학, 지리학 등
주민접근 전략	농장 및 가정방문	개인, 집단, 대중접촉의 혼합	주로 집단 및 조직 접근
교육대상	농민, 농가주부, 농촌청소년	농민, 농가주부, 농촌청소년	지역사회 및 사업추진 주체로서의 주민
전문요원	지도자, 지도요원	학습도우미, 촉진자, 교사	지역사회개발요원, 사업조정관
대상의 범위	농촌, 농업, 농민	농촌, 농업, 농민	도시까지 확장

④ 농촌사회의 구조와 문화

(1) 농촌사회의 구조적 요인

1) 사회 구분단(Social Divisions)
① 농촌주민을 집단이사 사회로 구분하는 요인에는 연령, 가족, 촌락, 계층, 행정, 인구, 교육, 종교, 상업, 경제 수준 등이 있으며 이러한 요인에 따라 농촌주민을 태도, 욕구, 가치관, 문화, 생활방식 등의 상대적 차이가 있는 집단으로 구분한다.
② 지도요원의 역할: 농업인 또는 농가경영체(집단)의 상대적 역할과 특성의 차이를 이해하고 그 차이가 농업, 농촌의 변화와 혁신사항의 수용에 어떠한 영향이 있는지 농촌개발을 효과적으로 이용할 수 있는지 고려해야 한다.

2) 농촌사회집단
① 농촌사회는 공식적, 비공식적, 영속적, 일시적, 자생적, 비자생적 등 다양한 분류에 따른 크고 작은 집단이 있으며 집단구성원 간 사회적 유대와 협동생활을 유지하게 되며 집단규범과 가치 기준이 있다.
② 지도요원의 역할: 사회집단의 규범과 가치, 주요 관심사 등을 파악하여 지도대상 집단으로 적절히 활용해야 한다.

3) 여론지도자
① 어느 사회나 사회구성원의 행동, 태도, 의사결정에 영향을 미치고 존경받는 공식적, 비공식적 여론지도자가 있는데 지역여론지도자는 대면적 의사전달망(Interpersonal communication)을 통해 지도력을 발휘하며 그 과정에서 혁신의사 전파를 촉진하거나 저해할 수 있다.
② 지도요원의 역할: 여론지도자가 어떠한 역할을 수행하고 있는지를 파악하고 그 지도사업에 그들의 도움을 받을 수 있는 방법을 연구하게 한다.

(2) 지역사회의 문화적 요소

1) 영농방식
① 영농은 농업인의 생활양식과 생활수단과 직결되어 있다.
② 영농형태와 영농방식은 그 사회의 다양한 생활수준, 토지소유와 활용방식, 노동, 자본, 기술 투입방식 등과 밀접하다.
③ 농업인 또는 농가경영체의 노동구조와 생활양식은 타 산업에 비해 현장과 직·간접적으로 연결되어 있다.
④ 지도요원: 영농의 변화나 혁신사항을 소개할 경우 영농방식과 관계된 점을 고려하여야 한다.

2) 토지소유형태

① 토지소유 정도와 자작농 또는 소작농과 같은 소유방식이 농촌의 인간관계 형식 및 농촌사회 구조의 성격을 규정하는데 영향을 미친다.

② 지도요원: 농민의 토지소유 형태에 따라 수용 가능한 적정기술과 혁신사항을 전달해야 한다.

3) 사회의식

① 사회의식은 그 사회가 가지고 있는 문화의 핵심 단면이 의식이다.

② 사회의식에는 종교, 축제, 결혼식, 장례식, 회갑연, 추수감사제, 기우제 등이 있다.

③ 사회의식은 농촌사회에 큰 영향을 미쳤으나 최근 농촌사회에 급속한 변화와 전통문화의 해체 성향이 있다.

④ 지도요원: 사회의식에 참여하여 그 지역사회의 문화와 관습을 이해하고 대화를 통하여 농촌 주민의 문제인식과 상호신뢰를 형성해야 한다.

4) 전통적 의사전달방법

① 농촌사회는 가무, 연극, 지역속담, 종교모임, 사랑방모임, 우물가모임, 계모임 등을 통하여 정보를 전파하고 관념, 의식을 공유하는 의사전달 방법을 가진다.

② 지도요원: 전통적 의사전달 활동에 참여하여 지역사회 주민의 공동감정, 사고방식, 영농태도 등을 파악하고 전통적 의사전달수단을 통하여 혁신의사를 효과적으로 보급, 전파할 수 있어야 한다.

⑤ 농촌지도 환경의 변화

(1) 농촌인구구조의 변화

1) 고령화에 따른 농업의 포기, 전업 등으로 전반적으로 계속 감소하고 있다.
2) 도시 인구는 연평균 0.9%의 증가율로 꾸준히 증가하고 있다.(2011년 통계)
3) 최근에는 농촌인구의 감소폭이 둔화되고 있으며 출산력의 저하로 유소년 인구가 감소하고 있다.
4) **농촌인구구조의 변화가 농촌지역사회의 지속가능성에 미치는 영향**

① 농촌인구의 감소: 농촌인구의 감소는 농촌지역에서 생산인구로 유입되는 비율에 있어 한계를 보인다.

② 농촌의 고령화: 2000년 기준 65세 이상 인구비율인 고령인구비율이 14.5%에서 2010년에는 20%로 고령인구가 증가하고 있다.

③ 앞으로 농촌지도사업이 대도시 근교의 다양한 인구구성과 종사자의 다양성과는 달리 여전히 전통적인 농업지대가 존재하므로 더욱 다양하고 밀착된 농촌지도사업이 필요하다.

④ 낙관적 측면: 최근 농촌인구 감소폭이 낮아지고 있고 앞으로 지역개발, 귀농귀촌, 결혼이민 등 외부유입 등의 원인으로 농촌인구가 증가할 것이라는 예측이 있다.

(2) 농업생산 농가구조의 변화

1) 농가 현황
① 2011년 농가는 주로 2인 가구이며 평균 가구원수는 2.55명이었다.
② 농가 가구원수는 2인 가구가 48.7%, 3인 가구 16.4%, 1인 가구 15.1% 순이었다.

2) 경지규모별 농가 현황
① 경지규모는 0.5ha 내외로 완만하게 감소해 왔으며 앞으로도 같은 추세일 것으로 전망되고 있다.
② 0.5ha 미만과 3.0ha 이상의 농가가 증가하여 경지의 규모화가 진행된다고 볼 수 있으며 5ha 이상의 농가도 4만 가구 정도로 3%를 차지하고 있다.
③ 전통적인 농가와는 다른 형태의 지도능력이 요구되며, 농업법인이나 회사법인이 운영되고 있으며, 수익을 많이 내는 경영인도 있어 농업 인력도 경영자, 기술자, 노동자층으로 각 집단에 적절한 형태의 인력 교육이 운영되어야 한다.
④ 영세 농가에 대하여는 농가에 따라 또 다른 지원이 필요하다.

3) 농가경제의 변화
① 농가소득은 농촌지역 경제의 실태를 보여주는 대표적인 주요 지표이다.
② 전업농가와 겸업농가 변화
　㉠ 2011년 전체 농가의 54.2%가 전업농가이고 45.8%가 겸업농가로 나타났다.
　㉡ 1종 겸업농가가 15.6%, 2종 겸업농가가 30.2%로 나타났고 겸업농가의 비율은 2001년 이후 꾸준한 증가세를 보여 2010년에는 46%에 달한 것으로 나타나 농가 경제활동의 다각화가 진행되고 있음을 보여주고 있다.
　　ⓐ 1종 겸업농가: 연간 총수입 중 농업수입이 50% 이상인 농가
　　ⓑ 2종 겸업농가: 연간 총수입 중 농업수입이 50% 미만인 농가
　㉢ 1990년 이후 1종 겸업농가의 비율이 낮아졌음에 비해 2종 겸업농가의 비율은 2000년 이후 계속 증가하고 있다.
③ 농가소득: 농가소득은 1990년부터 2010년까지 전반적으로 증가 추세를 보이며 농외소득의 비율이 빠르게 증가하여 2007년부터 농업소득보다 농외소득이 더 많아 졌다.
④ 농가소득 전망
　㉠ 농업생산액은 완만하게 증가할 것으로 전망하였으나 농업부가가치는 감소세로 전망된다.
　㉡ 농가소득은 꾸준히 증가할 것으로 보이나 농업소득은 감소하고 농외소득이 빠르게 증가할 것으로 전망된다.
　㉢ 농업소득은 계속 감소 추세이며 농업소득 증가에 한계가 있으므로 다양한 정책적 접근이 필요하다.
　㉣ 생산기술, 경영능력 미흡으로 인한 농업소득 부족은 교육과 지도를 통해 개선이 가능한 문제이나 마케팅 능력, 시장구조의 문제는 쉽게 해결할 수 없다.

ⓜ 마케팅 능력은 시장 수요를 신속히 판단하고 결정을 내리며 적절한 위기관리를 해야 한다는 점에서 생산 전 과정에 영향을 미치므로 단기간에 해결하기 어렵다.

4) 농촌의 다문화

① 2010년 기준 도시 및 농어촌 지역의 모든 거주 가구를 포함한 다문화 가구 비율은 2.2%이며 그 중 농어촌 거주가구는 18.6%를 차지한다.

② 읍 지역보다 면 지역의 다문화 가구의 비율이 높았다.

③ 도시지역에 비해 농촌지역의 1인 가구 수의 비율이 낮으며 이는 농촌지역의 다문화 가구는 결혼이민을 전제로 성립함을 알 수 있다.

5) 사회변화와 농촌발전

① 사회는 트렌드에 의해 빠른 변화가 유도되며 트렌드는 정책에 의해 형성, 결정되는 것이 아니라 사회가 불가피하게 당면하게 되는 것이다.

② 사회변화를 주도하는 메가트렌드는 농촌사회의 미래에도 긍정, 부정적 영향을 미치므로 바람직한 방향으로 전환해 나가야 한다.

③ 메가트렌드가 농업, 농촌에 미치는 영향

메가트렌드	핵심요소	농업, 농촌에 미치는 영향
신기술의 발전 및 정보화	*디지털 네트워크 기술의 발달 *바이오기술 발달 *제품의 멀티미디어화, 개인화, 이동화, 보안화 *사이버레이션 등 새로운 인간관계 형성, 기존 도시의 외연 확대	*지역공동체의 약화 및 사이버 공동체의 발달 *유비쿼터스 시대의 도래 *농촌복지 수준의 향상
글로벌 경제 (세계화)	*FTA 진전, 동북아 경제 블록화, 아시아연합 경제권 등으로 발전 *미국 중심의 세계화 탈피와 중국 경제 성장	*시장질서의 국제규범 재편 *농업의 축소 및 경쟁력 있는 고부가가치 농업으로 구조조정 *농업, 농촌의 양극화 확대 *농산물 수입증가와 수출시장 확대
교통의 발달과 도시화 진전	*기존 도시의 외연적 확대 *다양한 신도시 출현 *고속, 광역 교통체계 구축	*전국 반나절 생활권 형성 *대도시 중심의 광역생활권 형성 *여가공간, 정주공간으로서의 농촌의 매력 증대
저출산 고령화	*저출산으로 인구증가율 둔화, 평균수명 연장 *고령층의 사회참여 확대, 고령친화산업 발달 *세대갈등 심화	*농업생산력 증가세 둔화 *농촌사회의 활력저하 및 지역경제 위축 *고령친화 실버농업 부상 *농촌주민의 복지수요 급증 *외국인 유입 증가
환경과 자원문제 심화	*지구온난화 *개도국의 경제성장과 자연자원 수급 불안 *화석연료 고갈에 따른 신재생에너지 사용 확대 *세계적 물부족 현상	*지속가능한 환경농업 발전 *지구온난화로 식생변화 *바이오매스 등 신농업 출현
새로운 가치지향	*경제성장에서 탈피와 삶의 질 중시 *지식창조사회 *여가 및 문화가치 증대	*식품안전성, 기능성 중시 *농촌 어메니티를 활용한 지역 개발활동 활성화 *귀농, 귀촌 인구 증가 *휴양공간, 전원생활 수요 증가

(3) 농촌사회변화의 장애 요인

1) 전통과 권위주의
① 농민들은 자신의 문화양식과 가치관에 대한 지나친 신념과 권위를 가지고 있으며 전통과 관습 주의적 삶을 추구하는 경향이 있어 새로운 변화에 회의적이기 쉽고 피동적일 수 있다.
② 농촌지도요원과 같은 타인이 농민 자신의 생활방식과 영농방식 등을 변화시키려 할 때 저항적이고, 실패에 따른 권위손상에 민감한 반응을 보인다.

2) 정의적 가치평가기준
① 농민들은 합리적 가치평가기준보다 정의적 가치평가기준을 더 선호하는 경향이 있다.
② 생산성, 경제성이 우수한 신품종을 소개하더라도 식습관, 맛, 외관 등 문화적 요인 때문에 수용하지 않는 경우가 있다.

3) 사회적 책임
농촌사회는 사회적 책임, 또는 지역사회나 어느 집단에서의 개인적 지위에 수반하는 사회적 책임을 강조하는 경향이 있다.

4) 농촌사회구조
① 농촌사회에서는 연령, 성, 영농규모, 종교 등 사회구분적 요인, 사회집단의 종류와 분포, 여론지도자의 활동 등과 같은 사회구조적 특성이 농촌지도활동에 심각한 장애가 되는 경우가 있다.
② 유력한 집단, 여론지도자의 특성이 새로운 변화의 수용에 부정적일 때는 농촌지도요원이 의도한 변화가 성공적으로 이루어지기 매우 어렵다.

5) 공무원에 대한 태도
농민들은 전통적으로 공무원을 기피하고 자신을 이용하는 사람으로 생각하는 경향이 있어 농촌지도공무원은 농민의 반감을 사기 쉬우므로 자신을 세금징수, 채무상환, 주민박해 등의 인상과 연루되지 않고 하나의 봉사자로 인식되도록 해야 한다.

6) 커뮤니케이션
어떤 의사를 농민에게 전달하는 경우 농촌지도요원과 농민간의 언어적, 지식 사회문화, 배경적 능력의 차이는 효과적 의사전달의 장해요인이 되므로 이의 극복을 위해 농촌지도요원은 보다 쉬운 말로 보다 쉽게 설명해야 하고 자신을 농민의 사회문화와 동질화시키는 것이 필요하다.

농촌지도의 역사 및 관련학문 예상문제

01. 농업교육 강조를 통해 1779년 최초의 농업학교가 설립된 국가는?

① 미국　　　　　　　　　　② 영국
③ 헝가리　　　　　　　　　④ 네덜란드

[해설] 농업교육 강조를 통해 1779년 헝가리 자바에서 최초의 농업학교가 설립

02. 농촌지도, 농촌사회교육, 지역사회개발의 공통점으로 옳지 않은 것은?

① 도시지역보다 농촌지역사회에 더 큰 비중을 둔다.
② 다학문적 접근의 특성을 가진다.
③ 연구과정이나 실제 사업수행에서 대상자의 참여를 무엇보다 강조한다.
④ 모든 지역의 성인 남녀를 위한 비형식적 사회교육에 역점을 둔다.

[해설] ④ 일정 지역의 성인 남녀를 위한 비형식적 사회교육에 역점을 둔다.

03. 다음 중 근대의 농업협회에 대한 설명으로 옳지 않은 것은?

① 1862년 링컨 대통령 시기에 미 농무부가 설립되었다.
② 미국 농업발전을 위한 후원단체의 활동으로 연방정부에 농무성과 농업을 가르치는 주립대학의 설립 필요성을 환기시켰다.
③ 초기의 농업협회는 농업에 관련된 사람들이 모여서 강의를 듣거나 품평회를 목적으로 설립되었다.
④ 점차 지역조직까지 확대되고 농업 관계 정보를 활자화하여 비회원에게까지 전파하였다.

[해설] 초기의 농업협회는 농업에 관련된 사람들이 모여서 서로 정보를 교환하고 협력하기 위한 목적으로 설립되었다.

정답　01. ③　02. ④　03. ③

04. 페더, 윌렛, 지프(Feder, Willett & Zip)가 제시한 농촌지도의 세계적 흐름에 대한 설명으로 옳지 않은 것은?

① 1950년대 대학보다 주로 행정당국 주관으로 농촌지도사업이 추진되었다.
② 1960년대 선진농업기술의 이전을 위한 개별 농가에 대한 관심에 초점을 맞추었다.
③ 1970년대 농촌지도를 전담하는 기관이 제도적으로 설치, 운영되기 시작하였다.
④ 1980년대 전환기로 참여접근법이 급속히 강조되었다.

해설 1960년대
① 이전 시기의 농촌지도사업의 목적과 전략이었던 선진농업기술의 이전을 지속하면서 그 과정에서 지도자와 농업인 간 대인커뮤니케이션이 중요한 방법으로 활용된다.
② 개별농가에 대한 관심보다 농촌지역을 하나의 사업단위로 생각하는 지역사회개발에 초점을 맞추었다.
③ 농산물을 대량생산으로 녹색혁명(Green revolution)이 시작되었다.

05. 페더, 윌렛, 지프(Feder, Willett & Zip)의 세계농촌지도 흐름에서 1970년대 농촌지도와 관련된 내용이 아닌 것은?

① 농가수준에서 해결하기 어려운 문제를 해결할 수 있는 통합적 농촌지도 전략에도 불구하고 농가들이 기술을 수용하지 않는 경향도 나타났다.
② 농촌지도를 전담하는 기관이 제도적으로 설치, 운영되기 시작하였다.
③ 공공부문에서 재정집행과 관련하여 민주화가 실현되었다.
④ 농촌지도방법으로 T&V 시스템(Training & Visiting system)이 등장하였고 농촌지도의 전파 모델을 통해 기술권리획득 모델이 도입되었다.

해설 *1970년대
① 1960년대 중반부터 공공부문이 확대되면서 식량자급을 위한 농업의 기술적 문제에 대한 지도와 자문이 더 체계적으로 진행되었다.
② 농촌지도를 전담하는 기관이 제도적으로 설치, 운영되기 시작하였다.
  ㉠ 농촌지도기관의 50%가 1970년대 이후 새롭게 조직되거나 개편되었으며 특징은 통합농촌개발(Integrated Rural Development)의 성격이었다.
  ㉡ 농촌지도방법으로 T&V 시스템(Training & Visiting system)이 등장하였고 농촌지도의 전파 모델을 통해 기술권리획득 모델이 도입되었다.
③ 농가수준에서 해결하기 어려운 문제를 해결할 수 있는 통합적 농촌지도 전략에도 불구하고 농가들이 기술을 수용하지 않는 경향도 나타났다.
*1990년대
① 새로운 접근법이 시도되는 전환기의 시기이다.
② 공공부문에서 재정집행과 관련하여 민주화가 실현되었다.
③ 방법론적으로 연구자와 농민 간에 직접적 네트워킹이 강조되었다.
④ 농촌지도의 재정에 대한 지속가능한 접근은 융통성과 다면적 파트너를 포함시키게 된다.

정답 04. ② 05. ③

06. 농촌지도, 농촌사회교육, 지역사회개발의 차이점으로 보기 어려운 것은?

① 농촌지도의 대상은 농민, 농가주부, 농촌청소년이다.
② 지역사회개발은 주민접근 전략으로 농장이나 가정을 방문한다.
③ 지역사회개발의 대상범위는 도시까지 확장되었다.
④ 농촌사회교육의 전문요원은 학습도우미, 촉진자, 교사이다.

해설 농촌지도, 농촌사회교육, 지역사회개발 비교

구분	농촌지도	농촌사회교육	지역사회개발
주요 관련 학문 분야	농업기술, 생활과학	사회교육학	교육학, 사회학, 사회복지학, 경제학, 행정학, 지리학 등
주민접근 전략	농장 및 가정방문	개인, 집단, 대중접촉의 혼합	주로 집단 및 조직 접근
교육대상	농민, 농가주부, 농촌청소년	농민, 농가주부, 농촌청소년	지역사회 및 사업추진 주체로서의 주민
전문요원	지도자, 지도요원	학습도우미, 촉진자, 교사	지역사회개발요원, 사업조정관
대상의 범위	농촌, 농업, 농민	농촌, 농업, 농민	도시까지 확장

07. 다음 중 농촌지도와 지역사회개발과의 차이점 중 옳지 않은 것은?

① 농촌지도는 낙후지역의 종합적 개발전략에 따라 발생하였고, 지역사회개발은 대학교육 중 사회교육 일환으로 시작되었다.
② 농촌지도사업은 소득증대 사업을 추구한다.
③ 농촌지도에서 전문인력을 지도요원으로, 지역사회개발에서는 사업조정관이라 한다.
④ 농촌지도는 농민의 영농기술 향상에 역점을 두고, 지역사회개발은 주민의 태도변화와 환경개선에 역점을 두고 있다.

해설 농촌지도는 대학교육 중 사회교육의 일환으로 시작되었으며, 지역사회개발은 낙후지역의 종합적 개발전략에 따라 발생하였다.

08. 농촌지도사업이 지향하는 이념에 대한 설명으로 옳지 않은 것은?

① 국가발전과 복지사회건설
② 농촌주민의 소득증대와 복지증진
③ 농촌의 발전과 개발
④ 국가의 산업발전과 농업전통문화 보존

해설 농촌지도이념
① 농업과 농촌발전을 통한 국가발전을 지향한다.
② 농촌주민과 함께 인간 개개인의 발전과 행복을 추구한다.
③ 세계와 인류의 발전을 지향한다.

정답 06. ② 07. ① 08. ④

CHAPTER 02 농촌지도의 역사 및 관련학문

09. 스미스와 윌슨(Smith & Wilson)의 지역사회개발에 대한 주장으로 옳지 않은 것은?

① 농촌지도와 지역사회개발의 관계를 이상적으로 보며 지역사회개발은 지역사회에 사는 모든 주민이 참여할 수 있는 것으로 상정하였다.
② 지역사회개발에 대한 사회교육적 접근을 체계화하면서 사회교육자의 지역사회개발에 대한 관심을 유도하였다.
③ 기존 농촌지도로 효과를 거두기 힘들었던 지역사회의 개인과 집단을 지역개발사업에 참여시키도록 유도하였다.
④ 지역사회개발의 지도력은 지도원이 보다 지역사회 주민 편에서 활동할 것을 요구하며 지역사회개발이 농촌지도를 민주화하는 방향으로 진전시켰다.

[해설] 지역사회개발에 대한 학자들의 주장
㉠ 스미스와 윌슨(Smith & Wilson)
  ⓐ 농촌지도와 지역사회개발의 관계를 이상적으로 보며 지역사회개발은 지역사회에 사는 모든 주민이 참여할 수 있는 것으로 상정하였다.
  ⓑ 기존 농촌지도로 효과를 거두기 힘들었던 지역사회의 개인과 집단을 지역개발사업에 참여시키도록 유도하였다.
  ⓒ 지역사회개발의 지도력은 지도원이 보다 지역사회 주민 편에서 활동할 것을 요구하며 지역사회개발이 농촌지도를 민주화하는 방향으로 전전시켰다.
㉡ 피퍼와 리스트(Phifer & List): 농촌지도와 지역사회개발의 긴밀한 관계 또는 농촌지도의 새로운 방향으로서 지역사회개발의 위상을 강조하였다.
㉢ 로버츠(Roberts): 지역사회개발에 대한 사회교육적 접근을 체계화하면서 사회교육자의 지역사회개발에 대한 관심을 유도하였다.

10. 농촌지도와 지역사회개발의 차이점으로 옳지 않은 것은?

① 지역사회개발은 농업과 생활개선에 중점을 두고 있다.
② 농촌지도사업은 개개 농민의 기술변화에 역점을 두고, 농촌지도에서 다루는 집단활동은 개개인에게 영향력을 미치기 위한 부차적인 수단이다.
③ 지역사회개발은 지역주민의 건강, 교육, 교통 문제 등 지역사회의 다양한 문제를 다루고 있다.
④ 지역사회개발은 개개인 또는 개인의 행동보다 사회집단을 더 강조하고 있다.

[해설] 농촌지도와 지역사회개발의 비교

농촌지도사업	지역사회개발
농업과 생활개선에만 중점을 둠	지역주민의 건강, 교육, 교통 문제 등 지역사회의 다양한 문제를 다루고 있다.
개개 농민의 기술변화에 역점을 두고, 농촌지도에서 다루는 집단활동은 개개인에게 영향력을 미치기 위한 부차적인 수단이다.	개개인 또는 개인의 행동보다 사회집단을 더 강조함

정답 09. ② 10. ①

11. 농촌지도학, 농촌사회교육, 지역사회개발 공통점으로 보기 어려운 것은?

① 일정한 지역의 성인 남녀를 위한 비형식적 사회교육에 역점을 두고 있다.
② 도시지역과 농촌지역사회 모두 동등한 비중으로 사업을 진행한다.
③ 연구과정이나 실제 사업수행에서 대상자의 참여를 강조한다.
④ 어떤 학문적 계보를 가지고 발전된 것이 아니라 다문학적 또는 종합학문적 접근의 특성을 가진다.

[해설] 농촌지도학, 농촌사회교육, 지역사회개발 공통점
① 일정한 지역의 성인 남녀를 위한 비형식적 사회교육에 역점을 두고 있다.
 미국에서 농촌지도를 지도교육(Extension education)이라 하고, 교육학에서 지역사회교육(Community education)이나 학습공동체활동(Community of practice; COP) 등이 지역사회개발과 사회교육의 불가분의 관계로 인정하고 있다.
② 도시지역보다 농촌지역사회에 더 큰 비중을 두고 있다.
③ 연구과정이나 실제 사업수행에서 대상자의 참여를 강조한다.
④ 어떤 학문적 계보를 가지고 발전된 것이 아니라 다문학적 또는 종합학문적 접근의 특성을 가진다.

12. 지역사회개발에 필요한 요건으로 보기 어려운 것은?

① 주민 모두가 원하는 사업의 선정이 필수적이다.
② 주민들의 협동으로 수행되는 것이 원칙이다.
③ 사업의 필요성을 느낀 주민들만의 참여가 요구된다.
④ 주민들의 능력에 맞는 사업이 선정되어야 한다.

[해설] 지역사회 편리의 도모를 위하여 그 지역주민의 공동문제를 협동하여 자발, 자주, 자조적으로 해결하는데 지도와 조언이 필요하다.

13. 리베라가 주장하는 세계 농촌지도 발달 과정 중 1980년대 이후 주요활동 내용으로 옳지 않은 것은?

① 국토의 균형발전을 위한 지역개발사업
② 농업인의 보건, 복지환경 및 농촌생활환경사업
③ 소득개발을 중시하여 종래의 일반적 기술보급에서 전문화된 컨설팅 사업으로 변화
④ 흉작으로 농촌경제가 파탄에 이르자 농업인을 교육하여 농업을 개량하기 위한 활동 착수

CHAPTER 02 농촌지도의 역사 및 관련학문

해설 세계 농촌지도의 발달: 리베라(Rivera, 1992)

시기	19세기 후반	2차대전 ~ 1980년대	1980년대 이후
흐름	소외계층에 대한 사회적 관심	농업을 통한 산업발전의 기반 확보	농촌지도사업의 다양화
목적	소외된 계층에 새로운 기회제공	식량증산을 통한 국부창출	다양한 농업, 농촌, 농업인 문제해결
주요 활동	귀족과 부유층 자제들을 중심으로 대학 주변의 소외된 주민에게 읽고 쓰는 것과 생활을 영위하는데 필요한 기술을 교육함	① 흉작으로 농촌경제가 파탄에 이르자 농업인을 교육하여 농업을 개량하기 위한 활동 착수 ② 2차대전 후 많은 국가가 자국의 부족한 식량을 자급하고 수입식량을 대체하기 위하여 식량증산에 필요한 생산기술 보급	① 국토의 균형발전을 위한 지역개발사업 ② 농업인의 보건, 복지환경 및 농촌생활환경사업 ③ 소득개발을 중시하여 종래의 일반적 기술보급에서 전문화된 컨설팅 사업으로 변화
주요 특징	소외된 자에 대한 관심과 이들의 지위 향상을 위한 계몽활동 중심	농업이 국민경제 내에서 먹거리, 유기원료를 공급하는 산업의 역할을 제대로 수행하는데 초점	① 일부국가는 농촌문제에 관심을 가지면서 지도사업의 범위를 확대 ② 일부국가는 농업기술에 한정하여 지도사업의 효율화 방안 모색

14. 농촌지도요원들이 농촌지도와 관련하여 기본적으로 알고 있어야 하는 지역사회 문화요소에 해당하지 않는 것은?

① 토지소유방식 ② 국가형태
③ 전통적 의사전달방법 ④ 영농형태

해설 지역사회의 문화적 요소: 영농방식, 토지소유형태, 사회의식, 전통적 의사전달방법

15. 농촌사회변화의 장애요인으로 옳지 않은 것은?

① 정의적 가치평가 기준 ② 전통과 합리주의
③ 커뮤니케이션 ④ 사회적 책임

해설 농촌사회변화의 장애요인
① 정의적 가치평가 기준
② 사회적 책임
③ 공무원에 대한 태도
④ 농촌사회구조
⑤ 전통과 권위주의
⑥ 커뮤니케이션

정답 13. ④ 14. ② 15. ②

PART 01 농촌지도의 기초

16. 농업교육의 기원으로 볼 수 있는 역사적 사건은?

① 제2차 세계대전
② 산업혁명
③ 르네상스
④ 종교개혁

해설 농촌지도의 기원을 유럽의 르네상스 시기로 본다.

17. 농촌환경에 대한 설명으로 옳지 않은 것은?

① 겸업농가의 꾸준한 증가로 농업소득이 증가할 것으로 전망된다.
② 인구감소와 고령화 현상이 심각하다.
③ 경지규모는 0.5ha 내외로 완만하게 감소해 왔으며 앞으로도 같은 추세일 것으로 전망되고 있다.
④ 도시지역에 비해 농촌지역의 1인 가구 수의 비율이 낮으며 이는 농촌지역의 다문화가구는 결혼이민을 전제로 성립함을 알 수 있다.

해설 전체 농가소득은 농외소득으로 증가하게 되지만 농업소득은 오히려 감소하게 된다.

18. 우리 사회의 메가트렌드 중 신기술의 발전 및 정보화가 농업, 농촌에 미치는 영향으로 옳은 것은?

① 자원순환형 농업의 발달
② 바이오매스 등 신농업 출현
③ 전국 반나절 생활권 형성
④ 지역공동체의 약화 및 사이버 공동체의 발달

해설 메가트렌드가 농업, 농촌에 미치는 영향

CHAPTER 02 농촌지도의 역사 및 관련학문

메가트렌드	핵심요소	농업, 농촌에 미치는 영향
신기술의 발전 및 정보화	*디지털 네트워크 기술의 발달 *바이오기술 발달 *제품의 멀티미디어화, 개인화, 이동화, 보안화 *사이버레이션 등 새로운 인간관계 형성, 기존도시의 외연 확대	*지역공동체의 약화 및 사이버 공동체의 발달 *유비쿼터스 시대의 도래 *농촌복지 수주의 향상
글로벌 경제 (세계화)	*FTA 진전, 동북아 경제 블록화, 아시아연합경제권 등으로 발전 *미국 중심의 세계화 탈피와 중국 경제 성장	*시장질서의 국제규범 재편 *농업의 축소 및 경쟁력 있는 고부가가치 농업으로 구조조정 *농업, 농촌의 양극화 확대 *농산물 수입증가와 수출시장 확대
교통의 발달과 도시화 진전	*기존 도시의 외연적 확대 *다양한 신도시 출현 *고속, 광역 교통체계 구축	*전국 반나절 생활권 형성 *대도시 중심의 광역생활권 형성 *여가공간, 정주공간으로서의 농촌의 매력 증대
저출산 고령화	*저출산으로 인구증가율 둔화, 평균수명 연장 *고령층의 사회참여 확대, 고령친화산업 발달 *세대갈등 심화	*농업생산력 증가세 둔화 *농촌사회의 활력저하 및 지역경제 위축 *고령친화 실버농업 부상 *농촌주민의 복지수요 급증 *외국인 유입 증가
환경과 자원문제 심화	*지구온난화 *개도국의 경제성장과 자연자원 수급 불안 *화석연료 고갈에 따른 신재생에너지 사용 확대 *세계적 물부족 현상	*지속가능한 환경농업 발전 *지구온난화로 식생변화 *바이오매스 등 신농업 출현
새로운 가치지향	*경제성장에서 탈피와 삶의 질 중시 *지식창조사회 *여가 및 문화가치 증대	*식품안전성, 기능성 중시 *농촌 어메니티를 활용한 지역 개발활동 활성화 *귀농, 귀촌 인구 증가 *휴양공간, 전원생활 수요 증가

19. 우리 사회의 메가트렌드 중 저출산 고령화가 농업, 농촌에 미치는 영향으로 옳지 않은 것은?

① 농업생산력 증가세 둔화
② 귀농, 귀촌 인구의 증가
③ 농촌주민의 복지수요 급증
④ 외국인 유입 증가

해설 귀농, 귀촌 인구의 증가는 새로운 가치지향에 해당된다.

정답 19. ②

03 CHAPTER 농촌지도접근법과 추진체계

① 농촌지도 접근법

(1) 접근범위 개념과 특성

1) 개념
① 협의의 의미: 특정지역에서 농촌지도사업이 효과적으로 작동될 수 있도록 조직화된 전략과 방법의 조화이다.
② 광의의 의미: 농촌지도사업의 활동 유형으로 이념, 조직의 구조와 지도력, 자원, 프로그램, 다른 기관과의 연계 등이 종합적으로 반영된 것이다.
  ㉠ 지도방법: 성인교육의 절차를 따름
  ㉡ 지도내용: 농업, 농촌과 관련된 내용을 다룸
  ㉢ 지도목적: 생산성 증대, 의식 개선 등을 통한 농촌주민 삶의 질 개선

2) 특성
① 대부분 나라는 미국식 농촌지도가 도입되기 전 그 나라 실정에 맞는 지도사업이 수행되었으며 제2차 세계대전 이후 미국의 영향력이 커지면서 미국식 농촌지도방법이 각국 농촌지도 발달에 큰 영향을 미쳤다.
② 현재는 미국식 농촌지도와 그 나라의 지도방식이 상호작용하여 독특한 경험과 사회구조에 적응된 여러 형태의 농촌지도가 전개되고 있다.
③ 지역, 학자에 따라 다양하지만 보편적으로 적용할 수 있는 최상의 접근방법은 존재하지 않으며, 각 접근법이 갖는 장단점을 고려하여 특정 상황, 시대에 맞는 방법을 선택하여야 한다.
④ 농촌지도접근법은 국가중심적이고 하향식에서 주민참여가 많아지고 의견이 반영되고 있으며, 단순 기술이전에서 종합적, 포괄적 농촌지도가 이루어지고 있다.

(2) 농촌지도접근법의 분류

1) 네갈(Negal, 1997): 일반적 고객 접근, 선택적 고객 접근
① 일반적 고객 접근
  ㉠ 정부주도의 일반적 지도(Ministry Based General Extension)
  ㉡ 훈련, 방문 지도접근(Training and Visit Extension; T&V)

- ⓒ 종합적 사업 접근(The Integrated Approach)
- ⓔ 대학 중심의 지도사업(University Based Extension)
- ⓜ 농촌개발사업(Animation Rurale)

② 선택적 고객 접근
- ⓞ 상품 지향적 지도사업(Commodity Based Extension)
- ⓛ 상업서비스로서의 지도사업(Extension as a Commercial Service)
- ⓒ 고객 중심 및 고객이 통제하는 지도사업(Client-Based and Client-Controlled Extension)

2) 미국식 농촌지도접근법(Seevers, 1997)
① 개발도상국에서 주로 사용할 수 있는 농촌지도접근법이다.
② 훈련, 방문 지도접근(Training and Visit Extension; T&V)
③ 프로젝트 접근(Project Approach)
④ 농민우선주의 접근(Farmer First Approach)
⑤ 영농체계연구지도접근(Farming Systems Research and Extension; FSR&E)

3) 우리나라 농촌지도접근법
① 전통적 기존접근법 : 전통적 농촌지도접근법, 종합농촌개발접근법, 협동자조접근법
② 새로운 접근법 : 훈련, 방문 지도접근, 영농체계연구 지도접근, 농민우선주의 지도접근

4) 알렉스, 지프, 바이어리(Alex, Zip & Byerlee, 2002)의 농촌지도접근법
① 국가농촌지도접근 : 공공영역 주도로 현장의 농업인에게 무상으로 자문을 제공하는 표준형 접근방식
- ⓞ 일반적 농촌지도 : 1980년 이전까지 지배적으로 이루어지던 전통적인 농촌지도의 유형
- ⓛ 훈련방문지도 : 비효율적이던 일반적 농촌지도의 개선방안으로 1970년대 후반에 나타남
- ⓒ 전략적 지도 캠페인 : 국가농촌지도사업에 사람들의 참여를 결합시키는 방법. FAO에서 개발함
- ⓔ 교육기관에 의한 지도 : 교육기관, 주로 농과대학이 국가농촌지도를 수행함
- ⓜ 공공기관 계약지도 : 정부와 계약한 민간회사 또는 비정부조직(NGO)이 지도사업 수행

② 생산자주도 농촌지도 : 지도과정에 지식과 자원을 생산하도록 농업인을 관여시킴
- ⓞ 농촌활성화 : 하향식 패턴의 개발프로그램을 타파하기 위한 전략으로 아프리카 프랑코폰에서 최초로 적용된 방식
- ⓛ 참여적 농촌지도 : 집단회의를 조성하고 요구와 우선순위를 구명하고 지도활동을 계획하거나 생산체계를 개선하도록 고유 지식을 활용하는 농업인의 역량 제고
- ⓒ 영농체계 개발지도 : 지도, 연구자와 지역 농업인 또는 농업인 단체 간의 파트너십 필요
- ⓔ 생산자조직 지도방식 : 전적으로 생산자들에 의해 계획되고 관리되는 방식

③ 목적집단 지도방식: 주로 전문가, 고객, 지역 또는 시간에 초점을 두고 고비용을 회피하려는 지도접근방식
  ㉠ 특성화 지도방식: 특정 생산물 또는 영농방식(관개, 비료, 산림관리 등)의 생산성 개선을 위한 노력에 초점을 둠
  ㉡ 프로젝트 지도방식: 특정기간 동안 한정된 장소에서 농촌지도 자원의 증가에 초점을 둠
  ㉢ 고객집단 지도방식: 영세농, 여성, 소농, 소수인종과 같이 특정 유형의 농업인 집단에 초점을 둠
④ 상업화된 농촌지도: 주로 농촌지도서비스의 상업화에 의존함
  ㉠ 비용분담 농촌지도: 농업인에게 사업비 분담을 요구하는 농촌지도방식
  ㉡ 상업화된 농촌지도 자문서비스: 무료 공공지도사업의 한계와 농업인이 신뢰할 수 있는 전문적인 서비스를 추구함에 따라 향후 더욱 보편화될 것임
  ㉢ 농산업지도: 농가의 생산과 관리를 지원하는 바람직한 농촌지도사업의 제공을 요구하거나 혜택을 받는 제품 구매자와 투입요소 제공자의 상업적 관심 지원
⑤ 매체를 통한 지도: 일반 대중에게 지도기관 외 차원의 노력에 대한 지원 또는 정보서비스 제공
  ㉠ 대중매체를 통한 지도: 대중에게 맞춤형 순수 정보서비스 제공
  ㉡ 대중매체를 활용한 지도: 이슈에 대한 이해와 논의를 촉진하기 위해 대중매체 정보서비스와 현장의 지도요원 또는 자원자와의 연계
  ㉢ 의사소통기법: 유선 또는 인터넷을 통해 농촌주민이 전문가 또는 전문적인 정보원과 접촉하게 함

(3) 농업연구 – 지도의 이론적 모형

1) 전통적 기술보급모델의 발전과정
① T&V(Training and Visit Extension)법 → 영농체계연구지도(Farming Systems Research and Extension; FSR&E) → 농민우선 → 참여연구
② 점차 농민이 수동적 역할에서 적극적 역할로 참여가 확대되어 간다.

2) 기술보급 모형(행위자 모형)
① 혁신전파이론에 기반한 행위자 모형이다.
② 농업연구사와 농촌지도사의 행동 특성, 동기, 자질, 사기 등을 중심으로 설명하는 이론이다.
③ 관련이론: 훈련·방문(T&V), 농민우선
④ 농업연구기관에서 개발한 신기술 이전을 위한 지도사업을 활용한다.
⑤ 기술보급은 일련의 방법이라기보다는 기술보급 체계를 의미한다.
⑥ 농가를 농업연구기관에서 개발한 신기술의 수용자로만 여기는 개발 시각으로 인해 선형적이고 하향식 방식을 취한다.

⑦ 우리나라 농촌지도사업은 농업기술보급모델에 기반한 지도사업을 수행해 왔다.

⑧ 농촌지도사업은 시험연구결과(자연과학 지식)를 농업인 활용기술로 가공하여 부가가치를 높여주는 고도의 전문성과 창의성을 필요로 하는 활동이다.

⑨ 전통적인 기술보급모델은 농민이 수동적으로 연구사나 지도사의 기술을 수용하도록 하는 방법인데 점차 농민이 수동적 역할에서 적극적 역할로 참여를 확대해 왔다.

3) 시스템 모형

① 조직간의 연계, 정보흐름도, 조직역할 업무진단, 업무분석, 연구지도 연계 등을 중심으로 설명하는 이론이다.

② **관련접근법**: 영농체계연구지도, 농업지식체계, 투입산출모형(input-output model, 미국 위스콘신 주립대학교에서 개발)

③ 행위자 모형과 시스템 모형이 복합적용된 접근법에는 현장연구, 참여연구가 있다.

4) 참여연구 접근

① 1975년 이후 성인교육 운동과 함께 1980년대 후반 농민우선과 'Participatory Technology Development(기술개발참여)'라는 개념으로 등장하였다.

② FAO나 세계은행에서 농업연구와 지도를 개발하여 운용하였다.

③ 특징은 지속가능한 농업과 자연자원 개발을 위한 접근방법이다.

④ 참여연구는 연구, 지도과정에 농민참여를 중시하는데 농업연구, 개발, 농촌지도과정에서 농민역할을 중요하게 고려하는 것이다.

⑤ 주로 농촌평가를 위한 접근법으로 사용되었다.
 ㉠ 신속한 농촌평가보다 참여적 농촌평가방법이 더 발전되어 나타난 접근법이다.
 ㉡ **신속한 농촌평가법**: 여전히 상의하달식 접근법으로 외부인의 관점에 중심을 둔다.
 ㉢ **참여적 농촌평가법**: 지역주민 스스로 주체가 되어 평가하는 접근법이다.

(4) 농촌지도체계의 유형

1) 농민조합기구형

① 농업연구와 농촌지도가 농민 필요에 의해 자연발생적으로 태동한 형태이다.

② 영국, 프랑스, 독일, 덴마크 등 서구의 농민조합이 전문지도원을 채용하여 새로운 농업기술에 대해 지도하는 형태이다.

③ 대만과 일본의 농회의 지도가 유사한 유형에 속한다.

2) 학교외연교육형

① 학교교육 기능이 먼저 발전된 일부 선진국 유형이다.

② 미국과 스위스가 대표적이다.

③ 농업연구를 하는 농과대학이 농촌지도를 농과대학 외연기능으로 수행하는 형태이다.

3) 민간주도형
① 농촌지도 비용의 수혜자 부담 정책의 도입에 따라 지도사업이 민영화된 경우이다.
② 과거 국가주도, 정부조직 형태가 아닌 민영화를 통해 시장지향적 컨설팅 및 수요자 중심의 농촌지도가 이루어지는 형태이다.
③ 영국, 네덜란드, 뉴질랜드 등이 해당된다.

4) 정부조직형
① 제2차 세계대전 후 미국의 영향을 받아 도입한 것으로 정부의 국가적 식량문제 해결을 최우선과제로 삼았으나 최근 농촌개발에 초점을 두고 있는 형태이다.
② 농림부 하부조직형과 외청조직형, 정부 각 부처 분산조직형, 국가계선조직형, 지방정부조직형 등이 있다.
③ 우리나라 농식품부 하부조직이 점차 지방정부조직형으로 전환되고 있다.
④ 한국, 일본, 태국 등이 해당된다.
⑤ 시대변화에 따른 여러 시스템적 문제들에 농업연구, 지도체계가 농민조합기구형과 학교외연교육형의 농업연구와 지도체계는 잘 적응하고 있으나 정부조직형은 적응하지 못하고 있다.
⑥ 정부조직형이 시대변화에 적응하지 못하는 이유
  ㉠ 정부조직형 국가는 주로 농업후진국이라는 것과 체계의 문제점이 많은 모형을 채택하고 있기 때문이다.
  ㉡ 정부조직형은 낮은 기술수준의 농가에게 보편적으로 검정된 기술을 대량 보급할 때는 유리하나 수요자 요구를 받아들이거나 현장에서 적시에 사용가능한 다변화된 기술을 개발하는 데는 한계가 있다.
  ㉢ 정부조직형은 농과대학이 농촌지도와 상호 연결되는 기능이 부족하고 선진농가의 요구를 받아들이는 기능이 약하기 때문이다.
⑦ 농촌지도조직의 정부조직형
  ㉠ 농업행정기관주도형
    ⓐ 우리나라의 경우 중앙단위에 농림축산식품부 외청으로 농촌진흥청을 두고 농업연구와 농촌지도사업을 전개하고 있다.
    ⓑ 도, 시군 단위에서 농업행정과 협동적 관계를 유지하고 있다.
  ㉡ 정부기관통합형
    ⓐ 농촌개발과 관련된 각종 정부부처가 협동과 조정을 통하여 농촌개발에 관여할 수 있도록 하나의 상설위원회를 설치하고 위원회에서 농촌지도를 포함한 지역사회종합발전을 위한 모든 업무를 담당하고 있는 조직형이다.
    ⓑ 중앙 단위에 국가발전위원회(위원장은 수상), 하부수준에서 각 단위의 개발위원회(위원장은 기관장)를 설치한다.

(5) 농촌지도조직 유형의 장단점

1) 농업행정주도형

① 장점
- ㉠ 명령의 통일을 이룰 수 있다.
- ㉡ 기관통합형보다 조직적, 능률적이며 책임있게 일할 수 있다.
- ㉢ 기관통합형에 비해 행정의 책임소재가 분명하므로 농민의 의견과 필요에 좀 더 민감할 수 있다.

② 단점
- ㉠ 사업이 자의적으로 수행될 가능성이 있다.
- ㉡ 농촌개발과 직접적으로 관련된 다른 부처와 조정이 어렵다.

2) 정부기관통합형

① 장점
- ㉠ 모든 결정이 여러 사람의 견해와 경험을 토대로 이루어진다.
- ㉡ 위원회제는 의사결정이 집단적으로 행해지므로 모든 자의적, 조변석개적 행동을 방지할 수 있다.
- ㉢ 각 참여자에게 자유로이 의견을 교환하게 함으로써 창의적 결정이 이루어진다.

② 단점
- ㉠ 의사결정이 신속하지 못하여 시간과 경비의 낭비가 많다.
- ㉡ 위원회에서 각 부처간 의견이 대립되는 경우 합리적 문제해결에 도달할 가능성이 낮다.

3) 대학주도형

① 장점
- ㉠ 혁신기술과 정보의 소유가 신속하다.
- ㉡ 교육적 성격이 강화되어 행정적 성격이 완전히 배제되므로 선진사회에 적당한 조직유형이다.

② 단점
- ㉠ 지도내용에 있어 실용성이 결여될 가능성이 있다.
- ㉡ 지도대상자에게 모든 의사결정을 맡기므로 지도 효과가 늦게 나타난다.

4) 농민조직체주도형

① 장점: 민주적 이상에 적합한 형태이다.

② 단점
- ㉠ 사업이 농민의 필요와 문제에 중심을 두기 때문에 계획된 사업이 일관성이 없고 산만하며 평면적이고 깊이가 없다.
- ㉡ 조직의 혁신기술과 정보의 소유가 늦고 사업계획 자체가 농업생산부문에 치중되는 경향이 있어 사회경제적 요인과 농업경제부문의 문제점을 반영하지 못한다.

② 주요 농촌지도 접근법

(1) 전통(일반)농촌지도 접근(the general extension approach)

1) 의의
① 일반농촌지도 접근은 전통적 농촌지도 접근법(최민호), 정부주도의 일반적 지도(네갈)와 같은 접근법으로 세계 여러 국가(특히 중남미와 아시아)에서 채택했으며 일반적으로 가장 고전적 농촌지도 시스템으로 평가받는다.
② 사회를 균형론적 관점에서 바라보고 있다.(기능론)
③ 영농기술의 보급, 전파를 통해 생산성을 향상시켜 농가소득 증진에 목적을 둔다.
④ 농업행정부처를 상위기관으로 하여 일선에 하위기관들이 위계적으로 설치·운영된다.
⑤ 농촌사회의 발전이 더딘 이유가 교육이나 기술이 도시에 비해 상대적으로 부족하기 때문이므로 농업인에게 기술의 보급과 교육을 제공하면 농업인의 삶이 개선될 것이라는 견해이다.

2) 특징
① 지도사업 전체 기획을 정부에서 통제한다. 이는 농촌지도과정을 농업행정 부처의 업무로 보고 행정부처를 상위기관으로 하여 일선에 하부기관들이 위계적으로 설치·운영되는 시스템이다.
② 중앙에서 농업인에게 일방적으로 정보를 전달하는 하향식으로 운영된다.
③ **지도대상**: 농촌 거주 모든 주민
④ 지도사업이 지방행정구역에 임용된 현장지도요원에 의해 수행된다. 센터에 소속되어 전시포를 통해 농업인을 지도하고 농촌지도요원은 개별농업인을 방문하여 정부 권장사항을 수용하도록 유도하고 성공적 신기술이 개발되었을 때 전시를 통해 지역농업인의 방문을 유도한다.

3) 장점
① 중앙행정기관이 주도하고 지역의 하부기관이 참여하므로 농업정책을 지역단위 농촌까지 전달하기가 용이하다.
② 국가 전역을 상대로 정책을 펼칠 수 있으며 이러한 점은 농촌지도사업의 일관성 유지를 가능하게 한다.
③ 중앙정부의 통제가 용이하고 중앙정부가 농업인에게 필요한 정보를 신속하게 전달할 수 있다.

4) 단점
① 쌍방적 정보흐름이 결여된다. 농업인의 관심, 문제, 요구 등이 농촌지도 채널을 통해 중앙에 전달되지 않으며 지역 특성을 반영한 지도사업을 실행하기 어렵다.
② 지도요원은 현장 상황에 적합하지 않은 중앙 실천사항을 받아들이도록 독려할 수 있다.
③ 지도요원은 농업 규모가 크고 부유한 농업인을 대상으로 지도사업을 수행한다.
④ 지도요원의 수가 많고 급여로 인한 비용이 많이 들고 비효율적이다.

(2) 농촌종합개발 접근

1) 의의
① 사회를 균형적 관점에서 파악하고 있다.(기능론)
② 여러 가지 이념과 교육방법을 상호 절충하여 농촌개발에 필요한 여러 가지 기본 요소들을 단일 '농촌개발경영체제' 아래 통합하고 농민들로 하여금 개발과정에 널리 참여하고 협동하도록 조장하는 접근법이다.
③ 농촌개발은 농촌개발에 관여하는 모든 기능이나 기관의 상호협동에 의해서만 일어난다고 가정하므로 교육, 기술이 단독으로 농민에게 소개되어서는 아무런 효과가 없다고 본다.

2) 지도목적
① 농업개발에 필요한 지식, 교육뿐만 아니라 운송, 신용, 영농자재의 구입, 영농구조 개선 등을 균형 있게 조달할 수 있는 제도나 하부구조의 설립이 주목적이다.
② 농촌의 경제적 발전은 물론 적극적으로 사회, 문화적 발전을 기대한다.

3) 지도대상
농촌에 거주하는 모든 남녀노소이며 지역 실정에 따라 농업 분야뿐만 아니라 건강, 사회복지, 문화적 활동 등 다양하고 광범위한 내용을 다룬다.

4) 특징
① 정부의 어느 한 부처 소관으로 이루어지기보다 특정 지역단위로 하나의 종합적 개발센터를 설립해 전개한다.
② 지도요원은 변화촉진자로서의 역할뿐 아니라 조정자로서 기능을 더 수행한다. 일선에서 여러 관계기관 간 다양한 기능과 교육활동을 상호보완할 수 있어야 하기 때문이다.
③ 교육, 기술이 단독으로 농민에게 소개되어서는 아무런 효과가 없다고 본다.

(3) 협동자조 접근

1) 의의
① 사회를 갈등 측면에서 파악한다. 농촌이 개발되기 위해 농촌지도는 갈등 상태에서 불이익을 당하는 농촌이나 소농의 이익을 위해 전개되어야 한다고 주장한다.
② 패배주의에 젖어 있는 농민을 각성시켜 조직체를 결성하고 상호협동하여 스스로 권익을 옹호하면서 농촌개발을 전개해야 한다고 주장한다.
③ 경제적인 양적 발전보다 인간적 측면의 질적 발전을 더 강조한다.

2) 궁극적 목적
① 주로 교육적 수단을 통해 전통적 농촌의식을 개발하여 사회 빈곤층인 농민에게 생의 의욕, 자신감을 고취시킨다.

② 자유스러운 삶을 추구할 수 있는 능력을 개발, 함양함으로써 농촌의 경제, 문화, 사회적 발전을 추구한다.

3) 지도대상

원칙은 모든 농촌주민이나 특히 비편익 계층인 소농, 소외당하는 여성, 청소년들에 대한 지도를 더 강조한다.

4) 교육내용

① 경제, 사회, 문화적 측면 전반을 다루며 특히 학습단체를 형성하거나 방송망을 활용하여 교육활동을 전개한다.
② 주민 의식개발을 위하여 문맹퇴치 교육, 드라마, 민속음악, 체육사업 등을 통하여 문해력의 향상, 가난, 질병, 무기력 등 퇴치를 통한 삶의 기초능력 배양, 자조적 협동의식과 참여의식 개발을 위한 교육활동을 전개한다.
③ 교육활동은 주민참여에 의한 상향식 계획수립에 따른다.

5) 농촌지도요원

설득자로서 역할보다 농촌주민을 위한 상호협조자 또는 상담자로서 기능을 가진 교육자로서 그들의 의식화를 촉진시키는 역할을 수행한다.

(4) 일반적 농촌지도접근, 종합농촌개발접근, 협동자조접근 비교

구분	일반적 농촌지도접근	종합농촌개발접근	협동자조접근
배경	*사회는 균형에 바탕 *농업인에게 기술이나 교육을 전달하면 농업은 개선 가능함	*사회는 균형에 바탕 *농촌개발은 농촌개발에 관여하는 모든 기능이나 기관의 상호협동에 의해서만 가능함	*사회를 갈등적 측면에서 파악 *농촌지도는 불이익을 받는 농촌이나 소농의 이익을 반영해주어야 함
목적	생산성 향상을 통한 농가소득 증진	농업개발에 필요한 지식, 교육뿐만 아니라 운동, 신용, 영농자재 구입, 영농구조개선 등을 균형 있게 조달할 수 있는 제도, 하부고조 설립	교육적 수단을 통해 전통적 농촌의식을 개발하여 사회빈곤층인 농민에게 생의 의욕, 자신감을 고취시킴
교육방법	주로 전시를 통해 생산기술을 교육(하향식)	농업을 포함한 다양한 내용을 다양한 방법으로 교육	농촌사회 전반의 경제, 사회, 문화적 측면을 학습단체나 방송망 활용을 통해 교육(상향식)
지도자 역할	교육자적 변화촉진자, 설득자, 독려자	변화촉진자, 조정자	상호협조자적, 상담자적 교육자
장점	*농촌지도를 교육적 사업으로 확립 *정책을 농촌에 전달하기 용이	*농촌개발을 광의적으로 이해 *경제적 발전 중심의 사고에서 탈피	새로운 시각 제시
단점	*농촌개발에 대한 협의적 이해 *쌍방적 정보흐름의 결여	방법론적 문제 제시 부족	자체적 노력에 너무 크게 의존

③ 새로운 농촌지도 접근법

(1) 교육기관 접근(Educational institution approach)

1) 의의
① 대학중심 지도체계로 교육기관 중심으로 농촌지도를 실시하는 접근, 농업학교와 대학이 가진 기술을 농업인이 배울 수 있도록 한다.
② 미국 주립대학 기반의 농촌지도가 대표적이다.
　㉠ 미국 농촌지도는 미국 농무부(USDA)와 각 주정부, 주립대학 및 군(County)의 센터 간의 협력으로 이루어진다.
　㉡ 지도사업 목표가 '실습교육 → 기술전이 → 인적자원개발'로 바뀌었다.
③ 대학교수나 전문지도요원이 농업인과의 접촉이 필요하다고 가정한다.
④ 대학이 농촌지도사업의 주된 책임기관은 아니나 부수적 활동을 통해 지도사업의 주된 역할을 수행하는 형태이다.
⑤ 프로그램의 기획은 대부분 교육기관에서 하나 일부는 농업인이 기획과정에 참여하기도 한다.
⑥ 무형식교육의 형태로 집단, 개인에게 다양한 방법으로 지도한다.
⑦ 농업인 수, 농촌지도활동 참여율이 성공 여부를 결정한다.

2) 목적
농업인은 과학적 지식을 배울 수 있고 교수와 학생들은 농업현실을 파악할 수 있도록 한다.

3) 장점
① 연방정부는 별도의 행정체계와 비용을 들이지 않고 전문가를 확보할 수 있고 학교는 연구와 관련된 현장을 경험할 수 있다.
② 전문적 학자와 현장 지도요원이 접촉할 수 있다.
③ 학교는 시험장으로서 현장을 확보할 수 있다.

4) 단점
① 대학교수가 농촌지도를 담당할 경우 농촌지도가 지나치게 학술적으로 흘러서 농민입장에서 실용적이지 못할 수 있다.
② 농촌지도사업에 대한 농업행정 부서와 교육기관 간의 경쟁적인 분위기를 조성할 수도 있다.

(2) 훈련, 방문지도 접근(Training and Visit Extension; T&V)

1) 의의
① 훈련, 방문지도 접근은 세계은행에서 개발하고 지원하여 아시아, 아프리카, 중남미 등 50여 개국에서 채택하였다.
② 1970년대 초반 아시아 지역에서 시작된 T&V 접근은 주로 소농 구조하의 저소득, 저기술 농가의 기술정보 부족을 지도요원의 정기적 방문, 훈련을 통해 개별농가의 생산성, 소득향상을 통해 전체 식량증산을 추구하는 것이다.
③ T&V는 새로운 형태의 농촌지도사업이 아니라 전통 지도체제의 단점인 조직상의 문제점을 보완하여 효율성을 높이는 접근법이다.
④ T&V는 몇 단계의 위계 조직구조를 가지고 있으며 주요 작목의 농가, 단체에 내용전문가(연구자)가 2주에 한 번씩 방문일정을 수립하여 정기적으로 상호작용을 하는 것이다.
⑤ T&V는 연구, 지도, 농민 사이에 조직적이고 정형화된 연계체제를 구축하고 있다.
⑥ 과제별 전문지도사(Subject matter specialist)는 지도사업의 각 단계에 배치되어 일반지도사, 주재지도사의 고정된 훈련프로그램을 담당하고, 주재지도사는 고정된 방문 프로그램에 의해 담당 농가를 방문한다.

2) 특징
① 지도요원의 전문성
  ㉠ 농가소득을 제고할 수 있는 지도는 전문성에 따라 사업의 성패가 좌우된다고 본다.
  ㉡ 개별농가의 상황에 따라 지도사는 관련분야 지식을 끊임없이 습득, 연구, 전문기술을 숙지하는 훈련을 받아야 한다.
② 단일지휘체계의 농촌지도
  ㉠ 지도사업은 기술과 행정이라는 양면에서 통일된 계통을 유지하여야 한다.
  ㉡ 지도사업의 유관기관(학교, 연구기관, 농민단체, 지방행정관서 등)과는 지속적 협력을 유지하고 사업 자체의 관리, 통제는 지도사업 담당기관에서 일관성 있게 관리하여야 한다.
③ 집중성: 지도요원은 오직 지도사업에만 전념하며 각각의 영역, 지위에 맞는 분리된 고유의 지도업무만 담당해야 농가 생산, 소득을 제고할 수 있다.
④ 시의성: 지도요원의 농가방문, 지도, 지도요원의 교육훈련 등이 시의적절하게 이루어져야 효율적 자원사용과 지도가 이루어진다.
⑤ 현장위주의 농촌지도
  ㉠ 모든 연구, 지도요원은 정기적으로 현장 농민과 접촉해야 한다.
  ㉡ 지도요원은 농가현장의 조건과 환경을 파악하기 위해 농민의 의견을 충분히 청취해야 한다.
⑥ 지도요원의 지속적 훈련
  ㉠ 규칙적, 지속적 훈련으로 지도요원의 기술 지식을 최신화해야 한다.
  ㉡ 농가의 특정 과제에 대한 해결책을 토론, 제시할 수 있어야 한다.

⑦ 연구와의 연계
　㉠ 지도사, 연구사는 정기적 워크숍과 합동현장방문을 통해 현장환경과 과제를 인식해야 한다.
　㉡ 연구요원은 현장 과제의 적절한 해결책을 개발하고 이를 지도요원이 농가에 제시해야 한다.

3) 장점

① 지도사의 기술, 경영훈련과 빈번한 지역농가 방문을 통하여 훈련, 지도가 효율적으로 연계된다.
② 지도기관과 일선 지도요원의 직접 연결로 조직구성이 일원화되어 기술지원과 조정이 용이하고 사업 중복성을 피해 효율성이 높아진다.
③ 지도사업의 초점이 교육에 맞추어져 일선 지도사는 교육, 정보전달 기능만 수행한다.
④ 과제별 전문지도사를 통해 연구기관, 지도기관, 농가 사이의 기술정보 전달을 유지하고 농가의 문제점이 신속하게 지도, 연구기관에 피드백될 수 있다.
⑤ 지도사가 담당할 지도영역에 대한 책임 한계를 분명히 하여 지도사와 지도사업에 대한 지역사회의 신뢰가 제고된다.

4) 단점

① 하향식 지도로 사업기획단계에 개별농가의 참여가 배제된다.
② 사업의 계획과 진행에 시간적 유연성이 없다.
③ 지나치게 많은 수의 인적자원이 요구된다.
④ 대중전달매체의 효과적 이용을 배제한다.
⑤ 지도기관의 권위적으로 운영될 가능성이 있다.
⑥ 정보전달 과정에서 왜곡되거나 부적절한 정보가 수집될 수 있고 정보전달 속도가 느릴 때 문제가 야기된다.

(3) 영농체계 연구지도 접근(Farming System Research and Extension; FSR&E)

1) 의의

한 농가의 여러 영농과제보다는 개별농가 전체의 물리적, 생물적, 사회경제적 조건과 목표, 특성, 자원, 생산활동, 경영활동을 종합적 체제로 보고 연구, 지도함으로써 정책개선, 생산지원, 농가 복리증진, 생산성 제고 등을 이루려는 사업체계이다.

[Network 지도체계 구조]

2) 특징
① 전통 연구지도체계가 연구-지도-농민의 선형구조를 보이지만 FSR&E는 지식망(network) 구조를 보인다.
② 지도사업의 주체와 객체가 같은 영역에서 구성원 간 상호작용이 쉽고 사업목적이 일치되어 사업 조정이 용이하다.
③ 소규모 농가 위주로 사업이 시작되어 연구하고 평가를 받는다.
④ 학문적 연구보다 직접적 문제해결에 초점을 맞추며 한 농가의 총체적 문제들을 파악하고 그 결과의 수용가능성을 평가한다.
⑤ 분야 간 연계와 상호작용이 잘 이루어져야 하며 자연과학의 실증적 지식과 사회과학의 가치판단까지 포함하는 종합적 지식이 필요하다.
⑥ 사적인 농가의 연구, 지도에서 시작하는 공공 프로그램이지만 그 결과는 농가뿐만 아니라 사회에 대한 수용성도 고려해야 한다.
⑦ FSR&E 수행단계: 대상농가 및 지역선정 → 과제파악 및 기초자료 분석 → 현장 연구계획 → 현장 연구 및 분석 → 시험 및 평가 → 결과 보급 및 지도

3) 장점
① 농가의 현장 연구를 통하여 농가 중심의 기술개발과 수용을 가속화한다.
② 농민과 연구, 지도와의 상호연계를 증진시켜 직접적인 과제해결에 도움이 된다.
③ 연구, 지도 대상 간의 목적이 일치하며 사업의 효율성을 증진시킨다.
④ 특정 영농체계에 대한 전체적 접근을 통하여 전문성을 확보할 수 있다.

4) 단점
① 다학문적 접근을 추구하고 있어 FSR&E팀의 목표와 전략 결정과정에서 학문 분야 간 다양한 견해가 나타날 수 있어 조정에 많은 시간과 노력이 필요하다.
② 정부나 유관기관의 사업에 대한 이해가 다르지 않을 경우 연구사나 지도사가 과다한 업무로 사업을 수행하기 어렵다.
③ 특정작목이나 영농체계에 대한 전문적 팀 접근으로 영농체계의 목표나 환경변화가 잦은 경우 사업 자체가 재구성되어 지속성이 낮고 비경제적이다.
④ 연구, 지도, 수용까지 시간이 오래 걸려 당면문제해결에 시의적절하게 대응하지 못한다.

(4) 농민우선주의 지도접근(Farmer First Approach)

1) 의의
기존 기술전달형 연구지도 사업이 관료적, 중앙집중적 방법으로 진행되었기 때문에 제3세계 영세농가의 다양한 요구를 수용하지 못하는 점을 개선하기 위해 농가를 연구지도 사업에 직접 참여하도록 하였다.

2) 특징
① 농민이 새로운 기술을 배우고 농장에 적용하는 능력을 배양하는 것을 목적으로 한다.
② 명령보다 원칙, 방법을 농민 스스로 선택해서 배우도록 한다.
③ 모든 사업 수행과정에 농가가 주체가 되고 지도, 연구기관은 농가의 사업수행을 장려, 지원하며 서비스를 제공하고 조력자로서의 역할을 담당한다.
④ 연구과제 선정은 기술보급형이 학자, 지도사, 정부관료 등에 의해 수행되지만 농민우선형은 농민 스스로 우선과제를 선정하고 유관기관은 단순히 조력자 역할만 수행한다.
⑤ 기술개발의 거점은 연구실, 시험장이라기보다는 농가의 현장이 된다.
⑥ 지도방법은 독려가 아닌 농민의 선택에 의한다.
⑦ 전통적 기술전달형과 농민우선주의 접근의 비교

구분	기술전달형	농민우선형
주목적	기술전달	기술취득 능력개발
과제분석	연구, 지도, 행정	농민
R&D 거점	연구실, 시험장	현장
지도내용	실행사항	원칙, 방법
지도방법	독려	선택

3) 농민우선주의 지도사업의 단계: 분석, 선별, 실험
① 분석단계
   ㉠ 농가: 분석의 모든 과정에서 농가가 주제가 되고 농가목표나 우선순위가 먼저 고려된다.
   ㉡ 유관기관: 주도적 역할보다 농가의 과제해결을 위한 실험이 될 수 있도록 농민이 필요로 하는 사항, 재료를 요구할 수 있도록 자문활동을 담당한다.
② 선별단계
   ㉠ 농가: 과제해결에 필요한 정보, 재료를 선택한다.
   ㉡ 유관기관: 농가가 선별한 여러 가지 재료, 종자, 품종, 비료, 기술, 방법, 지식을 조사하고 공급하며 실험장, 선진농가 견학기회를 마련하여 농가 선별과정을 촉진한다.
③ 실험단계
   ㉠ 농가: 실험설계와 관리, 개선, 평가의 모든 단계에 참여한다.
   ㉡ 유관기관: 실험을 지원하고 농가의 자문에 응하며 농가 실험에 사용하게 될 재료와 방법을 제공한다.
④ 농민우선주의 사업수행단계

구분	농가활동	지도기관 역할
분석	주체, 목표	촉진, 격려, 자문
선별	선택	조사, 공급, 견학기회
실험	실험설계	지원, 자문, 물자와 방법 제공

4) 장점

① 농업 형태가 복잡, 위험한 후진농가에 적용하기 용이하다.

② 사업 전 과정이 현장에서 이루어져 현장에서 필요한 기술이 개발되고 현장 적응력이 높다.

③ 기술개발의 전 과정이 농민 주도로 이루어져서 전통적 사업에 비하여 외부 조력이 부족해도 지속성이 높다.

5) 단점

① 사업수행이 전적으로 농민에 의해 이루어지기 때문에 농민의 사업수행능력이 낮으면 사업의 효율성이 떨어진다.

② 전통 연구기관의 역할에 비추어 제도적 변화가 선행되어야 한다.

③ 사업수행에 시간과 노력이 많이 필요하다.

(5) 농민학교(Farmer Field School; FFS)

1) 의의

1980년대 후반 FAO에서 개발하여 동아시아의 벼 병해충 종합관리법(Integrated Pest Management; IPM) 확산을 위해 소개하면서 아시아, 아프리카, 라틴아메리카 등지로 확대된다.

2) 특징

① 농민학교는 가장 큰 특징인 비형식적 성인교육에 기반한 집단자문 과정으로 현장 관찰, 장기간 연구조사와 다양한 활동에 관심을 가진다.

② 농민학교는 지역 영농체계의 주요 특성에 관한 기술적 전문성을 갖도록 농민을 임파워먼트(empowerment)하는 것을 목표로 한다.

> 참고
>
> 임파워먼트(empowerment): 조직원들에게 자신이 조직을 위해서 많은 주요한 일을 할 수 있는 권력, 힘, 능력 등을 갖고 있다는 확신을 심어주는 과정이다.

③ 농민학교는 농촌지도사업의 패러다임 전환으로 일컫는데 이는 농민이 분석적 능력, 비판적 사고능력, 창조성을 개발하고 더 나은 의사결정을 하도록 학습하는데 도움을 주는 교육훈련 프로그램으로 참여기법을 활용한다.

(6) 전문상품중심 접근

1) 의의

① 특정상품의 생산성을 증대하기 위해서는 집중적인 노력이 필요하다.

② 연구, 투입물, 산출, 마케팅, 신용 등의 기능을 복합적으로 지도하는 것이 효과적이라고 본다.

③ 해당상품 생산농가의 조합에 의해 농촌지도가 이루어지며 조합원을 교육시키는 것이 주요 활동이다.
④ 수출작물, 가축, 우유, 수리, 개선 등에 주로 적용된다.

2) 특징
① 상품중심 접근의 사업기획은 품목조직이 담당한다.
② 품목조직의 농촌지도요원이 고도로 전문화된 지도사업을 수행하기도 한다.
③ 지도는 주로 말(언어)이나 개별농장 방문을 통해 이루어지며 인쇄물이 제공되기도 하지만 비중이 낮은 편이다.

3) 장점
① 생산문제에 적절한 지도가 이루어지며, 지도는 특정품목을 위한 투입물, 마케팅 등에 의해 조정되기 때문에 농촌지도 활동은 효율적이고 효과적이다.
② 지도가 한가지 작물에 집중되기 때문에 평가, 점검하기가 쉽고 비용면에서도 효과적이다.
③ 좁은 범위에 초점이 맞추어지기 때문에 밀착된 경영과 감독이 가능하며 소수정예화가 가능하다.
④ 연구, 마케팅 인력의 협력이 이루어져 지도가 적절한 시기, 방법으로 생산자에게 전달된다.

4) 단점
① 작목생산조직을 우선시 하다 보니 농업인의 관심사가 후순위로 밀릴 수 있다.
② 농업 이외의 다른 측면의 농촌지도서비스가 제공되지 않는다.
③ 특정작물이 더 이상 이익이 되지 않는데 품목조합이 그 작물만 고집할 때 문제가 발생할 수 있다.

(7) 프로젝트 접근법(Project approach)

1) 의의
① 상대적으로 짧은 기간 성취 가능한 것을 프로젝트로 수행하는 방법이다.
② 외부 자금이 제공되기 때문에 기증 기관이 프로그램을 기획한다.

2) 특징
① 효과적 사업(활동)은 외부의 재정적 지원이 더 없더라도 지속할 수 있다는 가정이다.
② 전시(모범)이 프로젝트 접근법의 목적이며 농촌지도방법의 시험과 대규모 농촌지도사업의 일부로 수행되기도 한다.

3) 장점
① 성공 여부 측정은 프로젝트 기간 동안의 단기간 변화를 대상으로 한다.
② 효과를 빨리 달성하고 측정할 수 있다.

③ 신규로 적용하고 싶은 방법, 기술을 시험할 수 있다.

④ 특정과제에 대한 집중적으로 적용할 수 있다.

4) 단점

① 사업기간이 짧고 비용이 많이 들어간다.

② 정해진 기간 내 변화가 없으면 성공여부는 측정되지 않는다.

③ 프로젝트가 제시한 아이디어가 신속하고 광범위하게 적용되지 않을 수 있다.

(8) 비용분담 접근(The cost sharing approach)

1) 의의

농촌지도사업에 소요되는 비용을 국가, 지방, 농업인이 분담하는 방식이다.

2) 특징

① 수혜자가 비용 일부를 부담하는 것이 목표 성취에 유리하다고 가정한다.

② 지도사업이 대상자에게 보다 나은 서비스를 제공하기 위해 내외부가 비용을 공동으로 부담해야 한다.

③ 농업인은 부담으로 스스로 농업생산성을 높여야 한다는 의식을 갖게 되고 지방정부는 농촌지도자금 확보의 당위성을 갖게 된다.

④ 목적은 농업인 스스로 필요한 것을 배우도록 돕는 것이며 이것은 농업인이 비용분담을 해야 하는 근거가 된다.

⑤ 지역주민은 기회 과정에 강한 목소리를 낼 수 있고 자신의 욕구가 충족되지 않으면 비용을 분담하지 않을 수도 있다.

3) 장점

① 비용분담 접근이 지속되면 지도사업의 내용과 방법이 고객에게 적절하기 때문에 지역주민의 만족도가 높아진다.

② 지도인력 선정에서 지역주민이 영향력을 행사할 수 있고 중앙정부는 비용을 절감할 수 있다.

4) 단점

① 중앙정부의 통제가 어렵다.

② 참여접근 보고서 작성, 재정관리, 행정관리 등이 복잡해서 이익보다 손해가 커질 수 있다.

(9) 상업적 서비스로서의 농촌지도(Extension as commercial service)

1) 의의
① 농촌지도의 민영화, 농업을 상업화한 형태이다.
② 공급회사의 판매전략 또는 농업생산자가 요구하는 전문화된 상담 서비스로서 조직이나 개인 목표는 이익의 창출과 고객만족도이다.
③ 농촌지도의 고객도 이익 중심적이며 이들의 목적은 구입한 투입이나 계약한 전문가를 적절하게 활용하는 것이다.
④ 상업적, 공공적 요소를 혼합한 접근방식은 독일의 일부 주에서 시행하였다.

2) 특징(비용부담의 문제)
① 상업적 농촌지도의 등장은 누가 농촌지도의 비용을 감당할 것인가에 대한 문제를 야기시켰다.
② 점차 예산이 부족해지면서 농촌지도를 공공무료서비스라는 생각이 힘들어지자 참여자들이 실제로 자문료를 부담해야 한다고 주장하였다.
③ 상업적 공급자의 경우 농촌지도 비용을 연구나 홍보비처럼 상품가격에 포함시킨다.
④ 개인 자문은 대규모 또는 특별한 생산자에게 지원할 수 없다.

3) 한계
① 민영화와 비용공동부담은 더 나은 효과성이나 능률을 갖게 했지만 대부분 재정적 압박에서 비롯된 것이다.
② 개인은 공공보다 합당한 수익에만 관심을 갖고 공익적 정보제공은 공공영역의 책임으로 남겨질 것이다.

④ 농촌주민참여와 농촌지도

(1) 사회참여의 의의

1) 사회참여의 정의
① 개인의 사회적 활동의 하나로서 어떤 단체나 조직체에 단순한 개입이나 참석보다도 더욱 적극적이고 능동적으로 개입하는 활동이다.
② 개인적 욕구충족을 위하여 사회규범에 따라 물리적, 공간적 차원보다 더 높은 차원의 역동적인 사회적 상호작용을 바탕으로 심리적, 물질적으로 개입하고 관여하는 것이다.

2) 코헨과 오프(Cohen & Uphoff, 1977)의 사회참여 종류
사회참여는 의사결정, 수행, 혜택, 평가의 순서로 단계적으로 나타나므로 상호 역동적으로 영향을 미칠 뿐만 아니라 순환의 효과가 수반된다.

① 의사결정 참여
　㉠ 개인이나 주민이 그에게 관련되는 모든 사업의 계획이나 방향의 결정에 있어 직접 혹은 간접적으로 참여하는 것이다.
　㉡ 사회참여에 있어 기초적이며 핵심적인 형태로 농촌지도계획의 참여가 의사결정 참여에 해당한다.
　㉢ 정치와 교육에서 강조되는 과정으로 개인이 의사결정에 직접 참여할 때에는 직접참여라 하며, 참가자에게 자신의 의사나 권리를 위임할 때에는 간접적 참여라 한다.

② 수행참여
　㉠ 어떤 사업이 수행될 때 개인이 그것에 필요한 자원을 제공한다든지 혹은 그가 그 사업이 효과적으로 수행되도록 직접적으로 도와주는 행동적 참여를 말한다.
　㉡ 농촌지도의 실천에서 민간농촌지도자의 전시포 운영, 자원지도자의 청소년 지도 등이 이에 속한다.

③ 혜택참여
　㉠ 어떤 사업이나 활동의 결과로 이루어진 성과에 대한 혜택을 개인이나 주민이 받는 것을 말한다.
　㉡ 물질적 이익의 경제적 혜택, 교육과 훈련, 공공봉사 등의 사회적 혜택, 존경심, 사회적 안정감 등의 개인적 혜택이 있다.

④ 평가참여
　㉠ 어떤 사업이나 활동에 대한 평가활동에 개인이나 주민이 직접, 간접적으로 참여하는 것을 의미할 때는 직접참여라 한다.
　㉡ 여론형성에 영향을 주거나 직접참여자에게 의견이나 정보제공 등을 할 때는 간접참여라 한다.

(2) 주민참여의 필요성

1) 농촌주민을 지도계획에 참여시킬 때의 효과: 켈시와 허언(Kelsey & Hearne)
① 농촌주민들의 의견과 필요가 반영된다.
② 농촌주민의 좋은 착상이나 지도력을 활용할 수 있다.
③ 농촌지도에 대한 농촌주민의 지원을 확보할 수 있다.
④ 농촌지도를 농촌주민들 자신의 사업으로 생각하게 된다.
⑤ 농촌주민들이 농촌지도를 더욱 가치 있게 생각한다.
⑥ 농촌주민들이 참여하여 토의하다 보면 많은 학습을 할 수 있다.

2) 자발적 농촌지도와 규준적 농촌지도
① 자발적 농촌지도: 농촌주민의 참여가 활발할 때
　㉠ 조직의 구성은 내부기관이나 정부에 의한 것일지라도 운영은 농민들을 중심으로 한다.

○ 가난한 다수농민을 중심으로 운영되며 의사결정도 일방적인 지시로서가 아니라 대면적인 의사소통에 의해 이루어진다.
○ 발전의 이익 역시 공평하게 분배된다.
○ 조직의 분위기는 비공식적이며 쌍방적이다.
○ 조직의 목적과 활동에 보다 많은 우연성이 있다.

② **규준적 농촌지도**: 농촌주민의 참여가 활발하지 못할 때
  ○ 대부분 외부기관이나 정부에 의하여 조직, 운영된다.
  ○ 권위적이고 지시적인 상의하달식이다.
  ○ 소수의 농촌 엘리트 중심으로 운영되고 발전의 이익 역시 그런 소수에게 돌아간다.
  ○ 조직의 분위기도 공식적이며 일방적인 지시가 성행한다.
  ○ 조직의 운영이나 원리 등은 농촌주민의 필요에 의한 것이 아니라 외생적이다.

(3) 농촌주민참여의 장애

1) **주민참여를 방해하는 농촌지도구조**: 홀른슈타이너(Hollnsteiner)
   ① 농촌지역사회 내의 소수 엘리트를 중심으로 사업을 진행하였다.
   ② 현존 권력구조가 민주주의 체제로 변화되었다는데 관심을 기울이지 않았다.
   ③ 조화관을 중심으로 농촌사회를 판단하였으므로 농촌사회의 개인이나 계층, 그리고 이익집단들 사이에는 긴장과 갈등이 있다는 사실을 경시하였다.
   ④ 농촌주민의 능력을 경시하였기 때문에 상의하달식의 권위적이고 일방적인 노력이 최선인 것으로 인식하였다.
   ⑤ 농촌지도요원들은 교육 받은 사람들이기에 지역의 주민들과 위화감이 조성되었다.

2) **주민참여를 가로막는 사회, 경제적 요인**: 스웬슨(Swenson)
   ① 시간적, 공간적 제약을 많이 받는다.
   ② 참여의 가치 및 중요성을 인지하지 못한다.
   ③ 지역의 계급의식이나 계층구조가 참여를 방해한다.
   ④ 농촌주민의 화합시 적당한 사회자가 없어 곧 실증을 낸다.
   ⑤ 과거에는 발전의 이익이 소수에게만 국한되었기 때문에 관심을 갖지 않았다.
   ⑥ 과거에는 소수 엘리트 중심으로 운영되었기에 참여를 두려워하거나 참여의 정보를 갖지 못하는 경우가 많다.
   ⑦ 농촌지도사가 참여의 필요성을 느끼지 못하므로 적극 참여의 권유를 받지 못한다.
   ⑧ 지도력 배양에만 중점을 두었기 때문에 시민성의 훈련이 되지 않아 참여의 결과 계속 참여의 흥미를 상실한다.

(4) 농촌지도위원회

1) 위원회의 필요성
① 농촌주민참여의 가장 이상적 형태는 모든 주민이 직접 참여하는 방식이지만 시간적, 공간적 여건이 마련되지 않고 모든 주민이 참여할 경우 시간 노력이 더욱 소모되며 의사결정을 하기가 어렵다.
② 선진국에서는 오래전부터 주민의 대표자로 구성된 위원회를 구성하여 농촌지도에 참여하도록 하는 농촌지도 위원회를 두었다.

2) 위원회의 기능
① 자문: 계획위원들이 지도사업의 전반적 사항을 지도사에게 자문해야 한다.
② 의사결정: 계획위원이 계획내용의 결정에 참여하여야 한다.
③ 전달: 계획위원이 지역사회의 모든 정보를 계획위원회에 알리고 위원회의 토의, 결정사항을 지역주민에게 전달해야 한다.
④ 홍보: 위원이 주민, 지역유지, 관계기관, 지역사회조직체 등에 홍보하여 지도사업에 참여하도록 해야 한다.
⑤ 승인: 계획위원회가 지도계획을 승인하여 공식적으로 그 타당성을 인정하여 재가하는 것을 의미한다.
⑥ 실행: 위원이 필요 시 지도대상자 모집, 전시, 직접 지도를 해야 한다.

3) 위원회의 조직형태
① 지역설정과 참여자 수에 따라서 10명 내외이면 하나의 위원회를 두고, 20명 내외일 때는 분과위원회로 나누어 운영한다.
② 분과위원회는 작목(과제)별 위원회로 구분하거나 과정별 위원회(지도계획분과위, 지도실천분과위, 지도평가분과위)로 구분한다.

4) 위원의 선발
① 계획위원회나 평가위원회는 주민대표와 농촌관련단체 대표가 위원으로 참여한다.
② 선발위원회(농촌지도요원, 신망과 능력을 갖춘 주민대표 2~3명으로 구성)에서 위원회의 위원을 선발한다.
③ 위원회 위원의 자격요건
　㉠ 지도력과 과거의 유사활동 경험
　㉡ 지역의 분산
　㉢ 교육이나 사회경제적 지위의 분산
　㉣ 농촌지도사업이나 농촌개발에 대한 열성
　㉤ 이익집단이나 작목별 분산

ⓑ 충분한 시간을 제공할 수 있는 사람
ⓢ 관점이나 의견의 피력에 능동적인 사람
ⓞ 책임감이 있으며 의사결정에 승복할 수 있는 사람

⑤ 사업적 성격의 농촌지도

(1) 농촌지도사업(Agricultural advisory service) 개념

1) 농촌지도사업은 농촌지도에서 발전된 형태로서 공공연구기관의 새 지식과 기술을 농업인에게 보급하고 계획된 사업이다.
2) 개발도상국에서 농촌지도사업은 전체적, 기능적 역할을 확대하고 있으며, 농촌지도요원은 단순 정보전달자가 아니라 조언자, 촉진자, 지식전달자로서의 역할을 수행한다.
3) 농업인을 교육시키고 메시지를 전달하는 수준을 넘어 농업인이 집합적으로 조직화되어 활동할 수 있도록 유통, 가공 관련 이슈를 주도하며, 지역 내 기관, 관계자와 협력적 관계를 맺을 수 있도록 도움을 주는 것이다.
4) 농업인은 단순한 기술수용자라기보다 기술개발 과정에서의 파트너로 본다.
5) 지도사업 제공 기관도 공공기관뿐만 아니라 NGO(Nongovernmental organization)와 민간부문까지 확대되었다.
6) 농산물 생산에 관계된 사람들이 삶의 질을 개선할 수 있도록 문제를 해결하고, 정보, 기술을 확보하는데 조력하며 지원하는 기관의 전체적 기능이다.

(2) 다원적 농촌지도사업

1) 의의

   농촌지도사업을 협치구조 하에서 수행하고 비용을 지불하기 위한 제도의 선택 다양성이다.

2) 특징

   ① 예산, 인력부족과 같은 제약요인을 극복할 수 있을 뿐만 아니라 특정 지역 또는 전문 영역에 필요한 맞춤형 서비스를 위한 전략을 제공할 수 있다.
   ② 관계자들의 참여를 최대한 유도할 수 있다.
   ③ 다원적 지도체계에서 정부는 지도사업에 관계되는 이해당사자들(농민단체, 민간회사, NGO 등)을 위한 촉진자 역할을 수행해야 한다.

3) 수요자 지향(demand-driven) 서비스

   ① 수요자는 서비스를 받기 위해 시간, 비용 같은 자원을 투자하여 그들의 요구, 필요, 가치를 충족하는 것이라고 정의하며 수요자 지향 농촌지도사업이 지도사업의 개혁으로 부각되고 있다.

② 수요자 지향 서비스는 사용자에 대한 서비스 제공자의 책임과 자유롭게 서비스 제공자를 선택할 수 있는 능력에 따라 구분된다.
③ 농업인은 요구되는 새 기술에 대한 인식이 낮아서 수요자 지향 서비스에 대한 관심이 저조하다.
④ 지도사업의 수행주체와 비용부담 구조에 따른 구분

사업제공자	비용부담자	공공	민간		제3자	
			농업인	민간회사	NGOs	FBOs
공공(정부)		공공지도사업 (지방화)	수혜자가 비용을 부담하는 공공지도사업	공공부문과 계약한 민간회사	공공부분과 계약한 NGOs	공공부문과 계약한 FBOs
민간(회사)		공적예산으로 민간사업자와 계약	수혜자가 비용을 부담하고 민간회사가 수행	민간회사가 자사 제품의 마케팅 정보 제공	민간부문과 계약한 NGOs	민간부문과 계약한 FBOs
제3자	NGOs	공적예산으로 NGO와 계약	농업인이 비용을 부담하고 NGO가 지도사 고용	민간회사가 지도사업을 수행할 NGO와 계약	NGOs가 자체직원을 고용하여 무료사업 제공	-
	FBOs	공적예산으로 FBO와 계약	농업인이 비용을 부담하고 FBO가 지도사 고용	-	FBO에 고용된 직원의 비용을 NGO가 부담	FBOs가 자체 직원을 고용하여 회원에게 사업제공

※ NGO(Nongovernmental organization; 비정부기구)
※ FBO(faith-based organizations; 신앙기반조직)

(3) 농촌지도사업의 유형

농촌지도사업은 농업인과 소비자 등 공공의 이익을 위하여 추진되기 때문에 공공서비스에 해당된다.

1) 일반적 공공서비스의 의미

① 사회공동체의 편익을 위하여 제공되는 재화와 용역이다.
② 사회공공이 이용할 수 있게 제공되는 서비스이다.
③ 공공기관뿐만 아니라 민간부문에서 제공되는 비경합성, 비배제성을 지닌 서비스이다.
④ 공공서비스는 공공기관이 시민(국민)들의 공적인 수요를 충족시키기 위해 생산, 공급하는 서비스이며 공공기관이 국민에게 공급하는 유·무형의 생산물이다.

2) 공공서비스의 특징

① 비경합성: 공공서비스는 여러 명이 공동으로 소비할 때 한 사람의 소비가 다른 사람의 소비량을 감소시키지 않는 것
② 비배제성: 서비스에서 얻어지는 효용이 어느 특정인에게만 한정되지 않는 것
③ 큰 외부효과(exterrality): 외부효과란 하나의 서비스 공급이 그로 인해 막대한 다른 파급효과를 불러오는 것
④ 많은 무임승차자(free riders): 공공서비스는 누구나 집단적으로 소비할 수 있으므로 그 서비스에 소요되는 비용을 부담하지 않고 서비스 혜택을 받는 것

3) 배제성(excludability), 경합성(rivalry)(소비특성) 유무에 따른 구분
   ① 공공재(public goods): 시간과 무관한 제품, 광범위한 적용의 마케팅 및 경영정보
   ② 요금재(toll goods): 시간에 민감한 제품, 마케팅 및 경영정보
   ③ 공유재(common pool goods): 지역에서 활용가능한 자원 또는 투입요소로 표현되는 정보, 조직개발에 관한 정보
   ④ 민간재(private goods): 고객에 맞춘 정보 또는 조언, 상업화 가능한 투입요소로 표현되는 정보
   ⑤ 공공서비스 유형

배제성		소비특성	
		집단적	개별적
배제성	배제 불가능	집합재	공유재
	배제 가능	요금재	민간재

4) 배제성(excludability), 경합성(rivalry) 정도에 따른 농업정보기술 유형

		경합성	
		저	고
배제성	저	공공재	공유재
	고	요금재	민간재

5) 편익의 귀속성과 시민편의에 따른 구분
   ① 공공서비스의 편익 귀속에 따른 구분
      ㉠ 공익적 서비스: 시민 전체에 귀속됨
      ㉡ 사익적 서비스: 개인에게 귀속됨
   ② 시민생활에 꼭 필요한 필수적 서비스, 선택적 서비스로 구분

		편익의 귀속성	
		공익적	사익적
시민생활 편의	필수적	공익적, 필수적	사익적, 필수적
	선택적	공익적, 선택적	사익적, 선택적

   ㉠ 공익적, 필수적 서비스: 공익성이 높고 시민 생활을 영위하는데 기초적, 필수적 서비스 분야
   ㉡ 사익적 필수적 서비스: 사익성이 높지만 주민생활에 기초적, 필수적 서비스 분야. 편익의 개인적 귀속이라는 특성으로 공공부문의 공급에 한정하지 않고 다양한 공급 주체가 존재한다.
   ㉢ 공익적, 선택적 서비스: 공익성이 높지만 주민생활을 영위하는데 2차적 이상의 선택적 서비스 분야. 편익이 특정지역에 귀속되는 경우가 많으며 납세자 이익 원칙이 적용된다.(시민회관, 노인정 운영 등)
   ㉣ 사익적, 선택적 서비스: 사익성이 높고 주민생활의 영위에서 2차적 이상의 선택적 서비스 분야. 편익의 개인적 귀속이라는 특성으로 민간부문이 공급하고 개인이 서비스 비용을 부담한다.

6) 지도사업의 추진 주체와 편익에 따른 구분(국가주도와 민간주도)
   ① 국가주도 지도사업
      ㉠ **중앙집권화**: 중앙정부 주도의 기술혁신 및 농촌개발을 하는 국가의 지도체계. 태국(태국농업지도청; DOAE), 베트남(농수산지도센터; NAFEC), 중국(농업기술지도센터; NATESC) 등
      ㉡ **지방화**: 지방 지도수요에 기초한 중앙지방의 협력사업이 이루어지는 국가 지도체계. 한국(농업진흥청; RDA), 미국(NIFA), 필리핀(NESAF) 등
   ② 민간주도 지도사업
      ㉠ **민간화**: 민간회사, 협의기구, 협동조합 등에서 지도사업을 수행
         ⓐ 민간회사: 네덜란드(DLV), 스위스(Agrideia), 영국(Agricultural Development and Advisory Service; ADAS)
         ⓑ 협의기구: 프랑스(농업회의소), 독일은 니더작센 등 3개 주
         ⓒ 협동조합: 덴마크, 대만(농회) 등
      ㉡ **상업화**: 개인컨설팅(독일: 젝센 – 안할트)과 정부(국가, 지방) 사업 중 특정 서비스만 수익자가 부담하는 경우

7) 공공부문의 민간화
   ① 의의
      ㉠ E. S. Savas(1987): 민간화를 공공서비스의 제공이나 이를 위한 재산의 소유에서 정부의 영역을 줄이고 민간의 영역을 늘리는 것이라고 정의했다.
      ㉡ 민간화란 1980년대 정부 실패 이후 신공공관리론이 강조한 전략으로 좁게는 국가기능이나 공기업의 재산을 민간에 이양하거나 넘기는 것(외부민간화)를 의미한다고 볼 수 있으나 넓게는 자율화, 경쟁촉진, 민간기법의 도입 등 내부민간화를 포함하여 공공영역을 줄이거나 민간부문을 확장시키는 모든 움직임을 의미한다.
      ㉢ 공공서비스의 공급과 생산을 정부가 모두 담당하는 전통적인 방식과 달리 최근에는 공공과 생산을 분리하여 생산주체를 다양화하고 있다.
      ㉣ 공공서비스의 생산방식을 생산주제와 방식 기준으로 구분해 보면 정부가 공공서비스를 직접 생산할 필요성은 상당히 약해진다.
   ② 민간화의 폐단
      ㉠ 책임성의 저하
      ㉡ 도덕적 해이(역대리인 이론): 정보격차로 인한 대리손실문제
      ㉢ 형평성 저해
      ㉣ 안정성 저해
      ㉤ 서비스제공비용(공공요금)이 정부에 의한 공급 시 보다 상승 우려

(4) 공공농촌지도사업의 역할

공공지도사업 수행에 있어 중요한 것은 지역주민을 개발하고, 지역조직을 구성하며, 지역개발을 촉진하는 것이다.

1) 세계은행의 농업개혁 목표
① 시장접근을 개선하고 효율적인 가치사슬(value chain)을 만든다.
② 소규모 농가의 경쟁력을 강화하고 시장진입을 촉진한다.
③ 생계 영농이나 낮은 기술 수준의 직업에 종사하는 농촌주민의 생활을 개선한다.
④ 농촌에서 농업과 농업 외 분야의 고용을 촉진하고 기술을 향상시킨다.

2) 우리나라 농촌진흥청의 농촌지도사업
① 의의: 농촌지도사업이란 연구개발 성과의 보급과 농업경영체의 경영혁신을 통하여 농업의 경쟁력을 높이고 농촌자원을 효율적으로 활용하는 사업으로 다음의 업무를 수행하는 사업을 말한다.(농촌진흥법 제2조)
  ㉠ 연구개발 성과의 보급
  ㉡ 농업경영체의 경영 진단 및 지원
  ㉢ 농촌자원의 소득화 및 생활 개선 지원
  ㉣ 농업후계인력, 농촌지도자 및 농업인 조직의 육성
  ㉤ 농작물 병해충의 과학적인 예찰, 방제정보의 확산 및 기상재해에 대비한 기술지도
  ㉥ 가축질병 예방을 위한 방역 기술지도
  ㉦ 그 밖에 농촌지도에 관하여 대통령령으로 정하는 업무

② 농촌지도사업의 주요 기능과 역할
  ㉠ 양질의 안전한 국민 식품 생산 공급을 위한 기술의 보급
  ㉡ 농업생산성 향상과 농업경영의 합리화를 위한 기술의 보급
  ㉢ 지속적 농업의 실현을 위한 환경보전농업 기술의 보급
  ㉣ 지식·정보화 시대에 부응한 농업·생활정보의 체계적 제공
  ㉤ 지역농업 특성화를 위한 기술지원

3) 소규모 농가의 가치사슬로의 참여조건
① 계약영농
  ㉠ 장점: 농업인의 시장출하가 보장되고 가격에 대한 불안정성을 줄이며, 투입재(종자, 비료 등)의 제공
  ㉡ 단점: 계약자 중 한쪽이 계약을 파기하면 상대방이 큰 손해가 발생한다. 계약파기의 예로 농업인이 다른 구매자에게 판매, 회사에서 계약가격에 구매의 거절, 생산물의 품질 저하 등이 있다.

② 생산자조합: 시장에 농업인을 연결시키는 핵심 전략
　㉠ 관리, 이윤의 분배, 소유권에 농업인의 참여로 인해 생산성 향상 효과가 있으며, 조합이 더 나은 가격을 받기 위해 계약구매자와 함께 일할 수도 있고 조합이 계약영농을 통해 위험성을 경감시킬 수 있다.
　㉡ 관리 역량이 부족하고 때로 회원간 단합이 어렵다.

4) 시장지향전략 육성 조건
① 생산, 공급, 가격 등에 대한 시장정보를 제공하고, 농업인에게 조직화의 이점을 알리고, 조직구성을 위한 지식, 태도, 기술을 제공해야 한다.
② 농업인, 농가경영체가 생산자 조직을 만들어 대규모 무역업자, 수출업자, 가공업자 등과 직접 협상할 수 있도록 도와야 한다.
③ 소규모 농가가 소득창출을 위한 시장지향전략을 개발하도록 도와야 한다.
④ 농업인이 비즈니스를 만들고 기업가로 발전하도록 촉진해야 한다.

5) 공공농촌지도사업의 새로운 역할
① 영농이 비즈니스가 되도록 촉진하는 역량을 개발해야 한다.
② 농업인을 조직화하고 시장지향전략에 대한 정보개발을 위한 계획을 수립해야 한다.
③ 농업인이 이윤을 창출할 수 있게 시장분석과 시장동향을 파악해야 한다.

(5) 농촌지도사업의 민영화와 패러다임(paradigm) 변화

1) 지도사업의 민영화 배경
① 공공지도기관의 관료주의 극복과 효율화를 위해 수요지향적 지도사업이 추진되었다.
② 지도사업 개혁에 대한 새로운 평가기준으로 효율성보다는 효과성이 제기되었다.

2) 농촌지도환경 변화의 특징
① 농촌지도환경은 많은 변화로 1980년 이후 공공지도사업의 비중이 감소하고 유럽 일부 선진국에서 농촌지도체계가 민영화되었다. 민간자문서비스는 농산물 투입재 생산자, 공급자, 농가와 계약재배를 하는 식품가공회사들이 주체가 되어 제공하고 있다.
② 농촌지도, 연구, 교육, 직업훈련, 자문서비스는 현재의 농업인 요구를 고려해야 하며 미래의 요구도 예측해야 한다.
③ 농업인 요구를 적절한 시점에 충족시키기 위해 농촌지도사업이 농업인의 참여하에 운영되어야 한다.
④ 시장의 신호 이해, 생산물 선택, 생산과정상 신기술 적용, 생산의 합리화, 새로운 투자를 위하여 농업인은 더 많은 정보를 필요로 하므로 이러한 정보가 수집, 선택, 정교화되어야 하며 유용하게 활용되어야 한다.
⑤ 선진전문농가는 소규모 가족농과는 전혀 다른 목표를 가지고 있다.

3) 공공농촌지도사업의 패러다임 변화(Swanson)

① 패러다임 변화를 위해 공공농촌지도사업은 분권화로 지방자율 추진, 농업인 참여의 확대, 시장주도적으로 변화해야 하며, 이를 위해 공공농촌지도사업에 대한 전략적 투자가 필요하다.
② 공공농촌지도사업은 생산물 혁신보다 과정 혁신에 우선순위를 두어 소규모 농가의 소득을 증진시킬 수 있도록 도와야 한다.
③ 민간분야는 생산물 혁신에 중점을 두고, 공공지도사업은 과정 혁신에 초점을 두어 농촌지도요원이 촉진자·지식중개자로서 활동해야 한다.
④ 소규모 농가를 위한 과정 혁신은 대부분 지역에 특화된다.
⑤ 혁신적 농업인은 과정 혁신에 있어 핵심 역할을 하게 된다.
⑥ 공공농촌지도사업은 자연자원관리(natural resource management)의 실행에 더 높은 우선순위를 두어야 한다.

(6) 지도사업 개혁을 위한 분석틀

1) 혁신연구의 등장 배경

① 종래의 혁신에 대한 접근
  ㉠ 선형모델을 기초로 하여 개별 행위에 영향을 주는 맥락의 중요성이 간과되었다.
  ㉡ 선형모델에서 혁신은 연구집단에서 생산된 새로운 지식이 흘러가서 생산과정에 적용된 결과로 나타난다고 설명을 하고 있으며 새로운 지식이 일단 유통이 되면 지식은 전파, 확산된다고 가정하고 있다.
  ㉢ 기존 혁신 패러다임은 '혁신 수용'이라는 개념에 초점을 맞추고 있다.

② 최근의 혁신연구
  ㉠ 혁신 매커니즘에 집중한 연구는 학습 과정에 초점을 맞춘 새로운 이론 틀을 개발하였다. 여기에서 학습은 기존의 인지적 틀에 정보를 부가하거나 기존 틀을 개선하면서 이루어진다.
  ㉡ 개인이 사회적, 물리적 맥락과 상호작용하며 학습한다는 점을 인식하게 되면서 맥락의 중요성이 부각되었다.
  ㉢ 개인뿐 아니라 조직도 학습하기 때문에 혁신을 체계적 성격을 갖는 현상으로 이해하고, 집합적 행동의 소신으로 혁신가가 활동하는 사회구조에 따라 그 과정과 결과가 달라질 수 있다.
  ㉣ 지방농촌진흥기관의 궁극적 목표는 농촌을 혁신하는 것으로 농업인, 농촌주민, 지역발전에 기여할 수 있는 사람들이 스스로 학습하고 조직화하는 과정을 도와야 한다.

2) 분석틀의 각 영역

① E영역(정책적 환경)
  ㉠ 지도사업에 필요한 예산 확보로 사업 시행을 위한 다양한 모델의 적절성을 실행하는데 영향을 미치는 요인이다.
  ㉡ 국가 정치적 우선순위, 농업개발 전략이 매우 중요한 요인이 된다.

② S영역(서비스제공자 역량)
  ㉠ 잠재적 사업제공자의 능력은 적절한 지배구조를 결정하는 중요한 요인으로 민간, NGO 부문은 취약하고 공공행정이 강한 국가는 지도사업에서 공공영역이 상대적으로 장점을 보인다.
  ㉡ 지도사업에서 민간영역의 기능을 확대하기 위해서는 경제적 기회가 중요하고 아웃소싱 같은 전문적 지도사업을 수행할 수 있는 능력을 갖춘 민간회사, NGO가 출현하기 위해서는 시간이 필요하다.

③ F영역(영농조직, 사회경제적 조건)
  ㉠ 영농조직에는 농업과 환경적 잠재력, 생산하고 있는 생산물의 종류, 달성 가능한 시장지향 수준 농가의 토지, 자본과 다른 투입요소들에 대한 접근성 등이 포함된다.
  ㉡ 사회경제적 관점에는 자산, 인종, 교육과 같은 농촌주민의 이질적 특성과 농가경영체를 양성할 수 있는 농민조직의 유형, 수준이 중요하다.

④ G영역(협치구조)
  ㉠ 협치구조란 농촌지도사업을 추진하는 기관의 구조상 특성을 의미한다.
  ㉡ 농촌지도사업 추진기관의 구조에는 농촌지도사업의 예산을 추진하는 정부(공공조직), 민간, 제3의 부문 등이 있다.
  ㉢ 정책입안자가 공공으로 조성된 지도사업의 특징을 결정하고 민간회사, 농민조직, 농업회사 등이 지원하고 관리하는 지도사업의 발생을 위한 조건을 만든다.

⑤ M영역(역량, 관리, 조직)
  ㉠ 지도조직, 인력, 역량은 지도사업의 제공을 위한 능력과 협치구조에서 사업이 관리되는 방법을 의미하며 게임에 있어 협치구조가 규칙에 해당된다면, 지도조직, 인력, 역량은 선수와 방법에 해당된다.
  ㉡ M영역에는 지도대상자의 규모, 교육수준, 기술, 태도, 동기와 농촌지도요원의 사기, 인센티브, 임무지향, 직업윤리, 조직문화 등이 포함된다.
  ㉢ 모니터링과 평가체계, 성과관리시스템과 같은 관리절차가 적용되며, 특히 지도사업과 농가의 특징을 규정하는 연결고리로서 농가로부터 피드백은 중요한 관리도구이다.

⑥ A영역(지도방법)
  ㉠ 농가와 교류하는 지도사업의 현장지도요원이 활용하는 지도방법을 의미한다.
  ㉡ 지도방법은 농업인, 단체 등 사업대상고객의 규모, 특정 작목, 가축의 생산, 경영 결정, 집단활동 등 조언을 제공하는 의사결정 유형과 같은 다양한 측면과 미디어의 활용을 고려하여 결정해야 한다.

⑦ P영역(성과)
  ㉠ 조언의 내용과 질, 여성농업인과 소외계층 고려, 사업 제공의 효율성을 의미한다.
  ㉡ 고객과 관계자의 컨설팅에 적합한 성과지표를 구명하는데 매우 유용하다.

⑧ H영역(농가경영체)
  ㉠ 요구사항을 만들어낼 수 있는 농가경영체와 고객의 능력이 농촌지도사업의 중요한 요소에 해당하며 이 능력은 농가의 특성과 지도사업의 특성으로부터 영향을 받게 된다.
  ㉡ 분권화된 통치구조, 농가의 선호하는 지도요원, 반응관리적 접근과 참여적 지도방법의 활용은 농가가 목소리를 낼 가능성을 높이고, 지도사업 제공자가 책무성을 갖도록 하는 요인이 된다.

⑨ I영역(파급효과)
  ㉠ 농촌지도사업의 고유목표에 대한 영향 정도를 의미한다.
  ㉡ 주로 농가와 고객, 분석에서 통제될 필요가 있는 다른 요인들에 따라 결정되는 의사결정에 달려있다.

3) 분석틀 각 영역의 흐름
  ① 조건상황(E, S, F영역) ⇒ 지도사업특성(G, M, A영역) ⇒ 성과(P영역) ⇒ 농가경영체(H영역) ⇒ 파급효과(I영역)
    ㉠ 협치구조, 지도조직, 경영, 역량, 지도기법과 달리 분석틀은 농촌지도사업의 해결을 강조하는데 이는 최적합 솔루션을 구명(究明)하는 것이 중요하기 때문이다.
    ㉡ P, H, I영역은 효과분석에 해당한다.
  ② 조건상황
    ㉠ E. 정책환경
      ⓐ 정치체계의 유형
      ⓑ 농업정책, 개발전략
    ㉡ S. 서비스제공자의 잠재적 역량
      ⓐ 지역역량
      ⓑ NGO역량
      ⓒ 민간부문역량
    ㉢ F. 영농체계 및 시장접근성
      ⓐ 농업, 환경의 잠재력
      ⓑ 작목, 가축의 유형
      ⓒ 시장접근성
    ㉣ F. 지역사회 측면
      ⓐ 토지규모 현황
      ⓑ 교육수준
      ⓒ 성별역할
      ⓓ 협조능력
  ③ 지도체계 특성
    ㉠ G. 협치구조

ⓐ 재원확보를 위한 공공, 민간, NGO, 농민단체의 역할
ⓑ 지방화 수준
ⓒ 연계 및 협력
ⓛ M. 조직, 관리, 역량
ⓐ 조직문화
ⓑ 경영적 접근(관리)
ⓒ 지도인력, 역량
ⓓ 동기, 책임지향
ⓒ A. 지도방법
ⓐ 고객의 수, 유형
ⓑ 특별한 내용
ⓒ 기술활용
ⓓ 사전교육

④ 효과분석
ⓛ P. 성과(서비스 품질)
ⓐ 효율성
ⓑ 효과성
ⓒ 타당성
ⓓ 내용(수요자 요구지향)
ⓔ 대상집단
ⓕ 피드백
ⓖ 추진일정 준수
ⓛ H. 농가경영체
ⓐ 역량향상
ⓑ 의사결정
• 혁신의 채택
• 변화: 경영, 마케팅, 생산성
ⓒ I. 파급효과
ⓐ 수확량, 생산성
ⓑ 소득, 고용증대
ⓒ 혁신의 확산
ⓓ 소득재분배
ⓔ 환경적 효과
ⓕ 임파워먼트: 동기부여
ⓖ 성별을 고려한 파급효과
ⓗ 가치사슬의 강화

4) 농촌지도사업 설계 및 분석틀

① 국제식량정책연구소(International Food Policy Research Institute; 2006)는 각 국가의 특성에 맞는 다원화된 지도사업 형태를 선정하는 분석틀을 제시하였다.
② 정책결정이 이루어지는 체제를 정의하고, 결정에 영향을 주는 조건상황을 규명하여 지도사업의 설계와 개혁을 할 수 있고, 지도사업 모니터링, 평가체계의 설계에 이점을 제공하였다.
③ 분석틀은 간학문적 접근을 수용하고 다양한 사업 결과물을 비교함으로써 보편적 분석틀을 제공한다.
④ 정책적 측면에서 정책입안자와 지도사업관리자는 조건상황에서 직·간접적으로 영향을 주는 변수들을 구분하는 것이 중요하다.
⑤ 지도사업특성(협치구조, 조직, 관리, 역량, 지도방법)이 선택적 변수이고, 조건상황이 제시된다.
⑥ P, I영역은 지도사업 성과와 파급효과에 대한 부분이다.
⑦ 농가상황(H영역)이 특히 중요하다. 지도사업설계(농가경영체의 요구와 지도기관 책무의 매커니즘 형성)뿐만 아니라 효과에서 모두 적정성을 갖추어야 한다.

5) 지도사업 설계

① 지도사업 계획 시 의사결정자와 지도기관은 조직구조, 조직, 관리, 역량, 지도방법 등 시스템 설계를 결정할 수 있는 특성을 선택하여야 한다.
② 특정상황에서 농촌지도 예산확보와 사업수행을 위한 최적의 체계 설계는 학습과정으로 귀결된다.
③ 학습이 전국적, 지역적 네트워크를 지원할 수 있고, 지도사업의 기획자, 관리자, 실행자 간 경험을 공유하고 해결책을 찾아내는데 도움이 된다.
④ 전 세계 농촌지도 개혁의 과거 경험을 분석함으로 연구가 학습과정을 지원할 수 있다. 비용편익분석, 성과, 파급효과의 다양한 모델이 적절한 체계를 구명하고 조직학습을 촉진한다.

⑥ 농촌지도사업의 변화

(1) 농촌지도사업 체계

1) 농촌지도의 과학화

① 농촌지도는 많은 다른 학문의 집합체이며 지도체계, 접근법, 지도방법에 따른 효과에 대한 평가 등이 학문적으로 진행된다.
② 일반적으로 농촌지도를 과학적 학문보다는 과정으로 인식하는 경향이 있으며 농촌지도를 과학적 학문 분야로 만들기 위해서는 농업기술보급 중심의 지도사업 대상에 농촌이라는 지리적 공간을 포함하고 농촌주민복지를 중점 목표로 설정해야 한다.

2) 농촌지도체계의 변화
① 세계적 사회, 경제, 환경 변화에 따라 모든 농촌지도체계는 현재와 미래의 지역적, 세계적 도전을 받아들일 수 있도록 적합한 제도와 기관을 발전시켜야 한다.
② 농업혁신체계에서 농촌지도의 기능과 역할의 연계가 중요하다.

(2) 농촌지도 정책
1) 지도정책을 확대하기 위해서는 지도사업접근법이나 혁신과정을 보여 주는 것만이 아니라 농촌지도를 정부정책에 연결시킬 수 있어야 한다.
2) 지도사업은 정부정책에 영향을 받고 있고, 정책결정이 잘 이루어지도록 지원해야 한다.
3) 정책결정자는 공공재를 통해 생물다양성, 물관리, 바이오에너지, 기후변화, 혁신, 식량안보 등의 과제를 해결해야 하는데 농촌지도가 이러한 과제의 해결에 기여를 해야 한다.

(3) 농촌지도의 연계
1) 지도사업에 대한 정보, 특히 우수한 지도사업의 사례를 공유할 수 있는 '우수사례센터'가 필요하다.
2) 국제적 농촌지도 네트워크가 있으면 지도전문가 뿐만 아니라 교육이나 정책결정자도 네트워크를 활용할 수 있다.

(4) 농촌지도사업 홍보
1) 농촌지도사가 어떤 일을 수행하는지, 어떤 역량을 지녔는지 등에 대한 홍보가 부족한 상태이다.
2) **지도사업의 성과에 대한 증명**: 세계식량정책연구소는 농촌지도사업의 투자수익률을 63%로 보고하였다.
3) 소비자를 포함한 농촌지도대상자가 지도사업 프로그램이나 정책을 접할 수 있도록 어떤 사업이 어디에서 이루어지고 있는지 지도사업을 적극 홍보할 필요성이 있다.

(5) 농촌지도사업의 내용
1) 지도사업을 둘러싼 상황(맥락)의 변화: 경쟁이 더욱 심해지고 불확실성이 높아지고, 다양해지는 등 여러 측면에서의 변화
2) **농업인 관련 이슈**: 지속가능한 농업, 식품시스템, 시장, 농촌과 도시의 관계, 기업가 정신, 개인적·사회적 기술, 건강과 안전 등
3) **지도사 관련 이슈**: 변화하는 지도사의 역할, 지도직의 윤리, 새롭게 요구되는 기술 등
4) 농촌지도의 정체성 변화
5) **지도사의 교육훈련**: 단순기술의 전달을 넘어 농촌지도의 본질적인 내용이 강화되어야 하며, 대학 교육과정의 보완, 임직 후 평생교육을 통한 정체성의 강화가 필요하다.

(6) 농촌지도사업 방법과 매체

1) 지도방법

① 자문, 훈련, 네트워킹, 인터넷, 가상커뮤니티 등 다양하지만 보다 중요한 것이 전문가 체계이다.

② 지도사나 촉진자가 농업인, 수혜자에게 지도서비스를 제공하고 이때 만들어진 네트워크를 통해 실천연구가 필요하다.

③ 유럽 국가의 목표는 생산증대, 역량제고, 권한위임, 네트워킹, 지지, 혁신, 정보사용, 올바른 정보선택 등이며, 궁극적으로 지속가능성을 목표로 하고 있으며 이를 위해 지도사의 책무성과 수혜자의 신뢰가 잘 조화되어야 한다.

2) 지도사업의 대상

농업인과 같은 목표집단과 소비자를 포함한 일반인으로 구분할 수 있으며 양자 간 정보의 격차와 다양성이 증가되고 있다. 이런 문제는 개별 국가보다 다양한 민간기구, 국제기구 등과 네트워크를 형성하여 해결할 필요성이 있고 특히 FAO의 역할이 중요하다.

3) 지도사업 평가

① 지도사업 효과에 대한 모니터링과 평가를 통하여 효과를 측정하고 품질을 관리하는 것이 중요하다.

② 성과에 대하여 통계적인 정량평가와 질적보고서(정성평가)의 형태를 활용할 수 있으며 지도전문가 네트워크(학습조직)를 통해 상호 학습하면서 평가할 수 있다.

4) 농촌지도사의 역할

자문가, 훈련자, 멘토, 촉진자, 지식중개자, 지식관리자 등의 지식근로자에서 지식체계 안에 다양한 주체들 간 연결고리를 만들고 네트워킹과 커뮤니케이션을 촉진함으로 공동 이해를 구축하며, 공동지식을 나누어 함께 실행하도록 하여야 한다.

농촌지도접근법과 추진체계 예상문제

01. 농촌지도접근법의 설명으로 옳지 않은 것은?

① 제2차 세계대전 이후 미국의 영향력이 커지면서 미국식 농촌지도방법이 각국 농촌지도 발달에 큰 영향을 미쳤다.
② 농촌지도 접근법은 농가중심적이다.
③ 보편적으로 적용할 수 있는 최상의 접근방법은 존재하지 않는다.
④ 현재는 미국식 농촌지도와 그 나라의 지도방식이 상호작용하여 독특한 경험과 사회구조에 적응된 여러 형태의 농촌지도가 전개되고 있다.

> **해설** 농촌지도접근법은 국가중심적이고 하향식에서 주민참여가 많아지고 의견이 반영되고 있으며, 단순 기술이전에서 종합적, 포괄적 농촌지도가 이루어지고 있다.

02. 네갈의 접근법 중 일반적 고객 접근에 해당하지 않는 것은?

① 종합적 사업 접근
② 농촌개발사업
③ 상품 지향적 지도사업
④ 대학 중심의 지도사업

> **해설** 네갈(Negal, 1997): 일반적 고객 접근, 선택적 고객 접근
> ① 일반적 고객 접근
>   ㉠ 정부주도의 일반적 지도(Ministry Based General Extension)
>   ㉡ 훈련, 방문 지도접근(Training and Visit Extension; T&V)
>   ㉢ 종합적 사업 접근(The Integrated Approach)
>   ㉣ 대학 중심의 지도사업(University Based Extension)
>   ㉤ 농촌개발사업(Animation Rurale)
> ② 선택적 고객 접근
>   ㉠ 상품 지향적 지도사업(Commodity Based Extension)
>   ㉡ 상업서비스로서의 지도사업(Extension as a Commercial Service)
>   ㉢ 고객 중심 및 고객이 통제하는 지도사업(Client-Based and Client-Controlled Extension)

03. 네갈의 접근법 중 선택적 고객 접근으로만 묶은 것은?

㉠ 상품 지향적 지도사업	㉡ 정부주도의 일반적 지도
㉢ 훈련, 방문 지도접근	㉣ 고객 중심 및 고객이 통제하는 지도사업
㉤ 종합적 사업 접근	㉥ 상업서비스로서의 지도사업

① ㉠, ㉡, ㉢
② ㉤, ㉥, ㉦
③ ㉡, ㉢, ㉤
④ ㉠, ㉣, ㉥

04. 개발도상국에서 주로 사용할 수 있는 미국식 농촌지도 접근법과 거리가 먼 것은?

① 훈련, 방문 지도접근
② 프로젝트 접근
③ 국가우선주의 접근
④ 영농체계연구지도접근

해설 ） 미국식 농촌지도접근법(Seevers, 1997)
① 개발도상국에서 주로 사용할 수 있는 농촌지도접근법이다.
② 훈련, 방문 지도접근(Training and Visit Extension; T&V)
③ 프로젝트 접근(Project Approach)
④ 농민우선주의 접근(Farmer First Approach)
⑤ 영농체계연구지도접근(Farming Systems Research and Extension; PSR&E)

05. 우리나라 농촌지도접근법 중 새로운 접근법에 해당하지 않는 것은?

① 훈련, 방문 지도접근
② 영농체계연구 지도접근
③ 농민우선주의 지도접근
④ 종합농촌개발접근법

해설 ） 우리나라 농촌지도접근법
① 전통적 기존접근법: 전통적 농촌지도접근법, 종합농촌개발접근법, 협동자조접근법
② 새로운 접근법: 훈련, 방문 지도접근, 영농체계연구지도접근, 농민우선주의 지도접근

정답 03. ④ 04. ③ 05. ④

PART 01 농촌지도의 기초

06. 다음 중 선진농업국가일수록 지향해야 할 농촌지도의 방향은?

① 농업행정기관 주도형
② 농민조직 주도형
③ 종합농촌개발
④ 정부기관 통합형

해설 선진국일수록 농민조직주도형이며, 주민참여의 상향식이 많아지고 의견이 반영된다.

07. 알렉스, 지프, 바이어리(Alex, Zip & Byerlee)의 농촌지도접근법 중 국가농촌지도접근에 해당되지 않는 것은?

① 농촌활성화
② 훈련방문지도
③ 교육기관에 의한 지도
④ 공공기관 계약지도

해설 국가농촌지도접근: 공공영역 주도로 현장의 농업인에게 무상으로 자문을 제공하는 표준형 접근방식
㉠ 일반적 농촌지도: 1980년 이전까지 지배적으로 이루어지던 전통적인 농촌지도의 유형
㉡ 훈련방문지도: 비효율적이던 일반적 농촌지도의 개선방안으로 1970년대 후반에 나타남
㉢ 전략적 지도 캠페인: 국가농촌지도사업에 사람들의 참여를 결합시키는 방법. FAO에서 개발함
㉣ 교육기관에 의한 지도: 교육기관, 주로 농과대학이 국가농촌지도를 수행함
㉤ 공공기관 계약지도: 정부와 계약한 민간회사 또는 비정부조직(NGO)이 지도사업 수행

08. 알렉스, 지프, 바이어리(Alex, Zip & Byerlee)의 농촌지도접근법 중 생산자주도 농촌지도에 해당되는 것만으로 묶인 것은?

㉠ 상품 지향적 지도사	㉡ 특성화지도방식
㉢ 훈련, 방문 지도접근	㉣ 고객 중심 및 고객이 통제하는 지도사업
㉤ 종합적 사업 접근	㉥ 상업서비스로서의 지도사업

① ㉠, ㉡, ㉢
② ㉣, ㉤, ㉥
③ ㉠, ㉢, ㉤
④ ㉡, ㉣, ㉥

정답 06. ② 07. ①

[해설] *생산자주도 농촌지도: 지도과정에 지식과 자원을 생산하도록 농업인을 관여시킴
  ㉠ 농촌활성화: 하향식 패턴의 개발프로그램을 타파하기 위한 전략으로 아프리카 프랑코폰에서 최초로 적용된 방식
  ㉡ 참여적 농촌지도: 집단회의를 조성하고 요구와 우선순위를 구명하고 지도활동을 계획하거나 생산체계를 개선하도록 고유 지식을 활용하는 농업인의 역량 제고
  ㉢ 영농체계 개발지도: 지도, 연구자와 지역 농업인 또는 농업인 단체 간의 파트너십 필요
  ㉣ 생산자조직 지도방식: 전적으로 생산자들에 의해 계획되고 관리되는 방식
 *목적집단 지도방식: 주로 전문가, 고객, 지역 또는 시간에 초점을 두고 고비용을 회피하려는 지도접근방식
  ㉠ 특성화 지도방식: 특정 생산물 또는 영농방식(관개, 비료, 산림관리 등)의 생산성 개선을 위한 노력에 초점을 둠
  ㉡ 프로젝트 지도방식: 특정기간 동안 한정된 장소에서 농촌지도 자원의 증가에 초점을 둠
  ㉢ 고객집단 지도방식: 영세농, 여성, 소농, 소수인종과 같이 특정 유형의 농업인 집단에 초점을 둠

09. 전통적 기술보급모델 발전과정의 순서로 올바른 것은?

① T&V(Training and Visit Extension)법 → 농민우선 → 영농체계연구지도(Farming Systems Research and Extension; PSR&E) → 참여연구
② T&V(Training and Visit Extension)법 → 영농체계연구지도(Farming Systems Research and Extension; PSR&E) → 농민우선 → 참여연구
③ T&V(Training and Visit Extension)법 → 영농체계연구지도(Farming Systems Research and Extension; PSR&E) → 참여연구 → 농민우선
④ T&V(Training and Visit Extension)법 → 참여연구 → 영농체계연구지도(Farming Systems Research and Extension; PSR&E) → 농민우선

[해설] 전통적 기술보급모델의 발전과정
  ① T&V(Training and Visit Extension)법 → 영농체계연구지도(Farming Systems Research and Extension; PSR&E) → 농민우선 → 참여연구
  ② 점차 농민이 수동적 역할에서 적극적 역할로 참여가 확대되어 간다.

10. 농업연구 – 지도의 이론적 모형 중 기술보급모형에 대한 설명으로 옳지 않은 것은?

① 농업연구사와 농촌지도사의 행동 특성, 동기, 자질, 사기 등을 중심으로 설명하는 이론이다.
② 농가를 농업연구기관에서 개발한 신기술의 수용자로만 여기는 개발 시각으로 인해 선형적이고 하향식 방식을 취한다.
③ 농업연구기관에서 개발한 신기술 이전을 위한 지도사업을 활용한다.
④ 농촌지도사업은 농업연구, 개발, 농촌지도과정에서 고도의 전문성과 창의성이 필요하지 않다.

PART 01 농촌지도의 기초

해설 기술보급 모형(행위자 모형)
① 혁신전파이론에 기반한 행위자 모형이다.
② 농업연구사와 농촌지도사의 행동 특성, 동기, 자질, 사기 등을 중심으로 설명하는 이론이다.
③ 관련이론: 훈련, 방문(T&V), 농민우선
④ 농업연구기관에서 개발한 신기술 이전을 위한 지도사업을 활용한다.
⑤ 기술보급은 일련의 방법이라기보다는 기술보급 체계를 의미한다.
⑥ 농가를 농업연구기관에서 개발한 신기술의 수용자로만 여기는 개발 시각으로 인해 선형적이고 하향식 방식을 취한다.
⑦ 우리나라 농촌지도사업은 농업기술보급모델에 기반한 지도사업을 수행해 왔다.
⑧ 농촌지도사업은 시험연구결과(자연과학 지식)를 농업인 활용기술로 가공하여 부가가치를 높여주는 고도의 전문성과 창의성을 필요로 하는 활동이다.
⑨ 전통적인 기술보급모델은 농민이 수동적으로 연구사나 지도사의 기술을 수용하도록 하는 방법인데 점차 농민이 수동적 역할에서 적극적 역할로 참여를 확대해 왔다.

11. 정부조직형 농촌지도체계가 시대변화에 적응하지 못하는 이유로 옳지 않은 것은?

① 정부조직형 국가는 주로 농업후진국이라는 것과 체계의 문제점이 많은 모형을 채택하고 있기 때문이다.
② 사업이 농민의 필요와 문제에 중심을 두기 때문에 계획된 사업이 일관성이 없고 산만하며 평면적이고 깊이가 없다.
③ 정부조직형은 낮은 기술수준의 농가에게 보편적으로 검정된 기술을 대량 보급할 때는 유리하나 수요자 요구를 받아들이거나 현장에서 적시에 사용가능한 다변화된 기술을 개발하는데는 한계가 있다.
④ 정부조직형은 농과대학이 농촌지도와 상호 연결되는 기능이 부족하고 선진농가의 요구를 받아들이는 기능이 약하기 때문이다.

해설 ②는 농민조직체 주도형의 단점에 해당한다.
*정부조직형이 시대변화에 적응하지 못하는 이유
㉠ 정부조직형 국가는 주로 농업후진국이라는 것과 체계의 문제점이 많은 모형을 채택하고 있기 때문이다.
㉡ 정부조직형은 낮은 기술수준의 농가에게 보편적으로 검정된 기술을 대량 보급할 때는 유리하나 수요자 요구를 받아들이거나 현장에서 적시에 사용가능한 다변화된 기술을 개발하는데는 한계가 있다.
㉢ 정부조직형은 농과대학이 농촌지도와 상호 연결되는 기능이 부족하고 선진농가의 요구를 받아들이는 기능이 약하기 때문이다.

12. 농촌지도 접근법 중 T&V(Training and Visit Extension)의 장점으로 옳지 않은 것은?

① 사업 진행의 시간적인 면에 유연성이 있다.
② 지도사의 기술, 경영훈련과 빈번한 지역농가 방문을 통하여 훈련, 지도가 효율적으로 연계된다.
③ 지도사가 담당할 지도영역에 대한 책임 한계를 분명히 하여 지도사와 지도사업에 대한 지역사회의 신뢰가 제고된다.
④ 지도사업의 초점이 교육에 맞추어져 일선 지도사는 교육, 정보전달 기능만 수행한다.

정답 10. ④ 11. ②

해설 T&V(Training and Visit Extension)
1) 장점
① 지도사의 기술, 경영훈련과 빈번한 지역농가 방문을 통하여 훈련, 지도가 효율적으로 연계된다.
② 지도기관과 일선 지도요원의 직접 연결로 조직구성이 일원화되어 기술지원과 조정이 용이하고 사업 중복성을 피해 효율성이 높아진다.
③ 지도사업의 초점이 교육에 맞추어져 일선 지도사는 교육, 정보전달 기능만 수행한다.
④ 과제별 전문지도사를 통해 연구기관, 지도기관, 농가 사이의 기술정보 전달을 유지하고 농가의 문제점이 신속하게 지도, 연구기관에 피드백될 수 있다.
⑤ 지도사가 담당할 지도영역에 대한 책임 한계를 분명히 하여 지도사와 지도사업에 대한 지역사회의 신뢰가 제고된다.
2) 단점
① 하향식 지도로 사업기획단계에 개별농가의 참여가 배제된다.
② 사업의 계획과 진행에 시간적 유연성이 없다.
③ 지나치게 많은 수의 인적자원이 요구된다.
④ 대중전달매체의 효과적 이용을 배제한다.
⑤ 지도기관이 권위적으로 운영될 가능성이 있다.
⑥ 정보전달 과정에서 왜곡되거나 부적절한 정보가 수집될 수 있고 정보전달 속도가 느릴 때 문제가 야기된다.

13. 협동자조적 접근법에 대한 설명으로 옳은 것은?

① 농업인에게 기술이나 교육을 전달하면 농업은 개선이 가능하다.
② 농업개발에 필요한 지식, 교육뿐만 아니라 운송, 신용, 영농자재 구입, 영농구조개선 등을 균형있게 조달할 수 있는 제도, 하부구조를 설립한다.
③ 농촌지도는 불이익을 받는 농촌이나 소농의 이익을 반영해야 한다.
④ 주로 전시를 통해 생산기술을 교육한다.

해설 지도대상 : 원칙은 모든 농촌주민이나 특히 비편익 계층인 소농, 소외당하는 여성, 청소년들에 대한 지도를 더 강조한다.

14. 일반농촌지도 접근법에 대한 설명으로 옳지 않은 것은?

① 농업정책을 지역단위 농촌까지 전달하기 용이하다.
② 농촌지도사업의 일관성 유지가 가능하다.
③ 비용이 적게 들고 효율적이다.
④ 쌍방적 정보흐름이 결여되어 있다.

해설 비용이 많이 들고 비효율적이다.

PART 01 농촌지도의 기초

15. 전통(일반)농촌지도 접근의 단점으로 보기 어려운 것은?

① 쌍방적 정보흐름이 결여된다.
② 자체적 노력에 너무 크게 의존한다.
③ 지도요원의 수가 많고 급여로 인한 비용이 많이 들고 비효율적이다.
④ 지도요원은 농업 규모가 크고 부유한 농업인을 대상으로 지도사업을 수행한다.

해설 ②는 협동자조적 접근법의 단점에 해당한다.
* 전통(일반)농촌지도 접근(the general extension approach)의 단점
① 쌍방적 정보흐름이 결여된다. 농업인의 관심, 문제, 요구 등이 농촌지도 채널을 통해 중앙에 전달되지 않으며 지역 특성을 반영한 지도사업을 실행하기 어렵다.
② 지도요원은 현장 상황에 적합하지 않은 중앙 실천사항을 받아들이도록 독려할 수 있다.
③ 지도요원은 농업 규모가 크고 부유한 농업인을 대상으로 지도사업을 수행한다.
④ 지도요원의 수가 많고 급여로 인한 비용이 많이 들고 비효율적이다.

16. 농민우선주의와 전통적 기술전달형의 비교에 대한 설명이다. 옳지 않은 것은?

① 전통적 기술전달형의 주목적은 기술취득능력 개발이다.
② 농민우선형의 지도내용은 원칙과 방법을 강조한다.
③ 전통적 기술전달형의 지도방법은 독려를, 농민우선형은 선택을 중시한다.
④ 농민우선형의 기술개발의 거점은 연구실, 시험장이라기 보다 농가의 현장이 된다.

해설 전통적 기술전달형의 주목적은 기술전달이며, 농민우선형의 주목적은 기술취득능력개발이다.

17. 다음 중 농촌지도체계의 유형과 국가의 연결이 옳지 않은 것은?

① 농민조합기구형 – 덴마크
② 학교외연교육형 – 스위스
③ 민간주도형 – 한국
④ 정부조직형 – 일본

해설 정부조직형
① 제2차 세계대전 후 미국의 영향을 받아 도입한 것으로 정부의 국가적 식량문제 해결을 최우선과제로 삼았으나 최근 농촌개발에 초점을 두고 있는 형태이다.
② 농림부 하부조직형과 외청조직형, 정부 각 부처 분산조직형, 국가계선조직형, 지방정부조직형 등이 있다.
③ 우리나라 농식품부 하부조직이 점차 지방정부조직형으로 전환되고 있다.
④ 한국, 일본, 태국 등이 해당된다.
⑤ 시대변화에 따른 여러 시스템적 문제들에 농업연구, 지도체계가 농민조합기구형과 학교외연교육형의 농업연구와 지도체계는 잘 적응하고 있으나 정부조직형은 적응하지 못하고 있다.

18. 농민우선주의 지도접근에 대한 설명으로 옳지 않은 것은?

① 모든 사업수행의 과정에서 주체는 농가가 되어야 한다.
② 지도내용은 명령이나 실행사항이라기보다는 원칙이나 방법 등이 되고, 전달방법도 독려가 아닌 농민의 선택에 의해 이루어진다.
③ 농민이 새로운 기술을 배우고 농장에 적용하는 능력을 배양하는 것이 목적이다.
④ 외부의 조력이 부족한 경우 지속되지 못한다는 단점이 있다.

해설 기술개발의 전 과정이 농민 주도로 이루어지므로 전통적 사업에 비해 외부 조력이 부족해도 지속성이 높다.

19. 미국 주립대학 기반의 농촌지도사업의 목표의 변화추이로 옳은 것은?

① 실습교육 → 기술전이 → 인적자원개발
② 기술전이 → 실습교육 → 인적자원개발
③ 실습교육 → 인적자원개발 → 기술전이
④ 인적자원개발 → 실습교육 → 기술전이

해설 미국 주립대학 기반의 농촌지도
㉠ 미국 농무부(USDA)와 각 주정부, 주립대학 및 군(County)의 센터 간의 협력으로 이루어진다.
㉡ 지도사업 목표가 '실습교육 → 기술전이 → 인적자원개발'로 바뀌었다.

20. 농업연구지도의 이론적 모형 중 지속가능한 농업과 자연자원 개발을 위한 접근방법은?

① 시스템 모형
② 기술보급 모형
③ 참여연구 접근
④ 투입산출 모형

해설 참여연구 접근법의 특징은 지속가능한 농업과 자연자원 개발을 위한 접근방법이다.

21. 영농체계 연구지도 접근법의 장점으로 옳지 않은 것은?

① 농가의 현장 연구를 통하여 농가 중심의 기술개발과 수용을 가속화한다.
② 농민과 연구, 지도와의 상호연계를 증진시켜 직접적인 과제해결에 도움이 된다.
③ 기술개발의 전 과정이 농민 주도로 이루어져서 전통적 사업에 비하여 외부 조력이 부족해도 지속성이 높다.
④ 특정 영농체계에 대한 전체적 접근을 통하여 전문성을 확보할 수 있다.

해설 ③은 농민우선주의 지도사업의 장점에 해당된다.
* 영농체계 연구지도 접근(Farming System Research and Extension; FSR&E) 장점
  ① 농가의 현장 연구를 통하여 농가 중심의 기술개발과 수용을 가속화 한다.
  ② 농민과 연구, 지도와의 상호연계를 증진시켜 직접적인 과제해결에 도움이 된다.
  ③ 연구, 지도 대상 간의 목적이 일치하며 사업의 효율성을 증진시킨다.
  ④ 특정 영농체계에 대한 전체적 접근을 통하여 전문성을 확보할 수 있다.

22. 세계적으로 가장 보편적인 농촌지도 접근법이라 평가받는 접근법은?

① 전통적 농촌지도 접근법
② 종합농촌개발 접근법
③ 정의적 사고를 통한 접근법
④ 협동자조 접근법

해설 전통적 농촌지도 접근법은 세계 각 국에서 채택하였으며, 일반적으로 가장 고전적인 농촌지도 시스템으로 평가받고 있다.

23. 농촌지도조직의 유형 중 농촌지도사업을 정부기관에서 시행하지 않고, 농민조직체에서 이행하는 조직형태는?

① 대학주도형
② 농업행정기관주도형
③ 농민조직주도형
④ 정부기관통합형

해설 농민조직주도형은 농민조직이 전문지도원을 채용하여 지도를 한다.

정답 21. ③ 22. ① 23. ③

CHAPTER 03 농촌지도접근법과 추진체계

24. 다음 중 정부기관통합형의 단점은?

① 지도 내용에 있어 실용성이 결여될 가능성이 있다.
② 사업이 자의적으로 수행될 가능성이 있고 농촌개발과 직접적으로 관련하는 다른 부처와의 조정이 어렵다.
③ 사업이 농민의 필요와 문제에 너무 치중해 계획된 사업의 일관성이 없고 산만하다.
④ 정부기관통합으로 인해 결정단계에서 신속한 처리가 어렵다.

해설 ①: 대학주도형, ②: 농업행정주도형, ③: 농민조직체주도형의 단점이다.

25. 농촌지도조직 유형 중 대학주도형의 장단점에 대한 설명으로 옳지 않은 것은?

① 지도대상자에게 모든 의사결정을 맡기므로 지도 효과가 늦게 나타난다.
② 혁신기술과 정보의 소유가 늦다.
③ 지도내용에 있어 실용성이 결여될 가능성이 있다.
④ 교육적 성격이 강화되어 행정적 성격이 완전히 배제되므로 선진사회에 적당한 조직유형이다.

해설 대학주도형
　1) 장점
　　① 혁신기술과 정보의 소유가 신속하다.
　　② 교육적 성격이 강화되어 행정적 성격이 완전히 배제되므로 선진사회에 적당한 조직유형이다.
　2) 단점
　　① 지도내용에 있어 실용성이 결여될 가능성이 있다.
　　② 지도대상자에게 모든 의사결정을 맡기므로 지도 효과가 늦게 나타난다.

26. 훈련, 방문지도 접근에 대한 설명으로 옳지 않은 것은?

① 훈련, 방문지도 접근은 미국에서 개발하고 지원하여 아시아, 아프리카, 중남미 등 50여개국에서 채택하였다.
② T&V는 몇 단계의 위계 조직구조를 가지고 있으며 주요 작목의 농가, 단체에 내용전문가(연구자)가 2주에 한 번씩 방문일정을 수립하여 정기적으로 상호작용을 하는 것이다.
③ 과제별 전문지도사(Subject matter specialist)는 지도사업의 각 단계에 배치되어 일반지도사, 주재지도사의 고정된 훈련프로그램을 담당하고, 주재지도사는 고정된 방문 프로그램에 의해 담당 농가를 방문한다.
④ T&V는 연구, 지도, 농민 사이에 조직적이고 정형화된 연계체제를 구축하고 있다.

정답 24. ④ 25. ②

해설 훈련, 방문지도 접근(Training and Visit Extension; T&V) 의의
① 훈련, 방문지도 접근은 세계은행에서 개발하고 지원하여 아시아, 아프리카, 중남미 등 50여개국에서 채택하였다.
② 1970년대 초반 아시아 지역에서 시작된 T&V 접근은 주로 소농 구조하의 저소득, 저기술 농가의 기술정보 부족을 지도요원의 정기적 방문, 훈련을 통해 개별농가의 생산성, 소득향상을 통해 전체 식량증산을 추구하는 것이다.
③ T&V는 새로운 형태의 농촌지도사업이 아니라 전통 지도체제의 단점인 조직상의 문제점을 보완하여 효율성을 높이는 접근법이다.
④ T&V는 몇 단계의 위계 조직구조를 가지고 있으며 주요 작목의 농가, 단체에 내용전문가(연구자)가 2주에 한 번씩 방문일정을 수립하여 정기적으로 상호작용을 하는 것이다.
⑤ T&V는 연구, 지도, 농민 사이에 조직적이고 정형화된 연계체제를 구축하고 있다.
⑥ 과제별 전문지도사(Subject matter specialist)는 지도사업의 각 단계에 배치되어 일반지도사, 주재지도사의 고정된 훈련프로그램을 담당하고, 주재지도사는 고정된 방문 프로그램에 의해 담당 농가를 방문한다.

27. 훈련, 방문지도 접근의 특징으로 옳지 않은 것은?

① 지도요원은 농가현장의 조건과 환경을 파악하기 위해 농민의 의견을 충분히 청취해야 한다.
② 지도사, 연구사는 정기적 워크숍과 합동현장방문을 통해 현장환경과 과제를 인식해야 한다.
③ 개별 지도요원은 다양한 분야에 지식을 갖고 있어 여러 영역을 담당하고, 지도할 수 있어야 농가 생산, 소득을 제고할 수 있다.
④ 지도사업의 유관기관과는 지속적 협력을 유지하고 사업 자체의 관리, 통제는 지도사업 담당기관에서 일관성 있게 관리하여야 한다.

해설 훈련, 방문지도 접근(Training and Visit Extension; T&V) 특징
① 지도요원의 전문성
  ㉠ 농가소득을 제고할 수 있는 지도는 전문성에 따라 사업의 성패가 좌우된다고 본다.
  ㉡ 개별농가의 상황에 따라 지도사는 관련분야 지식을 끊임없이 습득, 연구, 전문기술을 숙지하는 훈련을 받아야 한다.
② 단일지휘체계의 농촌지도
  ㉠ 지도사업은 기술과 행정이라는 양면에서 통일된 계통을 유지하여야 한다.
  ㉡ 지도사업의 유관기관(학교, 연구기관, 농민단체, 지방행정관서 등)과는 지속적 협력을 유지하고 사업 자체의 관리, 통제는 지도사업 담당기관에서 일관성 있게 관리하여야 한다.
③ 집중성 : 지도요원은 오직 지도사업에만 전념하며 각각의 영역, 지위에 맞는 분리된 고유의 지도업무만 담당해야 농가 생산, 소득을 제고할 수 있다.
④ 시의성 : 지도요원의 농가방문, 지도, 지도요원의 교육훈련 등이 시의적절하게 이루어져야 효율적 자원사용과 지도가 이루어진다.
⑤ 현장위주의 농촌지도
  ㉠ 모든 연구, 지도요원은 정기적으로 현장 농민과 접촉해야 한다.
  ㉡ 지도요원은 농가현장의 조건과 환경을 파악하기 위해 농민의 의견을 충분히 청취해야 한다.
⑥ 지도요원의 지속적 훈련
  ㉠ 규칙적, 지속적 훈련으로 지도요원의 기술 지식을 최신화해야 한다.
  ㉡ 농가의 특정 과제에 대한 해결책을 토론, 제시할 수 있어야 한다.
⑦ 연구와의 연계
  ㉠ 지도사, 연구사는 정기적 워크숍과 합동현장방문을 통해 현장환경과 과제를 인식해야 한다.
  ㉡ 연구요원은 현장 과제의 적절한 해결책을 개발하고 이를 지도요원이 농가에 제시해야 한다.

28. 농촌지도 접근방법 중 영농체계 연구지도 접근법에 대한 설명으로 옳지 않은 것은?

① 대농 위주로 사업이 시작되어 연구하고 평가받는다.
② 지식망형 구조를 보이고 있으며, 지도사업 구성원 간의 상호작용이 쉽고 사업의 조정이 비교적 쉬운 농촌지도 접근방법이다.
③ 특정영농체계에 대한 전체적인 접근을 통하여 전문성을 확보할 수 있다.
④ 한 농가의 총체적 문제들을 파악하고 그 결과의 수용가능성을 평가한다.

해설 영농체계 연구지도 접근법은 소규모 농가 위주로 사업이 시작되어 연구하고 평가받는다.

29. 영농체계 연구지도 접근법의 특징으로 보기 어려운 것은?

① 지도사업의 주체와 객체가 같은 영역에서 구성원 간 상호작용이 쉽고 사업목적이 일치되어 사업 조정이 용이하다.
② 사적인 농가의 연구, 지도에서 시작하는 공공 프로그램이지만 그 결과는 농가뿐만 아니라 사회에 대한 수용성도 고려해야 한다.
③ 개별농가의 상황에 따라 지도사는 관련분야 지식을 끊임없이 습득, 연구, 전문기술을 숙지하는 훈련을 받아야 한다.
④ 학문적 연구보다 직접적 문제해결에 초점을 맞추며 한 농가의 총체적 문제들을 파악하고 그 결과의 수용가능성을 평가한다.

해설 ③은 훈련, 방문지도 접근(Training and Visit Extension; T&V)의 특징이다.
  *영농체계 연구지도 접근(Farming System Research and Extension; FSR&E) 특징
  ① 전통 연구지도체계가 연구–지도–농민의 선형구조를 보이지만 FSR&E는 지식망(network) 구조를 보인다.
  ② 지도사업의 주체와 객체가 같은 영역에서 구성원 간 상호작용이 쉽고 사업목적이 일치되어 사업 조정이 용이하다.
  ③ 소규모 농가 위주로 사업이 시작되어 연구하고 평가를 받는다.
  ④ 학문적 연구보다 직접적 문제해결에 초점을 맞추며 한 농가의 총체적 문제들을 파악하고 그 결과의 수용가능성을 평가한다.
  ⑤ 분야 간 연계와 상호작용이 잘 이루어져야 하며 자연과학의 실증적 지식과 사회과학의 가치판단까지 포함하는 종합적 지식이 필요하다.
  ⑥ 사적인 농가의 연구, 지도에서 시작하는 공공 프로그램이지만 그 결과는 농가뿐만 아니라 사회에 대한 수용성도 고려해야 한다.
  ⑦ FSR&E 수행단계: 대상농가 및 지역선정 → 과제파악 및 기초자료 분석 → 현장 연구계획 → 현장 연구 및 분석 → 시험 및 평가 → 결과 보급 및 지도

30. 영농체계 연구지도 접근법의 장점으로 보기 어려운 것은?

① 특정 영농체계에 대한 전체적 접근을 통하여 전문성을 확보할 수 있다.
② 농민과 연구, 지도와의 상호연계를 증진시켜 직접적인 과제해결에 도움이 된다.
③ 농가의 현장 연구를 통하여 농가 중심의 기술개발과 수용을 가속화 한다.
④ 중앙행정기관이 주도하고 지역의 하부기관이 참여하므로 농업정책을 지역단위 농촌까지 전달하기가 용이하다.

해설 ④는 일반농촌지도 접근법의 장점에 해당한다.
  *영농체계 연구지도 접근(Farming System Research and Extension; FSR&E) 장점
    ① 농가의 현장 연구를 통하여 농가 중심의 기술개발과 수용을 가속화 한다.
    ② 농민과 연구, 지도와의 상호연계를 증진시켜 직접적인 과제해결에 도움이 된다.
    ③ 연구, 지도 대상 간의 목적이 일치하며 사업의 효율성을 증진시킨다.
    ④ 특정 영농체계에 대한 전체적 접근을 통하여 전문성을 확보할 수 있다.

31. 영농체계 연구지도 접근법의 단점으로 옳지 않은 것은?

① 정보전달 과정에서 왜곡되거나 부적절한 정보가 수집될 수 있고 정보전달 속도가 느릴 때 문제가 야기된다.
② 연구, 지도, 수용까지 시간이 오래 걸려 당면문제해결에 시의적절하게 대응하지 못한다.
③ 특정작목이나 영농체계에 대한 전문적 팀 접근으로 영농체계의 목표나 환경변화가 잦은 경우 사업 자체가 재구성되어 지속성이 낮고 비경제적이다.
④ 다학문적 접근을 추구하고 있어 목표와 전략 결정과정에서 학문 분야 간 다양한 견해가 나타날 수 있어 조정에 많은 시간과 노력이 필요하다.

해설 ①은 훈련, 방문지도 접근(Training and Visit Extension; T&V)의 단점에 해당한다.
  *영농체계 연구지도 접근(Farming System Research and Extension; FSR&E) 단점
    ① 다학문적 접근을 추구하고 있어 FSR&E팀의 목표와 전략 결정과정에서 학문 분야 간 다양한 견해가 나타날 수 있어 조정에 많은 시간과 노력이 필요하다.
    ② 정부나 유관기관의 사업에 대한 이해가 다르지 않을 경우 연구사나 지도사가 과다한 업무로 사업을 수행하기 어렵다.
    ③ 특정작목이나 영농체계에 대한 전문적 팀 접근으로 영농체계의 목표나 환경변화가 잦은 경우 사업 자체가 재구성되어 지속성이 낮고 비경제적이다.
    ④ 연구, 지도, 수용까지 시간이 오래 걸려 당면문제해결에 시의적절하게 대응하지 못한다.

32. 농민우선주의 지도사업의 단계에 해당되지 않는 것은?

① 분석
② 선별
③ 연구
④ 실험

[해설] 농민우선주의 지도사업의 단계: 분석, 선별, 실험

33. 전문상품중심 접근법의 장점으로 보기 어려운 것은?

① 연구, 마케팅 인력의 협력이 이루어져 지도가 적절한 시기, 방법으로 생산자에게 전달된다.
② 작목생산조직을 우선시 하므로 농업인의 관심사가 우선순위가 된다.
③ 지도가 한가지 작물에 집중되기 때문에 평가, 점검하기가 쉽고 비용면에서도 효과적이다.
④ 생산문제에 적절한 지도가 이루어지며, 지도는 특정품목을 위한 투입물, 마케팅 등에 의해 조정되기 때문에 농촌지도 활동은 효율적이고 효과적이다.

[해설] 전문상품중심 접근
1) 장점
① 생산문제에 적절한 지도가 이루어지며, 지도는 특정품목을 위한 투입물, 마케팅 등에 의해 조정되기 때문에 농촌지도 활동은 효율적이고 효과적이다.
② 지도가 한가지 작물에 집중되기 때문에 평가, 점검하기가 쉽고 비용면에서도 효과적이다.
③ 좁은 범위에 초점이 맞추어지기 때문에 밀착된 경영과 감독이 가능하며 소수정예화가 가능하다.
④ 연구, 마케팅 인력의 협력이 이루어져 지도가 적절한 시기, 방법으로 생산자에게 전달된다.
2) 단점
① 작목생산조직을 우선시 하다 보니 농업인의 관심사가 후순위로 밀릴 수 있다.
② 농업 이외의 다른 측면의 농촌지도서비스가 제공되지 않는다.
③ 특정작물이 더 이상 이익이 되지 않는데 품목조합이 그 작물만 고집할 때 문제가 발생할 수 있다.

34. 프로젝트 접근법의 장점으로 옳지 않은 것은?

① 프로젝트가 제시한 아이디어가 신속하고 광범위하게 적용된다.
② 효과를 빨리 달성하고 측정할 수 있다.
③ 특정과제에 대해 집중적으로 적용할 수 있다.
④ 신규로 적용하고 싶은 방법, 기술을 시험할 수 있다.

해설 프로젝트 접근법(Project approach)
1) 장점
① 성공 여부 측정은 프로젝트 기간 동안의 단기간 변화를 대상으로 한다.
② 효과를 빨리 달성하고 측정할 수 있다.
③ 신규로 적용하고 싶은 방법, 기술을 시험할 수 있다.
④ 특정과제에 대한 집중적으로 적용할 수 있다.
2) 단점
① 사업기간이 짧고 비용이 많이 들어간다.
② 정해진 기간 내 변화가 없으면 성공여부는 측정되지 않는다.
③ 프로젝트가 제시한 아이디어가 신속하고 광범위하게 적용되지 않을 수 있다.

35. 비용분담 접근법의 특징으로 옳지 않은 것은?

① 지도사업이 대상자에게 보다 나은 서비스를 제공하기 위해 내외부가 비용을 공동으로 부담해야 한다.
② 지역주민은 기획 과정에 강한 목소리를 낼 수 있고 자신의 욕구가 충족되지 않으면 비용을 분담하지 않을 수도 있다.
③ 효과적 사업은 외부의 재정적 지원이 더 없더라도 지속할 수 있다는 가정이다.
④ 농업인은 부담으로 스스로 농업생산성을 높여야 한다는 의식을 갖게 되고 지방정부는 농촌지도자금 확보의 당위성을 갖게 된다.

해설 ③은 프로젝트 접근법의 특징에 해당된다.
*비용분담 접근(The cost sharing approach) 특징
① 수혜자가 비용 일부를 부담하는 것이 목표 성취에 유리하다고 가정한다.
② 지도사업이 대상자에게 보다 나은 서비스를 제공하기 위해 내외부가 비용을 공동으로 부담해야 한다.
③ 농업인은 부담으로 스스로 농업생산성을 높여야 한다는 의식을 갖게 되고 지방정부는 농촌지도자금 확보의 당위성을 갖게 된다.
④ 목적은 농업인 스스로 필요한 것을 배우도록 돕는 것이며 이것은 농업인이 비용분담을 해야 하는 근거가 된다
⑤ 지역주민은 기획 과정에 강한 목소리를 낼 수 있고 자신의 욕구가 충족되지 않으면 비용을 분담하지 않을 수도 있다.

36. 보기는 코헨과 오프(Cohen & Uphoff)의 사회참여 종류에 대한 설명이다. ( ) 안에 알맞지 않은 단어는?

| 사회참여는 ( ), ( ), ( ), 평가의 순서로 단계적으로 나타나므로 상호 역동적으로 영향을 미칠 뿐만 아니라 순환의 효과가 수반된다. |

① 지도
② 수행
③ 혜택
④ 의사결정

해설 코헨과 오프(Cohen & Uphoff, 1977)의 사회참여 종류
사회참여는 의사결정, 수행, 혜택, 평가의 순서로 단계적으로 나타나므로 상호 역동적으로 영향을 미칠 뿐만 아니라 순환의 효과가 수반된다.

37. 코헨과 오프(Cohen & Uphoff, 1977)의 사회참여 종류 중 의사결정 참여의 내용으로 옳지 않은 것은?

① 정치와 교육에서 강조되는 과정으로 개인이 의사결정에 직접 참여할 때에는 직접참여라 하며, 참가자에게 자신의 의사나 권리를 위임할 때에는 간접적 참여라 한다.
② 사회참여에 있어 기초적이며 핵심적인 형태로 농촌지도계획의 참여가 의사결정 참여에 해당한다.
③ 개인이나 주민이 그에게 관련되는 모든 사업의 계획이나 방향의 결정에 있어 직접 혹은 간접적으로 참여하는 것이다.
④ 농촌지도의 실천에서 민간농촌지도자의 전시포 운영, 자원지도자의 청소년 지도 등이 이에 속한다.

해설 ④는 수행참여에 해당된다.
＊의사결정 참여
㉠ 개인이나 주민이 그에게 관련되는 모든 사업의 계획이나 방향의 결정에 있어 직접 혹은 간접적으로 참여하는 것이다.
㉡ 사회참여에 있어 기초적이며 핵심적인 형태로 농촌지도계획의 참여가 의사결정 참여에 해당한다.
㉢ 정치와 교육에서 강조되는 과정으로 개인이 의사결정에 직접 참여할 때에는 직접적 참여라 하며, 참가자에게 자신의 의사나 권리를 위임할 때에는 간접적 참여라 한다.

38. 켈시와 허언(Kelsey & Hearne)의 학설에서 농촌주민을 지도계획에 참여시킬 때의 효과로 보기 어려운 것은?

① 농촌주민들이 참여하여 토의하다 보면 많은 학습을 할 수 있다.
② 농촌지도에 대한 정부행정기관의 지원을 확보할 수 있다.
③ 농촌지도를 농촌주민들 자신의 사업으로 생각하게 된다.
④ 농촌주민들의 의견과 필요가 반영된다.

해설 농촌주민을 지도계획에 참여시킬 때의 효과: 켈시와 허언(Kelsey & Hearne)
① 농촌주민들의 의견과 필요가 반영된다.
② 농촌주민의 좋은 착상이나 지도력을 활용할 수 있다.
③ 농촌지도에 대한 농촌주민의 지원을 확보할 수 있다.
④ 농촌지도를 농촌주민들 자신의 사업으로 생각하게 된다.
⑤ 농촌주민들이 농촌지도를 더욱 가치 있게 생각한다.
⑥ 농촌주민들이 참여하여 토의하다 보면 많은 학습을 할 수 있다.

PART 01 농촌지도의 기초

39. 농촌주민의 참여가 활발한 자발적 농촌지도의 특징으로 옳지 않은 것은?

① 가난한 다수농민을 중심으로 운영되며 의사결정도 일방적인 지시로서가 아니라 대면적인 의사소통에 의해 이루어진다.
② 조직의 목적과 활동에 보다 많은 우연성이 있다.
③ 조직의 분위기는 공식적이며, 상의하달식이다.
④ 조직의 구성은 내부기관이나 정부에 의한 것일지라도 운영은 농민들을 중심으로 한다.

해설 자발적 농촌지도와 규준적 농촌지도
① 자발적 농촌지도: 농촌주민의 참여가 활발할 때
  ㉠ 조직의 구성은 내부기관이나 정부에 의한 것일지라도 운영은 농민들을 중심으로 한다.
  ㉡ 가난한 다수농민을 중심으로 운영되며 의사결정도 일방적인 지시로서가 아니라 대면적인 의사소통에 의해 이루어진다.
  ㉢ 발전의 이익 역시 공평하게 분배된다.
  ㉣ 조직의 분위기는 비공식적이며 쌍방적이다.
  ㉤ 조직의 목적과 활동에 보다 많은 우연성이 있다.
② 규준적 농촌지도: 농촌주민의 참여가 활발하지 못할 때
  ㉠ 대부분 외부기관이나 정부에 의하여 조직, 운영된다.
  ㉡ 권위적이고 지시적인 상의하달식이다.
  ㉢ 소수의 농촌 엘리트 중심으로 운영되고 발전의 이익 역시 그런 소수에게 돌아간다.
  ㉣ 조직의 분위기도 공식적이며 일방적인 지시가 성행한다.
  ㉤ 조직의 운영이나 원리 등은 농촌주민의 필요에 의한 것이 아니라 외생적이다.

40. 홀른슈타이너(Hollnsteiner)가 주장하는 주민참여를 방해하는 농촌지도구조에 해당하지 않는 것은?

① 농촌주민의 화합시 적당한 사회자가 없어 곧 실증을 낸다.
② 조화관을 중심으로 농촌사회를 판단하였으므로 농촌사회의 개인이나 계층, 그리고 이익집단들 사이에는 긴장과 갈등이 있다는 사실을 경시하였다.
③ 농촌지역사회 내의 소수 엘리트를 중심으로 사업을 진행하였다.
④ 농촌주민의 능력을 경시하였기 때문에 상의하달식의 권위적이고 일방적인 노력이 최선인 것으로 인식하였다.

해설 주민참여를 방해하는 농촌지도구조: 홀른슈타이너(Hollnsteiner)
① 농촌지역사회 내의 소수 엘리트를 중심으로 사업을 진행하였다.
② 현존 권력구조가 민주주의 체제로 변화되었다는데 관심을 기울이지 않았다.
③ 조화관을 중심으로 농촌사회를 판단하였으므로 농촌사회의 개인이나 계층, 그리고 이익집단들 사이에는 긴장과 갈등이 있다는 사실을 경시하였다.
④ 농촌주민의 능력을 경시하였기 때문에 상의하달식의 권위적이고 일방적인 노력이 최선인 것으로 인식하였다.
⑤ 농촌지도요원들은 교육 받은 사람들이기에 지역의 주민들과 위화감이 조성되었다.

CHAPTER 03 농촌지도접근법과 추진체계

41. 스웬슨(Swenson) 주민참여를 가로막는 사회, 경제적 요인에 해당되지 않는 것은?

① 과거에는 소수 엘리트 중심으로 운영되었기에 참여를 두려워하거나 참여의 정보를 갖지 못하는 경우가 많다.
② 현존 권력구조가 민주주의 체제로 변화되었다는데 관심을 기울이지 않았다.
③ 지역의 계급의식이나 계층구조가 참여를 방해한다.
④ 시간적, 공간적 제약을 많이 받는다.

해설 주민참여를 가로막는 사회, 경제적 요인: 스웬슨(Swenson)
① 시간적, 공간적 제약을 많이 받는다.
② 참여의 가치 및 중요성을 인지하지 못한다.
③ 지역의 계급의식이나 계층구조가 참여를 방해한다.
④ 농촌주민의 화합시 적당한 사회자가 없어 곧 실증을 낸다.
⑤ 과거에는 발전의 이익이 소수에게만 국한되었기 때문에 관심을 갖지 않았다.
⑥ 과거에는 소수 엘리트 중심으로 운영되었기에 참여를 두려워하거나 참여의 정보를 갖지 못하는 경우가 많다.
⑦ 농촌지도사가 참여의 필요성을 느끼지 못하므로 적극 참여의 권유를 받지 못한다.
⑧ 지도력 배양에만 중점을 두었기 때문에 시민성의 훈련이 되지 않아 참여의 결과 계속 참여의 흥미를 상실한다.

42. 농촌지도위원회 위원으로 어울리지 않는 사람은?

① 책임감이 있으며 본인의 의사를 끝까지 관철시킬 수 있는 사람
② 지도력과 과거 유사활동 경험이 있는 사람
③ 농촌지도사업이나 농촌개발에 대한 열성이 있는 사람
④ 충분한 시간을 제공할 수 있는 사람

해설 농촌지도위원회 위원의 자격요건
㉠ 지도력과 과거의 유사활동 경험
㉡ 지역의 분산
㉢ 교육이나 사회경제적 지위의 분산
㉣ 농촌지도사업이나 농촌개발에 대한 열성
㉤ 이익집단이나 작목별 분산
㉥ 충분한 시간을 제공할 수 있는 사람
㉦ 관점이나 의견의 피력에 능동적인 사람
㉧ 책임감이 있으며 의사결정에 승복할 수 있는 사람

정답 41. ② 42. ①

43. 농촌지도사업에 대한 설명으로 옳지 않은 것은?

① 농촌지도사업은 농촌지도에서 발전된 형태로서 공공연구기관의 새 지식과 기술을 농업인에게 보급하고 계획된 사업이다.
② 기술개발 과정연구사가 진행하며, 농업인은 단순한 기술수용자이다.
③ 농촌지도요원은 단순 정보전달자가 아니라 조언자, 촉진자, 지식전달자로서의 역할을 수행한다.
④ 지도사업 제공 기관도 공공기관뿐만 아니라 NGO와 민간부문까지 확대되었다.

해설 농촌지도사업(Agricultural advisory service) 개념
1) 농촌지도사업은 농촌지도에서 발전된 형태로서 공공연구기관의 새 지식과 기술을 농업인에게 보급하고 계획된 사업이다.
2) 개발도상국에서 농촌지도사업은 전체적, 기능적 역할을 확대하고 있으며, 농촌지도요원은 단순 정보전달자가 아니라 조언자, 촉진자, 지식전달자로서의 역할을 수행한다.
3) 농업인을 교육시키고 메시지를 전달하는 수준을 넘어 농업인이 집합적으로 조직화되어 활동할 수 있도록 유통, 가공 관련 이슈를 주도하며, 지역 내 기관, 관계자와 협력적 관계를 맺을 수 있도록 도움을 주는 것이다.
4) 농업인은 단순한 기술수용자라기보다 기술개발 과정에서의 파트너로 본다.
5) 지도사업 제공 기관도 공공기관뿐만 아니라 NGO(Nongovernmental organization)와 민간부문까지 확대되었다.
6) 농산물 생산에 관계된 사람들이 삶의 질을 개선할 수 있도록 문제를 해결하고, 정보, 기술을 확보하는데 조력하며 지원하는 기관의 전체적 기능이다.

44. 다원적 농촌지도사업에 대한 설명으로 옳지 않은 것은?

① 관계자들의 참여를 최대한 유도할 수 있다.
② 농업인은 요구되는 새 기술에 대한 인식이 낮아서 수요자 지향 서비스에 대한 관심이 저조하다.
③ 다원적 지도체계에서 정부는 지도사업에 관계되는 이해당사자들을 위한 촉진자 역할을 수행해야 한다.
④ 정부의 전적인 지원으로 예산, 인력부족과 같은 제약요인을 극복한다.

해설 다원적 농촌지도사업
① 농촌지도사업을 협치구조 하에서 수행하고 비용을 지불하기 위한 제도의 선택 다양성이다.
② 수요자는 서비스를 받기 위해 시간, 비용 같은 자원을 투자하여 그들의 요구, 필요, 가치를 충족하는 것이라고 정의하며 수요자 지향 농촌지도사업이 지도사업의 개혁으로 부각되고 있다.
③ 예산, 인력부족과 같은 제약요인을 극복할 수 있을 뿐만 아니라 특정 지역 또는 전문 영역에 필요한 맞춤형 서비스를 위한 전략을 제공할 수 있다.

45. 다음 중 공공서비스의 특징에 대한 설명으로 옳지 않은 것은?

① 비경합성: 공공서비스는 여러 명이 공동으로 소비할 때 한 사람의 소비가 다른 사람의 소비량을 감소시키는 것
② 비배제성: 서비스에서 얻어지는 효용이 어느 특정인에게만 한정되지 않는 것
③ 큰 외부효과: 외부효과란 하나의 서비스 공급이 그로 인해 막대한 다른 파급효과를 불러오는 것
④ 많은 무임승차자: 공공서비스는 누구나 집단적으로 소비할 수 있으므로 그 서비스에 소요되는 비용을 부담하지 않고 서비스 혜택을 받는 것

> 해설 공공서비스의 특징
> ① 비경합성: 공공서비스는 여러 명이 공동으로 소비할 때 한 사람의 소비가 다른 사람의 소비량을 감소시키지 않는 것
> ② 비배제성: 서비스에서 얻어지는 효용이 어느 특정인에게만 한정되지 않는 것
> ③ 큰 외부효과(exterrality): 외부효과란 하나의 서비스 공급이 그로 인해 막대한 다른 파급효과를 불러오는 것
> ④ 많은 무임승차자(free riders): 공공서비스는 누구나 집단적으로 소비할 수 있으므로 그 서비스에 소요되는 비용을 부담하지 않고 서비스 혜택을 받는 것

46. 공공서비스 유형으로 옳지 않은 것은?

① 비배제성, 집단적 – 시장재
② 비배제성, 개별적 – 공유재
③ 배제성, 집단적 – 요금재
④ 배제성, 개별적 – 민간재

> 해설 공공서비스의 비배제성, 비경합성 특성에 따른 구분
>
> | | | 소비특성 | |
> | --- | --- | --- | --- |
> | | | 집단적 | 개별적 |
> | 배제성 | 배제 불가능 | 집합재 | 공유재 |
> | | 배제 가능 | 요금재 | 민간재 |

47. 민간주도 지도사업의 유형과 국가의 연결이 잘못된 것은?

① 민간회사 – 네덜란드
② 협의기구 – 영국
③ 협동조합 – 덴마크
④ 민간회사 – 스위스

해설 민간주도 지도사업
  ㉠ 민간화: 민간회사, 협의기구, 협동조합 등에서 지도사업을 수행
    ⓐ 민간회사: 네덜란드(DLV), 스위스(Agrideia), 영국(Agricultural Development and Advisory Service; ADAS)
    ⓑ 협의기구: 프랑스(농업회의소), 독일은 니더작센 등 3개 주
    ⓒ 협동조합: 덴마크, 대만(농회) 등
  ㉡ 상업화: 개인컨설팅(독일: 젝센-안할트)과 정부(국가, 지방) 사업 중 특정 서비스만 수익자가 부담하는 경우

48. 공공부문 민간화에 대한 설명으로 옳지 않은 것은?

① 공공서비스의 생산방식을 생산주제와 방식 기준으로 구분해 보면 정부가 공공서비스를 직접 생산할 필요성은 상당히 약해진다.
② 민간화를 공공서비스의 제공이나 이를 위한 재산의 소유에서 정부의 영역을 줄이고 민간의 영역을 늘리는 것이다.
③ 자율화, 경쟁촉진, 민간기법의 도입 등 내부민간화를 포함하여 공공영역을 줄이거나 민간부문을 확장시키는 모든 움직임을 의미한다.
④ 공공서비스의 공급과 생산을 정부가 모두 담당하는 전통적인 방식과 달리 최근에는 공공과 생산을 분리하여 생산주체를 단순화하고 있다.

해설 공공부문의 민간화
  ㉠ E. S. Savas(1987): 민간화를 공공서비스의 제공이나 이를 위한 재산의 소유에서 정부의 영역을 줄이고 민간의 영역을 늘리는 것이라고 정의했다.
  ㉡ 민간화란 1980년대 정부 실패 이후 신공공관리론이 강조한 전략으로 좁게는 국가기능이나 공기업의 재산을 민간에 이양하거나 넘기는 것(외부민간화)를 의미한다고 볼 수 있으나 넓게는 자율화, 경쟁촉진, 민간기법의 도입 등 내부민간화를 포함하여 공공영역을 줄이거나 민간부문을 확장시키는 모든 움직임을 의미한다.
  ㉢ 공공서비스의 공급과 생산을 정부가 모두 담당하는 전통적인 방식과 달리 최근에는 공공과 생산을 분리하여 생산주체를 다양화하고 있다.
  ㉣ 공공서비스의 생산방식을 생산주체와 방식 기준으로 구분해 보면 정부가 공공서비스를 직접 생산할 필요성은 상당히 약해진다.

49. 공공서비스 민간화의 폐단으로 보기 어려운 것은?

① 책임성의 저하
② 형평성 저해
③ 서비스제공비용 감소
④ 안정성 저해

CHAPTER 03 농촌지도접근법과 추진체계

해설 공공서비스 민간화의 폐단
  ㉠ 책임성의 저하
  ㉡ 도덕적 해이(역대리인 이론): 정보격차로 인한 대리손실문제
  ㉢ 형평성 저해
  ㉣ 안정성 저해
  ㉤ 서비스제공비용(공공요금)이 정부에 의한 공급 시 보다 상승 우려

50. 세계은행의 농업개혁 목표로 옳지 않은 것은?

① 생계 영농이나 낮은 기술 수준의 직업에 종사하는 농촌주민의 생활을 개선한다.
② 대규모 농가의 경쟁력 강화로 시장진입을 촉진하여 농촌 지역 경제를 활성화시킨다.
③ 농촌에서 농업과 농업 외 분야의 고용을 촉진하고 기술을 향상시킨다.
④ 시장접근을 개선하고 효율적인 가치사슬(value chain)을 만든다.

해설 세계은행의 농업개혁 목표
  ① 시장접근을 개선하고 효율적인 가치사슬(value chain)을 만든다.
  ② 소규모 농가의 경쟁력을 강화하고 시장진입을 촉진한다.
  ③ 생계 영농이나 낮은 기술 수준의 직업에 종사하는 농촌주민의 생활을 개선한다.
  ④ 농촌에서 농업과 농업 외 분야의 고용을 촉진하고 기술을 향상시킨다.

51. 농촌진흥법에서 규정하고 있는 우리나라 농촌진흥청의 농촌지도사업에 포함되지 않는 것은?

① 농업생산성 향상을 통한 농가소득 증대
② 농업경영체의 경영 진단 및 지원
③ 기상재해에 대비한 기술지도
④ 농업후계인력, 농촌지도자 및 농업인 조직의 육성

해설 우리나라 농촌진흥청의 농촌지도사업: 농촌지도사업이란 연구개발 성과의 보급과 농업경영체의 경영혁신을 통하여 농업의 경쟁력을 높이고 농촌자원을 효율적으로 활용하는 사업으로 다음의 업무를 수행하는 사업을 말한다.(농촌진흥법 제2조)
  ㉠ 연구개발 성과의 보급
  ㉡ 농업경영체의 경영 진단 및 지원
  ㉢ 농촌자원의 소득화 및 생활 개선 지원
  ㉣ 농업후계인력, 농촌지도자 및 농업인 조직의 육성
  ㉤ 농작물 병해충의 과학적인 예찰, 방제정보의 확산 및 기상재해에 대비한 기술지도
  ㉥ 가축질병 예방을 위한 방역 기술지도
  ㉦ 그 밖에 농촌지도에 관하여 대통령령으로 정하는 업무

정답 49. ③ 50. ② 51. ①

PART 01 농촌지도의 기초

52. 우리나라 농촌진흥청 농촌지도사업의 주요 기능과 역할에 대한 설명 중 옳지 않은 것은?

① 지역농업 특성화를 위한 기술지원
② 지식·정보화 시대에 부응한 농업·생활정보의 체계적 제공
③ 고투입 농법을 통한 농업생산성 향상 기술의 보급
④ 양질의 안전한 국민 식품 생산 공급을 위한 기술의 보급

해설 농촌진흥청 농촌지도사업의 주요 기능과 역할
㉠ 양질의 안전한 국민 식품 생산 공급을 위한 기술의 보급
㉡ 농업생산성 향상과 농업경영의 합리화를 위한 기술의 보급
㉢ 지속적 농업의 실현을 위한 환경보전농업 기술의 보급
㉣ 지식·정보화 시대에 부응한 농업·생활정보의 체계적 제공
㉤ 지역농업 특성화를 위한 기술지원

53. 공공농촌지도사업의 새로운 역할에 해당되지 않는 것은?

① 농업인을 조직화하고 시장지향전략에 대한 정보개발을 위한 계획을 수립해야 한다.
② 농업인이 이윤을 창출할 수 있게 시장분석과 시장동향을 파악해야 한다.
③ 농업인 소득 증대를 위한 고투입 자재의 개발 및 보급을 한다.
④ 영농이 비즈니스가 되도록 촉진하는 역량을 개발해야 한다.

해설 공공농촌지도사업의 새로운 역할
① 영농이 비즈니스가 되도록 촉진하는 역량을 개발해야 한다.
② 농업인을 조직화하고 시장지향전략에 대한 정보개발을 위한 계획을 수립해야 한다.
③ 농업인이 이윤을 창출할 수 있게 시장분석과 시장동향을 파악해야 한다.

54. 농촌지도환경 변화의 특징으로 보기 어려운 것은?

① 농업인 요구를 적절한 시점에 충족시키기 위해 농촌지도사업이 강력한 국가기관에 의해 운영되어야 한다.
② 농촌지도, 연구, 교육, 직업훈련, 자문서비스는 현재의 농업인 요구를 고려해야 하며 미래의 요구도 예측해야 한다.
③ 시장의 신호 이해, 생산물 선택, 생산과정상 신기술 적용, 생산의 합리화, 새로운 투자를 위하여 농업인은 더 많은 정보를 필요로 하므로 이러한 정보가 수집, 선택, 정교화되어야 하며 유용하게 활용되어야 한다.
④ 민간자문서비스는 농산물 투입재 생산자, 공급자, 농가와 계약재배를 하는 식품가공회사들이 주체가 되어 제공하고 있다.

CHAPTER 03 농촌지도접근법과 추진체계

해설 농촌지도환경 변화의 특징
① 농촌지도환경은 많은 변화로 1980년 이후 공공지도사업의 비중이 감소하고 유럽 일부 선진국에서 농촌지도체계가 민영화되었다. 민간자문서비스는 농산물 투입재 생산자, 공급자, 농가와 계약재배를 하는 식품가공회사들이 주체가 되어 제공하고 있다.
② 농촌지도, 연구, 교육, 직업훈련, 자문서비스는 현재의 농업인 요구를 고려해야 하며 미래의 요구도 예측해야 한다.
③ 농업인 요구를 적절한 시점에 충족시키기 위해 농촌지도사업이 농업인의 참여하에 운영되어야 한다.
④ 시장의 신호 이해, 생산물 선택, 생산과정상 신기술 적용, 생산의 합리화, 새로운 투자를 위하여 농업인은 더 많은 정보를 필요로 하므로 이런 정보가 수집, 선택, 정교화되어야 하며 유용하게 활용되어야 한다.
⑤ 선진전문농가는 소규모 가족농과는 전혀 다른 목표를 가지고 있다.

55. 분석틀 각 영역의 흐름으로 올바른 것은?

① 지도사업특성(G, M, A영역) ⇒ 조건상황(E, S, F영역) ⇒ 성과(P영역) ⇒ 농가경영체(H영역) ⇒ 파급효과(I영역)
② 조건상황(E, S, F영역) ⇒ 지도사업특성(G, M, A영역) ⇒ 성과(P영역) ⇒ 농가경영체(H영역) ⇒ 파급효과(I영역)
③ 농가경영체(H영역) ⇒ 조건상황(E, S, F영역) ⇒ 지도사업특성(G, M, A영역) ⇒ 성과(P영역) ⇒ 파급효과(I영역)
④ 조건상황(E, S, F영역) ⇒ 지도사업특성(G, M, A영역) ⇒ 농가경영체(H영역) ⇒ 파급효과(I영역) ⇒ 성과(P영역)

해설 분석틀 각 영역의 흐름: 조건상황(E, S, F영역) ⇒ 지도사업특성(G, M, A영역) ⇒ 성과(P영역) ⇒ 농가경영체(H영역) ⇒ 파급효과(I영역)

56. 분석틀의 각 영역에 대한 설명으로 옳지 않은 것은?

① E영역(정책적 환경): 지도사업에 필요한 예산 확보로 사업 시행을 위한 다양한 모델의 적절성을 실행하는데 영향을 미치는 요인이다.
② G영역(협치구조): 협치구조란 농촌지도사업을 추진하는 기관의 구조상 특성을 의미한다.
③ I영역(파급효과): 조언의 내용과 질, 여성농업인과 소외계층 고려, 사업 제공의 효율성을 의미한다.
④ A영역(지도방법): 농가와 교류하는 지도사업의 현장지도요원이 활용하는 지도방법을 의미한다.

해설 P영역(성과): 조언의 내용과 질, 여성농업인과 소외계층 고려, 사업 제공의 효율성을 의미한다.
*I영역(파급효과): 농촌지도사업의 고유목표에 대한 영향 정도를 의미한다.

정답 54. ① 55. ② 56. ③

04 CHAPTER 농촌지도의 이론적 배경

① 성인학습이론

농촌지도의 주요 대상이 농촌지역의 성인이므로 성인학습자에 대한 이해가 필요하며 지식정보의 전달기법이 교육기법으로 이루어지고 있으며 최근에는 교육에서 학습으로 패러다임이 바뀌고 있다.

(1) 교수학습과정

1) 교수학습의 의미

① 교수: 교육자의 활동
  ㉠ 지식과 정보를 제공함으로써 교육대상자의 행동을 변화시키는 것이다.
  ㉡ 교육대상자 스스로 책, 유인물, 사회현상에서 필요한 정보를 얻어내도록 도와주는 과정이다.
  ㉢ 스스로 그들의 미래를 설계하여 성취하는데 필요한 학습을 하도록 도와주는 과정이다.
  ㉣ 교육자와 교육대상자간 유기적인 인간관계가 조성되는 과정이다.

② 학습: 피교육자(교육대상자)의 활동
  ㉠ 교육대상자 스스로 훌륭한 지식, 태도, 기술 등을 가지기 위하여 의도적으로 활동하는 과정이다.
  ㉡ 교육대상자 스스로 책, 유인물 등을 통하여 연구할 때, 어떤 특정사항을 경험할 때, 사물과 현상을 관찰할 때 이루어진다.
  ㉢ 학습활동 자체에도 관심을 가짐과 동시에 결과적으로 활동적 변화가 초래되도록 하는 과정이다.
  ㉣ 학습자 스스로 의사결정과정이며 선택과정이다.
  ㉤ 학습자의 이전 경험과 새로운 경험을 결부시키고 통합하는 과정이다.

③ 교육과 학습 비교
  ㉠ 교수는 교사 중심, 학습은 피교육자 중심이며 교사가 안내자, 조력자 역할을 한다.
  ㉡ 교수는 일정한 목표를 갖지만 학습은 목표가 있을수도, 없을수도 있다.
  ㉢ 교수는 독립변수이나 학습은 교사가 제시한 교과범위 내에서 일어나는 종속변수이다.
  ㉣ 교수는 교사가 가르치는 내용이 일의적이나 학습은 다의적이다.
  ㉤ 교수는 학습의 문제점을 찾아 지도하는 처방적 행동이나 학습은 피교육자 행동의 결과를 그대로 기술하는 기술적 입장이다.
  ㉥ 교수 연구의 대상은 교실 상태이나 학습의 연구는 실험실 또는 단순화된 수업장면이 대상이다.

④ 훈련과 교육
  ㉠ 훈련
    ⓐ 모방적 반응의 과정이다.
    ⓑ 연습, 모방적 행동, 기억, 즉각적 결과 사용방법 등을 위한 단순화 과정이다.
  ㉡ 교육
    ⓐ 창조적 상호작용이다.
    ⓑ 비판적인 자기평가가 강조되며 새로운 경험과의 창조적인 통합과 스스로 선택과정이 주어지는 심오한 과정이다.

(2) 학습이론

1) 연합이론
① 의의
  학습을 자극과 반응의 연합으로 보는 입장으로 조건화이론, 자극-반응이론이라고도 한다.
② 시행착오설: 손다이크(Thorndike, 1899)
  ㉠ 자극과 반응의 결합이 유기체에 만족을 줄 때는 강화되며 불만족을 줄 때는 약화된다는 이론이다.
  ㉡ 학습을 시행착오의 과정으로 보고 일련의 자극과 반응의 결합으로 보았다.
③ 조건반사설(고전적 조건화이론): 파블로프(Pavlov)
  ㉠ 개를 이용한 실험으로 먹이를 주는 사람의 발소리만으로도 타액의 분비를 유도해내는 과정을 설명하였다.
  ㉡ 자극-반응 실험으로 조건화된 자극이 조건화된 반응을 이끌어내는 과정을 설명하였다.
④ 조작적 조건형성설(강화이론): 스키너(Skinner, 1953)
  ㉠ 쥐를 이용한 실험으로 쥐가 지렛대를 누를 때마다 먹이가 떨어지게 한 결과 그 먹이가 쥐로 하여금 지렛대를 누르는 행동을 유발하여 강화한다는 이론이다.
  ㉡ 어떤 조작적, 유의적 자극을 주면 동물은 자발적으로 반응을 조건 형성시킨다는 이론으로 행동의 결과를 조건화함으로써 행태적 반응을 이끌어내는 과정을 설명하는 강화이론이다.

2) 인지이론
① 의의
  학습을 인지구조의 획득과 변화로 설명하는 입장이다.
② 통찰설: 쾰러(W. Köhler)
  ㉠ 독일의 쾰러가 주장한 학습이론으로 아프리카 유인원을 이용한 실험에서 유인원이 바나나를 따기 위해 상자를 쌓아 그 위에 올라가는 것으로 유인원이 바나나와 상자를 상호 연관시

켜 문제를 해결하였는데 이는 지각의 재조직화를 이루어 문제를 해결할 수 있도록 통찰한 것으로 보았다.
ⓒ 시행착오나 과거의 경험으로 문제를 해결하는 것이 아니라 그가 처한 상황을 진단하고 적절한 방법을 강구하여 문제를 해결한다는 이론이다.
ⓒ 쾰러는 실험의 결과 다음과 같은 결론을 도출하였다.
  ⓐ 문제해결은 단순한 과거 경험의 집적이 아니라 그의 경험적 사실을 재구성하는 구조변화의 과정이다.
  ⓑ 통찰력은 탐색적 과정을 통하여 이루어지며 탐색은 단순한 우연만을 위주로 하는 시행착오와는 다르다.
  ⓒ 통찰은 실험장면에 의해 좌우되며 장면 전체가 잘 내다보이면 그 해결이 용이하다.
  ⓓ 통찰에 의한 학습은 종류에 따라, 개체에 따라 차이를 보인다.
  ⓔ 통찰과 학습의 관계: 상황을 구성하는 요소간의 관계를 파악하는 것으로, 따라서 학습은 학습자의 통찰과정을 통한 인지구조의 변화라 볼 수 있다.

③ 정보처리설
  ⓐ 인간의 학습과정을 컴퓨터의 정보처리과정으로 이해하고 분석하는 이론이다.
  ⓒ 주어진 자극이나 정보를 변형, 계산, 비교평가, 결정하는 시뮬레이션의 과정을 통해 학습한다.
  ⓒ 정보처리적 접근에 의하면 기억이란 감각기관에 유입된 정보를 기호화하고 이를 저장하며, 반응을 위해 인출하는 일련의 과정으로 이해할 수 있다.
  ⓔ 기억의 체계는 감각기억장치, 단기기억장치, 장기기억장기로 구분한다.

(3) 학습원리

1) 자콥슨(Jacobsen)이 제시한 학습원리
① 자콥슨은 학습자의 행동변화에 중점을 두어 학습으로 인해 초래된 학습성과의 유형에 따라 학습원리를 진술하였다.
② 학습성과를 기본적으로 지식, 기능, 태도의 세 영역으로 구분하여 상대적으로 보아 영역별로 더욱 효과가 있는 학습원리를 제시하고 있다.
  ⓐ 지식
    ⓐ 개인의 시각, 청각, 촉각, 후각, 미각의 5관을 통하여 지각된 모든 정보와 지식의 학습은 지각이론에 의하여 가장 적절히 설명될 수 있다.
    ⓑ 특히 자신에게 중요하다고 생각되는 것만 선택적으로 지각하고 기억하는 경향이 있다.
  ⓒ 기능
    ⓐ 개인이 신속하고 숙련되게 실행할 수 있고 행동 또는 활동으로 기능의 습득은 그에 대한 행동의 반복을 필요로 한다.
    ⓑ 기능의 학습을 설명하기 위해서는 반복적 행동의 이동적 과정과 원인을 설명하는 강화이론이 적합하다.

ⓒ 강화이론
- 정적(正的)보상 또는 쾌감을 받았던 행동은 반복, 강화되고 부적(負的)보상이나 불쾌감을 받았던 행동은 억제, 약화되는 경향이 있으므로 이러한 보상원리를 적절히 활용하면 기능을 효과적으로 습득할 수 있다.
- 기능 학습은 기능습득과정에서 자신에게 능력의 신장, 성취감, 자아존중감 등의 보상을 개발하는 것이 외적 보상과 같이 효과적이다.
- 정적(正的) 상관: 한쪽이 증가하면 다른 쪽도 증가하는 관계
- 부적(負的) 상관: 한쪽이 증가하면 다른 쪽은 감소하는 관계

ⓒ 태도
ⓐ 물리적, 심리적, 사회적 환경에 대한 개인의 습관적 사고유형으로 정의할 수 있다.
ⓑ 태도는 복잡한 심성구조로 지식, 신념, 정서, 평가의 요소로 복합되어 있다.
ⓒ 습관화된 태도는 개인으로 하여금 주위환경의 여러 상황에 대하여 기존이 형성되어 일반화된 반응경향을 보이도록 개인의 행동을 선행경향화 한다.
ⓓ 태도의 형성과 변화는 인지균형이론에 의하여 설명될 수 있다.
ⓔ 태도의 인지균형이론(Cognitive balance theory)
- 의의: 개인이 사회문화적 성장과 생활 속에서 형성된 기성의 태도가 새로운 경험과 서로 모순되지 않게 균형 상태를 유지하거나 회복하려는 과정을 통하여 새롭게 태도가 형성되고 변화된다는 이론이다.
- 태도의 변화
  - 태도는 기존의 인지균형상태에 새로운 지식, 정보, 환경변화, 새로운 경험 등이 주어졌을 때 변화될 수 있다.
  - 태도는 개인의 태도체계 내에서 상호의존적으로 서로 연관되어 있기 때문에 한순간 급격한 변화가 나타나지 않고 다분히 자신의 인생경험과 인성구조에 달려있다.

2) 농촌지도에서 고려되어야 할 학습원리(Bender)

① 관심의 원리
㉠ 학습내용에 대하여 피교육자가 관심과 흥미를 가질 때 학습효과가 증진된다.
㉡ 학습 시 피교육자로 하여금 지도하려는 사항에 대하여 관심을 갖도록 동기를 부여하여야 한다.

② 필요충족의 원리
㉠ 피교육자는 필요나 문제의식이 학습을 통하여 해결, 충족되고 있다고 생각할 때 학습효과가 증진된다.
㉡ 성인들은 그들이 어떤 필요나 문제를 자각하였을 때 교육에 참가한다.

③ 사고의 원리
㉠ 학습 시 학습자가 스스로 학습내용을 사고하고 주어진 자극을 평가하고 검토하여 보는 기회가 주어질 때 학습효과는 증대된다.

ⓛ 일방적으로 설명을 듣게 하는 것보다 학습자 스스로 과거의 경험을 되살리고 그가 알려고 하는 것과 학습하고 있는 것과의 관계를 확인하게 하며, 스스로 문제를 해결해 보도록 가끔 질문하여 그들의 사고력을 자극하여 주면 학습효과가 높아진다.

④ 참여의 원리
  ㉠ 학습이란 학습자 자신의 자기활동 과정이다.
  ㉡ 학습자가 학습에 능동적으로 참여하면 그만큼 많은 학습의 효과를 볼 수 있다.
  ㉢ 농민을 가르칠 때 지도사가 혼자 이야기하는 것보다 토의, 실습을 함께 실시하는 것이 효과적이다.

⑤ 강화의 원리
  ㉠ 강화란 어떤 행동에 대하여 보상을 주는 것을 말한다.
  ㉡ 학습자가 학습 도중에 자신의 의견을 이야기 할 때 학습자에게 칭찬을 하여 스스로 만족감을 갖도록 하는 것이 필요하다.

(4) 교수학습의 기능

1) 구조기능론적 기능
① 사회는 사회의 개개 구성요소들이 상호의존을 통하여 균형적 상태를 유지하고 있을 때 가장 바람직하다.
② 구조기능론적 입장에서 사회교육은 현대의 급격한 사회변동에 대처하기 위해 사회구성원의 재사회화, 재사회적응능력의 신장 등이 기능을 주로 담당해야 한다고 주장한다.
③ 사회교육은 모든 시민이 평생학습을 통해 변화하는 사회를 이해하고 민주시민으로서 자질을 함양시키는데 필요하다.

2) 갈등론적 기능
① 칼 막스(Karl Marx)
  ㉠ 갈등론적 사회변동을 이론적 체계로 확립하였다.
  ㉡ 사회변동은 혁명의 형태로 나타나며 계급투쟁은 바로 경제적인 계급 사이의 갈등에서 비롯된다고 주장하였다.
② 코서(Coser)
  ㉠ 갈등은 사회구조에서 상호관계를 분리시키는 요인을 제거하며 구조관계를 재통합시킨다.
  ㉡ 갈등은 사회의 긴장을 해소시키고 사회체제의 파괴보다는 안정을 조성하는 하나의 과정이며, 역할 분할과 사회화에 긍정적인 기능을 수행한다고 주장하였다.
③ 일리치(Illich)
  ㉠ 가난한 자가 교육을 받으면 심리적, 물리적 무력감을 주입받게 되는 결과를 초래한다고 주장하였다.

ⓒ 사회교육은 기존 사회가 지니고 있는 구조적 모순을 제거하는 기능을 가지는 것이므로 소극적이고 순종적이던 인간을 적극적, 창의적으로 개조하는 일이라고 주장하였다.

(5) 성인학습이론

1) 성인학습자의 특성
   ① 성인학습자에서 성인
      ㉠ 연령, 발달정도, 사회적 역할수행 능력에 따라 규정한다.
      ㉡ **개인적 차원**: 자기관리를 통해 자기 자신의 생활에 대하여 일차적인 책임을 질 수 있는 18세 이상의 사람
      ㉢ **조직적 차원**: 가치를 창출하는 생산적 기능을 수행하는 사람
      ㉣ **사회적 차원**: 사회적 역할 수용과 책임 수행 능력을 갖춘 사람으로 결혼을 하여 독립된 가정을 가진 사람
   ② 성인학습자의 특성
      ㉠ 성인학습의 특성
         ⓐ 성인학습자 집단은 서로 다른 심리, 사회적 발달단계에 있으며 다양하고 풍부한 경험을 바탕으로 상이한 교육적 필요에 의해 학습하게 된다.
         ⓑ 인간은 성인으로 성숙해감에 따라 자기주도적 인간으로 변하고 풍부한 학습자원이 되는 경험을 축적하며 학습에 대한 준비로 발달과정상 사회적 역할을 지향하고 교과 중심에서 수행 중심의 학습으로 변화한다.
      ㉡ 성인학습자의 특성
         ⓐ 다양한 경험: 풍부하고 다양한 경험을 가지고 있다.
         ⓑ 자발성: 강제적이거나 의무적이 아니라 자신이 배울 필요가 있다고 생각하는 것을 학습한다.
         ⓒ 현업활용성: 배운 것을 현업에 곧 활용하기를 원한다.
         ⓓ 감정적 특성: 기분에 따라 학습효과가 좌우되는 특성이 있다.
   ③ 성인학습의 원리
      ㉠ 자발적인 학습참여의 원리
      ㉡ 자기주도성의 원리
      ㉢ 현실성과 실제지향성의 원리
      ㉣ 상호학습의 원리
      ㉤ 탈정형의 원리
      ㉥ 다양성과 이질성의 원리
      ㉦ 과정중심의 원리
      ㉧ 참여와 공존의 원리

ⓩ 경험중심의 원리
ⓚ 유희의 원리
④ 성인학습자의 교수 방향
㉠ 교육의 출발점을 다양하게 제시
㉡ 내재적 동기부여와 능동적 참여분위기 조성
㉢ 학습에 대한 강화는 정적 강화가 더 효과적이다.
㉣ 환경의 극대화를 위해 정보를 조직적으로 제시
㉤ 환경요인 고려
㉥ 의미 있는 학습과제 제시
㉦ 체계적인 반복이 필요

2) 성인학습이론
① 성인학습이론에서 성인의 특성
㉠ 교육심리학자들은 형식교육이론의 한계를 인식하고 성인에 맞는 성인학습이론을 개발하였고, 성인은 형식적 교육환경에서 많은 시간을 투자할 수 없기 때문에 성인학습이론은 훈련 프로그램을 개발하는 것이 특히 중요하다.
㉡ 성인은 자신들이 왜 학습하는지를 알고 싶어한다.
㉢ 자기주도적인 성향을 가지고 있다.
㉣ 성인은 더 많은 직무관련 경험을 학습상황에 적용한다.
㉤ 내·외부의 동기인자들에 의해 학습 동기화가 이루어진다.
㉥ 학습하기 위해 문제중심 접근방식으로 학습 경험에 임한다.
② 성인의 독특한 교육적 특성
㉠ 성인은 다양한 방법으로 학습하며, 그 중 시각적 방법 또는 상호작용을 통한 학습을 선호한다.
㉡ 자신의 삶의 전환기를 극복하기 위한 학습을 원하고 극복에 도움이 되는 학습에 적극 참여한다.
㉢ 자신의 요구를 평가하고, 학습활동을 계획하며, 학습목표를 설정하고, 자신의 학습을 평가하는데 적극 참여한다.
㉣ 생활 속 다양한 경험들은 그들의 관심 영역을 넓히고, 이성과 판단력을 강화시키며, 문제해결자로서의 능력을 배양시킨다.
㉤ 직접적 유용성이 있는 내용에 더 많은 관심을 가지며, 학습한 내용을 직접 적용하기를 원한다.
㉥ 성인은 학생들보다 개인차가 크기 때문에 개인차를 고려한 교육이 필요하다.
㉦ 직업적 성취, 개인적 성취, 자아실현 욕구가 강해서 학습의 동기화가 잘 된다.
㉧ 성인은 시간적 제약 속에서 많은 역할과 책임 등을 수행해야 하므로 성인교육자는 성인의 제한된 시간성과 다양한 지위와 역할에 대하여 관심을 가져야 한다.

ⓒ 성인 대부분은 오랜 기간 학습을 받지 않았기 때문에 수업에 불안감을 보이고, 일부는 선입관 때문에 새로운 학습을 어렵게 하지만, 성인이 건강하고 동기화만 된다면 학습 욕구가 생긴다.

(6) 사회학습이론

1) 사회학습이론: 반두라(Bnadura)
① 조건형성과 인지이론을 통합하여 사회학습이론을 제안하였다.
② 일상적인 상황에서 학습하는 현상을 설명하였다.
③ 인간은 훌륭하고 지식이 많다고 생각되는 타인이나 모델을 관찰하면서 학습하게 된다. 따라서 사회학습이론은 관찰과 모방에 의한 행동의 변화를 의미한다.
④ 강화되거나 보상받은 행동은 반복하며, 보상받은 모델의 행동이나 기술은 관찰자에 의해 채택된다. 그러나 직접적인 강화나 벌이 없어도 단순히 다른 사람의 행동을 관찰함으로 학습할 수 있다.

2) 새로운 행동, 기술의 학습
① 직접행동, 기술을 사용한 결과를 경험하면서 학습한다.
② 타인을 관찰하고 그들 행동의 결과를 보는 과정을 통해서 학습한다.
③ 학습은 개인의 자기효능감에 의해 영향을 받는다.
④ 자기효능감은 언어적 설득, 생리적·정서적 각성, 논리적 검증, 다른 모델의 관찰, 과거의 성취 등 여러 방법을 사용하여 증가시킬 수 있다.

3) 사회학습이론에 따른 인지적 과정(학습) 4단계

> 주의집중과정 ⇒ 파지과정 ⇒ 운동재생산과정 ⇒ 동기화과정

① 1단계: 주의집중과정
  ㉠ 학습자는 모델을 관찰할 수 있는 물리적 역량(감각적 능력)을 가지고 있다.
  ㉡ 학습자가 모델 관찰을 통하여 다른 기술과 행동을 성공적으로 학습해 왔다면 더욱 그 모델에 주의하게 된다.
  ㉢ 모델의 행동에 주의를 기울이는 것이 중요하다.
  ㉣ 모델에 대한 주의집중을 끌어내는 가장 중요한 요인은 모델과 관찰자간의 유사성 정도이며 모델이 연령, 성별이 관찰자와 비슷할 때 또는 매력적이거나 존경받거나 지위가 높고 유능할 때 특히 주의집중을 받는다.
  ㉤ 학습자의 주의집중 과정에 영향을 주는 요인
    ⓐ 관찰자의 흥미, 개인적인 과거의 경험 등 관찰자의 특성
    ⓑ 관찰자와의 동질성, 모델 자체의 매력 등과 관련한 모델의 특성
    ⓒ 자신에게 이익이 되는지의 여부에 관련된 모델 자극의 특성

ⓓ 좋아하거나 자주 접하는 집단 구성원의 행동을 더 많이 관찰하고 모방하는 것과 관련한 교제 유형

② 2단계: 파지과정(기억과정)
   ㉠ 관찰자는 모델을 관찰한 후 일정 시간이 지난 후 행동을 모방하기 때문에 모델의 행동을 시각적 또는 언어적인 형태의 상징적 부호로 저장한다.
   ㉡ 만일 관찰자가 모델이 행한 것을 기억할 수 없다면 모델의 행동을 관찰해서 크게 영향을 받을 수 없을 뿐만 아니라 어떠한 지속적인 행동도 나타날 수 없을 것이다.
   ㉢ 파지과정에서 시연이 중요하다.
      ⓐ 내적시연: 개인이 행동하는 것을 마음속으로 상상해보는 것
      ⓑ 외적시연: 실제로 행동으로 나타내 보는 것
      ⓒ 학습자는 내적시연 뒤 외적시연에 들어가면 보다 잘 할 수 있다.
      ⓓ 시연은 학습자의 수준에 의해 영향을 받는다.

③ 3단계: 운동재생산과정
   ㉠ 모델이 받았던 것과 동일한 강화를 받게 되는지 확인하기 위하여 학습자가 관찰한 행동을 시도하는 것을 말한다.
   ㉡ 모방하려고 하는 행동을 잘 기억하고, 그것을 실제 실행에 옮겨봄으로 학습의 효과를 높일 수 있다.
   ㉢ 재생산 능력은 학습자가 행동 또는 기술을 회상해 낼 수 있는 정도에 따라 결정되며, 학습자는 행동을 수행하거나 기술을 재연할 수 있는 물리적 역량이 있어야 한다.
   ㉣ 학습자가 행동의 정확한 표현을 위해서는 운동 기능을 갖추어야 하며 개개인의 발달 수준에 의해 영향을 받는다.
   ㉤ 관찰자가 새로 획득한 행동을 실제 행동으로 재연하는 과정에서 관찰자의 기억 속에 담긴 심상이나 언어적 부호들이 중요한 기능을 발휘한다.
   ㉥ 관찰한 행동은 많은 연습을 통해서만 잘 재생할 수 있고, 자신의 행동을 관찰하고 자신의 행동과 기억하고 있는 모델의 행동을 비교하면서 계속 자기의 행동을 수정하여 모델의 행동을 재생할 수 있게 해주는 교정적 피드백이 필요하다.

④ 4단계: 동기화과정
   ㉠ 개인의 재생산능력이 아무리 뛰어나도 충분한 유인가치 및 동기가 없으면 행동을 수행하지 않는다.
   ㉡ 관찰을 통해 학습된 행동은 그 행동이 강화를 받을 때에만 지속적으로 일어날 것이며 학습자는 긍정적 결과를 유도하는 모델행동을 더욱 선호하며, 사회학습이론은 강화된 행동이 계속 반복될 것이다.
   ㉢ 직접 강화, 대리 강화, 자기 강화 등의 강화 가능성에 따라 실제 수행 여부가 좌우된다.
   ㉣ 행동 모델링 교육훈련, 멀티미디어 교육훈련 프로그램 등은 사회학습이론에 의해 영향을 받은 훈련방법에 해당된다.

(7) 학습전이이론

1) 의의
① 교육훈련 프로그램 참여자가 그들이 학습한 것을 효과적으로 적용하는 것이다.
② 교육을 통해서 습득한 지식, 기술, 태도를 실제 직무에 효과적으로 적용하는 과정이다.
③ 학습전이가 조직 교육훈련에 대한 유효성의 중요한 잣대이기 때문에 교육훈련의 유효성을 제고하기 위하여 어떻게 학습전이를 제고할 것인가가 매우 중요하다.
④ 제재가 아닌 지원의 수준이 높을수록 학습전이가 일어날 가능성이 높고, 학습자가 학습한 것을 업무상황에 적용할 수 있도록 강화해 주는 상사의 지원이 필요하며, 동료의 지원은 긍정적 학습전이를 일으킨다.
⑤ 학습전이는 계획 프로세스의 새 구성요소는 아니고, 교육훈련 참가자가 더욱 구체적이고 유용한 결과를 요구하기 때문에 관심이 증가되고 있는 프로세스의 구성요소이다.

2) 학자들의 정의
① 탄네바움과 유키, 웩슬리와 레이섬(Tannerbaum & Yuki, Wexley & Latham)
  ㉠ 정의: 교육훈련 전이란 피훈련자가 교육훈련을 통해 습득한 지식, 기술, 태도 등을 직무 상황에서 효과적으로 적용하는 정도를 의미한다.
  ㉡ 교육훈련의 전이 정도가 높을수록 조직은 실제로 교육훈련을 통해서 의도했던 효과를 기대할 수 있다.
  ㉢ 교육훈련의 전이 정도가 낮은 경우 조직은 실제 직무현장에서 교육훈련의 효과를 얻기가 어렵다.
② 볼드윈과 포드(Baldwin & Ford)
  ㉠ 정의: 피훈련자가 교육훈련에서 학습한 지식, 기술 등을 자신의 업무에 적용하고 활용하는 것이다.
  ㉡ 전이의 구분
    ⓐ 일반화: 훈련된 기술과 행동이 직무 상황에서 적용되는 정도
    ⓑ 유지: 훈련된 기술과 행동이 직무에서 계속 사용되는 기간
③ 로빈슨(Robinson)
  훈련 프로그램 중 획득한 지식, 기술, 태도를 현장에 적용하는 것이다.

3) 학습전이에 대한 영향요인
① 상사관련 변인, 동료관련 변인, 조직의 변화 가능성, 기대되는 성과(보상)관련 변인이 있다.
② 상사의 지원
  ㉠ 학습자가 학습한 것을 업무 상황에 적용할 수 있도록 지원해 주고 강화해 주는 정도를 인식하는 정도이다.

ⓒ 홀튼, 에노스(Holton, Enos)
  ⓐ 상사의 지원 및 동료의 지원과 상사의 제재 및 동료의 제재를 구분하였다.
  ⓑ 학습전이를 위한 전이풍토의 요인에 대한 연구는 상사가 지원하는 정도를 중심으로 수행되었는데, 이것은 상사의 지원이 학습전이를 촉진하는 핵심요소라는 것을 의미한다.
ⓒ 노에(Noe)
  ⓐ 상사의 지원을 낮은 수준부터 높은 수준으로 구분하였다.
  ⓑ 상사의 지원 중 낮은 수준의 지원활동은 교육훈련 참여를 허락하는 것이며, 그 다음은 격려, 상사의 참가, 강화, 실습기회의 제공, 지원활동(교육훈련에 직접 훈련가로 참여하여 가르치는 것) 순으로 높다.(지원 〉 실습 〉 강화 〉 참가 〉 격려 〉 교육허락)
  ⓒ 지원 수준이 높을수록 학습전이가 잘 일어난다.

③ 상사의 제재
  ㉠ 교육받은 것을 업무에 적용하려고 할 때 상사가 부정적인 반응을 보이는 것
  ㉡ 개인이 교육받은 것을 업무에 적용하는 것에 상사가 무관심하거나 부정적인 피드백을 주거나 어떠한 피드백도 주지 않는 것이 포함된다.
  ㉢ 상사의 제재가 학습전이에 유의미한 영향력을 미치지 못한다는 연구결과가 주된 것이나 최근 유의미한 관계를 보인다는 결과도 있다.

④ 동료의 지원
  ㉠ 개인이 교육받는 것을 업무 상황에 적용하는데 있어 주위 동료가 지원해주고 강화해 주는 정도를 의미한다.
  ㉡ 교육받은 것을 업무에 적용하는 정도는 주위 동료들이 목표를 설정하고 지원하며, 긍정적 피드백을 주고, 교육상황과 비슷한 상황을 제공해 주는 정도이다.
  ㉢ 학습전이는 학습자 간 지원 네트워크를 구성함으로써 강화되며 지원 네트워크는 학습자들의 면대면 미팅, 전자메일을 통한 의사소통이 포함되며, 이를 통하여 학습전이의 성공 경험을 공유한다.
  ㉣ 교육내용을 구성하는데 필요한 지원을 어떻게 구성했는지, 교육내용의 활용을 방해하는 근무환경에 어떻게 대처할 수 있는지 등을 공유한다.

⑤ 동료의 제재
  자신이 교육받은 것을 업무에 적용할 때 동료들이 부정적인 반응을 보이는 정도에 대한 인식을 의미한다.

⑥ 조직의 변화 가능성
  ㉠ 새로운 기술을 업무상황에 사용하는 것에 대한 조직의 반응이나 규범을 개인이 지각하는 정도를 의미한다.
  ㉡ 개인이 교육을 통해 습득한 새로운 지식이나 기술을 사용하는 것에 대해 조직이 지원하고 격려하는 풍토인자를 측정하는 것이다.

ⓒ 변화가능성
- ⓐ 새로운 변화에 대한 조직구성원의 태도와 조직의 목적과 가치가 새로운 변화를 수용하고 지원하는지에 대한 교육참가자의 인식으로 구성된다.
- ⓑ 조직구성원이 직무수행방식을 기존의 것만 고수하고 새로운 방식에 거부감을 갖는 경우 그 조직의 변화가능성은 매우 낮다.
- ⓒ 새로운 시도에 대해 조직이 긍정적일 것이라고 인식하게 되면 교육참가자는 교육 받은 내용을 직무에 적용하는 행동에 제약을 적게 받게 된다.
- ⓓ 변화가능성에는 교육에서 배운 기술을 조직에 사용할 때 조직이 지원하는 정도가 포함된다.

⑦ 조직보상
- ㉠ 조직보상은 외적 강화와 내적 강화로 구분된다.
  - ⓐ 외적 강화: 학습자가 교육에서 얻은 기술과 행위를 사용하는 것에 대해 임금인상 등 외부에서 보상을 받는 것
  - ⓑ 내적 강화: 학습전이에 대하여 내부적 인정이나 높은 평가 등 내부에서 보상하는 것
- ㉡ 홀튼(Holton)
  - ⓐ 조직보상은 교육을 통해 습득한 기술을 업무에 적용했을 때 개인이 거둔 긍정적 성과와 부정적 성과로 구분했다.
  - ⓑ 긍정적 성과: 승진, 보너스, 임금인상 등
  - ⓒ 부정적 성과: 징계, 벌점, 승진의 방해 등
- ㉢ 에노스(Enos): 보상의 종류를 언어적 보상과 금전적 보상으로 구분하였다.

② 성인교육에서 교수학습

(1) 성인교육에서 주요 교수학습 전략

1) 문제중심학습(Problem Based Learning; PBL)
① 의의
- ㉠ 문제가 학습자의 적극적 참여와 지식구성 과정을 촉진할 수 있다는 관점으로 문제를 중심으로 이루어지는 교육프로그램의 구체적인 모형을 제공한다.
- ㉡ 강의법을 지양하고 문제를 제시하여 문제해결을 통해 학습이 이루어진다.
- ㉢ 학습자들이 당면하고 있거나 당면하게 될 수 있는 실제적인 문제를 해결해 나가는 과정과 결과를 통해 자기주도적으로 학습하는 학습모형이다.
- ㉣ 교수 중심에서 학습자 중심으로 변화를 특징으로 하는 교육환경을 의미한다.
- ㉤ PBL에서는 학생들의 선행지식을 토대로 문제를 선정하여 주제들이나 교과들의 통합적 관점에서 그 해결에 대한 접근을 취한다.

ⓑ PBL은 의과대학에서 주로 사용되던 교수방법으로 의과대학 학생이 미래의 의사로서 직면하게 되는 비구조적 문제를 다룰 수 있는 지식과 기능을 획득하기 위해서 전통적 교수방법보다 실제 문제를 중심으로 학습자의 적극적 참여가 이루어지는 방법이 더욱 효과적일 것이라는 인식에서 출발하였다.

② PBL의 교수, 학습 환경의 특징
  ㉠ 관련분야에 실제하는 복잡하고 비구조화된 문제들로부터 시작한다.
  ㉡ 교수에서 학습으로의 전환이라는 대전제에서 출발한다.
  ㉢ 자기주도적 학습과 협동학습을 강조한다.
  ㉣ 평가의 영역에 있어서도 학습자 중심이 된다.
  ㉤ 정보공유를 촉진시키며 개인의 지식구성을 활성화한다.

③ 문제중심학습 구성

문제 제기 단계 ⇒ 문제 재확인 단계 ⇒ 발표 단계 ⇒ 문제결론단계

  ㉠ 문제 제기 단계
    ⓐ 문제를 확인하고 가능한 해결안을 찾기 위한 첫 번째 시도하는 단계이다.
    ⓑ 실제 문제가 주어지고 문제의 원인과 해결책을 제시하는 과정이다.
    ⓒ 학습자는 강사, 조교, 다양한 자료의 도움을 받으며, 공통 학습 및 개별 학습을 병행하여 진행한다.
    ⓓ 문제 제기의 4가지 관점: 이 관점이 문제해결 활동과 학습 활동을 전체적으로 안내한다.
      • 생각: 문제의 원인, 결과, 가능한 해결안에 관한 학생의 추측을 포함
      • 사실: 질문을 통하여 수집한 정보로서 가설 설정에 중요하다.
      • 학습과제: 문제를 해결하기 위해 학생이 이해할 필요가 있는 부분
      • 향후 계획: 문제를 해결하기 위해 학생들이 해야 하는 일
  ㉡ 문제 재확인 단계
    ⓐ 문제 제기 단계에서 확인된 자료를 중심으로 문제에 대한 재평가를 실시한다.
    ⓑ 문제 제기 단계에서 확인된 생각, 사실, 학습과제, 향후 계획의 사항을 재조정하므로 문제에 대한 최적의 진단과 해결안을 도출한다.
  ㉢ 발표 단계: 공동 학습 및 최종 결론을 전체 학생 앞에서 발표함으로써 상대방의 대안 아이디어와 자신의 것을 비교하는 활동이다.
  ㉣ 문제 결론 단계: 학습자들이 자신이 학습 결과를 정리하며 자신의 수행에 대한 평가를 스스로 실시하는 단계이다.

2) 액션러닝(Action Learning; AL)
  ① 의의
    ㉠ 교육참가자들이 소집단을 구성하여 조직, 그룹, 개인이 직면하고 있는 실질적인 문제와 원인을 규명하고 이를 해결하기 위한 방법을 모색하여 대안을 현장에 적용하며 이러한 과정에 대한 성찰을 통한 학습방법이다.

○ 집단구성원 개개인의 목적과 조직 전체의 요구를 동시에 충족시킬 수 있는 학습형태이다.
© 적절한 답변보다 적절한 질문에 더 큰 비중을 둔다.
② 액션러닝 그룹은 아이디어를 제안하는 그룹이 아니라 직접 실행하는 그룹이어야 한다.
◎ 즉각적 단기적 이익을 얻는 것이 목적이 아니라, 학습한 내용을 전 조직과 개인의 삶에 적용하는 것이다.
⊎ 액션러닝의 문제는 기술적인 문제가 아닌 조직적인 특성과 관련된 문제이다.
⊗ 액션러닝의 최초 사용한 사람은 영국 케임브리지 대학의 심리학자 레그 레반스(Reg Revans)이다.

② 액션러닝 구성요소(Marquardt, 6가지)

문제, 그룹, 질의 및 성찰, 실행의지, 촉진자, 학습의지

㉠ 문제
ⓐ 실질적이고 반드시 해결해야만 하는 문제로 조직의 이익과 직결되는 실제 문제이어야 하며, 실현가능한 것이어야 한다.
ⓑ 참가자 집단의 능력과 권한 범위 내의 문제로 참가자들이 진정으로 관심을 가져야 한다.
ⓒ 조직 내 여러 부서와 관련된 복잡한 문제로 참가자들이 다양한 아이디어, 해결방안의 제시가 가능해야 한다.
ⓓ 학습의 기회를 제공하여야 하며 조직의 다른 부문에도 적용 가능해야 한다.
ⓔ 외부 전문가의 표준화된 해결방식으로 해결되기 어려운 과제로 의사결정이 아직 내려지지 않은 문제이어야 한다.
ⓕ 본질에 있어 기술적이기보다 조직적인 특성과 관련된 문제이어야 한다.

㉡ 그룹(액션러닝의 주체)
ⓐ 문제에 대한 진정한 관심이 있는 사람, 문제에 대해 지식이 있는 사람, 그룹의 결정사항을 실행할 권한이 있는 사람 등으로 구성한다.
ⓑ 과제와 과제 해결에 대한 창의적 접근이 가능하도록 다양한 시각과 경험을 가진 참가자들로 학습 팀을 구성하는 것이 바람직하다.
ⓒ 조직의 구성원은 편안한 문제제기, 타인에 대한 존중과 지원, 스스로 학습하고 타인의 학습을 도우려는 자세 등 다양성을 갖는 구성이 되어야 한다.
ⓓ 외부전문가를 활용할 경우 구성원이 의존하려는 경향을 유의해야 한다.
ⓔ 조직의 난제를 해결하는 가장 큰 장애는 구태의연한 시각과 방법이다.

㉢ 질의 및 성찰: 액션러닝에서 가장 중요한 요소이다.
ⓐ 질의
• 액션러닝은 적절한 답변보다 적절한 질문에 더 큰 비중을 둔다.
• 질문은 학습대상자가 스스로 직접적인 경험을 통해서 진정으로 원하는 것을 얻고자 하는 과정이다.
• 적절한 질문은 현재 가지고 있는 기본적인 가정을 흔들어 놓음으로써 새로운 연결관계를 형성해 준다.

- 책, 강의 등 기존 프로그램화된 지식에 의존하는 대신 질문을 통해 새로운 지식이 필요한 분야가 무엇인지를 확인하고, 지식을 재조직할 수 있는 계기가 된다.

ⓑ 성찰
- 참가자는 행동, 실험, 경험에 대한 성찰을 통해 경험의 결과나 파급효과를 고찰하게 된다.
- 성찰은 새로운 방법을 적극 숙고하게 되고 다른 상황에서 얻은 지식을 활용할 수 있게 된다.

㉣ 실행의지
ⓐ 실행 없는 학습은 불가능하므로 액션러닝 그룹은 아이디어 제안뿐만 아니라, 직접 실행하는 그룹이어야 한다.
ⓑ 다른 사람이 실행하게 될 보고서, 제안서를 작성하는 일은 구성원의 의지, 효율성, 학습 저하 등을 가져올 수 있다.
ⓒ 학습결과로 도출된 문제해결 대안에 대한 실행의지와 다양한 방법으로 이를 참가자들에게 지지시킨다.

㉤ 학습의지
ⓐ 학습과 행동이 똑같은 비중을 차지하므로 프로그램 참가자에 대한 평가기준에 학습내용의 충실성을 포함시키는 등의 다양한 방법을 통하여 참가자들이 문제해결에만 지나치게 집착하지 않고 학습에도 동일한 비율로 전념할 수 있는 여건을 조성한다.
ⓑ 액션러닝은 문제해결을 통해 즉각적, 단기적 이익을 얻는 것이 목적이 아니라 학습한 내용을 전 조직과 개인의 삶에 적용하는 것에 의미를 둔다.
ⓒ 참가자의 시급한 프로젝트 처리가 아니라 과제 원인을 찾는 것이 우선임을 알려 개인, 팀, 조직의 지식과 역량을 강화해나가야 한다.

㉥ 촉진자(facilitator)
ⓐ 학습 팀에서 다루는 토의주제에 대해 중립을 취하며, 의사결정을 할 수 있는 공식적인 역할이 부여되지 않은 조직 내부 또는 외부의 프로세스 전문가이다.
ⓑ 촉진자는 구성원이 지속적으로 학습하고 자신감을 기르며 새로운 아이디어를 발전시킬 수 있도록 도와야 한다.
ⓒ 과제 해결 전 과정에 대해 질문, 피드백, 성찰을 실시하여 과제의 내용과 과제 해결 과정 측면을 학습하도록 도와주는 역할을 해야 한다.
ⓓ 촉진자는 참가자의 상호작용, 다양한 행동을 성찰하도록 요청할 수 있으며, 문제해결 과정에 개입하기도 하고, 구성원이 학습한 것을 성찰하도록 시간을 조정하기도 한다.

③ 액션러닝 프로세스
분석과 여건 조성, 개발, 운영, 평가와 사후관리 4단계로 구분하며, 다시 각 단계의 하위 단계로 10단계의 프로세스로 구성되고 각 단계는 시간적으로 동시에 또는 역순으로 진행될 수 있다.

분석과 여건조성	개발	운영	평가와 사후관리
1. 요구분석 2. 성공여건조성	3. 전체설계 4. 집합교육프로그램 5. 액션러닝 워크북 6. 가상공동체 7. 촉진자 양성과정	8. 운영	9. 결과발표, 평가 및 평가 결과 활용 10. 사후관리

㉠ 1단계: 요구분석 단계
　　ⓐ 프로그램 실시 목적: 프로그램을 통해 얻고자 하는 결과를 구체화하는 단계
　　ⓑ 조직 또는 팀의 잠재요구를 발견하고 정의하는 작업, 교육 대상 집단의 특성을 분석하고 기업 특유의 액션러닝 프로그램의 핵심성공요인을 탐색하는 작업 등이 진행된다.

㉡ 2단계: 성공여건을 조성하는 단계
　　ⓐ 조직 최고경영층을 상대로 액션러닝 개념과 운영 프로세스 관련 설명회를 실시한다.
　　ⓑ 스폰서의 확보와 지지를 획득하며 과제선정위원회를 구성하고 과제선정 절차를 확립한다.
　　ⓒ 과제선정 절차를 확립한 후 과제해결을 통해 얻고자 하는 결과를 정의하고 교육 참가자를 선발한다.

㉢ 3단계: 액션러닝 프로그램 전체를 설계하는 단계
　　ⓐ 프로그램 구조 설계
　　ⓑ 프로그램 프로세스 설계

㉣ 4단계: 집합교육 프로그램을 개발하는 단계
　　ⓐ 액션러닝 관련 모듈(프로그램 개별 요소)을 개발하고 액션러닝과 각 모듈 간의 관계를 명확하게 하는 작업을 수행한다.
　　ⓑ 필요 시 사내 강사 양성과정을 추가로 개발하고 운영할 수 있다.

㉤ 5단계: 액션러닝 워크북을 개발하는 단계
　　워크북에는 주로 액션러닝 운영 프로세스와 과제선정 기준 및 절차, 학습팀 미팅 운영방법 및 운영양식, 학습팀 운영원칙, 과제 제출 방법 및 양식, 학습과제의 평가 기준 및 방법 등의 내용을 제시한다.

㉥ 6단계: 가상공동체를 개발하는 단계
　　ⓐ 참여자 간의 의사소통 및 정보교류, 운영팀과 참가자, 스폰서와 촉진자 간의 의사소통의 기능을 한다.
　　ⓑ 조직 내 액션러닝 지원 분위기를 형성한다.

㉦ 7단계: 촉진자 양성과정
　　조직 내 여러 학습팀 간의 방향을 통일하고 촉진자 간의 노하우를 공유할 수 있다.

㉧ 8단계: 운영단계
　　과제선정위원회, 집합교육, 학습팀 미팅, 가상공동체, 촉진자 양성 및 촉진자 그룹 등 크게 5가지 영역에서 이루어진다.

- ㉙ 9단계: 결과 발표, 평가 및 평가결과 활용 단계
    - ⓐ 학습 결과 발표회를 실시할 때는 액션러닝 결과를 발표하고 그간 노고를 치하하기 위한 것이다.
    - ⓑ 인사반영 등의 목적에 필요한 경우, 평가회 외의 학습결과 평가를 위한 워크숍을 실시할 수 있다.
- ㉚ 10단계: 사후관리 단계
    - ⓐ 액션러닝 프로그램에 참가했던 참가자를 지속적으로 사후관리하는 단계이다.
    - ⓑ 참가자들이 학습결과에 대하여 자신의 업무나 개인 측면에서 활용했는지 여부를 확인한다.
    - ⓒ 참가자 외의 스폰서를 대상으로 사후관리도 이루어지는데, 액션러닝 프로그램을 통한 과제실행 계획 및 문제해결 결과의 지속적 추진 여부 및 성과를 확인한다.

(2) 교수학습방법

1) 강의

① 의의
- ㉠ 강의는 가장 오랫동안 가장 널리 보급된 교육훈련 방법으로 언어를 통한 교사의 설명중심 학습방법이다.
- ㉡ 교수자의 지식과 정보, 기술이나 기능, 철학과 신념 등을 자세하고 체계적으로 설명하여 학습자를 이해 및 공감시킴으로써 교수자의 견해를 받아들이게 하는 방법이다.

② 강의법 사용
- ㉠ 주로 강사가 짧은 시간 내에 많은 양의 정보를 제공하고자 할 때
- ㉡ 지식의 전수가 주된 교육의 목적일 때
- ㉢ 학습자가 강의 내용을 이해할 수 있는 충분한 경험과 명확한 학습동기를 가지고 있을 때
- ㉣ 사실의 전달이나 이해하기 어려운 내용의 설명이 필요할 때
- ㉤ 전반적인 정보 및 학습 방법을 제시할 때
- ㉥ 학습자의 인원이 다른 기법을 사용하기에 다소 많을 때

③ 장점
- ㉠ 교수자 한 사람이 많은 인원의 학습자를 대상으로 강의할 수 있다.
- ㉡ 짧은 시간에 많은 내용을 전달함으로써 시간과 비용을 절약할 수 있어 경제적이다.
- ㉢ 새로운 지식을 전달하거나 수업의 첫머리에 수업을 안내하거나 개요를 설명할 수 있으며, 수업의 끝부분에 수업내용을 요약하고 강조할 때 유용하다.

④ 단점
- ㉠ 교수자가 학습자의 참여를 유도한다고 해도 교사중심으로 수업이 진행되기 때문에 학습자가 수업에 적극적으로 참여할 기회가 적다.
- ㉡ 교수자가 학습자 개인별 차이를 고려하기 어렵고, 학습자가 흥미를 잃을 가능성이 있다.

ⓒ 교수자의 능력이 부족하거나 수업 준비가 철저하지 않을 경우 비효과적인 강의가 진행된다.
⑤ 유의사항
  ㉠ 강사는 학습자를 파악하고 이를 적극 활용해야 한다.
  ㉡ 강사는 세부적인 내용으로 들어가기 전에 학습내용이나 시간 등의 교육에 대한 전반적인 조망을 제시해 주어야 한다.
  ㉢ 강사는 자신감, 의욕, 열정이 있어야 하고 의사전달을 명확하게 해야 한다.
  ㉣ 강의는 어려운 것보다 쉬운 것부터 시작하는 것이 좋다.

2) 토의
  ① 의의
    ㉠ 토의 방법은 교수자와 학습자간, 학습자 상호간의 커뮤니케이션이 활발하게 일어나는 교수법으로 자유로운 토론을 통해 문제해결에 협력하여 집단적 사고를 통하여 집단적 결론에 도달하도록 하는 학습이다.
    ㉡ 집단 구성원이 구두 표현을 통해 서로 의견을 발표함으로써 각 개인이 해결할 수 없는 문제를 공동의 집단사고로 해결하려는 방법이다.
    ㉢ 토의는 학습자들에게 명확한 설명, 피드백, 관점을 공유할 기회를 제공함으로써 일방적인 강의법의 한계를 극복할 수 있고, 간단한 정보나 지식의 습득보다는 고차원적인 인지능력의 함양에 더 적합한 방법이다.
    ㉣ 토의의 유형에는 그룹토의, 강의식 포럼, 심포지엄, 패널, 토론, 대화, 버즈그룹 등이 있다.
  ② 토의의 유형
    ㉠ 포럼(forum, 공개토의)
      ⓐ 1~3명 정도의 전문가나 자원인사가 10~20분간 공개적인 연설을 한 후 이를 중심으로 질의 응답하는 방식이다.
      ⓑ 포럼의 사회자는 전문가의 발언시간과 순서, 횟수를 조정하고 일반 참여자의 질문과 전문가를 연결시켜 토의 진행을 활발하게 만든다.
      ⓒ 심포지엄이 전문가의 다양한 의견을 공개적으로 발표하는데 비중을 둔다면 포럼은 각자 다른 입장의 전문가가 공개적으로 자신의 의견을 옹호하고 상대방의 의견을 비판하면서 논박하는데 비중을 둔다.
    ㉡ 심포지엄(symposium, 단상토론)
      ⓐ 특정 주제에 대해 2명 이상의 사람들이 서로 다른 시각으로 짤막한 발표를 하고 난 후 사회자의 진행으로 질문과 답변을 하는 방식으로 진행되는 토의법이다.
      ⓑ 하나의 논제를 여러 측면으로 나누어 각 측면의 전문가들이 각자의 관점에서 의견을 발표하는 방식이다.
      ⓒ 특정한 결론을 이끌어내기 위한 것이 아니라 하나의 주제에 대하여 다양한 생각을 말하기에 적절한 토의 방식으로 주로 학술 토론에서 많이 쓰인다.
      ⓓ 사회자의 역할이 중요하며, 토의자 상호간의 의견교환이 거의 없다.

- ⓔ 특정 주제에 대한 다각적이고 종합적인 분석이 가능하다는 장점이 있으나, 집단 강연식으로 흐르게 되는 경우도 있다.
- ⓕ 강단식 토의법으로 그 특성상 학회 등에서 많이 쓰이고 사회자, 강사, 청중 등으로 구성된다.
- ⓖ 집단 토론 회의, 학술 토론 회의, 연구 발표회 등으로 표현되기도 한다.

ⓒ 패널(panel, 배심토의)
- ⓐ 3명이나 그 이상의 사람들이 그룹 앞에서 특정 주제에 대해 토의를 한 후 사회자의 진행으로 그룹 토의를 하는 방식으로 진행되며 심포지엄과 유사한 형식으로 진행되는데 심포지엄은 발표자와 사회자 상호작용이 일어난다.
- ⓑ 하나의 문제에 대하여 개인이나 단체의 입장이 각각 다를 때 그 각각을 대표할 수 있는 전문가나 권위자가 배심원으로 나와서 각자의 입장에서 의견을 말하는 것이다.
- ⓒ 각 의견의 대표자가 먼저 토의를 하고 이후 사회자의 유도에 따라 청중이 참여하는 방식으로 개별적인 발표를 거치지 않고 직접 상호간의 토의에 들어간다.
- ⓓ 의견을 조정하는 수단으로 자주 쓰이며 정치적, 사회적, 시사적 문제를 주로 다룬다.

ⓔ 그룹토의(group discussion)
- ⓐ 2명이나 그 이상의 사람이 의견, 경험, 정보를 나누고 함께 아이디어를 제시한 후 평가를 하는 방식으로 진행된다.
- ⓑ 그룹토의에서 참가자는 합의나 더 나은 의견을 도출하기 위해 서로 협동해야 한다.

ⓜ 원탁토의(round table discussion)
- ⓐ 10명 내외의 사람들이 공동의 관심사를 가지고 서로 동등한 위치에서 자유롭게 의견을 나누는 토의방식이다.
- ⓑ 일상적인 것부터 사회적인 문제에 이르기까지 모두가 원탁 토의의 주제가 될 수 있고, 주로 비공식적인 회의에서 많이 쓰인다.
- ⓒ 특별한 규칙을 정하지 않고 사회자도 따로 정하지 않는 것이 일반적이다.

ⓗ 토론(debate): 2명의 발표자가 사회자의 진행으로 하나의 주제를 놓고 서로 다른 관점에서 발표하는 방식이다.

ⓢ 대화법(conversation): 두 사람이 참가자 앞에서 주제에 관하여 자유롭게 토의하는 방식이다.

ⓞ 버즈 그룹(buzz group): 큰 집단을 5~10여 명의 소집단으로 나누어 주제를 토의하고, 나중에 큰 집단으로 모여 결과를 보고하는 방식의 토의법이다.

3) 사례연구

① 의의
- ㉠ 1871년 하버드대 Christopher Columbus Langdell 교수가 창안하였다.
- ㉡ 특정한 개체를 대상(개인, 프로그램, 기관 또는 단체, 어떤 사건 등)에 대한 조사 의뢰자가 당면하고 있는 상황과 유사한 사례를 찾아내 철저하고 깊이 있게 총체적으로 분석하는 연구방법이다.

ⓒ 한 사례에 대한 깊이 있는 분석을 통해 같은 상황 속에 있는 다른 사례들을 이해하고 도움이 될 수 있는 방법을 찾을 수 있다.
ⓔ 어떤 현상에 대한 자세한 기술과 가능한 모든 설명 및 평가를 목적으로 한다.

② 사례 선정 시 점검사항
ⓐ 사례연구의 핵심은 적절한 사례를 선정하는데 있다.
ⓑ 실제적인 해결방안이 나올 수 있는 정도의 충분한 자료가 사례에 수록되어 있어야 한다.
ⓒ 강사가 학습자에게 학습시키고자 하는 이론이나 원칙이 사례에 반영되어 있어야 한다.
ⓔ 제한된 시간 내에 마칠 수 있는 정도의 수준인지 점검해야 한다.

③ 사례 제작 절차
ⓐ 교육대상자 선정: 먼저 사례연구를 사용할 교육대상자를 선정해야 한다.
ⓑ 학습목표 선정: 교육 대상자에 따라 교육시킬 이론이나 원칙을 골라 학습목표를 작성해야 한다.
ⓒ 사례제작
  ⓐ 방송물, 개인적 경험, 신문기사, 인터뷰 등을 참고로 학습목표 달성을 위한 적합한 상황을 토대로 사례를 만든 후 사례 제목을 결정한다.
  ⓑ 사례 내용을 정리한 후 학습목표를 달성할 수 있는 질문을 만든다.
ⓔ Pilot test: 개발된 사례를 학습자 전체에게 배포하기 전에 이를 테스트 한다.
ⓕ 수정 및 보완: 테스트하고 수정과 보완을 한다.
ⓖ 학습자에게 적용: 학습자 전체에게 배포한다.

④ 학습자의 활동과정
ⓐ 사례의 문제점을 확인하게 되고, 그 중 중요한 것과 덜 중요한 것을 선별한다.
ⓑ 문제를 분석하고 차이를 시정하기 위한 논리적 사고를 적용하며, 문제해결 방법을 고안한다.
ⓒ 일반적 문제해결 과정
  ⓐ 중요한 사실을 재진술한다.
  ⓑ 사실로부터 추론을 한다.
  ⓒ 문제를 기술한다.
  ⓓ 대안적 해결책을 개발하고 난 후 결과를 기술한다.
  ⓔ 행동과정을 결정하고 지원한다.

⑤ 장점
ⓐ 다양한 자료출처를 통해 현상을 연구하므로 보다 풍부하고 의미 있는 정보를 제공할 수 있다.
ⓑ 탐색적, 설명적, 기술적, 평가적 연구유형과 같이 다양한 목적의 연구가 가능하여 교육 분야와 같은 연구에 적절한 연구, 설계를 제공해 준다.
ⓒ 현상과 맥락을 통합적으로 이해함으로써 생태학적인 접근을 가능하게 한다.

⑥ 단점
　㉠ 특정 사례에 관한 연구이므로 연구결과를 일반화시키기 어렵다.
　㉡ 현실문제에 대한 구체적인 처방책을 제공하기 어렵다.
　㉢ 사례연구 결과의 타당도와 신뢰도를 점검하는 것에 소홀할 수 있다.
　㉣ 많은 양의 자료수집에 따른 경비와 시간이 소모될 수 있다.
　㉤ 사례연구를 수행하기 위해서는 전문적인 식견과 경험, 통찰력이 필요하다.

4) 야외훈련(outdoor education)
① 의의
　학습자들이 직접 신체적 체험을 함으로써 학습자들 사이에 공동체 의식과 성취의식을 기를 수 있는 교수방법이다.
② 장점
　㉠ 최근 기업교육에서 많이 쓰이는 기법이다.
　㉡ 의사소통이나 신뢰 및 인식을 강화하기 위해 자극적인 기회를 제공한다.
③ 단점
　㉠ 학습자들이 직접 야외 활동을 하는 것으로 돌발 상황의 발생가능성과 이로 인한 학습자와 교수자의 부상위험이 있다.
　㉡ 지식, 기술, 정보 등을 직접 전달하지 않고 대인관계기술이나 정서적 측면의 교육적 효과를 목적으로 하기 때문에 결과가 비가시적이다.
　㉢ 일부에서는 효과에 비해 많은 비용과 시간을 소모하므로 비효율적이라고 주장한다.

5) 경영자 코칭(executive coaching)
① 의의
　㉠ 경영자의 자아인식, 학습, 행동변화를 돕고, 궁극적으로 개인과 조직의 성공과 성과 향상을 위해 전문코치와 경영자간의 일대일 관계를 지속하는 과정으로 코칭을 받는 리더는 상위계층 경영자이기 때문에 임원코칭이라 불린다.
　㉡ 코치(코칭을 제공하는 사람)은 카운슬링 중심의 접근방법과 컨설팅 중심의 접근방법으로 구분한다.
　㉢ 코치는 내부 컨설턴트 또는 외부 전문가일수도 있으며 과거에 성공했던 경영자, 경영 컨설턴트로 폭넓은 전문성을 가진 행동과학자가 되기도 한다.
② 주요목적
　㉠ 관련 기술의 학습을 촉진한다.
　㉡ 코치는 전면적 변화를 실행하고 구체적인 도전과제(예 까다로운 상사에 대처하며 서로 다른 문화권에서 온 사람들과 일하는 것)을 처리하는 방법에 대한 조언을 해준다.
　㉢ 코치를 활용하면 쟁점문제를 토의할 기회와 쟁점을 이해하고 유익한 객관적인 피드백과 대

안을 제고할 수 있으며, 온전한 비밀을 유지할 수 있는 사람과 함께 아이디어를 시도해 볼 수 있는 기회를 가진다.
- ② 코치가 강화해 줄 수 있는 행동과 기술 유형: 경청, 의사소통, 영향력 행사, 관계구축, 갈등처리, 팀빌딩, 변화의 착수, 회의 진행, 부하 개발 등

③ 장점
공식적 훈련에 비해 편이성, 비밀유지, 유연성, 개인에 대한 배려 등

④ 단점
- ③ 제한된 시간 동안 사용할 경우조차도 일대일 코칭의 비용이 높은데 이는 주로 경영자에게만 코칭을 사용하는 이유가 된다.
- ⓒ 유능한 코치가 부족하다. 경영자와 좋은 업무관계를 유지하면서 객관성과 전문성을 유지할 수 있는 코치를 찾는 것이 중요하다.
- ⓒ 잠재적 문제점을 피하기 위해서 조직은 경영자 코치의 선택과 이용에 관한 분명한 지침을 정해야 한다.

6) 게임법

① 의의
- ③ 게임의 속성을 이용한 방법으로 문제해결 및 의사결정 능력을 향상시키기 위한 교수방법이다.
- ⓒ 학습자가 흥미로운 환경을 제공받고, 그 안에서 정해진 규칙에 따라 열심히 노력하면 목적에 달성할 수 있는 경쟁적이고 도전적 요소를 첨가한 학습환경이다.
- ⓒ 학습자 개개인에게 팀이 제시한 목표를 달성하도록 하기 위해 구성원 상호간 혹은 자신이 접하는 환경에 대해서 어떤 태도를 가져야 할 것인가를 통찰해 볼 수 있도록 하기 위한 방법이다.
- ② 강의실에서 모의 실행기법으로 이루어지지만 실제 생활에서 야기되고 있는 실제 여건을 반영할 수 있어야 한다.

② 장점
- ③ 체험적 학습으로 참여자에게 현실감을 심어줄 수 있다.
- ⓒ 학습 참여자 전원이 게임에 참가하기 때문에 동료간 상호학습이 이루어진다.
- ⓒ 학습 속도가 매우 빨라서 참여자의 순발력을 개발하는데 도움이 되며, 학습자의 몰입을 유도할 수 있다.

③ 단점
- ③ 학습목표를 상실하고 과열한 경쟁심만 유발할 가능성이 있다.
- ⓒ 지나치게 흥미만 강조되면 학습목표를 상실하기도 한다.
- ⓒ 게임 자체의 설계가 잘못되어 학습활동의 목적과 결부되지 않을 수 있다.
- ② 일반 강의식 수업보다는 학습시간이 많이 소요된다.

7) 역할연기(role playing)

① 의의
  ㉠ 2인 혹은 그 이상의 교육생들에게 배정된 역할을 연기하도록 하는 방법이다.
  ㉡ 1900년대 초 미국 정신과 의사들이 환자들의 역할극을 통해서 정신건강 회복을 위해 이용한 방법이다.

② 목적
  학습자의 감정에 대한 탐구, 학습자의 태도, 가치, 인식에 대한 통찰력의 획득, 문제해결 스킬과 태도의 개발, 다양한 방식을 통한 주제에 대한 탐구이다.

③ 역할연기 활동 절차

> 그룹 준비시키기 → 참가자 선정하기 → 무대준비하기 → 관찰자 준비시키기 → 역할 연기하기 → 토론 및 평가 → 재역할 연기하기 → 토론 및 평가 → 경험공유 및 일반화

  ㉠ 그룹 준비시키기: 문제의 규명 및 소개하고 이를 명확하게 하여 문제 상황을 해석하고 이슈를 탐구하며, 역할연기에 대해 설명한다.
  ㉡ 참가자 선정하기: 역할을 분석하고 역할 연기자를 선정한다.
  ㉢ 무대준비하기: 연기 동선 준비 및 역할을 재진술하며, 문제 상황을 이해하는 활동을 한다.
  ㉣ 관찰자 준비시키기: 관찰 포인트를 결정하고, 각 관찰자별 관찰 과업을 할당한다.
  ㉤ 역할연기하기: 본격적인 역할연기 및 이를 유지한다.
  ㉥ 토론 및 평가: 역할연기 중 잠깐 휴식을 가지는데 이 때 역할연기 활동에 대한 리뷰와 중요한 초점에 대해 논의하여 다음 연기의 개발에 대해 논의하고 평가하는 활동을 한다.
  ㉦ 재역할 연기하기: 다시 수정된 역할을 연기한다.
  ㉧ 토론 및 평가: 역할연기가 모두 끝난 다음 역할연기 활동에 대한 2차 논의 및 평가를 한다.
  ㉨ 경험의 공유 및 일반화: 문제 상황과 실제 경험 및 현재 상황을 연계하고 행동의 일반적 원칙을 탐구하는 경험 공유 및 일반화 단계를 거쳐 역할연기 활동을 종료한다.

④ 역할연기의 효과
  ㉠ 역할극은 구체적인 문제 상황을 실제로 경험해 볼 수 있는 기회를 마련해 준다.
  ㉡ 학습자 스스로 지닌 가치나 의견을 좀 더 분명하게 깨닫게 한다.
  ㉢ 사람들이 어떻게 타인의 행동에 영향을 미치는가를 더 잘 이해할 수 있도록 도움을 준다.

8) 인바스켓 기법(in-basket method)

① 의의
  ㉠ 교육훈련 상황을 실제 상황과 비슷하게 설정하는 것이다.
  ㉡ 주로 문제해결 능력이나 계획 능력을 향상시키는 교수방법이다.

② 인바스켓 기법에 의해 개발되는 능력
- ㉠ 우선순위를 정하고 사안 간 관련성 파악
- ㉡ 추가적 정보요구 등에 관한 상황판단 능력
- ㉢ 보고서 작성기법
- ㉣ 회의 개최계획
- ㉤ 의사결정과 대안모색에 관한 자율성

9) 행동모델링(behavior modeling)

① 의의
- ㉠ 반두라(Bandura)의 사회학습이론에 기초를 두고 있으며, 많은 행동패턴은 다른 사람의 행동으로부터 학습하게 된다고 전제한다.
- ㉡ 사회학습이론의 두 유형
    - ⓐ 모방학습: 인간이 연상적인 환경과의 관계에서 의도적, 무의식 중에 새로운 것을 모방하는 과정을 통해서 학습한다.
    - ⓑ 관찰학습: 대부분 인간의 행동이 타인을 관찰하고 그를 본보기로 삼아 행동을 수행함으로써 학습된다.
- ㉢ 직접강화, 대리강화, 자기강화 등의 강화 가능성에 따라 실제 수행여부가 좌우되는 인지적 학습과정 요소이다.

② 행동모델링 기법을 통한 학습의 구성요소
- ㉠ 모델의 행동: 학습자에게 정보를 전달하는 것으로 살아있는 모델, 상징적 모델, 언어적 설명, 교수 등이 포함된다.
- ㉡ 행동의 결과에 따른 강화: 학습과정을 촉진하는 역할을 하지만, 학습을 일으키기 위한 필요조건은 아니다.
- ㉢ 학습자의 인지적 과정: 학습자의 행동이 강화 연습에 의해 조성되기보다는 인지적인 과정에 의해 안내받는 것임을 의미한다.

③ 행동모델링에 의한 학습 과정

> 주의집중 과정 ⇒ 파지 과정 ⇒ 운동재생산 과정 ⇒ 동기화 과정

- ㉠ 주의집중 과정: 학습자는 모델의 특성과 행동의 기능적 가치 등 모델에게 주의를 기울인다.
- ㉡ 파지 과정: 학습자는 일정 시간이 경과한 후 모방하기 위해서 모델의 행동을 기억장치에 저장하게 되는데, 이 때 저장을 용이하게 하기 위해 상상 등을 통해 내적 시연과 직접 해보는 외적 시연 방법을 활용한다.
- ㉢ 운동재생산 과정: 학습자가 관찰한 행동을 정확하게 표현하는 과정이다.
- ㉣ 동기화 과정: 학습자로 하여금 행동을 수행하도록 하기 위해 충분한 유인과 동기가 필요하다.

③ 혁신전파이론(innovation diffusion theory, 개혁의 확산)

혁신전파이론은 농촌지도의 대표적 이론으로 사회일반에서 혁신의 사회적 분위기가 고조되며 가장 대표적인 혁신이론으로 재조명되고 있으며, 기업에서 핵심인재 선발과 새로운 아이디어 창출에서도 가장 지배적 이론으로 부각되었다.

(1) 등장 배경

1) 혁신의 개념과 발생배경

① 의의
  ㉠ 혁신의 의의: 혁신은 혁신 그 자체로 가치가 있는 것이 아니라, 다른 사회문화적 체계로 전파됨으로 그 가치가 생기는 것이다. 농업연구기관에서 새로운 기술을 개발하였다 하여 가치가 있는 것이 아니라, 새로운 기술이 적용대상자인 농민들에게 전달됨으로써 비로소 그 가치가 생기는 것이다.
  ㉡ 슘페터(Schumpeter)
    ⓐ 기업가의 창조적 활동에 의해 혁신적 생산방법 또는 생산수단의 새로운 결합을 기술혁신이라 정의하였다.
    ⓑ 혁신은 기업활동에 새로운 방법이 도입되어 획기적인 새로운 국면이 나타나는 현상이다.
    ⓒ 생산 기술의 변화만이 아니라 새로운 경영 기법의 도입, 새로운 상품의 개발, 새로운 시장의 개척, 새로운 경영 조직의 결성, 새로운 생산 방법의 도입, 새로운 자원의 획득 등을 포함하는 넓은 개념으로 블루 오션 전략이 필요하다.
    ⓓ 혁신은 창조적 파괴(creative destruction)의 과정이다.
    ⓔ 이윤 발생의 원천이자 자본주의 경제발전의 원동력이다.
    ⓕ 기업가 정신: 혁신에는 상당한 위험 부담이 따르는데 이러한 위험을 무릅쓰고 혁신을 추구하는 기업가의 모험적이고 창의적인 의지
  ㉢ 쥬크스(Jewkes): 혁신과정으로서 과학, 발명, 개발의 세 단계를 들고, 기술혁신이란 세 가지 현상의 복합적 생성물이라고 정의하였다.
  ㉣ 로저스(Rosers): 개인에 의하여 새로운 것이라고 자각된 착상, 생산물, 실천사항이라고 정의하였다.
  ㉤ 혁신의사결정은 개인의 심리적 과정이다.

② 혁신의 발생 배경
  ㉠ 사회·문화적 배경: 사회·문화적 조건에 대한 관심을 갖는 것이다.
  ㉡ 개인적 배경: 새로운 혁신사항을 구상하는 것은 결국 개인이기에 어떤 동기에서 사람들이 새로운 것을 창안하느냐를 알아보는 것이다.

③ 혁신전파이론의 특징
  ㉠ 혁신이란 개인 혹은 조직 등의 수용 단위에서 새롭게 지각된 아이디어, 실체, 객체이다.
  ㉡ 혁신에 있어 새로움이란 지식, 설득, 수용여부의 결정과 같은 의미이다.

ⓒ 시간은 혁신 – 의사결정과정, 혁신성, 혁신의 수용률과 깊은 관계가 있다.
ⓔ 사회체계의 구조는 혁신의 전파를 촉진하기도 하고 방해하기도 한다.
ⓜ 전파란 혁신사회체계 내에 있는 의사결정자들 사이에서 시간의 흐름과 함께 여러 경로를 통해서 전달되는 과정이다.

④ 혁신발생에 영향을 주는 사회문화적 조건: 바넷(Barnett)
ⓐ 아이디어의 집적: 한 사회가 가지고 있는 문화적 유산의 양과 질에 맞는 수준에서 혁신이 결정된다.
ⓑ 아이디어 집중: 아이디어의 축적은 혁신발생의 최소한의 조건일 뿐이며 사회적 정보도 서로 분산되지 않게 재결합하고 수정하여야만 혁신이 쉽게 발생한다.
ⓒ 공동노력: 여러 개인이 협동하면서 새로운 것을 탐구할 때 새로운 사업이 개발될 가능성이 크다.
ⓓ 이질적 요소간의 접합: 서로 다른 가치관, 사물, 관습들이 접촉을 하게 되면 질적으로 전혀 새로운 것이 나타날 가능성이 크다.
ⓔ 권위주의: 사회적으로 권위주의나 보수주의가 팽배할수록 혁신의 발생 가능성이 줄어든다.
ⓕ 경쟁: 경쟁적인 분위기는 인간의 욕망을 자극하여 혁신을 가능하게 한다.
ⓖ 변동의 기대: 새로운 것, 즉 혁신을 기대하는 분위기 속에서는 혁신이 일어날 가능성이 크다.
ⓗ 기존가치의 변혁: 종래의 사회적 위치나 규범, 가치관 등의 변혁이 일어날수록 혁신의 가능성이 크다.

⑤ 혁신을 창조하는 사람들의 특성
ⓐ 명예욕: 비범한 인간이 되고 싶다는 욕망, 새로운 아이디어에 대한 독점욕, 타인의 모방대상이 되고 싶은 욕망 등이 혁신자에게서 나타난다.
ⓑ 긴장해소의 욕구: 사람은 내외의 여러 가지 끊임없는 자극과 충동에 대하여 반응하고 적응하는데, 이런 반응과 적응의 과정 중에 혁신이 발생한다.
ⓒ 자아규정의 욕구: 자아규정이란 자기를 하나의 지속적이며 통합된 실체로 유지하려는 욕구인데, 이 욕구가 강할수록 새로운 사항을 많이 창출한다.
ⓓ 창작욕구: 새로운 것을 만들어 내는 행위 그 자체, 즉 창작욕구가 강한 사람일수록 혁신창출의 가능성이 높다.
ⓔ 기피의 욕구: 주어진 생활양식에 불만을 품은 사람일수록 현실조건의 변경으로써 새로운 사항을 창출하고자 한다.
ⓕ 보상적 욕구: 원래 목적하던 바를 실패하여 욕구좌절을 당했을 때, 그 보상작용의 형태에는 여러 가지가 있는데, 혁신과 관련되는 반응형식에는 우회, 공격과 새로운 욕구 등이 있다.

2) 혁신전파이론의 등장 배경
① 제1, 2차 세계대전 이후
ⓐ 전후 피해복구와 자국의 식량증산을 통한 안정적 식량 확보를 최우선 과제로 선정하고 농업개혁과 신기술 보급에 중점을 두던 시기이다.

ⓒ 농업의 새로운 아이디어를 개발, 보급하는데, 농업인은 아이디어를 수용하는데 시간적 차이를 보이는 개인차가 있는 것은 단순하게 경제적 이유 외에도 다른 요인들이 작용할 것으로 생각하면서 전파연구를 시작하는 계기가 된다.

② 1950년대

ⓐ 미국 등 선진국에서 지도요원에게 혁신의 전파과정을 교육시켰다.

ⓑ 대학에서도 농촌지도방법에 대한 강좌가 개설되면서 혁신전파에 대한 교육이 이루어진다.

ⓒ 아이오와 주립대학: 옥수수 교잡종 전파에 관한 연구로 확산연구의 중심지가 되었으며 농민을 대상으로 인터뷰를 통해 혁신의 수용성 요인들을 밝히려는 노력과, 그 후 혁신전파 연구의 주요 방법이 되었다.

③ 1960년대

ⓐ 미국 농촌사회학과 커뮤니케이션 분야의 학자인 로저스(E. Rogers)가 1962년 "혁신의 전파(Diffusion of innovations)"를 출간하면서 이론을 체계화시켰다.

ⓑ 로저스는 농업 혁신의 전파 과정을 분석하던 중 유치원, 학교에서 교육의 확산 연구에서도 농업혁신 전파와 유사한 결과를 보임으로 이후 확산연구 결과를 정리하여 보편적 확산 모델을 구축하였다.

ⓒ 혁신 전파에 대한 연구는 최초 농업 혁신에서 시작되었으나 다른 학문 분야로 확대되었으며 로저스는 농촌사회학에서 커뮤니케이션학으로 학문 영역을 옮기면서 다양한 영역에 확산전파이론을 적용, 설명하였으며 혁신전파이론이 모든 혁신의 전파에 적용될 수 있다고 주장하였다.

④ 국내 소개

ⓐ 로저스(E. Rogers)가 1962년 "혁신의 전파(Diffusion of innovations)"를 출판하면서 소개되었다.

ⓑ 혁신전파이론이 세계적으로 농촌지도사업의 가장 핵심 모델이며, 최민호(1988, 1995)의 "농촌지도론"에서 간략하게 소개되었다.

⑤ 의사전달과정과 혁신전파과정 비교

	의사전달과정	혁신전파과정
원천	모든 사람	발명자, 과학자, 변화촉진자
내용	모든 사항	혁신 사항
경로	전달매개 경로	전달매개 경로
수신자	사회체계 구성원	사회체계 구성원
효과	시간적, 공간상의 결과	시간적, 공간상의 결과

(2) 혁신전파이론

1) 혁신전파의 4요소

① 전파(확산)
- ㉠ 의의: 하나의 혁신이 시간을 두고 사회체계의 구성원 사이에서 특정 채널을 통해 커뮤니케이션이 이루어지는 과정이다.
- ㉡ 혁신: 새롭게 지각된 아이디어, 실체, 객체
- ㉢ 시간: 혁신성, 수용률, 의사결정과정(지식, 설득, 결정, 실행, 확인)
- ㉣ 구성원: 혁신자, 조기수용자, 조기다수자, 후기다수자, 지체자
- ㉤ 채널: 메스미디어, 대인 채널

② 혁신(Innovation)
- ㉠ 로저스(Rosers)는 혁신을 개인 혹은 조직 등의 수용단위에서 새롭게 자각된 아이디어(idea), 실체(practice), 객체(object)라고 정의하였다. 어떤 아이디어가 최초로 사용되었거나 발견된 이후에 시간이 지나 객관적으로 새로운 것인지 아닌지 판단하는 것은 크게 문제가 되지 않는다.
- ㉡ 혁신에서 새로움이란 반드시 새로운 지식을 의미하는 것이 아니며, 지식, 설득 또는 수용여부의 결정과 같은 용어로 표현될 수 있다. 예로 어떤 아이디어가 개인에게 새롭다고 느껴지면 그 아이디어는 혁신에 해당된다.
- ㉢ 모든 혁신의 수용, 전파가 반드시 바람직한 것만은 아니다. 특정 상황의 개인에게 바람직하지만, 다른 상황에 있는 잠정 수용자에게는 그렇지 않을 수 있다.
- ㉣ 혁신전파이론에서 언급되는 새로운 아이디어는 기술적 혁신에 해당된다.
- ㉤ 기술: 원인 – 결과의 관계상에 내재된 불확실성을 줄이려는 도구적 행위의 디자인이다.
- ㉥ 기술의 구성요소: 기술을 구체화하는 도구로 구성된 하드웨어 측면, 도구를 위한 지식으로 구성된 소프트웨어 측면이 있다.

③ 시간(time)

시간은 혁신성, 혁신의 수용률, 혁신-의사결정과정과 관계가 매우 깊다.
- ㉠ 의의
  - ⓐ 개인이나 다른 채택단위(의사결정단위)가 사회체계 내의 다른 사람보다 새로운 아이디어를 채택함에 있어 상대적으로 신속한 정도이다.
  - ⓑ 혁신성에 근거하여 사회체제의 구성원을 혁신자, 조기수용자, 조기다수자, 후기다수자, 지체자 5가지 유형으로 구분한다.
- ㉡ 혁신의 수용률: 혁신이 사회체계 구성원에 의해 채택되는데 걸리는 상대적 속도이다.
- ㉢ 혁신 – 의사결정 과정
  - ⓐ 개인 또는 다른 의사결정 단위가 혁신을 처음 알게 된 후부터 개혁에 대한 태도 형성, 채택여부 결정, 새로운 아이디어의 실행과 이용, 그러한 결정에 대한 확산에 이르기까지의 과정이다.

ⓑ 개인은 혁신의 기대된 결과에서의 불확실성을 줄이기 위해 혁신결정과정의 각 단계에서 정보를 추구한다.
ⓒ 결정의 단계
- 혁신의 채택: 취할 수 있는 최고의 행동과정, 혁신을 전적으로 이용하려는 결정
- 혁신의 거부: 개혁을 채택하지 않는 결정

④ 사회체계 구성원
  ㉠ 사회체계의 개념
    ⓐ 공동의 목표달성을 위해 함께 문제해결에 관여하는 상호 연결된 단위들의 집합이다.
    ⓑ 사회체계는 체계 내 단위들의 정형화된 배치이며, 사회체계 내 인간 행동에 안정성과 규칙성을 부여해 준다.
    ⓒ 사회체계의 사회구조나 커뮤니케이션구조는 혁신의 전파를 촉진 또는 방해하기도 한다.
  ㉡ 여론지도력
    ⓐ 의의: 한 개인이 원하는 방향으로 다른 사람의 태도나 행동에 공식적으로 영향력을 행사할 수 있는 정도이다.
    ⓑ 변화주도자: 혁신대상자들로 하여금 변화주도체가 원하는 방향으로 혁신을 결정하도록 영향을 주려는 사람이다.
    ⓒ 보조수행원: 혁신주도자에 비해 덜 전문적이지만 잠재적 혁신수용자의 결정에 영향을 주기 위해 그들과 잦은 접촉을 한다.
  ㉢ 혁신 결정의 형태
    ⓐ 선택적 혁신 결정: 사회체계 내의 다른 사람들의 결정과는 관계없이 개인에 의해 혁신의 채택이나 거부를 선택하는 것
    ⓑ 집합적 혁신 결정: 사회체계의 구성원의 합의에 의하여 혁신의 채택이나 거부가 선택되는 것
    ⓒ 권위에 의한 혁신 결정: 사회체계에서 권력이나 지위, 기술적 능력을 가진 비교적 소수의 개인들에 의해 혁신의 채택이나 거부가 선택되는 것
    ⓓ 부수적 혁신 결정: 혁신 결정의 세 형태 중 둘 이상의 연쇄적 혼합인 결정으로 이는 혁신에 대한 최초의 결정이 내려진 후 혁신의 채택이나 거부가 선택되는 것

⑤ 커뮤니케이션 채널
  ㉠ 의의
    ⓐ 혁신 메시지를 한 개인에게서 다른 개인으로 전해주는 수단이다.
    ⓑ 채널의 종류
      - 매스미디어 채널: 혁신의 존재를 알리는데 효과적이다.
      - 대인 채널: 새로운 아이디어에 대한 태도를 형성하거나 변화시키고, 채택 여부 결정에 영향을 미치는데 효과적이다.
    ⓒ 대부분 개인은 전문가의 과학적 연구결과에 의한 혁신 평가보다 이미 혁신을 수용한 지인들의 주관적인 평가를 통해 혁신을 평가한다.

ⓒ 이질성
- ⓐ 상호작용을 하는 둘 이상의 사람들이 신념, 교육수준, 사회경제적 지위 등의 속성에 있어 차이가 나는 정도를 의미한다.
- ⓑ 혁신에서 커뮤니케이션은 어느 정도 이질성이 존재하는데, 보다 효과적인 커뮤니케이션은 동질적인 사람 사이에서 발생하고, 이질성은 커뮤니케이션의 장해물이 되기도 한다.

2) 혁신성 결정요인

① 종속변수: 혁신성(Innovationess)
- ㉠ 혁신성은 혁신을 다른 사람보다 빨리 받아들이는 정도를 의미한다.
- ㉡ 혁신전파 연구에서 혁신자의 특성을 구명하는 연구가 가장 많은데, 연구자와 정책담당자는 농업 분야의 혁신기술 전파를 촉진하기 위해 변화촉진자인 지도기관을 통해 이루어지며, 기술을 빨리 받아들이는 농가는 새로운 기술의 효용성을 평가하는 역할을 담당함으로 다른 농가의 기술수용에 큰 영향을 미치기 때문이다.

② 독립변수: 혁신성을 결정하는 개인 특성
- ㉠ 사회경제적 특성
  - ⓐ 사회경제적 변수: 연령, 교육수준, 사회지위 등(연령은 특성에는 포함되기는 하지만 관련이 적어 비교적 무관하다.)
  - ⓑ 조기수용자는 후기수용자보다 공식적 교육을 더 많이 받았고, 더 지적이며, 사회적 지위가 높고, 높은 신분으로의 사회적 이동 정도가 크고, 대규모의 단위(농장, 회사, 학교 등)에 소속되어 있다.
- ㉡ 개인적 기질
  - ⓐ 개인적 기질 변수: 감정이입(empathy), 합리성(rationality), 변화에 대한 태도 등
  - ⓑ 조기수용자는 후기수용자보다 공감력과 추상적 개념을 다루는 능력이 탁월하며, 더 합리적이고, 지성적이며, 덜 독단적이다. 또한 변화에 대해 우호적이고 불확실성과 위험을 다루는 능력이 더 크고, 과학에 대한 우호적인 태도를 가지고, 덜 운명론적이며, 자아효능감도 크고, 공식교육과 높은 신분의 직업 등에 대한 큰 열망을 가진다.
- ㉢ 의사소통행위
  - ⓐ 의사소통 행위 변수: 사회 참여 정도, 리더십 등
  - ⓑ 조기수용자는 후기수용자보다 사회 참여의 정도가 더 크고, 범지역적이며, 여론지도력 정도가 더 높고, 사회체계의 대인 네트워크에서 상호연결된 정도가 더 크다. 또한 변화촉진자와 더 많은 접촉을 가지고, 대중 매체에 더 많이 노출되며, 정보탐색이 더 활발하고, 혁신에 대해 더 많은 지식을 가지고 있다.

3) 혁신수용률에 영향을 마치는 요인

① 수용률
- ㉠ 사회시스템 내 개인들에 의해 혁신이 수용되는 상대적 속도를 의미한다.
- ㉡ 일정 기간 내에 얼마나 많은 개인이 혁신을 선택하였는가로 측정된다.

ⓒ 높을수록 S자형인 누적수용률은 더 가파르게 나타난다.
　　ⓔ 혁신은 그 종류에 따라 수용률 속도와 최종 수용률에 차이가 있다.
　　ⓜ 혁신이 가지고 있는 단체의 특성이 수용률을 좌우한다.
② 인지된 혁신의 특성
　로저스는 혁신의 속성이 수용방식과 수용률에 중요한 영향을 미치는 요인이라고 주장하고, 혁신의 수용에 영향을 미치는 속성을 5가지로 분류하였다.
　㉠ 상대적 이점
　　ⓐ 혁신이 기존 아이디어보다 얼마나 더 좋은가를 수용자가 느끼는 정도
　　ⓑ 상대적 이점과 수용률은 정(+)의 상관관계를 보인다.
　　ⓒ 상대적 이점의 정도는 경제적 측면, 사회적 위신, 편리성, 만족 등이 중요하다.
　　ⓓ 혁신이 객관적 이익을 주는가는 중요하지 않고, 수용자가 혁신을 이롭다고 인식하는 것이 중요하다.
　㉡ 호환성(적합성)
　　ⓐ 혁신이 잠재적 수용자가 갖고 있는 기존의 가치관, 과거의 경험, 욕구에 부합하는 것으로 인지되는 정도이다.
　　ⓑ 혁신의 호환성은 수용률과 정(+)의 상관관계를 보인다.
　　ⓒ 기존 사회체계의 가치와 규범에 부합하는 아이디어는 빠르게 채택되지만, 부합하지 않는 개혁은 느리게 채택되며, 개혁이 채택되기 위해서는 새 가치체계의 채택이 선행되어야 한다.
　㉢ 복잡성
　　ⓐ 혁신을 이해하거나 사용하기에 어렵다고 인지되는 정도이다.
　　ⓑ 혁신의 복잡성은 수용률과 부(-)의 상관관계를 보인다.
　　ⓒ 어떤 혁신은 이해하기 어려워 채택 속도가 느리고, 이해하기 쉬운 아이디어는 더 빠르게 채택된다.
　㉣ 시행가능성
　　ⓐ 수용자가 혁신을 한정된 범위 내에서 시험해볼 수 있는 정도이다.
　　ⓑ 혁신 시행가능성은 수용률과 정(+)의 상관관계를 보인다.
　　ⓒ 시험 가능한 혁신이 불가능한 혁신보다 대체로 더 빨리 채택되는데, 시험 가능한 혁신은 불확실성을 줄여주기 때문이다.
　㉤ 관찰가능성
　　ⓐ 혁신의 결과가 타인에게 보여질 수 있는 정도이다.
　　ⓑ 혁신의 관찰가능성은 수용률과 정(+)의 상관관계를 보인다.
　　ⓒ 사람들은 혁신의 결과가 가시적일수록 혁신을 수용할 가능성이 높아지며, 눈에 보이는 혁신의 군집화는 관찰가능성의 중요성을 보여준다.

③ 혁신결정의 유형
  ㉠ 일반적으로 의사결정에 있어 집단보다는 개인단위로 이루어질 때 수용률이 높아진다.
  ㉡ 의사결정 참여자 수가 많을수록 수용률은 떨어지기 때문에 의사결정 참여자 규모를 줄이는 것이 수용률의 속도를 높일 수 있다.

④ 의사소통 채널
  ㉠ 의사소통 경로는 한 개인이 다른 개인에게 메시지를 주고받기 위한 수단이며, 혁신기술은 의사소통 경로를 통해 잠재적 수용자에게 확산된다.
  ㉡ 대중매체는 혁신기술을 알리는데 효과적이며, 대면접촉은 혁신기술을 설득하는데 가장 효과적이다.
  ㉢ 사람들은 전문가 의견이나 과학적 연구결과보다는 혁신기술을 수용한 주위 사람들의 주관적 의견에 더 영향을 받는다.
  ㉣ 상호작용하는 사람들의 이질성과 동질성도 커뮤니케이션에 영향을 미치는데, 교육수준, 사회적 지위, 신념 등이 동질적일수록 커뮤니케이션이 더 효과적이다.

⑤ 사회시스템의 속성
  ㉠ 사회시스템은 공통 목표를 달성하기 위하여 공동으로 문제해결에 참여하는 상호 관련된 의사결정단위의 집합을 의미한다.
  ㉡ 사회시스템은 혁신기술의 확산을 촉진 또는 방해하기도 한다.

⑥ 변화촉진자의 홍보효과 정도
  ㉠ 변화촉진자는 혁신수용률이 높아지게 노력하지만 변화촉진자의 노력과 수용률은 선형적 관계가 성립하는 것은 아니다.
  ㉡ 변화촉진자의 노력은 여론지도자가 수용하는 초기단계에 가장 크지만, 수용자가 증가하여 임계량을 넘어서면 변화촉진자의 노력은 큰 의미가 없다.

(3) 혁신-의사결정과정(innovation-decision process)

1) 의의
  ① 혁신전파과정
    서로 다른 문화체계나 사회집단 또는 개인 사이에서 혁신사항이 전달되는 과정으로 사회적 과정이다.
  ② 혁신-의사결정과정
    ㉠ 혁신전파과정에 근거하여 개인이 혁신사항을 받아들이는 과정으로 개인의 심리적 과정에 해당한다.
    ㉡ 혁신을 최초로 인지하고 그에 대한 태도를 형성하며 궁극적으로 혁신을 수용 또는 거부할 것이라고 결정하고 이행하는 것으로 자신의 결정에 대한 확신의 전체적인 과정이다.

2) 로저스(Rosers)의 의사결정과정

① 인지단계(awareness stage)

전달사항에 대하여 수신자가 의식을 하는 단계로서 혁신 사항에 대하여 지식기능을 하는 단계이다.

② 관심단계(interest stage)

㉠ 전달사항에 관심과 흥미를 가져 그것에 대하여 관심을 가지고 알아보는 단계
㉡ 어떤 신품종이나 새로 개발된 기술 등 혁신사항에 대하여 수신자로 하여금 심리적 충동이 발동되도록 설득기능을 하는 단계
㉢ 예: 성공사례, 선진지 견학 등

③ 평가단계(evaluation stage)

㉠ 전달사항의 특성과 장단점을 조사하고 자신의 여러 가지 사정과 결부시켜 전달된 사항을 수용 혹은 배척을 결정하고 선택하는 사고의 마지막 단계이다.
㉡ 의사결정기능을 의미한다.

④ 시행단계(trial stage)

㉠ 마음으로 결정한 사항을 실제의 행동으로 시험적으로 소규모로 실천해보는 단계이다.
㉡ 실제상황에서 실행의 결과가 예상 밖의 결과로 나타나 배척하는 경우도 있다.

⑤ 수용단계(adoption stage)

㉠ 시행의 결과가 만족스러울 때 전달사항 혹은 의사결정사항을 본격적으로 받아들이고 적용하는 단계이다.
㉡ 농민이 새로운 기술을 받아들이는 기술수용의 단계: 인지 ⇒ 관심 ⇒ 평가 ⇒ 시행 ⇒ 수용
　ⓐ 인지단계: 수신자가 의식을 하는 단계
　ⓑ 관심단계: 설득기능을 하는 단계로 성공사례나 선진지 견학 등이 이에 해당한다.
　ⓒ 평가단계: 의사결정의 기능
　ⓓ 시행단계: 실제의 행동으로 소규모로 실천하는 단계
　ⓔ 수용단계: 적응단계

3) 혁신-의사결정 과정상 문제점: 로저스와 슈마커(Rogers & Shoemaker)

① 혁신전파의 결과는 수용이 아닌 기각으로 끝날 수도 있는데, 종래의 이론은 언제나 수용으로 끝나게 되어 있다.
② 종래의 혁신전파 과정은 5단계로 되어 있으나 실제는 혁신전파 과정 중 시행단계는 거치지 않는 경우가 많으며, 평가는 전파의 한 단계가 아니라 모든 단계에서 이루어지고 있다.
③ 혁신전파 과정이 수용이나 기각으로 끝나는 경우에도 수용자나 기각자는 새로운 정보를 갖게 됨에 따라 그들이 수용이나 기각했던 사실을 의심하거나 더 강한 확신을 하게 된다.

4) 혁신-의사결정모델의 새기능: 로저스와 슈마커(Rogers & Shoemaker)

Rogers		Rogers & Shoemaker
* 인지: 의식 * 관심: 흥미 * 평가: 의사결정 * 시행: 실천 * 수용: 적응	비판 →	* 지식기능(knowledge function): 인지, 방법, 원리(인지점) * 설득기능(persuasion function): 심중, 태도형성(심리적) * 의사결정(decision function): 수용 또는 거부 * 실행기능(implementation function): 외적행동, 재발명 * 확인기능(confirmation function): 불연속

① 지식단계

　㉠ 혁신인지

　　ⓐ 개인은 혁신의 존재를 알게 되고 어떻게 이루어지며 어떻게 작용하는지를 이해함에 따라 혁신에 대한 지식을 얻는다.

　　ⓑ 수용자는 혁신을 인지하고 지식을 갖게 되는 과정에서 비교적 수동적이다.

　　ⓒ 선택적 노출과 선택적 지각을 통해 혁신에 대한 요구가 혁신을 인지하게 하고 그에 대한 지식을 획득하게 한다.

　　ⓓ 사람은 선택적 노출과 선택적 지각 경향이 있기 때문에 새로운 것을 접촉하더라도 그 존재 자체를 인식하지 못하기도 한다.

　　ⓔ 선택적 노출과 선택적 지각
　　　• 선택적 노출: 기존의 자신의 태도 및 신념과 일치하는 메시지에 대해 주목하고 선택적으로 받아들이려는 경향
　　　• 선택적 지각: 사람이 혁신의 필요성을 느끼지 않는 한 혁신과 관련된 메시지에 자신을 노출시키려 하지 않으며, 비록 혁신 메시지에 노출되었다고 하더라도 자신의 태도나 요구에 부합하지 않으면 그로 인해 큰 영향력을 받지 않는 경향

　㉡ 사람들이 혁신을 요구하는 이유

　　ⓐ 사람의 욕구와 현실간 괴리는 불만족(혼돈) 상태에 놓여 있으며 대안으로 혁신이 존재한다는 것을 알았을 때 혁신을 요구한다.

　　ⓑ 혁신의 존재가 요구를 발생시키며 그 반대의 상황도 성립한다.

　　ⓒ 변화주도자는 새 아이디어를 알림으로 혁신대상자간 혁신의 요구를 야기시킨다.

　　ⓓ 혁신의 존재에 대한 지식은 혁신을 더 배우고 수용하려는 동기를 부여한다.

　㉢ 혁신에 관한 3가지 지식 유형: 자신이 수용할 혁신의 효율성을 판단하는 능력은 방법지식이나 원리지식을 얼마나 지니는가에 따라 다르다.

　　ⓐ 인지지식(awareness knowledge): 보통 혁신을 인지함과 동시에 혁신에 대한 물음을 갖게 되며, 수용자는 혁신이 작용하는 기제 및 원리 등에 관한 지식을 추구하려는 경향이 있다.

　　ⓑ 방법지식(how-to knowledge): 혁신을 적절하게 사용하는데 필요한 정보, 수용자는 혁신을 어느 정도 선택해야 하고, 어떻게 사용하는지 등을 이해해야 하며 방법지식이 전무할 경우 수용을 거부할 수도 있다.

　　ⓒ 원리지식(principles knowledge): 혁신이 어떻게 작용하는가에 관련된 기능적 원리와

관련된 정보를 의미하며 예로 농민에게 신품종 비료를 수용하게 하기 위해 어느 정도 생물학 지식을 주입해야 함을 들 수 있다.
- ㉣ 지식의 수용여부
    - ⓐ 혁신을 일찍 인지한 사람은 교육 수준 및 사회적 지위가 높아 대체로 혁신자, 조기수용자와 비슷한 특징을 갖으나 그들이 더 빨리 수용하는 것은 아니다. 따라서 혁신에 대하여 아는 것과 수용하는 것은 별개의 문제이다.
    - ⓑ 수용자가 혁신을 자기 상황과 관련이 없다고 느끼는 경우 단지 지식 상태로 머물거나 수용하지 않는다.
    - ⓒ 혁신에 대한 지식과 결정 기능 사이에는 혁신에 대한 태도가 개입한다.
② 설득단계
- ㉠ 설득이란 수용자의 심중에서 태도가 형성되거나 변화하는 것으로 변화주도체가 의도한 방향으로만 변화하지는 않는다.
- ㉡ 설득은 개인 또는 의사결정단위가 혁신사항에 대한 수용과 호의적 또는 비호의적 태도를 형성할 때 나타난다.
- ㉢ 지식단계에서 정신적 활동이 주로 인지적(지식습득)이라면, 설득단계는 정서적(감정적) 사고과정이다.
- ㉣ 설득단계는 혁신에 대한 일반적 지각이 형성되고 발전되기 때문에 선택적 지각(상대적 이점, 호환성, 복잡성)의 문제가 태도를 결정하는데 매우 중요하다.
- ㉤ 모든 혁신에는 어느 정도 불확실성을 동반한다. 수용자는 혁신이 어떻게 작용하는지 확신이 없으므로 자신의 선택이 동료 집단의 의견과 동일한지 확인받고 싶어한다(강화). 이러한 과정을 통해 수용자는 수용이나 거부와 같은 행위에 변화가 일어난다.
③ 결정단계
- ㉠ 결정단계에서는 수용자가 혁신을 수용 또는 거부를 선택하는 행위가 나타난다.
    - ⓐ 수용: 혁신을 통해 가능한 행위를 충분히 이용하기로 선택하는 것
    - ⓑ 거부: 혁신을 이용하지 않기로 선택하는 것
- ㉡ 혁신의 불확실성을 극복하는 방법으로 부분적으로 새 아이디어를 시험해보는 것이 좋으며, 변화주도자와 여론지도자가 새 아이디어를 지지함으로써 혁신-의사결정을 촉진하기도 한다.
- ㉢ 혁신거부: 수용자는 혁신-의사결정의 모든 단계에서 언제라도 거부가 가능하다.
    - ⓐ 능동적 거부: 혁신 수용을 고려해보지만 결국 수용하지 않기로 결정하는 것
    - ⓑ 수동적 거부: 혁신의 이용조차 고려하지 않는 거부
④ 실행단계
- ㉠ 의의
    - ⓐ 실행: 수용자가 혁신을 사용하는 것
    - ⓑ 혁신 - 의사결정과정에서 실행단계 이전 과정은 생각하고 결정하는 것을 포함하는 정신적 작용이라면, 실행은 새 아이디어를 실생활에 적용하는 외적인 행동이 변화하는 것을 의미한다.

ⓒ 실행단계에서도 혁신 결과에 대한 불확실성이 상존하므로 혁신 불확실성을 줄이기 위해 실행단계에서 수용자는 능동적으로 정보를 추구하게 되며, 수용자가 혁신을 실행하려 할 때 변화주도자는 기술적 보조 역할을 수행하기도 한다.
ⓓ 혁신이 자신의 상황에 적용될 때 새 의미를 부여하며 혁신의 수용과 전파 과정에 활발히 참여하게 된다.
ⓔ 혁신은 고정된 실체가 아니다. 혁신 사용자는 새 아이디어를 사용함으로써 배우고 의미를 부여하며 혁신을 구축해 나간다.

ⓛ 재발명
　ⓐ 대부분 재발명은 혁신-의사결정과정의 실행단계에서 발생한다.
　ⓑ 재발명이란 혁신을 수용하고 실행하는 과정에서 수용자에 의해 본래의 혁신이 변화되거나 수정되는 정도를 의미한다.
　ⓒ 발명과 혁신의 구분: 발명은 새로운 것이 발견되거나 만들어지는 과정이고, 혁신 수용은 모든 가능한 행위의 맥락에서 혁신을 완전히 이용하겠다는 결정이다. 그러나 발명과 혁신간 차이는 확연히 구분되지는 않는다.
　ⓓ 재발명 정도가 높을수록 그 혁신의 수용률은 높아지고, 지속될 가능성이 높아진다.
　ⓔ 연구개발기관의 입장: 혁신을 재발명하는 것에 대해 비호의적이다. 재발명함에 따라 본래 혁신이 지향한 목적을 반영할 수 없고, 혁신의 성과를 측정하기 어려우며, 본래의 혁신은 그 정체성을 잃을 수가 있기 때문이다.
　ⓕ 수용자 입장: 혁신이 재발명되는 것에 대해 매우 바람직하게 여긴다. 수용된 혁신을 실행하는 도중 어느 정도 문제가 발생할 수 있으므로 수용자는 자신의 상황에 맞게 변경시키려는 경향이 나타나며 이것이 혁신수용자에게 유익하다.

ⓒ 재발명이 일어나는 경우: 로저스(Rosers)
　ⓐ 이해하기 다소 복잡하고 어려운 혁신일 경우
　ⓑ 수용자가 변화주도자나 이전수용자와 직접적으로 접촉하지 않았거나 수용자가 혁신에 대해 자세히 알 수 없을 때
　ⓒ 컴퓨터나 인터넷과 같이 보편적인 개념이거나 다양한 어플리케이션을 제공하는 혁신일 경우
　ⓓ 사용자의 다양한 문제를 해결하기 위해 혁신이 실행될 경우
　ⓔ 혁신에 대한 소유권을 가지고 있다는 긍지나 자신감이 있을 경우
　ⓕ 변화주도자가 혁신대상자들로 하여금 혁신을 수정, 개선하도록 영향을 미치는 경우
　ⓖ 혁신을 수용하는 조직의 구조에 맞게 혁신을 조정할 때
　ⓗ 후기수용자는 조기수용자의 시행착오 및 오류 등을 경험했기 때문에 혁신 전파 후기에 자주 재발명이 일어난다.

⑤ 확인단계
　㉠ 수용자는 혁신-의사결정 이후 결정에 대한 강화를 통하여 자신의 결정을 스스로 확인할 수 있다. 혁신에 대립되는 메시지에 노출되면 혁신 결정을 번복할 수 있고, 확인단계에서 불일치가 생기면 그것을 줄이기 위해 노력한다.

ⓒ 혁신의 불연속: 수용한 혁신을 중단하는 것
  ⓐ 대체(replacement): 현재의 혁신을 대신하는 더 좋은 혁신을 수용하기 위해 기존의 혁신을 중단하는 것이다.
  ⓑ 불만족(disenchantment): 혁신 성과에 대해 만족하지 못함으로써 혁신을 거부하기로 결정하는 것으로 혁신수용자는 자신에게 적합하지 않거나 다른 대안보다 상대적으로 이점이 없다고 생각하면 불만족을 느끼게 되며, 후기수용자는 조기수용자에 비해 혁신을 중단하기 쉽다.

ⓒ 혁신 불연속의 이유
  ⓐ 새 아이디어가 실행단계에 있는 수용자에게 있어 충분히 관례화되지 않았기 때문이다.
  ⓑ 개인 신념이나 과거 경험에 비추어 적합하지 않은 혁신은 비교적 중단되기 쉽다.

ⓔ 혁신 – 의사결정과정의 단계
  ⓐ 혁신 – 의사결정 초기 3단계인 지식 → 설득 → 결정 과정이 반드시 순차적으로 발생하는 것은 아니다.
  ⓑ 지식 → 설득 → 결정의 순서는 수용자의 사회문화적 환경과 밀접한 관련이 있다.
  ⓒ 개인주의 문화에서는 개인의 자유와 상반되기 때문에 찾아보기 어렵지만, 집단주의 문화(한국, 중국, 인도네시아 등)에서는 혁신을 수용하는 과정에서 집단의 압력이 작용하는 경우 혁신 의사결정이 지식 → 결정 → 설득 순서로 결정된다. 이는 개인주의 문화는 개인 목표가 집단보다 우선시되는 반면, 집단주의 문화는 집단 목표가 개인보다 우위에 있기 때문이다.
  ⓓ 지식단계와 결정단계는 가장 명백히 존재하는 단계이나 설득단계는 비교적 모호하다.

(4) 사회체제 구성원: 혁신자의 범주

1) 모험심이 강한 혁신자(innovator)

① 특징
  ㉠ 혁신자는 성급하고 대담하고 무모할 정도로 모험심이 강하고, 새 아이디어에 과도한 흥미를 가짐에 따라 범지역적인 사회관계로 이끄는 경향이 있다.
  ㉡ 혁신자 계층은 지역사회에서 생활수준과 교육수준이 높고 비교적 혁신성은 크나 신중성이 부족하여 실패를 많이 한다.
  ㉢ 혁신자 계층은 개개인이 멀리 떨어져 있더라도 공통 커뮤니케이션 패턴을 가지고 있어 친구 관계에 있는 경우가 많다.
  ㉣ 혁신자는 새로운 아이디어가 체계로 흘러들어가는 문지기 역할을 수행한다.
  ㉤ 혁신자는 새로운 아이디어가 반드시 성공적일 수 없다는 사실을 기꺼이 받아들여야 하며 때로는 실패도 감내하여야 한다.
  ㉥ 혁신자는 구성원에 의해서 존경받지는 않지만 전파과정에서 매우 중요한 역할을 하며 외부에서 혁신을 들여와 사회체계에 새 아이디어가 확산되는 가장 근원적 역할을 수행한다.

② 혁신자의 필수 전제조건
　　㉠ 재정적으로 넉넉해야 혁신 수용에 따르는 손실의 부담을 감내할 수 있다.
　　㉡ 복잡한 기술, 지식을 이해하고 적용하는 능력이 필요하다.
　　㉢ 수용할 당시 불확실성에 대해 어느 정도 대처할 수 있어야 한다.

2) 존경받는 조기수용자(early adoptor)

① 조기수용자는 혁신자보다 사회체계에서 더 통합적인 부분을 담당한다.
② 혁신자가 범지역적, 국제적 움직임을 가진 반면 조기수용자는 지역적 성격을 가진다.
③ 조기수용자는 다른 수용자보다 여론지도력이 더 높기 때문에 잠재적 수용자는 혁신에 대한 조언과 정보를 위해 이들에게 문의한다.
④ 인지된 혁신사항의 가치를 비교적 일찍 인정하고 틀림없다고 확인할 때는 바로 수용하는 사람들이다.
⑤ 일반적으로 젊고 교육정도가 높으며, 활동적이고 독서를 많이 하고, 지역사회의 여론지도자로서 역할을 수행한다.
⑥ 지역주민들로부터 존경과 신뢰를 받는다.
⑦ 혁신이 사회체계로 전파될 때 임계점을 형성시킨다.
⑧ 사회체계의 다른 구성원들에게 역할모델이 되는 수용자이다.

3) 신중한 조기다수자(early majority)

① 혁신사항을 신중하게 검토하고 관찰하여 조기수용자 다음으로 비교적 일찍 수용한다.
② 혁신 전파가 사회체계의 평균에 도달하기 직전까지 혁신을 수용하는 계층이다.
③ 상대적으로 나이가 많은 편이고 경제적으로 상층~중층이 많으며, 지역사회의 유지들이 이에 속한다.
④ 수용자 중 구성원이 가장 많으며 전체 구성원의 1/3 정도 차지한다.
⑤ 동료와 자주 상호작용하나 체계 내에서 여론지도자로 활동하는 경우는 많지 않으며, 상대적으로 일찍 수용하거나 매우 늦게 수용하는 사람들 사이를 연결하는 경향이 있고, 대인 네트워크에서도 상호 연결되는 지점에 위치한다.
⑥ 혁신결정 시기는 혁신자와 조기수용자보다 더 오래 걸린다.
⑦ 새 아이디어를 완전히 수용하기 전에 어느 정도 더 생각하며, 혁신 수용에 의도적으로 신중한 태도를 취한다.

4) 회의적 후기다수자(late majority)

① 후기다수자는 혁신 전파가 그 사회체계의 평균점에 도달한 직후 수용하는 성향이 있는 계층으로 보수적, 회의적 성격이다.
② 경제적으로 비교적 하위계층 그룹이고 체계 구성원의 1/3 정도를 차지한다.

③ 후기다수자는 보통 경제적 필요에 의해, 주변 사람들의 사회적 압력에 이끌려 혁신을 수용한다.
④ 혁신에 매우 회의적이고 조심스러운 태도로 접근하고 다른 사람들이 이미 혁신을 수용하고 나서야 수용한다.
⑤ 후기다수자가 혁신을 자발적으로 수용하기 위해서는 혁신이 안전하다고 느낄 만큼 확신이 있어야 하고, 사회적 규범이 긍정적 평가를 해 줘야 하며, 동료의 압력이 필수적이다.
⑥ 대부분 후기다수자는 경제적 여유가 적거나 혁신의 위험을 불식시킬 정신적, 물질적 자원이 넉넉하지 못하다.

5) 전통적 지체자(laggard)
① 지체자는 혁신을 가장 늦게 수용하는 계층으로 여론 지도력이 매우 낮다.
② 가장 보수적이고 지역중심적이며 대부분 사회적 네트워크에서 고립되어 있으며, 행위적 결정을 할 때 보통 과거에 의존하며, 이전에 무엇을 행하였느냐가 중요하다.
③ 주로 전통적 가치를 가지고 있는 구성원과 상호작용을 한다.
④ 혁신과 혁신주도체를 의심하거나 부정적으로 평가하므로 혁신결정과정이 상대적으로 오래 걸린다.
⑤ 새 아이디어를 인지하고 지식으로 축적하고, 이를 채택하고 사용하기까지 긴 시간이 필요하다.
⑥ 지체자는 경제적으로 불안하기 때문에 혁신을 권유하는 것이 조심스럽다.
⑦ 지체자는 새 아이디어를 수용하기 위해서는 불확실성이 완전히 제거되어야 하기 때문에 혁신에 대해 저항하는 것이 일반적이다.

(5) 혁신전파이론의 비판, 대안

1) 친혁신적 편향(pro-innovation bias)
① 의의
㉠ 혁신이 사회체계의 모든 사람에게 전파, 수용되어야 하며, 전파는 더욱 빠르게 일어나야 하고, 혁신은 재발명, 거부되면 안 된다는 의미이다.
㉡ 혁신주도체의 지원을 받아 수행되었으며, 성공하지 못한 혁신전파 연구보다 수용률과 같은 가시적 결과를 제시한 성공한 연구에 집중하였기 때문에 친혁신적 편향이 내재되어 있다.
② 친혁신 편향을 벗어나는 최우선 단계는 친혁신 편향이 있을지도 모른다는 인식을 하는 것이다.
③ 친혁신적 편향을 극복하기 위한 대안: 로저스(Rosers)
㉠ 혁신이 어떻게 전파되었는지에 대한 사후 자료수집에 대한 대안적 접근방법이 검토되어야 한다.
㉡ 학자들은 연구대상이 되는 혁신이 어떻게 선정되는가에 보다 신중해져야 한다.
㉢ 연구자는 개인의 인식과 상황을 충분히 이해할 수 있다면 혁신의 거부, 중단, 재발명이 빈

번하게 발생한다는 점과 그러한 행동이 개인 관점에서 볼 때 합리적이라는 점을 인정해야 한다.
- ⓔ 연구자는 혁신이 전파되는 폭넓은 맥락에 대해 연구해야 한다.
- ⓕ 혁신을 수용하게 되는 동기에 대한 이해를 높여야 한다.

2) 개인 책임 편향(individual blame bias)

① 의의
- ㉠ 편향에는 혁신주체의 편향, 개인 책임 편향, 체계 책임 등이 있다.
  - ⓐ 혁신주체의 편향: 혁신의 잠재 수용자인 개인보다 혁신을 주도하는 혁신주도체를 편드는 혁신전파의 연구 경향
  - ⓑ 개인 책임 편향: 개인이 소속된 체계보다 본인이 문제의 책임을 져야 한다고 보는 경향
  - ⓒ 체계 책임: 체계의 개별 구성원의 문제에 대해 체계가 책임을 져야 한다고 보는 입장
- ㉡ 개인 책임 편향이 늘 부적절한 것은 아니지만 혁신이 전파되는 행위를 설명하기에는 부족하다.

② 혁신주도자가 혁신을 수용하지 않는 이유를 개인 책임으로 돌리는 이유
- ㉠ 연구후원자가 개인 책임 편향을 가진 혁신주도체이면 연구자는 개인 책임적 태도를 받아들이기 때문이다.
- ㉡ 연구자가 체계 책임 요인을 변화시키는 것은 어려운 반면 개인 책임 변인은 변화시키기 쉽다고 생각하기 때문이다.
- ㉢ 연구대상으로서 체계보다 개인이 접근하기 용이하며, 대부분 연구자는 분석단위를 개인에 초점을 맞추고 있기 때문이다.

③ 개인 책임 편향 극복 방안
- ㉠ 연구 분석 단위를 개인으로만 한정할 것이 아니라 다른 대안을 강구해야 한다.
- ㉡ 연구자는 탐색자료가 수집될 때까지는 사회문제 원인에 대한 열린 마음을 유지해야 하며, 개인 책임 편향을 보이는 혁신주도자의 정의를 받아들이는데 신중해야 한다.
- ㉢ 문제 개선을 희망하는 혁신주도자들보다 잠재적 수용자, 거부자를 포함한 모든 참가자가 혁신의 전파문제의 정의에 포함되어야 한다.
- ㉣ 개인에게 한정된 변인뿐만 아니라 사회구조, 커뮤니케이션 구조와 연관된 변인이 혁신전파 연구에 포함되어야 한다.

3) 혁신전파 과정에서 회상의 문제

① 회상의 문제점
- ㉠ 혁신전파 연구에서 시간은 중요한 변수인데, 응답자가 혁신을 수용하기로 결정한 시점에 대한 자료를 얻는 것이 어렵다.
- ㉡ 회상의 부정확성
  - ⓐ 혁신전파는 시간 경과에 따라 일어나는 과정이므로 방법론적 제약을 받게 되는데, 응답자가 새 아이디어를 채택한 시점에 대해 본인의 회상자료에 의존하기 때문이다.

ⓑ 자신이 경험한 과거 혁신 경험을 재구성하기 위한 과거를 회상할 때 그 정확성 정도는 개인차에 따라 달라진다.
ⓒ 횡단면적 자료수집
ⓐ 혁신전파 연구는 혁신이 전파되어가는 연속적 흐름을 추적할 필요가 있는데, 주로 응답자에게 설문조사를 하는 횡단적(cross-sectional) 자료에 대한 상관관계 분석으로 이루어진다.
ⓑ 설문조사방법은 편리하지만, 전파 과정을 포함시키지 못하고, 특히 특정 시점에 대한 자료를 수집할 경우 시간 같은 중요 변인을 응답자의 회상에 의존하여 측정하게 된다.
ⓓ 1회성 설문조사: 한 번의 설문조사는 시간적 순서나 인과성 문제를 설명해 주지 못하고, 설문조사 자료의 상관관계 분석은 변인들간 인과성 문제를 찾기 어렵게 만든다.
② 시간 차원에 대한 자료수집을 하기 위한 대안적 연구설계
㉠ 현장실험, 종단적 패널 연구, 기록문서의 이용, 혁신-의사결정과정에 대한 다양한 응답자에게서 수집된 자료를 이용한 사례 연구 등이 해결책으로 이용된다.
㉡ 현장실험
ⓐ 다양한 독립변수가 종속변수(혁신 수용)에 미치는 영향을 평가하는데 적절하다.
ⓑ 현장실험은 실제상황에서 혁신을 위한 개입 전·후를 각각 측정하여 자료를 얻는 실험이다.
ⓒ 응답자의 회상 문제를 피하고 대안적 혁신전파 전략의 평가를 위해 더 많이 이용할 필요가 있다.
㉢ 다수의 설문조사
ⓐ 혁신전파 과정의 여러 시점에서 자료를 수집한다.
ⓑ 응답자의 회상 시기를 짧게 나눌 수 있고, 응답자가 보다 정확하게 회상할 수 있다.
㉣ 수용시점에 대한 연구: 응답자들이 혁신을 수용한 시기에 수용에 관한 세부사항을 제공하도록 하는 수용 시점에 대한 연구로 해결 가능하다.

4) 형평성 문제

그 동안 혁신전파 연구는 혁신을 통한 사회경제적 이익이 사회체계의 개인간 분배가 어떻게 이루어지는지에 관한 문제를 다루지 못했다.

① 문제 제기
㉠ 혁신전파 연구는 미국에서 시작되어 1960년대 이후 전 세계적으로 확대되었고, 특히 개발도상국에서 적극 도입하였다.
㉡ 1970년대 서구 혁신전파의 패러다임을 개발도상국에 적용하는 과정에서 문제가 제기되었다.
㉢ 미국에서 발전한 혁신전파이론이 사회문화적으로 다른 개발도상국의 상황에 적용될 수 있는가 하는 적합성에 관한 문제가 발생하였는데, 특히 개발도상국에서 혁신전파가 사회경제적 격차를 확대시키는 문제가 발생하였다.
② 개발도상국에서 혁신전파의 문제
㉠ 개발도상국에서는 권력, 정보, 경제적 부가 소수에게 집중되어 있다.

ⓒ 개발도상국은 사회구조가 개인의 기술혁신 결정에 큰 영향을 미친다.
      ⓐ 개발기관은 혁신적이고, 부유하고, 교육수준이 높고 정보추구형 대상자에게 지원을 제공하는 경향이 있다.
      ⓑ 개발기관이 모든 대상자와 접촉하기 어렵기 때문에 개발기관과 가장 동질적으로 반응하는 혁신대상자에게 집중한다.
      ⓒ 진보적 농업인은 적극적으로 새 아이디어를 수용하고, 경제적 수단을 가지고 있으며, 쉬운 신용 확보와 대규모 농장 소유 등으로 인하여 전체 농업 생산에 직접적으로 미치는 효과가 크다.

③ 혁신수용의 결과적 측면
   ㉠ 혁신전파 결과가 매우 중요함에도 혁신기관, 연구자는 큰 관심을 갖지 않았다.
   ㉡ 혁신 결과에 대한 연구가 부족했던 이유
      ⓐ 혁신주도기관은 혁신 결과가 항상 긍정적일 것이라는 가정하에 사람들에게 수용하도록 강조하는 경향이 있다.
      ⓑ 연구자의 설문조사 방식도 혁신결과를 연구하기에 적당하지 않았다.
      ⓒ 혁신의 결과를 양적으로 측정하기 어렵다.
   ㉢ 혁신 결과의 분류
      ⓐ 바람직한 결과와 바람직하지 않은 결과
         • 바람직한 결과: 혁신이 개인, 사회체계에 기능적으로 적용했을 때 발생하는 효과이다.
         • 바람직하지 않은 결과: 혁신이 개인, 사회체계에 역기능적으로 발생했을 때 발생하는 효과이다.
         • 대다수 혁신이 긍정적, 부정적 결과를 공통적으로 발생시키므로 바람직한 결과와 바람직하지 않은 결과를 완벽하게 분리할 수 없다.
      ⓑ 직접적 결과와 간접적 결과
         • 직접적 결과: 혁신을 수용함에 따라 개인, 사회체계에서 나타나는 즉각적 변화
         • 간접적 결과: 혁신의 직접적 결과의 효과로서 개인, 사회체계에 나타나는 2차적 변화
      ⓒ 예측된 결과와 예측되지 않은 결과
         • 예측된 결과: 사회체계의 구성원이 혁신에 대해 의도했던 결과
         • 예측되지 않은 결과: 혁신 결과 중 사회체계의 구성원이 의도하지 않거나 인정하지 않은 변화
   ㉣ 혁신의 본질적 3요소
      ⓐ 혁신의 결과는 다양한 양상이 공존하고 혁신의 본질적 3요소로 설명된다.
         • 형태(form): 직접적으로 관찰 가능한 혁신의 외양과 내용
         • 기능(function): 혁신이 사회구성원의 삶의 방식에 기여하는 양상
         • 의미(meaning): 사회구성원이 혁신에 대해 가지는 주관적, 무조건적인 인식의 차원
      ⓑ 혁신주도체는 혁신대상자에게 혁신의 형태, 기능은 쉽게 설명하지만, 의미의 문제를 명확히 해결해 주기 어렵다.

④ 혁신주도체의 혁신 목표
  ㉠ 혁신주도체는 혁신전파로 인해 사회체계에 역동적 균형상태가 유지되기를 바란다.
    ⓐ 안정적 균형: 혁신이 도입된 사회체계의 구조, 기능에 거의 변화가 없는 상태
    ⓑ 역동적 균형: 혁신으로 인한 변화에 대해 사회체계가 감당(상응하는 대처) 할 수 있는 상태
    ⓒ 불균형: 혁신으로 인한 변화가 사회체계가 적응을 할 수 없거나 변화의 속도를 따라갈 수 없는 경우
  ㉡ 사회체계가 얻을 수 있는 이익을 제고하고, 구성원에게 이익이 균형 배분되기를 바라나 혁신이 전파됨에 따라 초기수용자와 후기수용자간 사회경제적 격차가 더 벌어진다.
⑤ 혁신전파 결과 사회경제적 격차가 커지는 구조적 이유 및 대응전략
  혁신주도체가 특별한 노력을 기울이고 사회경제적 격차를 줄이기 위한 커뮤티케이션 전략이 효과적으로 사용되며 격차를 줄일 수 있다. 로저스는 혁신전파로 사회격차가 벌어지는 것은 필연이 아니라고 주장하였다.
  ㉠ 상위계층이 하위계층보다 혁신의 존재에 대한 인식이 빠르고 관련 정보에 접근할 수 있는 기회가 더 많다.
    • 대응전략
      ⓐ 사회전체에 도달할 수 있게 풍부한 정보를 제공하여야 하고, 사회경제적 지위가 높은 수용자에게만 더 많은 이익이 돌아가는 일이 없도록 한다.
      ⓑ 혁신을 위한 메시지를 사회경제적 지위가 낮은 수용자의 교육 수준, 믿음, 의사소통 습관에 맞게 고안해야 한다.
      ⓒ 사회적 하위계층에 도달하는 커뮤니케이션 채널을 적극 활용한다.
      ⓓ 사회적 하위층은 혁신에 대한 지각하고 이를 사회적으로 논의할 수 있는 작은 집단들로 조직되어야 한다.
      ⓔ 혁신주도자는 후기다수자 및 지체자 등의 집단들에 대한 접촉을 늘려야 한다.
  ㉡ 상위계층은 혁신에 대한 주위사람들이 평가하는 정보를 듣거나 수집할 수 있는 기회가 더 많다.
    • 대응전략
      ⓐ 혁신주도체는 체계 내에서 혜택 받지 못한 사람 사이에 위치하는 여론지도자들을 식별하여 집중적으로 접촉할 필요가 있다.
      ⓑ 혁신주도자의 보조수행원을 하위계층에서 선출하여 높은 동질성을 통해 그들과 접촉할 수 있도록 해야 한다.
      ⓒ 하위계층이 특정한 리더십을 통해 혁신에 대한 결정을 내리고 그에 대한 사회적 강화를 받을 수 있도록 일정한 조직이나 집단으로 형성할 필요가 있다.
  ㉢ 상위계층은 하위계층보다 혁신을 수용하는데 소요되는 여유 자본이 더 많다.
    • 대응전략
      ⓐ 하위계층에 적합한 혁신들이 추진되어야 한다.

PART 01 농촌지도의 기초

ⓑ 하위층이 고비용의 혁신을 수용하는데 자원적 도움을 줄 수 있는 사회적 조직이 형성되어야 한다.
ⓒ 프로그램의 우선순위 등을 포함하여 혁신전파 프로그램을 기획하고 실행하는데 하위계층이 참여할 수 있는 수단이 마련되어야 한다.
ⓓ 특별히 하위계층과 협업할 수 있는 전파기관이 만들어져야 한다.

5) 우리나라 농촌지도에서 혁신이론의 함의
① 혁신이론의 한계
㉠ 지도사업은 매년 변화하고 있고, 지도사업에 대한 연구는 축소되고 있으며, 많은 국가의 지역사회 공동체 단위에서 농촌지도소나 농업기술센터가 감소하고 있다.
㉡ 지역사회개발 프로그램이 없는 상태로 농촌지도사업이 진행되고 있고, 지도사업이 농촌사회 변화에 어떤 영향을 주는지에 대한 연구가 부족하다.

② 혁신전파이론이 발전하기 위한 고려사항
㉠ 부유하고 혁신적인 농민보다 조금 소외된 농민에게 초점을 맞추어야 한다. 농민이나 지도요원이 위험을 더 많이 감수할수록 이들에게 더 많은 이점을 줄 수 있다.
㉡ '지도사업의 대상, 지도사업 노력의 성과는 무엇인가?'라는 질문에 대한 성찰이 필요하다.
㉢ 지도사업 방법이 어떤 농민의 성공에 도움을 줄 수 있는지, 성공을 배제시키는지 인지하고 혁신전파이론을 변화시켜 나가야 한다.
㉣ 농촌지도요원은 지도사업을 연구하는 사회과학자들이 자신과 반대 논리를 가진 사람으로 인식하므로, 사회과학자의 비판은 지도요원에게 인지되지 못하는데 이의 개선을 위한 대안이 필요하다.
㉤ 혁신전파이론의 가장 부정적 결과는 농가에게 경제적 불평등을 조장하므로, 이런 불평등을 시정해야 한다.

6) 의사전달
① 의사전달 요소
㉠ 의사전달자: 의사전달의 주도자로 전달자는 전달사항을 보내려는 뚜렷한 목적의식을 가지고 있어야 한다.
㉡ 전달사항: 전달자가 수신자에게 전하려는 생각, 지식, 태도 등
㉢ 전달방법: 전달사항이 수신자에게 전달되는 매개체
㉣ 전달경로: TV, 라디오, 신문, 그림 등

② 수용자에게 영향을 주는 요인
혁신의 특성, 혁신과정 요인, 사회구조적 요인, 지역사회의 특성, 외부 지원 등

③ 수신자의 행동
계속적 수용, 중절, 계속적 비판, 뒤늦게 수용

CHAPTER 04 농촌지도의 이론적 배경　159

④ 기술수용모형

(1) 기술수용모형의 개념

1) 합리적 행동이론과 기술수용모형

① 합리적 행동이론(Theory of Reasoned Action; TRA)
- ㉠ TRA는 인간의 일반적 행동을 설명한 것으로 인간의 행동은 실제로 행동할 것인지의 의도에 따라 결정된다.
- ㉡ 행동의 의도는 행동에 대한 태도와 주관적 규범의 영향을 받는다.
  - ⓐ 태도: 행동의 결과가 긍정적인 것인지 부정적인 것인지에 대한 믿음
  - ⓑ 주관적 규범: 다른 사람들이 자신의 행동을 어떻게 생각할 것인지에 대한 믿음

② 기술수용모형(Technology Acceptance Model; TAM)
- ㉠ TAM은 혁신기술인 컴퓨터 수용에 대한 사용자의 행동을 설명하는 모형으로 데이비스(Davis, 1989)가 처음 개발하였으며, 정보기술 즉 컴퓨터와 같은 혁신기술의 수용행동을 설명하려는 것이다.
- ㉡ TAM은 개인의 정보기술 수용에 영향을 미치는 중요 요인으로 신념의 변수인 지각된 유용성, 지각된 용이성을 설정하고 있다.
  - ⓐ 외부변수는 지각된 유용성, 지각된 용이성에 영향을 받는다.
  - ⓑ 지각된 유용성, 지각된 용이성은 정보기술수용에 대한 개인 태도에 영향을 미친다.
  - ⓒ 태도는 이용의도에 영향을 미친다.
  - ⓓ 이용의도는 최종적으로 이용 행동을 결정하게 된다.

2) 농업인이 신기술 수용에 적극적이지 않은 이유

① 신기술 수용에 소극적인 이유
- ㉠ 오랜 시간 환경과 시스템에 맞게 적응하고, 효능이 입증된 기술은 신뢰하지만, 신기술은 부자에게만 유리하고 식품안전에 불리한 도구라는 인식 때문이다.
- ㉡ 전통적으로 위험을 감수하지 않는 소규모 자작농은 신기술 수용에 적극 나설 여유가 없다.

> **참고**
>
> 식품안전에 대하여 이해관계자에게 널리 수용되기 위한 조건
> ① 기술 도입 과정을 보다 조심스럽게 다루어야 한다.
> ② 특정 환경의 요구 조건에 적합해야 한다.
> ③ 별다른 노력 없이 쉽게 활용될 수 있어야 한다.
> ④ 사용자의 이해와 활용이 손쉽게 이루어질 수 있어야 한다.
> ⑤ 신기술은 각 지역사회 및 현재의 농업 관행에 사회경제적 근간을 적극 포용함으로써 즉각적인 기술 활용의 이점이 있어야 한다.

② 신기술 수용에 영향을 미치는 요인
  ㉠ 농민 개개인의 성별, 연령, 교육 수준, 경작 규모, 정보에 대한 접근성, 토지 소유 유무, 농업 외 소득 및 기반시설의 유무 등이 있다.
  ㉡ 농가의 규모가 크고, 농민의 자신감이 클수록 신기술을 채택할 가능성이 높다.
  ㉢ 농업 및 농업 외 소득이 높을수록, 농민 자신이 최신 정보를 많이 가지고 있을수록 신기술에 대한 거부감이 낮다.

3) 신기술 도입 촉진
  ① 신기술 도입과정에서 유의점
    ㉠ 모든 농가에 적용되는 범용적 접근은 기술적용에 해가 될 수 있기 때문에 각기 다른 농업에 종사하는 농민의 필요에 대하여 세심한 고려가 있어야 한다.
    ㉡ 농업기술의 도입, 적용, 활용을 위해서는 조직적 확대 서비스와 기타 서비스 제공자의 조력이 반드시 필요하다.
    ㉢ 가치 있는 새로운 농업기술은 지역 농업사회까지 전달되는 과정에서 그 혁신성을 상실하게 되는데, 충분한 정보가 제공되지 못하고 응용성이 부족할 뿐만 아니라 여러 실수까지 더해지기 때문이다.
  ② 신기술 도입을 위한 핵심쟁점
    ㉠ 소규모 단위로 농민의 단체행동을 권장한다.
    ㉡ 농촌은 능력, 교육, 재정적 지원이 부족하고, 기술발전 정보를 입수해도 이해하기 어렵기 때문에 기술발전을 따라가기 어렵다.
    ㉢ 대규모 농가는 신기술 적용에 적합하고 위험을 감수하는 사람들에 의해 쉽게 수용된다는 인식이 강하나, 소규모 농가의 경우 위험에 취약하고 가용자원이 충분하지 못하며 파편화되어 있기 때문에 신기술 수용시 기술적 보조가 필요하다.
    ㉣ 대규모 상업적 영농업체는 민간부문 서비스를 충분히 활용하나 소규모 농가는 신기술 도입 단계부터 지속적으로 지원해야 한다.
    ㉤ 신기술이 상업적 존속 가능성을 가지고 있어야 한다.
    ㉥ 농업기술전문가와 정책입안자는 신기술 배포, 적용에 필요한 방안을 준비하는 핵심역할을 하며, 신기술을 노출시켜 신기술 수용비율을 높여야 한다.

ⓐ 신기술 적합성을 전면적으로 탐색하는 일이 적다.
ⓔ 농업 분야는 성적 편견을 고착시키는 현상이 나타난다.

(2) 기술수용모형 과정

1) 신념변수

Davis는 컴퓨터 수용행위에 관련되는 2개의 특별한 신념으로 연구를 수행하였다.

지각된 용이성 (perceived ease of use; PE)	지각된 유용성 (perceived usefulness; PU)
특정 시스템을 사용하는 것이 힘들지 않을 것이라고 개인이 믿는 정도	특정 시스템을 사용하는 것이 업무수행을 향상시켜줄 것이라고 개인이 믿는 정도
예측과정	예측 결과
새로운 농업기술을 수용하는 과정	새로운 농업기술의 수용을 통해 얻게 되는 것에 관한 것
이용의 초기단계에서 지각된 용이성의 효과는 주로 직접적	지각된 유용성을 통하여 간접적이며 약한 효과를 가져옴

2) 태도

① 기술수용모형의 태도

㉠ 어떠한 개념에 대해 좋아하거나 싫어하는 개인의 일반적 감정이다.

㉡ 한 개인이 어떠한 행동을 하는 것이 '좋은 것인지', '나쁜 것인지', 그 행동을 '좋아하는지', '싫어하는지'를 나타낸다.

② 지각된 유용성, 용이성에 영향을 받는 태도

㉠ 자신에게 유용하여 그것을 이용하는 것이 효율적이라는 신념이 들면 태도와 행동에 영향을 미친다.

㉡ 개인의 태도는 어떠한 행동에 대한 개인의 신념과 감정을 나타낸다.

㉢ 태도는 이용을 직접 결정하지는 않지만, 이용을 결정하기 전에 행하게 되는 이용의도에 영향을 미친다.

3) 이용의도(Behavior Intention; BI)

① 이용의도

㉠ 이용의 가장 즉각적인 결정요소이다.

㉡ 인간의 모든 이용은 일차적으로 의도를 가지고 있다.

㉢ 이용을 하기 위해서는 먼저 의도를 가져야 하며 어떠한 이용행동도 의도하는 바가 없이는 이루어지지 않는다.

② 이용행동의 예측

계획을 바꿀 정도로 큰 변화요인이 아니라면, 의도는 이용행동을 가장 잘 예측한다.

4) 확장된 기술수용모형
    ① 기술수용모형을 확장한 것
        ㉠ 기술수용모형은 핵심독립변수인 유용성, 용이성, 종속변수인 이용의도는 그대로 포함하며, 외부변수를 구체적으로 삽입하거나 새로운 측정변수를 추가하여 확장한다.
        ㉡ 기술수용에 대한 사람들의 이용의도는 지각된 유용성, 용이성에 의해 결정되고, 외부변수들의 영향은 지각된 유용성, 용이성에 의해 매개된다.
        ㉢ 합리적 행위이론의 주관적 규범과 자발성을 추가하고, 지각된 유용성에 선행하는 요인으로서 이미지, 결과 실연성 등을 포함한다.
        ㉣ 사회적 영향 프로세스와 인지적 도구 프로세스가 지각된 유용성에 영향을 미친다.
            ⓐ 사회적 영향 프로세스: 자발성, 주관적 규범, 이미지
            ⓑ 인지적 도구 프로세스: 지각된 용이성, 직무관련성, 결과품질, 결과 실연성
    ② 확장된 기술수용모형에서 기술이용
        ㉠ 사용자가 자발적으로 이용하는 것을 원칙으로 하고 있어 사용자는 내부화로 인해 기술의 유용성을 지각할 수 있다.
        ㉡ 사회적 영향(촉진 및 지원)을 통해 사용자는 기술이용이 유용하다고 지각할 수 있다.

5) 혁신전파와 기술수용모형 비교

	혁신전파이론	기술수용모형
차이점	*혁신에 대한 호의적, 비호의적 태도형성을 설명하지만 어떻게 이 태도가 실제 혁신기술의 수용, 거부로 발전하는가에 대해 설명하지 못함 *혁신전파이론이 직접적 관계와 주 영향에 대해서만 초점을 맞추고 있다는 비판	'신념 → 태도 → 이용의도 → 이용'이라는 인과관계에 관한 이론적 연결고리를 비교적 명확히 제시
공통점	*혁신전파이론, 기술수용모형 모두 다양하고 광범위한 기술수용을 설명·예측하는 모델이다. *여러 연구에서 상호 보완관계에 있다. *혁신전파이론과 기술수용모형은 다른 학문적 근원에서 출발하였음에도 상당히 유사하다.	

농촌지도의 이론적 배경 예상문제

1. 성인학습이론

01. 교수와 학습에 대한 설명이다. 옳지 않은 것은?

① 교수는 독립변수이나 학습은 교사가 제시한 교과범위 내에서 일어나는 종속변수이다.
② 교수 연구의 대상은 교실 상태이나 학습의 연구는 실험실 또는 단순화된 수업장면이 대상이다.
③ 교수와 학습은 뚜렷한 목표를 갖고 행해진다.
④ 교수는 교사가 가르치는 내용이 일의적이나 학습은 다의적이다.

> [해설] 교육과 학습 비교
> ① 교수는 교사 중심, 학습은 피교육자 중심이며 교사가 안내자, 조력자 역할을 한다.
> ② 교수는 일정한 목표를 갖지만 학습은 목표가 있을수도, 없을수도 있다.
> ③ 교수는 독립변수이나 학습은 교사가 제시한 교과범위 내에서 일어나는 종속변수이다.
> ④ 교수는 교사가 가르치는 내용이 일의적이나 학습은 다의적이다.
> ⑤ 교수는 학습의 문제점을 찾아 지도하는 처방적 행동이나 학습은 피교육자 행동의 결과를 그대로 기술하는 기술적 입장이다.
> ⑥ 교수 연구의 대상은 교실 상태이나 학습의 연구는 실험실 또는 단순화된 수업장면이 대상이다.

02. 쾰러의 통찰설 실험의 결과에 대한 설명 중 옳지 않은 것은?

① 통찰력은 탐색적 과정을 통하여 이루어지며 탐색은 단순한 우연만을 위주로 하는 시행착오와는 다르다.
② 통찰은 실험장면에 의해 좌우되며 장면 전체가 잘 내다보이면 그 해결이 용이하다.
③ 문제해결은 단순한 과거 경험의 집적이 아니라 그의 경험적 사실을 재구성하는 구조변화의 과정이다.
④ 통찰에 의한 학습은 종류에 따라, 개체에 따라 차이를 보이지 않는다.

> [해설] 쾰러의 통찰설 실험의 결과 다음과 같은 결론을 도출하였다.
> ㉠ 문제해결은 단순한 과거 경험의 집적이 아니라 그의 경험적 사실을 재구성하는 구조변화의 과정이다.
> ㉡ 통찰력은 탐색적 과정을 통하여 이루어지며 탐색은 단순한 우연만을 위주로 하는 시행착오와는 다르다.
> ㉢ 통찰은 실험장면에 의해 좌우되며 장면 전체가 잘 내다보이면 그 해결이 용이하다.
> ㉣ 통찰에 의한 학습은 종류에 따라, 개체에 따라 차이를 보인다.

03. 벤더(Bender)가 주장하는 농촌지도에서 고려되어야 할 학습원리에 포함되지 않는 것은?

① 자율의 원리   ② 필요충족의 원리
③ 관심의 원리   ④ 강화의 원리

정답 01. ③   02. ④   03. ①

해설 농촌지도에서 고려되어야 할 학습원리(Bender)
1) 관심의 원리
    ① 학습내용에 대하여 피교육자가 관심과 흥미를 가질 때 학습효과가 증진된다.
    ② 학습 시 피교육자로 하여금 지도하려는 사항에 대하여 관심을 갖도록 동기를 부여하여야 한다.
2) 필요충족의 원리
    ① 피교육자는 필요나 문제의식이 학습을 통하여 해결, 충족되고 있다고 생각할 때 학습효과가 증진된다.
    ② 성인들은 그들이 어떤 필요나 문제를 자각하였을 때 교육에 참가한다.
3) 사고의 원리
    ① 학습 시 학습자가 스스로 학습내용을 사고하고 주어진 자극을 평가하고 검토하여 보는 기회가 주어질 때 학습효과는 증대된다.
    ② 일방적으로 설명을 듣게 하는 것보다 학습자 스스로 과거의 경험을 되살리고 그가 알려고 하는 것과 학습하고 있는 것과의 관계를 확인하게 하며, 스스로 문제를 해결해 보도록 가끔 질문하여 그들의 사고력을 자극하여 주면 학습효과가 높아진다.
4) 참여의 원리
    ① 학습이란 학습자 자신의 자기활동 과정이다.
    ② 학습자가 학습에 능동적으로 참여하면 그만큼 많은 학습의 효과를 볼 수 있다.
    ③ 농민을 가르칠 때 지도사가 혼자 이야기하는 것보다 토의, 실습을 함께 실시하는 것이 효과적이다.
5) 강화의 원리
    ① 강화란 어떤 행동에 대하여 보상을 주는 것을 말한다.
    ② 학습자가 학습 도중에 자신의 의견을 이야기 할 때 학습자에게 칭찬을 하여 스스로 만족감을 갖도록 하는 것이 필요하다.

04. 성인학습자의 특성으로 보기 어려운 것은?

① 풍부하고 다양한 경험을 가지고 있다.
② 강제적이거나 의무적으로 학습한다.
③ 배운 것을 현업에 곧 활용하기를 원한다.
④ 기분에 따라 학습효과가 좌우되는 특성이 있다.

해설 성인학습자의 특성
  ㉠ 다양한 경험: 풍부하고 다양한 경험을 가지고 있다.
  ㉡ 자발성: 강제적이거나 의무적이 아니라 자신이 배울 필요가 있다고 생각하는 것을 학습한다.
  ㉢ 현업활용성: 배운 것을 현업에 곧 활용하기를 원한다.
  ㉣ 감정적 특성: 기분에 따라 학습효과가 좌우되는 특성이 있다.

05. 성인학습자의 교수 방향으로 거리가 먼 것은?

① 교육의 출발점을 다양하게 제시
② 환경의 극대화를 위해 정보를 조직적으로 제시
③ 체계적인 반복의 필요
④ 수동적 참여분위기 조성

해설 성인학습자의 교수 방향
  ① 교육의 출발점을 다양하게 제시
  ② 내재적 동기부여와 능동적 참여분위기 조성
  ③ 학습에 대한 강화는 정적 강화가 더 효과적이다.
  ④ 환경의 극대화를 위해 정보를 조직적으로 제시
  ⑤ 환경요인 고려
  ⑥ 의미 있는 학습과제 제시
  ⑦ 체계적인 반복의 필요

정답 04. ② 05. ④

06. 학습자에게 칭찬과 인정감을 주어 스스로 만족감을 가지게 만드는 학습원리는?

① 강화의 원리　　　　　　② 참여의 원리
③ 사고의 원리　　　　　　④ 관심의 원리

해설　강화란 어떤 행동에 대하여 보상을 주는 것으로 학습자에게 칭찬과 인정감을 주어 스스로 만족감을 가지게 만든다.

07. 학습자가 학습에 능동적으로 많이 활동하면 학습효과를 증대시킬 수 있다는 원리는?

① 연관의 원리　　　　　　② 실천의 원리
③ 참여의 원리　　　　　　④ 고객의 원리

해설　참여의 원리: 학습시에 가르치는 사람이 일방적으로 끝날 때까지 혼자서 얘기하는 것보다 학습자의 경험과 의견을 진술하게 하고, 나아가 학습을 계획하고 평가할 때 학습효과가 증대된다.

08. 다음 중 가정, 직장, 사회생활과 연관된 내용일 때 학습효과가 높은 학습원리는?

① 자발적 학습의 원리　　　② 자기주도적 학습의 원리
③ 현실성의 원리　　　　　④ 참여교육의 원리

해설　현실성의 원리: 교육이 실제 생활과 밀접한 관계에서 이루어져야 한다는 원리로, 가정, 직장, 사회생활과 연관된 내용일 때 학습효과가 높다.

09. 성인학습자의 특성으로 옳지 않은 것은?

① 성인은 타인주도적인 성향을 가지고 있다.
② 성인은 자신들이 왜 학습하는지를 알고 싶어한다.
③ 성인은 더 많은 직무관련 경험을 학습상황에 적용한다.
④ 학습하기 위해 문제중심 접근방식으로 학습 경험에 임한다.

해설　성인학습이론에서 성인의 특성
　① 교육심리학자들은 형식교육이론의 한계를 인식하고 성인에 맞는 성인학습이론을 개발하였으며, 성인은 형식적 교육환경에서 많은 시간을 투자할 수 없기 때문에 성인학습이론은 훈련프로그램을 개발하는 것이 특히 중요하다.
　② 성인은 자신들이 왜 학습하는지를 알고 싶어한다.
　③ 자기주도적인 성향을 가지고 있다.
　④ 성인은 더 많은 직무관련 경험을 학습상황에 적용한다.
　⑤ 내·외부의 동기인자들에 의해 학습 동기화가 이루어진다.
　⑥ 학습하기 위해 문제중심 접근방식으로 학습 경험에 임한다.

10. 사회학습이론에 따른 인지적 과정으로 옳은 것은?

① 파지과정 ⇒ 주의집중과정 ⇒ 운동재생산과정 ⇒ 동기화과정
② 주의집중과정 ⇒ 파지과정 ⇒ 운동재생산과정 ⇒ 동기화과정
③ 주의집중과정 ⇒ 운동재생산과정 ⇒ 파지과정 ⇒ 동기화과정
④ 파지과정 ⇒ 운동재생산과정 ⇒ 동기화과정 ⇒ 주의집중과정

해설 사회학습이론에 따른 인지적 과정(학습) 4단계: 주의집중과정 ⇒ 파지과정(기억과정) ⇒ 운동재생산과정 ⇒ 동기화과정

11. 직접 강화, 대리 강화, 자기 강화 등의 강화 가능성에 따라 실제 수행 여부가 좌우되는 인지적 학습과정의 요소로 옳은 것은?

① 파지과정
② 운동재생산과정
③ 주의집중과정
④ 동기화과정

해설 동기화과정
① 개인의 재생산능력이 아무리 뛰어나도 충분한 유인가치 및 동기가 없으면 행동을 수행하지 않는다.
② 관찰을 통해 학습된 행동은 그 행동이 강화를 받을 때에만 지속적으로 일어날 것이며 학습자는 긍정적 결과를 유도하는 모델행동을 더욱 선호하며, 사회학습이론은 강화된 행동이 계속 반복될 것이다.
③ 직접 강화, 대리 강화, 자기 강화 등의 강화 가능성에 따라 실제 수행 여부가 좌우된다.
④ 행동 모델링 교육훈련, 멀티미디어 교육훈련 프로그램 등은 사회학습이론에 의해 영향을 받은 훈련방법에 해당된다.

12. 노에(Noe)가 제시하는 학습전이를 촉진하는 상사의 지원활동에서 가장 높은 수준은?

① 실습
② 교육허락
③ 지원
④ 강화

해설 노에(Noe)
㉠ 상사의 지원을 낮은 수준부터 높은 수준으로 구분하였다.
㉡ 상사의 지원 중 낮은 수준의 지원활동은 교육훈련 참여를 허락하는 것이며, 그 다음은 격려, 상사의 참가, 강화, 실습기회의 제공, 지원활동(교육훈련에 직접 훈련가로 참여하여 가르치는 것) 순으로 높다.(지원>실습>강화>참가>격려>교육허락)
㉢ 지원 수준이 높을수록 학습전이가 잘 일어난다.

2. 성인교육에서 교수학습

01. 문제중심학습(Problem Based Learning; PBL)의 교수, 학습 환경의 특징으로 보기 어려운 것은?

① 관련분야에 실제하는 단순하고 구조화된 문제들로부터 시작한다.
② 자기주도적 학습과 협동학습을 강조한다.
③ 평가의 영역에 있어서도 학습자 중심이 된다.
④ 교수에서 학습으로의 전환이라는 대전제에서 출발한다.

>해설 문제중심학습(Problem Based Learning; PBL)의 교수, 학습 환경의 특징
> ① 관련분야에 실제하는 복잡하고 비구조화된 문제들로부터 시작한다.
> ② 교수에서 학습으로의 전환이라는 대전제에서 출발한다.
> ③ 자기주도적 학습과 협동학습을 강조한다.
> ④ 평가의 영역에 있어서도 학습자 중심이 된다.
> ⑤ 정보공유를 촉진시키며 개인의 지식구성을 활성화한다.

02. 문제중심학습의 구성단계로 옳은 것은?

① 문제 제기 단계 ⇒ 발표 단계 ⇒ 문제 재확인 단계 ⇒ 문제 결론 단계
② 문제 제기 단계 ⇒ 발표 단계 ⇒ 문제 결론 단계 ⇒ 문제 재확인 단계
③ 문제 제기 단계 ⇒ 문제 재확인 단계 ⇒ 발표 단계 ⇒ 문제 결론 단계
④ 발표 단계 ⇒ 문제 제기 단계 ⇒ 문제 재확인 단계 ⇒ 문제 결론 단계

>해설 문제중심학습 구성: 문제 제기 단계 ⇒ 문제 재확인 단계 ⇒ 발표 단계 ⇒ 문제 결론 단계

03. 문제중심학습에 있어 문제해결 활동과 학습 활동의 전체적 안내역할을 하는 단계는?

① 문제 제기
② 발표
③ 문제 재확인
④ 문제 결론

>해설 문제 제기의 4가지 관점: 이 관점이 문제해결 활동과 학습 활동을 전체적으로 안내한다.

CHAPTER 04 농촌지도의 이론적 배경

04. 문제 제기 4가지 관점에 해당하지 않는 것은?

① 생각
② 평가
③ 사실
④ 향후 계획

[해설] 문제 제기의 4가지 관점: 이 관점이 문제해결 활동과 학습 활동을 전체적으로 안내한다.
ⓐ 생각: 문제의 원인, 결과, 가능한 해결안에 관한 학생의 추측을 포함
ⓑ 사실: 질문을 통하여 수집한 정보로서 가설 설정에 중요하다.
ⓒ 학습과제: 문제를 해결하기 위해 학생이 이해할 필요가 있는 부분
ⓓ 향후 계획: 문제를 해결하기 위해 학생들이 해야 하는 일

05. 액션러닝에 대한 설명으로 옳지 않은 것은?

① 적절한 질문보다 적절한 답변에 더 큰 비중을 둔다.
② 액션러닝의 문제는 기술적인 문제가 아닌 조직적 특성과 관련된 문제이다.
③ 액션러닝 그룹은 아이디어만 제안하는 그룹이 아니라, 직접 실행하는 그룹이어야 한다.
④ 즉각적, 단기적 이익을 얻는 것이 목적이 아니라, 학습한 내용을 전 조직과 개인의 삶에 적용하는 것이다.

[해설] 액션러닝(Action Learning; AL)
① 교육참가자들이 소집단을 구성하여 조직, 그룹, 개인이 직면하고 있는 실질적인 문제와 원인을 규명하고 이를 해결하기 위한 방법을 모색하여 대안을 현장에 적용하며 이러한 과정에 대한 성찰을 통한 학습방법이다.
② 집단구성원 개개인의 목적과 조직 전체의 요구를 동시에 충족시킬 수 있는 학습형태이다.
③ 적절한 답변보다 적절한 질문에 더 큰 비중을 둔다.
④ 액션러닝 그룹은 아이디어를 제안하는 그룹이 아니라 직접 실행하는 그룹이어야 한다.
⑤ 즉각적 단기적 이익을 얻는 것이 목적이 아니라, 학습한 내용을 전 조직과 개인의 삶에 적용하는 것이다.
⑥ 액션러닝의 문제는 기술적인 문제가 아닌 조직적인 특성과 관련된 문제이다.
⑦ 액션러닝의 최초 사용한 사람은 영국 케임브리지 대학의 심리학자 레그 레반스(Reg Revans)이다.

06. 액션러닝의 특징으로 옳지 않은 것은?

① 팀으로 활동을 하여 팀 시너지를 이룬다.
② 조직이 앞으로 예상되는 과제를 발굴하고 해결해가는 과정이다.
③ 러닝코치와 함께 학습과 변화를 추구한다.
④ 질문과 성찰을 통해 변화를 추구한다.

[해설] 교육참가자들이 소집단을 구성하여 조직, 그룹, 개인이 직면하고 있는 실질적인 문제와 원인을 규명하고 이를 해결하기 위한 방법을 모색하여 대안을 현장에 적용하며 이러한 과정에 대한 성찰을 통한 학습방법이다.

정답 04. ② 05. ① 06. ②

07. 액션러닝에 대한 설명으로 옳지 않은 것은?

① 질의 및 성찰과정은 가장 중요한 요소이다.
② 적절한 답변보다 적절한 질문에 더 큰 비중을 둔다.
③ 액션러닝은 문제해결을 통해 즉각적이고 단기적인 이익을 얻는 것을 목적으로 한다.
④ 적합한 문제인가 선택할 때는 반드시 해결해야 하는 문제이어야 한다.

해설 즉각적 단기적 이익을 얻는 것이 목적이 아니라, 학습한 내용을 전 조직과 개인의 삶에 적용하는 것이다.

08. 액션러닝 구성요소 중 문제에 대한 설명으로 옳지 않은 것은?

① 학습의 기회를 제공하여야 하며, 조직의 다른 부문에도 적용 가능해야 한다.
② 해결해야 할 문제로서 조직 이익과 직결되는 실제 문제이어야 한다.
③ 실현가능한 것이어야 한다.
④ 조직적인 특성과 관련된 문제보다 기술문제이어야 한다.

해설 액션러닝의 문제는 기술적인 문제가 아닌 조직적인 특성과 관련된 문제이다.

09. 액션러닝 구성요소를 모두 고른 것은?

| ㉠ 문제 | ㉡ 그룹 | ㉢ 질의 | ㉣ 성찰 | ㉤ 실행의지 | ㉥ 촉진자 |

① ㉠, ㉡, ㉢
② ㉠, ㉡, ㉢, ㉣
③ ㉠, ㉡, ㉢, ㉣, ㉤
④ ㉠, ㉡, ㉢, ㉣, ㉤, ㉥

해설 액션러닝 구성요소(Marquardt, 6가지)
문제, 그룹, 질의 및 성찰, 실행의지, 촉진자, 학습의지

CHAPTER 04 농촌지도의 이론적 배경

10. 액션러닝 구성요소 중 그룹에 대한 설명으로 옳지 않은 것은?

① 문제에 대한 진정한 관심이 있는 사람, 문제에 대해 지식이 있는 사람, 그룹의 결정사항을 실행할 권한이 있는 사람 등으로 구성한다.
② 조직의 구성원은 편안한 문제제기, 타인에 대한 존중과 지원, 스스로 학습하고 타인의 학습을 도우려는 자세 등 다양성을 갖는 구성이 되어야 한다.
③ 구성원만으로는 문제 해결이 어려우므로 반드시 외부전문가를 활용해야 한다.
④ 과제와 과제 해결에 대한 창의적 접근이 가능하도록 다양한 시각과 경험을 가진 참가자들로 학습 팀을 구성하는 것이 바람직하다.

해설 그룹(액션러닝의 주체)
 ㉠ 문제에 대한 진정한 관심이 있는 사람, 문제에 대해 지식이 있는 사람, 그룹의 결정사항을 실행할 권한이 있는 사람 등으로 구성한다.
 ㉡ 과제와 과제 해결에 대한 창의적 접근이 가능하도록 다양한 시각과 경험을 가진 참가자들로 학습 팀을 구성하는 것이 바람직하다.
 ㉢ 조직의 구성원은 편안한 문제제기, 타인에 대한 존중과 지원, 스스로 학습하고 타인의 학습을 도우려는 자세 등 다양성을 갖는 구성이 되어야 한다.
 ㉣ 외부전문가를 활용할 경우 구성원이 의존하려는 경향을 유의해야 한다.
 ㉤ 조직의 난제를 해결하는 가장 큰 장애는 구태의연한 시각과 방법이다.

11. 액션러닝 구성요소 중 학습의지에 대한 설명으로 옳지 않은 것은?

① 과제 원인을 찾는 것이 우선임을 알려 개인, 팀, 조직의 지식과 역량을 강화해나가야 한다.
② 참가자의 시급한 프로젝트 처리가 우선임을 알려야 한다.
③ 학습과 행동이 똑같은 비중을 차지한다.
④ 학습한 내용을 전 조직과 개인의 삶에 적용하는 것에 의미를 둔다.

해설 학습의지
 ㉠ 학습과 행동이 똑같은 비중을 차지하므로 프로그램 참가자에 대한 평가기준에 학습내용의 충실성을 포함시키는 등의 다양한 방법을 통하여 참가자들이 문제해결에만 지나치게 집착하지 않고 학습에도 동일한 비율로 전념할 수 있는 여건을 조성한다.
 ㉡ 액션러닝은 문제해결을 통해 즉각적, 단기적 이익을 얻는 것이 목적이 아니라 학습한 내용을 전 조직과 개인의 삶에 적용하는 것에 의미를 둔다.
 ㉢ 참가자의 시급한 프로젝트 처리가 아니라 과제 원인을 찾는 것이 우선임을 알려 개인, 팀, 조직의 지식과 역량을 강화해 나가야 한다.

정답 10. ③ 11. ②

12. 액션러닝 프로세스 4단계의 순서가 올바른 것은?

① 분석과 여건 조성 → 운영 → 개발 → 평가와 사후관리
② 개발과 여건 조성 → 분석 → 운영 → 평가와 사후관리
③ 분석과 여건 조성 → 개발 → 운영 → 평가와 사후관리
④ 개발과 여건 조성 → 운영 → 분석 → 평가와 사후관리

해설 액션러닝 프로세스
분석과 여건 조성, 개발, 운영, 평가와 사후관리 4단계로 구분하며, 다시 각 단계의 하위 단계로 10단계의 프로세스로 구성되고 각 단계는 시간적으로 동시에 또는 역순으로 진행될 수 있다.

13. 액션러닝 개발단계의 프로세스로 옳은 것은?

① 전체설계 → 집합교육프로그램 → 액션러닝 워크북 → 가상공동체 → 촉진자 양성과정
② 전체설계 → 집합교육프로그램 → 촉진자 양성과정 → 액션러닝 워크북 → 가상공동체
③ 전체설계 → 집합교육프로그램 → 가상공동체 → 액션러닝 워크북 → 촉진자 양성과정
④ 전체설계 → 집합교육프로그램 → 액션러닝 워크북 → 촉진자 양성과정 → 가상공동체

해설 액션러닝 프로세스
분석과 여건 조성, 개발, 운영, 평가와 사후관리 4단계로 구분하며, 다시 각 단계의 하위 단계로 10단계의 프로세스로 구성되고 각 단계는 시간적으로 동시에 또는 역순으로 진행될 수 있다.

분석과 여건조성	개발	운영	평가와 사후관리
1. 요구분석 2. 성공여건조성	3. 전체설계 4. 집합교육프로그램 5. 액션러닝 워크북 6. 가상공동체 7. 촉진자 양성과정	8. 운영	9. 결과발표, 평가 및 평가 결과 활용 10. 사후관리

14. 교수학습방법 중 강의법 사용이 유리한 경우로 보기 어려운 것은?

① 지식의 전수가 주된 교육의 목적일 때
② 학습자의 인원이 다른 기법을 사용하기에 다소 많을 때
③ 주로 강사가 짧은 시간 내에 많은 양의 정보를 제공하고자 할 때
④ 학습자가 명확한 학습동기를 가지고 있지 않을 때

해설 강의법 사용
① 주로 강사가 짧은 시간 내에 많은 양의 정보를 제공하고자 할 때
② 지식의 전수가 주된 교육의 목적일 때
③ 학습자가 강의 내용을 이해할 수 있는 충분한 경험과 명확한 학습동기를 가지고 있을 때
④ 사실의 전달이나 이해하기 어려운 내용의 설명이 필요할 때
⑤ 전반적인 정보 및 학습 방법을 제시할 때
⑥ 학습자의 인원이 다른 기법을 사용하기에 다소 많을 때

15. 교수학습방법 중 강의법의 유의사항으로 보기 어려운 것은?

① 강의는 쉬운 것보다 어려운 것부터 시작하는 것이 좋다.
② 강사는 학습자를 파악하고 이를 적극 활용해야 한다.
③ 강사는 자신감, 의욕, 열정이 있어야 하고 의사전달을 명확하게 해야 한다.
④ 강사는 세부적인 내용으로 들어가기 전에 학습내용이나 시간 등의 교육에 대한 전반적인 조망을 제시해 주어야 한다.

해설 유의사항
① 강사는 학습자를 파악하고 이를 적극 활용해야 한다.
② 강사는 세부적인 내용으로 들어가기 전에 학습내용이나 시간 등의 교육에 대한 전반적인 조망을 제시해 주어야 한다.
③ 강사는 자신감, 의욕, 열정이 있어야 하고 의사전달을 명확하게 해야 한다.
④ 강의는 어려운 것보다 쉬운 것부터 시작하는 것이 좋다.

16. 토의법에 대한 설명으로 옳지 않은 것은?

① 교수자와 학습자간, 학습자 상호간의 커뮤니케이션이 활발하게 일어나는 교수법으로 자유로운 토론을 통해 문제해결에 협력하여 집단적 사고를 통하여 집단적 결론에 도달하도록 하는 학습이다.
② 집단 구성원이 구두 표현을 통해 서로 의견을 발표함으로써 각 개인이 해결할 수 없는 문제를 공동의 집단사고로 해결하려는 방법이다.
③ 토의는 학습자들에게 명확한 설명, 피드백, 관점을 공유할 기회를 제공함으로써 일방적인 강의법의 한계를 극복할 수 있다.
④ 고차원적인 인지능력의 함양보다는 간단한 정보나 지식의 습득에 더 적합한 방법이다.

해설 토의
① 토의 방법은 교수자와 학습자간, 학습자 상호간의 커뮤니케이션이 활발하게 일어나는 교수법으로 자유로운 토론을 통해 문제해결에 협력하여 집단적 사고를 통하여 집단적 결론에 도달하도록 하는 학습이다.
② 집단 구성원이 구두 표현을 통해 서로 의견을 발표함으로써 각 개인이 해결할 수 없는 문제를 공동의 집단사고로 해결하려는 방법이다.
③ 토의는 학습자들에게 명확한 설명, 피드백, 관점을 공유할 기회를 제공함으로써 일방적인 강의법의 한계를 극복할 수 있고, 간단한 정보나 지식의 습득보다는 고차원적인 인지능력의 함양에 더 적합한 방법이다.
④ 토의의 유형에는 그룹토의, 강의식 포럼, 심포지엄, 패널, 토론, 대화, 버즈그룹 등이 있다.

17. 다음은 토의법에 대한 설명이다. 옳지 않은 것은?

① 포럼(forum, 공개토의): 포럼의 사회자는 전문가의 발언시간과 순서, 횟수를 조정하고 일반 참여자의 질문과 전문가를 연결시켜 토의 진행을 활발하게 만든다.
② 심포지엄(symposium, 단상토론): 강단식 토의법으로 그 특성상 학회 등에서 많이 쓰이고 사회자, 강사, 청중 등으로 구성된다.
③ 토론(debate): 특별한 규칙을 정하지 않고 사회자도 따로 정하지 않는 것이 일반적이다.
④ 버즈 그룹(buzz group): 큰 집단을 5~10여 명의 소집단으로 나누어 주제를 토의하고, 나중에 큰 집단으로 모여 결과를 보고하는 방식의 토의법이다.

해설 토론(debate): 2명의 발표자가 사회자의 진행으로 하나의 주제를 놓고 서로 다른 관점에서 발표하는 방식이다.

18. 다음 사례연구에 대한 설명 중 장점으로 보기 어려운 것은?

① 현상과 맥락을 통합적으로 이해함으로써 생태학적인 접근을 가능하게 한다.
② 현실문제에 대한 구체적인 처방책을 제공한다.
③ 다양한 자료출처를 통해 현상을 연구하므로 보다 풍부하고 의미 있는 정보를 제공할 수 있다.
④ 다양한 목적의 연구가 가능하여 교육 분야와 같은 연구에 적절한 연구, 설계를 제공해 준다.

해설 사례연구
1) 장점
  ① 다양한 자료출처를 통해 현상을 연구하므로 보다 풍부하고 의미 있는 정보를 제공할 수 있다.
  ② 탐색적, 설명적, 기술적, 평가적 연구유형과 같이 다양한 목적의 연구가 가능하여 교육 분야와 같은 연구에 적절한 연구, 설계를 제공해 준다.
  ③ 현상과 맥락을 통합적으로 이해함으로써 생태학적인 접근을 가능하게 한다.

정답 16. ④ 17. ③ 18. ②

CHAPTER 04 농촌지도의 이론적 배경

2) 단점
① 특정 사례에 관한 연구이므로 연구결과를 일반화시키기 어렵다.
② 현실문제에 대한 구체적인 처방책을 제공하기 어렵다.
③ 사례연구 결과의 타당도와 신뢰도를 점검하는 것에 소홀할 수 있다.
④ 많은 양의 자료수집에 따른 경비와 시간이 소모될 수 있다.
⑤ 사례연구를 수행하기 위해서는 전문적인 식견과 경험, 통찰력이 필요하다.

19. 다음 야외훈련에 대한 설명 중 옳지 않은 것은?

① 학습자들이 직접 신체적 체험을 함으로써 학습자들 사이에 공동체 의식과 성취의식을 기를 수 있는 교수방법이다.
② 학습자들이 직접 야외 활동을 하는 것으로 돌발 상황의 발생가능성과 이로 인한 학습자와 교수자의 부상위험이 있다.
③ 일부에서는 효과에 비해 많은 비용과 시간의 투자가 작아 효율적이라고 주장한다.
④ 의사소통이나 신뢰 및 인식을 강화하기 위해 자극적인 기회를 제공한다.

해설 야외훈련(outdoor education)
1) 의의
학습자들이 직접 신체적 체험을 함으로써 학습자들 사이에 공동체 의식과 성취의식을 기를 수 있는 교수방법이다.
2) 장점
① 최근 기업교육에서 많이 쓰이는 기법이다.
② 의사소통이나 신뢰 및 인식을 강화하기 위해 자극적인 기회를 제공한다.
3) 단점
① 학습자들이 직접 야외 활동을 하는 것으로 돌발 상황의 발생가능성과 이로 인한 학습자와 교수자의 부상위험이 있다.
② 지식, 기술, 정보 등을 직접 전달하지 않고 대인관계기술이나 정서적 측면의 교육적 효과를 목적으로 하기 때문에 결과가 비가시적이다.
③ 일부에서는 효과에 비해 많은 비용과 시간을 소모하므로 비효율적이라고 주장한다.

20. 다음 설명의 교수학습방법은?

쟁점문제를 토의할 기회와 쟁점을 이해하고 유익한 객관적인 피드백과 대안을 제고할 수 있으며, 온전한 비밀을 유지할 수 있는 사람과 함께 아이디어를 시도해 볼 수 있는 기회를 가진다. 이 방법은 공식적인 훈련에 비해 편의성, 비밀유지, 유연성, 개인에 대한 배려 등 여러 장점을 가지며, 단점으로는 일대일 비용이 높다는 것이다.

① 게임법   ② 야외훈련
③ 강의   ④ 경영자 코칭

해설 보기는 경영자 코칭(executive coaching)의 주요 목적과 장점, 단점에 해당한다.

정답 19. ③ 20. ④

21. 보기와 같은 단점을 갖는 교수학습방법은?

> ㉠ 학습목표를 상실하고 과열한 경쟁심만 유발할 가능성이 있다.
> ㉡ 지나치게 흥미만 강조되면 학습목표를 상실하기도 한다.
> ㉢ 설계가 잘못되어 학습활동의 목적과 결부되지 않을 수 있다.
> ㉣ 일반 강의식 수업보다는 학습시간이 많이 소요된다.

① 게임법 ② 야외훈련
③ 강의   ④ 경영자 코칭

해설 게임법
  1) 장점
    ① 체험적 학습으로 참여자에게 현실감을 심어줄 수 있다.
    ② 학습 참여자 전원이 게임에 참가하기 때문에 동료간 상호학습이 이루어진다.
    ③ 학습 속도가 매우 빨라서 참여자의 순발력을 개발하는데 도움이 되며, 학습자의 몰입을 유도할 수 있다.
  2) 단점
    ① 학습목표를 상실하고 과열한 경쟁심만 유발할 가능성이 있다.
    ② 지나치게 흥미만 강조되면 학습목표를 상실하기도 한다.
    ③ 게임 자체의 설계가 잘못되어 학습활동의 목적과 결부되지 않을 수 있다.
    ④ 일반 강의식 수업보다는 학습시간이 많이 소요된다.

22. 보기에서 설명하는 목적을 갖는 교수학습방법은?

> 학습자의 감정에 대한 탐구, 학습자의 태도, 가치, 인식에 대한 통찰력의 획득, 문제해결 스킬과 태도의 개발, 다양한 방식을 통한 주제에 대한 탐구이다.

① 게임법   ② 역할연기
③ 야외훈련 ④ 토의

해설 역할연기(role playing)
  1) 의의
    ① 2인 혹은 그 이상의 교육생들에게 배정된 역할을 연기하도록 하는 방법이다.
    ② 1900년대 초 미국 정신과 의사들이 환자들의 역할극을 통해서 정신건강 회복을 위해 이용한 방법이다.
  2) 목적
    학습자의 감정에 대한 탐구, 학습자의 태도, 가치, 인식에 대한 통찰력의 획득, 문제해결 스킬과 태도의 개발, 다양한 방식을 통한 주제에 대한 탐구이다.

23. 인바스켓 기법에 의해 개발되는 능력으로 보기 어려운 것은?

① 보고서 작성기법
② 의사결정과 대안모색에 관한 자율성
③ 추가적 정보요구 등에 관한 상황판단 능력
④ 사업결과에 대한 평가 능력

해설 인바스켓 기법에 의해 개발되는 능력
① 우선순위를 정하고 사안간 관련성 파악
② 추가적 정보요구 등에 관한 상황판단 능력
③ 보고서 작성기법
④ 회의 개최계획
⑤ 의사결정과 대안모색에 관한 자율성

24. 행동모델링에 의한 학습 과정으로 옳은 것은?

① 주의집중 과정 ⇒ 파지과정 ⇒ 운동재생산 과정 ⇒ 동기화 과정
② 주의집중 과정 ⇒ 운동재생산 과정 ⇒ 파지과정 ⇒ 동기화 과정
③ 동기화 과정 ⇒ 주의집중 과정 ⇒ 파지과정 ⇒ 운동재생산 과정
④ 동기화 과정 ⇒ 파지과정 ⇒ 운동재생산 과정 ⇒ 주의집중 과정

해설 행동모델링에 의한 학습 과정: 주의집중 과정 ⇒ 파지과정 ⇒ 운동재생산 과정 ⇒ 동기화 과정

25. 행동모델링 기법을 통한 학습의 구성요소가 아닌 것은?

① 모델의 행동
② 행동의 결과에 따른 강화
③ 학습자의 인지적 과정
④ 모델에 대한 평가

해설 행동모델링 기법을 통한 학습의 구성요소
① 모델의 행동: 학습자에게 정보를 전달하는 것으로 살아있는 모델, 상징적 모델, 언어적 설명, 교수 등이 포함된다.
② 행동의 결과에 따른 강화: 학습과정을 촉진하는 역할을 하지만, 학습을 일으키기 위한 필요조건은 아니다.
③ 학습자의 인지적 과정: 학습자의 행동이 강화 연습에 의해 조성되기보다는 인지적인 과정에 의해 안내받는 것임을 의미한다.

정답 23. ④ 24. ① 25. ④

3. 혁신전파이론

01. 슘페터(Schumpeter)가 제시한 혁신전파이론에 대한 설명이 아닌 것은?

① 혁신은 창조적 파괴(creative destruction)의 과정이다.
② 기업가의 창조적 활동에 의해 혁신적 생산방법 또는 생산수단의 새로운 결합을 기술혁신이라 정의하였다.
③ 혁신과정으로서 과학, 발명, 개발의 세 단계를 들고, 기술혁신이란 세 가지 현상의 복합적 생성물이라고 정의하였다.
④ 생산 기술의 변화만이 아니라 새로운 경영 기법의 도입, 새로운 상품의 개발, 새로운 시장의 개척, 새로운 경영 조직의 결성, 새로운 생산 방법의 도입, 새로운 자원의 획득 등을 포함하는 넓은 개념으로 블루 오션 전략이 필요하다.

[해설] *쥬크스(Jewkes): 혁신과정으로서 과학, 발명, 개발의 세 단계를 들고, 기술혁신이란 세 가지 현상의 복합적 생성물이라고 정의하였다.
*슘페터(Schumpeter)
㉠ 기업가의 창조적 활동에 의해 혁신적 생산방법 또는 생산수단의 새로운 결합을 기술혁신이라 정의하였다.
㉡ 혁신은 기업활동에 새로운 방법이 도입되어 획기적인 새로운 국면이 나타나는 현상이다.
㉢ 생산 기술의 변화만이 아니라 새로운 경영 기법의 도입, 새로운 상품의 개발, 새로운 시장의 개척, 새로운 경영 조직의 결성, 새로운 생산 방법의 도입, 새로운 자원의 획득 등을 포함하는 넓은 개념으로 블루 오션 전략이 필요하다.
㉣ 혁신은 창조적 파괴(creative destruction)의 과정이다.
㉤ 이윤 발생의 원천이자 자본주의 경제발전의 원동력이다.
㉥ 기업가 정신: 혁신에는 상당한 위험 부담이 따르는데 이러한 위험을 무릅쓰고 혁신을 추구하는 기업가의 모험적이고 창의적인 의지

02. 혁신전파이론의 특징으로 옳지 않은 것은?

① 혁신에 있어 새로움이란 지식, 설득, 수용여부의 결정과 같은 의미이다.
② 혁신이란 개인 혹은 조직 등의 수용 단위에서 새롭게 지각된 아이디어, 실체, 객체이다.
③ 사회체계의 구조는 혁신의 전파를 촉진하지만 방해하는 경우는 없다.
④ 시간은 혁신-의사결정과정, 혁신성, 혁신의 수용률과 깊은 관계가 있다.

[해설] 혁신전파이론의 특징
① 혁신이란 개인 혹은 조직 등의 수용 단위에서 새롭게 지각된 아이디어, 실체, 객체이다.
② 혁신에 있어 새로움이란 지식, 설득, 수용여부의 결정과 같은 의미이다.
③ 시간은 혁신-의사결정과정, 혁신성, 혁신의 수용률과 깊은 관계가 있다.
④ 사회체계의 구조는 혁신의 전파를 촉진하기도 하고 방해하기도 한다.
⑤ 전파란 혁신사회체계 내에 있는 의사결정자들 사이에서 시간의 흐름과 함께 여러 경로를 통해서 전달되는 과정이다.

03. 바넷(Barnett)이 제시한 혁신발생에 영향을 주는 사회문화적 조건에 해당되지 않는 것은?

① 아이디어의 부족　　② 경쟁
③ 변동의 기대　　　　④ 공동노력

해설 혁신발생에 영향을 주는 사회문화적 조건: 바넷(Barnett)
① 아이디어의 집적: 한 사회가 가지고 있는 문화적 유산의 양과 질에 맞는 수준에서 혁신이 결정된다.
② 아이디어 집중: 아이디어의 축적은 혁신발생의 최소한의 조건일 뿐이며 사회적 정보도 서로 분산되지 않게 재결합하고 수정하여야만 혁신이 쉽게 발생한다.
③ 공동노력: 여러 개인이 협동하면서 새로운 것을 탐구할 때 새로운 사업이 개발될 가능성이 크다.
④ 이질적 요소간의 접합: 서로 다른 가치관, 사물, 관습들이 접촉을 하게 되면 질적으로 전혀 새로운 것이 나타날 가능성이 크다.
⑤ 권위주의: 사회적으로 권위주의나 보수주의가 팽배할수록 혁신의 발생 가능성이 줄어든다.
⑥ 경쟁: 경쟁적인 분위기는 인간의 욕망을 자극하여 혁신을 가능하게 한다.
⑦ 변동의 기대: 새로운 것, 즉 혁신을 기대하는 분위기 속에서는 혁신이 일어날 가능성이 크다.
⑧ 기존가치의 변혁: 종래의 사회적 위치나 규범, 가치관 등의 변혁이 일어날수록 혁신의 가능성이 크다.

04. 혁신을 창조하는 사람들의 특성에 대한 설명 중 옳지 않은 것은?

① 긴장해소의 욕구: 사람은 내외의 여러 가지 끊임없는 자극과 충동에 대하여 반응하고 적응하는데, 이런 반응과 적응의 과정 중에 혁신이 발생한다.
② 기피의 욕구: 주어진 생활양식에 불만을 품은 사람일수록 현실조건의 변경으로써 새로운 사항을 창출하고자 한다.
③ 명예욕: 비범한 인간이 되고 싶다는 욕망, 새로운 아이디어에 대한 독점욕, 타인의 모방대상이 되고 싶은 욕망 등이 혁신자에게서 나타난다.
④ 자아규정의 욕구: 자아규정이란 자기를 하나의 지속적이며 통합된 실체로 유지하려는 욕구인데, 이 욕구가 강할수록 새로운 사항을 적게 창출한다.

해설 혁신을 창조하는 사람들의 특성
① 명예욕: 비범한 인간이 되고 싶다는 욕망, 새로운 아이디어에 대한 독점욕, 타인의 모방대상이 되고 싶은 욕망 등이 혁신자에게서 나타난다.
② 긴장해소의 욕구: 사람은 내외의 여러 가지 끊임없는 자극과 충동에 대하여 반응하고 적응하는데, 이런 반응과 적응의 과정 중에 혁신이 발생한다.
③ 자아규정의 욕구: 자아규정이란 자기를 하나의 지속적이며 통합된 실체로 유지하려는 욕구인데, 이 욕구가 강할수록 새로운 사항을 많이 창출한다.
④ 창작욕구: 새로운 것을 만들어 내는 행위 그 자체, 즉 창작욕구가 강한 사람일수록 혁신창출의 가능성이 높다.
⑤ 기피의 욕구: 주어진 생활양식에 불만을 품은 사람일수록 현실조건의 변경으로써 새로운 사항을 창출하고자 한다.
⑥ 보상적 욕구: 원래 목적하던 바를 실패하여 욕구좌절을 당했을 때, 그 보상작용의 형태에는 여러 가지가 있는데, 혁신과 관련되는 반응형식에는 우회, 공격과 새로운 욕구 등이 있다.

05. 의사전달과정과 혁신전파과정에 대한 설명이다. 옳지 않은 것은?

① 혁신전파과정의 원천은 모든 사람이다.
② 혁신전파과정의 내용은 혁신사항이다.
③ 혁신전파과정의 수신자는 사회체계 구성원이다.
④ 의사전달과정의 내용은 모든 사항이다.

해설 의사전달과정과 혁신전파과정 비교

	의사전달과정	혁신전파과정
원천	모든 사람	발명자, 과학자, 변화촉진자
내용	모든 사항	혁신 사항
경로	전달매개 경로	전달매개 경로
수신자	사회체계 구성원	사회체계 구성원
효과	시간적, 공간상의 결과	시간적, 공간상의 결과

06. 혁신전파의 중요 요소에 포함되지 않는 것은?

① 혁신
② 시간
③ 커뮤니케이션 채널
④ 사회경제적 특성

해설 사회경제적 특성의 혁신성의 결정요인에 해당된다.

07. 다음 중 혁신성 결정요인 중 종속변수에 해당되는 것은?

① 사회경제적 특성
② 의사소통 행위
③ 혁신성
④ 개인적 기질

해설 혁신성 결정요인
1) 종속변수: 혁신성(Innovationess)
  ① 혁신성은 혁신을 다른 사람보다 빨리 받아들이는 정도를 의미한다.
  ② 혁신전파 연구에서 혁신자의 특성을 구명하는 연구가 가장 많은데, 연구자와 정책담당자는 농업 분야의 혁신기술 전파를 촉진하기 위해 변화촉진자인 지도기관을 통해 이루어지며, 기술을 빨리 받아들이는 농가는 새로운 기술의 효용성을 평가하는 역할을 담당함으로 다른 농가의 기술수용에 큰 영향을 미치기 때문이다.

정답 05. ① 06. ④ 07. ③

CHAPTER 04 농촌지도의 이론적 배경

2) 독립변수: 혁신성을 결정하는 개인 특성
   ① 사회경제적 특성
      ㉠ 사회경제적 변수: 연령, 교육수준, 사회지위 등(연령은 특성에는 포함되기는 하지만 관련이 적어 비교적 무관하다.)
      ㉡ 조기수용자는 후기수용자보다 공식적 교육을 더 많이 받았고, 더 지적이며, 사회적 지위가 높고, 높은 신분으로의 사회적 이동 정도가 크고, 대규모의 단위(농장, 회사, 학교 등)에 소속되어 있다.
   ② 개인적 기질
      ㉠ 개인적 기질 변수: 감정이입(empathy), 합리성(rationality), 변화에 대한 태도 등
      ㉡ 조기수용자는 후기수용자보다 공감력과 추상적 개념을 다루는 능력이 탁월하며, 더 합리적이고, 지성적이며, 덜 독단적이다. 또한 변화에 대해 우호적이고 불확실성과 위험을 다루는 능력이 더 크고, 과학에 대한 우호적인 태도를 가지고, 덜 운명론적이며, 자아효능감도 크고, 공식교육과 높은 신분의 직업 등에 대한 큰 열망을 가진다.
   ③ 의사소통행위
      ㉠ 의사소통 행위 변수: 사회 참여 정도, 리더십 등
      ㉡ 조기수용자는 후기수용자보다 사회 참여의 정도가 더 크고, 범지역적이며, 여론지도력 정도가 더 높고, 사회체계의 대인 네트워크에서 상호연결된 정도가 더 크다. 또한 변화촉진자와 더 많은 접촉을 가지고, 대중 매체에 더 많이 노출되며, 정보탐색이 더 활발하고, 혁신에 대해 더 많은 지식을 가지고 있다.

08. 로저스가 제시한 혁신의 속성과 수용률의 관계에서 부(-)의 상관관계를 보이는 속성은?

① 복잡성   ② 호환성
③ 시행가능성   ④ 관찰가능성

해설 복잡성
   ㉠ 혁신을 이해하거나 사용하기에 어렵다고 인지되는 정도이다.
   ㉡ 혁신의 복잡성은 수용률과 부(-)의 상관관계를 보인다.
   ㉢ 어떤 혁신은 이해하기 어려워 채택 속도가 느리고, 이해하기 쉬운 아이디어는 더 빠르게 채택된다.

09. 혁신수용률에 영향을 미치는 요인 중 수용률에 대한 설명 중 옳지 않은 것은?

① 혁신이 가지고 있는 단체의 특성이 수용률을 좌우한다.
② 높을수록 S자형인 누적수용률은 더 가파르게 나타난다.
③ 사회시스템 내 개인들에 의해 혁신이 수용되는 상대적 속도를 의미한다.
④ 혁신은 그 종류에 따라 수용률 속도와 최종 수용률에 차이를 보이지 않는다.

해설 혁신수용률에 영향을 미치는 요인 중 수용률
   ① 사회시스템 내 개인들에 의해 혁신이 수용되는 상대적 속도를 의미한다.
   ② 일정 기간 내에 얼마나 많은 개인이 혁신을 선택하였는가로 측정된다.
   ③ 높을수록 S자형인 누적수용률은 더 가파르게 나타난다.
   ④ 혁신은 그 종류에 따라 수용률 속도와 최종 수용률에 차이가 있다.
   ⑤ 혁신이 가지고 있는 단체의 특성이 수용률을 좌우한다.

정답 08. ④ 09. ④

10. 혁신수용률에 영향을 미치는 요인에 대한 설명 중 옳지 않은 것은?

① 복잡성: 어떤 혁신은 이해하기 어려워 채택 속도가 느리고, 이해하기 쉬운 아이디어는 더 빠르게 채택된다.
② 혁신결정의 유형: 일반적으로 의사결정에 있어 개인보다는 집단단위로 이루어질 때 수용률이 높아진다.
③ 호환성(적합성): 기존 사회체계의 가치와 규범에 부합하는 아이디어는 빠르게 채택되지만, 부합하지 않는 개혁은 느리게 채택되며, 개혁이 채택되기 위해서는 새 가치체계의 채택이 선행되어야 한다.
④ 변화촉진자의 홍보효과 정도: 변화촉진자의 노력은 여론지도자가 수용하는 초기단계에 가장 크지만, 수용자가 증가하여 임계량을 넘어서면 변화촉진자의 노력은 큰 의미가 없다.

해설 혁신결정의 유형
① 일반적으로 의사결정에 있어 집단보다는 개인단위로 이루어질 때 수용률이 높아진다.
② 의사결정 참여자 수가 많을수록 수용률은 떨어지기 때문에 의사결정 참여자 규모를 줄이는 것이 수용률의 속도를 높일 수 있다.

11. 로저스(Rosers)의 의사결정과정의 올바른 순서는?

① 관심 ⇒ 인지 ⇒ 평가 ⇒ 시행 ⇒ 수용
② 관심 ⇒ 평가 ⇒ 인지 ⇒ 시행 ⇒ 수용
③ 인지 ⇒ 관심 ⇒ 평가 ⇒ 시행 ⇒ 수용
④ 인지 ⇒ 평가 ⇒ 관심 ⇒ 시행 ⇒ 수용

해설 농민이 새로운 기술을 받아들이는 기술수용의 단계: 인지 ⇒ 관심 ⇒ 평가 ⇒ 시행 ⇒ 수용
㉠ 인지단계: 수신자가 의식을 하는 단계
㉡ 관심단계: 설득기능을 하는 단계로 성공사례나 선진지 견학 등이 이에 해당한다.
㉢ 평가단계: 의사결정의 기능
㉣ 시행단계: 실제의 행동으로 소규모로 실천하는 단계
㉤ 수용단계: 적응단계

12. 기술수용 단계 중 수신자가 의식하는 단계는?

① 인지단계
② 관심단계
③ 수용단계
④ 시행단계

정답 10. ② 11. ③ 12. ①

13. 인지된 혁신의 속성이 아닌 것은?

① 호환성
② 관찰가능성
③ 상대적 불리성
④ 시행가능성

해설 인지된 혁신의 속성: 호환성, 복잡성, 시행가능성, 상대적 이점, 관찰가능성

14. 혁신의 후기수용자와 조기수용자에 대한 설명 중 옳지 않은 것은?

① 조기수용자는 사회적 참여의 정도가 더 크다.
② 조기수용자는 여론지도력 정도가 더 높다.
③ 후기수용자는 대인 네트워크에서 상호연결된 정도가 더 크다.
④ 후기수용자는 대중 매체에 더 적게 노출된다.

해설 조기수용자는 후기수용자보다 사회 참여의 정도가 더 크고, 범지역적이며, 여론지도력 정도가 더 높고, 사회체계의 대인 네트워크에서 상호연결된 정도가 더 크다. 또한 변화촉진자와 더 많은 접촉을 가지고, 대중 매체에 더 많이 노출되며, 정보탐색이 더 활발하고, 혁신에 대해 더 많은 지식을 가지고 있다.

15. 사람들이 혁신을 요구하는 이유와 거리가 먼 것은?

① 혁신의 존재가 요구를 발생시킨다.
② 사람의 욕구와 현실간 만족상태에서 혁신을 요구한다.
③ 혁신의 존재에 대한 지식은 혁신을 더 배우고 수용하려는 동기를 부여한다.
④ 변화주도자는 새 아이디어를 알림으로 혁신대상자간 혁신의 요구를 야기시킨다.

해설 사람들이 혁신을 요구하는 이유
㉠ 사람의 욕구와 현실간 괴리는 불만족(혼돈) 상태에 놓여 있으며 대안으로 혁신이 존재한다는 것을 알았을 때 혁신을 요구한다.
㉡ 혁신의 존재가 요구를 발생시키며 그 반대의 상황도 성립한다.
㉢ 변화주도자는 새 아이디어를 알림으로 혁신대상자간 혁신의 요구를 야기시킨다.
㉣ 혁신의 존재에 대한 지식은 혁신을 더 배우고 수용하려는 동기를 부여한다.

16. 혁신에 관한 3가지 지식유형에 해당되지 않는 것은?

① 인지지식
② 응용지식
③ 방법지식
④ 원리지식

해설 혁신에 관한 3가지 지식 유형: 자신이 수용할 혁신의 효율성을 판단하는 능력은 방법지식이나 원리지식을 얼마나 지니는가에 따라 다르다.
  ㉠ 인지지식(awareness knowledge): 보통 혁신을 인지함과 동시에 혁신에 대한 물음을 갖게 되며, 수용자는 혁신이 작용하는 기제 및 원리 등에 관한 지식을 추구하려는 경향이 있다.
  ㉡ 방법지식(how-to knowledge): 혁신을 적절하게 사용하는데 필요한 정보, 수용자는 혁신을 어느 정도 선택해야 하고, 어떻게 사용하는지 등을 이해해야 하며 방법지식이 전무할 경우 수용을 거부할 수도 있다.
  ㉢ 원리지식(principles knowledge): 혁신이 어떻게 작용하는가에 관련된 기능적 원리와 관련된 정보를 의미하며 예로 농민에게 신품종 비료를 수용하게 하기 위해 어느 정도 생물학 지식을 주입해야 함을 들 수 있다.

17. 다음은 재발명에 대한 설명이다. 옳지 않은 것은?

① 재발명 정도가 낮을수록 그 혁신의 수용률은 높아지고, 지속될 가능성이 높아진다.
② 재발명이란 혁신을 수용하고 실행하는 과정에서 수용자에 의해 본래의 혁신이 변화되거나 수정되는 정도를 의미한다.
③ 연구개발기관의 입장에서는 혁신을 재발명하는 것에 대해 비호의적이다.
④ 대부분 재발명은 혁신-의사결정과정의 실행단계에서 발생한다.

해설 재발명
  ㉠ 대부분 재발명은 혁신-의사결정과정의 실행단계에서 발생한다.
  ㉡ 재발명이란 혁신을 수용하고 실행하는 과정에서 수용자에 의해 본래의 혁신이 변화되거나 수정되는 정도를 의미한다.
  ㉢ 발명과 혁신의 구분: 발명은 새로운 것이 발견되거나 만들어지는 과정이고, 혁신 수용은 모든 가능한 행위의 맥락에서 혁신을 완전히 이용하겠다는 결정이다. 그러나 발명과 혁신간 차이는 확연히 구분되지는 않는다.
  ㉣ 재발명 정도가 높을수록 그 혁신의 수용률은 높아지고, 지속될 가능성이 높아진다.
  ㉤ 연구개발기관의 입장: 혁신을 재발명하는 것에 대해 비호의적이다. 재발명함에 따라 본래 혁신이 지향한 목적을 반영할 수 없고, 혁신의 성과를 측정하기 어려우며, 본래의 혁신은 그 정체성을 잃을 수가 있기 때문이다.
  ㉥ 수용자 입장: 혁신이 재발명되는 것에 대해 매우 바람직하게 여긴다. 수용된 혁신을 실행하는 도중 어느 정도 문제가 발생할 수 있으므로 수용자는 자신의 상황에 맞게 변경시키려는 경향이 나타나며 이것이 혁신수용자에게 유익하다.

CHAPTER 04 농촌지도의 이론적 배경

18. 로저스(Rosers)가 말하는 재발명이 일어나는 경우와 거리가 먼 것은?

① 후기수용자는 조기수용자의 시행착오 및 오류 등을 경험했기 때문에 혁신 전파 후기에 자주 재발명이 일어난다.
② 컴퓨터나 인터넷과 같이 보편적인 개념이거나 다양한 어플리케이션을 제공하는 혁신일 경우
③ 변화주도자가 혁신대상자들로 하여금 혁신을 수정, 개선하도록 영향을 미치는 경우
④ 쉽게 이해되고 다소 단순한 혁신일 경우

해설 재발명이 일어나는 경우: 로저스(Rosers)
  ㉠ 이해하기 다소 복잡하고 어려운 혁신일 경우
  ㉡ 수용자가 변화주도자나 이전수용자와 직접적으로 접촉하지 않았거나 수용자가 혁신에 대해 자세히 알 수 없을 때
  ㉢ 컴퓨터나 인터넷과 같이 보편적인 개념이거나 다양한 어플리케이션을 제공하는 혁신일 경우
  ㉣ 사용자의 다양한 문제를 해결하기 위해 혁신이 실행될 경우
  ㉤ 혁신에 대한 소유권을 가지고 있다는 긍지나 자신감이 있을 경우
  ㉥ 변화주도자가 혁신대상자들로 하여금 혁신을 수정, 개선하도록 영향을 미치는 경우
  ㉦ 혁신을 수용하는 조직의 구조에 맞게 혁신을 조정할 때
  ㉧ 후기수용자는 조기수용자의 시행착오 및 오류 등을 경험했기 때문에 혁신 전파 후기에 자주 재발명이 일어난다.

19. 다음 중 혁신자의 특징으로 보기 어려운 것은?

① 새 아이디어에 과도한 흥미를 가짐에 따라 범지역적인 사회관계로 이끄는 경향이 있다.
② 혁신자는 새로운 아이디어가 체계로 흘러 들어가는 문지기 역할을 수행한다.
③ 혁신자는 구성원에 의해서 존경받으며 전파과정에서 매우 중요한 역할을 한다.
④ 혁신자는 새로운 아이디어가 반드시 성공적일 수 없다는 사실을 기꺼이 받아들여야 하며 때로는 실패도 감내하여야 한다.

해설 모험심이 강한 혁신자(innovator) 특징
  ① 혁신자는 성급하고 대담하고 무모할 정도로 모험심이 강하고, 새 아이디어에 과도한 흥미를 가짐에 따라 범지역적인 사회관계로 이끄는 경향이 있다.
  ② 혁신자 계층은 지역사회에서 생활수준과 교육수준이 높고 비교적 혁신성은 크나 신중성이 부족하여 실패를 많이 한다.
  ③ 혁신자 계층은 개개인이 멀리 떨어져 있더라도 공통 커뮤니케이션 패턴을 가지고 있어 친구관계에 있는 경우가 많다.
  ④ 혁신자는 새로운 아이디어가 체계로 흘러들어가는 문지기 역할을 수행한다.
  ⑤ 혁신자는 새로운 아이디어가 반드시 성공적일 수 없다는 사실을 기꺼이 받아들여야 하며 때로는 실패도 감내하여야 한다.
  ⑥ 혁신자는 구성원에 의해서 존경받지는 않지만 전파과정에서 매우 중요한 역할을 하며 외부에서 혁신을 들여와 사회체계에 새 아이디어가 확산되는 가장 근원적 역할을 수행한다.

정답 18. ④ 19. ③

20. 혁신자에 대한 설명 중 옳은 것을 모두 고른 것은?

> ㉠ 12.5%를 차지한다.
> ㉡ 전파과정에서 중요한 역할을 한다.
> ㉢ 기술을 배울 수 있는 능력이 있어야 한다.
> ㉣ 불확실에 대처할 수 있게 재정이 넉넉해야 한다.

① ㉠, ㉡, ㉢
② ㉡, ㉢, ㉣
③ ㉠, ㉢, ㉣
④ ㉠, ㉡, ㉣

해설 혁신자의 필수 전제조건
① 재정적으로 넉넉해야 혁신 수용에 따르는 손실의 부담을 감내할 수 있다.
② 복잡한 기술, 지식을 이해하고 적용하는 능력이 필요하다.
③ 수용할 당시 불확실성에 대해 어느 정도 대처할 수 있어야 한다.

21. 혁신이론 수용자 중 존경받는 범주는?

① 혁신자
② 조기수용자
③ 조기다수자
④ 후기다수자

해설 존경받는 조기수용자(early adoptor)
① 조기수용자는 혁신자보다 사회체계에서 더 통합적인 부분을 담당한다.
② 혁신자가 범지역적, 국제적 움직임을 가진 반면 조기수용자는 지역적 성격을 가진다.
③ 조기수용자는 다른 수용자보다 여론지도력이 더 높기 때문에 잠재적 수용자는 혁신에 대한 조언과 정보를 위해 이들에게 문의한다.
④ 인지된 혁신사항의 가치를 비교적 일찍 인정하고 틀림없다고 확인할 때는 바로 수용하는 사람들이다.
⑤ 일반적으로 젊고 교육정도가 높으며, 활동적이고 독서를 많이 하고, 지역사회의 여론지도자로서 역할을 수행한다.
⑥ 지역주민들로부터 존경과 신뢰를 받는다.
⑦ 혁신이 사회체계로 전파될 때 임계점을 형성시킨다.
⑧ 사회체계의 다른 구성원에게 역할모델이 되는 수용자이다.

22. 다음 중 조기수용자의 특성으로 거리가 먼 것은?

① 일반적으로 나이가 많아 경험이 많고, 교육정도가 높다.
② 혁신이 사회체계로 전파될 때 임계점을 형성시킨다.
③ 다른 수용자보다 여론지도력이 더 높다.
④ 조기수용자는 혁신자보다 사회체계에서 더 통합적인 부분을 담당한다.

정답 20. ② 21. ② 22. ①

CHAPTER 04 농촌지도의 이론적 배경

23. 다음 중 조기다수자의 특성으로 거리가 먼 것은?

① 혁신 전파가 사회체계의 평균에 도달하기 직전까지 혁신을 수용하는 계층이다.
② 상대적으로 나이가 많은 편이고 경제적으로 상층~중층이 많다.
③ 혁신 수용에 의도적으로 신중한 태도를 취한다.
④ 혁신결정 시기는 혁신자와 조기수용자보다 더 빠르다.

해설 신중한 조기다수자(early majority)
① 혁신사항을 신중하게 검토하고 관찰하여 조기수용자 다음으로 비교적 일찍 수용한다.
② 혁신 전파가 사회체계의 평균에 도달하기 직전까지 혁신을 수용하는 계층이다.
③ 상대적으로 나이가 많은 편이고 경제적으로 상층~중층이 많으며, 지역사회의 유지들이 이에 속한다.
④ 수용자 중 구성원이 가장 많으며 전체 구성원의 1/3 정도 차지한다.
⑤ 동료와 자주 상호작용하나 체계 내에서 여론지도자로 활동하는 경우는 많지 않으며, 상대적으로 일찍 수용하거나 매우 늦게 수용하는 사람들 사이를 연결하는 경향이 있고, 대인 네트워크에서도 상호 연결되는 지점에 위치한다.
⑥ 혁신결정 시기는 혁신자와 조기수용자보다 더 오래 걸린다.
⑦ 새 아이디어를 완전히 수용하기 전에 어느 정도 더 생각하며, 혁신 수용에 의도적으로 신중한 태도를 취한다.

24. 다음 중 후기다수자의 특성으로 거리가 먼 것은?

① 보수적, 회의적 성격이다.
② 경제적으로 비교적 하위계층 그룹이고 체계 구성원의 1/2 정도를 차지한다.
③ 대부분 후기다수자는 경제적 여유가 적거나 혁신의 위험을 불식시킬 정신적, 물질적 자원이 넉넉하지 못하다.
④ 후기다수자가 혁신을 자발적으로 수용하기 위해서는 혁신이 안전하다고 느낄 만큼 확신이 있어야 한다.

해설 회의적 후기다수자(late majority)
① 후기다수자는 혁신 전파가 그 사회체계의 평균점에 도달한 직후 수용하는 성향이 있는 계층으로 보수적, 회의적 성격이다.
② 경제적으로 비교적 하위계층 그룹이고 체계 구성원의 1/3 정도를 차지한다.
③ 후기다수자는 보통 경제적 필요에 의해, 주변 사람들의 사회적 압력에 이끌려 혁신을 수용한다.
④ 혁신에 매우 회의적이고 조심스러운 태도로 접근하고 다른 사람들이 이미 혁신을 수용하고 나서야 수용한다.
⑤ 후기다수자가 혁신을 자발적으로 수용하기 위해서는 혁신이 안전하다고 느낄 만큼 확신이 있어야 하고, 사회적 규범이 긍정적 평가를 해 줘야 하며, 동료의 압력이 필수적이다.
⑥ 대부분 후기다수자는 경제적 여유가 적거나 혁신의 위험을 불식시킬 정신적, 물질적 자원이 넉넉하지 못하다.

정답 23. ④ 24. ②

25. 다음 중 후기다수자의 특성으로 거리가 먼 것은?

① 혁신과 혁신주도체를 의심하거나 부정적으로 평가하므로 혁신결정과정이 상대적으로 오래 걸린다.
② 가장 보수적이고 지역중심적이다.
③ 주로 전통적 가치를 가지고 있는 구성원과 상호작용을 한다.
④ 혁신을 가장 늦게 수용하는 계층으로 여론 지도력이 매우 높다.

해설 전통적 지체자(laggard)
① 지체자는 혁신을 가장 늦게 수용하는 계층으로 여론 지도력이 매우 낮다.
② 가장 보수적이고 지역중심적이며 대부분 사회적 네트워크에서 고립되어 있으며, 행위적 결정을 할 때 보통 과거에 의존하며, 이전에 무엇을 행하였느냐가 중요하다.
③ 주로 전통적 가치를 가지고 있는 구성원과 상호작용을 한다.
④ 혁신과 혁신주도체를 의심하거나 부정적으로 평가하므로 혁신결정과정이 상대적으로 오래 걸린다.
⑤ 새 아이디어를 인지하고 지식으로 축적하고, 이를 채택하고 사용하기까지 긴 시간이 필요하다.
⑥ 지체자는 경제적으로 불안하기 때문에 혁신을 권유하는 것이 조심스럽다.
⑦ 지체자는 새 아이디어를 수용하기 위해서는 불확실성이 완전히 제거되어야 하기 때문에 혁신에 대해 저항하는 것이 일반적이다.

26. 로저스(Rosers)가 제시한 친혁신적 편향을 극복하기 위한 대안으로 옳지 않은 것은?

① 혁신이 어떻게 전파되는지에 대한 사전 자료수집에 대한 접근방법이 검토되어야 한다.
② 학자들은 연구대상이 되는 혁신이 어떻게 선정되는가에 보다 신중해져야 한다.
③ 연구자는 혁신이 전파되는 폭넓은 맥락에 대해 연구해야 한다.
④ 혁신을 수용하게 되는 동기에 대한 이해를 높여야 한다.

해설 친혁신적 편향을 극복하기 위한 대안: 로저스(Rosers)
① 혁신이 어떻게 전파되었는지에 대한 사후 자료수집에 대한 대안적 접근방법이 검토되어야 한다.
② 학자들은 연구대상이 되는 혁신이 어떻게 선정되는가에 보다 신중해져야 한다.
③ 연구자는 개인의 인식과 상황을 충분히 이해할 수 있다면 혁신의 거부, 중단, 재발명이 빈번하게 발생한다는 점과 그러한 행동이 개인 관점에서 볼 때 합리적이라는 점을 인정해야 한다.
④ 연구자는 혁신이 전파되는 폭넓은 맥락에 대해 연구해야 한다.
⑤ 혁신을 수용하게 되는 동기에 대한 이해를 높여야 한다.

CHAPTER 04 농촌지도의 이론적 배경

27. 혁신주도자가 혁신을 수용하지 않는 이유를 개인 책임으로 돌리는 이유로 옳지 않은 것은?

① 연구자가 체계 책임 요인을 변화시키는 것은 어려운 반면 개인 책임 변인은 변화시키기 쉽다고 생각하기 때문이다.
② 연구대상으로서 체계보다 개인이 접근하기 용이하기 때문이다.
③ 연구후원자가 개인 책임 편향을 가진 혁신주도체이면 연구자는 개인 책임적 태도를 받아들이기 때문이다.
④ 대부분 연구자는 분석단위를 지역사회에 초점을 맞추고 있기 때문이다.

[해설] 혁신주도자가 혁신을 수용하지 않는 이유를 개인 책임으로 돌리는 이유
　① 연구후원자가 개인 책임 편향을 가진 혁신주도체이면 연구자는 개인 책임적 태도를 받아들이기 때문이다.
　② 연구자가 체계 책임 요인을 변화시키는 것은 어려운 반면 개인 책임 변인은 변화시키기 쉽다고 생각하기 때문이다.
　③ 연구대상으로서 체계보다 개인이 접근하기 용이하며, 대부분 연구자는 분석단위를 개인에 초점을 맞추고 있기 때문이다.

28. 혁신전파이론의 개인 책임 편향 극복 방안으로 옳지 않은 것은?

① 연구 분석 단위를 개인으로만 한정하여 연구하여야 한다.
② 개인에게 한정된 변인뿐만 아니라 사회구조, 커뮤니케이션 구조와 연관된 변인이 혁신전파연구에 포함되어야 한다.
③ 연구자는 탐색자료가 수집될 때까지는 사회문제 원인에 대한 열린 마음을 유지해야 한다.
④ 문제 개선을 희망하는 혁신주도자들보다 잠재적 수용자, 거부자를 포함한 모든 참가자가 혁신의 전파문제의 정의에 포함되어야 한다.

[해설] 개인 책임 편향 극복 방안
　① 연구 분석 단위를 개인으로만 한정할 것이 아니라 다른 대안을 강구해야 한다.
　② 연구자는 탐색자료가 수집될 때까지는 사회문제 원인에 대한 열린 마음을 유지해야 하며, 개인 책임 편향을 보이는 혁신주도자의 정의를 받아들이는데 신중해야 한다.
　③ 문제 개선을 희망하는 혁신주도자들보다 잠재적 수용자, 거부자를 포함한 모든 참가자가 혁신의 전파문제의 정의에 포함되어야 한다.
　④ 개인에게 한정된 변인뿐만 아니라 사회구조, 커뮤니케이션 구조와 연관된 변인이 혁신전파연구에 포함되어야 한다.

정답　27. ④　28. ①

29. 개발도상국에서 혁신전파의 문제점으로 보기 어려운 것은?

① 개발기관이 모든 대상자와 접촉하기 어렵기 때문에 개발기관과 가장 동질적으로 반응하는 혁신대상자에게 집중한다.
② 진보적 농업인은 적극적으로 새 아이디어를 수용하고, 경제적 수단을 가지고 있으며, 쉬운 신용 확보와 대규모 농장 소유 등으로 인하여 전체 농업 생산에 직접적으로 미치는 효과가 크다.
③ 개발도상국에서는 권력, 정보, 경제적으로 평등하다.
④ 개발기관은 혁신적이고, 부유하고, 교육수준이 높고 정보추구형 대상자에게 지원을 제공하는 경향이 있다.

> [해설] 개발도상국에서 혁신전파의 문제
> ① 개발도상국에서는 권력, 정보, 경제적 부가 소수에게 집중되어 있다.
> ② 개발도상국은 사회구조가 개인의 기술혁신 결정에 큰 영향을 미친다.
>   ㉠ 개발기관은 혁신적이고, 부유하고, 교육수준이 높고 정보추구형 대상자에게 지원을 제공하는 경향이 있다.
>   ㉡ 개발기관이 모든 대상자와 접촉하기 어렵기 때문에 개발기관과 가장 동질적으로 반응하는 혁신대상자에게 집중한다.
>   ㉢ 진보적 농업인은 적극적으로 새 아이디어를 수용하고, 경제적 수단을 가지고 있으며, 쉬운 신용 확보와 대규모 농장 소유 등으로 인하여 전체 농업 생산에 직접적으로 미치는 효과가 크다.

30. 혁신의 본질적 3요소로 보기 어려운 것은?

① 형태
② 가치
③ 기능
④ 의미

> [해설] 혁신의 본질적 3요소
> ㉠ 혁신의 결과는 다양한 양상이 공존하고 혁신의 본질적 3요소로 설명된다.
>   ⓐ 형태(form): 직접적으로 관찰 가능한 혁신의 외양과 내용
>   ⓑ 기능(function): 혁신이 사회구성원의 삶의 방식에 기여하는 양상
>   ⓒ 의미(meaning): 사회구성원이 혁신에 대해 가지는 주관적, 무조건적인 인식의 차원
> ㉡ 혁신주도체는 혁신대상자에게 혁신의 형태, 기능은 쉽게 설명하지만, 의미의 문제를 명확히 해결해 주기 어렵다.

CHAPTER 04 농촌지도의 이론적 배경

31. 우리나라에서 혁신전파이론이 발전하기 위한 고려사항으로 보기 어려운 것은?

① 지도사업 방법이 어떤 농민의 성공에 도움을 줄 수 있는지, 성공을 배제시키는지 인지하고 혁신전파이론을 변화시켜 나가야 한다.
② '지도사업의 대상, 지도사업 노력의 성과는 무엇인가?'라는 질문에 대한 성찰이 필요하다.
③ 혁신전파이론의 가장 부정적 결과는 농가에게 경제적 불평등을 조장하므로, 이런 불평등을 시정해야 한다.
④ 부유하고 혁신적인 농민에게 초점을 맞추어야 한다.

해설 혁신전파이론이 발전하기 위한 고려사항
① 부유하고 혁신적인 농민보다 조금 소외된 농민에게 초점을 맞추어야 한다. 농민이나 지도요원이 위험을 더 많이 감수할수록 이들에게 더 많은 이점을 줄 수 있다.
② '지도사업의 대상, 지도사업 노력의 성과는 무엇인가?'라는 질문에 대한 성찰이 필요하다.
③ 지도사업 방법이 어떤 농민의 성공에 도움을 줄 수 있는지, 성공을 배제시키는지 인지하고 혁신전파이론을 변화시켜 나가야 한다.
④ 농촌지도요원은 지도사업을 연구하는 사회과학자들이 자신과 반대 논리를 가진 사람으로 인식하므로, 사회과학자의 비판은 지도요원에게 인지되지 못하는데 이의 개선을 위한 대안이 필요하다.
⑤ 혁신전파이론의 가장 부정적 결과는 농가에게 경제적 불평등을 조장하므로, 이런 불평등을 시정해야 한다.

4. 기술수용모형

01. 합리적 행동이론에 대한 설명 중 옳지 않은 것은?

① 행동의 의도는 행동에 대한 태도와 주관적 규범의 영향을 받는다.
② 인간의 특별한 행동들에 대한 설명으로 인간의 행동은 실제로 행동할 것인지의 의도에 따라 결정된다.
③ 태도는 행동의 결과가 긍정적인 것인지 부정적인 것인지에 대한 믿음이다.
④ 주관적 규범은 다른 사람들이 자신의 행동을 어떻게 생각할 것인지에 대한 믿음이다.

해설 합리적 행동이론(Theory of Reasoned Action; TRA)
① TRA는 인간의 일반적 행동을 설명한 것으로 인간의 행동은 실제로 행동할 것인지의 의도에 따라 결정된다.
② 행동의 의도는 행동에 대한 태도와 주관적 규범의 영향을 받는다.
  ㉠ 태도: 행동의 결과가 긍정적인 것인지 부정적인 것인지에 대한 믿음
  ㉡ 주관적 규범: 다른 사람들이 자신의 행동을 어떻게 생각할 것인지에 대한 믿음

02. 기술수용모형에 대한 다음 설명 중 옳지 않은 것은?

① 외부변수는 지각된 유용성, 지각된 용이성에 영향을 받는다.
② 지각된 유용성, 지각된 용이성은 정보기술수용에 대한 개인 태도에 영향을 미친다.
③ 태도는 이용의도에 영향을 미친다.
④ 외부변수는 최종적으로 이용 행동을 결정하게 된다.

해설 기술수용모형(Technology Acceptance Model; TAM)
① TAM은 혁신기술인 컴퓨터 수용에 대한 사용자의 행동을 설명하는 모형으로 데이비스(Davis, 1989)가 처음 개발하였으며, 정보기술 즉 컴퓨터와 같은 혁신기술의 수용행동을 설명하려는 것이다.
② TAM은 개인의 정보기술 수용에 영향을 미치는 중요 요인으로 신념의 변수인 지각된 유용성, 지각된 용이성을 설정하고 있다.
  ㉠ 외부변수는 지각된 유용성, 지각된 용이성에 영향을 받는다.
  ㉡ 지각된 유용성, 지각된 용이성은 정보기술수용에 대한 개인 태도에 영향을 미친다.
  ㉢ 태도는 이용의도에 영향을 미친다.
  ㉣ 이용의도는 최종적으로 이용 행동을 결정하게 된다.

CHAPTER 04 농촌지도의 이론적 배경

03. 식품안전에 대하여 이해관계자에게 널리 수용되기 위한 조건으로 옳지 않은 것은?

① 기술 도입 과정을 보다 조심스럽게 다루어야 한다.
② 특정 환경의 요구 조건에 적합해야 한다.
③ 사용자의 이해와 활용에 특별한 지식이 있어야 한다.
④ 신기술은 각 지역사회 및 현재의 농업 관행에 사회경제적 근간을 적극 포용함으로써 즉각적인 기술 활용의 이점이 있어야 한다.

해설 식품안전에 대하여 이해관계자에게 널리 수용되기 위한 조건
① 기술 도입 과정을 보다 조심스럽게 다루어야 한다.
② 특정 환경의 요구 조건에 적합해야 한다.
③ 별다른 노력 없이 쉽게 활용될 수 있어야 한다.
④ 사용자의 이해와 활용이 손쉽게 이루어질 수 있어야 한다.
⑤ 신기술은 각 지역사회 및 현재의 농업 관행에 사회경제적 근간을 적극 포용함으로써 즉각적인 기술 활용의 이점이 있어야 한다.

04. 신기술 도입과정에서 유의점에 대한 설명으로 옳지 않은 것은?

① 가치 있는 새로운 농업기술은 지역 농업사회까지 전달되는 과정에서 그 혁신성은 상실 위험이 없다.
② 모든 농가에 적용되는 범용적 접근은 기술적용에 해가 될 수 있다.
③ 각기 다른 농업에 종사하는 농민의 필요에 대하여 세심한 고려가 있어야 한다.
④ 농업기술의 도입, 적용, 활용을 위해서는 조직적 확대 서비스와 기타 서비스 제공자의 조력이 반드시 필요하다.

해설 신기술 도입과정에서 유의점
① 모든 농가에 적용되는 범용적 접근은 기술적용에 해가 될 수 있기 때문에 각기 다른 농업에 종사하는 농민의 필요에 대하여 세심한 고려가 있어야 한다.
② 농업기술의 도입, 적용, 활용을 위해서는 조직적 확대 서비스와 기타 서비스 제공자의 조력이 반드시 필요하다.
③ 가치 있는 새로운 농업기술은 지역 농업사회까지 전달되는 과정에서 그 혁신성을 상실하게 되는데, 충분한 정보가 제공되지 못하고 응용성이 부족할 뿐만 아니라 여러 실수까지 더해지기 때문이다.

05. 신기술 도입을 위한 핵심쟁점으로 보기 어려운 것은?

① 신기술이 상업적 존속 가능성을 가지고 있어야 한다.
② 농업 분야는 성적 편견을 고착시키는 현상이 나타난다.
③ 소규모 단위로 농민의 개별행동을 권장한다.
④ 신기술 적합성을 전면적으로 탐색하는 일이 적다.

정답 03. ③ 04. ①

해설 신기술 도입을 위한 핵심쟁점
① 소규모 단위로 농민의 단체행동을 권장한다.
② 농촌은 능력, 교육, 재정적 지원이 부족하고, 기술발전 정보를 입수해도 이해하기 어렵기 때문에 기술발전을 따라가기 어렵다.
③ 대규모 농가는 신기술 적용에 적합하고 위험을 감수하는 사람들에 의해 쉽게 수용된다는 인식이 강하나, 소규모 농가의 경우 위험에 취약하고 가용자원이 충분하지 못하며 파편화되어 있기 때문에 신기술 수용시 기술적 보조가 필요하다.
④ 대규모 상업적 영농업체는 민간부문 서비스를 충분히 활용하나 소규모 농가는 신기술 도입단계부터 지속적으로 지원해야 한다.
⑤ 신기술이 상업적 존속 가능성을 가지고 있어야 한다.
⑥ 농업기술전문가와 정책입안자는 신기술 배포, 적용에 필요한 방안을 준비하는 핵심역할을 하며, 신기술을 노출시켜 신기술 수용비율을 높여야 한다.
⑦ 신기술 적합성을 전면적으로 탐색하는 일이 적다.
⑧ 농업 분야는 성적 편견을 고착시키는 현상이 나타난다.

06. Davis는 컴퓨터 수용행위에 관련되는 2개의 특별한 신념으로 연구에 대한 설명으로 옳지 않은 것은?

① 지각된 용이성은 새로운 농업기술을 수용하는 과정이다.
② 지각된 유용성은 예측 결과이다.
③ 지각된 용이성은 이용 초기단계 주로 간접적이며 약한 효과를 가져온다.
④ 지각된 유용성은 새로운 농업기술의 수용을 통해 얻게 되는 것에 관한 것이다.

해설 신념변수: Davis는 컴퓨터 수용행위에 관련되는 2개의 특별한 신념으로 연구를 수행하였다.

지각된 용이성 (perceived ease of use; PE)	지각된 유용성 (perceived usefulness; PU)
특정 시스템을 사용하는 것이 힘들지 않을 것이라고 개인이 믿는 정도	특정 시스템을 사용하는 것이 업무수행을 향상시켜줄 것이라고 개인이 믿는 정도
예측과정	예측 결과
새로운 농업기술을 수용하는 과정	새로운 농업기술의 수용을 통해 얻게 되는 것에 관한 것
이용의 초기단계에서 지각된 용이성의 효과는 주로 직접적	지각된 유용성을 통하여 간접적이며 약한 효과를 가져옴

07. 다음 이용의도에 대한 설명 중 옳지 않은 것은?

① 이용의 가장 즉각적인 결정요소이다.
② 이용의도는 이용행동을 예측할 수 없다.
③ 이용을 하기 위해서는 먼저 의도를 가져야 하며 어떠한 이용행동도 의도하는 바가 없이는 이루어지지 않는다.
④ 인간의 모든 이용은 일차적으로 의도를 가지고 있다.

CHAPTER 04 농촌지도의 이론적 배경

해설 이용의도(Behavior Intention; BI)
1) 이용의도
① 이용의 가장 즉각적인 결정요소이다.
② 인간의 모든 이용은 일차적으로 의도를 가지고 있다.
③ 이용을 하기 위해서는 먼저 의도를 가져야 하며 어떠한 이용행동도 의도하는 바가 없이는 이루어지지 않는다.
2) 이용행동의 예측
계획을 바꿀 정도로 큰 변화요인이 아니라면, 의도는 이용행동을 가장 잘 예측한다.

08. 기술수용모형의 과정에 대한 설명으로 옳은 것은?

① 지식 → 설득 → 의사결정 → 실행 → 확인
② 주의집중과정 → 파지과정 → 운동재생산과정 → 동기화과정
③ 신념변수 → 개인태도 → 이용의도 → 이용행동 결정
④ 인지 → 관심 → 평가 → 시행 → 수용

해설 ① 혁신-의사결정과정 모델의 새기능: 지식 → 설득 → 의사결정 → 실행 → 확인
② 사회학습이론에 따른 인지적 과정: 주의집중과정 → 파지과정(기억과정) → 운동재생산과정 → 동기화과정
③ 기술모형의 과정: 신념변수 → 개인태도 → 이용의도 → 이용행동 결정
④ 혁신-의사결정과정: 인지 → 관심 → 평가 → 시행 → 수용

09. 혁신전파이론과 기술수용모형의 공통점이 아닌 것은?

① 다양하고 광범위한 기술수용을 설명·예측하는 모델이다.
② 여러 연구에서 상호 보완관계에 있다.
③ 혁신전파이론과 기술수용모형은 다른 학문적 근원에서 출발하였음에도 상당히 유사하다.
④ 혁신에 대한 호의적, 비호의적 태도형성을 설명하지만 어떻게 이 태도가 실제 혁신기술의 수용, 거부로 발전하는가에 대해 설명하지 못한다.

해설

	혁신전파이론	기술수용모형
차이점	*혁신에 대한 호의적, 비호의적 태도형성을 설명하지만 어떻게 이 태도가 실제 혁신기술의 수용, 거부로 발전하는가에 대해 설명하지 못함 *혁신전파이론이 직접적 관계와 주 영향에 대해서만 초점을 맞추고 있다는 비판	'신념 → 태도 → 이용의도 → 이용'이라는 인과관계에 관한 이론적 연결고리를 비교적 명확히 제시
공통점	*혁신전파이론, 기술수용모형 모두 다양하고 광범위한 기술수용을 설명·예측하는 모델이다. *여러 연구에서 상호 보완관계에 있다. *혁신전파이론과 기술수용모형은 다른 학문적 근원에서 출발하였음에도 상당히 유사하다.	

PART 02

정책과 농촌지도의 실행

- CHAPTER 01. 정책
- CHAPTER 02. 농촌지도 계획
- CHAPTER 03. 농촌지도 실천
- CHAPTER 04. 농촌지도 평가

01 CHAPTER 정책

① 정책의 의의

(1) 정책의 개념

1) 일반적 개념
공익의 추구, 공적 문제의 해결을 위하여 장래 가장 바람직한 결과를 가져올 것으로 판단되는 정부의 행동방안이다.

2) 학자들의 정의
① 이스턴(D. Easton): 정책을 체제로의 투입에 대한 산출로 보고 정책을 사회 전체를 위한 가치의 권위적 배분이자 정치체계가 내리는 가치의 권위적 결정이다.
② 라스웰(H. D. Lasswell): 목적가치와 실행을 투시한 계획이다.
③ 드롤(Y. Dror): 매우 불확실하고 복잡한 동태적 상황속에서 국가 및 공공단체가 공익구현을 위해 만든 미래지향적인 행동지침이다.

(2) 정책의 특성과 구성

1) 계획, 정책, 법률의 관계
① 기획론자에 의하면 계획은 장기적, 포괄적, 일관성이 높으나 법률은 빈번하게 수정되므로 일관성이 낮다.
② 따라서 계획 〉 정책 〉 법률의 관계가 된다.
③ 흐름은 계획 → 정책 → 법률의 순서로 진행된다.

2) 정책, 행정, 관리의 관계
관리는 행정의 특수한 현상으로 행정이 정책의 수단이라는 점에서 볼 때, 정책 〉 행정 〉 관리의 관계가 된다.

3) 정책의 구성요소
① 정책의 3요소는 정책목표, 정책수단, 정책대상이며, 정책결정자(주체)를 포함하여 4요소로 구분한다.
② 정책목표: 정책이 달성하려는 미래의 상태나 방향으로 정책의 존재이유가 되며 주관적, 당위적, 가치적, 규범적 성격을 갖는다.

③ 정책수단: 정책목표를 달성하기 위한 방안이자 실질적 내용으로 가장 중요한 구성요소이다.
④ 정책대상: 정책이 적용되는 대상집단으로 비용부담집단(희생자)이나 이익향수집단(수혜자)를 말한다.

② 정책 과정

(1) 정책의제 설정

1) 의의
   ① 정책문제(policy problem): 바람직한 이상과 바람직하지 못한 현실과의 차이이다.
   ② 정책의제(policy agenda): 정책담당자가 공식적으로 다루기로 결정한 정책문제, 정책적 해결의 필요성이 있는 사회문제
   ③ 정책의제 설정(policy agenda setting): 정책문제를 정의하는 행위로 정부가 정책적 해결을 위해 사회문제를 공식적인 정책의제로 채택하는 과정으로 사회문제의 정부귀속화 과정이다.

2) 정책의제 설정의 중요성
   ① 의제설정은 문제 해결의 첫 단계로 가장 많은 정치적 갈등이 발생되며, 정책목표나 대안의 실질적 선택과 범위의 한정이 이루어진다.
   ② 어떤 문제가 정부관료제에 의해 정식 논의대상으로 채택 여부를 결정하는 것으로 매우 중요한 단계이다.

3) 의제설정 과정의 특성
   ① 정책문제를 인지하거나 의제를 설정하는 과정은 주도집단의 이해관계 또는 주관이 개입되어 고도의 복잡성, 다양성, 역동성을 띠고, 결정자의 주관적 판단에 의해 채택되므로 자의적, 인공적, 주관적으로 인지되는 경우가 많다.
   ② 반드시 객관적, 합리적 과정을 거치는 것은 아니고, 가장 많은 갈등이 발생되는 과정이다.

4) 의제설정에 영향을 주는 요인
   ① 문제의 중요성: 영향을 받는 이해관계집단이 많고 문제의 내용이 다중적이고 중요한 것일수록 의제화 가능성이 크다.
   ② 이해관계: 이해관계자가 넓게 분포하고 조직화 정도가 낮으면 의제화가 어렵다.
   ③ 쟁점화 정도: 관련 집단들에 의해 예민하게 쟁점화된 것이나 국민적 또는 정치적 관심이 클수록 의제화 가능성이 크다.
   ④ 문제 인지집단 규모: 문제를 제기하는 집단의 규모가 클수록 의제화 가능성이 크다.
   ⑤ 사회적 중요성: 사회 전체에 주는 파급효과가 클수록 의제화 가능성이 크다.

⑥ 선례의 유무: 새로운 문제보다 관례화된 문제일수록 의제화 가능성이 크다.
⑦ 해결책의 유무: 해결책이 있을수록 의제화 가능성이 크다.
⑧ 문제의 복잡성: 복잡한 문제보다 단순한 문제가 의제화 가능성이 크다.

(2) 정책결정(policy making)

1) 의의

공익의 추구, 공적 문제 해결을 위하여 미래의 합리적이고 바람직한 정보의 대안을 탐색, 평가, 선택하는 일련의 동태적, 역동적 과정이다.

2) 특징

① 정치적 환경에서 정치적 영향을 받는다.
② 공적문제의 해결, 공익, 인본주의적 성격의 공공성을 가진다.
③ 최적 대안을 선택하기 위한 규범적 가치판단의 가치성과 규범성을 보인다.
④ 많은 갈등과 이해관계의 상호작용으로 동태성과 복잡성을 보인다.
⑤ 미래 행동대안을 선택하는 미래지향성을 갖는다.
⑥ 여러 대안 중 최적의 대안을 선택하는 과정으로 합리성을 추구한다.

3) 정책결정의 과정

① 정책의제 형성: 여러 사회문제 중 정부당국이 심각성을 인정하여 적극적인 해결책을 모색하기 위하여 궁극적으로 채택한 정책문제
② 정책목표 설정: 정책이 추구해야할 기본적인 방향과 가치 설정
③ 정보의 수집과 분석: 대안 탐색을 위한 자료의 수집, 분석
④ 대안의 작성, 탐색 개발: 목표 달성을 위한 모든 방안의 강구
⑤ 모형 작성: 대안 탐색에 도움을 주거나 대안의 결과를 예측하기 위해 복잡한 현실을 단순화한 대치물 작성
⑥ 예상결과 예측과 대안 평가: 대안의 장단점을 파악하고 평가하여 예상결과를 예측하고 비교한다.
⑦ 우선순위 기준 선정: 민주성, 능률성, 형평성, 경제적 합리성, 정치적 합리성 등을 고려
⑧ 종합판단: 우선순위 조정과 대안의 최종 선택

(3) 정책집행(policy implementation)

1) 의의

① 권위 있는 정책지시를 실천에 옮기는 과정으로 일반적으로 정책의 내용을 실현하는 과정으로 정의된다.

② 정책의 내용은 정책목표와 정책수단으로 이루어지는데 이 중 정책집행은 정책수단을 실현시키려는 것이다.

③ 정책목표는 정책의 존재이유가 되고, 정책목표의 달성은 정책집행이 있어야만 가능하다는 점에서 정책집행은 정책의도나 목표를 구현하는 정책의 실질적 내용에 해당한다.

2) 정책결정과의 관계

정책의 최종성과나 영향을 평가하는 총괄평가보다 정책수단이 어떤 인과경로로 정책결과가 나왔는지를 평가하는 과정평가가 중시되면서 집행과정도 정책평가에서 중요한 의미를 갖는다.

(4) 정책평가(policy evaluation)

1) 의의

① 협의(일반적)의 정책평가
  ㉠ 정책대안이 소기의 효과를 가져 왔는가를 판단하는 단계로 정책이나 공공사업기획이 그 대상에 미친 효과를 달성하고자 하는 정책목표와 관련하여 객관적, 체계적, 실증적으로 검토하는 것이다.
  ㉡ 정책수단(독립변수, 원인변수)과 정책목표 또는 효과(종속변수, 결과변수)간 인과관계를 설정, 검증하려는 것으로 평가결과를 정책과정에 환류시켜 정책과정을 개선하려는 것이다.

② 광의의 정책평가: 사후평가(총괄평가) 외에 정책이 제대로 집행되고 있는가를 평가하는 과정평가(형성평가)나 정책결정단계에서의 평가를 의미하는 정책분석도 포함한 개념이다.

2) 필요성

① 정책결정과 집행에 필요한 정보를 제공한다. 정책평가의 가장 중요한 목적으로 일종의 환류기능이다.

② 정책과정상의 책임 확보
  ㉠ 법적책임: 하위층의 집행활동이 법규나 회계규칙에 합치되도록 강제하는 책임
  ㉡ 관리적 책임: 중간층인 관리자가 능률적, 효과적으로 집행업무를 관리하여야 하는 책임
  ㉢ 정치적 책임: 정치체제 담당자인 상층부가 국민들에게 선거 등을 통해 부담하는 책임

③ 이론구축에 의한 학문적 기여: 정책수단과 정책결과간의 인과관계를 확인, 검증하여 이론을 구축하고 학문적 인과성을 밝혀 줌으로 사회과학의 발전에 기여한다.

④ 정책 실험 및 비용 절감
  ㉠ 여러 기법을 사용하여 정책을 실험과정으로 유도한다.
  ㉡ 평가는 단기적으로 비용이 수반되나 장기적으로는 비용과 시행착오를 감소시킨다.
  ㉢ 왜곡된 평가를 막고 체계적, 과학적 평가로 유도한다.

정책 예상문제

01. 다음 보기에서 설명하는 것은?

> 공익의 추구, 공적 문제의 해결을 위하여 장래 가장 바람직한 결과를 가져올 것으로 판단되는 정부의 행동방안이다.

① 계획
② 정책
③ 법률
④ 행정

해설 정책의 개념
　1) 일반적 개념
　　공익의 추구, 공적 문제의 해결을 위하여 장래 가장 바람직한 결과를 가져올 것으로 판단되는 정부의 행동방안이다.
　2) 학자들의 정의
　　① 이스턴(D. Easton): 정책을 체제로의 투입에 대한 산출로 보고 정책을 사회 전체를 위한 가치의 권위적 배분이자 정치체계가 내리는 가치의 권위적 결정이다.
　　② 라스웰(H. D. Lasswell): 목적가치와 실행을 투시한 계획이다.
　　③ 드롤(Y. Dror): 매우 불확실하고 복잡한 동태적 상황속에서 국가 및 공공단체가 공익구현을 위해 만든 미래지향적인 행동지침이다.

02. 다음 중 정책의 3요소에 해당하지 않는 것은?

① 정책목표
② 정책수단
③ 정책대상
④ 정책주체

해설 정책의 구성요소
　① 정책의 3요소는 정책목표, 정책수단, 정책대상이며, 정책결정자(주체)를 포함하여 4요소로 구분한다.
　② 정책목표: 정책이 달성하려는 미래의 상태나 방향으로 정책의 존재이유가 되며 주관적, 당위적, 가치적, 규범적 성격을 갖는다.
　③ 정책수단: 정책목표를 달성하기 위한 방안이자 실질적 내용으로 가장 중요한 구성요소이다.
　④ 정책대상: 정책이 적용되는 대상집단으로 비용부담집단(희생자)이나 이익향수집단(수혜자)를 말한다.

03. 의제설정에 영향을 주는 요인에 대한 설명 중 옳지 않은 것은?

① 이해관계자가 넓게 분포하고 조직화 정도가 낮으면 의제화 가능성이 크다.
② 복잡한 문제 보다 단순한 문제가 의제화 가능성이 크다.
③ 새로운 문제보다 관례화된 문제일수록 의제화 가능성이 크다.
④ 관련 집단들에 의해 예민하게 쟁점화된 것이나 국민적 또는 정치적 관심이 클수록 의제화 가능성이 크다.

정답 01. ② 02. ④

CHAPTER 01 정책

해설 의제설정에 영향을 주는 요인
① 문제의 중요성: 영향을 받는 이해관계집단이 많고 문제의 내용이 다중적이고 중요한 것일수록 의제화 가능성이 크다.
② 이해관계: 이해관계자가 넓게 분포하고 조직화 정도가 낮으면 의제화가 어렵다.
③ 쟁점화 정도: 관련 집단들에 의해 예민하게 쟁점화된 것이나 국민적 또는 정치적 관심이 클수록 의제화 가능성이 크다.
④ 문제 인지집단 규모: 문제를 제기하는 집단의 규모가 클수록 의제화 가능성이 크다.
⑤ 사회적 중요성: 사회 전체에 주는 파급효과가 클수록 의제화 가능성이 크다.
⑥ 선례의 유무: 새로운 문제보다 관례화된 문제일수록 의제화 가능성이 크다.
⑦ 해결책의 유무: 해결책이 있을수록 의제화 가능성이 크다.
⑧ 문제의 복잡성: 복잡한 문제 보다 단순한 문제가 의제화 가능성이 크다.

04. 정책결정의 특징으로 거리가 먼 것은?

① 많은 갈등과 이해관계의 상호작용으로 동태성과 복잡성을 보인다.
② 정치적 환경에서 정치적 영향을 받는다.
③ 현재 문제를 해결하기 위한 선택으로 현재지향성을 갖는다.
④ 여러 대안 중 최적의 대안을 선택하는 과정으로 합리성을 추구한다.

해설 정책결정(policy making) 특징
① 정치적 환경에서 정치적 영향을 받는다.
② 공적문제의 해결, 공익, 인본주의적 성격의 공공성을 가진다.
③ 최적 대안을 선택하기 위한 규범적 가치판단의 가치성과 규범성을 보인다.
④ 많은 갈등과 이해관계의 상호작용으로 동태성과 복잡성을 보인다.
⑤ 미래 행동대안을 선택하는 미래지향성을 갖는다.
⑥ 여러 대안 중 최적의 대안을 선택하는 과정으로 합리성을 추구한다.

05. 다음 정책결정 과정에 대한 설명 중 옳지 않은 것은?

① 정책목표 설정: 정책이 추구해야할 기본적인 방향과 가치 설정
② 대안의 작성, 탐색 개발: 목표 달성을 위한 모든 방안의 강구
③ 예상결과 예측과 대안 평가: 대안의 장단점을 파악하고 평가하여 예상결과를 예측하고 비교한다.
④ 모형 작성: 대안 탐색에 도움을 주거나 대안의 결과를 예측하기 위해 단순한 현실을 복잡화한 대치물 작성

정답 03. ① 04. ③

PART 02 정책과 농촌지도의 실행

해설 정책결정의 과정
① 정책의제 형성: 여러 사회문제 중 정부당국이 심각성을 인정하여 적극적인 해결책을 모색하기 위하여 궁극적으로 채택한 정책문제
② 정책목표 설정: 정책이 추구해야할 기본적인 방향과 가치 설정
③ 정보의 수집과 분석: 대안 탐색을 위한 자료의 수집, 분석
④ 대안의 작성, 탐색 개발: 목표 달성을 위한 모든 방안의 강구
⑤ 모형 작성: 대안 탐색에 도움을 주거나 대안의 결과를 예측하기 위해 복잡한 현실을 단순화한 대치물 작성
⑥ 예상결과 예측과 대안 평가: 대안의 장단점을 파악하고 평가하여 예상결과를 예측하고 비교한다.
⑦ 우선순위 기준 선정: 민주성, 능률성, 형평성, 경제적 합리성, 정치적 합리성 등을 고려
⑧ 종합판단: 우선순위 조정과 대안의 최종 선택

06. 정책집행의 의의에 대한 설명 중 옳지 않은 것은?

① 정책수단은 정책의 존재이유가 되고 정책의 달성은 정책집행이 있어야만 가능하다.
② 권위 있는 정책지시를 실천에 옮기는 과정이다.
③ 정책집행은 정책의도나 목표를 구현하는 정책의 실질적 내용에 해당한다.
④ 정책의 내용은 정책 목표와 정책수단으로 이루어지는데 이 중 정책집행은 정책수단을 실현시키려는 것이다.

해설 정책집행(policy implementation) 의의
① 권위 있는 정책지시를 실천에 옮기는 과정으로 일반적으로 정책의 내용을 실현하는 과정으로 정의된다.
② 정책의 내용은 정책 목표와 정책수단으로 이루어지는데 이 중 정책집행은 정책수단을 실현시키려는 것이다.
③ 정책목표는 정책의 존재이유가 되고, 정책목표의 달성은 정책집행이 있어야만 가능하다는 점에서 정책집행은 정책의도나 목표를 구현하는 정책의 실질적 내용에 해당한다.

07. 정책과정상 책임확보의 내용에 해당하지 않는 것은?

① 도덕적 책임: 중간층
② 법적 책임: 하위층
③ 관리적 책임: 중간층
④ 정치적 책임: 상층부

해설 정책과정상의 책임 확보
㉠ 법적책임: 하위층의 집행활동이 법규나 회계규칙에 합치되도록 강제하는 책임
㉡ 관리적 책임: 중간층인 관리자가 능률적, 효과적으로 집행업무를 관리하여야 하는 책임
㉢ 정치적 책임: 정치체제 담당자인 상층부가 국민들에게 선거 등을 통해 부담하는 책임

02 CHAPTER 농촌지도 계획

1 농촌지도계획

① 농촌지도계획의 개념

(1) 농촌지도과정과 농촌지도계획

1) 농촌지도계획의 의미

농촌지도원, 농민대표, 관계기관, 농업전문가 및 단체 대표 등이 모여 지역사회 현황을 분석하여 종합적으로 지역사회 발전을 위한 장기적 농촌지도 목적을 설정하고, 효과적인 달성을 위한 실행계획과 타당성 평가, 수정계획을 수립하는 계속적이고 의도적인 의사결정 과정이다.

2) 농촌지도과정

① 과제계획(농촌지도관리계획): 농촌지도의 방향과 전개 목적을 결정하는 과정으로 목적을 설정하는 가장 핵심적인 계획의 과정이다.

② 실천계획(실행계획): 지도목적을 달성하기 위한 실천을 계획하는 과정으로 어떤 사업과 활동을 언제, 어디서, 누가, 어떻게 할 것인가를 결정하는 과정이다.

③ 평가계획: 평가를 계획하는 과정으로 사업과 활동에 대한 평가를 어떻게 할 것인가를 미리 결정하는 과정이다.

3) 세분화한 농촌지도 계획과정

① 지도계획위원회의 조직과 운영

② 장기 지도계획의 수립

③ 장기 지도계획서 작성

④ 연간 활동계획 수립(실행계획 수립)

⑤ 지도와 활동을 통한 계획의 실천

⑥ 평가와 실적 발표, 계획의 수정

(2) 농촌지도계획 성격

1) 개발계획의 성격: 블랙(Black, 1968)
① 종합성: 물리적 개발뿐만 아니라 정신적, 사회적 개발도 포함되어야 한다.
② 일반성: 개발계획은 더 나은 상태로 접근하기 위해서 전반적 의도의 표시에 불과하며 개별적, 구체적 확약 또는 규칙에 해당하지 않는다.
③ 장기성: 개발계획은 1년 내 단기적으로 실현할 수 있는 성질의 것이 아니라 5년, 10년, 또는 50년의 장래를 전망하여 장기적으로 설계하여야 한다.

2) 기타 농촌지도계획의 성격
① 주민참여성: 농촌지도계획에는 지도대상자가 되는 농촌주민들이 반드시 참여하여 농촌지도요원, 관계기관의 대표, 농업전문가 등과 함께 하여야 한다.
② 연관성
  ㉠ 지도계획은 각 단계별로 상호연관성이 있어야 하며, 지역 내 관계기관 사업을 고려하여야 한다.
  ㉡ 계획의 수립은 상하기관의 지도사업을 상호 연관시켜야 한다.
  ㉢ 하나의 지역단위에서 독립적으로 사업계획을 수립할 수 없으며, 시·군단위에서 사업계획을 수립할지라도 국가의 농업정책과 지도사업의 목적 등을 고찰하여야 한다.
  ㉣ 상부로부터 사업계획수립에 필요한 여러 지원을 받지 않으면 안 된다.
③ 연속성
  ㉠ 농촌지도계획은 단절이 아닌 순환되어야 한다.
  ㉡ 평가는 평가로 끝나는 것이 아니라 다음 단계의 계획에 반영되므로 지난 해의 사업은 올해 사업과 연속성을 가지고 있다.
④ 계절성: 농촌지도계획은 농민들의 참여를 위하여 농번기를 피하여 시기와 기간을 고려하여야 한다.

(3) 농촌지도계획 방식의 발달

1) 미국농촌지도 계획의 수립방식: 켈시와 헌(Kelsey and Hearne, 1967)
① 주체 중심 사업계획: 영농 소득이 생산에만 좌우되는 구조가 단순하던 시대의 농촌사회에서는 농촌지도사들이 쉽게 농민들의 문제를 파악하고 일방적으로 계획은 수립할 수 있었는데 이러한 지도계획을 말한다.
② 객체 중심 사업계획: 농촌사회가 발전함에 따라 작목과 농민들의 관심과 욕구도 다양해져 농촌지도사가 일방적으로 농촌지도계획을 수립하지 않고 농민과 함께 계획하는 농촌지도계획을 말한다.

③ 사실 중심 사업계획
  ㉠ 사회가 더욱 발전하고 신속해짐에 따라 객체 중심 사업계획 수립도 여러 가지 모순과 부작용이 발생하게 되었다.
  ㉡ 농민의 필요와 관심에 중심을 두었으므로 계획에 일관성이 없고, 그 지역사회에서 가장 중요한 사업에 대하여 집중적으로 자원과 노력을 투자할 수 없게 되었으며, 지역사회 밖의 사회경제적 변화에 신속하게 대처할 수 없게 되었다.
  ㉢ 지역사회 내는 물론 지역외적 사실과 농업외적 사실까지도 조사, 분석하여 그것을 기초로 지도사, 농민대표, 관계기관 대표 및 전문가가 함께 사업을 계획하는 농촌지도계획이다.

② 농촌지도계획 수립과 절차

(1) 농촌지도 사업계획 수립

1) **농촌지도계획의 의의**
   ① 정의: 농촌지도요원, 농민대표, 관계기관, 단체의 대표 및 농업전문가 등이 함께 모여 지역사회 내외의 현황을 분석하여 종합적인 지역사회 발전을 위한 장기적 농촌지도 목적을 설정하고 그것을 효과적으로 달성하기 위한 실행계획과 타당한 평가 및 수정계획을 수립하는 계속적이고 의도적인 의사결정과정이다.
   ② 농촌지도계획은 지도사업의 목적, 방법, 절차 등을 구체적으로 기술하는 과정으로 지도사업의 가장 기초적 과정이며 농촌지도가 무엇을 해야하며, 왜 그것을 해야하는가를 밝혀야 한다.

2) **농촌지도계획의 원리: 최민호**
   ① 충분한 자료와 설명이 있어야 한다.
   ② 관계기관과 긴밀하게 협동하여야 한다.
   ③ 농촌지역사회의 실정에 기초를 두어야 한다.
   ④ 주어진 자원의 한계 내에서 계획하여야 한다.
   ⑤ 농촌지도계획에는 농촌주민이 참여하여야 한다.
   ⑥ 사업계획은 사회변화에 따라 수정, 보완되어야 한다.
   ⑦ 농촌지도계획은 영세민과 노약자의 보호에 관심을 두어야 한다.
   ⑧ 농촌지도사는 변화촉진자로서 그 지역사회의 관습과 문화적인 측면을 이해하고 있어야 한다.
   ⑨ 현재의 계획은 과거의 계획과 미래의 계획이 상호 연관되도록 작성하여야 한다.
   ⑩ 계획은 국가 - 시·도 - 시·군 - 읍·면의 각 단위에서 일관성이 유지되어야 한다.

3) 농촌지도계획의 수립

① 3~5년간의 장기적인 안목에서 계획을 수립하는 농촌지도 기본계획(master plan, 장기지도계획)이 있어야 한다.

② 기본계획 안에 각 연도별로 수립해야 하는 실행계획(annual plan of work, 연간활동계획)이 있고, 최소단위의 활동계획(plan of work)이 있다.

③ 실행계획(annual plan of work, 연간활동계획)
  ㉠ 장기지도계획을 근간으로 그 해에 성취하여야 할 지도사항이 무엇인가를 확인, 파악하고 난 후 실행계획을 수립하여야 한다.
  ㉡ 지도과정별로 그 지역사회의 실정과 문제점을 간단히 기록한다.
  ㉢ 그 해에 성취하여야 할 지도목표를 구체적으로 세분하여 설정한다.
  ㉣ 지도목표를 달성하기 위한 활동과제를 선정하여 활동과제별로 활동내용, 활동방법, 활동시기, 활동책임자 등에 대해 작성한다.

④ 활동계획(plan of work)
  ㉠ 실행계획을 근간으로 농촌지도사가 직접 농촌주민과 만나 지도할 하나하나의 계획을 수립하여야 한다.
  ㉡ 활동계획 항목: 활동과 제명, 활동목표, 지역현황과 문제점, 도입과정(동기유발방법), 지도방법별 지도내용, 책임지도사 및 조력자(자원지도자), 지도대상자, 지도장소와 일시, 요약과 평가, 교재와 교구 등이 있다.

⑤ 농촌지도 사업계획 수립단계: 실태파악 → 계획수립 → 실행 → 평가

4) 지도계획 수립 시 고려사항

① 기본사업에 대한 객관적 분석과 평가가 전제되어야 한다. 당초 사업이 농업인에게 효과가 있었는지 평가할 수 있는 측정도구를 개발, 활용해야 한다.

② 지도사업에 대한 장기전망을 마련하고 이것을 바탕으로 사업목적과 우선순위를 결정하여 예산을 확보할 수 있는 분야별 전문가들의 협의체를 적극 활용해야 한다.

③ 지도사업 계획수립을 위해서 농업인(지도고객)의 요구를 정확히 파악해야 한다. 지역별로 농업인의 구체적인 요구를 사업계획 수립 시 반영해야 한다.

(2) 지도사업계획 수립 양상

1) 우리나라 농촌지도사업은 중앙 단위의 농촌진흥청, 도 단위 농업기술원, 시·군 단위 농업기술 센터에서 계획을 수립하여 사업을 추진하다가, 지방자치제 시행으로 1997년 이후 중앙과 지방 지도기관으로 이원화되었다.

2) 이원화 이전 지도사업계획
   ① 지도사업계획은 중앙에서 농촌지도사업 기본방향과 사업현황을 제시하는 농촌지도사업기본 지침을 수립하고, 도 농업기술원에서 기본지침을 바탕으로 도별 지도사업지침을 작성하면 시·군 농업기술센터에서 지역특성에 맞게 농촌지도계획을 수립하여 시행하였다.
   ② 기본지침을 바탕으로 수립되어야 한다.
   ③ 지도사업의 평가는 사업추진기관별로 다양하게 진행된다.
   ④ 지도사업은 정부예산과 밀접한 관계가 있다.
   ⑤ 지도사업 계획수립의 현실 적합성 여부
      ㉠ 전년도와 이전 지도사업에 대한 객관적, 종합적 평가가 선행되어야 한다.
      ㉡ 지도사업 추진예산과 관련하여 적절한 사업계획을 수립해야 한다.
      ㉢ 지도대상인 농업인이 지도사업 계획수립에 어느 정도 참여하여 농업인의 요구를 충족해야 한다.

3) 지방자치제 도입에 의한 이원화 이후 지도사업계획
   ① 농촌지도기관은 국가단위의 농정(농업정책, 농촌정책)을 홍보, 보급하는 수단이자 지역단위 사업(프로그램)을 계획, 실행해야 할 주체이다.
   ② 과거의 중앙기관의 기본지침을 하급기관으로 하달하던 계획방식과 더불어 개별 지도기관 단위의 사업 계획, 시행이 가능해진다.
   ③ 중앙 예산의 감소와 지자체 재정자립도 등 지도사업 예산확보의 어려움, 지자체간 경쟁의 심화 등이 지도사업의 한계로 작용한다.
   ④ 사업예산의 확보와 지역단위 사업을 지도기관에서 계획, 실행할 수 있는 역량 부족으로 지역 실정에 맞는 지도사업의 전개에 난항을 겪고 있다.

(3) 농촌지도계획 절차

1) 계획

지역실정 조사, 분석 → 지역사회 문제결정 → 장기 농촌지도목표설정 → 실천계획 및 평가계획 → 장기지도계획서 작성

[농촌지도계획의 절차]

① 지역실정 조사, 분석

㉠ 카프먼과 잉글리시(Kaufman & English)의 지역요구를 분석하는 방법

> 📖 참고
>
> * 요구(need): 현재의 산출과 기대 산출 간의 격차
> * 요구분석(needs assessment): 현재의 산출과 기대 산출 간의 격차를 측정하여 우선순위별로 배열하고 그 격차를 해소할 수 있는 방법을 모색하는 공식적인 과정
> * 필요격차(need gap): 농촌지도계획에서 현재 주민의 지식, 기술, 태도의 정도와 목표하는 바람직한 수준의 지식, 기술, 태도의 정도 차이

ⓐ Alpha 요구분석
- 지역실정의 분석에 대한 아무런 제약조건 없이 전면적인 개혁을 목적으로 실시된다.
- 요구분석의 가장 기본적인 형태이며 가장 큰 변화를 초래할 수 있지만 위험부담이 크다.
- 농촌지도사업의 현행정책이나 방법 등이 지역에서 필요로 하는 것과 일치하느냐의 여부를 아무 제약 없이 분석하여, 그에 따른 결과대로 새로이 계획을 수립하는 방법이다.

ⓑ Beta 요구분석
- 현행 지도사업은 그 수행상 큰 문제가 없다는 전제조건 하에서 단순히 현재상황과 바람직한 상황만의 차이(필요격차)를 분석하는 방법
- Alpha 요구분석만큼 큰 변화를 가져오지 않지만, 지도사업의 방법과 결과를 모두 개선한다는 측면에서 다른 요구분석보다는 범위가 넓다.

ⓒ Gamma 요구분석
- Alpha와 Beta 분석을 한 결과 현재상황과 바람직한 상황에서 차이가 있음이 발견되었을 때, 지도사업목표의 우선순위를 결정하기 위하여 사용된다.
- 지도사업은 한 가지 사업을 수행하는 것이 아니라 여러 사업을 수행하는데, 이런 여러 사업은 그 필요격차가 서로 다르며, 어떤 사업에 우선순위를 두어야 하는가를 분석하는 것이다.

ⓓ Epsilon 요구분석
- Gamma 분석 결과, 사업별 목표에 대한 우선순위가 결정된 후 그 목표가 달성되었는지 여부를 분석하는 방법이다.
- 총괄평가와 그 성질이 비슷하다.

ⓔ Zeta 요구분석
- 결과보다는 결과를 수행하기 위한 방법이나 과정이 제대로 이행되었는가를 분석하는 방법으로 과정평가와 비슷하다.
- 사업 수행 도중 여러 차례 분석하여 사업의 궤도를 수정할 수 있다.

ⓛ 요구분석을 위하여 조사, 정리해야 할 사항
ⓐ 일반현황: 지리, 기후, 역사 등
ⓑ 인구: 인구증감, 이동형태, 연령구조, 교육정도, 수입정도 등
ⓒ 노동력: 취업자의 남녀비율, 노동력의 질적 수준, 취업분야, 고용조건, 주 소득원, 훈련 필요와 시설 등
ⓓ 가정생활: 식생활, 주생활, 가족관계, 가정관리 등
ⓔ 청소년: 청소년 통계, 생활, 새마을청소년회 등
ⓕ 사회집단: 지역사회의 형식·비형식 집단들
ⓖ 자연자원: 공유지, 사유지, 개간지, 간척지, 수자원, 산림자원, 지하자원, 관광자원 등
ⓗ 영농현황
- 경지: 소유면적과 형태, 경지정리, 수리·배수실태, 토양조건 등

- 농업생산: 작목별 영농규모, 수량과 품질, 재배기술문제 등
- 농업경영: 농업자금, 농업노동, 경영방식, 협동조직, 영농소득 등
- 농산물 시장, 유통, 가공: 농산물 출하시기와 방법, 농자재구입, 가공실태 등
- 농업기계: 보유 수, 소유실태, 이용실태, 관리·기술적 문제 등
  ⓘ 농외소득: 지역사회의 상업·공업, 근교지역의 농외취업, 부업, 농외소득수준 등
  ⓙ 지방행정 및 공공기관: 지역주민의 행정적 의무 수행과 지방조직체로부터 공공봉사를 받는데 있어서 개선해야 할 사항(세금, 의료보험, 법규, 개발정책 등에 대한 교육의 필요성에 관련된 자료)

② 지역사회문제 결정
  ㉠ 문제점이란 현 상황과 바람직한 상황과의 차이 즉, 필요격차를 말한다.
  ㉡ 문제점이란 개선을 가져오기 위하여 어떤 행동과 변화가 필요한 상태와 조건을 말한다.
  ㉢ 농촌지도과제(문제) 결정 시 고려 사항
    ⓐ 문제에 관계되는 농촌주민의 수
    ⓑ 문제에 의해 좌우되는 소득의 정도
    ⓒ 문제해결에 대한 주민의 관심도
    ⓓ 문제해결에 필요한 자원의 가용 여부

③ 장기 농촌지도 목표 설정
  ㉠ 지역사회의 사회, 경제적 발전에 있어서 존재하는 여러 문제를 지도사업을 통하여 해결할 수 있는 방향을 의미한다.
  ㉡ 농촌지도 목표설정 시(교육목표를 설정할 때) 기준: 스미스(smith)
    ⓐ 사회적 적절성의 기준: 사회변화에 적응해야 한다.
    ⓑ 인간 기본욕구의 기준: 기본욕구가 충족되어야 한다.
    ⓒ 민주적 이상의 기준: 민주주의 이념을 실현해야 한다.
    ⓓ 일관성과 비모순의 기준: 상호중립 또는 상합적(相合的)이어야 한다.
    ⓔ 행동적 해석의 기준: 실제 행동으로 나타나야 한다.
    ⓕ 가치와 가능성의 기준: 성취 가능한 목표를 설정해야 한다.
    ⓖ 포괄성과 종합성의 기준: 인지적, 정의적, 심체적 영역을 동시에 발달시킬 수 있는 목표를 설정해야 한다.

④ 실천계획 및 평가계획
  ㉠ 실계획천 수립
    ⓐ 장기목표에서 설정한 도달수준, 양을 연도별로 계획해야 한다.
    ⓑ 연도별 목표를 달성하기 위해 지도방침과 전략 등을 세운다.
    ⓒ 농업관계기관과 어떻게 협동할 것인가를 계획한다.
  ㉡ 평가계획 수립: 평가를 언제, 어디서, 누가, 어떻게, 무엇을 기준으로 할 것인가를 계획한다.

⑤ 장기 지도계획서 작성
  ㉠ 작성이유
    ⓐ 지도 유관기관, 인사에게 지도가 어떤 방향으로, 왜, 어떻게 전개될 것인가를 알려준다.
    ⓑ 예산확보 등 대외홍보에 도움이 된다.
    ⓒ 예산, 노력, 시간낭비, 시행착오를 줄인다.
    ⓓ 농촌지역사회 내 다른 기관과 협동하기 위한 지침을 제공한다.
    ⓔ 인사이동에 대비할 수 있다.
  ㉡ 작성내용
    ⓐ 사업계획위원회에 대한 상세한 설명과 사업계획의 주요작업
    ⓑ 지역설정
    ⓒ 주요사업영역과 주요과제
    ⓓ 장기사업목적과 사업실천계획
    ⓔ 사업평가와 수정계획
    ⓕ 부록 등

2) 실천
  ① 활동계획 작성
    ㉠ 연간활동계획
      ⓐ 장기지도계획서에 따라 지도사는 연간활동계획서를 작성한다.
      ⓑ 연간활동계획(실행계획)은 그 해에 달성해야 할 일들이 무엇인가를 파악하여야 한다.
    ㉡ 연간활동계획 수립
      ⓐ 지도과제별로 지역사회의 실정과 문제점을 기록한다.
      ⓑ 그 해에 성취해야 할 지도목표를 구체적으로 세분하여 설정한다.
      ⓒ 설정한 지도목표를 달성하기 위한 활동과제(활동내용, 활동방법, 활동시기, 활동책임자 등)를 선정한다.
  ② 활동전개

3) 평가
  ① **지도평가계획**: 평가를 언제, 어디서, 누가, 어떻게, 무엇을 기준으로 할 것인가를 계획한다.
  ② **지도평가**: 계획위원회가 설정한 장기지도목표가 얼마나 성공적으로 달성되었는가를 검토하는 것
  ③ **수정계획**: 장기계획이 성안된 후 새로운 사회변화와 연구결과, 시행착오에 대처하기 위하여 수정 방침과 의도를 밝혀주는 것
  ④ 평가는 하나의 평가위원회를 조직하여 평가하는 것이 타당성과 객관성이 높다.

2 | 전략적 기획

1 전략적 기획의 개념과 특성

(1) 기획의 개념

1) 의의
① 기획의 개념은 광범위하며 초점을 어디에 두느냐에 따라 다르게 정의된다. 1950년 미국 예산 평가과정에서 사용되다 1960년대 대부분 대기업이 사용하는 과정에서 일반화되면서 이론이 체계화되었다.
② 파이욜(Fayol): 미래를 예측하고 대비하는 활동으로, 기대하는 목표, 준수해야 할 과정, 그 과정상 여러 단계 및 활용해야 하는 수단 등 운영에 대한 모든 계획을 포함한다.
③ 사이먼(simon): 미래를 위한 제안, 제안된 대안의 평가와 제안을 달성하는 방법과 관련된 행동이다.
④ 드로어(Dror): 최적의 수단(방법)으로 목표를 달성하기 위하여 미래의 행위에 관한 일련의 결정을 내리는 과정으로 특정한 목표를 달성하기 위하여 최선의 이용 가능한 방법과 절차를 선택하기 위한 의식적, 계속적 시도이다.
⑤ 알렉산더(Alexander): 인간의 기본적인 행동이며, 예시적이고 선택을 통한 미래 행동의 결정이다.

2) 기획과 계획의 비교

기획(planning)	계획(plan)
미래의 행동을 예측하는 행위로 계획을 수립, 작성, 집행하는 과정	기획을 통해 산출되는 결과물
계속적, 동적, 절차의 개념	최종적, 산출적 개념
절차의 과정을 의미	문서화된 활동목표와 수단을 의미

3) 기획과 정책
① 정책(policy)은 기획에 선행하는 즉, 기획을 위한 기본적인 프레임워크이며, 기획은 정책목표와 그것을 달성하기 위한 구체적 수단과 방법을 명시하고, 정책수행의 우선순위와 중점을 밝히며, 그 결과를 예측해주는 지적과정이다.
② 정책의 기획에 선행하는 것이며, 계획은 정책의 구체화를 위한 수단으로 기획의 결과이다.

4) 기획의 본질적 특성
① 목표지향성: 기획은 설정된 목표나 정책을 구체화하는 과정이다.
② 미래지향성: 미래의 바람직한 활동계획을 준비하는 예측과정으로 불확실성이 지배한다.

③ **합리적 과정**: 무형의 요인 등이 작용하므로 전적으로 합리적 과정이라 할 수는 없으나 절차적, 역동적인 정책결정에 비해서 합리성을 추구한다.
④ **의사결정과정**: 목적을 효율적으로 달성하기 위한 최적 수단의 선택과정이다.
⑤ **계속적 준비과정**: 기획은 조직이 집행할 계속적인 작은 의사결정을 준비하는 과정이다.
⑥ **변화지향성**: 현상을 타파하고 더 나은 방향으로의 변화를 지향한다.
⑦ **행동지향성**: 실천과 행동을 위한 문제해결능력의 향상과 현실의 개선에 중점을 두고 있다.
⑧ **국민의 동의·지지 획득수단**: 기획은 통치의 정당성을 확보하는 수단이 된다.
⑨ **정치적 성격**: 현재의 상태를 변화시키려는 것으로 정치적 대립이 불가피하다.
⑩ **통제성**: 바람직한 미래를 구현하려는 의도적 수정과 통제활동으로 개인의 창의력을 저해하거나 획일과 구속으로 인한 절차상 비민주성을 내포하고 있다.

(2) 전략적 기획(Strategic Planning; SP)

1) 전략의 의의
① **전략**: 장기 미래, 동태적 환경(상황), 불확실성, 변화 등을 내포하고 있다.
② 대규모 전쟁에서 승리하기 위하여 인적, 물적 자원 등의 여러 조건과 상황을 이용하려는 고차원적 접근을 뜻하기 때문에 특정 소규모 전쟁 승리를 위한 계책 마련의 저차원적 접근인 전술과는 구분이 된다.
③ 민간부문에서도 적용되어 왔으며, 당면문제의 근시안적 해결보다 장기적으로 여러 변수를 검토, 분석하므로 사업이익을 극대화하려는 기획 과정을 활용한다.

2) 전략적 기획의 의의
① **정의**: 무엇을 왜 해야 하는지를 지시해 주는 기본적 결정과 행동을 위한 통제된 노력으로 조직 전반에 걸친 일반적 지침을 제공하는 기획이다.
② **슈타이너(Steiner)**: 기본적 목표, 목적, 정책 등을 수립하고, 조직의 목표를 달성하기 위해 사용될 전략을 개발하는 체계적인 노력이다.
③ **올센과 에디(Olsen & Eadie)**: 조직의 실제 목표가 무엇이며 조직이 특정 업무수행을 왜 해야 하는지에 대한 결정과 행동을 산출해내는 훈련된 노력이다.
④ **브라이슨(Bryson)**: 조직이 무엇이며, 무엇을 해야 하며, 왜 그것을 해야 하는지에 대한 기본적인 결정과 행동을 만들어내는 훈련된 노력이다.
⑤ **드러커(Drucker)**
㉠ 전략적 기획을 기업의 미래에 대한 최대한의 지식을 바탕으로 체계적으로 기업의 의사결정을 하고, 그 결정을 수행하려는 노력을 구체화하며, 피드백을 통해 기대치에 대한 결과를 측정하는 지속적 과정이다.

ⓛ 비즈니스 전략적 기획은 요령이 아니라 기교이며, 예측하는 것이 아니며, 미래의 의사결정을 다루는 것이 아니라 현재 결정의 장래성을 다루는 것이며, 위험을 제거하려는 시도가 아니다.

⑥ 전략적 기획의 기타 정의

ⓛ 애리조나주: 기관의 임무, 목적과 성과 측정을 정의함에 있어 고객, 이해관계자와 정책결정자뿐만 아니라 기관장의 전폭적 지지를 필요로 하는 참여과정이다.

ⓛ 포이스터와 스트라이프(Poister & Streib): 조직의 전략적 의제를 발굴하기 위한 모든 주요한 활동으로, 기능 그리고 지시 등을 통합할 수 있는 집중적 관리과정이다.

ⓒ 김신복: 조직이 생존과 발전을 위하여 반드시 생각하고 수행해야 할 일들이 무엇인가를 찾아내는데 활용될 수 있는 개념, 절차, 도구이다.

3) 전략적 기획의 특징

① 불확실한 환경에서 장기적 결정을 합리적으로 한다.
② 안정된 환경에서 정해진 목표를 달성하는 전통적 장기기획과는 다르다.
③ 위기와 약점은 최소화하고 기회와 강점은 최대로 활용한다.
④ 조직의 임무 → 비전 → 전략목표 → 성과목표의 공유
⑤ 대내외적 부문간 연계와 통합의 강조
⑥ 전략적 관리, 전략적 예산 등으로 연결되어야 한다.

> 전략적 결정 → 전략적 기획 → 전략적 관리 → 전략적 예산

4) 한계점

① 많은 시간과 비용이 소모된다.
② 불확실한 환경에서는 장기적으로 합리적 기획이 불가능하다.
③ 제한된 합리성이나 점진적 결정의 현실적 불가피성을 고려하지 못한다.

(3) 전통적 기획과 전략적 기획

1) 전통적 기획

① 주어진 목표를 예산이나 사업으로 구체화하기 위해 활용되는 것이다.
② 기존의 조직 역할에 초점을 둔다.
③ 과거에는 현재까지의 추세에 기초하여 가장 높은 미래를 가정하여 목표 달성을 추구하는 경향이 강하기 때문에 장래의 환경변화에 따른 대처능력이 부족하다.
④ 법규 및 기획부서의 지위 등에 따라 많은 제약을 받는다.

2) 전략적 기획

① 전략적 이슈의 확인 및 해결을 위하여 사용되는 것으로, 조직 내 환경에 대한 평가를 통해 비전을 추구하면서 조직의 미래 모습을 구체적으로 제시한다.

② 정책결정 측면에서 조직의 모든 실제적, 잠재적 역할을 고려하게 되어 정치적 상황에 보다 탄력적으로 대응할 수 있다.

③ 정책집행 측면에서 법령, 지침의 제약을 상대적으로 덜 받아 재량의 범위가 넓고, 계획 내용에서도 주요 이해관계를 종합적으로 고려하기 때문에 실제적 유용성이 높다.

④ 전통적 기획과 전략적 기획 비교

구분	전통적 기획	전략적 기획
기간	단기 또는 중기(1~5년)	장기(5~10년)
사용목적	정책(목표)의 구체적 수단	관리도구
재량범위	최소화	최대화(복잡한 문제를 다루기 위함)
방향성	주로 물리적 개발, 토지 이용	기능을 위한 전략
포괄성	포괄적	선택적
형식성	획일	다양
목표	전제	전제되지 않음
방법	추세연장법에 의한 미래예측에 기초	불연속성 전제
과정	변경이 어려움	변경 수용

(4) 전략적 기획의 특성

1) 특징

① 전략적 기획은 조직의 비전과 사명, 가치를 확인하고, 이를 수정, 보완하는 과정이 중요시되며, 조직의 존재 이유를 부여하는 사명을 확인함으로써 조직이 경쟁하게 될 사항을 거시적으로 알 수 있고, 조직 내 발생하는 갈등을 완화하여 구성원에게 동기부여를 한다.

② 전략적 기획은 조직과 연관된 내·외적 환경 여건을 중요하게 여기기 때문에 조직 내부 장점(S), 단점(W)을 분석하고 조직 내외의 기회(O)와 위협(T) 요인에 어떻게 대처하느냐에 중점을 둔다.

③ 직면한 전략적 이슈를 확인하고 해결하는데 역점을 둔다. 전략적 이슈란 목표(what), 수단(how), 철학(why), 위치(where), 시기(when), 이해관계자집단(who) 등에서 갈등과 같은 문제를 효과적으로 해결하기 위해 불확실한 상황에 대처할 준비를 하는 것을 의미한다.

④ 정책형성과 정책집행을 연결하는 안전장치 역할을 한다. 정책형성과 정책집행체계가 잘 되어 있어도, 정책 환경에 변화가 생기면 정책이 실패할 수 있기 때문에 이를 예방하기 위한 수단적 방안을 마련하는 것으로 전략적 기획은 정책집행 측면에서 제약을 상대적으로 덜 받아 재량의 범위가 넓다.

⑤ 분석보다 종합에 더 역점을 둔다. 전략적 기획가는 조직의 재량범위, 조직의 비전, 사명을 명확히 확인하여, 조직의 강점, 약점, 기회, 위협요인 등을 탐색하고 모든 정보를 종합하는 역할을 해야 한다.

2) 전략적 기획의 장점

① 전략적 기획은 기본적으로 환경변화에 대응하기 위한 기획이지만, 사후 상황 극복뿐만 아니라 선도적 변화를 추구한다.
② 성과를 관리하는데 있어 유용한 수단으로 진단, 목표설정, 전략형성 과정이기 때문에 성과지향적 관리에 있어 필수적이다. 성과 대상을 설정하고, 진행사항을 모니터링 하기 위한 방법을 구체적으로 제시하며, 진행 중인 운영계획, 자본계획, 예산지침을 제공한다.
③ 조직을 미래지향적으로 전환시킨다. 광범위한 정보수집, 다양한 대안 탐색, 현재의 결정이 미래에 미치는 관련성을 강조한다.
④ 고객의 지지 확보와 조직 내부의 커뮤니케이션을 강화시킨다. 기본적으로 고객지향적 관리이기 때문에 기획과정 전반에 고객의 요구와 기대를 반영하고, 목표 명확화와 전략계획의 효율적 집행을 확보하기 위하여 조직 내 커뮤니케이션을 강조한다.

(5) 전략적 기획의 한계

1) 일반적 한계

① 전략적 기획은 비용이 편익보다 클 때 사용할 이유가 없다.
② 조직지도자가 뛰어난 직관을 갖고 있는 경우 조직 전체가 참여하는 전략적 기획은 비효율적이다.
③ 조직의 의사결정과정이 지나치게 복잡한 경우 몸소 부딪치는 방식이 현실적인 대안일 수 있다.
④ 위기에 처한 조직의 경우 전략적 기획을 위한 능력, 자원, 적극적 후원이 충분하지 않기 때문에 전략적 기획이 옳은 선택이 아닐 수 있다.

2) 민츠버그(Mintzberg)의 전략적 기획의 문제점

① 전략적 기획이 미래예측에 기반을 두고 있다는 점이다. 미래예측은 현재 분석에 기초하는데 미래에 대한 불확실성이나 예측의 부정확성을 고려할 때 사전에 특정의 상황을 가장하고 계획을 수립한다는 것이 무의미할 수 있다.
② 전략적 기획이 수립되기 위해서는 조직관리자(기획자)가 일상 업무와 떨어져서 상황을 분석해야 하는데, 계획과 실천이 유기적으로 연계되기 어렵다.
③ 전략적 기획이 많은 경우 직관적이며, 공식화하기 어려운 내용을 담고 있어 반복되기 어렵다. 공식화가 안 된다면 조직에서 활용할 수 있는 도구로서 의미가 축소된다.

3) 올센과 에디(Olsen & Eadie)의 전략적 기획의 평가

① 전략적 기획에 대한 설계가 지나치게 추상적이며, 사회적, 정치적 역동성을 제대로 반영하지 못한다. 공공조직의 임무와 목표의 구체화는 해당 조직의 생존을 위한 경쟁력을 강화시켜 줄 수 있다.

② 전략적 기획의 단계별 과정이 너무 경직되어 있거나 급속한 환경변화에 신속하게 대응하지 못한다. 전략적 기획이 변화지향적이기 때문에 이러한 속성을 단계별 과정에 적극 반영함으로써 경직적, 대응성의 개선을 도모할 수 있다.

③ 전략적 기획 과정은 실제 취지와 달리 관료제의 역기능과 유사하게 독창적, 혁신적 변화에 대해 저항, 반발을 초래할 수 있다. 전략적 기획 모형이 현 상태 유지로 결정된다. 변화 기회 자체를 상실하게 된다.

4) 브라이슨(Bryson)의 평가: 책무성 문제를 비판

① 전략적 기획의 전략이 정치인들에 의해 통제를 받거나 정치적 의사결정에 의해서 침해를 받으면 결과에 대한 책무성은 정치인들이 져야 하지만 현실적으로 책임을 지지 않는다.

② 전략적 기획은 정치적 의사결정(정치인의 통제)에 의해 대체되면 안되며, 오히려 정치적 의사결정의 미숙한 형태를 개선시켜야 한다.

5) 앤소프(Ansoff)의 평가: 공공조직 목표에 대한 비판

① 공공부문은 민간부문의 존재 이유에 대한 정당성 측면에서 본질적으로 다르기 때문에 이윤추구를 목표로 할 수 없다. 민간부문은 기업윤리 내에서 이윤의 극대화라는 동기부여가 수용되나 공공부문의 조직목표는 이윤추구보다 공익적 차원에서 사회적 책임성, 조직 생존의 장기 전략 수립, 참여자간의 합의 도출 같은 목표가 제시되어야 한다.

② 전략적 기획 과정에 대한 정보의 불충분, 부적합성, 측정과 평가에 대한 불만, 전문관료의 비전문성, 공공관리자의 사적 이익반영, 윤리의식 결여, 변화에 대한 도전 및 위험 회피, 시간적 제약 등의 난제들을 해결해야 한다.

6) 김신복: 공공조직 활용에의 제약

① 공공부문의 특수성 때문에 전략적 기획이 민간기업처럼 활용되기 어렵다.

② 의사결정을 할 때 견제와 균형의 원칙 때문에 기관장이 독자적으로 결정을 내릴 수 있는 범위가 제한된다.

③ 공공조직의 경우 전략의 효과성을 측정할 수 있는 성과지표가 없다.

④ 조직구조, 인사, 예산의 경직성은 조직관리자가 전략을 성공적으로 집행하는데 제약조건으로 작용한다.

(6) 전략적 관리(Strategic Management; SM)

1) 의의

① 코틴(Koteen): 장기적인 조직성과를 성취하기 위한 관리자의 의사결정과 행동이다.

② 그로우와 보즈만(Crow & Bozeman): 전략적 관리는 조직목표를 달성하기 위한 조직관리의 개선방식으로, 조직 내부의 기능과 활동을 통합하고, 외부환경에 유연하게 대응하면서, 정책

과 사업 등에 대한 효율적, 종합적 계획의 수행을 통해 조직관리 형태에 영향을 주려는 과정이다.

③ 신자유주의 및 신공공관리론, 균형성과관리 등에 입각하여 공공부문에 도입된 기업식 관리전략의 일종으로 개방체제 하에서 환경과의 관계를 중시하는 변혁적, 탈관료적 관리전략이다.

④ 주된 목적은 조직과 그 조직이 처한 환경 사이에 가장 적합한 상태를 형성하는 것으로서 조직은 우선 장기적인 관점에서 자신의 대내적 강점 및 약점과 환경으로부터의 위협 및 기회를 분석하고 확인하며, 이러한 분석에 기초하여 최적의 전략을 수립하는 것이다.

⑤ 전략적 기획을 전략적 관리의 기초로, 전략적 기획의 확장을 전략적 관리로 인식했다.

⑥ 전략적 관리는 조직의 모든 부서와 조직운영체계를 통하여 전략적 비전을 확산하는 것이다.

⑦ 전략적 관리는 전반적 관리업무와 기획기능의 결합이므로 전략적 기획보다 포괄적 수준이며, 조직 환경과의 역동적 상호작용 및 분석을 중요하게 여긴다.

2) 전략적 관리의 원칙

① 장기적 관점

② 조직 목적 및 목표와 계층간의 융화

③ 전략적 관리와 기획은 상호 독자적인 실행이 아니라는 인식

④ 환경에 대한 적응이 아닌 환경변화에 대한 예측과 대응적 관점

※ ①, ②는 전략적 기획과 큰 차이가 없으나, 전략적 관리는 상대적으로 ③, ④를 강조한다. 정치적 권위를 전략적 공공관리 측면에서 중요 영향 변수로 인식한다.

3) 특징

① 전략을 개발, 수립하는 과정인 전략적 기획은 전략관리의 핵심부분으로 더욱 복잡해지는 행정환경 속에서 정부조직이 주어진 상황에 단순 반응하기보다는 오히려 변화 자체를 추구하면서 사전에 대처해야 한다.

② 전략적 기획이 적절한 전략 결정을 형성하는 것이라면, 전략적 관리는 기업의 전략적 산출물(새로운 시장, 상품, 기술의 생산)을 생산하는 것에 초점을 둔다.

③ 전략적 관리는 조직 부서별 전략적 기획을 단순 통합 수준이 아니라, 그 이상의 조직 전반에 대한 복합적 의미를 가진다.

④ 전략적 관리는 기업의 최종적 목표가 되며, 모든 사업별, 기능별, 계층별 조직운영 및 전략적 결정을 연계한 운영체계의 발전을 목적으로 한다.

⑤ 조직문화, 기업가치, 관리 스타일, 책임성, 신념, 윤리의식 등을 중요하게 여기고, 단기적 기업이익추구와 장기적 기업 성장 간의 갈등요소를 관리 측면에서 조정한다.

⑥ 기업 비전이 조직구성원 모두에게 공감대를 형성하지 못할 경우 전략적 관리의 추진과정과 실효성에 문제가 발생하며 조직의 생존문제와도 직결된다.

② 공공부문의 전략적 기획

(1) 공공부문의 전략적 기획

1) 기업의 전략적 기획의 필요성
① 1970년대 국제경쟁의 심화, 사회적 차원의 변화, 군사적·정치적 불확실성, 국제 경기침체 등의 요인들에 의해 대두되었다.
② 사업기획보다 기업의 비전 차원에서 최고경영자 수준의 고차원적 기획을 의미하며, 조직부서, CEO의 지지와 수용이 필수적이다.
③ 민간부문 전략은 당면문제 해결도 중요하지만, 더 장기적 관점에서 조직운영 전반의 변수들을 체계적으로 검토, 분석, 평가하는 과정이며, 기업이익실현뿐 아니라 기업 생존 차원의 합리적 선택과 전략적 기획, 관리과정에 해당한다.

2) 공공부문의 전략적 기획 발전과정
① 1960년대 중반: 미국에서 지방정부의 능력형성을 위한 노력이 시작되었다.
② 1970년대 중반: 세계경제침체가 가속화함에 따라 지방정부의 능력형성을 통한 대등한 동반자적 중앙-지방관계를 구축하는 것이 지방의 생존을 보장할 것이라는 주장이 대두되었다.
③ 미국 주정부는 지방정부의 처우를 제고했으며, 지방정부의 문제가 곧 주정부의 문제라는 점을 각성하고 새로운 주정부-지방정부 간의 관계를 정립하였다. 주정부가 지방정부에 대한 구속력을 완화할수록 지방정부는 더 효과적으로 기능할 수 있고, 지방의 능력도 증가하여 여러 문제를 더 효율적으로 처리할 수 있다.
④ 1990년대: 급속한 변화 과정에서 지방정부 주민의 욕구를 충족시키고, 직·간접적 관련자의 폭넓은 참여를 바탕으로 지방정부의 능력을 제고하기 위해 전략적 기획 접근법이 각광을 받았다.

3) 공공부문과 민간부문 비교
① 차이점
  ㉠ 공공부문: 법규 해석 및 적용 범위의 차이, 정부 규율 및 규칙의 제약, 정치적 영향, 고객과 이익집단의 압력 등 조직 내외적 환경변수들이 민간부문보다 강하게 적용한다.
  ㉡ 민간부문: 목표의 단순화, 경제적 이윤 및 이익 지향적 목표설정, 시장 메커니즘을 통한 감시, 조직운영의 비공개성 등이 있다.
② 공통점: 조직생존을 위협하는 요소들을 제거하고, 조직의 부와 안전을 증진할 수 있는 대안을 선택하는 것이 전략의 가장 기본적인 내용이다.

4) 공공부문의 전략
① 일종의 관리적 틀, 기법, 계획들을 내포한다.

② 공공조직과 외부환경변수 간의 갈등 완화 및 조정 차원의 계획을 수립한다.
③ 조직 미션, 목적, 목표에 대한 구체화를 한다.
④ 효과적 집행을 위한 방법에 대하여 합리적인 설계가 강조되고, 민간보다 전략적 기획의 접근법, 세부내용 등이 간결해진다.

(2) 공공부문의 전략적 기획 모형

1) 후닥(hudak)의 공공부문 전략기획 과정

① 1단계: 공공조직
② 2단계: 조직의 당면 이슈의 명확한 정의
③ 3단계: 조직 외적 분석(O, T)과 전망, 각각의 이슈에 대하여 외부환경의 변화로부터 제기되는 기회, 위협요소 등에 대한 분석
④ 4단계: 조직 내적 변수(S, W) 분석 및 예측, 해당 공공조직의 능력평가에 따른 강점, 취약점 등에 대한 분석
⑤ 5단계: 조직 미션(M), 목적, 목표(G)에 대한 설정 과정, 민간조직의 경우 2단계 과정에서 이루어지지만 공공부문은 공공재의 특성으로 5단계에 해당한다.
⑥ 6단계: 전략발전 단계, 목표달성을 위한 대안을 비교, 분석, 평가하는 과정, 독창적, 합리적인 사고와 철저한 검토 과정 수반, 공공부문은 양적 평가와 질적 평가에 의해 대안을 검토해야 하기에 민간부문보다 주관적 평가가 강하다.
⑦ 7단계: 계획 발전 단계, 누가, 무엇을, 어떻게, 언제, 자원조달은 어디에서 등과 같이 세부적인 계획 내용을 포함한다.
⑧ 8단계: 집행단계는 현실 상황에서 공공 전략적 기획의 적용 및 실행

2) 브라이슨(Bryson)의 전략적 기획 과정

> 기본적 합의 → 제반규율 → 미션/가치 → 내부환경/외부환경 → 전략적 쟁점 → 제반전략 형성 → 조직비전 제시 → 활동(집행) → 결과(평가)

① 전략적 기획과정에 관한 주창과 합의
  ㉠ 전략적 기획의 착수에 필요한 자원이 연계되어야 하며, 전략적 기획팀 또는 위원회를 조정하는 기획이 있어야 한다.
  ㉡ 전략적 기획 노력의 가치
  ㉢ 직·간접적으로 관련될 조직, 단위, 집단, 요원
  ㉣ 특정적 진행단계
  ㉤ 보고 양식과 시기 등에 관한 합의를 도출해야 한다.

② 조직의 제반 규율 파악
  ㉠ 당면한 조직의 공식, 비공식적 규율의 수집 정리
  ㉡ 규율의 준수에 따른 현안 문제의 해석
  ㉢ 규율에 따른 불필요한 제약요건을 제거
③ 미션과 가치의 명확화
  ㉠ 조직 내 불필요한 갈등을 방지하고, 합리적 의사결정과 생산적 활동에 몰입할 수 있으며, 존립의 사회적 정당성, 존재이유를 제시해 준다.
  ㉡ 조직 미션, 가치의 분류는 이해관계자 분석과 미션 진술문을 통해 가능하며, 미션에 관한 합의가 공감대를 얻으면 조직의 힘의 원천으로 작용한다.
④ 내부환경과 외부환경의 진단
  ㉠ 내부환경의 강점과 약점 파악: 조직 내부의 환경을 평가, 평가의 범주는 체제모형에 입각하여 자원(투입), 현재 전략(처리), 집행(산출)의 요소이며 정보관리체제를 갖춘 조직은 강점과 약점을 평가하는데 유리하다.
    ⓐ 자원: 인적 자원, 경제적 자원, 정보, 경쟁력
    ⓑ 전략의 제시: 전체적 전략, 기능별 또는 부서별 전략
    ⓒ 집행: 결과, 현황
  ㉡ 외부환경의 기회와 위협 요소 발견: 정치, 사회, 경제, 기술적 요인과 추세를 모니터링하고, 분석하고, 전략적 기획팀은 민원인, 고객, 납세자, 경쟁자, 협력자 등 다양한 관련집단에 대한 모니터링을 실시한다.
    ⓐ 영향요인, 추세: 경제적 요인, 정치적 요인, 사회적 요인, 기술적 요인
    ⓑ 고객, 비용: 구매자, 비용지불자
    ⓒ 경쟁자: 경쟁적 세력
    ⓓ 협력자: 협력적 세력
⑤ 전략적 이슈 확인
  ㉠ 전략적 기획의 핵심과정으로 조직이 직면한 근본적 정책대안을 파악하는 것으로, 대안선택은 조직의 실체, 역할, 역할의 근거 등을 정의하는데 중요하다.
  ㉡ 전략적 이슈와 갈등: 문제해결의 대상, 방법, 철학, 장소, 시기에 따라 비용, 편익을 받는 집단들과 관계가 되어 있다.
  ㉢ 전략적 이슈는 명료해야 하며, 쟁점을 정책문제로 전환시키기 위한 요인들이 일치해야 한다.
⑥ 제반 전략 형성
  ㉠ 전략은 대개 전략적 쟁점(이슈)을 해결하기 위해 개발되는데, 경우에 따라 조직목표나 성공 비전을 제시하기 위하여 개발되기도 한다.
  ㉡ 전략적 기획팀은 비전, 대안 등을 직·간접적으로 달성하기 위한 주요 전략을 수립한다.

ⓒ 전략계획의 검토 및 채택: 주요 전략이 제시된 후 실제로 집행되도록 장기로는 2~3년간 필요한 조치를 검토해야 하며, 단기로는 6~12개월간 상세 작업계획표에 집행사항을 명확하게 기록해야 한다.

⑦ 조직의 비전설정
㉠ 조직의 미래상을 성공의 비전으로 설명해야 한다.
㉡ 비전은 조직의 존재를 정당화시켜 주는 사회적 목적을 강조하며, 간단하고 고무적이어야 한다.
㉢ 비전에는 조직의 임무, 기본철학과 핵심가치, 다양한 기본전략, 업무수행기준, 주요 결정사항, 모든 구성원이 준수해야 하는 윤리기준 등이 포함되어야 한다.

⑧ 효과적인 집행계획 개발
⑨ 전략적 기획 및 전략에 대한 재평가

3) 로울리, 돌렌스, 루한(Rowley, Dolence & Lujan)의 전략적 기획 모델

① 핵심성과지표(Key performance indicators; KPI) 개발
② 외부환경진단 수행
③ 내부환경진단 수행
④ SWOT(장점, 단점, 기회, 위협) 분석
⑤ 브레인스토밍(자유의사토의법, 집단자유토의)
⑥ SWOT 분석 결과 항목들의 잠재적 영향력 평가
⑦ 미션, 목적과 목표, 전략 수립
⑧ KPI를 충족시키는 능력에 대한 의도했던 전략, 목적 및 목표의 효과를 알아보기 위한 교차영향분석 수행
⑨ 전략, 목적과 목표의 승인 및 실행
⑩ KPI에 관한 전략, 목적 및 목표의 실제 파급효과의 모니터링 및 평가

> ※ 브라이슨(Bryson) - 로울리, 돌렌스, 루한(Rowley, Dolence & Lujan)
> * 유사점: 환경을 이해하고 행동을 요구한다.
> * 차이점: 중요한 리더십 역량으로 고려되는 비전설정(브라이슨)

4) 앨리슨과 케이(Allison & Kaye)의 공공·비영리부문의 7단계 전략적 기획 과정

단계명	단계	내용	결과
준비	1단계	• 기획의 필요성 인식 • 계획 준비사항 점검 • 기획참여자 선정 • 필요한 정보 확인	계획 준비 상태와 계획에 대한 협의
미션·비전 표명	2단계	• 사명선언서 작성 • 비전선언서 작성	사명선언서(M)와 비전선언서(V)의 초안
환경조사	3단계	• 필요한 정보 추가 • 과거와 현재 전략 표명 • 내외부 이해관계자 정보 • 추가적 전략이슈 확인	주요 이슈 파악 전략적 정보 구축
우선순위 결정	4단계	• SWOT 분석 • 사업의 경쟁력 분석 • 미래 핵심전략 선정 • 상하위 목표 기술	우선순위, 장단기 목표(G) 협의·결정
전략계획 작성	5단계	• 전략계획 작성 • 계획안 제출 • 구체적 계획 선택	전략계획안 도출
전략기획 실행	6단계	• 연차운영계획 개발 • 연차운영계획 작성	구체적 연차운영계획 예산 편성
모니터링·평가	7단계	• 전략기획과정 평가 • 전략계획안의 모니터링 • 계획 업데이트	평가 및 계획에 대한 지속적인 점검

5) 전략적 기획모형의 공통변수

① 외부환경 영향 정도

② 전략적 통제활동 범위

③ 전략적 행동의 강도

④ 조직전략의 목표(정치적, 조직적, 정치적 목표 등)

⑤ 변화지향성

⑥ 전략적 관리 범위

⑦ 전략적 관리 행위 수준

⑧ 전략적 활동의 방향

6) 전략적 기획 과정상 공통 요소

① 환경 검토: 정치, 경제, 사회, 문화적 주요요인을 검토하고 조직 및 지역사회와 어떤 관련성이 있는지 확인하는 것

② 조직의 사명과 목적 결정: 환경 검토에 기초하여 새로운 접근법이나 서비스를 제공하기 위한 기회와 이슈를 확인한다.

③ SWOT 분석: 내부와 외부의 강점, 약점, 기회, 위협, 자원의 한계 등을 분석하고 이어 사명과 목적의 달성을 위한 구체적인 행동계획을 개발하며, 정책 및 사업의 우선순위를 결정한다.

④ 집행 전략의 개발과 집행과정에 대한 모니터링: 집행을 위한 실제적인 전략을 개발하고 집행 과정을 모니터링하며 평가한다.

3. 전략적 농촌지도사업

① 농촌지도사업을 위한 전략적 기획

(1) 농촌지도에서 전략적 기획 도입

1) 필요성
    ① 지방자치의 성공여부는 지역주민들의 자발적, 적극적 참여가 중요하고, 지방자치단체가 주도적으로 지역주민의 기대와 요구에 대응하면서 지속적 지역사회발전을 달성하는 것이 중요하다.
    ② 지방자치를 위한 전략적 기획은 지방자치단체의 조직, 행정의 효율성과 더불어 지역사회 경쟁력 강화에 필수적이다.

2) 우리나라 지방자치단체 전략관리를 위한 성과관리제 도입
    ① 심사평가 제도, 성과주의 예산제도(Performance Budgeting System; PBS), 목표관리제(Management by Objective; MBO), 행정서비스 헌장 등을 도입하였다.
    ② 이러한 제도는 중앙정부 주도로 도입되어 지역 실정에 맞는 성과관리시스템과 거리가 멀고, 여러 제도가 통합 운영되지 못하기 때문에 효율성의 문제가 나타난다.
    ③ 효율성이 낮은 원인은 전략적 기획(성과관리의 전제조건)이 미비하고 성과관리의 효율성을 담보하는 예산제도가 부족하기 때문이다.

3) 심사평가제도
    ① 심사평가란 정부가 시행하는 사업이나 시책에 대하여 그 집행사항을 파악하고 시행결과 또는 집행과정을 분석, 평가하는 성과 모니터링 제도로 2001년 이후 정부업무평가제도(기관평가제)로 확대되었다.
    ② 기준
        ㉠ 경제성 분석: 비용의 절감도
        ㉡ 능률성 분석: 투입과 산출의 관계 및 시간, 노력의 절감
        ㉢ 균형성 분석: 관련사업과의 균형적 추진 여부
        ㉣ 진도 분석: 일정 점검
        ㉤ 효과성 분석: 집행성과의 분석으로 가장 핵심적 기준이다.
    ③ 정부업무평가 제도: 중앙행정기관, 지방자치단체, 공공기관 등의 통합적인 성과관리체제의 구축과 자율적인 평가역량의 강화를 통해 국정운영의 능률성, 효과성 및 책임성을 향상시키는 것을 목적으로 하는 우리나라 공식적 정책평가제도이다.

4) 성과주의 예산(Performance Budgeting System; PBS)

① 예산을 사업별, 활동별로 구분하여 편성하는 성과중심의 예산으로 주요사업을 몇 개의 사업으로 나누고 이를 다시 몇 개의 세부사업으로 나눈 후 세부사업별로 단위원가의 업무량을 산출하여 예산을 편성하는 사업중심의 예산제도이다.

② 재원과 사업을 직접 연계시키는 기능중심, 사업중심, 활동중심, 관리중심, 원가중심, 능률중심, 산출중심, 실적중심의 예산이다.

5) 목표관리제(Management by Objectives; MBO)

① 목표관리란 목표를 중시하는 민주적, 참여적 관리기법의 일종으로 원래 조직발전(OD) 등과 함께 동태적이고 종합적인 조직관리체계였으나 공공부문에는 1970년대 미국에서 예산기법으로 도입되었다.

② 상하 조직구성원의 참여를 통해서 부서의 목표를 명확히 설정하고 구성원 개개목표 또는 책임을 합의하에 부과한 후 수행결과를 공동으로 평가하고 환류시켜 궁극적으로 조직의 효과성 향상에 기여하고자 하는 동태적, 민주적 관리체제이다.

6) 행정서비스헌장 제도

① 각 공공기관에 대하여 의무조항을 명시하고 일반국민이 당연히 누려야 할 권리를 천명하여 서비스의 기준을 설정하여 불이행 시 국민이 시정조치와 보상을 요구할 수 있도록 한 고객중심적 서비스 관리제도이다.

② 핵심은 성과지표를 개발하고 그것을 서비스 기준과 연계시키는 방안을 구체화한 것으로 성과관리의 일종으로 볼 수 있다.

③ 행정서비스헌장의 7대 원칙
　㉠ 서비스는 고객 입장과 편의를 최우선으로 고려하는 고객중심일 것
　㉡ 고객에게 제공되는 서비스의 내용은 고객이 쉽게 알 수 있도록 구체적이고 명확할 것
　㉢ 행정기관이 제시할 수 있는 가장 높은 수준의 서비스를 제공할 것
　㉣ 서비스 제공에 소요되는 비용과 고객의 편익이 합리적으로 고려된 서비스의 기준을 설정할 것
　㉤ 서비스와 관련된 정보 및 자료를 쉽고 신속하게 얻을 수 있도록 할 것
　㉥ 잘못된 서비스에 대한 시정 및 보상조치를 명확히 할 것
　㉦ 제공된 서비스에 대한 고객의 여론을 수렴하여 이를 서비스 개선에 반영할 것

(2) 우리나라 농촌지도에서 전략적 기획 도입 시 주의점

1) 전략적 기획의 의의
① 전략적 기획은 급속한 환경변화 요인과 추세에 대한 탐색, 분석을 통해 지방정부의 발전을 도모하려는 체계적, 종합적 기획 및 정책개발활동이다.
② 전략적 기획의 과정
  ㉠ 과정은 SWOT 분석 및 PEST 분석 → 전략적 쟁점을 도출 → 적절한 대안, 해결방안 등의 전략 수립 → 전략의 체계적 집행 → 지방정부의 발전목표 및 방향을 구체화하는 접근법이다.
  ㉡ PEST 분석: Political(정치적), Economic(경제적), Social(사회적), Technological(기술적) analysis

2) 전략적 기획 도입 성공을 위한 전략적 기획의 특성
① 기획구조적 특성
  ㉠ 전략적 기획이 1회성이 아닌 연속 순환하도록 그 과정이 공식화되어야 한다.
  ㉡ 외부고객과의 커뮤니케이션과 조직 내 수직적, 수평적 커뮤니케이션이 활성화되어야 한다.
  ㉢ 하위조직이 직접 예산과정 및 기획과정에 참여할 수 있는 분권적 기획구조이어야 한다.
② 기획방법적 특성: 기획과정에서 현재 및 미래 관점에서 내·외부 환경분석과 고객 및 이해관계자에 관한 분석이 필요하다.
③ 성과평가적 특성
  ㉠ 성과평가 결과를 전략적 기획과정의 개선 및 구성원의 성과 제고를 위해 활용되어야 한다.
  ㉡ 평가정보를 체계적으로 관리하고 성과평가가 인센티브(보상)와 연계되어야 한다.

3) 우리나라 지방자치단체가 전략적 기획 도입 시 고려할 점
① 공공조직에 전략적 기획을 도입하는 궁극적 목적은 전략계획 수립이 아니라 공공조직의 기획역량을 강화하여 변화하는 환경에 조직이 능동적으로 대응함으로 바람직한 비전을 실현하는 것이다.
  ㉠ 현재 지방자치단체가 전략계획의 성격인 장기계획을 수립하고 있으나, 외부전문가가 아닌 자체적으로 전략적 기획을 추진하는 역량이 부족하다.
  ㉡ 계획의 수립만 중요시하고 조직 자체의 기획역량 향상에는 무관심하다.
② 전략적 기획과정에서 환경분석, 이해관계자 분석을 충분히 하지 않으면 미래 환경변화에 대처하지 못하고 계획 방향 자체가 잘못될 수 있다.
  ㉠ 지자체 대부분이 중장기 계획이나 비전 수립에 있어 환경분석은 하고 있으나 체계적인 분석이나 이해관계자 분석에 기초하여 수립하는 수준에 이르지 못하고 있다.
  ㉡ 우리나라 중·장기 계획수립은 환경분석, 이해관계자 분석이 미약하여 전략목표 달성에 문제가 발생하고 있다.
③ 전략적 기획의 성공적 추진을 위해서 자치단체장의 적극적, 참여적 리더십이 필수적이다.

㉠ 자치단체장의 리더십은 제도 도입 자체를 결정하는 중요한 요인이다.

㉡ 조직 전체에 영향력을 발휘하는 자치단체장의 역할이 대단히 중요하다.

④ 전략적 기획의 성공요인으로 조직의 커뮤니케이션 활성화가 핵심이다.

㉠ 조직 외부 이해관계자의 의견수렴과 조직구성원 모두가 내부 커뮤니케이션을 통해 전략적 기획의 전 과정에 참여함으로써 계획수립, 집행에 있어 효과성까지도 확보해야 한다.

㉡ 우리나라 지자체는 내부 커뮤니케이션이 활성화되지 않은 것이 현실이다.

② 우리나라 농촌지도의 전략적 기획 과정

> 3C 분석 → 미션(M), 비전(V) 설정 → 비전 달성을 위한 성과목표(G) 설정 → SWOT 분석 → 전략과제(O)의 도출 → 전략과정의 평가 및 선정 → 과제별 실행계획 수립

(1) 3C 분석(지도조직 내·외부 환경분석)

1) 전략적 기획의 첫 단계

① 지도조직의 미래 방향은 조직 내·외부 환경평가를 근거로 도출된 쟁점들의 해결을 결정하는 방향이 되므로 이 분석으로 전략적 쟁점(과제)를 파악하는 것이다.

② 내·외부 이해관계자에 대한 분석과 관련 정보를 수집한다.

③ 환경분석 단계의 결과물은 주요 이슈 파악과 전략적 정보구축이다.

2) 3C 분석

① 조직 내·외부 환경분석에 가장 널리 이용되는 방법이며, 고객(Customer), 자사(Corporate), 경쟁자(Competitor)에 대한 정보를 분석하는 기법이다.

② 조직 내·외부 환경분석은 고객, 자사, 경쟁자, 거시적 외부 환경분석으로 이루어진다.

㉠ 고객분석: 지도사업의 고객에 대해 분석하는 것

㉡ 자사분석: 자사의 강점과 약점을 분석하고 자사의 경쟁우위 창출가능성을 식별하는 것

㉢ 경쟁자분석: 경쟁자의 생산능력, 경쟁사의 시설투자 규모의 진척 정도, 경쟁사의 주요고객 및 판매전략 등을 분석하는 것

㉣ 거시적 외부 환경분석: 조직 산업영역의 동향을 살펴보고, 이에 영향을 줄 수 있는 최근의 이슈들을 탐색하는 산업의 중·장기적 전망을 파악하는 것

③ 3C 분석 및 결과의 활용 포인트

㉠ 고객분석

ⓐ 고객은 누구인가?

ⓑ 고객의 특성과 속성은 무엇인가?

ⓒ 고객의 크기 및 변화 추이는?

ⓓ 고객만족의 핵심요소는 무엇인가?
ⓔ 현재 제공되는 서비스는 고객의 기대수준을 넘어서는가?

ⓛ 자사분석
ⓐ 우리 센터의 지도업무(서비스)는 무엇인가?
ⓑ 우리 센터의 전략, 목표는?
ⓒ 우리 센터에 대한 고객 평가는?
ⓓ 우리 지역의 주요 품목은?
ⓔ 우리 지역/센터의 강점과 약점은?

ⓒ 경쟁자분석
ⓐ 우리 센터 또는 지역의 주 경쟁자는?
ⓑ 주 경쟁자의 강점과 약점은?
ⓒ 경쟁자의 목표는?
ⓓ 경쟁자의 주 고객은?
ⓔ 경쟁자의 현재 전략과 미래 전략은?

ⓔ 거시적 환경분석: 정치, 경제, 사회, 문화, 기술 등의 측면에서 우리 조직에 영향을 줄 수 있는 이슈들은 무엇인가?

(2) 미션, 비전 설정

1) 미션(Mission)

① 의의: 왜 존재하는가에 대한 이유를 밝히는 진술문으로 조직이 수행하는 사업(일)을 왜 해야 하는가에 대한 진술이다.

② 특징
㉠ 미션은 조직 전체에 존재 목적의 일관성과 명쾌성을 유지시켜 준다.
㉡ 조직구성원에게 모든 의사결정의 준거를 제공한다.
㉢ 사업 본질에 대한 분명한 의사소통을 통해 조직 내 모든 구성원이 열정을 갖게 한다.
㉣ 조직 외부인의 이해와 지지를 얻어낼 수 있다.

③ 미션 진술문의 구성
㉠ **주요 고객 및 표적시장**(for whom)
㉡ **고객이 기대하고 요구하는 바**(what do they want)
㉢ **사업영역**(what & how to sell): 조직에 기여하기 위해 직원들이 제공하고자 하는 차별화된 산출물의 영역

2) 비전(Vision)

① 의의
- ㉠ 미래의 일정 시점에 되고 싶은 모습, 즉 조직이 나아가고자 하는 미래의 바람직한 모습이며, 호소력 있는 미래상으로 약간 추상적, 포괄적인 내용이다.
- ㉡ 3~5년 후에 달성될 수 있는 명확하게 표현된 목표이자 모두가 원하는 것, 상상할 수 있는 것이다.
- ㉢ 조직의 모든 사람이 믿을 수 있으며, 중요한 측면에서 지금 존재하는 것보다 나은 미래를 제시함으로써 미래에 대한 포부를 보여주는 것이다.

② 비전 슬로건: 비전을 함축하거나, 비전 달성을 위한 행동지침을 표현하는 것

③ 비전 진술문의 요소
- ㉠ 어떤 조직인가(Who the organization is)
- ㉡ 어떤 일을 하는가(What the organization does)
- ㉢ 조직은 어디로 가야 하는가(Where the organization is going)

(3) 성과목표(G) 설정

1) 성과목표는 비전을 달성하기 위한 전략과제를 도출하기 전에 비전 달성의 의미를 구체화할 수 있는 내용을 규정하는 것이다.
2) 양적 개념을 적용하여 수치로 표현한 것이다.

(4) SWOT 분석

1) 의의
- ① 조직의 환경분석을 통하여 강점과 약점, 기회와 위협요인을 규정하고, 이를 토대로 전략을 수립하는 기법이다.
- ② SWOT 분석요소는 경쟁자와 비교하여 자사에 인식되는 부분으로 강점, 약점이 있고, 외부환경에 대한 상황요인으로 기회, 위협이 있다.

2) SWOT 분석요소
- ① 강점(strength): 경쟁자와 비교하여 고객으로부터 우위에 있다고 인식되는 부분
- ② 약점(weakness): 경쟁자와 비교하여 고객으로부터 열세에 있다고 인식되는 부분
- ③ 기회(opportunity): 외부환경에서 유리한 조건이나 상황요인
- ④ 위협(threat): 외부환경에서 불리한 조건이나 상황요인

3) SWOT 분석 절차

> 환경분석 → 자사역량 분석 → 환경 대응전략 도출

① **환경분석**: 환경변화 요소나 속성, 그 내용(기회, 위협)의 구분, 영향의 정도를 분석하는 것이다.
② **자사역량 분석**: 지도기관이 가진 현재 역량의 강점, 약점을 평가하여 변화하는 환경에 어떻게 대응할 것인가에 대한 전략을 모색하기 위하여 필요한 과정이다.
③ **대응전략 도출**: 변화하는 환경에 대응하기 위하여 우리가 무엇을 해야 할 것인가를 결정하는 것이다.

4) SWOT 분석 시 현장에서 방법상의 문제

① **환경**
  ㉠ 환경인식의 기법이나 예측 분석방법이 제대로 갖추어지지 않을 경우, 환경에 대한 자의적 선발과 해석으로 중요한 환경요소들이 간과될 수 있다.
  ㉡ 환경의 기회(O), 위협(T)요인의 인식이 쉽지 않다. 요인 정도가 약하면 기회와 위협으로 분류되지 않게 되고 SWOT 분석 작업에서 제외된다.

② **조직**
  ㉠ 조직역량 검토에 있어 강점, 약점에 대한 명확한 인식이 쉽지 않고, 미래에 우리 조직의 강점, 약점 분석은 자의성이 개입된다.
  ㉡ 강점인가, 약점인가에 대한 해석이 불명확하다. 실제 상황에서나 이것이 강점인지, 약점인지에 대한 판단이 가능하다.
  ㉢ 핵심 역량으로 간주해야 할 두드러지지 않은 요소가 강점, 약점 분류에 빠져 버리는 경우가 있다.

③ **대안**: SWOT 분석에서 각 대안들 사이의 상관관계나 보완관계를 파악하기 어렵다. 각 대안들이 어떤 부류의 조치를 의미하는 것인지 이해하기 어렵고, 그것을 종합하기도 어렵다.

(5) 전략과제 도출

1) SWOT 분석을 통하여 사업의 경쟁력을 분석하여 우선순위에 따라 미래의 핵심전략을 선정하고 상·하위 목표를 기술하며 전략적 계획을 작성한다.
2) SWOT 분석을 이용한 전략과제를 개발하기 위한 전략 유형
   ① **SO전략(강점-기회전략)**: 시장의 기회를 활용하기 위해 강점을 사용하는 전략
   ② **ST전략(강점-위협전략)**: 시장의 위협을 회피하기 위하여 강점을 사용하는 전략
   ③ **WO전략(약점-기회전략)**: 약점을 극복하여 시장의 기회를 활용하는 전략
   ④ **WT전략(약점-위협전략)**: 시장의 위협을 회피하고 약점을 최소화하는 전략

(6) 전략과제의 평가 및 선정

1) 다양한 전략과제를 도출하고 이를 평가하여 우선순위를 정한다.
2) 우선순위의 판단기준은 긴급성, 중요성, 실행가능성, 파급성 등이다.

(7) 과제별 실행계획 수립

1) 전략과제 중 우선순위가 높은 전략과제의 실행계획서를 수립하고, 실행계획서에는 전략과제, 평가기준, 평가지표, 실행 프로세스, 담당(책임)자, 기간 등이 포함된다.
2) 전략적 계획이 작성되면 연차 운영계획을 작성한다.
3) 전략적 기획은 목표 지향적이라기 보다는 결과 지향적으로 전략적 쟁점에 대한 자원배분에 핵심이 있다.
4) 포함해야 할 결과지향적 활동
   ① 현재의 정책과 사업안을 재검토한다.
   ② 일반계획, 재정계획, 투자계획, 기술발전계획 등 현재의 다른 기획안들을 수정한다.
   ③ 새로운 정책 또는 사업계획을 채택한다.
   ④ 달성수준과 측정 가능한 목표를 파악한다.
   ⑤ 행동계획의 구성요소는 가능하면 각 부서와 개인의 성과목표를 통합한다.
   ⑥ 계획안을 적절하게 감독하고 평가할 수 있는 과정과 방법을 제도화한다.
   ⑦ 계획과정 상에서 환류로 얻은 정보와 교훈은 최고경영진과 이해관계자에게 적절히 전달되어야 한다.

농촌지도 계획 예상문제

01. 블랙이 제시한 개발계획의 성격 3가지에 포함되지 않는 것은?

① 종합성 ② 일반성
③ 일관성 ④ 장기성

해설 개발계획의 성격: 블랙(Black, 1968)
① 종합성: 물리적 개발뿐만 아니라 정신적, 사회적 개발도 포함되어야 한다.
② 일반성: 개발계획은 더 나은 상태로 접근하기 위해서 전반적 의도의 표시에 불과하며 개별적, 구체적 확약 또는 규칙에 해당하지 않는다.
③ 장기성: 개발계획은 1년 내 단기적으로 실현할 수 있는 성질의 것이 아니라 5년, 10년, 또는 50년의 장래를 전망하여 장기적으로 설계하여야 한다.

02. 켈시와 헌의 미국농촌지도 계획의 수립방식 중 농촌지도사가 농민과 함께 계획하는 농촌지도 계획은?

① 주체 중심 사업계획
② 객체 중심 사업계획
③ 사실 중심 사업계획
④ 행정 중심 사업계획

해설 미국농촌지도 계획의 수립방식: 켈시와 헌(Kelsey and Hearne, 1967)
① 주체 중심 사업계획: 영농 소득이 생산에만 좌우되는 구조가 단순하던 시대의 농촌사회에서는 농촌지도사들이 쉽게 농민들의 문제를 파악하고 일방적으로 계획을 수립할 수 있었는데 이러한 지도계획을 말한다.
② 객체 중심 사업계획: 농촌사회가 발전함에 따라 작목과 농민들의 관심과 욕구도 다양해져 농촌지도사가 일방적으로 농촌지도계획을 수립하지 않고 농민과 함께 계획하는 농촌지도계획을 말한다.
③ 사실 중심 사업계획
  ㉠ 사회가 더욱 발전하고 신속해짐에 따라 객체 중심 사업계획 수립도 여러 가지 모순과 부작용이 발생하게 되었다.
  ㉡ 농민의 필요와 관심에 중심을 두었으므로 계획에 일관성이 없고, 그 지역사회에서 가장 중요한 사업에 대하여 집중적으로 자원과 노력을 투자할 수 없게 되었으며, 지역사회 밖의 사회경제적 변화에 신속하게 대처할 수 없게 되었다.
  ㉢ 지역사회 내는 물론 지역외적 사실과 농업외적 사실까지도 조사, 분석하여 그것을 기초로 지도사, 농민대표, 관계기관 대표 및 전문가가 함께 사업을 계획하는 농촌지도계획이다.

PART 02 정책과 농촌지도의 실행

03. 최민호가 제시한 농촌지도계획의 원리와 거리가 먼 것은?

① 사업계획은 사회변화에 따라 수정, 보완하지 않는다.
② 현재의 계획은 과거의 계획과 미래의 계획이 상호 연관되도록 작성하여야 한다.
③ 농촌지도사는 변화촉진자로서 그 지역사회의 관습과 문화적인 측면을 이해하고 있어야 한다.
④ 농촌지도계획은 영세민과 노약자의 보호에 관심을 두어야 한다.

해설 농촌지도계획의 원리: 최민호
① 충분한 자료와 설명이 있어야 한다.
② 관계기관과 긴밀하게 협동하여야 한다.
③ 농촌지역사회의 실정에 기초를 두어야 한다.
④ 주어진 자원의 한계 내에서 계획하여야 한다.
⑤ 농촌지도계획에는 농촌주민이 참여하여야 한다.
⑥ 사업계획은 사회변화에 따라 수정, 보완되어야 한다.
⑦ 농촌지도계획은 영세민과 노약자의 보호에 관심을 두어야 한다.
⑧ 농촌지도사는 변화촉진자로서 그 지역사회의 관습과 문화적인 측면을 이해하고 있어야 한다.
⑨ 현재의 계획은 과거의 계획과 미래의 계획이 상호 연관되도록 작성하여야 한다.
⑩ 계획은 국가-시·도-시·군-읍·면의 각 단위에서 일관성이 유지되어야 한다.

04. 지도계획 수립 시 고려사항으로 보기 어려운 것은?

① 기본사업에 대한 객관적 분석과 평가가 전제되어야 한다.
② 예산을 확보할 수 있는 분야별 전문가들의 협의체를 적극 활용해야 한다.
③ 지도사업 계획수립을 위해서 농업인(지도고객)의 요구를 정확히 파악해야 한다.
④ 지도사업에 대한 단기전망을 마련하고 이것을 바탕으로 사업목적과 우선순위를 결정한다.

해설 지도계획 수립 시 고려사항
① 기본사업에 대한 객관적 분석과 평가가 전제되어야 한다. 당초 사업이 농업인에게 효과가 있었는지 평가할 수 있는 측정도구를 개발, 활용해야 한다.
② 지도사업에 대한 장기전망을 마련하고 이것을 바탕으로 사업목적과 우선순위를 결정하여 예산을 확보할 수 있는 분야별 전문가들의 협의체를 적극 활용해야 한다.
③ 지도사업 계획수립을 위해서 농업인(지도고객)의 요구를 정확히 파악해야 한다. 지역별로 농업인의 구체적인 요구를 사업계획 수립 시 반영해야 한다.

CHAPTER 02 농촌지도 계획

05. 우리나라 지방자치제 도입에 의한 이원화 이후 지도사업계획에 대한 설명으로 옳지 않은 것은?

① 과거의 중앙기관의 기본지침을 하급기관으로 하달하던 계획방식과 더불어 개별 지도기관 단위의 사업 계획, 시행이 가능해진다.
② 중앙 예산의 증가로 지도사업 예산확보가 쉬워졌다.
③ 지자체간 경쟁의 심화 등이 지도사업의 한계로 작용한다.
④ 농촌지도기관은 국가단위의 농정(농업정책, 농촌정책)을 홍보, 보급하는 수단이자 지역단위 사업(프로그램)을 계획, 실행해야 할 주체이다.

해설 우리나라 지방자치제 도입에 의한 이원화 이후 지도사업계획
① 농촌지도기관은 국가단위의 농정(농업정책, 농촌정책)을 홍보, 보급하는 수단이자 지역단위 사업(프로그램)을 계획, 실행해야 할 주체이다.
② 과거의 중앙기관의 기본지침을 하급기관으로 하달하던 계획방식과 더불어 개별 지도기관 단위의 사업 계획, 시행이 가능해진다.
③ 중앙 예산의 감소와 지자체 재정자립도 등 지도사업 예산확보의 어려움, 지자체간 경쟁의 심화 등이 지도사업의 한계로 작용한다.
④ 사업예산의 확보와 지역단위 사업을 지도기관에서 계획, 실행할 수 있는 역량 부족으로 지역설정에 맞는 지도사업의 전개에 난항을 겪고 있다.

06. 농촌지도계획 절차 중 계획의 순서로 올바른 것은?

① 지역사회 문제결정 → 지역실정 조사, 분석 → 장기 농촌지도목표설정 → 실천계획 및 평가계획 → 장기지도계획서 작성
② 지역실정 조사, 분석 → 지역사회 문제결정 → 장기 농촌지도목표설정 → 실천계획 및 평가계획 → 장기지도계획서 작성
③ 지역사회 문제결정 → 장기 농촌지도목표설정 → 지역실정 조사, 분석 → 실천계획 및 평가계획 → 장기지도계획서 작성
④ 지역실정 조사, 분석 → 장기 농촌지도목표설정 → 지역사회 문제결정 → 실천계획 및 평가계획 → 장기지도계획서 작성

해설 농촌지도계획 절차 중 계획
지역실정 조사, 분석 → 지역사회 문제결정 → 장기 농촌지도목표설정 → 실천계획 및 평가계획 → 장기지도계획서 작성

정답 05. ② 06. ②

07. 다음 중 농촌지도 사업목표의 우선순위를 결정하기 위해 사용하는 요구분석방법은?

① Alpha 분석　　　　　　　　② Beta 분석
③ Gamma 분석　　　　　　　 ④ Zeta 분석

해설 카프먼과 잉글리시(Kaufman & English)의 지역요구를 분석하는 방법
　ⓐ Alpha 요구분석
　　– 지역실정의 분석에 대한 아무런 제약조건 없이 전면적인 개혁을 목적으로 실시된다.
　　– 요구분석의 가장 기본적인 형태이며 가장 큰 변화를 초래할 수 있지만 위험부담이 크다.
　　– 농촌지도사업의 현행정책이나 방법 등이 지역에서 필요로 하는 것과 일치하느냐의 여부를 아무 제약 없이 분석하여, 그에 따른 결과대로 새로이 계획을 수립하는 방법이다.
　ⓑ Beta 요구분석
　　– 현행 지도사업은 그 수행상 큰 문제가 없다는 전제조건 하에서 단순히 현재상황과 바람직한 상황만의 차이(필요격차)를 분석하는 방법
　　– Alpha 요구분석만큼 큰 변화를 가져오지 않지만, 지도사업의 방법과 결과를 모두 개선한다는 측면에서 다른 요구분석보다는 범위가 넓다.
　ⓒ Gamma 요구분석
　　– Alpha와 Beta 분석을 한 결과 현재상황과 바람직한 상황에서 차이가 있음이 발견되었을 때, 지도사업목표의 우선순위를 결정하기 위하여 사용된다.
　　– 지도사업은 한 가지 사업을 수행하는 것이 아니라 여러 사업을 수행하는데, 이런 여러 사업은 그 필요격차가 서로 다르며, 어떤 사업에 우선순위를 두어야 하는가를 분석하는 것이다.
　ⓓ Epsilon 요구분석
　　– Gamma 분석 결과, 사업별 목표에 대한 우선순위가 결정된 후 그 목표가 달성되었는지 여부를 분석하는 방법이다.
　　– 총괄평가와 그 성질이 비슷하다.
　ⓔ Zeta 요구분석
　　– 결과보다는 결과를 수행하기 위한 방법이나 과정이 제대로 이행되었는가를 분석하는 방법으로 과정평가와 비슷하다.
　　– 사업 수행 도중 여러 차례 분석하여 사업의 궤도를 수정할 수 있다.

08. 카프먼과 잉글리시(Kaufman & English)의 지역요구 분석 중 이미 실시되고 있는 사업을 분석할 필요가 있을 경우 가장 먼저 실시해야 하는 것은?

① Alpha 분석　　　　　　　　② Gamma 분석
③ Epsilon 분석　　　　　　　④ Zeta 분석

해설 새롭게 사업을 시작할 경우 Alpha 요구분석을 해야하며, 이미 실시되고 있는 사업인 경우에는 Epsilon 요구분석으로 기존 지도사업의 결과를 측정한다.

09. 다음 중 농촌지도계획 수립 시 요구분석 사항 중 영농현황에 해당하지 않는 것은?

① 농업노동　　　　　　　　　② 경지의 소유면적과 형태
③ 인구의 연령구조　　　　　 ④ 농산물 출하시기와 방법

해설 요구분석을 위하여 조사, 정리해야 할 사항 중 영농현황
- 경지: 소유면적과 형태, 경지정리, 수리·배수실태, 토양조건 등
- 농업생산: 작목별 영농규모, 수량과 품질, 재배기술문제 등
- 농업경영: 농업자금, 농업노동, 경영방식, 협동조직, 영농소득 등
- 농산물 시장, 유통, 가공: 농산물 출하시기와 방법, 농자재구입, 가공실태 등
- 농업기계: 보유 수, 소유실태, 이용실태, 관리·기술적 문제 등

10. 다음 중 현재 상황과 바람직한 상황의 차이를 나타내는 것은?

① 요구분석　　　　　　　　② 사용자분석
③ 필요격차　　　　　　　　④ 알파분석

해설 필요격차: 농촌지도계획에서 현재 주민의 지식 기술, 태도의 정도와 목표하는 바람직한 수준의 기술, 지식, 태도의 정도차 이이다.

11. 다음 중 현재의 산출과 기대 산출간의 격차를 측정하여 그 격차를 해소할 수 있는 방법을 모색하는 과정은?

① 인지단계　　　　　　　　② 평가과정
③ 파지과정　　　　　　　　④ 요구분석

해설 요구분석: 현재의 산출과 기대 산출 간의 격차를 측정하여 우선순위별로 배열하고, 그 격차를 해소할 수 있는 방법을 모색하는 공식적 과정이다.

12. 농촌지도 사업계획 수립단계를 올바르게 설명한 것은?

① 실태파악 → 실행 → 계획수립 → 평가
② 계획수립 → 실태파악 → 실행 → 평가
③ 계획수립 → 실행 → 실태파악 → 평가
④ 실태파악 → 계획수립 → 실행 → 평가

해설 농촌지도 사업계획 수립단계: 실태파악 → 계획수립 → 실행 → 평가

정답 09. ③　10. ③　11. ④　12. ④

13. 스미스가 제시한 농촌지도 목표설정 시(교육목표를 설정할 때) 기준으로 옳지 않은 것은?

① 일관성과 비모순의 기준: 상호중립 또는 상합적(相合的)이어야 한다.
② 포괄성과 종합성의 기준: 인지적, 정의적, 심체적 영역을 동시에 발달시킬 수 있는 목표를 설정해야 한다.
③ 가치와 가능성의 기준: 성취 어려운 목표를 설정해야 한다.
④ 사회적 적절성의 기준: 사회변화에 적응해야 한다.

해설 농촌지도 목표설정 시(교육목표를 설정할 때) 기준: 스미스(smith)
ⓐ 사회적 적절성의 기준: 사회변화에 적응해야 한다.
ⓑ 인간 기본욕구의 기준: 기본욕구가 충족되어야 한다.
ⓒ 민주적 이상의 기준: 민주주의 이념을 실현해야 한다.
ⓓ 일관성과 비모순의 기준: 상호중립 또는 상합적(相合的)이어야 한다.
ⓔ 행동적 해석의 기준: 실제 행동으로 나타나야 한다.
ⓕ 가치와 가능성의 기준: 성취 가능한 목표를 설정해야 한다.
ⓖ 포괄성과 종합성의 기준: 인지적, 정의적, 심체적 영역을 동시에 발달시킬 수 있는 목표를 설정해야 한다.

14. 기획과 계획에 대한 설명 중 옳지 않은 것은?

① 계획은 기획을 통해 산출되는 결과물이다.
② 기획은 최종적, 산출적 개념이다.
③ 계획은 문서화된 활동목표와 수단을 의미한다.
④ 기획은 절차의 과정을 의미한다.

해설 기획과 계획의 비교

기획(planning)	계획(plan)
미래의 행동을 예측하는 행위로 계획을 수립, 작성, 집행하는 과정	기획을 통해 산출되는 결과물
계속적, 동적, 절차의 개념	최종적, 산출적 개념
절차의 과정을 의미	문서화된 활동목표와 수단을 의미

15. 기획의 본질적 특성으로 옳지 않은 것은?

① 정치적 성격: 현재의 상태를 변화시키려는 것으로 정치적 대립을 피한다.
② 미래지향성: 미래의 바람직한 활동계획을 준비하는 예측과정으로 불확실성이 지배한다.
③ 통제성: 바람직한 미래를 구현하려는 의도적 수정과 통제활동으로 개인의 창의력을 저해하거나 획일과 구속으로 인한 절차상 비민주성을 내포하고 있다.
④ 의사결정과정: 목적을 효율적으로 달성하기 위한 최적 수단의 선택과정이다.

[해설] 기획의 본질적 특성
① 목표지향성: 기획은 설정된 목표나 정책을 구체화하는 과정이다.
② 미래지향성: 미래의 바람직한 활동계획을 준비하는 예측과정으로 불확실성이 지배한다.
③ 합리적 과정: 무형의 요인 등이 작용하므로 전적으로 합리적 과정이라 할 수는 없으나 절차적, 역동적인 정책결정에 비해서 합리성을 추구한다.
④ 의사결정과정: 목적을 효율적으로 달성하기 위한 최적 수단의 선택과정이다.
⑤ 계속적 준비과정: 기획은 조직이 집행할 계속적인 작은 의사결정을 준비하는 과정이다.
⑥ 변화지향성: 현상을 타파하고 더 나은 방향으로의 변화를 지향한다.
⑦ 행동지향성: 실천과 행동을 위한 문제해결능력의 향상과 현실의 개선에 중점을 두고 있다.
⑧ 국민의 동의·지지 획득수단: 기획은 통치의 정당성을 확보하는 수단이 된다.
⑨ 정치적 성격: 현재의 상태를 변화시키려는 것으로 정치적 대립이 불가피하다.
⑩ 통제성: 바람직한 미래를 구현하려는 의도적 수정과 통제활동으로 개인의 창의력을 저해하거나 획일과 구속으로 인한 절차상 비민주성을 내포하고 있다.

16. 다음 전략적 기획의 정의와 주장한 학자의 연결이 올바르지 못한 것은?

① 슈타이너(Steiner): 기본적 목표, 목적, 정책 등을 수립하고, 조직의 목표를 달성하기 위해 사용될 전략을 개발하는 체계적인 노력이다.
② 브라이슨(Bryson): 조직이 무엇이며, 무엇을 해야 하며, 왜 그것을 해야 하는지에 대한 기본적인 결정과 행동을 만들어내는 훈련된 노력이다.
③ 올센과 에디(Olsen & Eadie): 전략적 기획을 기업의 미래에 대한 최대한의 지식을 바탕으로 체계적으로 기업의 의사결정을 하고, 그 결정을 수행하려는 노력을 구체화하며, 피드백을 통해 기대치에 대한 결과를 측정하는 지속적 과정이다.
④ 드러커(Drucker): 비즈니스 전략적 기획은 요령이 아니라 기교이며, 예측하는 것이 아니며, 미래의 의사결정을 다루는 것이 아니라 현재 결정의 장래성을 다루는 것이며, 위험을 제거하려는 시도가 아니다.

[해설] 전략적 기획의 의의
① 정의: 무엇을 왜 해야 하는지를 지시해 주는 기본적 결정과 행동을 위한 통제된 노력으로 조직 전반에 걸친 일반적 지침을 제공하는 기획이다.
② 슈타이너(Steiner): 기본적 목표, 목적, 정책 등을 수립하고, 조직의 목표를 달성하기 위해 사용될 전략을 개발하는 체계적인 노력이다.
③ 올센과 에디(Olsen & Eadie): 조직의 실제 목표가 무엇이며 조직이 특정 업무수행을 왜 해야 하는지에 대한 결정과 행동을 산출해내는 훈련된 노력이다.
④ 브라이슨(Bryson): 조직이 무엇이며, 무엇을 해야 하며, 왜 그것을 해야 하는지에 대한 기본적인 결정과 행동을 만들어 내는 훈련된 노력이다.
⑤ 드러커(Drucker)
  ㉠ 전략적 기획을 기업의 미래에 대한 최대한의 지식을 바탕으로 체계적으로 기업의 의사결정을 하고, 그 결정을 수행하려는 노력을 구체화하며, 피드백을 통해 기대치에 대한 결과를 측정하는 지속적 과정이다.
  ㉡ 비즈니스 전략적 기획은 요령이 아니라 기교이며, 예측하는 것이 아니며, 미래의 의사결정을 다루는 것이 아니라 현재 결정의 장래성을 다루는 것이며, 위험을 제거하려는 시도가 아니다.

PART 02 정책과 농촌지도의 실행

17. 전략적 기획의 특징으로 옳지 않은 것은?

① 안정된 환경에서 단기적 결정을 합리적으로 한다.
② 위기와 약점은 최소화하고 기회와 강점은 최대로 활용한다.
③ 대내외적 부문간 연계와 통합의 강조
④ 전략적 관리, 전략적 예산 등으로 연결되어야 한다.

해설 전략적 기획의 특징
 ① 불확실한 환경에서 장기적 결정을 합리적으로 한다.
 ② 안정된 환경에서 정해진 목표를 달성하는 전통적 장기기획과는 다르다.
 ③ 위기와 약점은 최소화하고 기회와 강점은 최대로 활용한다.
 ④ 조직의 임무 → 비전 → 전략목표 → 성과목표의 공유
 ⑤ 대내외적 부문간 연계와 통합의 강조
 ⑥ 전략적 관리, 전략적 예산 등으로 연결되어야 한다.

18. 전통적 기획과 전략적 기획에 대한 비교 설명으로 옳지 않은 것은?

① 전통적 기획의 과정은 변경이 어려우나 전략적 기획은 변경을 수용한다.
② 전통적 기획의 형식은 획일적이나 전략적 기획은 형식이 다양하다.
③ 전통적 기획은 재량범위를 최소화하나 전략적 기획은 재량범위를 최대화하고 있다.
④ 전통적 기획의 목표가 전제되지 않았으나 전략적 기획은 목표가 전제되어 있다.

해설 전통적 기획과 전략적 기획 비교

구분	전통적 기획	전략적 기획
기간	단기 또는 중기(1~5년)	장기(5~10년)
사용목적	정책(목표)의 구체적 수단	관리도구
재량범위	최소화	최대화(복잡한 문제를 다루기 위함)
방향성	주로 물리적 개발, 토지 이용	기능을 위한 전략
포괄성	포괄적	선택적
형식성	획일	다양
목표	전제	전제되지 않음
방법	추세연장법에 의한 미래예측에 기초	불연속성 전제
과정	변경이 어려움	변경 수용

정답 17. ① 18. ④

CHAPTER 02 농촌지도 계획

19. SWOT 분석에 대한 설명 중 옳지 않은 것은?

① 환경에 대한 자의적 선발과 해석을 할 수 있다.
② SWOT 분석 절차는 환경분석, 자사역량 분석, 환경 대응전략 도출 순이다.
③ 환경분석은 강점과 약점을, 자사역량분석은 기회와 위협을 구분하는 것이다.
④ SWOT 분석에서 각 대안들의 상관관계나 보완관계를 파악하기 어렵다.

해설 전략적 기획은 조직과 연관된 내·외적 환경 여건을 중요하게 여기기 때문에 조직 내부 장점(S), 단점(W)을 분석하고 조직 내외의 기회(O)와 위협(T) 요인에 어떻게 대처하느냐에 중점을 둔다.

20. 다음 중 전략적 기획의 장점으로 보기 어려운 것은?

① 조직을 미래지향적으로 전환시킨다.
② 고객의 지지 확보와 조직 내부의 커뮤니케이션을 강화시킨다.
③ 기본적으로 환경변화에 대응하기 위한 기획이지만, 사후 상황 극복뿐만 아니라 선도적 변화를 추구한다.
④ 조직의 의사결정과정이 지나치게 복잡한 경우 몸소 부딪치는 방식이 현실적인 대안일 수 있다.

해설 ④는 전략적 기획의 한계이다.
*전략적 기획의 장점
① 전략적 기획은 기본적으로 환경변화에 대응하기 위한 기획이지만, 사후 상황 극복뿐만 아니라 선도적 변화를 추구한다.
② 성과를 관리하는데 있어 유용한 수단으로 진단, 목표설정, 전략형성 과정이기 때문에 성과지향적 관리에 있어 필수적이다. 성과 대상을 설정하고, 진행사항을 모니터링 하기 위한 방법을 구체적으로 제시하며, 진행 중인 운영계획, 자본계획, 예산지침을 제공한다.
③ 조직을 미래지향적으로 전환시킨다. 광범위한 정보수집, 다양한 대안 탐색, 현재의 결정이 미래에 미치는 관련성을 강조한다.
④ 고객의 지지 확보와 조직 내부의 커뮤니케이션을 강화시킨다. 기본적으로 고객지향적 관리이기 때문에 기획과정 전반에 고객의 요구와 기대를 반영하고, 목표 명확화와 전략계획의 효율적 집행을 확보하기 위하여 조직 내 커뮤니케이션을 강조한다.

21. 민츠버그(Mintzberg)의 전략적 기획의 문제점으로 옳지 않은 것은?

① 위기에 처한 조직의 경우 전략적 기획을 위한 능력, 자원, 적극적 후원이 충분하지 않기 때문에 전략적 기획이 옳은 선택이 아닐 수 있다.
② 전략적 기획이 많은 경우 직관적이며, 공식화하기 어려운 내용을 담고 있어 반복되기 어렵다.
③ 계획과 실천이 유기적으로 연계되기 어렵다.
④ 미래에 대한 불확실성이나 예측의 부정확성을 고려할 때 사전에 특정의 상황을 가정하고 계획을 수립한다는 것이 무의미할 수 있다.

정답 19. ③ 20. ④

PART 02 정책과 농촌지도의 실행

해설 ①는 전략적 기획의 일반적 한계이다.
  * 민츠버그(Mintzberg)의 전략적 기획의 문제점
    ① 전략적 기획이 미래예측에 기반을 두고 있다는 점이다. 미래예측은 현재 분석에 기초하는데 미래에 대한 불확실성이나 예측의 부정확성을 고려할 때 사전에 특정의 상황을 가정하고 계획을 수립한다는 것이 무의미할 수 있다.
    ② 전략적 기획이 수립되기 위해서는 조직관리자(기획자)가 일상 업무와 떨어져서 상황을 분석해야 하는데, 계획과 실천이 유기적으로 연계되기 어렵다.
    ③ 전략적 기획이 많은 경우 직관적이며, 공식화하기 어려운 내용을 담고 있어 반복되기 어렵다. 공식화가 안 된다면 조직에서 활용할 수 있는 도구로서 의미가 축소된다.

22. 전략적 관리의 원칙에 해당되지 않는 것은?

① 단기적 관점
② 조직 목적 및 목표와 계층간의 융화
③ 전략적 관리와 기획은 상호 독자적인 실행이 아니라는 인식
④ 환경에 대한 적응이 아닌 환경변화에 대한 예측과 대응적 관점

해설 전략적 관리의 원칙
  ① 장기적 관점
  ② 조직 목적 및 목표와 계층간의 융화
  ③ 전략적 관리와 기획은 상호 독자적인 실행이 아니라는 인식
  ④ 환경에 대한 적응이 아닌 환경변화에 대한 예측과 대응적 관점
  ※ ①, ②는 전략적 기획과 큰 차이가 없으나, 전략적 관리는 상대적으로 ③, ④를 강조한다. 정치적 권위를 전략적 공공관리 측면에서 중요 영향 변수로 인식한다.

23. 전략적 관리와 전략적 기획에 관한 설명으로 옳지 않은 것은?

① 전략적 관리는 전략적 기획보다는 포괄적인 수준을 요구한다.
② 전략적 관리는 주어진 상황에 단순 반응하기보다는 오히려 변화 자체를 추구한다.
③ 전략적 기획을 전략적 관리의 기초로, 전략적 기획의 확장을 전략적 관리로 본다.
④ 전략적 기획은 장기적 조직성과를 성취하기 위한 관리자의 의사결정 행동이다.

해설 전략적 관리는 장기적 조직성과를 성취하기 위한 관리자의 의사결정 행동이다.

정답 21. ① 22. ① 23. ④

24. 전략적 관리에 대하여 보기와 같이 정의한 학자는?

> 전략적 관리는 조직목표를 달성하기 위한 조직관리의 개선방식으로, 조직 내부의 기능과 활동을 통합하고, 외부환경에 유연하게 대응하면서, 정책과 사업 등에 대한 효율적, 종합적 계획의 수행을 통해 조직관리 형태에 영향을 주려는 과정이다.

① 그로우와 보즈만(Crow & Bozeman)
② 코틴(Koteen)
③ 브라이슨(Bryson)
④ 민츠버그(Mintzberg)

해설
* 그로우와 보즈만(Crow & Bozeman): 전략적 관리는 조직목표를 달성하기 위한 조직관리의 개선방식으로, 조직 내부의 기능과 활동을 통합하고, 외부환경에 유연하게 대응하면서, 정책과 사업 등에 대한 효율적, 종합적 계획의 수행을 통해 조직관리 형태에 영향을 주려는 과정이다.
* 코틴(Koteen): 장기적인 조직성과를 성취하기 위한 관리자의 의사결정과 행동이다.

25. 전략적 관리의 특징으로 옳지 않은 것은?

① 더욱 복잡해지는 행정환경 속에서 정부조직이 주어진 상황에 단순 반응하기보다는 오히려 변화 자체를 추구하면서 사전에 대처해야 한다.
② 기업의 전략적 산출물(새로운 시장, 상품, 기술의 생산)을 생산하는 것에 초점을 둔다.
③ 기업 비전이 조직구성원 모두에게 공감대를 형성하지 못할 경우 전략적 관리의 추진과정과 실효성에 문제가 발생하며 조직의 생존문제와도 직결된다.
④ 전략적 관리는 적절한 전략 결정을 형성하는 것이다.

해설 전략적 관리의 특징
① 전략을 개발, 수립하는 과정인 전략적 기획은 전략관리의 핵심부분으로 더욱 복잡해지는 행정환경 속에서 정부조직이 주어진 상황에 단순 반응하기보다는 오히려 변화 자체를 추구하면서 사전에 대처해야 한다.
② 전략적 기획이 적절한 전략 결정을 형성하는 것이라면, 전략적 관리는 기업의 전략적 산출물(새로운 시장, 상품, 기술의 생산)을 생산하는 것에 초점을 둔다.
③ 전략적 관리는 조직 부서별 전략적 기획을 단순 통합 수준이 아니라, 그 이상의 조직 전반에 대한 복합적 의미를 가진다.
④ 전략적 관리는 기업의 최종적 목표가 되며, 모든 사업별, 기능별, 계층별 조직운영 및 전략적 결정을 연계한 운영체계의 발전을 목적으로 한다.
⑤ 조직문화, 기업가치, 관리 스타일, 책임성, 신념, 윤리의식 등을 중요하게 여기고, 단기적 기업이익추구와 장기적 기업성장 간의 갈등요소를 관리 측면에서 조정한다.
⑥ 기업 비전이 조직구성원 모두에게 공감대를 형성하지 못할 경우 전략적 관리의 추진과정과 실효성에 문제가 발생하며 조직의 생존문제와도 직결된다.

PART 02 정책과 농촌지도의 실행

26. 기업의 전략적 기획에 대한 설명으로 옳지 않은 것은?

① 기업의 비전 차원보다 사업기획에서 최고경영자 수준의 고차원적 기획을 의미하며, 조직부서, CEO의 지지와 수용이 필수적이다.
② 1970년대 국제경쟁의 심화, 사회적 차원의 변화, 군사적·정치적 불확실성, 국제 경기침체 등의 요인들에 의해 대두되었다.
③ 장기적 관점에서 조직운영 전반의 변수들을 체계적으로 검토, 분석, 평가하는 과정이다.
④ 기업이익실현뿐 아니라 기업 생존 차원의 합리적 선택과 전략적 기획, 관리과정에 해당한다.

해설 기업의 전략적 기획의 필요성
① 1970년대 국제경쟁의 심화, 사회적 차원의 변화, 군사적·정치적 불확실성, 국제 경기침체 등의 요인들에 의해 대두되었다.
② 사업기획보다 기업의 비전 차원에서 최고경영자 수준의 고차원적 기획을 의미하며, 조직부서, CEO의 지지와 수용이 필수적이다.
③ 민간부문 전략은 당면문제 해결도 중요하지만, 더 장기적 관점에서 조직운영 전반의 변수들을 체계적으로 검토, 분석, 평가하는 과정이며, 기업이익실현뿐 아니라 기업 생존 차원의 합리적 선택과 전략적 기획, 관리과정에 해당한다.

27. 공공부문과 민간부문에 대한 설명으로 옳지 않은 것은?

① 공공부문은 조직 내외적 환경변수들이 민간부문보다 강하게 적용한다.
② 민간부문은 이윤 및 이익 지향적 목표설정을 한다.
③ 민간부문은 조직운영이 공개적이다.
④ 조직생존을 위협하는 요소들을 제거하고, 조직의 부와 안전을 증진할 수 있는 대안을 선택하는 것이 전략의 가장 기본적인 내용이라는 공통점을 가지고 있다.

해설 공공부문과 민간부문 비교
① 차이점
  ㉠ 공공부문: 법규 해석 및 적용 범위의 차이, 정부 규율 및 규칙의 제약, 정치적 영향, 고객과 이익집단의 압력 등 조직 내외적 환경변수들이 민간부문보다 강하게 적용한다.
  ㉡ 민간부문: 목표의 단순화, 경제적 이윤 및 이익 지향적 목표설정, 시장 메커니즘을 통한 감시, 조직운영의 비공개성 등이 있다.
② 공통점: 조직생존을 위협하는 요소들을 제거하고, 조직의 부와 안전을 증진할 수 있는 대안을 선택하는 것이 전략의 가장 기본적인 내용이다.

28. 브라이슨(Bryson)의 전략적 기획 과정 중 외부환경에 해당되지 않는 것은?

① 정치적 요인
② 고객 및 비용
③ 경쟁적 세력
④ 인적 자원

해설 브라이슨(Bryson)의 전략적 기획 과정 중 내부환경과 외부환경의 진단
  ㉠ 내부환경의 강점과 약점 파악: 조직 내부의 환경을 평가, 평가의 범주는 체제모형에 입각하여 자원(투입), 현재 전략(처리), 집행(산출)의 요소이며 정보관리체제를 갖춘 조직은 강점과 약점을 평가하는데 유리하다.
    ⓐ 자원: 인적 자원, 경제적 자원, 정보, 경쟁력
    ⓑ 전략의 제시: 전체적 전략, 기능별 또는 부서별 전략
    ⓒ 집행: 결과, 현황
  ㉡ 외부환경의 기회와 위협 요소 발견: 정치, 사회, 경제, 기술적 요인과 추세를 모니터링하고, 분석하고, 전략적 기획팀은 민원인, 고객, 납세자, 경쟁자, 협력자 등 다양한 관련집단에 대한 모니터링을 실시한다.
    ⓐ 영향요인, 추세: 경제적 요인, 정치적 요인, 사회적 요인, 기술적 요인
    ⓑ 고객, 비용: 구매자, 비용지불자
    ⓒ 경쟁자: 경쟁적 세력
    ⓓ 협력자: 협력적 세력

29. 전략적 기획의 특징으로 옳지 않은 것은?

① 전략적 기획은 조직의 비전과 사명, 가치를 확인하고, 이를 수정, 보완하는 과정이 중요시 된다.
② 정보의 종합보다 분석에 더 역점을 둔다.
③ 정책형성과 정책집행을 연결하는 안전장치 역할을 한다.
④ 직면한 전략적 이슈를 확인하고 해결하는데 역점을 둔다.

해설 전략적 기획의 특징
  ① 전략적 기획은 조직의 비전과 사명, 가치를 확인하고, 이를 수정, 보완하는 과정이 중요시되며, 조직의 존재 이유를 부여하는 사명을 확인함으로써 조직이 경쟁하게 될 사항을 거시적으로 알 수 있고, 조직 내 발생하는 갈등을 완화하여 구성원에게 동기부여를 한다.
  ② 전략적 기획은 조직과 연관된 내·외적 환경 여건을 중요하게 여기기 때문에 조직 내부 장점(S), 단점(W)을 분석하고 조직 내외의 기회(O)와 위협(T) 요인에 어떻게 대처하느냐에 중점을 둔다.
  ③ 직면한 전략적 이슈를 확인하고 해결하는데 역점을 둔다. 전략적 이슈란 목표(what), 수단(how), 철학(why), 위치(where), 시기(when), 이해관계자집단(who) 등에서 갈등과 같은 문제를 효과적으로 해결하기 위해 불확실한 상황에 대처할 준비를 하는 것을 의미한다.
  ④ 정책형성과 정책집행을 연결하는 안전장치 역할을 한다. 정책형성과 정책집행체계가 잘 되어 있어도, 정책 환경에 변화가 생기면 정책이 실패할 수 있기 때문에 이를 예방하기 위한 수단적 방안을 마련하는 것으로 전략적 기획은 정책집행 측면에서 제약을 상대적으로 덜 받아 재량의 범위가 넓다.
  ⑤ 분석보다 종합에 더 역점을 둔다. 전략적 기획가는 조직의 재량범위, 조직의 비전, 사명을 명확히 확인하여, 조직의 강점, 약점, 기회, 위협요인 등을 탐색하고 모든 정보를 종합하는 역할을 해야 한다.

30. 우리나라 심사평가제도의 기준으로 보기 어려운 것은?

① 균형성 분석
② 능률성 분석
③ 진도 분석
④ 만족도 분석

해설 심사평가제도 기준
ⓘ 경제성 분석: 비용의 절감도
ⓒ 능률성 분석: 투입과 산출의 관계 및 시간, 노력의 절감
ⓒ 균형성 분석: 관련사업과의 균형적 추진 여부
ⓔ 진도 분석: 일정 점검
ⓕ 효과성 분석: 집행성과의 분석으로 가장 핵심적 기준이다.

31. 우리나라 행정서비스헌장의 7대 원칙에 포함되지 않는 것은?

① 행정기관이 제시할 수 있는 가장 낮은 수준의 서비스를 제공할 것
② 잘못된 서비스에 대한 시정 및 보상조치를 명확히 할 것
③ 고객에게 제공되는 서비스의 내용은 고객이 쉽게 알 수 있도록 구체적이고 명확할 것
④ 서비스와 관련된 정보 및 자료를 쉽고 신속하게 얻을 수 있도록 할 것

해설 행정서비스헌장의 7대 원칙
ⓘ 서비스는 고객 입장과 편의를 최우선으로 고려하는 고객중심일 것
ⓒ 고객에게 제공되는 서비스의 내용은 고객이 쉽게 알 수 있도록 구체적이고 명확할 것
ⓒ 행정기관이 제시할 수 있는 가장 높은 수준의 서비스를 제공할 것
ⓔ 서비스 제공에 소요되는 비용과 고객의 편익이 합리적으로 고려된 서비스의 기준을 설정할 것
ⓕ 서비스와 관련된 정보 및 자료를 쉽고 신속하게 얻을 수 있도록 할 것
ⓖ 잘못된 서비스에 대한 시정 및 보상조치를 명확히 할 것
ⓗ 제공된 서비스에 대한 고객의 여론을 수렴하여 이를 서비스 개선에 반영할 것

32. PEST 분석에서 분석 대상에 해당하지 않는 것은?

① 정치적 ② 경제적
③ 기술적 ④ 문화적

해설 PEST 분석: Political(정치적), Economic(경제적), Social(사회적), Technological(기술적) analysis

33. 우리나라 농촌지도의 전략적 기획과정에 대한 설명으로 옳지 않은 것은?

① 정치지도자, 민선공무원, 전문행정가, 지역사회단체 등의 적극적 참여와 지원이 요구된다.
② 전략적 기획은 급속한 환경변화 요인 및 추세에 대한 탐색, 분석을 통해 지방정부의 발전을 도모하려는 체계적, 종합적 기획 및 정책개발활동이다.

③ 과정은 SWOT 분석 및 PEST 분석 → 적절한 대안, 해결방안 등의 전략 수립 → 전략의 체계적 집행 → 전략적 쟁점을 도출 → 지방정부의 발전목표 및 방향을 구체화하는 접근법이다.
④ 전략적 기획 과정은 개방적으로 조직구성원의 많은 참여가 바람직하다.

[해설] 과정은 SWOT 분석 및 PEST 분석 → 전략적 쟁점을 도출 → 적절한 대안, 해결방안 등의 전략 수립 → 전략의 체계적 집행 → 지방정부의 발전목표 및 방향을 구체화하는 접근법이다.

34. 전략적 기획 도입 성공을 위한 전략적 기획의 특성으로 옳지 않은 것은?

① 기획과정에서 현재 및 미래 관점에서 내·외부 환경분석과 고객 및 이해관계자에 관한 분석이 필요하다.
② 평가정보를 체계적으로 관리하고 성과평가가 인센티브(보상)와 연계되어야 한다.
③ 외부고객과의 커뮤니케이션과 조직 내 수직적, 수평적 커뮤니케이션이 활성화되어야 한다.
④ 전략적 기획은 1회성으로 운영되며, 그 과정이 공식화되어야 한다.

[해설] 전략적 기획 도입 성공을 위한 전략적 기획의 특성
① 기획구조적 특성
  ㉠ 전략적 기획이 1회성이 아닌 연속 순환하도록 그 과정이 공식화되어야 한다.
  ㉡ 외부고객과의 커뮤니케이션과 조직 내 수직적, 수평적 커뮤니케이션이 활성화되어야 한다.
  ㉢ 하위조직이 직접 예산과정 및 기획과정에 참여할 수 있는 분권적 기획구조이어야 한다.
② 기획방법적 특성: 기획과정에서 현재 및 미래 관점에서 내·외부 환경분석과 고객 및 이해관계자에 관한 분석이 필요하다.
③ 성과평가적 특성
  ㉠ 성과평가 결과를 전략적 기획과정의 개선 및 구성원의 성과 제고를 위해 활용되어야 한다.
  ㉡ 평가정보를 체계적으로 관리하고 성과평가가 인센티브(보상)와 연계되어야 한다.

35. 우리나라 농촌지도의 전략적 기획 과정 중 3C 분석에 대한 설명으로 옳지 않은 것은?

① 3C 분석이란 고객(Customer), 자사(Corporate), 경쟁자(Competitor)에 대한 정보를 분석하는 기법이다.
② 경쟁자분석은 경쟁자의 생산능력, 경쟁사의 시설투자 규모의 진척 정도, 경쟁사의 주요고객 및 판매전략 등을 분석하는 것이다.
③ 자사분석이란 자사의 강점과 약점을 분석하고 자사의 경쟁우위 창출가능성을 식별하는 것이다.
④ 거시적 외부 환경분석이란 조직 산업영역의 동향을 살펴보고, 이에 영향을 줄 수 있는 최근의 이슈들을 탐색하는 산업의 단기적 전망을 파악하는 것이다.

해설 3C 분석
① 조직 내·외부 환경분석에 가장 널리 이용되는 방법이며, 고객(Customer), 자사(Corporate), 경쟁자(Competitor)에 대한 정보를 분석하는 기법이다.
② 조직 내·외부 환경분석은 고객, 자사, 경쟁자, 거시적 외부 환경분석으로 이루어진다.
  ㉠ 고객분석: 지도사업의 고객에 대해 분석하는 것
  ㉡ 자사분석: 자사의 강점과 약점을 분석하고 자사의 경쟁우위 창출가능성을 식별하는 것
  ㉢ 경쟁자분석: 경쟁자의 생산능력, 경쟁사의 시설투자 규모의 진척 정도, 경쟁사의 주요고객 및 판매전략 등을 분석하는 것
  ㉣ 거시적 외부 환경분석: 조직 산업영역의 동향을 살펴보고, 이에 영향을 줄 수 있는 최근의 이슈들을 탐색하는 산업의 중·장기적 전망을 파악하는 것

36. 다음 보기에서 설명하는 용어는?

> 왜 존재하는가에 대한 이유를 밝히는 진술문으로 조직이 수행하는 사업(일)을 왜 해야하는가에 대한 진술이다.

① 미션
② 비전
③ 목표
④ 과제

해설 미션(Mission): 왜 존재하는가에 대한 이유를 밝히는 진술문으로 조직이 수행하는 사업(일)을 왜 해야하는가에 대한 진술이다.

37. 미션(Mission)의 특징으로 보기 어려운 것은?

① 조직 전체에 존재 목적의 일관성과 명쾌성을 유지시켜 준다.
② 조직이 나아가고자 하는 미래의 바람직한 모습을 제시한다.
③ 조직구성원에게 모든 의사결정의 준거를 제공한다.
④ 조직 외부인의 이해와 지지를 얻어낼 수 있다.

해설 ②는 비전에 대한 설명이다.
  * 미션(Mission)의 특징
    ㉠ 미션은 조직 전체에 존재 목적의 일관성과 명쾌성을 유지시켜 준다.
    ㉡ 조직구성원에게 모든 의사결정의 준거를 제공한다.
    ㉢ 사업 본질에 대한 분명한 의사소통을 통해 조직 내 모든 구성원이 열정을 갖게 한다.
    ㉣ 조직 외부인의 이해와 지지를 얻어낼 수 있다.

38. 비전을 달성하기 위한 전략과제를 도출하기 전에 비전 달성의 의미를 구체화하는 단계는?

① 미션 설정
② SWOT 분석
③ 전략과제
④ 성과목표 설정

해설 성과목표(G) 설정
① 성과목표는 비전을 달성하기 위한 전략과제를 도출하기 전에 비전 달성의 의미를 구체화할 수 있는 내용을 규정하는 것이다.
② 양적 개념을 적용하여 수치로 표현한 것이다.

39. SWOT 분석 절차로 올바른 것은?

① 환경분석 → 자사역량 분석 → 환경 대응전략 도출
② 자사역량 분석 → 환경분석 → 환경 대응전략 도출
③ 환경 대응전략 도출 → 환경분석 → 자사역량 분석
④ 환경분석 → 환경 대응전략 도출 → 자사역량 분석

해설 SWOT 분석 절차: 환경분석 → 자사역량 분석 → 환경 대응전략 도출

40. 전략적 농촌지도사업에서 SWOT 분석에 대한 설명으로 옳지 않은 것은?

① 핵심 역량으로 간주해야 할 두드러지지 않는 요소가 강점, 약점 분류에서 빠지는 경우가 있다.
② 현재의 조직역량 검토에서 강점, 약점이 명확하지만, 미래의 조직역량 검토에서는 불명확하다.
③ 환경의 기회요인과 위험요인의 인식이 쉽지 않다.
④ 각 대안들의 상관관계를 파악하기 어렵다.

해설 SWOT 분석 시 현장에서 방법상의 문제
① 환경
  ㉠ 환경인식의 기법이나 예측 분석방법이 제대로 갖추어지지 않을 경우, 환경에 대한 자의적 선발과 해석으로 중요한 환경요소들이 간과될 수 있다.
  ㉡ 환경의 기회(O), 위협(T) 요인의 인식이 쉽지 않다. 요인 정도가 약하면 기회와 위협으로 분류되지 않게 되고 SWOT 분석 작업에서 제외된다.
② 조직
  ㉠ 조직역량 검토에 있어 강점, 약점에 대한 명확한 인식이 쉽지 않고, 미래에 우리 조직의 강점, 약점 분석은 자의성이 개입된다.
  ㉡ 강점인가, 약점인가에 대한 해석이 불명확하다. 실제 상황에서나 이것이 강점인지, 약점인지에 대한 판단이 가능하다.
  ㉢ 핵심 역량으로 간주해야 할 두드러지지 않은 요소가 강점, 약점 분류에 빠져 버리는 경우가 있다.
③ 대안: SWOT 분석에서 각 대안들 사이의 상관관계나 보완관계를 파악하기 어렵다. 각 대안들이 어떤 부류의 조치를 의미하는 것인지 이해하기 어렵고, 그것을 종합하기도 어렵다.

41. SWOT 분석을 이용한 전략과제를 개발하기 위한 전략 유형으로 옳지 않은 것은?

① SO전략: 시장의 기회를 활용하기 위해 강점을 사용하는 전략
② ST전략: 시장의 위협을 회피하기 위하여 약점을 사용하는 전략
③ WO전략: 약점을 극복하여 시장의 기회를 활용하는 전략
④ WT전략: 시장의 위협을 회피하고 약점을 최소화하는 전략

해설 SWOT 분석을 이용한 전략과제를 개발하기 위한 전략 유형
① SO전략(강점-기회전략): 시장의 기회를 활용하기 위해 강점을 사용하는 전략
② ST전략(강점-위협전략): 시장의 위협을 회피하기 위하여 강점을 사용하는 전략
③ WO전략(약점-기회전략): 약점을 극복하여 시장의 기회를 활용하는 전략
④ WT전략(약점-위협전략): 시장의 위협을 회피하고 약점을 최소화하는 전략

03 CHAPTER 농촌지도 실천

1. 농촌지도 실천

1 농촌지도 실천의 개념

(1) 농촌지도 실천의 의미와 범주

1) 의미
   ① '계획(Plan) → 실천(Do) → 평가(See)'라는 농촌지도의 3가지 과정 중 하나로 농업인이 농업에 적용했을 때 유익한 결과를 가져다줄 수 있는 정보, 영농방법, 사고방식을 변화시키는 과정
   ② 농업인의 문제해결과 그 결과를 전파하는 과정이다.
   ③ 농촌지도 계획이 잘 수립되었을지라도 실천이 되지 않으면 그 효과는 미비하기에 농촌지도 실천은 농촌지도의 성공을 위한 필수적 과정이다.

2) 범주
   ① 농촌지도 대상의 특성, 실천원리, 지도방법 등을 포함한다.
   ② **농촌지도 실천대상**: 농촌지역에 거주하는 남녀노소 모든 사람을 위한 사회교육 과정, 주로 농촌의 성인, 청소년 등을 대상으로 하는 교육적 활동
   ③ 실천원리: 사회교육 실천원리, 농촌지도 실천원리
   ④ 지도방법: 개인, 집단, 대중

(2) 농촌지도 실천의 원리

1) 사회교육 실천의 원리
   ① **자발학습의 원리**: 학습자가 자발적 의지에 따라 교육에 참여해야 학습에 대한 관심과 흥미가 유발되고, 지속적 동기를 유발시켜 학습효과를 높일 수 있다는 원리이다.
   ② **자기주도적 학습 원리**: 자기 스스로 학습의 주체가 되어야 학습효과를 높인다는 원리로 학습기간, 학습시기, 학습방법, 학습결과의 수용 여부, 스스로 학습에 대한 판단도 주도적으로 결정해야 한다.
   ③ **상호학습의 원리**: 학습자 스스로 횡적으로 상호작용하여 학습할 때 효과가 높아진다.

④ 현실성의 원리: 교육이 실제 생활과 밀접해야 한다는 의미로 가정, 직장, 사회생활과 연관된 내용일 때 학습효과가 높다.
⑤ 다양성의 원리: 교육대상자가 이질적이고 다양하므로 그들의 요구와 관심도 다양하다. 교육시간, 장소, 방법 등이 다양하며, 융통성이 있어야 한다.
⑥ 능률성의 원리: 최선의 교육자, 방법, 장소 등을 동원해야 한다. 성인의 시간은 부족하며, 학습기회를 얻기 어렵기 때문에 교육을 통해 얻는 것이 없고 효율적 진행이 안 되면 참석하려 하지 않는다.
⑦ 참여교육의 원리: 교육의 계획, 실천, 평가에 교육대상자들이 적극적으로 참여할 때 교육의 효과가 높아진다.
⑧ 오락성의 원리: 교육방법으로 오락, 게임, 연극 등을 활용한다는 의미로, 오락이나 유희를 삽입할 때 교육효과가 높아진다.

2) 농촌지도실천에서 적용되어야 할 원리
① 실용적 학습내용을 중심으로 하여야 한다.
② 농촌지역사회 내에서 가시적 결과를 가지고 지도하여야 한다.
③ 다양한 지도방법을 활용하여야 한다.
④ 지도 장소의 교육환경은 불편이 없도록 정비되어야 한다.
⑤ 교육대상자로 하여금 그들의 경험과 의견을 표현하도록 유도하여야 한다.
⑥ 지도대상자가 근거리에서 접할 수 있는 사례를 들어 설명하는 것이 좋다.
⑦ 성인의 자아의식을 다치게 하거나 불편하게 해서는 안 된다.
⑧ 지도 후에 서로 교제할 수 있는 기회를 제공하는 것이 좋다.
⑨ 성인은 학습을 즐기므로 흥미 있게 지도하여야 한다.

3) 베르너와 부스(Verner & Booth)의 성인교육실천 원리
① 교육자적 태도를 일체 버려라.
② 참가자를 중심으로 하라.
③ 사실을 전하라.
④ 공통의 분위기를 만들어라.
⑤ 상대방에게 질문 하도록 하라.
⑥ 강사도 함께 배우라.
⑦ 반증은 하더라도 논쟁은 하지 말라.
⑧ 사실을 간단명료하게 말하라.
⑨ 의문을 일으키도록 하라.
⑩ 배우는 방법을 가르치라.
⑪ 생활을 도와주라.
⑫ 가장 좋은 시간을 선택하라.

② 농촌 성인의 교육특성

(1) 성인의 발달단계

무어와 심슨(Moore & Simpson)은 성인 발달단계를 국면접근법과 단계접근법으로 분류하였으며, 국면접근법은 연령과 관계를 강조하고, 단계접근법은 연령독립적이다.

1) 국면접근법

① 국면접근법은 성인의 생활주기를 4계절의 변화주기에 비유하며, 봄은 유년기, 여름은 청년기, 가을은 중년기, 겨울은 노년기에 해당하는데, 계절의 변화처럼 사람은 나이에 따라 발달특성의 차이를 보인다.

② 레빈슨(Levinson)의 연구
  - ㉠ 아동 및 청소년기(3~17세): 사회생활의 기초에 대한 혼란의 시기로 성인들에 의해 주어진 생활양식을 따라야 할 의무가 있다.
  - ㉡ 초기 성인기(22~40세): 그 자신의 생활에 대한 선택과 유지, 개선하여야 한다.
  - ㉢ 중기 성인기(45~60세): 가정, 사회, 직업생활에 있어서 중심적인 위치와 역할을 수행하는 시기
  - ㉣ 후기 성인기(65세 이상): 사회적 생활의 중심권에서 벗어나 중재자로서의 역할을 수행하는 시기

③ 사람들이 발달단계를 밟는 이유는 연령이 많아짐에 따라 신체생리적 변화, 사회적 관계의 변화, 직업지위적 관계의 변화 때문이다.

2) 단계접근법

① 단계접근법은 사람의 행동변화를 연령보다는 과거의 개인적 경험이나 심리적 경험의 총체로 이루어진다고 본다. 같은 연령의 사람일지라도 과거의 경험이 누적된 심리적인 상태에 따라 전혀 다른 발달적 특성을 보인다는 주장이다.

② 키츠너(Kitchener)의 단계접근법의 특징
  - ㉠ 인간의 발달은 내적으로 조직되어 있다.
  - ㉡ 인간은 단계별로 독특한 특성을 보이므로 그 단계들을 쉽게 구분할 수 있다.
  - ㉢ 단계별 특성들은 형태의 복잡성과 부분적 분화성을 강화하는 방향으로 진전되고 있다.
  - ㉣ 인간의 발달은 대체로 점진적이기는 하지만 가끔 돌연변이를 보이고 있다.

3) 성인발달단계 연구의 교육적 측면

① 국면접근법과 단계접근법이 공통적으로 교육에 주는 가치는 인간의 발달단계에 따른 교육의 내용 및 방법을 결정해야 한다는 사실이다.

② 아동과는 연령적, 심리적으로 다른 특성을 보이는 성인에게 같은 논리를 적용할 수 없다는 것이다.

(2) 성인의 학습능력

1) 학자들의 주장

① 손다이크(Thorndike)
  ㉠ 선천적 능력의 우열에 의하며, 학습능력의 최성기가 거의 일정하다.
  ㉡ 학습능력의 정상곡선과 연령과의 관계를 밝혔는데 20~25세가 학습능력의 최성기라고 보았다.
  ㉢ 성인의 학습부적당론은 학습능력의 쇠퇴보다는 성인생활의 현실이 학습에 적극적일 수 없다고 보았다.

② 키드(Kidd)
  ㉠ 20세 이후부터 인간의 신체적 조건이 감퇴하며, 특히 시각과 청각의 저하가 현저하다고 하였다.
  ㉡ 이러한 신체적 장애는 쉽게 극복할 수 있으며, 학습에 있어 주요한 요소는 연령 보다 특정 과업의 실천량이라고 하였다.

③ 놀즈(Knowles)
  ㉠ 인간의 지능발달은 26세 전후가 그 정점이고, 그 후 40년간은 1년마다 1%의 비율로 쇠퇴한다.
  ㉡ 쇠퇴는 학력 그 자체가 아니고 학습의 속도이며, 그 원인은 학습 성과를 실제에 응용하지 않기 때문이라 하였다.

④ 비렌(Birren)
  ㉠ 학습능력이 연령의 차이보다는 학습에 대한 관심, 집중, 태도, 동기, 신체조건의 차이가 더 크게 좌우한다고 주장하였다.
  ㉡ 신체조건의 상태를 개선할 때 학습 효과를 높일 수 있다.

2) 농촌성인의 교육적 특성

① 교육훈련 참여도
  ㉠ 청장년 농업인이 고령 농업인보다 교육훈련 참여도가 높다.
  ㉡ 교육수준이 높은 농업인이 낮은 농업인보다 참여도가 높다.
  ㉢ 식량작물 이외 작목 농업인이 식량작물 농업인보다 참여도가 높다.
  ㉣ 창업농이 승계농 보다 참여도가 높다.
  ㉤ 영농경력이 적은 농업인이 영농경력이 많은 농업인보다 높다.

② 농업인이 가장 많이 활용하는 학습방식: 이웃, 학습조직을 통한 주변 농가들과의 대화, 영농 관련 서적, 신문, 잡지 등의 인쇄 매체, 집합식 교육훈련, 방송 매체, 전문가 자문, 인터넷 검색, 영농 관련 행사 참여 순이다.

③ 교육훈련 요구영역: 농업인은 생산기술, 마케팅 이외에도 다양한 영농 영역에 대한 훈련을 요구한다.

④ 농업인이 선호하는 교육방식: 소규모 인원으로 구성된 강의 및 토론식 교수학습, 견학을 통한 학습
⑤ 선호하는 교육장소: 현장사례를 직접 체험할 수 있는 장소
⑥ 선호하는 강사 유형: 농업현실과 특성을 잘 이해하고 있는 강사

2 농촌지도방법

① 농촌지도방법의 분류

(1) 접촉방식(지도방식)에 따른 분류

1) 개별접촉방식

농가 방문, 지도기관 방문, 결과전시(집단접촉방식으로 분류하기도 한다), 전화, 개인 응답, 회람 등

2) 집단접촉방식

회의, 단기회의, 화상회의, 강의, 지도자 교육, 포럼, 방법전시, 현장답사(견학), 농업조직(단체), 수련활동, 워크숍, 평가회 등

3) 대중접촉방식

TV, 뉴스, 라디오, 신문, 영화, 출판물, 전화응답시스템, 컴퓨터 활용 교수학습, 전시회, 품평회, 위성통신, 인터넷, 팜플렛, 리플릿 등

(2) 의사소통 형태에 따른 분류

1) 문서에 의한 지도

화보, 리플릿, 보고자료, 뉴스, 신문, 편지, 팜플렛 등

2) 구두에 의한 지도

회합, 농가방문, 지도기관 방문, 라디오, 전화, 대화 등

3) 시각교재에 의한 지도

결과전시, 전시회, 품평회, 포스터, 슬라이드, 비디오, 차트, TV 등

4) 언어와 시각교재 조합 지도

영화, TV, 전시평가회, 도표 설명, 슬라이드 설명, 심포지엄 등

(3) 메시지 교환 형태에 따른 분류

구분	일방적 의사소통	쌍방향 의사소통	다방향 의사소통
농촌지도방법	신문, 잡지, 방송, 전시회, 품평회, 결과전시, 강연회	농장 및 농가 방문, 농업기술센터 내방, 서신, 전화응답	토론회, 평가회
커뮤니케이션 유형	대중·공중 커뮤니케이션	대인 커뮤니케이션	소집단 커뮤니케이션
특성	어느 정도의 지속성	대면성, 비조직성, 일시성	대면성, 구조성, 정규성, 지속성

(4) 피교육자의 참여정도에 의한 분류

1) 설명학습지도
농촌지도사가 중심이 되어 농촌주민들에게 설명으로 지도하는 방법

2) 문제해결학습지도
① 생활에서 일어나는 문제를 중심으로 농촌지도사와 농촌주민이 협동하여 토의 과정을 거침으로써 해결방법을 찾아 나가는 것이다.
② 지도를 받는 사람의 능동적인 참여가 요구된다.
③ 농촌주민의 자발적 참여도에 따라 지도의 효과가 다를 수 있다.

(5) 기능(사용수단)에 의한 분류

1) USDA(미국농무부) CSREES(Cooperative State Research, Education, and Extension Service; 협동연구교육지도청)의 농촌지도의 기능
USDA CSREES의 특별위원회인 ECOP(Extension Committee on Organization and Policy) Task Force에서 정보전달, 교육프로그램 전달, 문제해결의 3가지로 구분하였다.

① 정보전달(information delivery): 농촌지도사업이 뉴스기사, 화합, 컨설팅 등 다양한 의사소통 채널을 통해 고객에게 정보를 전달한다.
② 교육프로그램 전달(educational program delivery)
  ㉠ 농촌지도전문가와 지도요원이 고객의 지식, 기술, 능력을 향상시키기 위해 준비되고 실행된다.
  ㉡ 교육프로그램은 다양한 활동 또는 교육경험을 제공하였다.
  ㉢ 학습경험은 특별한 청중, 요구, 문제점에 초점을 맞추었다.
③ 문제해결(problem solving): 고객은 그들의 농장에서 나타나는 문제점을 해결하기 위해 전문성, 지식, 기술을 갖춘 지도기관을 찾는다.

2) 사용기법에 따른 분류: 월드론과 무어(Waldron & Moor)

① 기법이란 농촌지도사가 학습자와 학습과제 간에 관계를 형성하는 방법이다.
② 정보제공기법: 강의, 패널발표, 질의응답 세션, 토론
③ 기술습득 기법: 시뮬레이션, 전시, 역할극, 훈련, 사례연구, 워크숍, 실험
④ 지식적용 기법: 워크숍과 실험, 사례연구, 집단토의, 여러 형태의 집단활동

3) 학습목표에 따른 분류: 반덴반과 호킨스(Van den Ban & Hawkins)

학습목표의 특성	전략	선호되는 방법
인지적 : 지식 (cognitive)	외부에서의 정보 전이	출판물, 매스미디어, 강의, 리플릿, 직접적인 대화를 통한 조언
정의적 : 태도 (affective)	경향에 의한 학습(외부에서의 정보)	집단토의, 간접대화, 시뮬레이션, 필름자료
심동적 : 기술 (psycho-motor)	기술의 연습(훈련)	교육, 전시 또는 필름전시와 같은 활동촉진 방법들

4) 지도방법 선정 시 고려 사항

① 지도목적과 내용의 성격
② 지도대상자의 수
③ 지도대상자의 특성
④ 지도사의 자질
⑤ 활용 가능한 시간
⑥ 이용 가능한 시설 및 보조교재

② 보편적 농촌지도방법

(1) 개인접촉법(individual contact method)

1) 개념 및 특징

① 의의: 가정 또는 농가를 방문하거나 기술센터에서 농민의 전화, 편지 또는 지도기관 내방 등에 의한 방법으로 농촌지도사업에서 가장 오래되었으며 보편적으로 사용된다.
② 특징
  ㉠ 개인접촉방법은 접촉할 수 있는 고객의 수가 제한되는 반면, 가장 효과적인 방법 중 하나이다.
  ㉡ 가장 일반적 접촉방법은 농가 또는 가정방문, 지도기관 내방, 전화, 개별응답, 결과 전시 등이다.
  ㉢ 개인접촉은 농촌지도에서 필수적이고, 지도요원은 고객의 현 상황을 파악하여 문제점을 진단한다.

③ 장점
  ㉠ 농가실정에 맞는 적절한 지도가 가능하고 바람직한 공적 인간관계가 형성된다.
  ㉡ 학습을 위한 분위기 조성이 쉽고, 지역 문제 해결에 최우선의 지식을 제공한다.
  ㉢ 신뢰할 만한 정보원으로 농촌지도요원과의 신뢰가 형성된다.
  ㉣ 지역사회 리더, 전시자와 협력자의 선택에 공헌한다.
  ㉤ 농촌지도활동에서 일상적으로 접촉하기 어려운 개인들과 관계 형성에 도움이 된다.
  ㉥ 개별방문은 일반적으로 정보를 확산하는데 쉽고 빠르며, 효과적인 교수방법이다.
  ㉦ 문제점 또는 의문사항에 대해 즉각적인 피드백을 제공한다.
  ㉧ 조언에 대한 지역의 검증 제공이 가능하다.

④ 단점
  ㉠ 접촉 비용이 다른 방법에 비하여 많이 소요된다.
  ㉡ 지역의 지도전문가와 접촉할 수 있는 경우가 제한된다.
  ㉢ 농가 방문에 주의를 기울이지 않았을 경우 도움이 필요한 고객을 경시할 수 있다.
  ㉣ 농가, 가정 방문에 적절한 교수법의 계획이 필요하다.
  ㉤ 기관 또는 전화를 통한 개별 접촉 시 실제 상황에서의 교육자가 배제될 수 있다.
  ㉥ 질문을 이해하지 못했거나 응답이 적절하지 못했을 때 의사소통의 문제가 발생한다.
  ㉦ 개별응답 혹은 전화응답이 즉각 이루어지지 않았을 경우 잘못된 이미지가 형성된다.
  ㉧ 결과 전시가 성공하기 위해서는 계획과 사후관리에 많은 시간이 소요된다.
  ㉨ 지원에 대한 지속적인 요구를 처리할 수 있는 시간관리 능력이 필요하다.

2) 개인접촉방법의 종류별 특징
① 농가방문
  ㉠ 지도요원의 농가 또는 가정 방문은 정보의 전달이나 획득, 전시농가의 확보, 미팅의 주제, 지역의 클럽활동에 대한 토의 등이 목적이다.
  ㉡ 개별방문은 지역 지도기관의 요원, 공무원, 다른 핵심적인 사람들과 우호적 공적관계를 형성한다.
  ㉢ 개별방문지도는 전문적인 문제점에 대한 실제적인 해결책을 제시해 준다.
  ㉣ 일반적으로 할 수 있는 조언을 특정 상황에 맞도록 변형할 수 있다.
  ㉤ 바람직한 기술들을 개선하는데 주민의 관심을 유발시킬 수 있다.
  ㉥ 프로그램의 결정이나 효과적인 지역의 리더를 선정하는데 필수적이다.
  ㉦ 방문 대상이 가장 선진 농가에 집중되고 도움이 절실한 농가는 등한시할 위험이 있다.

② 지도기관 내방
  ㉠ 지도기관의 정보나 지원을 바라는 농업인이 지도요원과 직접 접촉하는 방법이다.

ⓒ 농업인은 현재 해결해야 할 문제가 있고, 이를 해결하려는 강한 의지가 있기 때문에 다른 기법보다 학습에 매우 호의적이다.

      ⓒ 지도요원의 시간을 절약하고, 동기화된 농업인을 대상으로 하기 때문에 지도효과가 크다.

      ⓔ 농업인이 직접 방문함으로써 지도업무를 더 잘 이해할 수 있다.

   ③ 전화

      ㉠ 지역사회의 요원이 1대1 의사소통의 중요한 수단이다.

      ⓒ 특정 주제의 정보를 요청하거나 교육활동을 촉진하는데 사용된다.

      ⓒ 전화를 통해 미리 녹음해 둔 메시지나 공공사업을 대중에게 알리는 경우도 있다.

   ④ 개별서신(우편)

      ㉠ 우편은 개별접촉방법 중 하나이다.

      ⓒ 농업인이 작물의 성장과정에 대한 자료를 요청하는 경우 유인물이나 관련 책자를 우편으로 보내준다.

(2) 집단접촉방법(group method)

1) 개념 및 특징

   ① 의의: 농촌지도요원과 농업인의 1대1 대면방법이 아닌 2명 이상의 농업인 집단을 대상으로 하는 방법이다.

   ② 특징

      ㉠ 개인접촉방법의 한계인 시간, 노력, 경비를 절감할 수 있고, 대중매체보다 적은 비용으로 변화를 달성할 수 있다.

      ⓒ 농촌지도요원을 위한 피드백이나 목표 성취를 위하여 농민 사이의 상호작용이 필요할 때 사용된다.

      ⓒ 농촌지도에 많은 관심을 갖는 농민이나 농민조직의 구성원만 미팅에 참여하기 때문에 선택된 사람에게만 전달된다.

   ③ 장점

      ㉠ 다수의 사람들에 대한 학습방식에 적합하다.

      ⓒ 학습자로서 집단학습 과정에서 보고, 듣고, 토의하고, 참여하는데 관련되는 행위가 축적된다.

      ⓒ 교육이 기술적으로 수행되었을 경우 지도요원과의 신뢰가 형성된다.

      ⓔ 지역사회 리더를 통해 반복 활용 또는 전시가 가능하다.

      ⓜ 다수의 사람들과 접촉할 수 있다.

      ⓗ 실제 모든 주제에 적용 가능하다.

      ⓢ 사회적 접촉에 대한 개인의 기초요구가 실현된다.

      ⓞ 상대적으로 적은 비용이 소요된다.

④ 단점
  ㉠ 적정 조직과 미팅 장소까지 교재와 도구의 이송이 필요하다.
  ㉡ 성공하는데 약간의 쇼맨십과 장비에 대한 투자가 필요하다.
  ㉢ 효과를 얻기 위해서는 말하기와 프레젠테이션 스킬에서 전문성이 필요하다.
  ㉣ 여러 가지 교수기법에 관한 지식이 필요하다.
  ㉤ 청중 수에 따라 미팅이 제한적이다.
  ㉥ 고객의 요구와 접근을 수용할 수 있는 유연한 스케줄이 필요하다.
  ㉦ 다양한 고객의 관심과 흥미를 고려한 다양한 교수 상황이 제시되어야 한다.

2) 집단접촉방법의 종류
  ① 강의
    ㉠ 농촌지도에서 지식전달 수단으로 가장 많이 활용되는 방법이다.
    ㉡ 장점
      ⓐ 강사는 청중의 교육수준이나 흥미를 충족시키기 위해 강의 내용을 수정할 수 있다.
      ⓑ 강사는 강의 도중 청중의 반응을 고려하고 접근방식을 수정할 수 있다.
      ⓒ 청중은 강사를 보다 알고 싶어하고, 몸짓, 얼굴표정을 통해 주제에 대해 분명한 인상을 받고 싶어한다. 이는 TV에서도 어느 정도 가능하다.
      ⓓ 강의는 청중에게 질문을 하고 이슈에 대해 깊이있는 토의 기회를 제공할 수 있다.
    ㉢ 단점
      ⓐ 글로 쓰여진 단어보다 언어로 전달된 단어가 쉽게 잊혀진다. 출판물은 다시 읽어볼 수 있지만, 강의를 듣는 사람은 강의 도중에 중요한 내용을 잊어버릴 수 있다.
      ⓑ 어떻게 정보를 적용해야 할지를 가르치는 방법으로는 적절하지 않고, 다양한 토의와 실제 전시하는 것이 효과적이다.
      ⓒ 지식을 전달할 때 집단토의보다 강의가 효과적이지만, 관심을 끌거나 태도를 변화시키는데는 덜 효과적이다.
    ㉣ 효과적인 강의를 위해 고려할 사항
      ⓐ 강사가 알고 있는 모든 정보를 전달하기보다 주요 요점을 강조하는 것이 좋으며, 많은 것을 말하면 청중이 쉽게 잊어버릴 수 있다.
      ⓑ 강사는 항상 청중의 흥미, 경험 요구에 맞게 강의 내용을 구성해야 한다.
      ⓒ 지도사 위주로 지도를 끝내기 쉽다.
      ⓓ 강사는 강의 내용을 어떻게 배열할 것인지 정해야 한다.
        • 산만한 접근보다 논리적 사고가 더 쉽게 기억된다.
        • 강사가 먼저 강의 요점을 개괄적으로 설명할 때 청중은 강의의 흐름을 쉽게 따라온다.
        • 주요 요점을 예시하거나 강의 마지막에 요약하는 것도 유용하다.
        • 청중들이 주제에 대하여 스스로 생각할 수 있도록 자극하는 것도 효과적이다.
        • 강사가 단순히 원고를 읽는 것은 바람직하지 않다.

② 전시(demonstration, 실연)
  ㉠ 의의
    ⓐ 농촌지도의 방법 중 가장 중심적인 지도방법으로 새로운 기술과 품종의 효과를 농민의 환경 속에서 실증함으로써 그들로 하여금 수용하도록 하는 방법이다.
    ⓑ 농민 스스로 시도해보도록 자극하거나 농민에게 혁신의 시험을 대신하는 것이다.
    ⓒ 전시가 어떤 행동의 결과 중 하나일 때는 복잡한 기술적 항목 없이 문제의 원인과 해결책을 보여준다.
  ㉡ 전시 종류: 결과전시, 방법전시, 행동전시
    ⓐ 결과전시(result demonstration)
      • 농촌지도의 중심적인 지도방법으로 미국의 내프(Knapp)가 최초로 개발한 지도방법이다.
      • 혁신의 효과를 지도대상자에게 실제로 관찰하게 하는 장기적인 방법이다.
      • 지도대상자들이 생활하고 있는 현장에서 그들 중에 대표격이 되는 사람이 직접 새로운 품종을 재배하거나 새로운 기술을 영농에 적용하여, 그 효과를 지도대상자들의 눈으로 직접 보게 하여 지도대상자 스스로 혁신사항을 수용하게 하는 지도방법이다.
      • 영농혁신의 효과를 새롭게 인식시키기 위하여 주로 사용하는 방법으로, 신품종의 효과, 비료사용의 효과, 잡초 및 병충해 방제의 효과 등을 실증하여 보일 때 효과적이다.
    ⓑ 방법전시(methods demonstration, 연시)
      • 새로운 기술을 실제로 어떻게 사용하는가를 시범하여 보임으로써 혁신을 사용하게 하는 단기적 전시법이다.
      • 지도사나 기타 연시자가 직접 행동과 언어, 필요 시에는 자료나 유인물을 이용하여 실질적 상황에서 어떻게 하는지를 시범적으로 보여주는 지도방법이다.
      • 농사기술이나 농기계 운전 등을 지도할 때 가장 많이 사용하는 효과적인 지도방법이다.
      • 비교적 짧은 시간 내에 끝낼 수 있고 비용이 많이 들지 않으며 실제적 상황에서 행동으로 지도하기 때문에 쉽게 이해한다는 장점이 있다.
      • 훌륭한 연시자를 구하기 쉽지 않다는 단점이 있다.
    ⓒ 행동전시(action demonstration)
      • 정부정책이나 사회에서 대부분 사람들이 바라는 변화를 보여주려고 노력하는 것이다.
      • 농촌지도요원이 거의 사용하지 않는 방법이다.
  ㉢ 전시 특징
    ⓐ 전시는 전시 계획에 따라 적절한 크기의 농장에서 전통적 관행과 새로운 방법 간 분명한 차이가 눈으로 확인되어야 한다.
    ⓑ 지도요원은 전시하려는 것이 무엇인지, 전시의 역할이 무엇인지, 농민이 전시에서 얻을 수 있는 정보가 있는지 명확하게 인식하고 있어야 한다.

㉢ 결과전시와 방법전시 비교

구분	결과전시	방법전시
수행자	농업인, 주부, 회원	농촌지도요원, 4-H 또는 사업 프로젝트의 리더나 회원
설계	전시를 수행하는 인력	방법전시를 수행하는 인력
장소	농장, 가정과 같은 지리적 영역	교육훈련 장소 또는 TV 등
기간	몇 주 또는 몇 개월(장기적)	미팅 기간에 따라 좌우됨(단기적)
목적	• 새로운 방법이 다른 방법들에 비하여 가지고 있는 장점을 시각적으로 증명하기 위함 • 혁신사항의 가치를 입증하는데 효과적	• 기술 또는 기법을 가르치거나 수행 방법을 단계별로 보여주기 위함 • 혁신사항을 어떻게 다루는가에 대한 과정을 지도하는데 효과적

③ 집단토의(group discussion)

㉠ 특징

ⓐ 위원회 등의 모임은 정치적 수준의 합의나 만장일치 의사결정을 도출하기도 한다.

ⓑ 농촌지도, 지역사회개발, 성인교육 프로그램에서는 구성원의 문제를 파악하고 해결책을 찾을 때 사용된다.

ⓒ 농촌지도요원은 집단 내 강사 역할과 전문분야 정보원이기도 하고 집단의 일원으로 참여하기도 한다.

ⓓ 5~20명으로 구성되어 지식 증가, 태도 변화, 행동 변화를 이끌어내는 역할을 한다.

㉡ 집단토의 구분

ⓐ 농촌지도가 직접 개입하는 것보다는 일반적으로 간접 개입하는 집단토의를 하는 접근이 선호된다.

ⓑ 직접 개입하는 집단토의: 지도요원은 집단 구성원이 스스로 문제를 발견하도록 하여 그 문제에 적합한 해결책을 제시해 준다.

ⓒ 간접 개입하는 집단토의: 지도요원은 구성원이 스스로 문제를 분석하는 것을 도와주고 해결책을 만들어 내도록 도와준다.

㉢ 강의법과 비교한 집단토의의 장점

ⓐ 지도요원이 보는 것보다 참여자가 더 많은 측면을 논의할 수 있다.

ⓑ 지도요원이 제시한 솔루션이 실제적인지 아닌지 참여자가 더 잘 판단할 수 있다.

ⓒ 집단토의는 강의법에서 표현되지 않은 일상적 실천과 연관이 높다.

ⓓ 토의과정에서 사용되는 언어는 참여자에게 보다 친숙하다.

ⓔ 참여자들은 질문이나 반대의견을 제시할 수 있고, 이는 의견의 동조를 향상시킨다.

ⓕ 집단토의는 강의법보다 참여자의 활동을 더 촉진한다.

ⓖ 참여자는 문제점의 여러 가지 측면을 규명할 수 있고 집단토의에서 논의된 해결책을 수용할 가능성이 커진다.

ⓗ 집단토의 과정에서 집단의 규범이 고려될 수 있고, 수정할 수도 있다.

ⓘ 리더는 구성원의 문제점과 지식수준에 대해 잘 알 수 있다.

② 강의법과 비교한 집단토의의 단점
ⓐ 정보의 전이에는 많은 시간이 필요하다.
ⓑ 논의했던 문제점은 강의법보다 덜 체계적이다.
ⓒ 참여자가 관심을 갖는 안건만 다루거나 소수가 토의를 장악할 수 있다.
ⓓ 바람직한 토의는 참여자가 필요한 지식을 숙지하고 있음을 가정한다. 그렇지 않으면 토의가 초점을 잃어버리게 된다.
ⓔ 회의집단에게 부정확한 정보가 제공될 경우 회의가 잘못될 수 있다.
ⓕ 집단토의는 예상하지 못한 문제를 다룰 수 있는 전문화된 지도요원이 필요하다.
ⓖ 집단토의 효과에는 사회적, 정서적 분위기가 영향을 미치는데, 긍정적 방향으로 이끄는 것이 쉽지 않다.
ⓗ 집단토의는 집단 내 동질성을 요구한다.
ⓘ 토의 참가자 수가 너무 많으면 효과가 떨어진다.

◎ 토의 지도 시 유의사항
ⓐ 토의 목적과 안건을 참가자에게 명확히 알린다.
ⓑ 토의 과열, 감정 대립 등 비상사태에는 정회, 설득 등 적절한 조취를 취한다.
ⓒ 토의가 토의 목적과 조건 범위 내에서 이탈하지 않도록 이끈다.
ⓓ 주어진 시간 내에 토의를 마치도록 안건 당 토의시간을 배분한다.
ⓔ 발언 내용이 명확하지 않을 때는 사회자가 쉽게 요약, 설명한다.
ⓕ 의견진술 기회를 고르게 주기 위해 많이 발언하는 사람을 억제시키고 침묵을 지키는 사람의 발언을 조장한다.

④ 다양한 토의법
㉠ 토의법의 개념
ⓐ 토의법은 집단 상호 간 다양한 의견을 자유롭게 발표, 수용함으로 상호 협력의 의미를 구체화하는 민주주의 원리를 반영하는 교육방법이다.
ⓑ 민주적 학습활동뿐만 아니라 집단사고를 강조함으로써 모두가 가르치고, 모두가 배우는 일을 실현시키는 방법으로 가르치는 자와 배우는 자를 이분법으로 나누지 않고 이들 간 일원적, 통합적 학습을 촉진시킨다.
ⓒ 집단문제에 대한 각자 근거 있는 내용을 다른 집단 구성원과 동등한 위치에서 상호 비판, 보완함으로써 대립보다는 집단 사고와 집단 결론을 이끌어 주는 방법이다.

㉡ 원탁토의(round table discussion)
ⓐ 보통 5~20명의 비교적 소수 집단이 직접 대면하여 생각과 의견을 서로 교환하는 방법이다.
ⓑ 공식적, 민주적 과정으로 작은 집단이 모여 비조직적으로 대화하는 것과 구분된다.
ⓒ 모든 참여자의 공통 경험에 관련된 특정 문제를 집중적으로 분석하고 바람직한 결론을 얻고자 할 때 이용된다.

ⓒ 집단토의(group discussion): 관련된 문제나 학습과제를 처리하는데 집단 구성원이 최대한으로 참여하고, 유기적 관계를 가질 수 있을 때 이용된다.
ⓔ 단상토의(symposium)
　ⓐ 소규모 사람이 한 가지 주제를 여러 견해에서 논의하는 일련의 담화, 강연 또는 강의이다.
　ⓑ 그 집단에서 관심이 있는 주제에 관하여 서로 다른 권위 있는 의견을 진술할 경우 이용한다.
　ⓒ 사회자가 시간과 주제를 통제한다.
　ⓓ 강연은 20분을 초과하지 않게 제한되며, 전체 시간은 1시간을 초과하지 않는다.
ⓜ 배심토의(panel discussion)
　ⓐ 사회자의 인도 아래 선정된 3~6명의 강사가 청중 앞에서 토의하는 것이다.
　ⓑ 토의 형식은 대화식으로 진행되고, 패널토의라고도 한다.
　ⓒ 강사가 그룹 앞에서 특정 주제에 대해 토의를 한 후 사회자의 진행으로 그룹 토의를 하는 방식으로 진행된다.
　ⓓ 주어진 주제에 관해서 여러 견해와 태도 및 평가가 제시되고, 아무런 최종결론을 얻지 못했을 때 토론자들의 생각이 배심 과정에 따라 전개되는 경우도 있다.
ⓗ 허들집단토의(huddle group discussion)
　ⓐ 토의를 활발히 하기 위하여 큰 집단을 작은 단위로 나누는 방법이다.
　ⓑ 어떤 집단이 토의 목적을 위해 회원을 4명 또는 6명의 소집단을 구분하여 주어진 주제를 토의하는 방법이다.
　ⓒ 미시간 주립대학 도날드 필립스(Donald Phillips) 교수에 의해서 보편화되어, 일명 66토의, 필립스 66이라고도 불린다.(6명이 6분 동안 문제를 토의한다)
ⓢ 버즈집단토의(buzz group discussion)
　ⓐ 큰 집단을 작은 집단들로 나누어 토의한 후 각 소집단의 대표들이 모여 중요한 내용만을 간추린 후 전체 구성원이 가장 좋은 평가방안을 결정하는 토의방법이다.
　ⓑ 이 방법의 특징과 기본요소는 허들집단토의의 방법과 유사하여 허들집단토의 방법과 혼용하여 사용된다.
　ⓒ 강사가 자신의 주제에 대해 청중의 흥미를 제공하고자 할 때 버즈집단을 형성해 질문을 유발하거나, 상이한 내용을 각자 자신들의 생각이나 경험에 연결시킬 수 있는 기회를 제공하고자 할 때 이용한다.
ⓞ 자유의사토의법(Brain Storming)
　ⓐ 모든 참가자가 의사결정에 참여하도록 하는 특징이 있는 토의방법이다.
　ⓑ 어떤 결정사항이나 문제해결에 참가자 모두가 차례로 의견을 진술하게 하여 마지막에 종합하여 결론을 내리는 토의법이다.
　ⓒ 참가자가 어떠한 의견을 제시하더라도 타인이 그것을 비판할 수 없다.
　ⓓ 모든 구성원의 창의성을 활용할 수 있고 모든 구성원의 참여에 의한 결정이므로 참여의식을 조장할 수 있다.
　ⓔ 의견을 제시하면 사회자가 칠판이나 노트에 모두 기록하였다가 다 같이 종합해야 한다.

⑤ 분임연구법
  ㉠ 집단과제법으로 대집단을 10명 내외의 분반으로 나누는데, 각 분반은 소속과 배경이 다른 사람들로 구성한다.
  ㉡ 각 반마다 일정한 연구과제가 주어지며, 분임원은 사회자와 서기를 선출하여 연구를 진행한다. 분임원은 문제해결을 위해 필요한 자료와 서적을 읽고, 문제 현장을 시찰하기도 하고, 외부 전문가를 초청하여 강의를 듣기도 한다.
  ㉢ 각 반이 얻은 결론을 보고서로 제출하게 되며, 각 반 사회자는 피훈련자 전원 앞에서 발표한다.
  ㉣ 이 방법은 문제해결능력과 사고력을 기르는데 효과적이다.

⑥ 감수성 훈련
  ㉠ 피훈련자들을 일상적 생활과 장소에서 격리시키고 문화적으로 고립시켜서 의도적으로 집단참여에 대한 욕구를 갖게 하여, 대인적 공감을 갖게 하고 집단형성 메커니즘과 집단기능의 본질을 체득하게 하는 것이다.
  ㉡ 피훈련자는 작은 집단으로 분반하여 1~2주 동안 집중적, 지속적으로 접촉하면서 허심탄회하게 내심을 털어놓게 한다.
  ㉢ 훈련과정에 딱딱한 체계는 없고, 훈련자는 참여자들이 자기 참모습을 드러내고 솔직하고 역동적으로 상호작용하도록 분위기를 만든다.
  ㉣ 피훈련자의 감수성을 높여 서로 신뢰하고 다른 사람의 입장을 존경하는 원만한 분위기를 조성할 수 있다.
  ㉤ 노련한 훈련자가 필요하고, 심한 부적응자나 동양적 인간관을 가진 사회에서는 부적당할 수 있다.

(3) 대중접촉방법(mass media, 대중매체)

1) 특징
  ① 농업인의 경우 결정적 단계에서 대중매체보다는 믿고 잘 아는 사람의 판단을 중시한다.
  ② 송신자와 수신자가 대중매체를 사용할 때 선택적 과정을 사용하기 때문에 대중매체만으로 사람의 행동변화를 일으키지는 못한다.
  ③ 변화하는 사회에서 대중매체의 특별한 기능
    ㉠ 중요한 토의주제에 대한 의제 형성
    ㉡ 지식의 전이
    ㉢ 여론의 형성과 변화
    ㉣ 행동의 변화

2) 대중매체의 장단점

① 농촌지도에서 대중매체의 장점
- ㉠ 여러 계층의 다수의 사람과 동시 접촉 가능
- ㉡ 농촌지도로부터 정보를 추구하지 않았던 이들과도 접촉 가능
- ㉢ 빈번하고 규칙적으로 정보가 제공될 수 있기 때문에 정보의 즉각적인 제공이 가능하다.
- ㉣ 지역의 프로그램과 지도기관에 대한 신뢰 형성
- ㉤ 문제점, 이슈, 또는 주요 관점의 인식 형성
- ㉥ 사람들과 빠르게 접촉 가능
- ㉦ 다양한 고객과 정보의 주제 취급
- ㉧ 효과적인 다른 교수활동의 강화 제공
- ㉨ 학습자의 편의 고려
- ㉩ 지속적인 독자, 청취자 또는 시청자로서의 청중
- ㉪ 비디오를 활용하여 짧은 시간 내 전파를 탈 수 있도록 확장된 시간이 필요한 절차 또는 과정

② 농촌지도에서 대중매체의 단점
- ㉠ 다른 방법들에 비하여 비용이 많이 든다.
- ㉡ 현 상태를 유지하기 위한 지속적인 개정이 필요하다.
- ㉢ 문제 능력이 떨어지는 학습자에게는 제한적 사용
- ㉣ 기술 전문가의 지원 필요
- ㉤ 의도했던 메시지를 편집자가 바꿀 경우 비효과적이다.
- ㉥ 교육자가 프레젠테이션 능력이 떨어질 경우 효과가 떨어진다.
- ㉦ 보통 방송국 또는 매체의 편의를 고려한 제작 필요
- ㉧ 방송국의 손해
- ㉨ 장비와 네트워크 접근에 투자 필요
- ㉩ 대부분의 매체 제작에 시간이 소요된다.
- ㉪ 화상회의에는 시간과 일정의 조정이 필요하다.

3) 대중매체의 일반적 순기능과 역기능

① 순기능
- ㉠ 다양하고 신속한 정보 제공
- ㉡ 여론 형성 및 주도
- ㉢ 사회 통합에 이바지
- ㉣ 국가 권력에 대한 감시 및 비판
- ㉤ 휴식 및 오락 제공

② 역기능
- ㉠ 왜곡된 사실 전달 가능성
- ㉡ 여론 조작의 가능성
- ㉢ 구성원의 가치와 사고방식 획일화
- ㉣ 지배적 규범과 가치 주입
- ㉤ 지나친 상업주의의 확산(폭력성, 선정성)

4) 대중매체의 효과

① 대중매체가 사람들의 생각이나 행동에 영향을 주는 범위가 다양하다.
- ㉠ 1940년대: 독일의 히틀러가 권력을 얻는데 대중매체의 기여도가 매우 컸던 것과 같이 큰 영향을 행사하였다.
- ㉡ 1950년대: 미국 대통령 선거에서는 대중매체가 제한적 영향력을 행사하였다.
- ㉢ 대중매체가 대중에게 혁신 인지와 흥미 자극에 기여도는 크나, 농업인의 경우에는 결정적 단계에서 대중매체보다는 믿고 잘 아는 사람의 판단을 중시한다.
- ㉣ 대중매체가 사회변화를 촉진시키나, 송신자와 수신자가 대중매체를 사용할 때 선택적 과정을 사용하기 때문에 대중매체만으로 사람의 행동변화를 일으키지는 못한다.

② 수신자가 송신자의 메시지를 왜곡하는 선택적 과정
- ㉠ 선택적 공개
- ㉡ 선택적 주의
- ㉢ 선택적 지각
- ㉣ 선택적 기억
- ㉤ 선택적 수용

③ 변화하는 사회에서 대중매체의 특별한 기능
- ㉠ 중요한 토의주제에 대한 의제 형성
- ㉡ 지식의 전이
- ㉢ 여론의 형성과 변화
- ㉣ 행동의 변화

5) 정보를 이해하기 쉽게 하는 4요소

농촌지도를 위한 기술적 출판물은 이해하기 쉽게 작성되어야 한다.

① 간단하고 단순한 언어를 사용하라.
- ㉠ 기술적 용어는 간단한 문장과 구체적 의미를 지니고 있는 일상적 단어를 사용해야 한다.
- ㉡ 추상적 단어나 은어는 피해야 한다.

② 주장을 명확하게 구조화하고 배열한다.
　㉠ 핵심이슈와 보조이슈를 구분해서 논리적 순서로 내용을 제시해야 한다.
　㉡ 핵심주제가 분명하게 제시되어야 한다.
　㉢ 레이아웃이나 인쇄술을 사용하는 것도 좋다.
③ 요점을 간결하게 서술하라.
　㉠ 주장은 핵심이슈에 한정해야 한다.
　㉡ 불필요한 단어 사용없이 분명하게 진술된 목적을 서술해야 한다.
④ 읽어 보고 싶도록 작성하라.: 문체는 독자의 흥미를 유지할 수 있도록 다양화해야 한다.

* 대중매체별 특성 비교

구분	TV	라디오	신문	농업잡지	전단지
수신자의 메시지 해석	2	4	3	2	2
피드백 정도	1	1	1	2	2
동료의 영향	3	1	1	2	2
수신자의 활동	1	2	2	2	3
청중 규모	4	3	3	2	2
청중의 교육수준	3	2	3	2	2
메시지 비용	3	1	2	2	1
농촌지도조직에 지불된 비용	2	1	1	1	3
정보원의 신뢰성 정도	3	1	1	2	3
매체에 대한 접근	1	2	1	3	4
메시지에 대한 농촌지도요원의 결정	1	1	1	2	4

※ 숫자가 클수록 매체의 특성이 높다.

6) 대중매체를 활용한 지도방법
　① 인쇄매체: 신문, 뉴스레터, 팜플렛, 포스터 등 인쇄된 글과 그림을 통해 메시지를 전하는 방식
　　㉠ 특징
　　　ⓐ 인쇄물은 농촌지도에서 필요한 많은 양의 지식을 전달할 수 있다.
　　　ⓑ 인쇄매체는 단독으로 지도사업에 활용되기보다는 다른 방법을 보완하는 시청각 자료로 활용하는 것이 좋다.
　　㉡ 장점
　　　ⓐ 다시 읽을 수 있다.
　　　ⓑ 매체선택이 자유롭다.
　　　ⓒ 메시지의 선택에 무제한성이 있다.
　　　ⓓ 기록의 영속성이 있다.

ⓒ 단점
  ⓐ 신속성이 떨어진다.
  ⓑ 비인격적, 비친근적 성격이 있다.
  ⓒ 배포과정이 복잡하다.
  ⓓ 문맹자나 낮은 교육수준의 사람들에게 의사전달이 어렵다.
ⓔ 신문
  ⓐ 규모 차이가 크지만 어떤 형태의 신문일지라도 농촌지도사업에서 가치 있게 활용할 수 있다.
  ⓑ 다른 기사와 경쟁관계에 있어서 다른 일반기사가 농촌지도 관련기사보다 농업인의 관심과 흥미를 더 유발할 수 있다.
ⓜ 뉴스레터
  ⓐ 뉴스레터는 비교적 적은 비용으로 발행된다.
  ⓑ 지도요원이 농업인의 목록을 가지고 있을 때 유용하게 사용할 수 있는 방법이다.
  ⓒ 신뢰할 수 있는 정보전달시스템이다.
  ⓓ e-mail 발송 등이 이에 해당한다.

② 시청각 매체: TV, 라디오 등으로 인쇄매체의 여러 제한점을 극복할 수 있다.
  ㉠ 장점
    ⓐ 대량의 메시지를 비교적 짧은 시간에 전달할 수 있다.
    ⓑ 문맹자나 교육정도가 낮은 사람에게도 전달이 가능하다.
    ⓒ 오락적 매체의 성향이 강하므로 인쇄매체보다 접근이 쉽다.
  ㉡ 단점
    ⓐ 제작 및 전달에 경비가 많이 든다.
    ⓑ 재독(再讀)의 가능성이나 기록의 연속성이 없다.
    ⓒ 매체 선택이나 메시지 선택이 어렵다.
  ㉢ TV
    ⓐ 청각 뿐 아니라 시각까지 이용하므로 라디오에 비해 동기유발이 쉽다.
    ⓑ 라디오보다 상세하고 복잡한 내용을 다룰 수 있다.
  ㉣ 라디오
    ⓐ 특성
      • 산업화 진행이 늦은 나라의 농촌에서 가장 중요한 매체이다.
      • 농업인에게는 농업인과의 인터뷰가 농업전문학자의 연설보다 더 효과적이다.
      • 일반적으로 인식 단계에서 효율적으로 사용된다.
      • 지역적으로 운영되는 경우 특수한 지역문제를 다룰수록 더 효율적이다.
      • 다시 듣기가 어렵고, 설명된 사항을 볼 수 없다.
      • 방송국 형태와 목적이 다양해 방송국의 목적에 따라 서로 다른 프로그램을 방송할 수 있다.

ⓑ 지도사업에 라디오가 널리 사용되는 이유
- 라디오의 신속성은 새로운 사항을 잘 적응하게 만든다.
- 장소에 관계없이 널리 많은 사람들에게 접근할 수 있다.
- 교육 수준이 낮은 사람에게도 접근할 수 있다.

(4) 정보기술을 활용한 농촌지도

1) 특징
① 상호작용성, 탈대중성, 비동시성이 있다. 단, 이메일의 경우는 송신과 수신의 시간이 다르다.
② 편리한 시간에 메시지를 보내고 수시로 확인할 수 있다.
③ 농장을 직접 방문하지 않고도 맞춤형 조언을 할 수 있다.

2) 전자 데이터 기반 접근 및 검색 시스템(electronic data base access search system)
① 기상예보, 식물 특성 정보, 동식물의 병해충과 방제법, 사료배급량 계산, 투입재의 시장가격과 다양한 생산품, 도서관 목록과 문서의 구조화 등이 이 시스템의 기초자료가 된다.
② 많은 데이터베이스를 얻기 위하여 가정용 컴퓨터, 인터넷 전용선 설치, 컴퓨터 활용능력, CD-Rom 등 장비가 필요하다.
③ 자동화된 전화응답시스템은 날씨예보, 가격, 작물의 보호측정 등의 정보를 매일 제공하는 시스템으로 비용이 저렴하고, 조작이 간단하며, 농민은 전화번호만 알면 된다.

3) 환류시스템(feedback system)
① 경영정보시스템이라고도 한다.
② 현대기술은 더욱 빠르고 효과적으로 피드백이 가능하다.
③ 감지장치를 통한 예측정보가 실제 생산량과 차이가 난다면 무엇인가 오류가 발생하였음을 의미하고 그 원인을 찾을 수 있다.
④ 피드백은 최종사용자의 관심을 충족하지 못한다.
⑤ 중재자의 역할로 정보처리와 해석을 위한 토의 파트너가 필요하다.

4) 조언시스템(advisory system)
① 의사결정지원시스템, 전문가시스템, 지식시스템이라고도 한다.
② 농업인은 전문컨설팅 회사, 농자재 회사, 관련 협회, 품목관련 연구소, 농업기술센터, 대학, 민간전문가 등을 직접 접촉하지 않고도 조언을 얻을 수 있다.
③ 조언시스템의 활용으로 시간적, 공간적 제약을 받지 않고 컨설팅을 받을 수 있다.

5) 네트워크 시스템(network system)
① 현대 정보기술은 다른 지역 농장의 문제가 무엇이고, 그 문제를 어떻게 해결하였는가에 관한 원격지 농민 간의 접촉이 가능하다.

② 농민단체도 지도요원처럼 연구단체를 만들고, 네트워크를 통해 정보를 획득하며, 다른 단체에게 질문과 전자메일을 교환할 수 있으며, 인터넷을 통해 국제적 정보에도 접근이 가능하다.

6) 현대 정보기술을 활용한 지도요원의 지도내용

① 컴퓨터 및 컴퓨터 프로그램의 선택
② 농장에서 사용할 컴퓨터 프로그램에 사용될 자료의 수집과 기록
③ 어떻게 자료를 수집할 것인가
④ 농업인의 의사결정을 위한 요구에 관한 정보수집
⑤ 농업인이 받은 정보를 어떻게 정확하게 해석할 것인가

7) 농업정보기술의 특성

구분	접근 및 검색시스템	환류시스템	조언시스템	네트워크 시스템
실제사용되는 명칭	database, teletext, videotex, hypertext	경영정보시스템 (MIS)	의사결정지원시스템, 전문가시스템, 지식시스템	e-mail, videotex, 화상회의시스템
목표	정보에 대한 효율적 접근 제공	적절한 피드백 제공	전문적 지원과 조언 제공	네트워킹 활동 촉진
수단	검색/선택 절차	자료의 입력, 조작과 표현	계산, 최적화, 시뮬레이션과 설명	의미변화, 파일 전단 (그림, 소리, 문자 등)
정보의 원천	정보제공자	최종사용자	최종사용자와 전문가	최종사용자와 정보제공자
학습, 의사결정과 문제해결 측면	주로 이미지 형성과 실행	주로 평가, 이미지 형성과 문제 인식	주로 대안의 검색/선택과 이미지 형성	메시지 내용과 특성에 따른 변수들
의사소통 중재자의 역할	정보제공자	정보의 처리와 해석을 위한 토의 파트너	토의 파트너, 사용자, 수정자	사용자
현실적 문제점	최종사용자의 로직과 지식의 모순, 검색 절차	피드백은 최종사용자의 관심을 충족시키지 못함	주요모델의 타당성에 의문, 다양한 원인의 해석에 대한 문제	사용자가 정보의 홍수에 직면함

(5) 민속매체

1) 의의

① 현대 농업인에게 대중매체를 활용한 하향식 의사소통방식의 효과가 떨어지므로 이 방식은 크게 줄고, 민속매체의 활용(use of falk media)에 대한 관심이 증가하고 있다.
② 민속매체의 종류에는 연극에서의 행동과 노래, 꼭두각시놀이, 이야기 및 다른 전통적 오락 형태 등이 있다.

2) 특징

① 대중매체는 동시 발생적으로 위로부터 정보를 내보내지만, 민속매체는 청중의 감정에 호소하고 청중들 자신이 배우가 된다.
② 민속매체는 지역문화와 친밀하기 때문에 현실과 동일시된다.
③ 민속매체는 감정의 변화를 자극하는데 효과적이며, 청중은 메시지를 확인하는 경향이 있다.
④ 민속매체와 현대식 매체는 완벽하지는 않지만 서로 보완이 가능하다.
⑤ 마을 사람들은 다른 방식의 민속매체에 참여하기도 한다.

3) 여러 가지 농촌지도방법의 특성 비교

	대중매체	담화	전시	민속매체	집단토의	대화
혁신의 인식	○○○	○	○○	○○	×	×
문제점 인식	×	○	○○	○○○	○○○	○○○
지식의 전이	○○○	○○	○○	○○	○	○○
행동의 변화	×	×	○○	○	○○○	○○
다른 농가의 지식 활용	×	×	○	○○	○○○	○
학습과정 촉진	×	×	○	○○○	○○○	○○
농가의 문제점 조정	×	×	○	○○	○○○	○○
축약 수준	○○○	○○	×	×	○	○
(1인당) 비용	×	○	○	○○	○○	○○○

※ ○: 적합, ×: 부적합

③ 새로운 농촌지도방법

(1) SNS를 이용하는 방법

1) 소셜 네트워크 서비스(Social Network Service; SNS) 특징

① 온라인상 불특정 타인과 관계를 맺을 수 있는 서비스로 이용자들은 소셜 네트워크 서비스를 통해 새로운 인맥을 쌓거나 기존 인맥관계를 강화시켜가는 역할을 한다.
② 개인의 표현 욕구가 강해지면서 사람들 간 사회적 관계(인적 네트워크)를 맺게 하고, 친분관계를 유지시킨다.
③ 초기 SNS는 주로 친목 도모, 엔터테인먼트 용도로 활용되었으나 이후 비즈니스, 각종 정보의 공유 등 생산적 용도로 활용하는 경향이 나타났다.
④ 인터넷 검색보다 SNS를 통하여 최신 정보를 찾거나 이를 활용하는 경우가 많아졌다.
⑤ SNS는 개인이 중심이 되어 자신의 관심사와 개성을 공유한다.

2) 농업분야에서의 SNS의 활용가능성

① 기존의 많은 농업인이 고령자 또는 신규사용자이기 때문에 적응하는데 어려움을 겪을 수 있다.
② 스마트폰을 이용한 날씨 확인, 일정 확인, 주문 및 배송조회, 상품구입, 대금결제 등을 할 수 있다.
③ 트위터를 활용하여 농산물을 판매하거나 페이스북 등 다른 SNS를 통해 판로를 개척하는 등 스마트 농업 사업을 현실화 할 수 있다.
④ 농촌지도공무원이 농업인에게 정보, 기술 지원을 빠르게 해 주기 위하여 농업현장에 태블릿 PC 지원
⑤ 스마트 쇼핑몰을 구축한 농축산물 QR코드를 시험, 운영
⑥ 농촌지도기관이 보유한 농업정보를 쉽게 다운로드 받을 수 있도록 모바일 앱 개발
⑦ 기존 전문서적이나 교재를 스마트 단말기용 전자책으로 개발, 보급

3) SNS 활용 시 고려사항

① SNS의 특성상 농업 CEO, 농업법인, 마을지도자, 관계공무원 등을 대상으로 먼저 교육을 실시하여 육성한 후, 이들을 지역사회 전파자로 활용하는 단계별 접근방법을 고려해야 한다.
② SNS를 활용한 아이디어는 전문분야에서 모든 틀을 짜서 공급하는 하향식 일괄형 보급보다는 농업, 농촌, 농민이 필요로 하는 것과 전문영역의 노하우를 결합한 상향식 수요조사 및 협력, 보완 시스템으로 추진하는 것이 바람직하다.

(2) 적절한 농촌지도방법 선정 시 고려사항

1) 지도목적, 내용의 성격

① 지도목적은 단순 사실 전달, 사고력 배양, 태도 및 기술 함양 등 다양하고, 지도 내용도 다양하므로 지도목적과 내용에 따라 지도방법을 선택해야 한다.
② 단순 사실, 정보 전달인 경우: 강의법 활용
③ 사고력과 판단력 배양인 경우: 토의법 활용
④ 기술 습득인 경우: 시연 및 실습 활용
⑤ 학습자의 관심을 증대시키고 확신을 주기 위한 경우: 견학, 전시 등 활용

2) 활용 가능한 시간

① 실제 농촌지도에서 대상자와 접촉할 때 시간의 제약을 많이 받는다.
② 비교적 짧은 시간에 많은 정보를 제공할 수 있는 방법은 강의법이나 최소화하는 것이 좋다.
③ 토의법은 진행시간이 많이 소요되므로 필요한 경우에만 사용한다.
④ 시간이 충분하면 방문지도도 가능하나, 시간이 부족할 때는 대상자가 농촌지도기관을 내방하는 방법도 활용할 수 있고, 인쇄물을 준비하여 배부할 수도 있다.

3) 이용 가능한 시설 및 보조교재

경우에 따라 시청각 보조교재가 필요한 경우가 있는데 시청각기기와 보조교재를 사용할 수 있는지 확인해야 한다.

4) 지도사의 자질

① 지도사가 표현력이 풍부하고, 유머감각이 있는 경우 강의법도 효과적이다.
② 지도사가 시청각교재를 잘 만들면 교재를 제작하여 활용할 수 있다.
③ 지도사가 연기를 잘 하면 단막극을 통하여 지도할 수도 있다.

5) 지도대상자의 수

① 개인지도의 경우 개별방문지도가 가장 효과적이다.
② 지도대상자가 많을 경우 강의법을 사용하거나 슬라이드, 영화 등을 활용한다.
③ 더욱 많은 청중을 대상으로 할 경우 TV, 신문 같은 대중매체를 활용할 수도 있다.

6) 지도대상자의 특성

① 토의법은 학습자의 참여를 이끌어낼 수 있으나, 민주적 회의진행방법에 익숙한 대상자가 아닐 경우 활용하기 어렵다.
② 학력이 높은 대상자에게 인쇄 자료를 제시하는 것도 효과적이다.
③ 보수적 대상자가 많은 경우에는 전시법, 관찰법, 견학 등이 효과적이다.

7) 기타

① 선진농가의 경우 상담기능, 소규모 농가의 경우 지식과 정보 전달, 교육기능을 발휘하는 것이 좋다.
② 상담 기능은 정보의 제공과 지도 조언을 하는 것이며, 전달, 교육 기능은 과제 해결 과정을 체득하게 하는 것이다.
③ 지도목적에 적합하게 인터넷, e-mail을 통한 정보교환시스템 등 다양한 매체를 활용한다.

8) 지도법에 대한 농업인의 문제점

① 교육이수자에 대한 사후관리체제 미비
② 대상자별 수준 고려 부족
③ 교육방법상 참여 및 실습기회 부족
④ 시기와 기간의 부적절성
⑤ 내용의 비현실성 등이 문제점으로 지적된다.

(3) 농업환경의 변화

1) 세계화
시장경제 중심의 급속한 발전은 기후 및 환경적 변화를 비롯하여 농업비즈니스 중심의 시장 주도적 변화를 통하여 세계적인 농업생산 증가의 요구와 식량 안보의 요구가 높아지고 있다.

2) 지방화
지방분권화로 인해 지역에서 협치(협력적 통치) 차원의 참여적 지역 개발이나 민간단체 및 기업의 참여 등으로 농촌지도 내용, 전달방법, 실제적 효과가 영향을 받는다.

3) 세계화, 지방화에 따른 적합한 지도방법 선택 시 고려사항
① 기술적 실현가능성: 농업경영체 내에서 실행할 수 있는 적합한 기술이어야 한다.
② 경제적 실현가능성: 경제적으로 인력 및 재력 등의 자원 측면에서 실현 가능해야 한다.
③ 사회적 수용성: 실행방법이 사회적으로 수용, 포용적이어서 개인과 그룹간 힘의 균형에 소외나 갈등을 일으키지 않도록 해야 한다.
④ 생태적 지속가능성: 지속적으로 요구되는 생산성 증대로 인한 자원고갈과 오염 등이 미치는 환경적 피해로부터 안전하며 지속가능성을 갖고 있어야 한다.

농촌지도 실천 예상문제

01. 사회교육 실천의 원리에 해당되지 않는 것은?

① 능률성의 원리 ② 일관성의 원리
③ 상호학습의 원리 ④ 참여교육의 원리

해설 사회교육 실천의 원리
① 자발학습의 원리: 학습자가 자발적 의지에 따라 교육에 참여해야 학습에 대한 관심과 흥미가 유발되고, 지속적 동기를 유발시켜 학습효과를 높일 수 있다는 원리이다.
② 자기주도적 학습 원리: 자기 스스로 학습의 주체가 되어야 학습효과를 높인다는 원리로 학습기간, 학습시기, 학습방법, 학습결과의 수용 여부, 스스로 학습에 대한 판단도 주도적으로 결정해야 한다.
③ 상호학습의 원리: 학습자 스스로 횡적으로 상호작용하여 학습할 때 효과가 높아진다.
④ 현실성의 원리: 교육이 실제 생활과 밀접해야 한다는 의미로 가정, 직장, 사회생활과 연관된 내용일 때 학습효과가 높다.
⑤ 다양성의 원리: 교육대상자가 이질적이고 다양하므로 그들의 요구와 관심도 다양하다. 교육시간, 장소, 방법 등이 다양하며, 융통성이 있어야 한다.
⑥ 능률성의 원리: 최선의 교육자, 방법, 장소 등을 동원해야 한다. 성인의 시간은 부족하며, 학습기회를 얻기 어렵기 때문에 교육을 통해 얻는 것이 없고 효율적 진행이 안 되면 참석하려 하지 않는다.
⑦ 참여교육의 원리: 교육의 계획, 실천, 평가에 교육대상자들이 적극적으로 참여할 때 교육의 효과가 높아진다.
⑧ 오락성의 원리: 교육방법으로 오락, 게임, 연극 등을 활용한다는 의미로 오락이나 유희를 삽입할 때 교육효과가 높아진다.

02. 농촌지도 실천의 원리에 대한 설명으로 옳지 않은 것은?

① 자발학습의 원리: 자기 스스로 학습의 주체가 되어야 학습효과를 높인다는 원리로 학습기간, 학습시기, 학습방법, 학습결과의 수용 여부, 스스로 학습에 대한 판단도 주도적으로 결정해야 한다.
② 참여교육의 원리: 교육의 계획, 실천, 평가에 교육대상자들이 적극적으로 참여할 때 교육의 효과가 높아진다.
③ 현실성의 원리: 교육이 실제 생활과 밀접해야 한다는 의미로 가정, 직장, 사회생활과 연관된 내용일 때 학습효과가 높다.
④ 다양성의 원리: 교육대상자가 이질적이고 다양하므로 그들의 요구와 관심도 다양하다. 교육시간, 장소, 방법 등이 다양하며, 융통성이 있어야 한다.

정답 01. ② 02. ①

03. 다음 중 농촌성인교육의 특성에 관한 설명으로 거리가 먼 것은?

① 학습에 동기화가 충분히 이루어진 상태이다.
② 성인의 경험은 판단력 강화에 도움을 준다.
③ 성인의 학습능력 개인차는 상대적으로 크다.
④ 선입견이 적은 편이다.

해설 마이어(1982)는 성인의 독특한 교육적 특성 중에 성인들의 대부분은 오랜기간 학습과는 유리된 생활을 해왔기 때문에 수업에 대한 불안감과 선입관은 새로운 학습을 어렵게 할 수도 있다고 보았다.

04. 농촌지도실천에서 적용되어야 할 원리에 해당되지 않는 것은?

① 성인은 학습을 즐기므로 흥미 있게 지도하여야 한다.
② 지도 후에 서로 교제할 수 있는 기회를 제공하는 것이 좋다.
③ 이론적 학습내용을 중심으로 하여야 한다.
④ 농촌지역사회 내에서 가시적 결과를 가지고 지도하여야 한다.

해설 농촌지도실천에서 적용되어야 할 원리
① 실용적 학습내용을 중심으로 하여야 한다.
② 농촌지역사회 내에서 가시적 결과를 가지고 지도하여야 한다.
③ 다양한 지도방법을 활용하여야 한다.
④ 지도 장소의 교육환경은 불편이 없도록 정비되어야 한다.
⑤ 교육대상자로 하여금 그들의 경험과 의견을 표현하도록 유도하여야 한다.
⑥ 지도대상자가 근거리에서 접할 수 있는 사례를 들어 설명하는 것이 좋다.
⑦ 성인의 자아의식을 다치게 하거나 불편하게 해서는 안 된다.
⑧ 지도 후에 서로 교제할 수 있는 기회를 제공하는 것이 좋다.
⑨ 성인은 학습을 즐기므로 흥미 있게 지도하여야 한다.

05. 베르너와 부스(Verner & Booth)의 성인교육실천 원리로 옳은 것은?

① 교육자적 태도를 유지 하라.
② 상대방에게 질문 하지 말라.
③ 의문을 일으키지 말라.
④ 반증은 하더라도 논쟁은 하지 말라.

CHAPTER 03 농촌지도 실천

해설 베르너와 부스(Verner & Booth)의 성인교육실천 원리
① 교육자적 태도를 일체 버려라.
② 참가자를 중심으로 하라.
③ 사실을 전하라.
④ 공통의 분위기를 만들어라.
⑤ 상대방에게 질문하도록 하라.
⑥ 강사도 함께 배우라.
⑦ 반증은 하더라도 논쟁은 하지 말라.
⑧ 사실을 간단명료하게 말하라.
⑨ 의문을 일으키도록 하라.
⑩ 배우는 방법을 가르치라.
⑪ 생활을 도와주라.
⑫ 가장 좋은 시간을 선택하라.

06. 키츠너(Kitchener)의 단계접근법의 특징으로 옳지 않은 것은?

① 인간의 발달은 내적으로 조직되어 있다.
② 인간의 발달은 대체로 급진적이며 돌연변이는 보이지 않는다.
③ 단계별 특성들은 형태의 복잡성과 부분적 분화성을 강화하는 방향으로 진전되고 있다.
④ 인간은 단계별로 독특한 특성을 보이므로 그 단계들을 쉽게 구분할 수 있다.

해설 키츠너(Kitchener)의 단계접근법의 특징
㉠ 인간의 발달은 내적으로 조직되어 있다.
㉡ 인간은 단계별로 독특한 특성을 보이므로 그 단계들을 쉽게 구분할 수 있다.
㉢ 단계별 특성들은 형태의 복잡성과 부분적 분화성을 강화하는 방향으로 진전되고 있다.
㉣ 인간의 발달은 대체로 점진적이기는 하지만 가끔 돌연변이를 보이고 있다.

07. 농촌성인의 교육적 특성 중 교육훈련 참여도에 대한 설명으로 옳지 않은 것은?

① 창업농이 승계농 보다 참여도가 높다.
② 청장년 농업인이 고령 농업인보다 교육훈련 참여도가 높다.
③ 교육수준이 높은 농업인이 낮은 농업인보다 참여도가 높다.
④ 식량작물 농업인이 식량작물 이외 작목 농업인보다 참여도가 높다.

정답 05. ④ 06. ②

해설 농촌성인의 교육적 특성 교육훈련 참여도
㉠ 청장년 농업인이 고령 농업인보다 교육훈련 참여도가 높다.
㉡ 교육수준이 높은 농업인이 낮은 농업인보다 참여도가 높다.
㉢ 식량작물 이외 작목 농업인이 식량작물 농업인보다 참여도가 높다.
㉣ 창업농이 승계농 보다 참여도가 높다.
㉤ 영농경력이 적은 농업인이 영농경력이 많은 농업인보다 높다.

08. 레빈슨이 제시하는 중기 성인기의 나이는?

① 17~22세
② 40~45세
③ 45~60세
④ 55~70세

해설 레빈슨(Levinson)의 연구
㉠ 아동 및 청소년기(3~17세): 사회생활의 기초에 대한 혼란의 시기로 성인들에 의해 주어진 생활양식을 따라야 할 의무가 있다.
㉡ 초기 성인기(22~40세): 그 자신의 생활에 대한 선택과 유지, 개선하여야 한다.
㉢ 중기 성인기(45~60세): 가정, 사회, 직업생활에 있어서 중심적인 위치와 역할을 수행하는 시기
㉣ 후기 성인기(65세 이상): 사회적 생활의 중심권에서 벗어나 중재자로서의 역할을 수행하는 시기

09. USDA(미국농무부) CSREES(Cooperative State Research, Education, and Extension Service; 협동연구교육지도청)의 농촌지도의 기능으로 옳지 않은 것은?

① 학습경험은 특별한 청중, 요구, 문제점에 초점을 맞추었다.
② 농촌지도사업이 뉴스기사, 화합, 컨설팅 등 다양한 의사소통 채널을 통해 고객에게 정보를 전달한다.
③ 정보전달, 기술전이, 문제해결의 3가지로 구분하였다.
④ 농촌지도전문가와 지도요원이 고객의 지식, 기술, 능력을 향상시키기 위해 준비되고 실행된다.

해설 USDA(미국농무부) CSREES(Cooperative State Research, Education, and Extension Service; 협동연구교육지도청)의 농촌지도의 기능 : USDA CSREES의 특별위원회인 ECOP(Extension Committee on Organization and Policy) Task Force에서 정보전달, 교육프로그램 전달, 문제해결의 3가지로 구분하였다.
① 정보전달(information delivery): 농촌지도사업이 뉴스기사, 화합, 컨설팅 등 다양한 의사소통 채널을 통해 고객에게 정보를 전달한다.
② 교육프로그램 전달(educational program delivery)
㉠ 농촌지도전문가와 지도요원이 고객의 지식, 기술, 능력을 향상시키기 위해 준비되고 실행된다.
㉡ 교육프로그램은 다양한 활동 또는 교육경험을 제공하였다.
㉢ 학습경험은 특별한 청중, 요구, 문제점에 초점을 맞추었다.
③ 문제해결(problem solving): 고객은 그들의 농장에서 나타나는 문제점을 해결하기 위해 전문성, 지식, 기술을 갖춘 지도기관을 찾는다.

CHAPTER 03 농촌지도 실천

10. 다음 접촉방식 중 개별접촉방식이 아닌 것은?

① 워크숍 ② 지도기관 방문
③ 전화 ④ 농가 방문

해설 접촉방식(지도방식)에 따른 분류
1) 개별접촉방식
  농가 방문, 지도기관 방문, 결과전시(집단접촉방식으로 분류하기도 한다), 전화, 개인 응답, 회람 등
2) 집단접촉방식
  회의, 단기회의, 화상회의, 강의, 지도자 교육, 포럼, 방법전시, 현장답사(견학), 농업조직(단체), 수련활동, 워크숍, 평가회 등
3) 대중접촉방식
  TV, 뉴스, 라디오, 신문, 영화, 출판물, 전화응답시스템, 컴퓨터 활용 교수학습, 전시회, 품평회, 위성통신, 인터넷, 팜플렛, 리플릿 등

11. 다음 중 집단접촉방식은?

① 지도기관 내방 ② 포장 및 농가 방문
③ 현장답사 ④ 결과전시

12. 다음 농촌지도방법 중 쌍방향 의사소통 방식은?

① 토론회 ② 농업기술센터 내방
③ 평가회 ④ 강연회

해설 메시지 교환 형태에 따른 분류

구분	일방적 의사소통	쌍방향 의사소통	다방향 의사소통
농촌지도방법	신문, 잡지, 방송, 전시회, 품평회, 결과전시, 강연회	농장 및 농가 방문, 농업기술센터 내방, 서신, 전화응답	토론회, 평가회
커뮤니케이션 유형	대중·공중 커뮤니케이션	대인 커뮤니케이션	소집단 커뮤니케이션
특성	어느 정도의 지속성	대면성, 비조직성, 일시성	대면성, 구조성, 정규성, 지속성

13. 다음 중 대인 커뮤니케이션 유형으로 분류되는 것은?

① 전화응답 ② 결과전시
③ 토론회 ④ 품평회

정답 10. ① 11. ③ 12. ② 13. ①

14. 다음 중 다방향 의사소통의 특성이 아닌 것은?

① 정규성
② 대면성
③ 구조성
④ 일시성

15. 월드론과 무어(Waldron & Moor)가 제시한 사용기법에 따른 분류 중 지식적용 기법에 사용되는 방법은?

① 강의
② 전시
③ 실험
④ 훈련

해설 사용기법에 따른 분류: 월드론과 무어(Waldron & Moor)
① 기법이란 농촌지도사가 학습자와 학습과제 간에 관계를 형성하는 방법이다.
② 정보제공기법: 강의, 패널발표, 질의응답 세션, 토론
③ 기술습득기법: 시뮬레이션, 전시, 역할극, 훈련, 사례연구, 워크숍, 실험
④ 지식적용기법: 워크숍과 실험, 사례연구, 집단토의, 여러 형태의 집단활동

16. 반덴반과 호킨스가 제시한 인지적 학습목표에 선호되는 방법은?

① 강의
② 필름자료
③ 전시
④ 집단토의

해설 학습목표에 따른 분류: 반덴반과 호킨스(Van den Ban & Hawkins)

학습목표의 특성	전략	선호되는 방법
인지적 : 지식 (cognitive)	외부에서의 정보 전이	출판물, 매스미디어, 강의, 리플릿, 직접적인 대화를 통한 조언
정의적 : 태도 (affective)	경향에 의한 학습(외부에서의 정보)	집단토의, 간접대화, 시뮬레이션, 필름자료
심동적 : 기술 (psycho-motor)	기술의 연습(훈련)	교육, 전시 또는 필름전시와 같은 활동촉진 방법들

정답 14. ④ 15. ③ 16. ①

CHAPTER 03 농촌지도 실천

17. 지도방법 선정 시 고려 사항으로 가장 거리가 먼 것은?

① 지도대상자의 특성
② 지도사의 수
③ 활용가능한 시간
④ 이용가능한 시설

해설 지도방법 선정 시 고려 사항
① 지도목적과 내용의 성격
② 지도대상자의 수
③ 지도대상자의 특성
④ 지도사의 자질
⑤ 활용 가능한 시간
⑥ 이용 가능한 시설 및 보조교재

18. 개인접촉법(individual contact method)에 대한 설명으로 옳지 않은 것은?

① 농촌지도사업에서 가장 오래되었으며 보편적으로 사용된다.
② 접촉할 수 있는 고객의 수가 제한이 없는 가장 효과적인 방법 중 하나이다.
③ 농촌지도에서 필수적이고, 지도요원은 고객의 현 상황을 파악하여 문제점을 진단한다.
④ 가장 일반적 접촉방법은 농가 또는 가정방문, 지도기관 내방, 전화, 개별응답, 결과 전시 등이다.

해설 개인접촉법(individual contact method)
① 의의: 가정 또는 농가를 방문하거나 기술센터에서 농민의 전화, 편지 또는 지도기관 내방 등에 의한 방법으로 농촌지도사업에서 가장 오래되었으며 보편적으로 사용된다.
② 특징
㉠ 개인접촉방법은 접촉할 수 있는 고객의 수가 제한되는 반면, 가장 효과적인 방법 중 하나이다.
㉡ 가장 일반적 접촉방법은 농가 또는 가정방문, 지도기관 내방, 전화, 개별응답, 결과 전시 등이다.
㉢ 개인접촉은 농촌지도에서 필수적이고, 지도요원은 고객의 현 상황을 파악하여 문제점을 진단한다.

19. 개인접촉법(individual contact method) 장점으로 보기 어려운 것은?

① 지역의 지도전문가와 접촉할 수 있는 경우의 제한이 없다.
② 문제점 또는 의문사항에 대해 즉각적인 피드백을 제공한다.
③ 농가실정에 맞는 적절한 지도가 가능하고 바람직한 공적 인간관계가 형성된다.
④ 신뢰할 만한 정보원으로 농촌지도요원과의 신뢰가 형성된다.

정답 17. ② 18. ②

[해설] 개인접촉법(individual contact method) 장점
ⓐ 농가실정에 맞는 적절한 지도가 가능하고 바람직한 공적 인간관계가 형성된다.
ⓑ 학습을 위한 분위기 조성이 쉽고, 지역 문제 해결에 최우선의 지식을 제공한다.
ⓒ 신뢰할 만한 정보원으로 농촌지도요원과의 신뢰가 형성된다.
ⓓ 지역사회 리더, 전시자와 협력자의 선택에 공헌한다.
ⓔ 농촌지도활동에서 일상적으로 접촉하기 어려운 개인들과 관계 형성에 도움이 된다.
ⓕ 개별방문은 일반적으로 정보를 확산하는데 쉽고 빠르며, 효과적인 교수방법이다.
ⓖ 문제점 또는 의문사항에 대해 즉각적인 피드백을 제공한다.
ⓗ 조언에 대한 지역의 검증 제공이 가능하다.

20. 개인접촉방법 중 농가방문의 특징으로 보기 어려운 것은?

① 개별방문은 지역 지도기관의 요원, 공무원, 다른 핵심적인 사람들과 우호적 공적관계를 형성한다.
② 일반적으로 할 수 있는 조언을 특정 상황에 맞도록 변형할 수 있다.
③ 농업인은 현재 해결해야 할 문제가 있고, 이를 해결하려는 강한 의지가 있기 때문에 다른 기법보다 학습에 매우 호의적이다.
④ 방문 대상이 가장 선진 농가에 집중되고 도움이 절실한 농가는 등한시할 위험이 있다.

[해설] 개인접촉방법 중 농가방문의 특징
ⓐ 지도요원의 농가 또는 가정 방문은 정보의 전달이나 획득, 전시농가의 확보, 미팅의 주제, 지역의 클럽활동에 대한 토의 등이 목적이다.
ⓑ 개별방문은 지역 지도기관의 요원, 공무원, 다른 핵심적인 사람들과 우호적 공적관계를 형성한다.
ⓒ 개별방문지도는 전문적인 문제점에 대한 실제적인 해결책을 제시해 준다.
ⓓ 일반적으로 할 수 있는 조언을 특정 상황에 맞도록 변형할 수 있다.
ⓔ 바람직한 기술들을 개선하는데 주민의 관심을 유발시킬 수 있다.
ⓕ 프로그램의 결정이나 효과적인 지역의 리더를 선정하는데 필수적이다.
ⓖ 방문 대상이 가장 선진 농가에 집중되고 도움이 절실한 농가는 등한시할 위험이 있다.

21. 집단접촉방법(group method)에 대한 설명 중 옳지 않은 것은?

① 농촌지도요원과 농업인의 1대1 대면방법이 아닌 2명 이상의 농업인 집단을 대상으로 하는 방법이다.
② 농촌지도요원을 위한 피드백이나 목표 성취를 위하여 농민 사이의 상호작용이 필요할 때 사용된다.
③ 시간, 노력, 경비를 절감할 수 있고, 대중매체보다 적은 비용으로 변화를 달성할 수 있다.
④ 지역의 지도전문가와 접촉할 수 있는 경우가 제한된다.

CHAPTER 03 농촌지도 실천

해설 ④는 개인접촉방법의 단점에 해당한다.
* 집단접촉방법(group method)
  ① 의의: 농촌지도요원과 농업인의 1대1 대면방법이 아닌 2명 이상의 농업인 집단을 대상으로 하는 방법이다.
  ② 특징
    ㉠ 개인접촉방법의 한계인 시간, 노력, 경비를 절감할 수 있고, 대중매체보다 적은 비용으로 변화를 달성할 수 있다.
    ㉡ 농촌지도요원을 위한 피드백이나 목표 성취를 위하여 농민 사이의 상호작용이 필요할 때 사용된다.
    ㉢ 농촌지도에 많은 관심을 갖는 농민이나 농민조직의 구성원만 미팅에 참여하기 때문에 선택된 사람에게만 전달된다.

22. 집단접촉방법 중 강의의 장점으로 보기 어려운 것은?

① 강사는 청중의 교육수준이나 흥미를 충족시키기 위해 강의 내용을 수정할 수 있다.
② 전문적인 문제점에 대한 실제적인 해결책을 제시해 준다.
③ 강의 도중 청중의 반응을 고려하고 접근방식을 수정할 수 있다.
④ 청중에게 질문을 하고 이슈에 대해 깊이 있는 토의 기회를 제공할 수 있다.

해설 ②는 개별방문지도의 장점에 해당한다.
* 집단접촉방법의 종류 중 강의의 장점
  ⓐ 강사는 청중의 교육수준, 흥미를 충족시키기 위해 강의 내용을 수정할 수 있다.
  ⓑ 강사는 강의 도중 청중의 반응을 고려하고 접근방식을 수정할 수 있다.
  ⓒ 청중은 강사를 보다 알고 싶어하고, 몸짓, 얼굴표정을 통해 주제에 대해 분명한 인상을 받고 싶어한다. 이는 TV에서도 어느 정도 가능하다.
  ⓓ 강의는 청중에게 질문을 하고 이슈에 대해 깊이 있는 토의 기회를 제공할 수 있다.

23. 효과적인 강의를 위해 고려할 사항으로 거리가 먼 것은?

① 강사는 되도록 짧은 시간 내에 많은 내용을 전달하는 것이 좋다.
② 강사가 알고 있는 모든 정보를 전달하기보다 주요 요점을 강조하는 것이 좋다.
③ 강사는 강의 내용을 어떻게 배열할 것인지 정해야 한다.
④ 강사는 항상 청중의 흥미, 경험 요구에 맞게 강의 내용을 구성해야 한다.

해설 효과적인 강의를 위해 고려할 사항
  ⓐ 강사가 알고 있는 모든 정보를 전달하기보다 주요 요점을 강조하는 것이 좋으며, 많은 것을 말하면 청중이 쉽게 잊어버릴 수 있다.
  ⓑ 강사는 항상 청중의 흥미, 경험 요구에 맞게 강의 내용을 구성해야 한다.
  ⓒ 지도사 위주로 지도를 끝내기 쉽다.
  ⓓ 강사는 강의 내용을 어떻게 배열할 것인지 정해야 한다.

24. 다음 중 지도사 위주의 지도로 끝나기 쉬운 지도방법은?

① 방법전시
② 집단접촉지도
③ 강의지도
④ 계획에 따른 지도

해설 강의법은 강사 중심으로 학습자의 자발성, 창의성의 저해 우려와 적극적 참여 기회가 적어 지도사 위주의 지도로 끝나기 쉬운 지도방법이다.

25. 결과전시(result demonstration)에 대한 설명 중 옳지 않은 것은?

① 혁신의 효과를 지도대상자에게 실제로 관찰하게 하는 장기적인 방법이다.
② 영농혁신의 효과를 새롭게 인식시키기 위하여 주로 사용하는 방법으로 실증하여 보일 때 효과적이다.
③ 농촌지도의 중심적인 지도방법으로 민츠버그(Mintzberg)가 최초로 개발한 지도방법이다.
④ 지도대상자들이 생활하고 있는 현장에서 그들 중에 대표격이 되는 사람이 직접 새로운 품종을 재배하거나 새로운 기술을 영농에 적용하여, 그 효과를 지도대상자들의 눈으로 직접 보게 하여 지도대상자 스스로 혁신사항을 수용하게 하는 지도방법이다.

해설 결과전시(result demonstration)
ⓐ 농촌지도의 중심적인 지도방법으로 미국의 내프(Knapp)가 최초로 개발한 지도방법이다.
ⓑ 혁신의 효과를 지도대상자에게 실제로 관찰하게 하는 장기적인 방법이다.
ⓒ 지도대상자들이 생활하고 있는 현장에서 그들 중에 대표격이 되는 사람이 직접 새로운 품종을 재배하거나 새로운 기술을 영농에 적용하여, 그 효과를 지도대상자들의 눈으로 직접 보게 하여 지도대상자 스스로 혁신사항을 수용하게 하는 지도방법이다.
ⓓ 영농혁신의 효과를 새롭게 인식시키기 위하여 주로 사용하는 방법으로, 신품종의 효과, 비료시용의 효과, 잡초 및 병충해 방제의 효과 등을 실증하여 보일 때 효과적이다.

26. 결과전시와 방법전시에 대한 설명 중 옳지 않은 것은?

① 방법전시는 혁신사항을 어떻게 다루는가에 대한 과정을 지도하는데 효과적이다.
② 결과전시는 단기적으로 진행된다.
③ 방법전시의 수행자는 농촌지도요원 또는 사업 프로젝트의 리더 등이다.
④ 결과전시는 혁신사항의 가치를 입증하는데 효과적이다.

CHAPTER 03 농촌지도 실천

해설 결과전시와 방법전시 비교

구분	결과전시	방법전시
수행자	농업인, 주부, 회원	농촌지도요원, 4-H 또는 사업 프로젝트의 리더나 회원
설계	전시를 수행하는 인력	방법전시를 수행하는 인력
장소	농장, 가정과 같은 지리적 영역	교육훈련 장소 또는 TV 등
기간	몇 주 또는 몇 개월(장기적)	미팅 기간에 따라 죄우됨(단기적)
목적	- 새로운 방법이 다른 방법들에 비하여 가지고 있는 장점을 시각적으로 증명하기 위함 - 혁신사항의 가치를 입증하는데 효과적	- 기술 또는 기법을 가르치거나 수행 방법을 단계별로 보여주기 위함 - 혁신사항을 어떻게 다루는가에 대한 과정을 지도하는 데 효과적

27. 혁신의 효과를 지도대상자에게 실제로 관찰하게 하는 장기적 방법은?

① 결과전시 ② 강화이론
③ 방법전시 ④ 집단토의

28. 전시방법의 설명 중 옳지 않은 것은?

① 결과전시는 새로운 방법이 가지고 있는 장점을 다른 방법들에 비해 시각적으로 증명하는 것이다.
② 방법전시는 기술 또는 기법을 가르치거나 수행방법을 단계별로 보여주기 위함이다.
③ 결과전시는 농장, 가정과 같은 지리적 영역에서 실시한다.
④ 결과전시는 과일을 재배하는 농민에게 어떻게 가지치기를 할 것인지를 보여주는 것이다.

해설 ④는 방법전시에 대한 설명이다.

29. 다음 중 교육적 입장에서 가장 효과적이고, 교육적 성과를 기대할 수 있는 지도방법은?

① 결과전시
② 영화
③ 방법전시(연시)
④ VTR

[해설] 방법전시(methods demonstration, 연시)
ⓐ 새로운 기술을 실제로 어떻게 사용하는가를 시범하여 보임으로써 혁신을 사용하게 하는 단기적 전시법이다.
ⓑ 지도사나 기타 연시자가 직접 행동과 언어, 필요 시에는 자료나 유인물을 이용하여 실질적 상황에서 어떻게 하는지를 시범적으로 보여주는 지도방법이다.
ⓒ 농사기술이나 농기계 운전 등을 지도할 때 가장 많이 사용하는 효과적인 지도방법이다.
ⓓ 비교적 짧은 시간 내에 끝낼 수 있고 비용이 많이 들지 않으며 실제적 상황에서 행동으로 지도하기 때문에 쉽게 이해한다는 장점이 있다.
ⓔ 훌륭한 연시자를 구하기 쉽지 않다는 단점이 있다.

30. 다음 방법전시에 대한 설명으로 옳지 않은 것은?

① 농사기술이나 농기계 운전 등을 지도할 때 가장 많이 사용하는 효과적인 지도방법이다.
② 새로운 기술을 실제로 어떻게 사용하는가를 시범하여 보임으로써 혁신을 사용하게 하는 단기적 전시법이다.
③ 실제적 상황에서 행동으로 지도하기 때문에 쉽게 이해한다는 장점이 있다.
④ 훌륭한 연시자가 주변에 많아 적용하기 쉽다는 장점이 있다.

31. 강의법과 비교한 집단토의의 장점이 아닌 것은?

① 참여자들은 질문이나 반대의견을 제시할 수 있고, 이는 의견의 동조를 향상시킨다.
② 정보의 전이에는 많은 시간을 필요로 하지 않는다.
③ 집단토의 과정에서 집단의 규범이 고려될 수 있고, 수정할 수도 있다.
④ 지도요원이 보는 것보다 참여자가 더 많은 측면을 논의할 수 있다.

[해설] ② 정보의 전이에는 많은 시간이 필요하다는 단점이 있다.
＊강의법과 비교한 집단토의의 장점
ⓐ 지도요원이 보는 것보다 참여자가 더 많은 측면을 논의할 수 있다.
ⓑ 지도요원이 제시한 솔루션이 실제적인지 아닌지 참여자가 더 잘 판단할 수 있다.
ⓒ 집단토의는 강의법에서 표현되지 않은 일상적 실천과 연관이 높다.
ⓓ 토의과정에서 사용되는 언어는 참여자에게 보다 친숙하다.
ⓔ 참여자들은 질문이나 반대의견을 제시할 수 있고, 이는 의견의 동조를 향상시킨다.
ⓕ 집단토의는 강의법보다 참여자의 활동을 더 촉진한다.
ⓖ 참여자는 문제점의 여러 가지 측면을 규명할 수 있고 집단토의에서 논의된 해결책을 수용할 가능성이 커진다.
ⓗ 집단토의 과정에서 집단의 규범이 고려될 수 있고, 수정할 수도 있다.
ⓘ 리더는 구성원의 문제점과 지식수준에 대해 잘 알 수 있다.

CHAPTER 03 농촌지도 실천

32. 강의법과 비교한 집단토의의 단점으로 보기 어려운 것은?

① 회의집단에게 부정확한 정보가 제공될 경우 회의가 잘못될 수 있다.
② 집단토의는 예상하지 못한 문제를 다룰 수 있는 전문화된 지도요원이 필요하다.
③ 정보의 전이에는 많은 시간이 필요하다.
④ 강의법은 집단토의보다 참여자의 활동을 더 촉진한다.

[해설] 강의법과 비교한 집단토의의 단점
ⓐ 정보의 전이에는 많은 시간이 필요하다.
ⓑ 논의했던 문제점은 강의법보다 덜 체계적이다.
ⓒ 참여자가 관심을 갖는 안건만 다루거나 소수가 토의를 장악할 수 있다.
ⓓ 바람직한 토의는 참여자가 필요한 지식을 숙지하고 있음을 가정한다. 그렇지 않으면 토의가 초점을 잃어버리게 된다.
ⓔ 회의집단에게 부정확한 정보가 제공될 경우 회의가 잘못될 수 있다.
ⓕ 집단토의는 예상하지 못한 문제를 다룰 수 있는 전문화된 지도요원이 필요하다.
ⓖ 집단토의 효과에는 사회적, 정서적 분위기가 영향을 미치는데, 긍정적 방향으로 이끄는 것이 쉽지 않다.
ⓗ 집단토의는 집단 내 동질성을 요구한다.
ⓘ 토의 참가자 수가 너무 많으면 효과가 떨어진다.

33. 토의 지도 시 유의사항으로 옳지 않은 것은?

① 사회자는 되도록 토의에 관여하지 않고 시간과 내용에 있어 자율적으로 발언할 수 있도록 기회를 준다.
② 토의 목적과 안건을 참가자에게 명확히 알린다.
③ 의견진술 기회를 고르게 주기 위해 발언을 많이하는 사람을 억제시키고 침묵을 지키는 사람의 발언을 조장한다.
④ 발언 내용이 명확하지 않을 때는 사회자가 쉽게 요약, 설명한다.

[해설] 토의 지도 시 유의사항
ⓐ 토의 목적과 안건을 참가자에게 명확히 알린다.
ⓑ 토의 과열, 감정 대립 등 비상사태에는 정회, 설득 등 적절한 조취를 취한다.
ⓒ 토의가 토의 목적과 조건 범위 내에서 이탈하지 않도록 이끈다.
ⓓ 주어진 시간 내에 토의를 마치도록 안건 당 토의시간을 배분한다.
ⓔ 발언 내용이 명확하지 않을 때는 사회자가 쉽게 요약, 설명한다.
ⓕ 의견진술 기회를 고르게 주기 위해 발언을 많이하는 사람을 억제시키고 침묵을 지키는 사람의 발언을 조장한다.

34. 농촌지도방법 중 집단토의의 특성으로 적합하지 않은 것은?

① 혁신의 인식
② 문제점 인식
③ 다른 농가의 지식 활용
④ 학습과정 촉진

정답 32. ④ 33. ①

해설 여러 가지 농촌지도방법의 특성 비교

	대중매체	담화	전시	민속매체	집단토의	대화
혁신의 인식	○○○	○	○○	○○	×	×
문제점 인식	×	○	○○	○○○	○○○	○○○
지식의 전이	○○○	○○	○○	○○	○	○○
행동의 변화	×	×	○○	○	○○○	○○
다른 농가의 지식 활용	×	×	○	○○	○○○	○
학습과정 촉진	×	×	○	○○○	○○○	○○
농가의 문제점 조정	×	×	○	○○	○○	○○○
축약 수준	○○○	○○	×	×	○	○
(1인당) 비용	×	○	○	○○	○○	○○○

○: 적합, ×: 부적합

35. 농촌지도방법 중 지식의 전이 효과가 가장 낮은 것은?

① 대중매체
② 전시
③ 민속매체
④ 집단토의

36. 자유의사토의법(Brain Storming)의 내용이 아닌 것은?

① 모든 참가자가 의사결정에 참여한다.
② 모든 성원들의 참여의식을 조장할 수 있다.
③ 참가자 전원이 자유롭게 남의 의견을 비판할 수 있다.
④ 서기나 사회가 필요하다.

해설 자유의사토의법(Brain Storming)은 모든 참가자가 의사결정에 참여하는데 특징이 있는 토의방법이며, 참가자가 어떠한 의견을 제시하더라도 타인은 남의 의견을 비판할 수는 없다.

37. 보기에서 설명하는 토의법은?

- 사회자의 인도 아래 선정된 3~6명의 강사가 청중 앞에서 토의하는 것이다.
- 토의 형식은 대화식으로 진행되고, 패널토의라고도 한다.

① 단상동의
② 그룹토의
③ 심포지엄
④ 배심토의

정답 34. ① 35. ④ 36. ③

[해설] 배심토의(panel discussion)
ⓐ 사회자의 인도 아래 선정된 3~6명의 강사가 청중 앞에서 토의하는 것이다.
ⓑ 토의 형식은 대화식으로 진행되고, 패널토의라고도 한다.
ⓒ 강사가 그룹 앞에서 특정 주제에 대해 토의를 한 후 사회자의 진행으로 그룹 토의를 하는 방식으로 진행된다.
ⓓ 주어진 주제에 관해서 여러 견해와 태도 및 평가가 제시되고, 아무런 최종결론을 얻지 못했을 때 토론자들의 생각이 배심 과정에 따라 전개되는 경우도 있다.

38. 다음 중 허들집단토의법에 대한 설명은?

① 보통 5~20명의 비교적 소수 집단이 직접 대면하여 생각과 의견을 서로 교환하는 방법이다.
② 미시간 주립대학 도날드 필립스(Donald Phillips) 교수에 의해서 보편화되어, 일명 66토의, 필립스 66이라고도 불린다.(6명이 6분 동안 문제를 토의한다)
③ 어떤 결정사항이나 문제해결에 참가자 모두가 차례로 의견을 진술하게 하여 마지막에 종합하여 결론을 내리는 토의법이다.
④ 사회자의 인도 아래 선정된 3~6명의 강사가 청중 앞에서 토의하는 것이다.

[해설] ①: 원탁토의(round table discussion), ③: 자유의사토의법(Brain Storming), ④: 배심토의(panel discussion)
＊허들집단토의(huddle group discussion)
ⓐ 토의를 활발히 하기 위하여 큰 집단을 작은 단위로 나누는 방법이다.
ⓑ 어떤 집단이 토의 목적을 위해 회원을 4명 또는 6명의 소집단을 구분하여 주어진 주제를 토의하는 방법이다.
ⓒ 미시간 주립대학 도날드 필립스(Donald Phillips) 교수에 의해서 보편화되어, 일명 66토의, 필립스 66이라고도 불린다.(6명이 6분 동안 문제를 토의한다)

39. 감수성 훈련에 대한 설명 중 옳지 않은 것은?

① 피훈련자는 작은 집단으로 분반하여 1~2주 동안 집중적, 지속적으로 접촉하면서 허심탄회하게 내심을 털어놓게 한다.
② 훈련과정에 딱딱한 체계는 없고, 훈련자는 참여자들이 자기 참모습을 드러내고 솔직하고 역동적으로 상호작용하도록 분위기를 만든다.
③ 노련한 훈련자는 필요 없고, 심한 부적응자나 동양적 인간관을 가진 사회에서 적당할 수 있다.
④ 대인적 공감을 갖게 하고 집단형성 메커니즘과 집단기능의 본질을 체득하게 하는 것이다.

[해설] 감수성 훈련
  ㉠ 피훈련자들을 일상적 생활과 장소에서 격리시키고 문화적으로 고립시켜서 의도적으로 집단참여에 대한 욕구를 갖게 하여, 대인적 공감을 갖게 하고 집단형성 메커니즘과 집단기능의 본질을 체득하게 하는 것이다.
  ㉡ 피훈련자는 작은 집단으로 분반하여 1~2주 동안 집중적, 지속적으로 접촉하면서 허심탄회하게 내심을 털어놓게 한다.
  ㉢ 훈련과정에 딱딱한 체계는 없고, 훈련자는 참여자들이 자기 참모습을 드러내고 솔직하고 역동적으로 상호작용하도록 분위기를 만든다.
  ㉣ 피훈련자의 감수성을 높여 서로 신뢰하고 다른 사람의 입장을 존경하는 원만한 분위기를 조성할 수 있다.
  ㉤ 노련한 훈련자가 필요하고, 심한 부적응자나 동양적 인간관을 가진 사회에서는 부적당할 수 있다.

40. 변화하는 사회에서 대중매체의 특별한 기능으로 가장 거리가 먼 것은?

① 지식의 전이
② 중요한 토의주제에 대한 의제 형성
③ 여론의 형성과 변화
④ 주요 문제점 해결

[해설] 변화하는 사회에서 대중매체의 특별한 기능
  ㉠ 중요한 토의주제에 대한 의제 형성
  ㉡ 지식의 전이
  ㉢ 여론의 형성과 변화
  ㉣ 행동의 변화

41. 농촌지도에서 대중매체의 장점으로 옳지 않은 것은?

① 다른 방법들에 비하여 비용이 적게 든다.
② 지역의 프로그램과 지도기관에 대한 신뢰 형성
③ 문제점, 이슈, 또는 주요 관점의 인식 형성
④ 다양한 고객과 정보의 주제 취급

[해설] 농촌지도에서 대중매체의 장점
  ㉠ 여러 계층의 다수의 사람과 동시 접촉 가능
  ㉡ 농촌지도로부터 정보를 추구하지 않았던 이들과도 접촉 가능
  ㉢ 빈번하고 규칙적으로 정보가 제공될 수 있기 때문에 정보의 즉각적인 제공이 가능하다.
  ㉣ 지역의 프로그램과 지도기관에 대한 신뢰 형성
  ㉤ 문제점, 이슈, 또는 주요 관점의 인식 형성
  ㉥ 사람들과 빠르게 접촉 가능
  ㉦ 다양한 고객과 정보의 주제 취급
  ㉧ 효과적인 다른 교수활동의 강화 제공
  ㉨ 학습자의 편의 고려
  ㉩ 지속적인 독자, 청취자 또는 시청자로서의 청중
  ㉪ 비디오를 활용하여 짧은 시간 내 전파를 탈 수 있도록 확장된 시간이 필요한 절차 또는 과정

CHAPTER 03 농촌지도 실천

42. 대중매체의 일반적 순기능과 거리가 먼 것은?

① 국가 권력에 대한 감시 및 비판
② 구성원의 가치와 사고방식 획일화
③ 휴식 및 오락 제공
④ 여론 형성 및 주도

해설 대중매체의 일반적 순기능과 역기능
① 순기능
  ㉠ 다양하고 신속한 정보 제공
  ㉡ 여론 형성 및 주도
  ㉢ 사회 통합에 이바지
  ㉣ 국가 권력에 대한 감시 및 비판
  ㉤ 휴식 및 오락 제공
② 역기능
  ㉠ 왜곡된 사실 전달 가능성
  ㉡ 여론 조작의 가능성
  ㉢ 구성원의 가치와 사고방식 획일화
  ㉣ 지배적 규범과 가치 주입
  ㉤ 지나친 상업주의의 확산(폭력성, 선정성)

43. 수신자가 송신자의 메시지를 왜곡하는 선택적 과정으로 옳지 않은 것은?

① 선택적 지각
② 선택적 주의
③ 선택적 기억
④ 선택적 망각

해설 수신자가 송신자의 메시지를 왜곡하는 선택적 과정
  ㉠ 선택적 공개
  ㉡ 선택적 주의
  ㉢ 선택적 지각
  ㉣ 선택적 기억
  ㉤ 선택적 수용

44. 다음 중 대중접촉방식의 장점은?

① 바람직한 공적관계 형성
② 여러 계층의 다수의 사람들과 동시 접촉 가능
③ 문제점 혹은 의문사항에 대해 즉각적인 피드백 제공
④ 상대적으로 낮은 비용

해설 ①, ③: 개인접촉방식의 장점, ④: 집단접촉방법의 장점이다.

정답 42. ② 43. ④ 44. ②

PART 02 정책과 농촌지도의 실행

45. 인쇄매체의 장점으로 옳지 않은 것은?

① 신속한 정보의 제공이 가능하다.
② 메시지의 선택에 무제한성이 있다.
③ 기록의 영속성이 있다.
④ 매체선택이 자유롭다.

해설 인쇄매체
1) 장점
① 다시 읽을 수 있다.
② 매체선택이 자유롭다.
③ 메시지의 선택에 무제한성이 있다.
④ 기록의 영속성이 있다.
2) 단점
① 신속성이 떨어진다.
② 비인격적, 비친근적 성격이 있다.
③ 배포과정이 복잡하다.
④ 문맹자나 낮은 교육수준의 사람들에게 의사전달이 어렵다.

46. 뉴스레터에 대한 설명으로 옳지 않은 것은?

① 지도요원이 농업인의 목록을 가지고 있을 때 유용하게 사용할 수 있는 방법이다.
② e-mail 발송 등이 이에 해당한다.
③ 신뢰할 수 있는 정보전달시스템이다.
④ 비교적 많은 비용으로 발행된다.

해설 뉴스레터
ⓐ 뉴스레터는 비교적 적은 비용으로 발행된다.
ⓑ 지도요원이 농업인의 목록을 가지고 있을 때 유용하게 사용할 수 있는 방법이다.
ⓒ 신뢰할 수 있는 정보전달시스템이다.
ⓓ e-mail 발송 등이 이에 해당한다.

47. 시청각 매체의 장점으로 옳지 않은 것은?

① 대량의 메시지를 비교적 짧은 시간에 전달할 수 있다.
② 오락적 매체의 성향이 강하므로 인쇄매체보다 접근이 쉽다.
③ 문맹자나 교육정도가 낮은 사람에게도 전달이 가능하다.
④ 재독(再讀)의 가능성과 기록의 연속성이 있다.

CHAPTER 03 농촌지도 실천

해설 시청각 매체: TV, 라디오 등으로 인쇄매체의 여러 제한점을 극복할 수 있다.
1) 장점
① 대량의 메시지를 비교적 짧은 시간에 전달할 수 있다.
② 문맹자나 교육정도가 낮은 사람에게도 전달이 가능하다.
③ 오락적 매체의 성향이 강하므로 인쇄매체보다 접근이 쉽다.
2) 단점
① 제작 및 전달에 경비가 많이 든다.
② 재독(再讀)의 가능성이나 기록의 연속성이 없다.
③ 매체 선택이나 메시지 선택이 어렵다.

48. 정보기술을 활용한 농촌지도 중 환류시스템(feedback system)에 대한 설명으로 옳지 않은 것은?

① 의사결정지원시스템, 전문가시스템, 지식시스템이라고도 한다.
② 피드백은 최종사용자의 관심을 충족하지 못한다.
③ 중재자의 역할로 정보처리와 해석을 위한 토의 파트너가 필요하다.
④ 현대기술은 더욱 빠르고 효과적으로 피드백이 가능하다.

해설 ①은 조언시스템에 대한 설명이다.
＊환류시스템(feedback system)
① 경영정보시스템이라고도 한다.
② 현대기술은 더욱 빠르고 효과적으로 피드백이 가능하다.
③ 감지장치를 통한 예측정보가 실제 생산량과 차이가 난다면 무엇인가 오류가 발생하였음을 의미하고 그 원인을 찾을 수 있다.
④ 피드백은 최종사용자의 관심을 충족하지 못한다.
⑤ 중재자의 역할로 정보처리와 해석을 위한 토의 파트너가 필요하다.

49. 농업정보기술의 특성에 대한 설명 중 옳지 않은 것은?

① 네트워크 시스템은 네트워킹 활동의 촉진을 목표로 한다.
② 접근 및 검색시스템은 검색과 선택의 절차를 수단으로 한다.
③ 조언시스템은 전문적 지원과 조언의 제공을 목표로 한다.
④ 환류시스템의 정보 원천은 전문가와 정보제공자이다.

정답 47. ④ 48. ①

해설 농업정보기술의 특성

구분	접근 및 검색시스템	환류시스템	조언시스템	네트워크 시스템
실제사용되는 명칭	database, teletext, videotex, hypertext	경영정보시스템(MIS)	의사결정지원시스템, 전문가시스템, 지식시스템	e-mail, videotex, 화상회의시스템
목표	정보에 대한 효율적 접근 제공	적절한 피드백 제공	전문적 지원과 조언 제공	네트워킹 활동 촉진
수단	검색/선택 절차	자료의 입력, 조작과 표현	계산, 최적화, 시뮬레이션과 설명	의미변화, 파일 전단(그림, 소리, 문자 등)
정보의 원천	정보제공자	최종사용자	최종사용자와 전문가	최종사용자와 정보제공자
학습, 의사결정과 문제해결 측면	주로 이미지 형성과 실행	주로 평가, 이미지 형성과 문제 인식	주로 대안의 검색/선택과 이미지 형성	메시지 내용과 특성에 따른 변수들
의사소통 중재자의 역할	정보제공자	정보의 처리와 해석을 위한 토의 파트너	토의 파트너, 사용자, 수정자	사용자
현실적 문제점	최종사용자의 로직과 지식의 모순, 검색 절차	피드백은 최종사용자의 관심을 충족시키지 못함	주요모델의 타당성에 의문, 다양한 원인의 해석에 대한 문제	사용자가 정보의 홍수에 직면함

50. 민속매체에 대한 설명으로 옳지 않은 것은?

① 민속매체는 감정의 변화를 자극하는데 효과적이며, 청중은 메시지를 확인하는 경향이 있다.
② 마을 사람들은 다른 방식의 민속매체에 참여하기도 한다.
③ 민속매체는 지역문화와 친밀하지만 현실과 괴리되어 있다.
④ 민속매체와 현대식 매체는 완벽하지는 않지만 서로 보완이 가능하다.

해설 민속매체 특징
① 대중매체는 동시 발생적으로 위로부터 정보를 내보내지만, 민속매체는 청중의 감정에 호소하고 청중들 자신이 배우가 된다.
② 민속매체는 지역문화와 친밀하기 때문에 현실과 동일시 된다.
③ 민속매체는 감정의 변화를 자극하는데 효과적이며, 청중은 메시지를 확인하는 경향이 있다.
④ 민속매체와 현대식 매체는 완벽하지는 않지만 서로 보완이 가능하다.
⑤ 마을 사람들은 다른 방식의 민속매체에 참여하기도 한다.

CHAPTER 03 농촌지도 실천

51. 지도목적, 내용의 성격에 따른 지도방법에 대한 설명으로 옳지 않은 것은?

① 단순 사실, 정보 전달인 경우 강의법을 활용한다.
② 사고력과 판단력 배양인 경우 토의법을 활용한다.
③ 기술 습득인 경우 전시를 활용한다.
④ 학습자의 관심을 증대시키고 확신을 주기 위한 경우 견학을 활용한다.

해설 지도목적, 내용의 성격에 따른 지도방법
① 지도목적은 단순 사실 전달, 사고력 배양, 태도 및 기술 함양 등 다양하고, 지도 내용도 다양하므로 지도목적과 내용에 따라 지도방법을 선택해야 한다.
② 단순 사실, 정보 전달인 경우: 강의법 활용
③ 사고력과 판단력 배양인 경우: 토의법 활용
④ 기술 습득인 경우: 시연 및 실습 활용
⑤ 학습자의 관심을 증대시키고 확신을 주기 위한 경우: 견학, 전시 등 활용

52. 지도대상자의 수에 따른 지도방법에 대한 설명으로 옳지 않은 것은?

① 개인지도의 경우 개별방문지도가 가장 효과적이다.
② 지도대상자가 많을 경우 강의법은 효과가 떨어진다.
③ 지도대상자가 많을 경우 슬라이드, 영화 등을 활용한다.
④ 더욱 많은 청중을 대상으로 할 경우 TV, 신문 같은 대중매체를 활용할 수도 있다.

해설 적절한 농촌지도방법 선정 시 고려사항: 지도대상자의 수
① 개인지도의 경우 개별방문지도가 가장 효과적이다.
② 지도대상자가 많을 경우 강의법을 사용하거나 슬라이드, 영화 등을 활용한다.
③ 더욱 많은 청중을 대상으로 할 경우 TV, 신문 같은 대중매체를 활용할 수도 있다.

53. 지도법에 대한 농업인의 문제점으로 보기 어려운 것은?

① 교육방법상 참여 및 실습기회 부족
② 내용의 비현실성
③ 시기와 기간의 부적절성
④ 교육이수자에 대한 사후관리

해설 지도법에 대한 농업인의 문제점
① 교육이수자에 대한 사후관리체제 미비
② 대상자별 수준 고려 부족
③ 교육방법상 참여 및 실습기회 부족
④ 시기와 기간의 부적절성
⑤ 내용의 비현실성 등이 문제점으로 지적된다.

정답 51. ③ 52. ② 53. ④

PART 02 정책과 농촌지도의 실행

54. 세계화, 지방화에 따른 적합한 지도방법 선택 시 고려사항으로 거리가 먼 것은?

① 기술적 실현가능성: 농업경영체 내에서 실행할 수 있는 적합한 기술이어야 한다.
② 기술적 실현가능성: 농업경영체 내에서 실행할 수 없더라도 우수한 기술이어야 한다.
③ 사회적 수용성: 실행방법이 사회적으로 수용, 포용적이어서 개인과 그룹간 힘의 균형에 소외나 갈등을 일으키지 않도록 해야 한다.
④ 생태적 지속가능성: 지속적으로 요구되는 생산성 증대로 인한 자원고갈과 오염 등이 미치는 환경적 피해로부터 안전하며 지속가능성을 갖고 있어야 한다.

해설 세계화, 지방화에 따른 적합한 지도방법 선택 시 고려사항
① 기술적 실현가능성: 농업경영체 내에서 실행할 수 있는 적합한 기술이어야 한다.
② 경제적 실현가능성: 경제적으로 인력 및 재력 등의 자원 측면에서 실현 가능해야 한다.
③ 사회적 수용성: 실행방법이 사회적으로 수용, 포용적이어서 개인과 그룹간 힘의 균형에 소외나 갈등을 일으키지 않도록 해야 한다.
④ 생태적 지속가능성: 지속적으로 요구되는 생산성 증대로 인한 자원고갈과 오염 등이 미치는 환경적 피해로부터 안전하며 지속가능성을 갖고 있어야 한다.

55. '농업기술지', '연구와 지도' 등의 간행물을 비롯하여 특수목적사업을 위한 대농민 교재를 발간하고 있다. 여기에 해당되는 농촌지도 내용은?

① 기술보급지도
② 농업경영개선
③ 농촌사회개선
④ 농업기술공보

해설 농업기술공보는 주로 매체를 통한 대농민 정보전달을 목적으로 한다.

56. 21세기 농촌 성인교육이 지향해야 할 방향으로 가장 적절하지 않은 것은?

① 세계화에 대응하기 위해 국제적인 농업정보교육에 주력한다.
② 최신의 전문화된 농업기술교육을 강화하여 농업생산성을 향상한다.
③ 농업의 대량생산체제에 발맞추어 보편적인 농업기술을 확대, 보급한다.
④ 고령화 사회에 대응하기 위한 노령층 평생교육을 강화한다.

해설 ③ 농업의 대량생산체제에 발맞추어 전문적인 농업기술을 확대, 보급한다.

CHAPTER 04 농촌지도 평가

1. 농촌지도 평가

1 농촌지도평가의 개념

(1) 평가의 의미

1) 일반적 의미
① 어떤 행위, 과정, 절차, 활동, 행사, 결과 등에 대한 가치부여의 과정이다.
② 의사결정에 필요한 정보를 수집, 분석하여 활용하는 과정으로, 평가받는 대상의 가치를 판단하여 결정하는 것이다.
③ 의사결정을 해야 하는 상황에서 판단에 필요한 합리적인 기준을 제공하기 위하여 준거, 측정, 통계와 같은 형식적 수단을 통해 합당한 정보를 수집, 분석, 활용하는 과정이다.
④ 모든 또는 일부의 프로그램에 대하여 수용 가능한 기준이 충족되었는가를 결정하기 위한 증거를 수집하여 가치 판단을 내리는 것이다.
⑤ 어떤 행사나 활동이 의도한 목표에 얼마만큼 달성되었는가를 검토하는 것으로 목표의 성취도를 측정하는 과정이다.
⑥ 학자에 따라 측정과 동일한 개념 즉, 전문적인 가치판단, 본질적인 면에서 정치적 활동, 어떤 가치를 결정짓는 것 등으로 간주한다.
⑦ 과거의 행동이나 활동의 가치 판단도 평가에 속하지만 평가의 취지와 목적은 미래지향적 성격이 더욱 강하므로 평가에서는 앞으로 발전과 개선에 필요한 자료와 정보를 수집, 정리하여 활용하는 과정이 반드시 수반되어야 한다.

2) 농촌지도평가의 의미
① 농촌주민들이 농촌지도를 통하여 성취된 행동적 변화 정도를 측정함과 동시에 그에 관련된 농촌지도과정의 적절성을 조사하여, 그 결과를 앞으로의 지도사업에 활용하기 위하여, 필요한 자료와 정보를 체계적으로 수집, 분석하고 활용하는 과정이다.
② 국가 예산을 통해 운영되는 각종 사업의 목적 달성 정도에 대한 판단, 미래 농촌지도사업의 개선 또는 개발, 예산 대비 효과성, 산출물에 대한 증거자료 확보를 통한 재정투자의 공정성 획득 등을 위하여 평가가 진행된다.

③ 농촌지도사업에 대한 가치 판단은 지도사업이 이루어지는 계획-실행-평가의 모든 단계에서 반드시 이루어져야 하는 활동이다.
④ 농촌지도 정책의 목적을 보다 효과적으로 달성하기 위해 사업을 기획, 개발, 의사결정, 프로그램 운영 같은 현재, 미래의 활동을 위해 활용된다.
⑤ 투입한 자원에 대한 농촌지도사업의 가치를 판단, 입증하는 활동이다.
⑥ 평가에서 수집, 분석된 정보는 농촌지도사에게는 보다 현실적 목적을 설정하도록 하고, 더 효과적인 지도방법을 찾도록 정보를 제공하며, 의사결정권자에게는 농촌지도기관에 대한 예산 지원의 범위를 결정하도록 정보를 제공한다.
⑦ 농민이 다양한 농촌지도기관을 선택할 때 필요한 정보를 제공한다.

3) 농촌지도평가의 기준
① 평가의 기준은 농촌지도계획이 되며, 그 중 농촌지도 목표가 중심이 된다.
② 농촌지도를 통한 농촌주민의 행동적 변화량을 측정하는 것이다.
③ 농촌지도사업을 통하여 농촌주민들이 인지적 측면(지식, 이해력, 사고력, 평가력 등), 정의적 측면(태도, 흥미, 가치관, 적성 등), 신체적 측면(기술, 운전, 체력 등)에서 얼마나 향상하였는가를 따져보는 과정이다.

4) 평가의 목적
① 사업(프로그램)의 강점과 약점을 규명하여 프로그램의 질을 향상시키기 위한 것이다.
② 농촌지도사업은 평가과정을 통하여 프로그램이 농촌주민에게 어떤 영향을 주었는지(영향평가), 지도사업의 목적이 잘 달성되었는지(효과성 평가) 확인할 수 있다.
③ 프로그램에 대하여 농촌주민이 어떻게 반응하였고, 무엇을 배웠으며, 프로그램이 시간, 재원, 자원 측면에서 충분한 가치가 있었는가를 검토하는 것이다.
④ 프로그램 평가는 앞으로 프로그램이 계속되어야 할 것인지, 중단되어야 할 것인지에 대한 정보도 제공한다.

(2) 농촌지도 평가의 원리
1) 농촌지도의 계획과 목표의 달성정도(성취도)가 평가의 기준이 되어야 한다.
2) 농촌지도목표의 달성 여부에 대한 배경과 원인이 밝혀져야 한다.
3) 평가는 특정 기간의 판단이 아닌 연속적인 과정이어야 한다.
4) 평가는 위원회 같은 조직체를 만들어 시행하여야 한다.
5) 지도대상의 인격이 존중되도록 자료를 수집하여야 한다.
6) 농촌지도는 투자와 산출의 관계에서 검토되어야 한다.
7) 농촌지도평가는 표본을 대상으로 평가하여야 한다.

(3) 평가의 종류

1) 평가시기에 따른 분류
① 최근 사업이 진행되는 과정을 점검 함으로써 잘못된 부분을 쉽게 수정할 수 있는 형성평가를 중요시한다.
② 형성평가(과정평가): 사업이 집행되는 도중에 이루어지는 평가
③ 총괄평가: 사업이 집행된 후 의도한 목적을 달성하였는지 여부를 판단하는 평가

2) 평가방법에 따른 분류
① 농촌지도사업의 평가는 절대평가를 중심으로 이루어지며, 경진대회 등은 상대평가로 이루어진다.
② 상대평가: 규준지향적 평가로 학습자의 성취도를 그가 속한 집단의 결과에 비추어 상대적으로 나타내는 평가이다.
③ 절대평가: 목적지향적 평가로 학습자의 성취도를 주어진 목표의 달성 정도에 따라 절대적으로 나타내는 평가이다.

3) 평가내용에 따른 분류
① 최근 방법평가가 중요해지며 이는 때때로 결과가 수단을 정당화시킬 수 없는 경우가 있기 때문이다.
② 방법평가: 사업활동 자체에 대한 평가이다.
③ 결과평가: 사업활동 결과에 대한 평가이다.

(4) 평가 시 고려사항

1) 타당도
① 사업의 효과가 다른 경쟁적 원인(외생변수)이라기 보다는 조작화된 처리(원인변수)에 기인한 정도인 실험의 정확도이다.
② 무엇을 측정할 것인가에 관한 요건
③ 조사문항으로써 측정하고자 하는 사항을 측정하는 정도로 평가목표에 부합하는 문항이어야 한다.
④ 농촌지도목표의 달성 여부와 그 배경을 알려주는 문항이어야 타당도가 높아진다.

2) 신뢰도
① 측정도구의 일관성으로 동일한 측정도구로 동일한 현상을 반복했을 때 동일한 결론이 나오는지에 대한 확률이다.
② 어떻게 측정할 것인가의 요건으로 얼마나 정확하게 착오없이 측정하느냐를 의미한다.
③ 많은 사람들에게 평가하도록 하는 것은 신뢰도를 높이기 위한 방법이다.

3) 객관도

① 얼마나 평가자의 주관이 배제되었는가의 정도
② 식량증산지도평가 시 단위면적당 수량조사를 해야 하는데, 농가소득 조사 등의 비객관적 조사는 객관도를 낮추는 요인이 된다.

4) 유용도

타당도, 신뢰도, 객관도가 아무리 높아도 그 도구가 시간이 너무 많이 소요되고 경비와 노력이 지나치게 요구되면 유용성이 낮다.

(5) 농촌지도의 평가영역

1) 기관평가와 프로그램 평가

① 의의
  ㉠ 기관평가: 기관에 대한 종합적 평가로 정책을 추진하는 체계로 종합적 행정 역량, 조직 문화, 구성원의 역할구조의 타당성 및 적합성 등을 평가하는 것이다.
  ㉡ 프로그램 평가: 사업(프로그램) 자체를 평가한다.

② 분석수준
  ㉠ 기관평가: 거시적 관점에서 지도사업을 종합평가한다.
  ㉡ 프로그램 평가: 그 범위가 미시적 관점이다.

③ 접근법
  ㉠ 기관평가: 기관을 대상으로 체계적, 조직적으로 접근하여 거시적으로 분석한다.
  ㉡ 프로그램 평가: 프로그램 자체를 평가하는 것으로 상황적, 과정적으로 접근하여 미시적으로 분석한다.

④ 평가내용
  ㉠ 기관평가: 기관의 구조, 관리, 지원 활동에 관하여 평가한다.
  ㉡ 프로그램 평가: 프로그램의 구성, 운영, 실제 활동을 평가한다.

⑤ 평가영역
  ㉠ 기관평가: 양적 준거를 주로 사용하여 조직풍토, 관리자의 리더십, 재정, 시설 설비, 지역사회 봉사 등을 평가한다.
  ㉡ 프로그램 평가: 질적 준거를 사용하여 내용, 방법, 성취도, 정의적 특성, 효과를 평가한다.

⑥ 결과활용
  ㉠ 기관평가: 주로 기관을 지원해 주거나 종합적 기관 운영을 효율화할 수 있는 정보를 제공한다.
  ㉡ 프로그램 평가: 프로그램의 존폐 여부를 결정하고, 프로그램을 수정, 보완하며 프로그램에 대한 다양한 정보를 제공한다.

2) 농촌지도평가의 다양한 관점

① 미국: 농촌지도를 프로그램적 관점으로 보고 프로그램 평가로 생각한다.

② 유럽: 농촌지도를 사업, 프로젝트 개념으로 보고 사업, 프로젝트 평가로 생각한다.

③ 서울대학교: 농촌지도 평가는 지도사 개인에 대한 평가보다 지도기관으로서의 평가를 더 중요하게 생각한다.

④ 농촌진흥청: 농촌지도 평가의 기준이 지도계획이 되며 그 중 지도 목표가 중심이 된다.

⑤ 목표대비 관점
　㉠ 농촌지도의 목표는 농촌주민 행동 변화라 단정할 수 있고 농촌지도 평가는 농촌주민의 행동적 변화량 측정이 된다.
　㉡ 지도사업을 통해 주민의 인지적 측면, 정의적 측면, 심동적 측면에서 얼마나 향상되었는가를 측정하는 과정이다.

⑥ 수혜자 관점: 농촌지도 프로그램이나 지도기관에 대한 평가가 아닌 실제 지도사업의 혜택을 받은 농촌주민의 행동적 변화를 살피는 것이다.

② 농촌지도평가의 구성요소

(1) 평가요소

1) 평가요소
① 평가영역 및 평가항목
② 평가준거
③ 평가지표(평가준거와 평가지표는 동일한 의미로 사용되기도 한다)
④ 평가기준 또는 규칙
⑤ 가치판단 및 평가판단 등

2) 평가방법의 2요소
① 증거: 평가를 위한 숫자, 단어 등과 같은 자료
② 판단: 증거를 평가준거에 비교함으로써 증거들이 갖는 의미를 결정하고 판단한다.

(2) 평가영역과 평가항목

1) 의의
① 평가하고자 하는 대상 또는 대상의 속성을 분류하는 것이다.
② 평가영역의 특성에 따라 최소 1개 이상의 평가항목이 포함되어야 한다.

2) 평가항목 기준

① 효율성
- ㉠ 평가활동은 평가대상 입장에서 고려되어야 한다.
- ㉡ 평가활동은 쉽게 이해되고, 평가대상의 활동에 도움이 되어야 한다.

② 대표성
- ㉠ 평가항목은 평가대상의 활동을 대표할 수 있어야 한다.
- ㉡ 평가대상은 다양한 활동을 수행하지만, 모든 활동을 동일한 수준에서 고려하지 않는다.
- ㉢ 평가대상의 특성, 기대 역할 측면에서 평가대상을 대표하는 활동으로 평가항목이 개발되어야 한다.
- ㉣ 평가대상의 활동 중 중요하지 않은 활동은 평가항목에서 제외한다.

③ 비교가능성
- ㉠ 평가대상을 비교할 수 있어야 한다.
- ㉡ 평가활동은 다수를 대상으로 행해지며, 평가항목은 평가대상을 차별화할 수 있어야 한다.
- ㉢ 평가 자체는 의미가 없고, 평가활동으로 얻어진 결과를 활용했을 때만 의미가 있다.

④ 개선가능성
- ㉠ 평가활동은 이상적 준거가 있으며, 이를 평가항목으로 전환시켜 측정할 수 있도록 해야 한다.
- ㉡ 평가목적을 달성할 수 있는 내용들이 평가항목에 포함되어야 한다.
- ㉢ 평가기능 중 하나는 현재 상태를 더 나은 방향으로 변화시키고자 하는 것이다.

⑤ 관리가능성
- ㉠ 평가항목이 평가대상의 통제범위에 있어야 한다.
- ㉡ 평가활동은 자연상태에 있는 대상을 평가하는 것이 아니라, 평가대상의 자의적 활동을 대상으로 한다.
- ㉢ 평가항목은 평가대상을 변화시킬 수 있는 것이어야 한다.

⑥ 측정가능성
- ㉠ 평가대상이 달성하고 있는 정도를 측정할 수 있어야 한다.
- ㉡ 평가항목은 우열을 가릴 수 있도록 측정되어야 한다.
- ㉢ 평가항목은 정량적 방법, 정성적 방법으로 측정이 가능해야 한다.

(3) 평가준거(Criterion)

1) 의의
① 평가할 대상 및 내용, 평가하고자 하는 대상의 속성 또는 그로 인한 산출 및 활동 결과의 특정 영역이나 차원을 의미한다.
② 평가활동의 근거로 평가활동의 범위나 영역 또는 초점을 결정해 주며 평가지표 및 기준의 근거가 된다.
③ 평가자료를 효율적으로 수집하는 활동과 평가기준을 결정하는 일이 원활하게 이루어진다.
④ 무엇을 평가할 것인가에 관한 평가준거를 구체적으로 설정하는 일은 평가활동에서 중요한 기능을 한다.
⑤ 일반적, 추상적 수준부터 구체적, 행동적 수준까지 위계화가 가능하고, 평가목적에 따라 구체적으로 체계화하고 명료화시켜야 한다.

2) 평가준거 특성(7가지)
① 평가준거는 가치 있는 대상의 속성을 지칭하는 개념으로 가치 있다고 여겨지는 양적, 질적 성질, 상태, 행위 등의 속성으로 대상에서 단순히 발견되는 성질이 아니라 사람에 의해 가치를 부여받은 성질이다.
② 하나의 준거는 구체화의 수준에 따라 상위준거, 하위준거, 측정준거로 구분되어 계층을 이루기 때문에 평가에서 어떤 수준의 준거를 설정하든 계층 간 개념적 관계를 파악해야 한다.
③ 평가준거는 가치의 유무나 수준을 확인하는데 사용되는 변수이므로 준거는 측정이 가능해야 한다.
④ 하나의 평가대상도 보통 복합적 성질로 구성되기 때문에 충분히 평가하기 위해서는 복수의 준거를 사용한다.
⑤ 평가준거는 평가대상 관련 요인이 달라지면 준거의 설정 및 평가 결과도 달라지므로 평가대상, 평가자, 평가 상황과 함수관계가 있다.
⑥ 평가준거는 표현 형식을 결정하는 한 가지 방식만 있는 것이 아니기 때문에 다양한 형태의 준거가 존재한다.
⑦ 평가준거는 연역적 방법과 귀납적 방법으로 도출된다.
　㉠ **연역적 방법**: 평가대상의 특성, 준거를 이론적으로 도출하는 방법
　㉡ **귀납적 방법**: 평가대상의 특성, 준거에 대한 자료를 수집하고 범주화하여 준거를 설정하는 방법

(4) 평가지표(indicator)

1) 평가지표
① 평가준거에 관한 판단을 위하여 근거자료를 제시하는 표현방식, 준거에 관한 결과 및 산출을 입증해주는 자료 또는 그 자료를 수집하기 위한 측정방법 및 도구를 말한다.

② 평가지표는 양적, 질적인 것으로 나누며, 하나의 준거에 2가지 이상의 평가자료로 그 달성 정도를 표현하는 것이 바람직하다.

③ 평가자료는 효율성, 효과성, 고객의 기대 등을 포함한다.

④ 평가지표의 대표적인 예로 성과지표를 들 수 있다.

⑤ **성과지표**: 특정 사업을 통해 산출된 행동적, 외형적, 물질적 변화나 학습결과를 표현하는 근거자료가 성과지표로 활용되며, 이는 관련 사업의 효과나 영향을 증빙하는 핵심 질적 근거자료가 된다.

2) 농촌지도사업의 평가지표와 평가질문

① 효율성(efficiency)
  ㉠ 사업을 적절하게 운영했는가?
  ㉡ 사업계획은 만족스러운가?
  ㉢ 시간과 장소는 적절한가?
  ㉣ 시간과 노력이 가치로운가?
  ㉤ 사업운영자 및 참여자에게 어느 정도의 시간과 비용이 소요되는가?
  ㉥ 비용 대비 이윤은 적절한가?
  ㉦ 사람들은 이 사업에 일정 비용을 감수하고도 다시 참여할 의사가 있는가?

② 효과성(effectiveness)
  ㉠ 이 사업은 필요한 것이었는가?
  ㉡ 사업에 필요한 활동을 했는가?
  ㉢ 어느 정도의 변화를 창출했는가?

③ 고객의 기대(expectation of clientele)
  ㉠ 고객의 기대에 부응했는가?
  ㉡ 사람들이 만족스러워했는가?
  ㉢ 사업의 질이 좋았는가?(고객의 관심사항, 최신의 정보 제공)
  ㉣ 이 사업은 당면과제에 관련한 것이며, 적절한 것인가?(주요 주제, 중요한 정보, 난이도)
  ㉤ 계획된 것이 제대로 운영되었는가?(유용성, 문제해결, 새로운 학습내용 및 적절한 학습방법)

(5) 평가기준

1) 평가기준은 평가준거의 속성과 내용 또는 그로 인한 산출 및 결과의 속성이나 그 자체를 나타내고 그것의 바람직한 달성 정도를 특정 수준, 범위, 점수로 표시한 것이다.

2) 평가기준은 평가적 판단을 위한 근거로 활용하기 위하여 평가준거에 관한 내용을 측정할 수 있도록 점수, 수준, 범위, 정도 등을 활용한다.

3) 점수, 수준 등 그 자체는 의미가 없고 평가준거 관련 하에서만 의미를 부여받는다.

③ 농촌지도의 평가모형

(1) 논리모형(logic model)

1) 개발
1990년대 중반 위스콘신 주립대학교 지도국은 정부업무수행성과법(Government Performance and Results Act; GPRA)의 요구로 논리모형을 개발하였다.

2) 논리모형의 특징
① 논리모형은 목표달성 모형에 가장 가깝다.
② 프로그램 평가를 효과적으로 지원하며, 지도사업 프로그램을 개선시키는 방법이다.
③ 정형화된 틀 안에서 프로그램 계획, 평가의 도구로 이용된다.
　㉠ 계획을 위한 도구: 논리모형은 농촌지도사가 프로그램에 무엇을 투입해야 할 것인지, 무엇을 하길 원하는지, 무슨 성과를 바라는지를 규정해야 한다. 지도사는 단기, 중기, 장기적 프로그램의 성과목표를 확정한다.
　㉡ 평가를 위한 도구: 논리모형은 농촌지도사가 무엇을, 어떻게 평가해야 할지 알려 준다.
④ 다양한 교육 경험에서 발생하는 서로 다른 교수(teaching)이기 때문에 우선 무엇을 학습했는지에 대한 단기 성과를 측정하고, 행위의 사회적 영향에 관한 중기 성과를 측정하는 것도 중요하다.
⑤ 다양한 교육 경험에서 발생하는 서로 다른 수준의 성과들을 고려할 수 있는 장점이 있다.
⑥ 논리모형은 단선적 모형(linear model)처럼 보일 수 있지만, 역동적 과정을 중시하는 체계모형에 해당한다.

3) 논리모형은 학습평가에 초점을 둔다.
① 논리모형이 지도사에게 구체적, 체계적 방법을 제공해 줄 수 있다.
② 학습평가를 위한 첫 단계는 학습 성과를 측정하기 위한 것인데 지도사가 워크숍과 학습 성과를 연결하면 논리모형은 프로그램 활동과 학습내용을 연결시킨다.
③ 학습을 평가하는 설문조사는 프로그램 마지막 단계이다.
④ 설문지는 장기적 성과를 얻기 위하여 프로그램의 효과에 관한 즉각적인 피드백을 얻을 수 있다.
⑤ 단순한 사전조사방식인 설문조사를 통해 교육 참가자는 성과의 달성 정도를 평가하게 된다.
⑥ 학습에 대한 참가자의 평가는 워크숍 전과 후에 실시한 것을 비교, 차이를 파악함으로 이루어진다.

(2) 베넷(Bennet)의 위계모형
농촌지도사업에 대한 평가는 사업목표를 어느 정도 달성했는가와 적절한 절차에 따라 달성했는가를 중시한다.

1) 의의

농촌지도사업은 여러 위계 수준의 목표를 갖기 때문에 여러 수준에서 사업을 평가한다.

2) 특징

① 사업 평가에 대한 수준 설정을 통해 지도사업의 계획부터 종료 후 일정 기간이 지난 뒤 나타나는 사회적 효과까지 평가할 수 있다.
② 농촌지도 프로그램의 투입요소를 기초로 활동이 이루어진다.
③ 프로그램 참여를 통해 자신의 지식, 기술, 태도, 포부 등이 변화하고, 그 변화가 나타나서 최종결과(궁극적 목적)를 달성한다.

3) 농촌지도사업 평가의 위계수준

① 제1수준: 인력의 수, 시간, 재원에 대한 평가
② 제2수준: 모임의 종류 및 지도방법에 대한 평가
③ 제3수준: 참여자의 특성 및 수, 참여 횟수 및 기간에 대한 평가
④ 제4수준: 참여자의 만족도 평가
⑤ 제5수준: 참여자의 지식, 기술, 태도의 변화 정도에 대한 평가
⑥ 제6수준: 참여자가 실제 현장에 적용한 변화 정도에 대한 평가
⑦ 제7수준: 참여자의 삶의 질 및 지역 사회의 변화 정도에 대한 평가
⑧ 제1~2수준은 농촌지도사업의 투입요소에 대한 평가이며, 제3~7수준은 지도사업의 효과에 대한 평가이다.

(3) 반덴반과 호킨스(van den Ban & Hawkins) 모형

1) 특징

① 바넷의 7수준 위계모형에 기반을 두고 '사회에 미친 결과의 평가'인 8수준을 추가한 지도사업 평가방법을 제시하였다.
② 평가수준이 높아질수록 이를 평가할 수 있는 판단준거 설정이 어려우며, 지도사업의 직접적 결과 입증도 어려워진다.
③ 인력, 수단이 적절하지 못할 경우 낮은 수준의 지도사업 평가가 많이 이루어진다.

2) 모형의 각 수준에 대한 지도사업평가

① 제1수준: 농촌지도사업이 의도한 목표를 어느 정도 달성할 수 있을 것인지 판단하는 평가
② 제2수준: 평가보다 모니터링에 더 적합한 활동이며, 모니터링은 효과적 사업수행을 위한 인력, 자원에 대한 검토가 주로 이루어진다.
③ 제3수준: 농민이 농촌지도 활동에 얼마나 참여하고 있는가가 평가준거가 된다.

㉠ 평가자는 농민이 읽은 문헌, 참여한 회의, 시연회, 농민에게 제공된 조언 등을 체크한다.
㉡ 얼마나 많은 농민이 참여하였으며, 그들의 특성은 무엇인지를 판단한다.

④ 제4수준: 농촌지도 활동에 대한 농민 의견을 수집하여 지도사업 과정 중 조정을 하기 위한 정보를 제공한다.
㉠ 평가자는 지도사업의 내용, 방법에 초점을 둔다.
㉡ 지도사업의 다양한 고객의 요구에 잘 대응하고 있는가, 지도사가 사업을 정확하게 이해하고 있는가를 평가한다.

⑤ 제5수준: 평가자는 최소 2번에 걸쳐 농민의 지식, 기술, 태도 수준을 평가한다.
㉠ 교육활동으로의 지도사업이 농민의 수준을 얼마나 변화시켰는지에 대한 객관적 정보를 수집할 수 있다.
㉡ 많은 비용이 필요하다.

⑥ 제6수준: 주로 연구 활동을 통해 이루어진다.
㉠ 지도사가 지도한 영농방법을 어떤 농민이 사용했는지에 대한 평가를 통해 성과를 확인한다.
㉡ 농민의 행동 변화는 지도사의 커뮤니케이션과 같은 다른 요소에 의해 영향을 받는 경우가 많다.

⑦ 제7수준: 농촌지도사업의 궁극적 목적 달성에 관한 것이다.
㉠ 대상 농민들이 지도사업 내용을 영농현장에 얼마나 적용하여 변화가 일어났는가에 대하여 평가한다.
㉡ 집단의 행동변화 유무에 따라 평가자는 그 원인과 결과에 대해 평가한다.

⑧ 제8수준: 7수준의 결과에 비추어 지도사업의 대상 집단 또는 지역, 사업의 목적에 대한 확대 또는 변경 등을 판단하기 위한 목적으로 7수준에서 특정 대상 집단의 변화는 그 외 집단 또는 전체 사회에 영향을 미칠 수 있다.

⑨ 농촌지도사업 평가수준 정리

수준1	농촌지도활동에 대한 사업계획
수준2	농촌지도사의 사업 실행 정도
수준3	농촌지도 활동에 대한 농민 참여 정도
수준4	농촌지도활동에 대한 농민의 의견
수준5	지식, 태도, 기술, 동기, 대상 집단 수준의 변화
수준6	대상집단의 행동적 변화
수준7	대상집단에 미친 결과
수준8	사회에 미친 결과

2 농촌지도평가 절차

① 녹스(Knox)의 평가절차

평가목표 설정과 지도목표 분석 → 조사항목 결정 → 자료수집 → 조사결과 정리와 분석 → 조사결과의 활용

(1) 평가목표의 설정과 지도목표 분석

1) 농촌지도의 평가는 목표에 비추어 달성도를 측정하며, 달성도의 배경을 진단하고, 평가에서 나타난 자료, 정보를 지도의 발전에 활용하기 위하여 정리하는 것이다.
2) 평가활동은 농촌지도의 목적을 정확하게 분석하는 것에서 출발하며, 이는 목적을 정확하게 분석해야 평가의 준거를 설정할 수 있고, 목적은 구체적으로 명확하게 설정해야 한다.
3) 목표진술에서 많이 사용하는 행동적 용어

   ① 인지적 영역의 행동적 용어

   ㉠ 지식: 사물에 관한 단편적, 사실적 혹은 경험적 인식, 원리를 이해하여 알고 있는 상태
   ㉡ 이해
      ⓐ 깨달아 알아들음
      ⓑ 사물을 분별하여 해석함
      ⓒ 내부관계를 합리적으로 파악하고 있는 상태
   ㉢ 적용
      ⓐ 특수한 상태나 구체적 상태에 추상적인 개념을 사용할 수 있는 능력
      ⓑ 사고력, 문제해결력과 수준의 능력
      ⓒ 문제를 인식하고 분석하여 착상이나 원리를 응용하여 해결하는 능력
   ㉣ 분석력
      ⓐ 상호관계나 인간관계를 분석하는 능력
      ⓑ 결론을 지지하는 증거를 찾아내는 능력
   ㉤ 종합력: 여러 개의 요소나 부분을 전체적으로 하나가 되도록 돕는 능력으로 창의력과 비슷하다.
   ㉥ 평가력
      ⓐ 가치를 판단하는 능력
      ⓑ 합리적으로 특정 사항을 감정하고 진단하는 능력
      ⓒ 판단력, 비판력과 비슷하다.

② 정의적 영역의 행동적 용어
　㉠ 태도
　　ⓐ 어떤 사업에 대한 개체의 고유한 잠재적 반응 경향
　　ⓑ 후천적이며 특정한 상태에서 나타나는 비교적 지속성 있는 반응 경향
　㉡ 습관: 비교적 변화가 적고 자동적이며, 정형적으로 습득된 반응
　㉢ 흥미
　　ⓐ 어떤 대상에 대하여 적극적이고 선택적이며 정서적인 긴장이 뒤따르는 마음가짐
　　ⓑ 어떤 대상에 좋은 감정을 가지고 쏠리는 주의
　㉣ 가치관
　　ⓐ 행동목표나 양식에 대하여 바람직한가의 여부를 판단하는 평가적인 개념
　　ⓑ 개인의 심리체계에 내면화되어 동기로서 작용하며 개인의 행동을 유발시키는 평가적 표준
　　ⓒ 개념 또는 신념

③ 심체적 영역의 행동적 용어
　㉠ 숙련기능: 단순히 연습을 반복함으로써 얻어지는 기술적 능력
　㉡ 전문기능: 원리를 알고 계속적인 연습을 통하여 획득되는 기술적 능력
　㉢ 창조기능: 원리를 알고 계속적인 연습을 통하여 그 원리를 응용하며, 창조적으로 미적인 감각도 나타내는 기술적 능력

(2) 조사항목 결정

1) 목표의 설정 후에 이루어지는 평가조사의 내용 결정 단계에서는 어떤 내용을 알아야 목표달성 여부를 파악할 수 있는지 결정을 해야 한다. 목표가 달성되었다는 입증 근거를 수집하기 위해 어떤 문항을 중심으로 조사해야 하느냐에 대한 결정 단계에 해당된다.

2) 평가조사 내용
　① 농촌지도 평가를 위한 조사에서 지도계획, 수행과정, 접근법과 활동, 수행결과, 조직 및 행정 영역 등에 대해 조사하여야 한다.
　② 농촌지도사와 기관의 열정, 교육 참여자 수와 참석률, 매년 참석 추이, 신규학교 졸업자의 참가자 수, 교육결과로 나타난 영농생활의 변화, 농촌지도사에게 요청되는 자문, 상담면접 횟수와 내용 등
　③ 사업의 범위와 목표, 사업추진체계, 목표달성 전략, 수혜집단, 유관기관과 관계, 인식된 사업의 성과 등
　④ 학습자, 목적과 목표, 조직, 직원, 내용, 방법, 결과, 기자재 등이 평가 내용에 포함되어야 한다.

(3) 자료수집

1) 의의
조사내용이 결정된 후 자료수집을 어떻게 해야 하는지 결정해야 하는데 평가 장면의 선정을 의미한다.

2) 평가장면
자연상태의 장면과 조작상태의 장면으로 구분한다.
① 자연상태의 장면(natural situation)
   ㉠ 일상생활 그대로 자료를 수집하는 것
   ㉡ 가장 이상적인 장면이지만 실제로 수행하기는 어렵다.
   ㉢ 가장 대표적인 장면으로 참여관찰법이 있다.
   ㉣ 참여관찰법: 평가자가 실제 현장에 들어가 실제 현장의 한 부분으로 활동하면서 관찰한 결과를 자료로 수집하는 방법
② 조작상태의 장면(artificial situation)
   ㉠ 자연적 상태를 잘 반영할 수 있는 상황을 만들어 자료를 수집하는 방법이다.
   ㉡ 비교적 쉬운 방법: 필답고사, 질문지 등
   ㉢ 고도의 이해와 훈련을 요구하는 방법: 면접법, 투사법, 작품분석법, 평정법 등

3) 평가목표에 따른 자료수집 방법
① 평가목표가 농촌지도사업일 때: 질문지법, 관찰법 등을 선택한다.
② 평가목표가 농민의 개인적인 성취도일 때: 청취영역이 인지적, 정의적, 심체적인가를 결정하여 평가방법을 활용한다.

4) 자료수집 방법
① 질문지법
   ㉠ 의의: 조사대상자의 의견을 기입하게 하고, 분석, 정리하여 자료로 활용하는 조사방법이다.
   ㉡ 질문지 작성 절차
      ⓐ 조사목표를 뚜렷하게 하고, 그에 관련된 조사내용과 문항형태를 생각해 본다.
      ⓑ 자기 나름대로 질문지 초안을 작성해 본다.
      ⓒ 선배, 전문가에게 초안에 대한 수정을 받는다.
      ⓓ 본조사에 들어가기 전 시험적으로 소수 대상자를 상대로 사전조사를 실시하여 결과에 따라 질문지를 수정, 보완한다.
      ⓔ 질문지 작성을 완료하면 본조사를 계획, 실시한다.
   ㉢ 개방식 질문
      ⓐ 주관식 질문으로 응답자가 자유롭게 자신의 모든 의견을 진술할 수 있도록 하는 질문이다.
      ⓑ 질문에 대한 응답 이외의 정보를 얻을 수 있으나 자료의 정리, 분석, 활용은 어렵다.

ⓔ 폐쇄식 질문
  ⓐ 객관식 질문으로 응답자에게 자유를 주지 않고 제시된 문항 중에 선택하도록 하는 방식의 질문이다.
  ⓑ 질문을 작성하기 어렵고 시간이 많이 소요되나 자료의 정리, 분석, 활용은 용이하다.

② 관찰법
  ㉠ 의의: 관찰을 보다 체계적, 과학적으로 접근하여 타당성과 신뢰성을 확인하고 자료를 수집하는 방법이다.
  ㉡ 특징
    ⓐ 관찰자의 객관성이 절대적으로 중요하다.
    ⓑ 객관성을 높이기 위해서 다수의 관찰자로 하여금 자료를 수집하게 해야 한다.
    ⓒ 피상적인 현상뿐만 아니라 내면까지 관찰할 수 있어야 한다.
  ㉢ 종류
    ⓐ 참여관찰법: 관찰자가 관찰대상자 속에 들어가 그들과 함께 생활하면서 자료를 수집하는 방법이다.
    ⓑ 비참여관찰법: 관찰자가 관찰한다는 사실을 미리 알리고 자료를 수집하는 방법으로 농촌지도는 비참여관찰법이 대부분이다.
  ㉣ 장점
    ⓐ 관찰을 통한 자료의 실제성이 높다.
    ⓑ 언어소통이 되지 않는 특별한 사항이나 현상에 대하여 객관적으로 기록, 정리하기 용이하다.
  ㉤ 단점
    ⓐ 주관의 개입으로 자료의 신뢰성이 낮다.
    ⓑ 사생활 같은 표면으로 나타나지 않는 현상은 자료를 수집하기가 어렵다.

③ 면접법
  ㉠ 의의: 조사자와 피조사자가 직접 상면하여 질의응답을 통해 필요한 자료를 수집하는 방법이다.
  ㉡ 표준화 면접
    ⓐ 질문지를 갖고 신축성 여지없이 진행되는 면접법이다.
    ⓑ 조사자의 행동에 일관성을 유지할 수 있고, 비교적 신뢰도와 활용도가 높다.
    ⓒ 면접결과의 상호비교가 용이하다.
    ⓓ 질문지를 갖고 면접하기 때문에 새로운 사실을 발견하기 어렵다.
    ⓔ 면접상황에 대한 적응도가 낮으며, 신축성이 없다.
  ㉢ 비표준화 면접
    ⓐ 조사목표에 어긋나지 않는 범위 내에서 일정한 순서, 내용이 없이 융통성 있게 질의응답하여 자료를 수집하는 면접법이다.
    ⓑ 비교적 유능한 조사자가 할 수 있는 면접으로 면접상황에 적응도가 높고 깊이 있는 응답을 얻을 수 있다.

ⓒ 계획에 없던 새로운 사실을 발견할 수 있다.
ⓓ 상호비교하기가 상대적으로 곤란하고 신뢰도가 낮다.
ⓔ 면접결과 처리가 용이하지 않다.

② 준표준화 면접: 표준화와 비표준화를 혼합한 유형으로 중요한 질문은 표준화하고 그 외 질문은 비표준화한다.

5) 평가 목표-방법의 적합관계

평가영역	평가목표	평가방법
인지	지식	객관적 테스트
	이해	관찰법, 객관적 테스트, 논술형 테스트, 면접법
	문제의식 사고	관찰법, 평정법, 문제 장면 테스트, 면접법
정의	태도, 관심, 의욕	관찰법, 평정법, 일화기록법, 일기분석법, 질문지법
심동(심체)	기능	관찰법, 평정법, 일화기록법, 객관적 테스트
	작품	평정법, 여러 가지 계측
	실천, 습관	관찰법, 평정법, 일화기록법, 질문지법
집단의 특성		관찰법, 평정법, 사회적 측정법

(4) 조사결과 정리와 분석

1) 자료분석 및 해석단계

수집된 모든 자료를 특정 통계기법 등을 활용하여 분석하고 그 결과를 해석하는 과정으로, 통계방법 중 기술통계(빈도, 평균)을 가장 많이 사용한다.

2) 놀랜드(Norland)의 자료해석 시 주의사항

① 많은 사람들이 특정 문항에 답하지 않은 경우, 그 문항은 따로 다룬다.
② 조사문항 중 몇 개 문항에만 답한 경우는 분석에 활용하지 않는다.
③ 자료가 무엇을 의미하는지 미리 짐작하지 말아야 한다.
④ 선택 응답에 대한 해석을 하지 말아야 한다.
⑤ 5개 중 2개 이상에 응답하지 않은 경우, 그 질문지는 분석에 사용하지 않아야 한다.

(5) 조사결과의 활용

1) 평가자료의 분석과 해석이 끝나면 평가자료 분석 결과를 보고서로 작성하고, 지도사업의 개선과 책무성의 입증에 활용하는 과정이다.

2) 중간평가(형성평가)

① 농촌지도 결과가 목표를 달성하였다면 지도활동을 계속하고, 지도결과가 기대대로 되지 않았다면 원인을 찾아 수정해야 한다.

② 만약 지도사 능력이 미숙했다면 전문성 개발을 위한 교육실시 또는 전문가 자문을 얻는다.

3) 결과평가(총괄평가)

① 평가 결과를 지도대상의 수정 또는 변경, 지도활동 주체의 제고에 활용한다.

② 지도계획과 기관의 인원 및 체제 개선, 농민관심 유도, 홍보, 유관기관과 협력, 지역사회 개선 등에 활용한다.

② 시버스(Seevers)의 평가 절차

(1) 농촌지도사업 평가절차

1) 기획(planning)

① 기획 단계는 프로그램 처음부터 시작되고, 평가할 사업 목적과 의도했던 결과를 검토해야 한다.

② 기획단계의 의문점
  ㉠ 이 사업을 평가할 수 있는가?
  ㉡ 이 사업을 평가하기 위해서는 어떤 정보가 필요한가?
  ㉢ 어떻게 정보를 얻을 수 있는가?
  ㉣ 평가 결과를 어떻게 활용할 것인가? 등

2) 정보수집(gathering information)

① 정보수집은 어떤 자료원을 활용할 것인가를 결정하는 것으로, 자료수집에 사용되는 자료원의 유형을 결정한다.

② 정보수집은 원문서, 보고서와 같은 1차 자료와 이를 가공한 2차 자료를 어떻게 얻을 것인가에 해당한다.

③ 자료를 직접 응답자로부터 구할 것인가, 서류나 문서로부터 얻을 것인가를 결정해야 한다.

3) 정보요약(summarizing information)

① 수집된 정보는 차트, 표 등의 형태로 가공하여 요약한다.

② 요약된 자료를 정확하고 편견 없이 해석하는 것이 중요하다.

4) 기준과 비교(comparing to standards)

① 어떤 준거로 사업을 평가할 것인가를 관계자들이 알 수 있도록 사전에 평가기준이 기술되어야 한다. 평가기준을 평가자만 알고 있어서는 안된다.

② 사업 평가자는 의도했던 사업목적이 달성되었는가에 대하여 객관적으로 진술해야 한다.

5) 가치판단(determining worth)

① 평가는 본질적으로 평가자의 가치 판단이 포함된다.

② 판단은 수집한 증거를 기준과 비교하는 것이다.

③ 판단된 자료는 평가보고서 양식에 기록하고, 보고서, 신문, 비디오테이프, 라디오 출연, TV 출연 등 다양한 형태로 프로그램 관계자에게 공유시켜야 한다.

(2) 5단계 평가절차를 12단계로 구체화

> ① 평가대상 선정 → ② 평가목표 확인 → ③ 평가목표 설정 → ④ 효과수준 선택 → ⑤ 평가시기, 방법, 대상집단 선정 → ⑥ 평가양식 개발 → ⑦ 예비조사 및 본조사 실시 → ⑧ 자료분석 → ⑨ 주요결과 정리 → ⑩ 보고서 작성 → ⑪ 보고서 제출 및 배포 → ⑫ 평가활동에 대한 평가

1) 절차

① 평가 대상을 기술하고, 평가 목적을 설정하게 되며, 평가를 수행하기 위한 전략을 계획한다.

② 평가활동이 계획된 후에는 증거자료를 수집하고 분석하여 그 결과를 보고하는 절차로 이루어진다.

③ 평가 절차는 농촌지도 평가가 목적 중심 평가라는 것을 의미한다.

2) 농촌지도사업목적이 적절하지 못하거나, 의도하지 않은 사업효과가 더 중요하거나, 상황이 변동되었을 때는 지도사업의 평가준거를 새롭게 개발해야 한다.

3) 농촌지도의 평가는 사업 관계자가 평가의 모든 단계에 참여하는 것이 매우 중요하다.

3 미시간대학교의 평가절차

수베디, 헤인즈, 루오나바라(Suvedi, Heinze & Ruonavaara)의 농촌지도사업 평가절차(11단계)

(1) Step 1. 평가 대상 프로그램 확인 및 기술

1) 첫 단계는 평가하고자 하는 프로그램을 확인 기술하는 것이다.

2) 프로그램의 기술에는 목적과 목표, 적용할 지리적 영역, 대상 고객, 재원, 프로그램 관계자 등이 포함되며, 정보를 수집하게 될 대상 집단을 확인한다.

(2) Step 2. 프로그램 단계 확인 및 적절한 평가연구 유형 선정

1) 프로그램의 단계를 확인하고 적절한 평가연구유형을 선정한다.

2) 프로그램 평가 유형에는 요구분석, 기초연구, 형성평가, 총괄평가, 추적연구 등이 있다.

① 요구분석
    ㉠ 대상집단의 요구를 규명하고, 이론적으로 설명할 수 있도록 한다.
    ㉡ 프로그램의 내용을 결정하고, 목적을 설정하는데 초점을 맞추고 있다.
    ㉢ 프로그램의 현재와 요구사항에 대한 질문을 던진다.
② 형성평가(과정평가, 발전평가): 프로그램의 개선, 수정, 관리의 정보를 제공한다.
③ 총괄평가(효력평가, 감정평가): 프로그램의 성공 여부, 효과성, 책무성 등을 결정하고 이를 통해 프로그램의 지속, 확대, 축소, 종료 등을 결정한다.
④ 추적연구: 프로그램의 장기적 효과를 측정하는 평가이다.

(3) Step 3. 평가 실행의 실현가능성 진단
1) 프로그램 설계 또는 성과의 개선에 평가가 공헌할 수 있다.
2) 의미 있는 평가가 이루어지는데 기여한다.

(4) Step 4. 핵심 이해관계자 확인 및 면담
1) 이해관계자는 프로그램 재정부담자, 직원, 행정가, 고객, 프로그램 참여자들이다.
2) 프로그램 시작 전 핵심 이해관계자와 함께 프로그램 목적과 절차를 명확히 알린다.
3) 계획보다 생산적이라는 것을 증명할 근거가 되는 평가유형을 결정하는데 도움이 된다.

(5) Step 5. 자료수집 방법 확인
1) 양적 방법
    ① 주로 수치화된 자료에 치중한다.
    ② 사전에 예상된 결과를 과학적 과정을 거쳐 수치로 측정하는 것이다.
    ③ 효과판단, 원인도출, 비교 또는 우선순위 설정, 결과의 일반화 또는 명확화에 적합한 방법이다.

2) 질적 방법
    ① 글쓴이의 주관이 표현된다.
    ② 사람, 장소, 대화와 행위 등의 다양한 기술을 포함하는 여러 가지 형식을 취한다.
    ③ 개방적 특성을 가지며, 인터뷰 대상자가 자신의 시각에서 질문에 답하도록 한다.

3) 통합적 방법
양적, 질적 방법을 통한 평가를 통합하여 활용하는 것이다.

(6) Step 6. 자료수집기법 선정

1) 방법 선정은 정보의 유형, 시간과 비용의 영향을 받는다.
2) 최소한 수집된 정보가 믿을 만하고, 정확하고, 유용한지 고려한다.
3) 자료수집에 활용되는 최상의 방법은 없다.

(7) Step 7. 모집단 확인과 표본 선정

1) 표집이 적절히 이루어지면, 표본은 모집단 전체의 특성을 대표하게 된다.
2) 표집은 정확성을 잃지 않으면서 시간, 비용, 노력을 줄일 수 있다.
3) **표본**: 조사를 목적으로 대규모 모집단에서 선택된 응답자들의 집합

(8) Step 8. 자료의 수집, 분석 및 해석

양적, 질적 자료의 분석을 위한 여러 종류의 자료 분석 방법이 있다.

(9) Step 9. 결과물의 보고

1) 평가자는 평가결과에 대해 이해관계자나 다른 고객에게 결과를 보고할 책임이 있다.
2) 이해관계자에게 평가결과를 보고할 때는 언제, 어떻게, 누구에게 보고할 것인가를 명확하게 해야 한다.

(10) Step 10. 결과물의 적용 및 활용

1) 평가는 평가 결과가 향후 과제에 적용되어야 종료된다.
2) 프로그램의 연장에 대한 결정, 진행중인 프로그램 개선을 위한 시사점, 향후 계획할 프로그램에 대한 시사점 등을 해당 이해관계자에게 알려야 한다.

(11) Step 11. 평가결과에 대한 평가(메타평가)

1) 평가 결과의 평가는 동일한 기준이 적용되어야 하며 이전 평가와 유사한 절차를 따른다.
2) 평가 결과를 평가할 때 고려사항
   ① 명확한 개념: 평가 결과가 평가의 목적, 역할, 방법에 맞게 분명하게 기술되었는가?
   ② 대상의 기술: 평가 결과에 평가 대상에 대한 기술이 자세하게 되어 있는가?
   ③ 적절한 청중의 인식과 표상: 평가 결과에 관심을 가진 청중에게 평가 결과를 검토할 기회가 적절히 제공되었는가?

④ 평가 시 정치적 문제의 민감성: 잠재적으로 정치적, 대인관계, 윤리적 이슈를 초래할 민감한 사항은 아닌가?
⑤ 정보 및 정보원의 제시: 평가 결과가 필요한 정보와 정보원을 기술하고 있는가?
⑥ 자료의 종합성 및 포괄성: 평가에 부합한 자료의 수렁에 빠지지 않고, 모든 중요한 변인과 이슈들에 대한 자료가 수집되었는가?
⑦ 기술적 적절성: 평가 설계 및 절차에서 평가준거들은 타당성, 신뢰성, 객관성을 충족시키고 있는가?
⑧ 적절한 평가 방법 및 분석: 평가에 적절한 방법이 선택되었는가? 자료는 신중하게 분석하고 해석하였는가?
⑨ 비용에 대한 고려: 다른 변인과 같이 평가 비용에 대한 적절한 고려가 있었는가?
⑩ 평가 결과를 판단하기 위한 명확한 기준과 준거: 평가목적에 대한 판단을 내리는데 활용할 기준과 준거에 대하여 명확하게 기술 또는 제시되어 있는가?
⑪ 평가 결과에 대한 판단과 조언: 평가 결과의 평가가 단지 결과의 제시뿐만 아니라 자료에 기반한 판단이나 조언을 제공하고 있는가?
⑫ 고객 맞춤식 보고: 평가 결과가 적절한 시간과 방식으로 적합한 고객에게 보고되었는가?

> **참고**
>
> 벤데르(Bender)의 성인교육활동의 평가 절차(농촌지도평가 절차)
> ① 평가의 승인 및 지지확보 → ② 평가위원회의 구성 → ③ 평가일정의 계획 → ④ 형식평가의 시행 → ⑤ 비형식평가의 시행 → ⑥ 평가결과의 종합과 활용 → ⑦ 추수평가회의 개최

농촌지도 평가 예상문제

01. 다음 평가에 대한 설명 중 옳지 않은 것은?

① 프로그램에 대하여 수용 가능한 기준이 충족되었는가를 결정하기 위한 증거를 수집하여 가치 판단을 내리는 것이다.
② 어떤 행위, 과정, 절차, 활동, 행사, 결과 등에 대한 가치부여의 과정이다.
③ 과거의 행동이나 활동의 가치 판단도 평가에 속하지만 평가의 취지와 목적은 현재지향적 성격이 더욱 강하다.
④ 어떤 행사나 활동이 의도한 목표에 얼마만큼 달성되었는가를 검토하는 것으로 목표의 성취도를 측정하는 과정이다.

해설 평가의 일반적 의미
① 어떤 행위, 과정, 절차, 활동, 행사, 결과 등에 대한 가치부여의 과정이다.
② 의사결정에 필요한 정보를 수집, 분석하여 활용하는 과정으로, 평가받는 대상의 가치를 판단하여 결정하는 것이다.
③ 의사결정을 해야 하는 상황에서 판단에 필요한 합리적인 기준을 제공하기 위하여 준거, 측정, 통계와 같은 형식적 수단을 통해 합당한 정보를 수집, 분석, 활용하는 과정이다.
④ 모든 또는 일부의 프로그램에 대하여 수용 가능한 기준이 충족되었는가를 결정하기 위한 증거를 수집하여 가치 판단을 내리는 것이다.
⑤ 어떤 행사나 활동이 의도한 목표에 얼마만큼 달성되었는가를 검토하는 것으로 목표의 성취도를 측정하는 과정이다.
⑥ 학자에 따라 측정과 동일한 개념 즉, 전문적인 가치판단, 본질적인 면에서 정치적 활동, 어떤 가치를 결정짓는 것 등으로 간주한다.
⑦ 과거의 행동이나 활동의 가치 판단도 평가에 속하지만 평가의 취지와 목적은 미래지향적 성격이 더욱 강하므로 평가에서는 앞으로 발전과 개선에 필요한 자료와 정보를 수집, 정리하여 활용하는 과정이 반드시 수반되어야 한다.

02. 농촌지도평가에 대한 설명으로 옳지 않은 것은?

① 농촌지도사업에 대한 가치 판단은 지도사업이 이루어지는 계획-실행-평가의 모든 단계에서 반드시 이루어져야 하는 활동이다.
② 투입한 자원에 대한 농촌지도사업의 가치를 판단, 입증하는 활동이다.
③ 앞으로의 지도사업에 활용하기 위하여, 필요한 자료와 정보를 체계적으로 수집, 분석하고 활용하는 과정이다.
④ 농촌지도평가는 농촌지도를 통하여 이루어진 농촌지도기관의 행동적 변화량을 예측하는 것이라 볼 수 있다.

[해설] 농촌지도평가의 의미
① 농촌주민들이 농촌지도를 통하여 성취된 행동적 변화 정도를 측정함과 동시에 그에 관련된 농촌지도과정의 적절성을 조사하여, 그 결과를 앞으로의 지도사업에 활용하기 위하여, 필요한 자료와 정보를 체계적으로 수집, 분석하고 활용하는 과정이다.
② 국가 예산을 통해 운영되는 각종 사업의 목적 달성 정도에 대하여 판단, 미래 농촌지도사업의 개선 또는 개발, 예산 대비 효과성, 산출물에 대한 증거자료 확보를 통한 재정투자의 공정성 획득 등을 위하여 평가가 진행된다.
③ 농촌지도사업에 대한 가치 판단은 지도사업이 이루어지는 계획-실행-평가의 모든 단계에서 반드시 이루어져야 하는 활동이다.
④ 농촌지도 정책의 목적을 보다 효과적으로 달성하기 위해 사업을 기획, 개발, 의사결정, 프로그램 운영 같은 현재, 미래의 활동을 위해 활용된다.
⑤ 투입한 자원에 대한 농촌지도사업의 가치를 판단, 입증하는 활동이다.
⑥ 평가에서 수집, 분석된 정보는 농촌지도사에게는 보다 현실적 목적을 설정하도록 하고, 더 효과적인 지도방법을 찾도록 정보를 제공하며, 의사결정권자에게는 농촌지도기관에 대한 예산 지원의 범위를 결정하도록 정보를 제공한다.
⑦ 농민이 다양한 농촌지도기관을 선택할 때 필요한 정보를 제공한다.

03. 농촌지도평가의 목적으로 옳지 않은 것은?

① 목적을 효과적으로 달성했는지 현재의 사업에 관한 평가를 위한 것으로 향후 사업을 계획하는 것은 아니다.
② 프로그램의 강점과 약점을 규명하여 프로그램의 질을 향상시키기 위한 것이다.
③ 프로그램 평가는 앞으로 프로그램이 계속되어야 할 것인지, 중단되어야 할 것인지에 대한 정보도 제공한다.
④ 프로그램이 시간, 재원, 자원 측면에서 충분한 가치가 있었는가를 검토하는 것이다.

[해설] 평가의 목적
① 사업(프로그램)의 강점과 약점을 규명하여 프로그램의 질을 향상시키기 위한 것이다.
② 농촌지도사업은 평가과정을 통하여 프로그램이 농촌주민에게 어떤 영향을 주었는지(영향평가), 지도사업의 목적이 잘 달성되었는지(효과성 평가) 확인할 수 있다.
③ 프로그램에 대하여 농촌주민이 어떻게 반응하였고, 무엇을 배웠으며, 프로그램이 시간, 재원, 자원 측면에서 충분한 가치가 있었는가를 검토하는 것이다.
④ 프로그램 평가는 앞으로 프로그램이 계속되어야 할 것인지, 중단되어야 할 것인지에 대한 정보도 제공한다.

04. 농촌지도 평가의 원리와 가장 거리가 먼 것은?

① 지도대상의 인격이 존중되도록 자료를 수집하여야 한다.
② 평가는 특정 기간의 판단이 아닌 연속적인 과정이어야 한다.
③ 평가는 농촌지도사가 하여야 한다.
④ 농촌지도의 계획과 목표의 달성정도(성취도)가 평가의 기준이 되어야 한다.

PART 02 정책과 농촌지도의 실행

해설 농촌지도 평가의 원리
① 농촌지도의 계획과 목표의 달성정도(성취도)가 평가의 기준이 되어야 한다.
② 농촌지도목표의 달성 여부에 대한 배경과 원인이 밝혀져야 한다.
③ 평가는 특정 기간의 판단이 아닌 연속적인 과정이어야 한다.
④ 평가는 위원회 같은 조직체를 만들어 시행하여야 한다.
⑤ 지도대상의 인격이 존중되도록 자료를 수집하여야 한다.
⑥ 농촌지도는 투자와 산출의 관계에서 검토되어야 한다.
⑦ 농촌지도평가는 표본을 대상으로 평가하여야 한다.

05. 다음 중 농촌지도의 평가 원리에 대한 설명으로 거리가 먼 것은?

① 평가는 연속적인 과정이어야 한다.
② 어느 기간을 무작위로 정하여 평가한다.
③ 개인에 의한 평가보다 조직에 의한 평가가 객관적이다.
④ 투자와 산출의 관계에서 농촌지도는 검토되어야 한다.

해설 ② 농촌지도의 평가 원리는 어떤 사업의 마감 직전이나 마감 후에 하는 것이 아니고 사업의 시작과 동시에 순간 순간마다 이루어져야 한다.

06. 평가에 대한 설명으로 옳은 것은?

㉠ 결과평가는 사업활동 결과에 대한 평가이다.
㉡ 절대평가는 학습자의 성취도를 그가 속한 집단의 결과에 비추어 상대적으로 나타내는 평가이다.
㉢ 방법평가는 사업활동 자체에 대한 평가이다.
㉣ 형성평가는 사업이 집행된 후 의도한 목적을 달성하였는지 여부를 판단하는 평가

① ㉠, ㉡   ② ㉢, ㉣
③ ㉠, ㉢   ④ ㉡, ㉣

해설 평가의 종류
1) 평가시기에 따른 분류
    ① 최근 사업이 진행되는 과정을 점검을 함으로써 잘못된 부분을 쉽게 수정할 수 있는 형성평가를 중요시한다.
    ② 형성평가(과정평가): 사업이 집행되는 도중에 이루어지는 평가
    ③ 총괄평가: 사업이 집행된 후 의도한 목적을 달성하였는지 여부를 판단하는 평가
2) 평가방법에 따른 분류
    ① 농촌지도사업의 평가는 절대평가를 중심으로 이루어지며, 경진대회 등은 상대평가로 이루어진다.

정답 04. ③ 05. ② 06. ③

② 상대평가: 규준지향적 평가로 학습자의 성취도를 그가 속한 집단의 결과에 비추어 상대적으로 나타내는 평가이다.
③ 절대평가: 목적지향적 평가로 학습자의 성취도를 주어진 목표의 달성 정도에 따라 절대적으로 나타내는 평가이다.
3) 평가내용에 따른 분류
① 최근 방법평가가 중요해지며 이는 때때로 결과가 수단을 정당화시킬 수 없는 경우가 있기 때문이다.
② 방법평가: 사업활동 자체에 대한 평가이다.
③ 결과평가: 사업활동 결과에 대한 평가이다.

07. 농촌지도사업의 형성평가의 시기로 옳은 것은?

① 관계기관의 평가 요청 시
② 하나의 사업이 종료된 후
③ 조사표 작성 후
④ 진행도중 수시로

08. 농촌지도 평가의 방법에 의한 분류로 옳은 것은?

① 방법평가, 결과평가
② 형성평가, 총괄평가
③ 상대평가, 절대평가
④ 사업평가, 참여자평가

09. 농촌지도사업의 평가 시 가장 중요한 사항은?

① 농촌지도사업의 목적달성 여부
② 농민의 참여율
③ 농촌주민과 지도원의 접촉횟수
④ 관계기관의 예산

[해설] 농촌지도의 계획과 목표의 달성정도가 평가의 기준이 되어야 한다.

10. 다음 중 평가 시 고려사항과 거리가 가장 먼 것은?

① 타당도
② 유용도
③ 신뢰도
④ 혁신도

정답 07. ④ 08. ③ 09. ①

해설 평가 시 고려사항
1) 타당도
   ① 사업의 효과가 다른 경쟁적 원인(외생변수)이라기 보다는 조작화된 처리(원인변수)에 기인한 정도인 실험의 정확도이다.
   ② 무엇을 측정할 것인가에 관한 요건
   ③ 조사문항으로써 측정하고자 하는 사항을 측정하는 정도로 평가목표에 부합하는 문항이어야 한다.
   ④ 농촌지도목표의 달성 여부와 그 배경을 알려주는 문항이어야 타당도가 높아진다.
2) 신뢰도
   ① 측정도구의 일관성으로 동일한 측정도구로 동일한 현상을 반복했을 때 동일한 결론이 나오는지에 대한 확률이다.
   ② 어떻게 측정할 것인가의 요건으로 얼마나 정확하게 착오 없이 측정하느냐를 의미한다.
   ③ 많은 사람들에게 평가하도록 하는 것은 신뢰도를 높이기 위한 방법이다.
3) 객관도
   ① 얼마나 평가자의 주관이 배제되었는가의 정도
   ② 식량증산지도평가 시 단위면적당 수량조사를 해야 하는데, 농가소득 조사 등의 비객관적 조사는 객관도를 낮추는 요인이 된다.
4) 유용도
   타당도, 신뢰도, 객관도가 아무리 높아도 그 도구가 시간이 너무 많이 소요되고 경비와 노력이 지나치게 요구되면 유용성이 낮다.

11. 평가시 고려할 사항으로 옳지 않은 것은?

① 많은 사람들에게 평가하도록 하는 것은 신뢰도를 높이기 위한 방법이다.
② 농촌지도목표의 달성 여부와 그 배경을 알려주는 문항이어야 신뢰도가 높아진다.
③ 타당도, 신뢰도, 객관도가 아무리 높아도 그 도구가 시간이 너무 많이 소요되고 경비와 노력이 지나치게 요구되면 유용성이 낮다.
④ 식량증산지도평가 시 단위면적당 수량조사를 해야 하는데, 농가소득 조사 등의 비객관적 조사는 객관도를 낮추는 요인이 된다.

12. 농촌지도의 평가에 있어 평가조사문항을 결정하고 평가의 문항을 만들 때 꼭 고려해야 할 요건이라 볼 수 없는 것은?

① 기여도
② 타당도
③ 신뢰도
④ 객관도

해설 평가조사문항을 만들 때 고려요건
㉠ 타당도: 무엇을 측정할 것이냐에 관한 요건으로, 조사문항으로써 측정하고자 하는 사항을 측정하는 정도를 의미한다.
㉡ 신뢰도: 어떻게 측정할 것인가에 관한 요건으로, 얼마나 정확하게 얼마나 착오없이 측정하느냐의 정도를 의미한다.
㉢ 객관도: 얼마나 평가자의 주관이 배제되었느냐의 정도를 의미한다.

정답 10. ④ 11. ② 12. ①

13. 다음 중 프로그램 평가의 특징에 해당하는 것은?

① 거시적, 양적
② 거시적, 질적
③ 미시적, 양적
④ 미시적, 질적

해설 프로그램 평가는 사업(프로그램) 자체를 평가하며, 미시적, 질적 평가이다.

14. 다음 중 프로그램 평가의 영역이 아닌 것은?

① 방법
② 성취도
③ 재정
④ 효과

해설 평가영역
㉠ 기관평가: 양적 준거를 주로 사용하여 조직풍토, 관리자의 리더십, 재정, 시설 설비, 지역사회 봉사 등을 평가한다.
㉡ 프로그램 평가: 질적 준거를 사용하여 내용, 방법, 성취도, 정의적 특성, 효과를 평가한다.

15. 기관평가와 프로그램 평가에 대한 설명으로 옳지 않은 것은?

① 기관평가는 정책을 추진하는 체계를, 프로그램 평가는 사업 자체를 평가한다.
② 기관평가는 거시적 관점에서, 프로그램 평가는 미시적 관점에서 지도사업을 종합평가한다.
③ 기관평가는 기관의 구조, 관리, 지원 활동을, 프로그램 평가는 프로그램의 구성, 운영, 실제 활동을 평가한다.
④ 기관평가는 질적 준거를 주로 사용하고, 프로그램 평가는 양적 준거를 사용한다.

해설 기관평가는 양적 준거를, 프로그램 평가는 질적 준거를 사용한다.

16. 농촌지도평가의 평가영역과 평가항목에 대한 설명으로 옳지 않은 것은?

① 평가는 평가 자체에 의미가 있다.
② 평가대상의 활동 중 중요하지 않은 활동은 평가항목에서 제외한다.
③ 평가항목은 우열을 가릴 수 있도록 측정되어야 한다.
④ 평가활동은 쉽게 이해되고, 평가대상의 활동에 도움이 되어야 한다.

정답 13. ④ 14. ③ 15. ④

[해설] 평가항목 기준
① 효율성
  ㉠ 평가활동은 평가대상 입장에서 고려되어야 한다.
  ㉡ 평가활동은 쉽게 이해되고, 평가대상의 활동에 도움이 되어야 한다.
② 대표성
  ㉠ 평가항목은 평가대상의 활동을 대표할 수 있어야 한다.
  ㉡ 평가대상은 다양한 활동을 수행하지만, 모든 활동을 동일한 수준에서 고려하지 않는다.
  ㉢ 평가대상의 특성, 기대 역할 측면에서 평가대상을 대표하는 활동으로 평가항목이 개발되어야 한다.
  ㉣ 평가대상의 활동 중 중요하지 않은 활동은 평가항목에서 제외한다.
③ 비교가능성
  ㉠ 평가대상을 비교할 수 있어야 한다.
  ㉡ 평가활동은 다수를 대상으로 행해지며, 평가항목은 평가대상을 차별화할 수 있어야 한다.
  ㉢ 평가 자체는 의미가 없고, 평가활동으로 얻어진 결과를 활용했을 때만 의미가 있다.
④ 개선가능성
  ㉠ 평가활동은 이상적 준거가 있으며, 이를 평가항목으로 전환시켜 측정할 수 있도록 해야 한다.
  ㉡ 평가목적을 달성할 수 있는 내용들이 평가항목에 포함되어야 한다.
  ㉢ 평가기능 중 하나는 현재 상태를 더 나은 방향으로 변화시키고자 하는 것이다.
⑤ 관리가능성
  ㉠ 평가항목이 평가대상의 통제범위에 있어야 한다.
  ㉡ 평가활동은 자연상태에 있는 대상을 평가하는 것이 아니라, 평가대상의 자의적 활동을 대상으로 한다.
  ㉢ 평가항목은 평가대상을 변화시킬 수 있는 것이어야 한다.
⑥ 측정가능성
  ㉠ 평가대상이 달성하고 있는 정도를 측정할 수 있어야 한다.
  ㉡ 평가항목은 우열을 가릴 수 있도록 측정되어야 한다.
  ㉢ 평가항목은 정량적 방법, 정성적 방법으로 측정이 가능해야 한다.

17. 농촌지도평가의 평가항목 기준에 대한 설명으로 옳지 않은 것은?

① 측정가능성: 평가대상이 달성하고 있는 정도를 측정할 수 있어야 한다.
② 대표성: 평가대상의 활동 중 중요하지 않은 활동도 평가하여야 한다.
③ 비교가능성: 평가활동은 다수를 대상으로 행해지며, 평가항목은 평가대상을 차별화할 수 있어야 한다.
④ 개선가능성: 평가목적을 달성할 수 있는 내용들이 평가항목에 포함되어야 한다.

18. 다음 중 평가항목의 기준으로 옳지 않은 것은?

① 비교가능성   ② 개선가능성
③ 대표성   ④ 성취가능성

CHAPTER 04 농촌지도 평가

19. 농촌지도사업 평가의 구성요소에 대한 설명으로 옳지 않은 것은?

① 평가활동은 이상적 준거가 있고, 이를 평가항목으로 전환시켜 측정할 수 있도록 해야 한다.
② 평가활동은 자연상태에 있는 대상을 평가하는 것이다.
③ 평가항목은 평가대상의 통제범위에 있어야 한다.
④ 평가영역의 특성에 따라 최소 1개 이상의 평가항목이 포함되어야 한다.

해설 평가활동은 자연상태의 대상이 아닌 평가대상의 자의적 활동을 대상으로 한다.

20. 평가요소 중 평가준거에 관한 판단을 위하여 근거자료를 제시하는 표현방식을 무엇이라 하는가?

① 평가항목
② 평가준거
③ 평가지표
④ 평가기준

해설 ① 평가영역 및 평가항목: 평가하고자 하는 대상 또는 속성을 분류한 것으로 평가영역의 특성에 따라 최소 1개 이상의 평가항목이 포함되어야 한다.
② 평가준거: 평가할 대상 및 내용 또는 평가하고자 하는 대상의 속성, 그로 인한 산출 및 활동 결과의 특정 영역이나 차원
④ 평가기준: 평가준거의 속성과 내용 또는 그로 인한 산출 및 결과의 속성이나 그 자체를 나타내고 그것의 바람직한 달성 정도를 특정 수준, 범위, 점수로 표시한 것이다.

21. 평가준거의 특성으로 옳지 않은 것은?

① 하나의 평가대상도 보통 복합적 성질로 구성되기 때문에 평가를 쉽게 하기 위해서는 하나의 준거를 사용한다.
② 평가준거는 가치의 유무나 수준을 확인하는데 사용되는 변수이므로 준거는 측정이 가능해야 한다.
③ 평가준거는 평가대상 관련 요인이 달라지면 준거의 설정 및 평가 결과도 달라지므로 평가대상, 평가자, 평가 상황과 함수관계가 있다.
④ 평가준거는 표현 형식을 결정하는 한 가지 방식만 있는 것이 아니기 때문에 다양한 형태의 준거가 존재한다.

해설 평가준거 특성(7가지)
① 평가준거는 가치 있는 대상의 속성을 지칭하는 개념으로 가치 있다고 여겨지는 양적, 질적 성질, 상태, 행위 등의 속성으로 대상에서 단순히 발견되는 성질이 아니라 사람에 의해 가치를 부여받은 성질이다.
② 하나의 준거는 구체화의 수준에 따라 상위준거, 하위준거, 측정준거로 구분되어 계층을 이루기 때문에 평가에서 어떤 수준의 준거를 설정하든 계층 간 개념적 관계를 파악해야 한다.
③ 평가준거는 가치의 유무나 수준을 확인하는데 사용되는 변수이므로 준거는 측정이 가능해야 한다.
④ 하나의 평가대상도 보통 복합적 성질로 구성되기 때문에 충분히 평가하기 위해서는 복수의 준거를 사용한다.
⑤ 평가준거는 평가대상 관련 요인이 달라지면 준거의 설정 및 평가 결과도 달라지므로 평가대상, 평가자, 평가 상황과 함수관계가 있다.
⑥ 평가준거는 표현 형식을 결정하는 한 가지 방식만 있는 것이 아니기 때문에 다양한 형태의 준거가 존재한다.
⑦ 평가준거는 연역적 방법과 귀납적 방법으로 도출된다.
　㉠ 연역적 방법: 평가대상의 특성, 준거를 이론적으로 도출하는 방법
　㉡ 귀납적 방법: 평가대상의 특성, 준거에 대한 자료를 수집하고 범주화하여 준거를 설정하는 방법

22. 평가준거의 특성으로 옳지 않은 것은?

① 평가에서 어떤 수준의 준거를 설정하든 계층 간 개념적 관계를 파악해야 한다.
② 평가준거는 표현 형식을 결정하는 한 가지 방식만 있는 것이 아니기 때문에 다양한 형태의 준거가 존재한다.
③ 하나의 평가대상도 보통 복합적 성질로 구성되기 때문에 충분히 평가하기 위해서는 복수의 준거를 사용한다.
④ 연역적 방법으로만 도출된다.

23. 평가지표의 설명으로 옳지 않은 것은?

① 특정 사업을 통해 산출된 행동적, 외형적, 물질적 변화나 학습결과를 표현하는 근거자료가 성과지표로 활용된다.
② 평가지표는 양적, 질적인 것으로 나누며, 하나의 준거에 하나의 평가 자료로 그 달성 정도를 표현하는 것이 바람직하다.
③ 평가자료는 효율성, 효과성, 고객의 기대 등을 포함한다.
④ 평가지표의 대표적인 예로 성과지표를 들 수 있다.

해설 평가지표
① 평가준거에 관한 판단을 위하여 근거자료를 제시하는 표현방식, 준거에 관한 결과 및 산출을 입증해주는 자료 또는 그 자료를 수집하기 위한 측정방법 및 도구를 말한다.
② 평가지표는 양적, 질적인 것으로 나누며, 하나의 준거에 2가지 이상의 평가자료로 그 달성 정도를 표현하는 것이 바람직하다.

③ 평가자료는 효율성, 효과성, 고객의 기대 등을 포함한다.
④ 평가지표의 대표적인 예로 성과지표를 들 수 있다.
⑤ 성과지표: 특정 사업을 통해 산출된 행동적, 외형적, 물질적 변화나 학습결과를 표현하는 근거자료가 성과지표로 활용되며, 이는 관련 사업의 효과나 영향을 증빙하는 핵심 질적 근거자료가 된다.

24. 평가지표 중 효율성에 대한 평가질문은?

① 사업에 필요한 활동을 했는가?
② 시간과 장소는 적절한가?
③ 어느 정도의 변화를 창출했는가?
④ 사람들이 만족스러워 했는가?

해설 농촌지도사업의 평가지표와 평가질문
① 효율성(efficiency)
  ㉠ 사업을 적절하게 운영했는가?
  ㉡ 사업계획은 만족스러운가?
  ㉢ 시간과 장소는 적절한가?
  ㉣ 시간과 노력이 가치로운가?
  ㉤ 사업운영자 및 참여자에게 어느 정도의 시간과 비용이 소요되는가?
  ㉥ 비용 대비 이윤은 적절한가?
  ㉦ 사람들은 이 사업에 일정 비용을 감수하고도 다시 참여할 의사가 있는가?
② 효과성(effectiveness)
  ㉠ 이 사업은 필요한 것이었는가?
  ㉡ 사업에 필요한 활동을 했는가?
  ㉢ 어느 정도의 변화를 창출했는가?
③ 고객의 기대(expectation of clientele)
  ㉠ 고객의 기대에 부응했는가?
  ㉡ 사람들이 만족스러워했는가?
  ㉢ 사업의 질이 좋았는가?(고객의 관심사항, 최신의 정보 제공)
  ㉣ 이 사업은 당면과제에 관련한 것이며, 적절한 것인가?(주요 주제, 중요한 정보, 난이도)
  ㉤ 계획된 것이 제대로 운영되었는가?(유용성, 문제해결, 새로운 학습내용 및 적절한 학습방법)

25. 농촌지도사업의 효율성 평가지표에 해당되지 않는 것은?

① 비용 대비 이윤은 적절한가?
② 시간과 노력이 가치로운가?
③ 사람들이 만족스러워했는가?
④ 사업계획은 만족스러운가?

정답 24. ② 25. ③

26. 농촌지도사업의 효과성 평가지표에 해당되지 않는 것은?

① 사업에 필요한 활동을 했는가?
② 어느 정도의 변화를 창출했는가?
③ 이 사업은 필요한 것이었는가?
④ 사업의 질이 좋았는가?

27. 논리모형에 대한 설명으로 옳지 않은 것은?

① 목표달성 모형에 가깝다.
② 프로그램 평가를 효과적으로 지원한다.
③ 역동적 과정을 중시하는 단선적 모형이다.
④ 정형화된 틀 안에서 프로그램평가의 도구로 이용된다.

해설 논리모형의 특징
① 논리모형은 목표달성 모형에 가장 가깝다.
② 프로그램 평가를 효과적으로 지원하며, 지도사업 프로그램을 개선시키는 방법이다.
③ 정형화된 틀 안에서 프로그램 계획, 평가의 도구로 이용된다.
　㉠ 계획을 위한 도구: 논리모형은 농촌지도사가 프로그램에 무엇을 투입해야 할 것인지, 무엇을 하길 원하는지, 무슨 성과를 바라는지를 규정해야 한다. 지도사는 단기, 중기, 장기적 프로그램의 성과목표를 확정한다.
　㉡ 평가를 위한 도구: 논리모형은 농촌지도사가 무엇을, 어떻게 평가해야 할지 알려 준다.
④ 다양한 교육 경험에서 발생하는 서로 다른 교수(teaching)이기 때문에 우선 무엇을 학습했는지에 대한 단기성과를 측정하고, 행위의 사회적 영향에 관한 중기 성과를 측정하는 것도 중요하다.
⑤ 다양한 교육 경험에서 발생하는 서로 다른 수준의 성과들을 고려할 수 있는 장점이 있다.
⑥ 논리모형은 단선적 모형(linear model)처럼 보일 수 있지만, 역동적 과정을 중시하는 체계모형에 해당한다.

28. 논리모형의 특성으로 가장 알맞은 것은?

① 프로그램의 투입요소를 기초로 활동이 이루어진다.
② 학습평가에 초점을 둔다.
③ 사회에 미친 결과의 평가를 포함한다.
④ 평가에 대한 수준설정을 통해 평가한다.

해설 ①, ④: 베넷의 위계모형. ③: 반데반과 호킨스의 모형

CHAPTER 04 농촌지도 평가

29. 베넷(Bennet)의 위계모형의 수준으로 바르지 않은 것은?

① 제2수준에서는 모임의 종류와 지도방법에 대하여 평가한다.
② 제1~2수준은 농촌지도사업의 투입요소에 대한 평가이며, 제3~7수준은 지도사업의 효과에 대한 평가이다.
③ 제7수준에서는 참여자가 실제 현장에 적용한 변화에 대해 평가한다.
④ 평가에 대한 수준 설정을 통해 사업의 계획부터 사업 종료 후 나타나는 사회적 효과까지 평가할 수 있다.

[해설] 베넷(Bennet)의 위계모형: 농촌지도사업 평가의 위계수준
① 제1수준: 인력의 수, 시간, 재원에 대한 평가
② 제2수준: 모임의 종류 및 지도방법에 대한 평가
③ 제3수준: 참여자의 특성 및 수, 참여 횟수 및 기간에 대한 평가
④ 제4수준: 참여자의 만족도 평가
⑤ 제5수준: 참여자의 지식, 기술, 태도의 변화 정도에 대한 평가
⑥ 제6수준: 참여자가 실제 현장에 적용한 변화 정도에 대한 평가
⑦ 제7수준: 참여자의 삶의 질 및 지역 사회의 변화 정도에 대한 평가
⑧ 제1~2수준은 농촌지도사업의 투입요소에 대한 평가이며, 제3~7수준은 지도사업의 효과에 대한 평가이다.

30. 베넷(Bennet)의 위계모형 중 3단계에 해당하는 것은?

① 주민들의 만족도
② 참여자의 특성 및 수
③ 참여자의 지식, 기술, 태도변화정도
④ 참여자가 실제현장에 적용한 변화정도

31. 반덴반과 호킨스(van den Ban & Hawkins) 모형에서 농촌지도사업 평가수준에 대한 설명으로 옳지 않은 것은?

① 수준1: 농촌지도활동에 대한 사업계획
② 수준3: 농촌지도 활동에 대한 농민 참여 정도
③ 수준5: 지식, 태도, 기술, 동기, 대상 집단 수준의 변화
④ 수준7: 사회에 미친 결과

정답 29. ③ 30. ②

해설 반덴반과 호킨스(van den Ban & Hawkins) 모형: 농촌지도사업 평가수준 정리

수준1	농촌지도활동에 대한 사업계획
수준2	농촌지도사의 사업 실행 정도
수준3	농촌지도 활동에 대한 농민 참여 정도
수준4	농촌지도활동에 대한 농민의 의견
수준5	지식, 태도, 기술, 동기, 대상 집단 수준의 변화
수준6	대상집단의 행동적 변화
수준7	대상집단에 미친 결과
수준8	사회에 미친 결과

32. 녹스(Knox)의 평가절차로 옳은 것은?

① 평가목표 설정과 지도목표 분석 → 조사항목 결정 → 자료수집 → 조사결과 정리와 분석 → 조사결과의 활용
② 평가목표 설정과 지도목표 분석 → 자료수집 → 조사결과 정리와 분석 → 조사항목 결정 → 조사결과의 활용
③ 평가목표 설정과 지도목표 분석 → 자료수집 → 조사항목 결정 → 조사결과 정리와 분석 → 조사결과의 활용
④ 평가목표 설정과 지도목표 분석 → 조사항목 결정 → 조사결과 정리와 분석 → 자료수집 → 조사결과의 활용

해설 녹스(Knox)의 평가절차
평가목표 설정과 지도목표 분석 → 조사항목 결정 → 자료수집 → 조사결과 정리와 분석 → 조사결과의 활용

33. 다음 중 농촌지도사업의 평가단계에서 볼 수 없는 것은?

① 전수조사
② 설정된 목적의 분석
③ 수집할 정보종류의 결정
④ 정보수집

CHAPTER 04 농촌지도 평가

34. 다음 보기 중 정의적 행동용어로 옳은 것끼리 묶여 있는 것은?

| ㉠ 이해　㉡ 지식　㉢ 습관　㉣ 태도　㉤ 가치관 |

① ㉠, ㉡
② ㉠, ㉢, ㉣
③ ㉡, ㉢, ㉣
④ ㉢, ㉣, ㉤

[해설] 정의적 영역의 행동적 용어: 태도, 습관, 흥미, 가치관

35. 다음 중 심체적 영역의 행동적 용어에 해당하지 않는 것은?

① 숙련기능
② 학습기능
③ 전문기능
④ 창조기능

[해설] 심체적 영역의 행동적 용어
　㉠ 숙련기능: 단순히 연습을 반복함으로써 얻어지는 기술적 능력
　㉡ 전문기능: 원리를 알고 계속적인 연습을 통하여 획득되는 기술적 능력
　㉢ 창조기능: 원리를 알고 계속적인 연습을 통하여 그 원리를 응용하며, 창조적으로 미적인 감각도 나타내는 기술적 능력

36. 다음 중 농촌지도평가에서 인지적 영역에 속하지 않는 것은?

① 분석력
② 지식
③ 태도
④ 종합력

[해설] 인지적 영역의 행동적 용어: 지식, 이해, 적용, 분석력, 종합력, 평가력

37. 녹스의 평가절차 중 자료수집과정에서 목표가 농촌지도사업일 때 활용하는 평가방법으로만 묶어진 것은?

① 질문지법, 관찰법
② 평정법, 질문지법
③ 관찰법, 평정법
④ 평정법, 일화기록법

[해설] 녹스의 평가절차 중 자료수집 방법
　① 목표가 농촌지도사업일 때: 질문지법, 관찰법 등
　② 목표가 농민 개일적 성취도일 때: 성취영역이 인지적, 심동적, 정의적인가의 여부를 결정하여 평가방법을 활용한다.

정답　34. ④　35. ②　36. ③　37. ①

38. 평가장면에 대한 설명으로 옳지 않은 것은?

① 자연상태의 장면과 조작상태의 장면으로 구분한다.
② 자연상태의 장면은 일상생활 그대로 자료를 수집하는 것이다.
③ 자연상태의 장면은 가장 이상적 장면으로 실제로 수행하기는 쉽다.
④ 조작상태의 장면은 자연적 상태를 잘 반영할 수 있는 상황을 만들어 자료를 수집하는 방법이다.

해설 평가장면: 자연상태의 장면과 조작상태의 장면으로 구분한다.
　① 자연상태의 장면(natural situation)
　　㉠ 일상생활 그대로 자료를 수집하는 것
　　㉡ 가장 이상적 장면이지만 실제로 수행하기는 어렵다.
　　㉢ 가장 대표적인 장면으로 참여관찰법이 있다.
　　㉣ 참여관찰법: 평가자가 실제 현장에 들어가 실제 현장의 한 부분으로 활동하면서 관찰한 결과를 자료로 수집하는 방법
　② 조작상태의 장면(artificial situation)
　　㉠ 자연적 상태를 잘 반영할 수 있는 상황을 만들어 자료를 수집하는 방법이다.
　　㉡ 비교적 쉬운 방법: 필답고사, 질문지 등
　　㉢ 고도의 이해와 훈련을 요구하는 방법: 면접법, 투사법, 작품분석법, 평정법 등

39. 평가목표에 따른 평가 방법의 선택에서 인지적 영역의 문제의식 사고를 평가하는 방법으로 적당하지 않은 것은?

① 면접법
② 객관적 테스트
③ 문제 장면 테스트
④ 관찰법

해설 평가 목표-방법의 적합관계

평가영역	평가목표	평가방법
인지	지식	객관적 테스트
	이해	관찰법, 객관적 테스트, 논술형 테스트, 면접법
	문제의식 사고	관찰법, 평정법, 문제 장면 테스트, 면접법
정의	태도, 관심, 의욕	관찰법, 평정법, 일화기록법, 일기분석법, 질문지법
심동(심체)	기능	관찰법, 평정법, 일화기록법, 객관적 테스트
	작품	평정법, 여러 가지 계측
	실천, 습관	관찰법, 평정법, 일화기록법, 질문지법
	집단의 특성	관찰법, 평정법, 사회적 측정법

CHAPTER 04 농촌지도 평가

40. 평가목표에 따른 평가방법의 선택에서 집단의 특성을 평가하는 방법으로 적당하지 않은 것은?

① 관찰법　　　　　　　　② 평정법
③ 면접법　　　　　　　　④ 사회적 측정법

41. 녹스의 평가절차에서 평가목표와 평가방법이 바르게 연결된 것은?

① 기능 - 논술형 테스트　　② 태도 - 면접법
③ 이해 - 질문지법　　　　④ 지식 - 객관적 테스트

42. 면접법 중 표준화 면접에 대한 설명으로 옳지 않은 것은?

① 질문지를 갖고 신축성 여지 없이 진행되는 면접법이다.
② 면접상황에 대한 적응도가 낮으며, 신축성이 없다.
③ 계획에 없던 새로운 사실을 발견할 수 있다.
④ 면접결과의 상호비교가 용이하다.

> **해설** 면접법
> ㉠ 의의: 조사자와 피조사자가 직접 상면하여 질의응답을 통해 필요한 자료를 수집하는 방법이다.
> ㉡ 표준화 면접
> 　ⓐ 질문지를 갖고 신축성 여지 없이 진행되는 면접법이다.
> 　ⓑ 조사자의 행동에 일관성을 유지할 수 있고, 비교적 신뢰도와 활용도가 높다.
> 　ⓒ 면접결과의 상호비교가 용이하다.
> 　ⓓ 질문지를 갖고 면접하기 때문에 새로운 사실을 발견하기 어렵다.
> 　ⓔ 면접상황에 대한 적응도가 낮으며, 신축성이 없다.
> ㉢ 비표준화 면접
> 　ⓐ 조사목표에 어긋나지 않는 범위 내에서 일정한 순서, 내용이 없이 융통성 있게 질의응답하여 자료를 수집하는 면접법이다.
> 　ⓑ 비교적 유능한 조사자가 할 수 있는 면접으로 면접상황에 적응도가 높고 깊이 있는 응답을 얻을 수 있다.
> 　ⓒ 계획에 없던 새로운 사실을 발견할 수 있다.
> 　ⓓ 상호비교하기가 상대적으로 곤란하고 신뢰도가 낮다.
> 　ⓔ 면접결과 처리가 용이하지 않다.
> ㉣ 준표준화 면접: 표준화와 비표준화를 혼합한 유형으로 중요한 질문은 표준화하고 그 외 질문은 비표준화한다.

정답 40. ③　41. ④　42. ③

43. 다음 중 관찰법의 단점에 관한 설명은?

① 관찰을 통한 자료의 실재성
② 주관의 개입에 의한 자료의 신뢰도 하락
③ 특별한 현상에 대한 객관적 기록·정리용이
④ 언어표현이 불가능한 대상으로부터의 자료수집

해설 관찰법의 단점은 주관의 개입으로 자료의 신뢰성이 낮다는 점과 사생활처럼 표면으로 나타나지 않는 현상에 대한 자료를 수집하기 어려워 특수한 경우에 한해 사용되는 조사방법이다.

44. 다음 중 관찰법에 대한 설명으로 옳지 않은 것은?

① 관찰법은 자료수집을 위하여 단독으로만 사용한다.
② 농촌지도가 수행되는 현장을 보거나 지도결과로 나타난 효과를 직접 보고 평가에 필요한 자료를 수집하는 방법이다.
③ 관찰에서는 관찰자의 객관성이 절대적이다.
④ 일반적으로 관찰자의 객관성을 높이기 위해서 다수의 관찰자로 하여금 자료를 수집케 하기도 한다.

해설 관찰법은 자료 수집을 위하여 단독으로 사용되는 경우도 있으나, 면접법이나 질문지법과 함께 사용하는 경우가 많다.

45. 다음 중 관찰법의 장점에 속하지 않는 것은?

① 자연적인 인간생활 자체를 볼 수 있으므로 관찰을 통한 자료가 실재성이 있다.
② 지역의 특수양식행사같이 언어로 표현하기 어렵거나 또는 어린아이 및 동물 등 언어로 표현할 줄 모르는 대상에서 자료를 수집할 때 효과적이다.
③ 사생활 같이 표면으로 나타나지 않는 현상에 대한 자료를 수집하기가 쉽다.
④ 도구의 준비나 시간에 구애됨이 없이 특별한 사항이나 현상에 대하여 객관적으로 기록·정리하기가 용이하다.

해설 사생활 같이 표면으로 나타나지 않는 현상에 대한 자료를 수집하기 어려워 관찰은 특수한 경우에 한해 사용되는 조사방법이라 할 수 있다.

정답 43. ② 44. ① 45. ③

46. 다음 중 질문지를 통한 조사 때 유의할 사항과 거리가 먼 것은?

① 사전조사가 필수적이다.
② 조사목표를 선명화한다.
③ 전문가의 조언이 필요하다.
④ 객관적 결과를 위한 사전조사형식은 피한다.

해설 질문지를 본 조사에 들어가기 전에 시험적으로 소수의 대상자를 상대로 사전조사를 실시하여 그 결과에 따라 다시 질문지를 수정하고 보완하는 경우도 있다.

47. 사회조사에서 가장 많이 사용되는 평가방법은?

① 관찰법
② 질문지법
③ 면접법
④ 리커트조사법

해설 질문지법은 조사대상자들의 의견을 기입하게 하고, 그것을 분석·정리하여 자료로 활용하는 조사방법으로 사회조사에서 가장 많이 사용하는 방법이다.

48. 작성하기가 대단히 어렵고 시간이 많이 소요되나 그것을 분석·정리·활용하기가 쉬운 질문형식은?

① 폐쇄식
② 개방식
③ 서열식
④ 평정식

해설 폐쇄식 질문은 작성하기가 대단히 어렵고 시간이 많이 소요되나 그것을 분석·정리·활용하기가 쉽다.

49. 다음 중 질문지 작성에 대한 설명으로 잘못된 것은?

① 질문지를 작성할 때는 문항성격에 적절한 질문형식을 택하는 것이 중요하다.
② 질문지 응답시간은 충분한 시간을 들여 대답할 수 있는 질문형식을 택하는 것이 좋다.
③ 질문지 역시 타당성과 신뢰성이 높아야 하므로 그것을 작성할 때에 많은 유의가 필요하다.
④ 조사대상자들의 의견을 기입하고, 그것을 분석·정리하여 자료로 활용하는 조사방법이다.

해설 질문지 응답시간은 가급적 적게 들도록 하여, 많아도 30분 이내에 끝내도록 만드는 것이 필요하다.

정답 46. ④ 47. ② 48. ① 49. ②

PART 02 정책과 농촌지도의 실행

50. 농촌지도의 평가의 자료 수집을 위한 방법 중에 조사대상자들의 의견을 기입하게 하고 그것을 분석, 정리하여 자료로 활용하는 조사방법은?

① 관찰법
② 면접법
③ 참여연구법
④ 질문지법

해설 자료의 수집
㉠ 질문지법: 조사대상자들의 의견을 기입하게 하고, 그것을 분석·정리하여 자료로 활용하는 조사방법이다.
㉡ 관찰법: 농촌지도가 수행되는 현장을 보거나 지도결과로 나타난 효과를 직접 보고 평가에 필요한 자료를 수집하는 방법이다.
㉢ 면접법: 조사자와 피조사자가 직접 상면하여 질의응답을 통해서 필요한 자료를 수집하는 방법이다.

51. 다음 중 면접법의 특성이라 할 수 없는 것은?

① 자료수집에 있어 융통성이 있다.
② 표본의 분포를 수시로 조절할 수 없는 단점이 있다.
③ 면접법에서 중요한 것은 신뢰도와 객관도를 높이는 것이다.
④ 면접에 소요되는 경비와 시간이 많이 소요된다.

해설 면접법은 회수율이 높고, 표본의 분포를 수시로 조절할 수 있는 장점이 있다.

52. 다음 중 개방형 질문법의 단점에 속하는 것은?

① 작성하기 대단히 어렵다.
② 시간이 많이 소요된다.
③ 수집된 자료를 분석, 정리, 활용하는데 어려움이 많다.
④ 응답자에게 자유를 주지 않는다.

해설 ① 개방형 질문법: 질문에 대한 응답 이외의 정보를 얻을 수 있으나, 자료의 정리, 분석, 활용하는데 어려움이 있다.
② 폐쇄형 질문법: 질문을 작성하기 대단히 어렵고, 시간이 많이 소요되나, 자료를 정리, 분석, 활용하는데 용이하다.

정답 50. ④ 51. ② 52. ③

CHAPTER 04 농촌지도 평가

53. 놀랜드(Norland)의 자료해석 시 주의사항으로 보기 어려운 것은?

① 조사문항 중 몇 개 문항에만 답한 경우도 분석에 활용하여야 한다.
② 5개 중 2개 이상에 응답하지 않은 경우, 그 질문지는 분석에 사용하지 않아야 한다.
③ 자료가 무엇을 의미하는지 미리 짐작하지 말아야 한다.
④ 많은 사람들이 특정 문항에 답하지 않은 경우, 그 문항은 따로 다룬다.

해설 놀랜드(Norland)의 자료해석 시 주의사항
① 많은 사람들이 특정 문항에 답하지 않은 경우, 그 문항은 따로 다룬다.
② 조사문항 중 몇 개 문항에만 답한 경우는 분석에 활용하지 않는다.
③ 자료가 무엇을 의미하는지 미리 짐작하지 말아야 한다.
④ 선택 응답에 대한 해석을 하지 말아야 한다.
⑤ 5개 중 2개 이상에 응답하지 않은 경우, 그 질문지는 분석에 사용하지 않아야 한다.

54. 조사결과 활용에 대한 설명으로 옳지 않은 것은?

① 중간평가 결과 지도결과가 기대대로 되지 않았다면 원인을 찾아 수정해야 한다.
② 중간평가 결과 농촌지도 결과가 목표를 달성하지 못하였다면 지도활동을 계속한다.
③ 결과평가 결과를 지도대상의 수정 또는 변경, 지도활동 주체의 제고에 활용한다.
④ 결과평가 결과는 지도계획과 기관의 인원 및 체제 개선, 농민관심 유도, 홍보, 유관기관과 협력, 지역사회 개선 등에 활용한다.

해설 조사결과의 활용
1) 평가자료의 분석과 해석이 끝나면 평가자료 분석 결과를 보고서로 작성하고, 지도사업의 개선과 책무성의 입증에 활용하는 과정이다.
2) 중간평가(형성평가)
① 농촌지도 결과가 목표를 달성하였다면 지도활동을 계속하고, 지도결과가 기대대로 되지 않았다면 원인을 찾아 수정해야 한다.
② 만약 지도사 능력이 미숙했다면 전문성 개발을 위한 교육실시 또는 전문가 자문을 얻는다.
3) 결과평가(총괄평가)
① 평가 결과를 지도대상의 수정 또는 변경, 지도활동 주체의 제고에 활용한다.
② 지도계획과 기관의 인원 및 체제 개선, 농민관심 유도, 홍보, 유관기관과 협력, 지역사회 개선 등에 활용한다.

정답 53. ① 54. ②

PART 02 정책과 농촌지도의 실행

55. 시버스(Seevers)의 농촌지도사업 평가절차 5단계로 올바른 것은?

① 기획 → 정보수집 → 기준과 비교 → 정보요약 → 가치판단
② 기획 → 정보요약 → 정보수집 → 기준과 비교 → 가치판단
③ 기획 → 기준과 비교 → 정보수집 → 정보요약 → 가치판단
④ 기획 → 정보수집 → 정보요약 → 기준과 비교 → 가치판단

해설 시버스(Seevers)의 농촌지도사업 평가절차
1) 기획(planning)
2) 정보수집(gathering information)
3) 정보요약(summarizing information)
4) 기준과 비교(comparing to standards)
5) 가치판단(determining worth)
*5단계 평가절차를 12단계로 구체화

> ① 평가대상 선정 → ② 평가목표 확인 → ③ 평가목표 설정 → ④ 효과수준 선택 → ⑤ 평가시기, 방법, 대상집단 선정 → ⑥ 평가양식 개발 → ⑦ 예비조사 및 본조사 실시 → ⑧ 자료분석 → ⑨ 주요결과 정리 → ⑩ 보고서 작성 → ⑪ 보고서 제출 및 배포 → ⑫ 평가활동에 대한 평가

PART 03

농촌지도 조직

- CHAPTER 01. 한국의 농촌지도 조직
- CHAPTER 02. 외국의 농촌지도 조직

01 CHAPTER 한국의 농촌지도 조직

1 농촌지도 조직체계

① 조직론 일반

(1) 조직(Organization)의 개념

1) 의의
   ① 바나드(Barnard): 2인 또는 그 이상의 인간이 의식적으로 조정된 행동 또는 제력(諸力)의 체계이다.
   ② 에치오니(Etzioni): 일정한 환경에서 특정한 목표를 추구하여 이를 위한 일정한 구조를 지닌 사회단위이다.
   ③ 파슨스(Parsons): 어느 한정된 목표의 달성에 1차적으로 지향하고 있는 사회체계이다.
   ④ 스콧(Scott): 비교적 특정적인 목적을 다소간에 지속적으로 추구하기 위해 수립된 집합체이다.
   ⑤ 오홍석: 인간의 집합체로 특정한 목적의 추구를 위하여 의식적으로 구성된 사회적 단위이다.

2) 특성
   ① 조직은 대체로 규모가 크고 복잡하며, 상당한 수준의 공식성과 합리성을 가지고 있으나 비공식적인 요인도 병존한다.
   ② 조직은 분명한 목표를 가지고 있으며 그 목표를 달성하기 위해 존재하고, 목표가 없는 조직은 존재할 수 없다.
   ③ 체계화된 구조를 가진다. 목표를 효과적으로 달성하기 위하여 과업을 분담시키고 구성원의 역할을 규명하며, 그 역할 간 관계를 결정하는 규정과 절차를 가지고 있다. 이러한 체계화된 구조가 없는 우발적인 군중의 집단은 조직이 아니다.
   ④ 구성원은 지속적이고 유형화된 상호작용을 한다.
   ⑤ 조직과 환경을 구분해 주고 조직에 동질성이나 정체성을 제공하는 경계가 존재한다.
   ⑥ 외부환경과 상호작용하는 개방체제적 성격이 강하여 외부환경에 적응한다.
   ⑦ 조직은 목표 달성을 위한 인간의 집합체로 인간이 없는 조직은 조직이 아니다.

(2) 조직의 유형

1) 민츠버그(Mintzberg)의 조직 유형(1979)

조직의 구성부분(핵심부문), 조정기제, 상황적 요인이라는 복수국면적 접근법에 의하여 조직유형을 단순구조조직, 기계관료제조직, 전문관료제조직, 대형지부조직, 그리고 애드호크라시(임시특별조직)로 분류했다.

① 단순구조조직(simple structure organization)
  ㉠ 전략부분의 힘이 강한 소규모 신생조직에서 나타나는 유형이다.
  ㉡ 조직의 중간 계층(중간관리자, 기술관료, 지원스탭)이 없거나 적은 형태이다.
  ㉢ 상대적으로 전략적 최고위에 대한 의존성이 크다.
  ㉣ 환경대응이 빠르고 융통성이 있으며 유지비용이 적다는 장점이 있으나 장기적인 전략결정에는 적합하지 않다.

② 기계적 관료제 구조(machine bureaucracy organization)
  ㉠ 기술구조부분의 힘이 강한 유형으로 전형적인 관료제 조직(M. weber)과 유사한 조직으로 단순하고 안정적인 환경에서 정해진 업무의 효율성 제고에 최적화된 형태이다.
  ㉡ 중간계층이 굉장히 비대한 형태로, 조직의 모든 업무가 표준화되어 운영된다.
  ㉢ 군대를 대표적인 예로 들 수 있다.
  ㉣ 능률성이 높고 비용을 절감할 수 있으며 예측가능성이 높으나 상·하간 갈등과 환경 변화에 신속한 적응이 어렵다.

③ 전문적 관료제 구조(professional bureaucracy organization)
  ㉠ 핵심운영부분의 힘이 강한 유형으로 복잡하고 안정적인 환경에서 적합한 조직이다.
  ㉡ 전문가들로 구성된 핵심운영계층이 오랜 경험과 훈련으로 표준화된 기술을 내면화하여 자율권을 가지고 과업을 조정한다.
  ㉢ 작업기술의 표준화를 중시한다.
  ㉣ 전문성 있는 업무 수행이 가능하나 하위 부서간 갈등이 있고 환경 변화에 유기적 대응이 어렵다.

④ 사업부제 구조(대형지부조직, divisionalized form organization)
  ㉠ 중간관리자를 핵심부문으로 하는 대규모 조직으로 시장의 다양성 하에서 힘이 강한 유형이다.
  ㉡ 시장의 다양성 하에서 산출물의 표준화를 중시하며, 각 사업부는 스스로 책임 있는 시장을 중심으로 자율적인 영업활동을 한다.
  ㉢ 성과관리에 적합하지만 기능부서간 중복 및 공통관리비 등 규모의 불경제나 사업 영역간 갈등이 발생할 수 있다.
  ㉣ 적응성과 신속성이 높고 성과관리가 용이하나, 기능부서간 중복으로 자원낭비가 발생할 수 있고, 각 부서 관리자들간 영업 영역 마찰이 발생하기 쉽다.

⑤ 임시특별조직(adhocracy)
  ㉠ 지원 스탭(참모)의 힘이 강한 유형으로 비정형적인 과제나 동태적이고 복잡한 환경에 적합한 조직이다.
  ㉡ 보다 빠르고 혁신적인 기능에 집중된 조직이나, 기존조직에서 임시적으로 형성된 조직에서 나타난다.
  ㉢ 표준화를 거부하고, 느슨하며 자기혁신적인 조직으로 모든 면에서 기계적 관료제 구조와 반대되는 가장 분권화된 유기적 구조이다.
  ㉣ 최종적 실행을 하는 조직이라기 보다는 그 실행을 위한 문제 해결에 최대한 초점을 맞춘 조직유형이다.
  ㉤ 중간계층이 기술관료와 지원 스탭의 역할을 겸하고 있다.
  ㉥ 분권화를 바탕으로 창의성과 적응성이 다른 유형에 비해 높고 불확실한 업무처리에 적합하나, 조직 내 책임소재가 불분명하고 갈등의 발생 소지가 많다.

2) 다프트(Daft)의 조직 유형

① 기계적 구조와 유기적 구조를 양극단에 위치시키고, 중간에 기능구조, 사업구조, 매트릭스구조, 수평구조, 네트워크구조를 추가하여 7가지 조직모형을 제시하였다.
② **기계적 구조**: 고전적이고 전형적인 관료제 조직으로 엄격한 분업과 계층제, 명확히 규정된 직무, 많은 규칙과 규정, 분명한 명령복종체계, 좁은 통솔범위, 낮은 팀워크, 경직성, 내적 통제의 강화, 폐쇄적 체계 등의 특징을 보인다.
③ 기능구조
  ㉠ 조직의 전체 업무를 공동기능(인사, 예산 등)별로 부서화한 조직으로 수평적 조정의 필요성이 낮을 때 효과적이다.
  ㉡ 특정 기능에 관련된 구성원들의 지식과 기술이 통합적으로 활용되어 전문성 제고와 기능별 중복 방지, 규모의 경제 구현 등을 통해 효율성을 극대화한다는 장점이 있다.
  ㉢ 이질적인 기능 간 수평적 조정이 어렵다.
④ 사업구조
  ㉠ 산출물에 기반을 두고 각 사업부를 자율적으로 운영하며, 기능구조보다 더 분권화된 구조를 가진다.
  ㉡ 각 사업부서는 자기 완결적 기능단위로서 사업부서 안에서 기능간 조정이 용이하다.
  ㉢ 불확실한 환경이나 비정형적 기술, 외부지향적 조직목표를 가진 경우에 유리하다.
  ㉣ 기술적 전문성이 저하되고 규모의 불경제, 기능 중복 등으로 인한 비효율성과 사업부서간 갈등이 나타난다.
⑤ 매트릭스 구조
  ㉠ 기능구조와 사업구조를 화학적(이중적)으로 결합한 이중적 권한 구조를 가지는 조직구조로 기능부서의 전문성과 사업부서의 신속한 대응성을 결합한 조직이다.

ⓒ 목표나 과업의 복잡성이나 불확실성이 높은 경우와 시장성이 불명확한 새로운 제품 생산에 적합하다.

　　ⓒ 기능구조의 단점인 수평적 조정 곤란과 사업구조의 단점인 비용 중복, 전문성 부족을 해소하려는 조직이다.

⑥ 네트워크 구조

　　㉠ 조직의 자체기능은 핵심역량 위주로만 합리화하고 여타 부수적인 기능은 외부기관들과 아웃소싱(계약위탁)을 통해 연계, 수행하는 유기적 조직이다.

　　ⓒ IT 기술의 확산으로 가능하게 된 조직으로, 연계된 조직 간에는 수직적 계층구조가 존재하지 않으며 자율적으로 운영된다.

⑦ 수평구조

　　㉠ 구성원을 핵심 업무과정 중심으로 조직화한 구조로 팀 조직이 대표적이다.

　　ⓒ 수직적 계층과 부서간 경계를 실질적으로 제거하여 개인을 팀 단위로 모아 의사소통과 조정을 용이하게 한다.

　　ⓒ 고객에게 가치와 서비스를 신속히 제공하는 유기적 구조이다.

⑧ 유기적 구조

　　㉠ 가장 유기적인 조직으로 학습조직이 대표적이며, 학습조직은 공동의 과업, 소수의 규칙과 절차(낮은 표준화), 비공식적이고 분권적인 의사결정, 구성원의 참여, 지속적인 실험 등이 특징이다.

　　ⓒ 학습조직의 핵심가치는 문제해결이며, 네트워크 조직이나 가상조직 등도 모두 학습조직에 포함된다.

(3) 관료제(bureaucracy)

1) 의의

① 구성원간 서열화된 위계를 바탕으로 명시적인 규범과 절차를 갖춘 대규모 조직의 운영원리로 수직적으로 계층화되고 수평적으로는 기능상 분업 체계를 이루고 있다.

② 어원: 1745년 드 구르네(De Gournay, M)가 처음 사용하였으며, bureau(사무실, 사무용 책상)와 그리스어 kratia(지배하다)라는 단어를 합성시켜 관료제라는 말을 만들었고, 관료제는 관료의 지배를 의미하게 되었다.

③ 관료제란 특권적 인간의 집단인 관료를 통해 지배가 행하여지는 중앙집권국가에 생기는 특정의 행동양식과 의식상태를 의미한다.

④ 국가조직뿐만 아니라 조건이 구비된 곳에서는 정당, 노동조합, 기업, 학교 등 대규모 조직에서도 볼 수 있다.

2) 등장배경

근대 산업화 이후 조직의 규모가 커지며 대규모 조직을 효율적으로 관리할 수 있는 조직 운영방식의 필요성이 증대되었다.

3) 특징

① 과업의 전문화: 효율적 업무처리를 위한 각각의 구성원들이 분담한 일만을 전문적으로 수행한다.
② 위계의 서열화: 권한과 책임에 따라 조직 내 지위가 서열화되어 있다.
③ 규약과 절차에 따른 업무수행: 문서화된 규약과 절차에 따라 과업을 수행하며 이로 인해 구성원이 교체되더라도 안정적으로 과업 수행이 가능해진다.
④ 지위획득의 공평한 기회의 보장: 연공서열 등 일정한 기준에 따라 공개 경쟁을 통하여 지위를 획득할 수 있다.
⑤ 경력에 따른 보상: 구성원들의 경험을 중시하여 연공서열에 따라 보상을 한다.

4) 순기능

① 효율성: 과업을 세분화, 전문화된 업무 체계로 효율성이 극대화된다.
② 안정성: 문서화된 규약과 절차에 의존하며, 연공서열로 인한 구성원의 신분보장으로 안정적인 조직 운영이 이루어진다.
③ 지속성과 예측가능성: 구성원이 교체되어도 정해진 절차에 따라 지속적인 과업의 수행이 가능하며, 과업의 예측가능성이 높다.
④ 권한과 책임의 명확성: 구성원들의 권한과 책임이 명시되어 있어 과업 수행에 책임소재가 분명하여 불필요한 갈등의 발생을 막을 수 있다.

5) 역기능

① 목적 전치 현상: 규약과 절차를 지나치게 강조하여 오히려 본래의 목적 달성을 방해할 수 있다.
② 구성원들은 조직 내 분담한 일만 반복적으로 수행하므로 창의력이나 자율성을 발휘하지 못하고 조직의 부속품으로 전락하는 인간 소외 현상이 발생할 수 있다.
③ 조직 내 연고주의 확산과 연공서열의 강조로 무사안일주의, 복지부동으로 인한 조직의 효율성이 떨어질 수 있다.
④ 규칙과 절차를 지나치게 강조하고, 경직된 상명하복 구조로 주변의 변화에 유연하게 대처하기 어렵다.

6) 베버(Weber)의 관료제 특징

① 업무는 일반적인 조직 규칙에 의하여 수행된다.
② 조직 행위는 여러 상이한 업무로 분할되어 있고, 각 직책의 권한과 의무는 세분화된다.
③ 조직의 직위 구조는 피라미드 형태의 위계구조를 보인다.
④ 모든 중요한 업무는 기록되고 문서로 보관된다.

⑤ 종신고용이 가능하여 조직 자체에 대한 충성심을 유발시킬 수 있다.
⑥ 직위의 위계구조에서 상승 이동이 가능하고 연공서열이 반영된다.
⑦ 조직에 채용되기 위해서는 훈련된 전문 자격이 요구된다.

(4) 농촌지도의 특수성

1) 농촌지도조직은 일반행정조직과는 달리 농촌주민과 농촌지도사가 농촌현장에서 자유로이 자발적 분위기에서 서로 밀접하게 상호작용을 할 수 있도록 일선지역 중심적이고 하의상달적이며, 지방분권적인 조직구조를 갖추어야 한다.
2) 농촌지도조직은 그 수행과정이 일반행정과 다르므로 일반행정기관과 독립적인 조직기구를 소유하거나, 동일행정기관 내에서라면 최소한 기능적으로 분화된 별도의 조직기관을 소유하는 특징이 있다.
3) 농업발전이나 농촌개발에 필수적인 연구, 협동조합, 행정, 교육 등과 같은 조직과 통합되어 있거나 횡적 협동체제를 갖추어야 한다.

② 우리나라 농촌지도조직

(1) 중앙정부 – 농촌진흥청(RDA)

1) 기구의 변천

기구	특징
농사개량원 47.12 ~ 48.12(1년)	*미국식 대학외연교육형 체계 도입 • 농과대학+시험장+교도국 • 도 및 시군 기구를 지방행정과 분리 *인력, 예산 등 여건 불비로 성과 없이 개편되었다.
농업기술원 49.1 ~ 56.2(7년)	*정부수립 후 농과대학을 문교부로 이관 *6·25 전쟁으로 지도사업 부진
중앙농업기술원 56.3 ~ 57.5(1년)	*6·25 전쟁 후 농촌 재건이 시급, 교도사업 재개 • 지방농촌지도기구를 행정에 통합(강력한 농사행정 지원) *교도사업의 이원화: 농업기술원과 농림부 농촌지도국
농사원 57.6 ~ 62.3(5년)	*Macy 보고서를 기초로 '농사교도법' 제정 • 지방기구를 행정과 분리, 국가체계로 일원화 *훈련된 전문 인력 확보 • 상향식 교육적 지도활동 전개
농촌진흥청 62.4 ~ 현재	*1962~96: 지도사업의 중앙집권 시기 • 농촌개발에 관련된 유사기능의 통합 *농촌진흥청을 유일한 농촌지도기관으로 지정 • 지방기구를 자치단체의 장 소속 외청 기관화 *국가와 지방자치단체가 협동사업화 • 읍면지소의 지도소로 통폐합 *1997년: 지도사업의 지방분권화 시대 *지방자치단체 소속 지도공무원을 지방직(6,696명)으로 전환함에 따라 국가직은 179명만 남음 *지방농촌진흥기구를 지방자치단체로 이관 *1998년: 1단계 구조조정 *지방농촌진흥기구 명칭 변경 • 도 농촌진흥원: 농업기술원 • 시군 농촌지도소: 농업기술센터 *1999년: 지방기구 2단계 구조조정

2) 연혁

① 1906년: 권업모범장 설치
② 1929년: 권업모범장을 농사시험장으로 개칭
③ 1947년: 농업기술교육령에 의하여 농사개량원 발족
④ 1949년: 농업기술원 발족
  ㉠ 중앙: 중앙농업기술원(시험장과 교도국 통합, 농과대학은 문교부로 이관)

ⓒ **지방**: 도교도국과 시험장은 도농업기술원(서무과, 시험부, 기술교도부)으로 통합하고, 군·읍·면에 도농업기술원 모범포장 설치, 군농사교도소 폐지
⑤ 1957년: 대통령령에 의거 농사원 발족, 농촌지도업무 통합, 운영
⑥ 1961년: 농사원 전면 개편
⑦ 1962년: 농촌진흥청 발족(농촌진흥청직제 각령에 의거 2국, 11연구소·시험장)
⑧ 2009년: 1관 3국 4소속기관
  ㉠ **본청**: 기획조정관, 연구정책국, 농촌지원국, 기술협력국
  ㉡ **소속**: 국립농업과학원, 국립식량과학원, 국립원예특작과학원, 국립축산과학원
⑨ 2019년: 1관 3국 5소속기관
  ㉠ **본청**: 기획조정관, 연구정책국, 농촌지원국, 기술협력국
  ㉡ **소속**: 국립농업과학원, 국립식량과학원, 국립원예특작과학원, 국립축산과학원, 농촌인적자원개발센터

(2) 도농업기술원

1) 각 도에 1개소씩 설치
2) 1965년 도농촌진흥원에서 1998년 도 농업기술원으로 개칭
3) 지방화 이전 농촌진흥청 산하기관이었으나, 현재 농촌진흥청과 독립적으로 운영되고 있다.
4) 도농업기술원과 농업기술센터 간 인사교류가 간헐적으로 이루어진다.

5) 각 광역자치단체 지도사업은 각 도농업기술원의 임무나 조직 업무계획 등에서 파악한다.
6) 도농업기술원의 업무
   ① 농업인 조직 육성, 농업후계인력 육성, 여성인력 육성
   ② 우량종자 · 종축 보급, 개발기술 보급
   ③ 기상재해대비 기술지도, 농작물 품질향상 지도, 가축질병방역기술 지도
   ④ 지역농업개발, 종자산업 육성, 잠업 육성, 틈새 소득 작물 발굴 및 육성
   ⑤ 병충해 예찰, 비료 · 농약 · 토양 · 농작물 안전성 시험분석, 농업경영 · 농업정보 조사연구
   ⑥ 주요농산물의 저장, 이용, 가공연구, 보급종 벼 · 보리 · 콩 생산, 정선, 공급
   ⑦ 농식품 고부가가치창출, 안전먹거리 새 기술 확산, 과학적 영농기술보급
   ⑧ 농기계 교육, 수출작목개발지원
   ⑨ 농업기술 경쟁력 제고와 실용화, 글로벌 농업기술 협력
   ⑩ 전통문화 계승발전과 소득자원화, 자립형 녹색환경조성, 녹색기술지원 기반 강화, Top 농산물 생산확대
   ⑪ 농업경영체 현장지원 강화, 도농 교류 확산 및 귀농 귀촌 활성화 등

(3) 시군 농업기술센터

1) 의의
   ① 농사와 생활기술의 신속한 보급과 농촌사회 개조를 촉진하고 농민생활 향상을 꾀하기 위해 설립된 정부기구이다.
   ② 농업기술센터 소장, 과장은 농촌지도관의 직급을 갖으며, 농촌지도사들이 일선 농촌지도업무를 담당한다.

2) 연혁
   ① 1962년: 농촌진흥법에 따라 전국에 농촌지도소 설치
   ② 1973년: 별정직에서 일반직으로 전환
   ③ 1998년: 농업기술센터로 개칭, 농촌지도사는 지방직 공무원으로 전환, 각 시군 지방자치단체 산하기관으로 소속 변경

3) 담당업무
   ① 특 · 광역시 · 시 · 군에 농업기술센터를 두고 농업기술센터 관내 주요 지구에는 농업기술센터 상담소를 두어 순수 농민교육과 봉사사업을 전담한다.
   ② 농업, 임업, 잠업, 축산, 생활개선, 청소년지도, 농촌사회지도사업 등을 담당한다.
   ③ 농업기술센터 지도사업은 강제로 생산목표를 달성하려는 전제적 지도방식이 아닌 교육을 통한 민주적 지도방식을 채택하고 있다.

③ 농업산학협동

(1) 의의
1) 모든 유관기관 및 단체가 그들이 갖고 있는 자원을 상호 교환하여 활용하고, 그들의 공동목적을 달성하기 위하여 자발적으로 융통성을 가지고 서로 협동하는 활동이다.
2) 농업 및 농촌주민의 관련기관과 단체가 그들 기관이나 단체의 목적과 그들의 공동목적, 나아가 농업발전을 이루기 위하여 그들이 가지고 있는 각종 자원을 공동으로 활용하고 지도하는 등 일련의 횡적인 협동이다.

(2) 대상과 내용

1) **국내 농업기관의 분류: 모셔(Mosher)의 제시**
   ① 새로운 기술의 기능을 담당하는 농학계 대학과 농업연구기관
   ② 농촌지도, 토지개발, 계획, 교통, 유인 등의 기능을 담당하는 농업유관기관
   ③ 조직활동, 시장, 공급, 신용 등의 기능을 담당하는 농업산업체, 농민단체, 농업관계조합

2) **농촌발전기관들의 주요 협동내용**
   ① **정보교환**: 새로운 정보교환은 쉽게 필요한 기관이나 개인에게 교환, 활용될 수 있어야 하고, 각 기관이나 개인의 요구 시에는 물론 자발적으로 신정보를 확보하고 공개하여 서로 이용할 수 있도록 하여야 한다.
   ② **연구협동**: 기관이나 개인간 공동연구의 진행과, 경우에 따라 이런 기관이 타기관에 연구용역이나 보조연구비를 지원할 수 있다.
   ③ **교육협동**: 대학 등 교육기관은 그 외 기관과 단체에 학생들의 현장실습을 요청할 수 있으며, 대학은 그 기관의 종사자들에게 대학원교육, 단기교육, 재교육 등을 실시할 수 있다.
   ④ **겸직제도**: 한 기관의 개인이 타기관에 단기간 또는 장기간 겸직을 하며, 그 기관에서 특별한 업무를 처리하는 제도이다.
   ⑤ **인적 자원의 상호작용**: 특강 강사, 세미나 강사 등을 상호교환하며, 수시로 자문, 상담 등을 한다.
   ⑥ **시설자료, 기기의 상호활용**: 교실, 시청각자료, 컴퓨터, 복사기, 기타 실습기기를 상호활용한다.
   ⑦ **공동행사 개최**: 연구, 교육, 세미나, 심포지엄 등 각종 행사를 공동 또는 후원기관으로 상호 협동한다.

3) **모셔(Mosher)의 농업발전에 필요한 10가지 기능**
   ① 모셔(Mosher)는 농업발전에 필요한 10가지 기능을 제시하고, 10가지 기능 사이의 상호협동을 강조하며, 필수불가결한 요소와 필수불가결한 요소는 아니지만 농업발전에 도움을 줄 수 있는 촉진제로 구분하였다.

② 농업발전 요소의 기능(필수불가결 요소)
　㉠ 새로운 기술(new technology)
　㉡ 시장(markets)
　㉢ 공급(supplies)
　㉣ 교통(transport)
　㉤ 유인(incentives)

③ 농업발전 자극의 기능(촉진제)
　㉠ 농촌지도(extension)
　㉡ 신용(production credit)
　㉢ 조직활동(group action)
　㉣ 토지발전(land development)
　㉤ 계획(project planning)

(3) 농업산학협동의 발생요인과 장해요인

1) 발생요인

① 환경적 요인: 농업관계기관들을 둘러싸고 있는 제환경의 변화를 의미한다.
② 조직관계적 요인: 어느 한 기관의 상대기관에 대한 인식의 정도에 관계되는 요인으로 영역, 자원, 권위의 3가지 산학협동에 영향을 미친다.
③ 조직성격적 요인: 어느 조직체 내부의 개별적 성격으로 산학협동에 관계하는 요인이다.

2) 장해요인

① 내재적 필요성의 결함: 우리나라에서는 산학협동이 필요한 발전의 역사가 짧고, 산학협동에 대한 인식의 범위가 넓지 않다. 그 결과 유럽식 산업계 주도형이나 미국식 학계 주도형과는 달리 국가주도적 사업이 많다.
② 국민의 의식구조와의 불일치: 우리나라 국민의 의식구조가 유교사상의 영향으로 종적인 가치를 중요시하고, 민주주의적인 평등한 유대관계가 형성되지 못하여 대등한 위치에서의 산학협동 실현이 어렵다.
③ 기관간의 불신과 이해 부족: 학계에 종사하고 있는 사람들은 기업경영에 경험이 없기 때문에 기업으로 하여금 산학협동에 관심을 갖도록 유발시키는 개발노력이 부족하고, 기업체에서는 인력개발이나 연구개발에 대한 관심이 부족하고 학계의 능력을 과소평가한다.
④ 최고관리층 견해 차이의 심화: 최고관리층간의 사회적, 교육적 배경이 상이하여 동질성을 확보하기 어려운 경우도 있고, 각 기관들 사이에 의사소통이 불충분하여 효과적인 협동이 이루어지지 못하는 경우 등이 있다.

⑤ 현대사회 고도전문화와 경쟁의 심화: 현대의 조직은 고도의 전문화, 기술화 경향을 나타내고 있으며, 조직의 기능 또한 확대되어 가고 있어 산학협동을 어렵게 한다.

(4) 농업산학협동의 추진단계

1) 농업산학협동 시 야기될 수 있는 갈등
① 자본 전환(fund diversion)
② 영역 침범(domain violation)
③ 사업 방해(program circumvention)
④ 과장(overstatement)
⑤ 정보의 감춤(withholding of information)
⑥ 혐오(annoyance)
⑦ 불신(distrust)

2) 농업산학협동의 효과적 추진단계: 켈시와 헌(Kelsey & Hearne)
① 협동할 상대기관이나 조직체의 권위와 책임을 존중하고, 평등적인 관계에서 협동할 자세를 확립하여야 한다.
② 협동할 상대기관이나 조직체의 사업영역을 파악하고 실정을 이해하여야 한다.
③ 협동할 때 초래될 수 있는 효과와 이익을 중심으로 협동기관들의 목적이 동시에 달성될 수 있는 협동사항을 설정한다.
④ 협동기관의 공동목표가 성취될 수 있는 협동사항을 실제로 이행하기 위한 구체적인 방안을 모색하여야 한다.
⑤ 협동의 구체적 방안을 협동할 기관에서 상호 준수하는 자세를 확고히 해야 하며, 다소 어려움이 있더라도 상호협약을 지켜나가야 한다.

2 | 우리나라 농촌지도의 발달과 변화

① 우리나라 농촌지도 발달

근대	1884	농무목축시험장 개장
	1886	농무목축시험장 농무국으로 개명
	1900	잠사시험장(잠업과 시험장) 설치
	1904	잠사시험장을 잠상시험장으로 개명 관립농상공학교 설립(1904) 및 농업시험장 건설(1905)
	1906	농업시험장을 원예모범장으로 개명 농림학교(수원) 설립 및 권업모범장 설치 보성야학 설립
	1907	양잠강습소(여자잠업강습소) 개설(대한부인회)
	1908	종묘장(진주, 함흥) 설치
일제강점기	1926	조선농회 설립
	1927	4-H 운동 소개
	1929	권업모범장을 농사시험장으로 개명
	1930	농민학원 개설(조선농민사)
	1932	농촌진흥운동 시작
해방이후	1947	국립농사개량원 설립
	1949	농사개량원 폐지, 농업기술원 발족
	1952	4-H 클럽연구회 발족 농업교도요원제도 설치
	1955	농림부에 농업교도과 설치
	1956	농업기술원에 교도과 부활 한미 농사교도사업 발전에 관한 협정 체결
	1957	농사교도법 제정 농사원 설치 농사연구·교도 공무원 자격기준 마련
	1958	지역사회개발사업위원회 설치
	1959	농사개량구락부, 생활개선구락부 조직
	1961	농사교도법을 농사연구교도법으로 개명
	1962	농촌진흥법 제정
	1995	농촌진흥법 개정
	1997	농촌지도공무원의 지방직화

※ 현대적인 농촌지도사업을 시작한 것은 1950년대부터이다.

※ 역사적 배경은 조선 초기 모든 지방에 권농관 설치, 씨뿌리기, 김매기 지도

(1) 조선시대 농촌지도

1) 농업 서적을 통한 농촌지도

① 고려말: 중국농서의 번역본 '농상집요'

② 세종: 최초의 농서로 정초와 변효문의 '농사직설'은 우리나라 풍토에 맞는 농법으로 1429년 간행

③ 세조: 강희안의 '양화소록'(최초의 원예서적으로 채소, 과수, 약초 등을 다루고 있다), 강희맹의 '사시찬요'

④ 중종: 김안국의 '농사언해', '잠서언해'(1518)

⑤ 효종 6년: 신속의 '농가집성'(1655), 농업서 중 가장 중요한 농서로 농사직설, 사시찬요, 금양잡록, 권농문(주자)을 종합하여 편찬하였다.

⑥ 영·정조: 박세당 '색경', 박지원 '과농소초', 박제가 '북학의', 서유구 '임원경제지', 이익 '성호사설', 유형원 '반계수록', 정약용 '목민심서'

2) 조선시대의 권농조직

① 조선시대는 농업을 중시하여 지방수령을 임명하여 농업을 책임지고 관리하며 권농에 최우선 정책을 두었다.

② 농사기술의 연구와 보급을 위한 별도의 기구는 없었으나 국정의 우선순위를 흥농에 두어 권농조직을 두고 있었다.

③ 권농조직은 중앙조직과 지방조직으로 구분하여 중앙에는 호조와 공조를 두었다.
    ㉠ 호조: 농사지도와 농사의 풍흉을 진단하고, 백성에게 곡식을 베풀어 굶지 않도록 하는 업무를 담당하였다.
    ㉡ 공조: 가축의 사육 및 채소와 과일의 재배에 관한 업무를 담당하였다.

④ 모범장: '농사는 만사지본, 적전은 권농지본'이라 하여, 적전은 왕실에 필요한 식량과 농산물을 생산하며, 모범적 영농을 하여 전시적 기능을 수행하였다.

⑤ 권농관: 지방관직의 하나로 태조 4년 정분의 건의로 각 주·군·현의 향에 한량의 품관 중 청렴하고 재주 있는 사람을 권농관으로 임명하여 농토를 묵히는 일이 없도록 주민을 지도, 계도하는 일을 하게 하였다.

⑥ 조선시대 정부 부처 산하 농업관련 독립 기관
    ㉠ 사복사: 말 사육 및 전국의 목장, 왕의 가마 등을 관장하는 기구
    ㉡ 전생서: 궁중의 제향, 빈례, 사여에 쓸 가축을 기르는 일을 맡았던 관서
    ㉢ 장원서: 궁궐 내 화초, 정원, 과실 등의 관리를 관장하기 위해 설치된 관서
    ㉣ 사포서: 궁중의 채소전과 원포를 관리하던 관청
    ㉤ 사축서: 잡축 사육에 관한 일을 담당하던 관청
    ㉥ 조지서: 종이를 뜨는 일을 맡아보던 관아

3) 농민에 의한 자발적 농촌지도

① 조선시대에는 두레, 계, 향약 등과 같은 농민의 생활향상을 목표로 하는 자발적 민간조직을 통해 농사에 경험이 많은 노농(老農)들이 농사에 관한 기술을 지도하였다.
② 실질적 농촌지도의 기능이 관리에 의한 지도보다 노농들에 의해 수행되었음은 세종 11년 '농사직설'을 편찬할 때 과정으로 보아 짐작할 수 있다.
③ 박제가는 노농을 통한 농촌지도는 과학적인 영농방식이 아님을 지적하고 있어 노농들의 영농지도방식의 한계점을 지적하였으나, 그들의 농촌지도활동은 대단하였음을 알 수 있다.

4) 향약을 통한 농촌지도

① 향약은 조선시대 윤리사상을 보급하는 향촌주민의 자치규약으로 덕업상권, 예속상교, 과실상규, 환난상휼의 기본이념을 가지고 있다.
② 국가가 권장한 최초의 사회교육활동이며, 지역사회의 민간단체를 대상으로 하는 최초의 관민협조사업이며, 자발적 협동정신에 기초하여 서민생활개선과 복지증진을 위한 민중교화사업이었다.

(2) 근대 농촌지도

1) 1884년

① 보빙사(報聘使)가 미국 시찰 후 미국 농업의 적용을 목적으로 농무목축시험장을 설치하였다.
② 보빙사 단장 민영익은 미국 기술을 도입하기 위하여 기술자 파견을 요청하였고, 보빙사로 참여하였던 최경석이 시험장의 관리관으로 임명되었다.
③ **보빙사(報聘使)**: 일종의 사절단으로 조선이 1882년 5월 조미수호통상조약을 체결한 1년 후인 1883년 7월 보빙사 11명이 미국에 파견되었다.
④ 미국의 농기계(벼 베는 기계, 벼 터는 기계, 재식기, 보습과 쇠스랑, 서양 저울 등)를 농무목축시험장에 비치하였다.
⑤ 농무목축시험장 농장에 각종 농작물, 채소, 과수 재배(보빙사가 귀국할 때 들여온 것, 후에 미국에서 보내온 것, 우리나라 재래종 등) 등을 재배하였다.
⑥ 시험장에 재배법, 사용법을 소개하는 해설서를 첨부하였고, 종자를 지방 군현에 보급하였다.

2) 1885년 가축도 미국에서 도입하여 사육하였다.

3) 1886년

농무목축시험장은 궁중과 직접 관련되어 독립기관으로 운영되었으나, 관리관 최경석이 사망한 후 내무부 농무사에 속하게 되면서 농목국으로 개명되었다.

4) 1900년

① 개량양잠기술훈련을 위해 서울 필동에 잠사시험장을 설치하여 시험과 훈련을 담당하도록 하였다.(1904년 잠상시험장으로 개명되었다.)
② 정부에 의한 최초 근대적 기술보급기관으로 시험사업보다는 주로 양잠기술을 전습하였다.

5) 1904년

근대적 실업교육기관으로 서울에 4년제 관립 농상공학교를 설립하였다.

6) 1905년

① 농상공학교 부속 농사시험장관제를 공포하고 서울 뚝섬에 농업시험장을 설치하였다.
② 잠업전습소를 양지, 소사, 대구, 안의에 신설하여 기능공을 양성하고 상전, 상묘포 치잠공동사육장과 품평회에 대한 보조금을 주는 등의 일을 관장하도록 하였다.

7) 1906년

① 농업시험장을 뚝섬 원예모범장으로 개칭하고 농과를 분리하여 수원에 농림학교(서울대 농생대의 모태이다)를 세워 농과와 임과를 두었다.(본과 2년, 연구과 1년 과정)
② 농사시험장은 권업모범장(농촌진흥청의 전신)을 수원에 설치하고 출장소를 목포에 설치 후 군산, 평양, 대구에 추가 설치하였다.
③ 농림학교는 권업모범장과 인적 측면에서 산학협력체계를 갖추고 밀접한 유대관계를 가졌다.
④ 권업모범장 설치
  ㉠ 1906년 일본 통감부에서 농업기술 개량 보급을 위하여 농사시험장은 권업모범장을 수원에 설치하고 목포에 출장소를 설치하였다.
  ㉡ 개화기 농사시험 및 지도사업을 본격적으로 추진하기 시작한 것은 권업모범장이 설치되면서부터이다.
  ㉢ 1907년 정부에서 권업모범장관제를 공포하였으며, 이때부터 연구와 지도가 연계된 농촌지도사업이 처음 시작되었다.
  ㉣ 일본 작물품종과 기술의 적응시험과 보급을 위해 설치하였고, 각종 조사시험과 함께 종묘, 종축의 배포, 강습회 개최, 유인물 발간 등의 활동을 하였다.

8) 1908년

① 정부는 종묘장관제를 공포하고 진주와 함흥 두 곳에 종묘장을 설치하였으며, 그 지역에 적합한 종자, 종묘의 육성과 배부를 통해 농업을 발달시키려 하였다.
② 권업모범장 군산출장소 잠업강습회를 시작으로 각지에서 빈번히 개최되었다.

9) 1909년

① 종묘장을 농상공부 직속으로 운영하고, 전주, 광주, 해주, 의주, 경성, 공주, 춘천에 종묘장을 설치하였다.
② 종묘장은 종자, 종묘, 잠종, 종금, 종돈 등의 배부와 농사의 단기 강습 및 순회강좌, 농사의 현장지도 등을 담당하였다.

(3) 일제강점기 농촌지도

1) 야학(1906년~)

① 일제강점기에 주체적으로 가장 활발하게 운영된 농민교육은 야학이 담당하였다.

② 1906년 설립된 보성야학을 시작으로 1925년에는 26개, 1926년 59개, 1927년 113개가 설립되었다.

③ 주로 조선어, 산수 중심의 교육이 실시되었으나 농업기술도 교육하였다.

2) 조선농회(1926년)

① 조선농회령과 산업조합령이 공포되면서 각종 관부단체와 조합을 조선농회로 통합시키고 전 농민을 당연회원으로 하여 의무적으로 회비를 납부하게 하였다.

② 농회는 중앙, 도, 시군에 설치되었고, 소작농을 제외한 모든 농민이 회원의 대상이었다.

③ 농회는 농업에 관한 연구 및 조사, 농업에 관한 분쟁 조정 등의 업무와 주목적인 농사지도를 위한 강습회, 경진회, 품평회, 농업자 대회, 농서출판, 모범부락 조성 등 활동을 추진하였다.

④ 한국중앙농회가 일제강점 이후 조선농회로 개명된 것으로 실질적으로 일본의 식민정책을 위한 관부단체로 그들의 지시를 받아 따르게 하는 어용농민단체였다.

3) YMCA활동(1927년)

① 미국 YMCA를 통해 4-H 운동이 소개되었다. 뉴욕에 있는 국제 YMCA의 재정지원과 우리나라 각 지역에 지도사를 파견하면서 4-H 클럽이 조직되었다.

② YMCA는 농촌청소년회, 사각청소년회라는 이름으로 조기회, 한글강습, 금주, 생활개선, 농사개선, 공동작업 등의 생활중심 청소년 교육활동을 전개하였다.

③ YMCA는 1929년 서울 신촌에 농민고등학교를 설치하여 농민교육을 실시하였다.

④ 농촌사업의 체계적이고 조직적인 전개를 위하여 간이교육용 교재를 비롯하여 농촌문고, 농촌독본 등 농촌사업에 필요한 서적을 간행하였다.

⑤ 학생 YMCA의 농촌사업은 초기 간이교육 중심에서 1929년 이후 협동조합 조직, 농사개량, 부업장려 등으로 영역을 넓혀갔다.

4) 농사시험장(1929년)

① 권업모범장을 농사시험장으로 개칭하고, 기구를 확대 개편하여 식민지 조선에 일본적 농업기술을 강제로 따르게 하는 역할을 하였다.

② 각 도에 도종묘장과 채종답을 설치하여 벼 장려품종을 보급하고, 각종 관부농민단체에 채종답을 설치하여 벼 장려품종과 개량농법을 일방적으로 지도하였다.

③ 일제강점기 농촌지도는 대부분 권업모범장이 핵심역할을 수행하였다.

④ 권업모범장의 농촌지도사업은 별도의 전담부서가 없이 각 부서와 기관에서 인쇄물 배부, 강습, 강의, 실습지도, 기술자 양성, 견습생 지도, 현지출장 순회, 권업모범장 소유 농지의 소

작인 지도 및 품평회 개최, 권업모범장 참관인 안내, 농민의 질의에 대한 서면 및 구두 설명 지도 등의 활동을 수행하였다.

5) 조선농민사(1925년)

① 조선농민사는 농민의 지식 계발과 교양운동을 위해 여러 농촌의 농민학원을 개설하고 농한기를 이용하여 농촌강좌를 개최하였으며, '조선농민'(1925), '농민'(1930)을 발간하였다.

② 조선농민사는 농민공생조합운동, 농지 공동경작운동 등을 전개하며, 농민야학, 농민강좌, 농촌순회강연회를 개최하였다.

6) 농촌진흥운동(1932년)

① 조선총독부가 주도하여 1935~1940년 사이 전개되었던 관제농민운동으로 소작농 위주의 농촌사회의 불만을 억누르고 관심을 다른 곳으로 돌리기 위한 것이 주된 목적이었다.

② 농촌문제(고리채 문제, 관혼상제를 위한 과도한 비용 지출, 불합리한 생활관습 등)를 해결하기 위한 일본인 중심으로 1927년경 보통학교를 졸업하고 농사를 짓고 있는 사람 중 우수한 사람을 선발하여 약간의 자금 지원과 농사개량 및 발전을 위한 지도사업을 실시한 것이 후에 농촌진흥운동으로 진전되었다.

③ 농촌진흥운동을 위해 조선총독부에 농촌진흥위원회를 설치하고, 각 도·군·읍면 단위에도 농촌진흥위원회를 설치하였으며 부락에는 부락진흥회를 조직하였다.

④ 농촌진흥운동은 농민의 자발적 노력보다 관공서가 중심이 되어 군과 읍면에 전담직원을 두고 월 1회 이상 농가를 방문하여 추진상황을 확인, 독려하는 체제로 운영되었다.

⑤ 주요내용

㉠ 식량작물의 영농기술 지도, 소득 증대를 위한 양계, 양돈, 양잠 등에 대한 기술지도, 채소재배기술지도를 실시하였다.

㉡ 겨울철 농한기에 가마니 짜기, 짚신 만들기 등의 교육, 소비절약, 가계부 기록, 실내청소, 변소 개량 등 농촌의 생활개선을 위한 사업도 실시하였다.

⑥ 지도방법은 민중을 각성시켜 스스로 듣고, 스스로 보고, 스스로 생각하게 지도하는 자치, 자율, 자력하도록 지도하였다.

(4) 해방 후 농촌지도

1) 1945년 미군정은 농업기술교육령을 공포하였다.

2) 농사개량원

① 1947년 미군정청은 분산 독립된 각종 시험연구기관의 통합과 시험사업 및 지도사업의 긴밀한 연결을 위하여 서울에 국립농사개량원을 설립하였다.

② 미국식 제도를 도입하여 농과대학, 농사시험장, 교도국을 통합한 기구로서 농무부 산하에 설치된 교육, 연구, 지도 기능을 담당하였다.

③ 중앙교도국은 기술지도과, 수련과, 서무과의 3과를 두고, 각 도 지방교도국에는 기술지도과, 서무과의 2과를 두었다.

④ 각 도에 도농사시험장과 지방교도국을 따로 두고, 군에는 농사교도소를 설치함으로써 농업연구와 농업기술지도를 각각 전문화하는 계기를 만들었다.

⑤ 심의기구로 중앙 농사개량위원회, 자문기관으로 군농업기술자문위원회를 설치하였다.

⑥ 강제적, 일방적이었던 일제의 농촌지도에서 민주적, 교육적 미국식 농촌지도가 처음으로 전개되었다.

⑦ 지도기구는 행정과 완전히 독립되어 있었고, 재정도 모두 국고에서 지출되는 교육적 지도사업이 가능했으나 훈련된 인력의 부족, 행정의 지원부족, 국고예산의 부족, 미국식 농촌지도의 이념과 기구에 대한 이해부족 등으로 본격적인 사업 전개를 하지 못하였다.

3) 4-H 클럽(1947년)

① 경기도 지역에 4-H 클럽을 부활시켰다.

② 1952년 서울대학교 농과대학에 4-H 클럽 연구회가 발족되었고, 이후 각 대학에 4-H 연구가 활성화되면서 대학 4-H연구회 연합회가 조직되어 현재까지 전개되고 있다.

4) 농업기술원(1949년)

① 기존의 농사개량원을 폐지하고 중앙농업기술원이 새로 발족되었다.

② 중앙농업기술원은 시험부와 교도부로 구성되고, 각 도에 시험장과 교도국을 통합하여 도농사기술원이 설치되었으며, 각 군에 농사교도소는 그대로 유지되었다.

5) 농업교도요원제도 마련(1952년)

① 중앙에는 농림부장관 직속 농사보급회를 두고, 지방에는 농사보급회 읍면 지부를 둠으로써, 중앙-도-시군-읍면-리동에 이르는 행정적 지도조직이 구성되었다.

② 농업교도요원은 부락에서 선출된 사람들로서 자기 농사를 하면서 부락의 농사개량, 협동조합 육성, 청소년지도 등의 역할을 수행하였다.

③ 농업지도요원 훈련을 위해 1953년 동래에, 1954년 서울 청량리에 임시양성소를 설치하여 읍면교도원 및 부락교도원을 대상으로 훈련을 강화하였다.

6) 공공단체를 통한 농촌지도사업(6.25전쟁 이후)

① 대표적 기관은 대한금융조합연합회와 대한수리조합연합회였으나 농촌지도사업을 부수적인 사업으로 여겨 활발하게 수행되지 못했다.

② 대한금융조합연합회: 자연부락 단위로 조직되어 있던 식산계를 중심으로 농사개량, 생활개선, 부업권장 등의 사업과 순회강연, 단기강습, 소책자 발간, 청소년 회의와 부녀회 조성 등의 활동을 수행하였다.

③ 대한수리조합연합회: 일제강점기 때부터 실시해 온 수리사업과 동시에 농사개량 사업을 실시하였다.

7) 농림부 농정국에 농업교도과 신설(1955년)

① 농림부 농정국에 농업교도과를 신설하고 1956년 중앙농업기술원에 교도부가 부활하였다.
② 각 도농산국에 농업교도과를, 시군 산업과에 농업교도계를 설치하였다.

8) 메이시(Macy) 보고서(1956년)

① ICA(한미국제협력처)의 요청으로 미국 미네소타대학교의 메이시, 루트포드, 시몬스(Macy, Rutford, Simmons)가 내한하여, 우리나라 농촌과 농업 현장을 시찰하고 메이시 보고서를 제출하였고, 한국과 미국의 원조 당국간에 '농사교도법에 관한 협정'이 체결되었다.
② 메이시 보고서는 농촌진흥사상, 민주적이고 과학적인 농사시험연구 및 지도체제를 정착시키는 기초가 되었으며, 농사원 발족의 근거가 되었다.
③ 농사교도법에 관한 협정 내용
  ㉠ 일반행정기구와 분리된 농사교도사업 기구를 법률에 의해 설치한다.
  ㉡ 이 사업을 수행하기 위한 명백한 행정체계를 수립한다.
  ㉢ 소요 예산은 국회의 예산 조치에 의해 충당한다.
  ㉣ 농사교도기구는 농민을 위하여 비정치적이고 공평한 입장에서 헌신적으로 일할 수 있도록 충분한 지식과 기술을 훈련 받은 인재를 배치한다.

9) 농사원 설치, 농사교도법 제정(1957년)

① 농사교도법이 제정되어 현대적인 농촌지도사업의 기반을 마련하였다.
② 농사교도법은 농사의 개량 발달을 위한 시험 연구와 농사 및 생활지도에 관한 지식과 기술을 제공하는 지도사업을 통합하여 운영하도록 규정하고 있다.
③ 중앙에 농사원, 각 도에 도농사원, 각 시군에 농사교도소와 지소를 두도록 규정하였다.
④ 교도 공무원은 교도사업 이외의 사무와 관여, 겸무를 금지시켜 연구사업과 교도사업을 단일 행정체계에 총괄하게 되었고, 농업행정과의 이원적 지도체계를, 농사원의 교도사업으로 일원화(행정으로부터 분리)하였다.
⑤ 농사연구 교도공무원의 자격규정과 자격검정 시험규정이 공포됨에 따라 농과계학교 졸업자에 한하여 응시자격을 부여하여 다른 공무원과 구별되는 농촌지도 공무원 제도를 확립하였다.
⑥ 지방기구는 도농사원과 시군농사교도소를 각각 도지사와 시장 및 군수 소속으로 개편함으로써 독자적인 지도사업에 많은 지장을 초래하는 폐단이 있었다.
⑦ 농사원
  ㉠ 농사교도법에 의하여 신설된 농사원은 기존 농업기술원과 그 외 분립되어 있던 각종 시험연구기관 및 농림부 농업교도과의 업무를 승계하였다.
  ㉡ 농사원 본원은 시험국과 교도국으로 구성되었으며, 지방기구는 각 도에 도농사원을 두었으며, 각 시군에 농사교도소를 설치하였다.
  ㉢ 농사원은 현직자에 대한 재교육, 시비, 못자리, 품종 등에 대한 전시포의 운영, 부엌개량,

메주개량, 작업복 등의 생활개선사업 및 청소년지도와 기술공보 등 대농민 지도와 청소년 과제훈련 등을 실시하였으며, 농업협동조합 운동을 위한 지도도 병행하였다.

② 우리나라 농촌지도가 비로소 법률에 의해 제도적으로 보장받게 되었다.

10) 지역사회개발 위원회 설치 등(1958년)

① 후진국개발사업 일환인 지역사회개발사업 추진을 위해 국무회의에서 지역사회개발위원회를 중앙·도·시군 단위에 설치하였으며, 이 위원회는 1961년 건설부로 편입된다.

② 1959년 영농주로 구성된 농사개량구락부 조직, 농가주부로 구성되는 생활개선구락부 조직, 농촌청년 조직체인 4-H 구락부, 모든 농촌주민을 학습단체에 가입하도록 하여 집단지도를 통한 영농기술을 보급하였다.

11) 농촌진흥청, 농촌진흥법(1962년)

① 농촌진흥법의 제정은 지역사회개발사업을 농사교도사업에 통합하고, 기존의 다원적인 농촌지도사업을 일원화하기 위한 목적이었다.

② 농촌진흥법을 근거로 농촌진흥청이 발족되었다.

③ 식량자급 달성을 위한 농촌지도체계를 확립하기 위해 상향식 농촌지도사업 계획 수립을 지양하고 하향식으로 변경하였으며, 모든 읍면 단위에 지도소, 지소를 신설하고, 지역별로 농촌지도를 책임지는 지역담당제도를 채택하였다.

④ 제정 당시 농촌진흥법의 특징

㉠ 농촌지도사업의 범위를 포괄적으로 규정하여 우리나라 모든 기관에서 행해오던 농촌개발을 위한 모든 교육사업을 통칭하게 되었다.

㉡ 다른 기관에서는 농촌지도사업을 할 수 없고 필요시에는 사전에 승인을 얻게 되어 있으며, 농촌진흥청과 긴밀히 협조하도록 하였다.

㉢ 지방 농촌진흥기관은 도지사, 시장, 군수에게 귀속되었지만 외청으로 두게 되었으며, 그 인사권은 농촌진흥청장이 갖도록 하였다.

② 지도사업 추진체계의 변화

(1) 농촌지도사업 추진체계의 변화

1) 1957년 농사교도법을 제정하여 최초의 법적 지위를 보장받았다.
2) 1962년 농촌진흥법이 제정된 이후 현재의 농촌지도체계를 유지하고 있으며, 농촌지도사업은 독립된 하나의 기능으로 유지되고, 농촌지도공무원이라는 신분을 보장받았다.
3) **1995년 농촌진흥법 개정**
   ① 문민정부(김영삼 정부) 시절 지방자치를 강화하기 위한 행정개혁 차원에서 농촌진흥법을 개정하면서 농촌지도사업 체계의 법적지위의 취약성이 노출되었다.
   ② 농촌지도사업에 대한 농촌진흥청(국가)과 지방농촌지도기관(도농업기술원, 시군농업기술센터) 간의 역할 분담이 명확하게 규정된 바가 없었다.
   ③ 농촌지도사업에 대한 개정 법률은 국가와 지방자치단체간 역할을 분담하기 위하여 지방농촌진흥기관을 지방자치단체 직속기관으로 설치하도록 규정하였다.
4) 1997년 농촌지도공무원의 신분이 국가직에서 지방직으로 전환되었다.
   ① 지방농촌지도기관의 인사, 재정, 감시권이 지방자치단체장에게 귀속되었고, 지방자치단체장의 의지에 따라 농촌지도조직과 농업행정조직이 통합되는 경우가 발생하였다.
   ② 지방화 이전의 농촌지도사업 추진체계는 중앙농촌진흥청, 지방 각 도농업기술원 및 시군의 농업기술센터가 수직적인 구조를 가지고 있었지만, 지방화 이후 도농업기술원과 시군농업기술센터는 지자체 통제에 놓이면서 농촌진흥청-도농업기술원-시군농업기술센터로 이어지는 연결고리는 거의 단절되었다.
   ③ 상하 기관간 정보, 전문지식의 교류와 의사소통이 없는 상태에서 160여개 농업기술센터의 폐쇄적인 지도사업은 인력과 자원의 비효율적 활용의 발생과 함께 농촌지도서비스의 수준을 저하시키게 되었다.
   ④ 지역실정에 맞는 지도사업이 추진되고, 지방비 확보도 상대적으로 용이하게 되었으며, 시군 간 인사이동 없이 안정적으로 근무할 수 있게 되었다.
   ⑤ 시장, 군수의 의지에 따라 지도사업이 좌우되고, 행정업무 과다로 지도사업 본래의 역할 수행이 어렵게 되어 지도사업 본연의 업무가 퇴보하였다는 인식이 높았다.
   ⑥ 전국 농업기술센터 중 지역의 농업행정조직과 기능적으로 통합한 곳이 64개소에 이르며, 20개 농업기술센터에서는 지도업무가 농업행정조직으로 이관되었다(2012년).

⑦ 농업기술센터 업무의 변화(2012년)

시도	농정업무 센터 통합		지도업무이관(센터→시군청 농업행정)	
	완전통합	부분통합	완전통합	부분통합
경기	고양, 시흥, 김포, 포천, 가평	파주, 평택, 안성	부천, 안양, 광명, 군포, 구리, 하남, 오산, 의왕, 과천, 동두천	-
강원	춘천, 원주, 동해, 속초, 평창, 화천, 양구, 인제, 양양	-	-	강릉, 횡성, 정선, 고성
충북	-	-	-	-
충남	아산, 공주	-	-	-
전북	익산, 완주, 무주, 진안, 장수	남원, 김제, 순창	-	-
전남	여수, 순천, 나주, 광양, 곡성, 무안	화순	목포	해남, 완도, 진도
경북	김천, 영주, 영천, 경산, 봉화, 울릉, 포항, 고령	영양, 청도	-	울진
경남	창원, 진주, 통영, 사천, 김해, 밀양, 거제, 양산, 함안, 창녕, 고성, 남해, 하동, 산청, 함양, 거창, 합천	-	울주	-
제주	-	-	-	-
특광역시	달성, 강화	-	-	-
계	54	10	13	8

(2) 농촌지도사업 주요 업무의 변화

1) 지방화 이후 지도사업 변화 개요

① 농촌지도공무원의 지방직 전환 이후 지도사업의 영역 중 경제작물이나 지역 특산물 육성은 강화되었다.
② 단체장의 선거공약 추진 및 행사 참여로 농촌지도사업 본연의 업무와 농민 애로사항 요구가 잘 해결되지 못하고 있는 것으로 인식되고 있다.
③ 업무량도 지방직 전환 이후 많이 증가한 것으로 인식되고 있다.

2) 지방화 이후 농촌지도사의 주요 업무변화

① 기술지원
  ㉠ 업무 중요도: 자료작성 〉지도사업 계획 〉예산 회계 〉농업홍보 〉행사준비 〉기타
  ㉡ 향후 육성해야 할 농업인 단체: 작목별연구회 〉농업경영인 〉농촌지도자 〉여성농업인 〉 4-H 후원회 〉4-H 회원, 생활개선회 등
  ㉢ 지방직 이후 자체 추진교육: 작목별 집합교육 〉여름철 순회교육 〉마을별 집합교육 〉야간 순회교육 〉없음

② 농업인 교육 시 중점 추진내용: 유통정보 〉 재배기술교육 〉 견학 위주 교육 〉 식량증산교육 〉 기타
⑩ 교육 전달방법: 견학 위주 〉 빔프로젝트 〉 집합교육 〉 인터넷 교육 〉 기타
⑪ 경영상담업무 중요도: 가격 및 유통정보 〉 작목별 경영설계 〉 경영컨설팅 〉 전산교육 〉 기타
⑫ 생활개선업무 중요도: 농업소득사업 〉 여성인력 육성 〉 식생활 개선 〉 주거생활 개선 〉 기타

② 기술보급
㉠ 기술보급 업무 중요도: 지역특산물 및 특작 〉 채소, 과수 〉 농업개발센터 〉 식량증산 〉 현장애로기술 〉 기타 〉 축산
㉡ 지방화 이후 자체 기술보급 업무: 특산물 브랜드화 〉 수출육성 〉 소득 작목 발굴 〉 특화작목육성
㉢ 환경농업 업무중요도: 품종보급 〉 재배기술 〉 병해충방제 〉 보고자료 〉 기타 〉 수량증대
㉣ 농가의 상담요청 집중도: 병해충진단, 방제 〉 신규작목재배기술 〉 시범사업 〉 농업시책 〉 기타
㉤ 축산기술 직무의 어려운 점: 축산물 브랜드화 〉 가축질병방제 〉 가축사양관리 〉 기타
㉥ 기술개발 담당업무 개편요구: 작목별 편성 〉 업무분야별 편성 〉 현행유지 〉 기타
㉦ 현장애로기술 시범사업 농가 도움 여부: 조금 도움 〉 많은 도움 〉 거의 같음 〉 도움 안 됨 〉 기타

③ 시험연구
㉠ 연구소, 시험장 결과 도움 여부: 농업인 〉 모두 〉 지도사
㉡ 주요 추진 직무: 재배방법 개선 〉 품종개량 〉 품질향상 및 생산비 절감 〉 병충해 체계적 방제 〉 기타
㉢ 주체 연구사업 내용: 병충해 체계적 방제 〉 품종개량 〉 재배방법 개선 〉 품질향상 및 생산비 절감

(3) 지방화 이후 농촌지도사업 문제점

1) 국가 및 지역농업 발전의 저해

① 지도직의 지방직화에 따라 국가 차원의 지도사업 조정기능이 약화되었다.
② 시군농업기술센터가 새 기술 시범사업보다 자치단체별 지역특화작목 중심의 지도사업에 전념하게 되면서 새기술 보급 지연, 국가 차원의 조정이 없어 농산물 공급과잉과 가격하락의 문제를 초래하고 있는 결과가 나타났다.
③ 지도공무원이 행정업무와 지자체 전시업무 지원에 대거 동원되면서 지방화 이전보다 지도서비스의 수준이 약화되었다.
④ 자치단체의 지원 하에 지역특화에 성공하는 지방지도기관과 그렇지 못한 지도기관간 인력 및 예산 확보 측면에서 양극화가 심화되고 있다.

⑤ 지방화 이후 지역농업의 균형발전이 더 저해되고 있다는 응답이 전체의 64%, 매우 저해되고 있다는 응답이 38%로 나타났다.(2006, 서울대학교 행정대학원 설문조사)
⑥ 지방화 이후 농업인 현장지도서비스가 더 악화되었다는 응답이 84%, 더 나아졌다는 응답은 10%로 나타났다.(지방지도공무원 설문조사)

2) 지도조직 감소
① 1997년 이후 지도기관 수는 큰 차이를 보이지 않으나 지도기관과 농업행정이 통합되는 경우가 다수 발생하였다.
② 읍면 농업인 상담소는 1997년 1,429개소에서 2005년 625개소로 56% 감소하였다.

3) 지도인력 감소
① 1995년 지방자치제 실행으로 인한 도농통합과 구조조정 결과 1990년대 초반에 비해 약 3,000여명이 감소되었다.
② 농촌지도인력은 1980년대 후반 7,980여명이었으나 1992년 농촌지도사의 연구직 전환으로 7,000여명 수준, 지방자치와 1997년 IMF 사태 이후 2000년대 초반 4,700여명, 최근 4,500여명 수준으로 감소되었다.
③ 설문조사 결과
　㉠ 지방화 이후 소속 자치단체의 인력 및 예산확보가 매우 악화되었다: 도농업기술원 75%, 시군기술센터 65%
　㉡ 매우 원활해졌다: 도농업기술원 11%, 시군기술센터 14%
　㉢ 지방지도기관의 상황이 악화되었음을 알 수 있다.

4) 예산의 감소
① 우리나라 농촌지도사업에서 예산확보는 지도사업의 성패를 좌우할 만큼 중요하다.
② 농업부문의 R&D예산은 매년 증가추세이나 지도사업이 전체 예산에서 차지하는 비중이 감소하는 추세이다.
③ 우리나라 농촌지도사업 예산은 1963년 처음으로 100% 국비로 지원되었고, 1964년 53.2%, 1965년 48.2%로 초기에는 국비 부담률이 높았다.
④ 농촌지도사업에 대한 국비 부담률
　㉠ 1960년대 32~35% 수준
　㉡ 1970년대 초 20~36% 수준, 1975년 40.0%, 1976년 42.5%로 비교적 높은 수준이었다.
　㉢ 1980년대 10~21% 수준
　㉣ 1990년대에 들어서면서 1991~1994년 연간 1,000~1,500억 원이 투입되었고, 1995~1997년 연간 254~284억 원의 국비 예산이 대폭 증액되어 투입되었다.
　㉤ 1997년 농촌지도직 지방직화 이후 국고보조금 지원 비중이 줄어드는 추세였으나, 농촌지도 기반조성, 새기술 보급사업, 지역특화사업에 중점을 두고 지원함으로써 1995년부터의 국비 부담률은 33~37% 수준으로 증가하였다.

ⓗ 2000년대 고품질안전농산물 생산과 농촌생활 환경을 개선하여 관광자원으로 육성하기 위한 사업지원이 확대되고, 지방자치단체에 대한 국고보조금도 지속적으로 확대 지원되었다.

5) 농업행정과의 통폐합에 따른 위상 저하

① 농업행정과 농촌지도행정의 이원화로 정책기조의 통일성과 일관성이 어려워 농업부문 공공정책의 효율성이 약화되었다.

② 조직개편과 시장, 군수가 바뀔 때마다 시군농업기술센터의 통합과 분리가 반복되면서 조직의 불안정으로 지도공무원의 사기가 저하되고 있다.

③ 농업행정과 농촌지도는 역할, 기능, 특성이 전혀 다르기 때문에 통합의 대상이 될 수 없다. 농업행정은 지시, 규제, 통제 등의 기능을 수행하고, 농촌지도는 농업의 경쟁력 강화와 소득 증대를 목표로 기술지도와 교육을 통해 농업인의 지식과 기술 태도를 변화시키는 활동이기 때문에 통합의 대상이 아니다.

④ 농업행정과 통합 등으로 인한 지방농촌지도기관의 축소와 기능의 약화는 현장 농업인에게 제공되는 농촌지도서비스 약화를 의미하며, 이는 곧 농업 기술력의 약화로 이어진다.

(4) 우리나라 농촌지도의 특색과 과제

1) 우리나라 농촌지도의 특색

① 우리나라 농촌지도는 교육적, 민주적, 협동적으로 전개되도록 제도적으로 보장하고 있으나 실제 상황에서는 개선의 여지가 많다.

② 농촌지도조직은 농사시험연구사업과 농촌지도사업이 동일조직에 병합된 결과
　ⓐ 연구결과의 신속하고 효과적인 보급이 가능하다.
　ⓑ 지도활동과 영농에서의 문제점을 연구사업에 쉽게 반영할 수 있다.
　ⓒ 농촌지도사에 대한 연구결과의 교육과 훈련이 용이하다.

③ 도, 시군의 지방단위에서 농촌지도기구와 일반행정기구가 기능적으로 통합된 결과
　ⓐ 도지사와 시장, 군수 산하에 있기 때문에 농업행정과 농촌지도의 일원적 투입을 가능하게 한다.
　ⓑ 농촌지도가 농업행정에서 독립성을 유지하기 어려울 가능성도 있으나 지도와 행정이 동일한 방향으로 전개되어 그 효과는 증대될 수 있다.

④ 농촌지도요원을 직제상 일반행정요원과 분리시켜 지도사업의 전문성, 교육적 기능을 제고함과 동시에 농민과 행정기관간 교량적 역할을 담당하고 있다.

⑤ 농촌지도기관은 농업계 학교와 횡적으로 협동할 수 있도록 제도화되어 있다.

2) 우리나라 농촌지도의 과제

① 지금까지 농촌지도가 주체지향적, 상의하달적, 작목증산적이었다면, 앞으로는 객체지향적, 하의상달적, 대상자의 소득증대와 삶의 질 향상 중심으로 전개되어야 한다.
② 농촌주민의 경쟁력과 창의력을 개발해야 한다.
③ 농촌주민을 농촌지도과정에 참여시켜야 한다.
④ 농촌지도 인력의 전문화가 필요하다.
⑤ 상업영농시대와 국제개방화시대에 알맞은 농촌지도체계를 확립해야 한다.
⑥ 자연 및 환경보존지도를 강화해야 한다.
⑦ 농촌지도기관은 학제적 접근으로 관련기관과 적극적으로 협동하여 사업을 추진해야 한다.

3 | 농업경영지도

① 농업경영지도의 개념

(1) 농업경영학과 농업경영

1) 농업경영학

농업경영학은 생산, 제도, 인간요소, 시장의 변화 등 불확실한 상황에서 개별 영농단위가 목표하는 것을 달성하기 위한 의사결정과정인 농업경영을 다루는 학문이다.

2) 농업경영

농업경영은 생산, 제도, 기술요소, 인간요소, 시장, 정책, 환경 등의 변화에 따른 불확실성 하에서 개별 영농단위가 목표하는 것을 달성하기 위한 의사결정과정이다.

3) 농업경영학과 생산경제학

① 농업경영학: 개별 농가의 목표를 달성하기 위한 다양한 의사결정과정을 연구하는 학문이다.

② 생산경제학: 최고의 수익을 산출하는 투입재의 결합방식을 연구하는 경제학의 한 분야이다.

③ 경제(economy): 인간의 공동생활을 위한 물적 기초가 되는 재화와 용역을 생산, 분배, 소비하는 활동과 그것을 통하여 형성되는 사회관계의 총체이다. 생산요소에는 노동, 토지, 자본, 경영 등이 있다.

④ 경영(management): 일정한 목적을 달성하기 위하여 인적, 물적자원을 결합한 조직의 관리와 운영을 가리키는 경영학 용어이다.

(2) 농업경영지도

1) 의의

농업경영자가 의사결정을 위해 경영과정을 수행하는 것을 돕는 활동이다.

2) 개념의 발달

① 2차대전 직후 미국에서 시작되었으며, 당시 농가소득과 지출에 대한 기록에 중점을 두었다.

② 1950년대에는 대부분 농가의 예산설계에 중점을 두었다.

③ 1960년대에는 영국에서 농가의 농가기록을 유지하기 위하여 보조금을 지급하였다.

3) 초기 농업경영지도의 문제점

① 다른 농장과 기록을 비교하여 효율적 기술을 연구하고 배우려는 것이 목표였다.

② 각 농가의 환경과 목표를 고려하지 않고 단순비교를 통하여 효율적 기술을 이해하고 배우도록 하였다.
③ 같은 농가에서도 시간의 흐름에 따른 다른 환경이 나타난다는 것을 고려하지 않았다.

4) 학자별 농업경영지도의 개념
① **윌리암스(Williams)**: 농업경영지도를 생산경제학의 범주로 생각하고 생산경제학의 배경을 농업경영지도의 출발점으로 보았다.
② **맥칼럼, 번스, 포터(MacCallum, Burns, Potter)**: 농업경영지도를 경영기술과 경제정보를 개발하고 이를 농가 경영개선을 위한 조언으로 보았다.
③ **버기(Buggie)**: 농장경영은 투입재와 산출물의 관계 하에서 농장의 현실적 목표와 환경적 여건을 반영하여야 한다고 보고 경영지도를 경영의 실질적 수행에 바탕을 두려 하였다.
④ **분(Boone)**: 농업경영지도의 역할은 학습과정에서 농민의 독립적인 의사결정을 도와 사업수행을 효과적으로 하는데 있다. 경영자가 스스로 과제를 해결할 수 있도록 관련된 지식을 소개해 주는 것을 주된 과제로 보고 있다.
⑤ **자일스(Giles)**: 농업경영지도는 농가의 사회문화적 배경과 환경을 반영하여 지도사업을 전개해야 한다고 보았다.

5) 성공적인 농업경영지도를 위하여 강조할 점: 버기(Buggie)
① **다문화적 접근**: 농업경영지도는 여러 사회과학 학문에서 도움을 구해야 한다.
② **전체적 접근**: 단순한 생물학과 경제학 등 자료의 접합보다는 종합적이고 체계적인 접근이 필요하다고 본다.
③ **고객본위**: 농업경영지도의 내용이 학습자의 성격에 따라 구성되어져야 하며 농업경영과 경영기법 등이 농민들의 학습과 의사결정과정에 연관되어야 한다고 본다.
④ **인간요소**: 농업경영지도는 인간과 기술의 상호관계, 구성원간의 상호관계 및 농정의 인적 체계를 포함하여야 한다.

6) 농업경영과 농업경영지도
① **농업경영**: 정보중심이며 농장자료를 처리, 가공하여 얻은 지식을 설명하는데 중점을 둔다.
② **농업경영지도**: 고객중심이며 농장의 실제상황 하에서 농민의 학습과 의사결정을 돕는데 중점을 둔다.

② 의사결정

(1) 개념

1) 농업경영 의사결정의 대상

무엇을, 얼마나, 어떻게, 어느 정도의 규모로 생산하고 판매하여 자금을 조달할 것인가

2) 농업경영의 제반조건과 의사결정 요인

① 자연적 조건
  ㉠ 기상: 온도, 일조량, 강수량, 습도 등
  ㉡ 토지: 토질, 수리, 지세 등

② 경제적 조건
  ㉠ 시장: 시장과 경제적·물리적 거리, 시장규모, 교통 등
  ㉡ 작목: 수량, 가격, 비용, 소득수준과 안정성 등

③ 사회적 조건: 국민 소비 습관, 과학기술 발달 수준, 농업관련 법률과 제도, 정책 등

④ 개인적 조건
  ㉠ 경영자원: 경지, 가족노동, 자본력 등
  ㉡ 경영능력: 경영주의 능력, 성향 등

3) 농업경영의 의사결정과정

① 1단계: 문제 정의 단계로 농업경영의사결정을 위한 문제 파악
② 2단계: 문제 원인 발굴
③ 3단계: 문제 해결을 위한 여러 가지 대안 개발
④ 4단계: 가장 적합한 대안 선택
⑤ 5단계: 대안을 실행할 계획 수립
⑥ 6단계: 대안 실행에 대한 성과 평가 실시

(2) 의사결정의 분류

1) 경영범위에 따른 의사결정 유형

① 전략적 의사결정
  ㉠ 장기적이고 포괄적인 경영 전반에 관한 계획과 정책결정이다.
  ㉡ 경영조직에 필요한 자원을 어떻게 조달할 것인가 하는 것이다.
  ㉢ 통상 경영자의 직접 통제하에 있지 않은 조직 외부의 정보를 필요로 한다.
  ㉣ 전략적 의사결정의 책임과 집행 소재가 고위간부층에 있다.
  ㉤ 고위간부회의, 해외진출전략, 다각화 전략 등이 있다.

② 전술적 의사결정
- ㉠ 중기성의 사업목표를 효과적으로 달성하기 위한 것이다.
- ㉡ 주어진 자원 내에서 효율적인 배분을 찾는 것이다.
- ㉢ 조직 내부의 정보를 필요로 한다.
- ㉣ 전술적 의사결정의 책임과 집행 소재가 중간경영층에 있다.
- ㉤ 중간관리자회의, 해외진출에 따른 최선의 대안 등이 있다.

③ 운영적 의사결정
- ㉠ 단기적이고 빈번한 직접적인 행위의 개선 위주이다.
- ㉡ 설정된 계획을 수행하는데 필요한 작업결정을 말하는 것이다.
- ㉢ 결과는 단시일에 나타나며, 이를 위한 정보는 성문화되어 있고 찾기 쉬우며, 만들어진 전략적 결정으로부터 도출되는 경우가 많다.
- ㉣ 운영적 의사결정의 책임과 집행 소재가 하위관리감독층에 있다.

2) 문제의 유형에 따른 의사결정 유형

① 정형적 문제: 수리적으로 나타낼 수 있고, 표준화된 절차에 따라 풀 수 있다.
② 반정형적 문제: 정형적 문제와 비정형적 문제의 중간 형태로 인간의 판단과 사무적인 판단의 중간형태의 문제이다.
③ 비정형적 문제
- ㉠ 쉽게 해결할 수 없을 만큼 복잡하고 정리되어 있지 않으며, 인간의 경험과 판단을 요구하는 문제이다.
- ㉡ 많은 자료와 분석을 요구하는 문제이다.

3) 농업경영에서의 의사결정의 유형

문제의 유형에 따른 분류	의사결정의 범위에 따른 분류			의사결정에 필요한 지원
	전략적 결정	전술적 결정	운영방법적 결정	
의사결정체계	고위간부층	중간간부층	하위관리층	
비정형적 (비구조적)	기업구조의 재편성	책임소재 결정	일손고용, 시간짜기	인간의 판단능력
반정형적 (반구조적)	기업의 확장	생산목표 결정	농가채무, 구조 재편성	의사결정시스템
정형적 (구조적)	업종의 선택	최소비용, 자원구성	재고정리, 사료배합, 장부와 기록작성	사무적

4) 의사결정의 어려움

농가의 경우 일반기업과는 달리 대부분의 의사결정은 농부 자신이나 가족에 의해 결정되지만 현대 농업의 상업화와 경영이 복잡해지는 상황에서 의사결정은 농가에 큰 부담을 주게 된다.

③ 농업경영지도 분석

(1) 의의

1) 농업경영지도
농업경영자가 의사결정을 위해 경영과정을 수행하는 것을 돕는 행위이다.

2) 영농에서 농민이 직면하는 경영과정: 존슨, 홀터(Johson, Halter)

> 과제의 정의 → 관측 → 분석 → 의사결정 → 사업수행 → 책임

① 과제의 정의(파악): 농장경영자와 농촌지도사는 농업의 과제를 알기 위해 농장의 기록을 관찰 및 경영자에게 질문 등을 한다.

② 관측: 농장경영자와 농촌지도사는 과제 파악이 끝나면 과제해결을 위한 여러 가지 대안을 모색하고 자료를 수집한다.

③ 분석: 농장경영자와 농촌지도사는 관측되어진 대안과 자료를 이용하여 각각의 대안들이 실행되었을 때 농장에 가져다 줄 결과를 파악한다.

④ 의사결정: 분석을 통하여 도달한 결과를 토대로 의사결정을 한다.

⑤ 사업수행: 결정된 대안을 실행에 옮기는 것이다.

⑥ 책임: 실행되어 나타나는 결과에 대하여 농업경영자가 책임을 지는 것이다.

(2) 경영분석의 종류

1) 상황분석

① 경영의사 결정은 경영자의 입장에서 과제를 파악하는 것에서 시작하며, 경영지도활동은 농가의 경영조건을 파악하는 것에서 시작된다.

② 상황분석은 실험실 혹은 인위적으로 설정된 상황에서가 아닌 자연적인 상황에서 볼 수 있는 행동을 분석하는 것이다.

③ 일정 시점에 농장 현황에 관한 자료를 제시하는 것(농가의 경영조건 파악)으로, 농장의 과제와 환경 및 성격을 파악한다.

④ 상황정보는 농장의 과제와 환경, 성격을 파악하여 주는 중요한 정보로서 상황정보를 파악하지 않고는 경영과정이 성립할 수 없고 경영지도로 농가에 도움을 줄 수도 없다.

⑤ 특정 농가에 대한 상황분석은 농가가 처한 여러 가지 상황, 즉 농가의 유형 및 위치, 역사, 조직, 구성원, 물리적 자원, 작목구성, 생산정보, 재정, 경영자의 성격 등에 관한 정보를 판단하여 정보를 산출한다.

⑥ 외부적 환경인 제도, 법률, 무역, 교육, 기술, 기상 등에 관한 상황분석도 중요하다.

⑦ 적절히 계획된 기본적인 재무자료와 생산기록을 포함하는 기록체계도 경영분석을 위하여 반드시 필요하다.

2) 진단분석

① 진단분석은 농장의 현황과 농장의 장단기 목표를 비교, 분석하여 농장의 장단기 과제를 파악하는 것이다.
  ㉠ 농장의 장단기 목표는 일정기간 동안 경영성적으로 분석(경향분석) 또는 같은 기간의 다른 농장의 경영성적과 비교(비교분석)하여 농업경영의 성적을 나타내는 가치화한 수행지표로 나타낸다.
  ㉡ 상황정보만으로는 농장의 과제를 파악할 수 없고 상황분석에 의해 파악된 농장현황을 농업경영의 수행도로 나타내는 가치나 기준치들과 비교하였을 때 과제가 파악될 수 있다.
  ㉢ 경영지도사는 농장의 수행기준치와 농장현황의 차이에 따라 과제를 설정하고 농장경영의 개선에 관한 결정을 내려야 하는데 이러한 과제분석을 포함하고 있다.

② 농장경영에 있어서의 가치
  ㉠ 가족에 대한 가치: 계층적 배경, 종교적 믿음, 사회적 가치체계 등에 영향을 받는다.
  ㉡ 기업에 대한 가치: 경영의 경험과 지식, 사업형태, 사업동기, 농장의 환경과 배경에 따라 서로 다른 가족가치와 사업가치 등에 영향을 받는다.
  ㉢ 지역사회에 대한 가치: 서로 다른 가족가치와 사업가치, 제도적 가치들이 어떤 공통분모를 가지는 의사법칙 등에 영향을 받는다.
  ㉣ 경영에 있어서 가치는 경영자가 가지고 있는 좋고 나쁨의 개념을 의미한다.

③ 기록과 자료정리
  ㉠ 자료를 전환시켜 의사결정을 위한 유용한 정보를 만드는 것이다.
    ⓐ 후진국에서는 차트, 그래프, 다이어그램 등의 시각자료를 많이 사용한다.
    ⓑ 선진국에서는 표, 매트릭스, 인과가지, 인과지도 등 복잡한 방법을 사용한다.
  ㉡ 자료정리 과정이 끝난 정보는 업무분석, 농장환경분석, 회계분석, 수익성 분석, 비교분석, 효율성 분석, 생산성 분석, 시차분석 등에 사용한다.

3) 예측분석

① 의의
  ㉠ 예측분석은 과제해결을 위해 가능한 방안(대안)들을 모색하고, 대안들이 어떤 결과를 초래할지 파악하여 미래에 발생할 문제점을 점검함으로써 문제점들을 제거할 수 있도록 하는 것이다.
  ㉡ 정상확률 과정의 표본값에 선형의 조작을 하여 예측값과 예측 오차를 얻고, 그로부터 스펙트럼 분해를 구하는 방법을 이용한다.

② 농업경영지도사와 농가의 예측방법에는 시뮬레이션, 시스템 분석, 선형계획법, 농장전체 분석 등이 있다.

③ 농업경영지도사는 농장경영자의 마음에 있는 대안들을 끌어내어 각 대안을 수행할 경우 나타

날 결과를 예측해 주어야 한다.

④ 후진국에서는 예산법이나 감응도 분석이 사용된다.
- ㉠ **예산법**: 제한된 과제해결의 대안들을 가지고 각기 대안이 실행되었을 때 파생되는 기대비용과 기대수익의 차이를 평가하는 것이다.
- ㉡ **감응도분석**: 후진국 농가의 예측분석 시 여러 가지 가능한 여건의 변화를 고려하여 그 결과가 어느 정도 변화할 것인가를 분석하는 것으로 농장의 여건변화에 따른 경향분석이 감응분석에 도움을 줄 수 있으나 대부분 농가는 경향분석 능력이 없으므로 전문가들의 분석을 이용한다.

4) 처방분석

① 예측분석을 통해 얻은 정보는 의사결정에 사용하기에 부족하므로 예측되는 결과들을 경영목표(goal, 모든 경영행위의 최종점)와 목적(objectives, 목표를 이루기 위해 계획된 작업)에 비추어 경영의사결정 과정에 포함시켜야 한다.

② 농업경영의 목표
- ㉠ 가족목표
    - ⓐ 가족의 가치요소와 가족환경요소(가족의 나이, 교육수준, 건강, 성격 등)에 의해 결정된다.
    - ⓑ 가계비, 건강, 여가, 인지도 향상, 채무 감소 등
- ㉡ 사업목표
    - ⓐ 사업의 가치요소와 사업환경요소(농장지원, 농장환경 등)에 의해 결정된다.
    - ⓑ 수익성, 자산증식, 자금력, 사업성장 경쟁력 등
- ㉢ 지역사회 목표
    - ⓐ 지역사회의 가치요소와 지역사회의 환경요소(농장이 위치한 여건, 영농환경 등)에 의해 결정된다.
    - ⓑ 식량자급, 환경보호, 고용증대, 사회문제 감소 등
- ㉣ 각 농장은 각자의 여건에 따라 가족목표, 사업목표, 지역사회 목표를 세우는데, 세 가지 목표가 서로 상충할 경우 농업경영자와 농업지도사는 처방분석 이전에 이들 목표 사이에서 절충점을 찾아야 한다.

③ 결과 예측치 평가
- ㉠ 농업경영상 가능성 있는 목표가 정해지면 경영지도사는 경영과제 해결을 위하여 대안에 대한 결과 예측치를 평가한다.
- ㉡ 이들 대안은 실현 가능하고, 이해할 수 있으며, 농장과 관련이 있어야 하며, 농장의 경영개선이 이루어져야 한다.

④ 농업경영지도의 과제와 내용

(1) 농업경영지도의 과제

1) 농업경영지도와 컴퓨터 활용

① 컴퓨터의 도입과 활용
  ㉠ 컴퓨터 프로그램의 개발로 전문화된 지식과 시간적 노력을 줄여 지도사들이 다양하고 전문화된 농장의 과제들을 정확하게 제시할 수 있게 되었다.
  ㉡ 지도사들이 컴퓨터 활용으로 보다 농장경영의 인적 요소에 시간을 할애할 수 있게 되었고 농업지도의 내용도 다양해지고 있다.

② 컴퓨터 도입의 문제점
  ㉠ 지도사가 새로운 프로그램의 사용에 필요한 지식을 가져야 하고, 이에 따른 노력과 시간이 필요하다.
  ㉡ 농민들이 농장관리에 컴퓨터 활용의 유용성을 인식하기까지 많은 시간이 필요하다.
  ㉢ 대부분 농민은 프로그램의 복잡성, 시간부족을 이유로 컴퓨터 사용을 주저하고 있다.
  ㉣ 농장관리용 프로그램을 교육시키기 위한 노력이 먼저 이루어져야 한다.

2) 환경보전의 경영목표 설정

① 환경보전과 생태계 균형, 식량의 적정생산, 적정한 농가소득의 유지, 토양보존 등 인류의 지속가능한 생존을 위한 농업의 새로운 목표가 생겨났다.
② 종래의 과다 생산을 지양하고, 환경보전을 위한 토양보존, 친환경 재배, 투입자원의 제한 등과 농가의 소득 유지 및 경쟁력 확보에 주안점을 두어야 한다.

3) 농가구조의 양극화 극복방안

① 농업구조의 변화와 양극화
  ㉠ 농산물 무역의 자유화로 인하여 농업보호정책이 퇴조하고, 수입자유화에 따른 농산물 가격 하락으로 생산조건이 악화되고 있다.
  ㉡ 상업적 농업이 증가하고 가족중심의 소규모 농가도 여전히 존재하고 있어 양극화가 나타나고 있다.
  ㉢ 중·대농의 경우 새로운 자본집약적 기술을 채택하고 영농시설과 장비를 확충하여 생산성을 증가시켜 노동력의 부족을 메우고 있다. 소농에 비하여 정교한 사업원칙과 경제성을 바탕으로 복잡한 경제구조를 가지고 있다.
  ㉣ 소농의 경우 작목전환, 기술습득, 시장확보 등의 어려움이 있다.

② 양극화 극복방안
  ㉠ 기업예산법, 장기경영설계 등의 교육으로 농가의 농업경영 이론들을 농장에 활용하여 소득과 생활수준의 향상을 지도하여야 한다.

ⓛ 농업금융, 농장설계, 경영분석, 위기관리 등 농가에 필요한 정보를 제공하여야 한다.
ⓒ 소농의 경우 소농에 맞춤형 지도가 필요하고, 이에 관한 전문가가 지도하여야 한다.
ⓔ 소농은 작목전환이나 기술습득 등에 어려움이 있으므로 노동, 토지, 자본 등에 최대한 이윤을 얻을 수 있도록 지도하여야 한다.

4) 민간지도사업과 연계

① 농업의 공익적 성격에 따라 농업기술의 개발과 보급은 정부기관(공공기관)을 중심으로 이루어졌다.
② 민간지도기관의 등장
  ⓐ 영농규모가 커지고 상업적 영농이 이루어지면서 민간에 의한 지도사업의 역할이 증가하고 있다.
  ⓑ 특정 농가를 중심으로 지도사업이 이루어지기 때문에 공공기관이 지도하기 어려운 점이 발생하게 되었고, 경영분석도 개별농가를 중심으로 이루어지기 때문에 다른 농가에 적용이 어렵다.
  ⓒ 농업선진국에서는 사설 지도업체가 경영지도의 몫을 담당하고 있으며, 그 유형도 다양화 되고 있다.
③ 민간 농촌지도기관
  ⓐ 작목별 유통협회는 경영기록 등 경영지도업무를 담당하고 있는데 대표적인 협회는 우유유통협회이다.
  ⓑ 기업은 농가의 경영개선을 통해 채무구조를 건전하게 하여 기업의 손실을 줄이고 자재의 판매확대를 도모할 수 있다. 소수의 기업들은 농민에 대한 봉사로 기업 이미지를 개선하기 위하여 비영리지도사업을 담당하기도 한다.
  ⓒ 농작물을 구매하는 회사도 농산품의 구매확보와 품질유지를 위하여 경영지도서비스를 제공하기도 한다.
  ⓓ 경영자문을 해주는 자문회사 개념이 농업분야에 도입되었으며, 토지투자를 자문해주는 부동산 회사나 은행 등이 운영하는 경영자문회사 등이 이에 속한다.
④ 농업인구 감소 등으로 지도인력의 충원이 어려운 시점에서 농장의 경영을 보다 종합적으로 지도하기 위해 공공지도기관과 사설지도기관의 연계가 필요하다.

(2) 농업경영지도의 내용

1) 생산지도

① 가장 오래되고 전통적인 경영지도이다.
② 작목선정, 농자재에 대한 분석, 농자재와 농산물의 가격정보 파악 등을 지도한다.

2) 유통지도

① 농가소득 증대를 위한 농자재와 농산물 시장을 분석하는 등 유통전략을 제시한다.

② 유통전략과 생산전략, 유통정보, 유통 생산성 향상, 공동출하 및 공동구매 등을 지도한다.

3) 재정지도

① 농자재의 구입, 토지매입, 노동력의 확보 등을 위한 자금조달과 생산 및 유통에 맞추어 자금조달지도, 자금투자지도 등을 한다.

② 지도사의 역할

㉠ 농가의 부채 및 자산상황, 경영성적과 금융기관들의 이자율, 대출조건 등을 파악하고 있어야 한다.

㉡ 필요한 운전자금은 가능한 자체적으로 조달하도록 하고 협동경영을 통하여 자금의 규모화를 도모하도록 지도한다.

㉢ 대출조건 등을 고려하여 협동조합 등에 영농자금을 알선하고 필요한 서류와 신청절차를 알려주어야 한다.

4) 경영기록지도

① 경영지도사는 농가의 내·외적 상황을 파악하는 것이 우선이며 이를 위해서 농가에 대한 기본적인 기록이 있어야 한다.

② 농가에 대한 기록이 없으면 경영분석에 대한 자료를 얻기 어려워 경영지도가 부실하게 되므로 경영기록이 이루어지도록 지도한다.

5) 경영조직지도

① 농산물의 수입자유화 상황에서 우리나라의 경우 영농규모가 적은 농가가 많아 생산비와 경영비가 외국에 비하여 상대적으로 높아 가격경쟁에서 불리한 상황이므로 규모의 경제를 필요로 한다.

② 규모의 경제를 실현할 수 있도록 농가경영의 일부 또는 전부에서 규모를 늘릴 수 있도록 조직화 하는 것이 필요하다.

6) 위기관리지도

① 농업 현실의 급격한 변화에 따른 불확실성과 위험성이 증가하고 있으므로 농업경영자와 농업경영지도사의 위기관리에 대한 바른 이해와 처리가 필요하다.

② 불확실성과 위험성은 생산, 가격, 기술, 시장, 규모, 금융, 제도, 사람 등에 관련된 것으로 구분한다.

③ 농업경영지도사는 개별농가의 종류, 성격, 경영목표, 재정, 환경과 위험에 대처하는 태도와 능력 및 예상되는 위험의 종류와 발생빈도, 손해의 정도에 따른 적절한 방법과 전략이 농업경영자에게 제공되어야 한다.

한국의 농촌지도 조직 예상문제

01. 조직(Organization)의 개념에 대한 설명과 학자가 연결이 옳지 않은 것은?

① 바나드(Barnard): 2인 또는 그 이상의 인간이 의식적으로 조정된 행동 또는 제력(諸力)의 체계이다.
② 파슨스(Parsons): 어느 한정된 목표의 달성에 1차적으로 지향하고 있는 사회체계이다.
③ 에치오니(Etzioni): 인간의 집합체로 특정한 목적의 추구를 위하여 의식적으로 구성된 사회적 단위이다.
④ 스콧(Scott): 비교적 특정적인 목적을 다소간에 지속적으로 추구하기 위해 수립된 집합체이다.

해설 조직(Organization)의 개념
1) 의의
① 바나드(Barnard): 2인 또는 그 이상의 인간이 의식적으로 조정된 행동 또는 제력(諸力)의 체계이다.
② 에치오니(Etzioni): 일정한 환경에서 특정한 목표를 추구하여 이를 위한 일정한 구조를 지닌 사회단위이다.
③ 파슨스(Parsons): 어느 한정된 목표의 달성에 1차적으로 지향하고 있는 사회체계이다.
④ 스콧(Scott): 비교적 특정적인 목적을 다소간에 지속적으로 추구하기 위해 수립된 집합체이다.
⑤ 오홍석: 인간의 집합체로 특정한 목적의 추구를 위하여 의식적으로 구성된 사회적 단위이다.

02. 조직의 특성에 대한 설명으로 옳지 않은 것은?

① 조직은 목표 달성을 위한 인간의 집합체로 인간이 없는 조직은 조직이 아니다.
② 외부환경과 상호작용이 없는 폐쇄체제적 성격이 강하여 외부환경에 적응한다.
③ 체계화된 구조를 가진다.
④ 구성원은 지속적이고 유형화된 상호작용을 한다.

해설 조직(Organization)의 특성
① 조직은 대체로 규모가 크고 복잡하며, 상당한 수준의 공식성과 합리성을 가지고 있으나 비공식적인 요인도 병존한다.
② 조직은 분명한 목표를 가지고 있으며 그 목표를 달성하기 위해 존재하고, 목표가 없는 조직은 존재할 수 없다.
③ 체계화된 구조를 가진다. 목표를 효과적으로 달성하기 위하여 과업을 분담시키고 구성원의 역할을 규명하며, 그 역할 간 관계를 결정하는 규정과 절차를 가지고 있다. 이러한 체계화된 구조가 없는 우발적인 군중의 집단은 조직이 아니다.
④ 구성원은 지속적이고 유형화된 상호작용을 한다.
⑤ 조직과 환경을 구분해 주고 조직에 동질성이나 정체성을 제공하는 경계가 존재한다.
⑥ 외부환경과 상호작용하는 개방체제적 성격이 강하여 외부환경에 적응한다.
⑦ 조직은 목표 달성을 위한 인간의 집합체로 인간이 없는 조직은 조직이 아니다.

정답 01. ③ 02. ②

03. 민츠버그(Mintzberg)의 조직 유형 중 단순구조조직에 대한 설명으로 옳지 않은 것은?

① 환경대응이 빠르고 융통성이 있으며 유지비용이 적다는 장점이 있으나 장기적인 전략결정에는 적합하지 않다.
② 상대적으로 전략적 최고위에 대한 의존성이 크다.
③ 전략부분의 힘이 강한 소규모 신생조직에서 나타나는 유형이다.
④ 중간계층이 굉장히 비대한 형태로, 조직의 모든 업무가 표준화되어 운영된다.

해설 ④는 기계적 관료제 구조(machine bureaucracy organization)의 설명이다.
* 단순구조조직(simple structure organization)
  ㉠ 전략부분의 힘이 강한 소규모 신생조직에서 나타나는 유형이다.
  ㉡ 조직의 중간 계층(중간관리자, 기술관료, 지원스탭)이 없거나 적은 형태이다.
  ㉢ 상대적으로 전략적 최고위에 대한 의존성이 크다.
  ㉣ 환경대응이 빠르고 융통성이 있으며 유지비용이 적다는 장점이 있으나 장기적인 전략결정에는 적합하지 않다.

04. 민츠버그(Mintzberg)의 조직 유형 중 작업기술의 표준화를 중시하는 조직의 유형은?

① 단순구조조직(simple structure organization)
② 기계적 관료제 구조(machine bureaucracy organization)
③ 사업부제 구조(divisionalized form organization)
④ 전문적 관료제 구조(professional bureaucracy organization)

해설 전문적 관료제 구조(professional bureaucracy organization)
㉠ 핵심운영부분의 힘이 강한 유형으로 복잡하고 안정적인 환경에서 적합한 조직이다.
㉡ 전문가들로 구성된 핵심운영계층이 오랜 경험과 훈련으로 표준화된 기술을 내면화하여 자율권을 가지고 과업을 조정한다.
㉢ 작업기술의 표준화를 중시한다.
㉣ 전문성 있는 업무 수행이 가능하나 하위 부서간 갈등이 있고 환경 변화에 유기적 대응이 어렵다.

05. 다프트(Daft)의 조직 유형 중 7가지 조직모형에 해당하지 않는 것은?

① 기계적 구조
② 기능구조
③ 사업구조
④ 수직구조

해설 다프트(Daft)의 조직 유형: 기계적 구조와 유기적 구조를 양극단에 위치시키고, 중간에 기능구조, 사업구조, 매트릭스구조, 수평구조, 네트워크구조를 추가하여 7가지 조직모형을 제시하였다.

CHAPTER 01 한국의 농촌지도 조직

06. 다음 보기에서 설명하는 다프트(Daft)의 조직 유형 중 7가지 조직모형은?

> ㉠ 기능구조와 사업구조를 화학적(이중적)으로 결합한 이중적 권한 구조를 가지는 조직구조로 기능부서의 전문성과 사업부서의 신속한 대응성을 결합한 조직이다.
> ㉡ 목표나 과업의 복잡성이나 불확실성이 높은 경우와 시장성이 불명확한 새로운 제품 생산에 적합하다.
> ㉢ 기능구조의 단점인 수평적 조정 곤란과 사업구조의 단점인 비용 중복, 전문성 부족을 해소하려는 조직이다.

① 기능구조
② 네트워크 구조
③ 매트릭스 구조
④ 유기적 구조

해설 매트릭스 구조
㉠ 기능구조와 사업구조를 화학적(이중적)으로 결합한 이중적 권한 구조를 가지는 조직구조로 기능부서의 전문성과 사업부서의 신속한 대응성을 결합한 조직이다.
㉡ 목표나 과업의 복잡성이나 불확실성이 높은 경우와 시장성이 불명확한 새로운 제품 생산에 적합하다.
㉢ 기능구조의 단점인 수평적 조정 곤란과 사업구조의 단점인 비용 중복, 전문성 부족을 해소하려는 조직이다.

07. 관료제의 특징으로 보기 어려운 것은?

① 위계의 수평화
② 경력에 따른 보상
③ 과업의 전문화
④ 지위획득의 공평한 기회 보장

해설 관료제의 특징
① 과업의 전문화: 효율적 업무처리를 위한 각각의 구성원들이 분담한 일만을 전문적으로 수행한다.
② 위계의 서열화: 권한과 책임에 따라 조직 내 지위가 서열화되어 있다.
③ 규약과 절차에 따른 업무수행: 문서화된 규약과 절차에 따라 과업을 수행하며 이로 인해 구성원이 교체되더라도 안정적으로 과업 수행이 가능해진다.
④ 지위획득의 공평한 기회의 보장: 연공서열 등 일정 기준에 따라 공개 경쟁을 통하여 지위를 획득할 수 있다.
⑤ 경력에 따른 보상: 구성원들의 경험을 중시하여 연공서열에 따라 보상을 한다.

08. 관료제의 순기능으로 보기 어려운 것은?

① 효율성
② 지속성과 예측가능성
③ 목적 전치 현상
④ 권한과 책임의 명확성

해설 *관료제의 순기능
① 효율성: 과업을 세분화, 전문화된 업무 체계로 효율성이 극대화된다.
② 안정성: 문서화된 규약과 절차에 의존하며, 연공서열로 인한 구성원의 신분보장으로 안정적인 조직 운영이 이루어진다.
③ 지속성과 예측가능성: 구성원이 교체되어도 정해진 절차에 따라 지속적인 과업의 수행이 가능하며, 과업의 예측가능성이 높다.
④ 권한과 책임의 명확성: 구성원들의 권한과 책임이 명시되어 있어 과업 수행에 책임소재가 분명하여 불필요한 갈등의 발생을 막을 수 있다.

*관료제의 역기능
① 목적 전치 현상: 규약과 절차를 지나치게 강조하여 오히려 본래의 목적 달성을 방해할 수 있다.
② 구성원들은 조직 내 분담한 일만 반복적으로 수행하므로 창의력이나 자율성을 발휘하지 못하고 조직의 부속품으로 전락하는 인간 소외 현상이 발생할 수 있다.
③ 조직 내 연고주의 확산과 연공서열의 강조로 무사안일주의, 복지부동으로 인한 조직의 효율성이 떨어질 수 있다.
④ 규칙과 절차를 지나치게 강조하고, 경직된 상명하복 구조로 주변의 변화에 유연하게 대처하기 어렵다.

09. 베버(Weber)가 제시한 관료제 특징으로 옳지 않은 것은?

① 모든 중요한 업무는 기록되고 문서로 보관된다.
② 조직에 채용되기 위해서는 훈련된 전문 자격이 요구된다.
③ 종신고용이 가능하여 조직 자체에 대한 충성심을 유발시킬 수 있다.
④ 조직 행위는 통일된 업무로 분할되어 있고, 각 직책의 권한과 의무는 세분화된다.

해설 베버(Weber)의 관료제 특징
① 업무는 일반적인 조직 규칙에 의하여 수행된다.
② 조직 행위는 여러 상이한 업무로 분할되어 있고, 각 직책의 권한과 의무는 세분화된다.
③ 조직의 직위 구조는 피라미드 형태의 위계구조를 보인다.
④ 모든 중요한 업무는 기록되고 문서로 보관된다.
⑤ 종신고용이 가능하여 조직 자체에 대한 충성심을 유발시킬 수 있다.
⑥ 직위의 위계구조에서 상승 이동이 가능하고 연공서열이 반영된다.
⑦ 조직에 채용되기 위해서는 훈련된 전문 자격이 요구된다.

10. 해방 이후 우리나라 농촌지도기구의 발달순서가 옳게 배열된 것은?

① 농사개량원 – 농업기술원 – 농사원 – 농촌진흥청
② 농사개량원 – 농사원 – 농촌진흥청 – 농업기술원
③ 농사개량원 – 농사원 – 농촌기술원 – 농촌진흥청
④ 농업기술원 – 농사개량원 – 농사원 – 농촌진흥청

해설 우리나라 농촌지도기구의 발달순서
㉠ 농사개량원: 1947년 ㉡ 농업기술원: 1949년 ㉢ 농사원: 1957년 ㉣ 농촌진흥청: 1962년

11. 다음 중 국립농사개량원에 속하는 기구가 아닌 것은?

① 시험장
② 농과대학
③ 교도국
④ 농업기술원

해설 농업기술원(1949년)은 1948년 우리나라 정부가 수립되자 그 이듬해 농사개량원을 폐지하고 시험부(연구), 교도부(지도)로 구성되는 농업기술원이 새로 발족되었다. 농사개량원은 시험장(도농사시험장), 교도국(지방교도국, 군 농사교도소), 농과대학 등으로 구성되었다.

12. 다음 중 최초로 법률적 보장을 받은 농촌연구·지도사업기구는?

① 농업기술원
② 농촌진흥청
③ 농사원
④ 권업모범장

해설 1957년 농사교도법이 국회를 통과함에 따라 법률로 공포, 농사원(1957년)이 개원을 하였는데, 이때부터 우리나라에서 농촌지도가 법적으로 보장을 받게 되었고, 연구사업과 교도사업이 단일행정체계에 총괄되었다.

13. 우리나라 농촌지도의 발달에서 설립시기가 가장 늦은 기구는?

① 권업모범장
② 국립농사개량원
③ 관립농상공학교
④ 농사시험장

해설
① 권업모범장: 1906년
② 국립농사개량원: 1947년
③ 관립농상공학교: 1904년
④ 농사시험장: 1929년

14. 다음 보기의 모셔가 제시한 농업발전에 필요한 10가지 기능 중 필수불가결 요소로만 묶인 것은?

| ㉠ 시장 | ㉡ 신용 | ㉢ 공급 | ㉣ 계획 | ㉤ 교통 | ㉥ 농촌지도 |

① ㉠, ㉡, ㉢
② ㉣, ㉤, ㉥
③ ㉠, ㉢, ㉤
④ ㉡, ㉣, ㉥

정답 11. ④ 12. ③ 13. ②

PART 03 농촌지도 조직

해설 모셔(Mosher)의 농업발전에 필요한 10가지 기능
① 모셔(Mosher)는 농업발전에 필요한 10가지 기능을 제시하고, 10가지 기능 사이의 상호협동을 강조하며, 필수불가결한 요소와 필수불가결한 요소는 아니지만 농업발전에 도움을 줄 수 있는 촉진제로 구분하였다.
② 농업발전 요소의 기능(필수불가결 요소)
  ㉠ 새로운 기술(new technology)
  ㉡ 시장(markets)
  ㉢ 공급(supplies)
  ㉣ 교통(transport)
  ㉤ 유인(incentives)
③ 농업발전 자극의 기능(촉진제)
  ㉠ 농촌지도(extension)
  ㉡ 신용(production credit)
  ㉢ 조직활동(group action)
  ㉣ 토지발전(land development)
  ㉤ 계획(project planning)

15. 모셔가 제시한 농업발전에 필요한 10가지 기능 중 농업발전 자극의 기능에 해당되지 않는 것은?

① 농촌지도 ② 새로운 기술
③ 조직활동 ④ 토지발전

16. 농업산학협동 발생요인으로 옳지 않은 것은?

① 조직관계적 요인 ② 정신적 요인
③ 환경적 요인 ④ 조직성격적 요인

해설 농업산학협동의 발생요인
① 환경적 요인: 농업관계기관들을 둘러싸고 있는 제환경의 변화를 의미한다.
② 조직관계적 요인: 어느 한 기관의 상대기관에 대한 인식의 정도에 관계되는 요인으로 영역, 자원, 권위의 3가지 산학협동에 영향을 미친다.
③ 조직성격적 요인: 어느 조직체 내부의 개별적 성격으로 산학협동에 관계하는 요인이다.

17. 세종 때 정초와 변효문이 왕명에 의해 편찬한 우리나라 최초의 농서는?

① 사시찬요 ② 양화소축
③ 농사언해 ④ 농사직설

정답 14. ③ 15. ② 16. ②

CHAPTER 01 한국의 농촌지도 조직

해설 농업 서적을 통한 농촌지도
① 고려말: 중국농서의 번역본 '농상집요'
② 세종: 최초의 농서로 정초와 변효문의 '농사직설'은 우리나라 풍토에 맞는 농법으로 1429년 간행
③ 세조: 강희안의 '양화소록'(최초의 원예서적으로 채소, 과수, 약초 등을 다루고 있다), 강희맹의 '사시찬요'
④ 중종: 김안국의 '농사언해', '잠서언해'(1518)
⑤ 효종 6년: 신속의 '농가집성'(1655), 농서 중 가장 중요한 농서로 농사직설, 사시찬요, 금양잡록, 권농문(주자)을 종합하여 편찬하였다.
⑥ 영·정조: 박세당 '색경', 박지원 '과농소초', 박제가 '북학의', 서유구 '임원경제지',. 이익 '성호사설', 유형원 '반계수록', 정약용 '목민심서'

18. 다음 우리나라 농서 중 간행시기가 가장 빠른 것은?

① 농사직설
② 양화소록
③ 잠서언해
④ 농가집성

19. 조선시대 때 모범적인 영농을 하여 전시적 기능과 관련이 깊은 것은?

① 권농관
② 적전
③ 모범장
④ 농서에 의한 지도

해설 적전은 권농지본이라 하여 왕실에 필요한 식량과 농산물을 생산하는 적전에서 모범적인 영농을 하게 하여 전시적인 기능을 하게 하였다.

20. 해방 후 우리나라 최초의 농업시험 및 농촌지도 사업기구의 이름은?

① 농사개량원
② 농사원
③ 권업모범장
④ 농사기술원

해설 농사개량원
해방 후 과도정부령 제160호로 농업기술교육령을 공포하여 1947년 서울에 국립 농사개량원을 설립하였다. 역사적으로 볼 때 우리나라 농촌지도의 시작이라고 할 수 있다.

정답 17. ④ 18. ① 19. ② 20. ①

PART 03 농촌지도 조직

21. 우리나라 근대의 농촌지도 발달 순서로 옳은 것은?

① 양잠강습소 → 잠사시험장 → 농상공학교 → 권업모범장
② 권업모범장 → 잠사시험장 → 농상공학교 → 양잠강습소
③ 농상공학교 → 잠사시험장 → 권업모범장 → 양잠강습소
④ 잠사시험장 → 농상공학교 → 권업모범장 → 양잠강습소

해설 잠사시험장(1900년) → 농상공학교(1904년) → 권업모범장(1906년) → 양잠강습소(1907년)

22. 일제강점기 우리나라 농촌지도에 관한 설명으로 옳지 않은 것은?

① 1929년 조선농회는 실질적으로 일본의 식민정책을 위한 관부단체로 그들의 지시를 받아 따르게 하는 어용농민단체였다.
② 1927년 미국 YMCA를 통해 4-H 운동이 소개되었다.
③ 1932년 시작된 농촌진흥운동은 관공서보다 농민의 자발적 노력이 중심이 되어 체제를 운영하였다.
④ 1925년 조선농민사는 농민의 지식 계발과 교양운동을 위해 여러 농촌의 농민학원을 개설하고 농한기를 이용하여 농촌강좌를 개최하였다.

해설 농촌진흥운동(1932년)
① 조선총독부가 주도하여 1935~1940년 사이 전개되었던 관제농민운동으로 소작농 위주의 농촌사회의 불만을 억누르고 관심을 다른 곳으로 돌리기 위한 것이 주된 목적이었다.
② 농촌문제(고리채 문제, 관혼상제를 위한 과도한 비용 지출, 불합리한 생활관습 등)를 해결하기 위한 일본인 중심으로 1927년경 보통학교를 졸업하고 농사를 짓고 있는 사람 중 우수한 사람을 선발하여 약간의 자금 지원과 농사개량 및 발전을 위한 지도사업을 실시한 것이 후에 농촌진흥운동으로 진전되었다.
③ 농촌진흥운동을 위해 조선총독부에 농촌진흥위원회를 설치하고, 각 도·군·읍면 단위에도 농촌진흥위원회를 설치하였으며 부락에는 부락진흥회를 조직하였다.
④ 농촌진흥운동은 농민의 자발적 노력보다 관공서가 중심이 되어 군과 읍면에 전담직원을 두고 월 1회 이상 농가를 방문하여 추진상황을 확인, 독려하는 체제로 운영되었다.

23. 다음 중 우리나라 농촌연구, 지도사업 기구 중 최초로 법률적 보장을 받은 기구는?

① 농업기술원
② 농촌진흥원
③ 농사원
④ 권업모범장

해설 농사원은 1957년 농사교도법을 제정하여 최초로 법적 지위를 보장받은 농촌지도기구이다.

정답 21. ④ 22. ③ 23. ③

CHAPTER 01 한국의 농촌지도 조직

24. 일제강점기 조선농회에 대한 설명으로 옳지 않은 것은?

① 조선농회령과 산업조합령이 공포되면서 각종 관부단체와 조합을 조선농회로 통합시키고 전 농민을 당연회원으로 하였으나 회비의 납부는 자율적이었다.
② 농회는 중앙, 도, 시군에 설치되었고, 소작농을 제외한 모든 농민이 회원의 대상이었다.
③ 농회는 농업에 관한 연구 및 조사, 농업에 관한 분쟁 조정 등의 업무와 주목적인 농사지도를 위한 강습회, 경진회, 품평회, 농업자 대회, 농서출판, 모범부락 조성 등 활동을 추진하였다.
④ 한국중앙농회가 일제강점 이후 조선농회로 개명된 것으로 실질적으로 일본의 식민정책을 위한 관부단체로 그들의 지시를 받아 따르게 하는 어용농민단체였다.

해설 조선농회(1926년)
① 조선농회령과 산업조합령이 공포되면서 각종 관부단체와 조합을 조선농회로 통합시키고 전 농민을 당연회원으로 하여 의무적으로 회비를 납부하게 하였다.
② 농회는 중앙, 도, 시군에 설치되었고, 소작농을 제외한 모든 농민이 회원의 대상이었다.
③ 농회는 농업에 관한 연구 및 조사, 농업에 관한 분쟁 조정 등의 업무와 주목적인 농사지도를 위한 강습회, 경진회, 품평회, 농업자 대회, 농서출판, 모범부락 조성 등 활동을 추진하였다.
④ 한국중앙농회가 일제강점 이후 조선농회로 개명된 것으로 실질적으로 일본의 식민정책을 위한 관부단체로 그들의 지시를 받아 따르게 하는 어용농민단체였다.

25. 보기에서 설명하는 일제강점기 기구는?

> 각 도에 도종묘장과 채종답을 설치하여 벼 장려품종을 보급하고, 각종 관부농민단체에 채종답을 설치하여 벼 장려품종과 개량농법을 일방적으로 지도하였다.

① 조선농회
② 조선농민사
③ 농사시험장
④ YMCA

해설 농사시험장(1929년)
① 권업모범장을 농사시험장으로 개칭하고, 기구를 확대 개편하여 식민지 조선에 일본적 농업기술을 강제로 따르게 하는 역할을 하였다.
② 각 도에 도종묘장과 채종답을 설치하여 벼 장려품종을 보급하고, 각종 관부농민단체에 채종답을 설치하여 벼 장려품종과 개량농법을 일방적으로 지도하였다.
③ 일제강점기 농촌지도는 대부분 권업모범장이 핵심역할을 수행하였다.
④ 권업모범장의 농촌지도사업은 별도의 전담부서가 없이 각 부서와 기관에서 인쇄물 배부, 강습, 강의, 실습지도, 기술자 양성, 견습생 지도, 현지출장 순회, 권업모범장 소유 농지의 소작인 지도 및 품평회 개최, 권업모범장 참관인 안내, 농민의 질의에 대한 서면 및 구두 설명 지도 등의 활동을 수행하였다.

정답 24. ① 25. ③

26. 농사개량원에 대한 설명으로 옳지 않은 것은?

① 1947년 미군정청이 서울에 국립농사개량원을 설립하였다.
② 미국식 제도를 도입하여 농과대학, 농사시험장, 교도국을 통합한 기구로서 농무부 산하에 설치된 교육, 연구, 지도 기능을 담당하였다.
③ 지도기구는 행정과 완전히 독립되지 못하였다.
④ 심의기구로 중앙 농사개량위원회, 자문기관으로 군농업기술자문위원회를 설치하였다.

27. 해방 후 우리나라 농촌지도 사업의 발달과정으로 옳지 않은 것은?

① 1961년 농사교도법을 농사연구교도법으로 개정하였다.
② 현대적인 농촌지도사업의 기반을 마련한 농사교도법이 제정되었다.
③ 1957년 농사원 발족 이후에도 산발적 농촌지도를 전개하여 지도사업의 효과는 크지 않았다.
④ 1960년 농촌진흥법을 제정하여 상향식 농촌지도사업 계획수립을 지향하였다.

해설 1960년대 농촌진흥법을 제정하여 상향식 농촌지도사업 계획수립을 지양하고 하향식으로 변경하였다.

28. 1956년 제출된 메이시 보고서에 대한 설명으로 옳지 않은 것은?

① 소요예산은 국회의 예산 조치에 의해 충당한다.
② 일반행정기구와 통합된 농사교도사업 기구를 법률에 의해 설치한다.
③ 이 사업을 수행하기 위한 명백한 행정체계를 수립한다.
④ 농사교도기구는 농민을 위한 비정치적이고 공평한 입장에서 헌신적으로 일할 수 있도록 한다.

해설 일반행정기구와 분리된 농사교도사업 기구를 법률에 의해 설치한다.

29. 농촌진흥법에 대한 설명으로 옳지 않은 것은?

① 농촌진흥법의 제정은 기존의 일원적인 농촌지도사업을 다원화하기 위한 목적이었다.
② 농촌진흥법의 제정은 지역사회개발사업을 농사교도사업에 통합을 목적으로 하였다.
③ 식량자급 달성을 위한 농촌지도체계를 확립하기 위해 상향식 농촌지도사업 계획 수립을 지양하고 하향식으로 변경하였다.
④ 농촌진흥법을 근거로 농촌진흥청이 발족되었다.

정답 26. ③ 27. ④ 28. ②

CHAPTER 01 한국의 농촌지도 조직

해설 농촌진흥청, 농촌진흥법(1962년)
① 농촌진흥법의 제정은 지역사회개발사업을 농사교도사업에 통합하고, 기존의 다원적인 농촌지도사업을 일원화하기 위한 목적이었다.
② 농촌진흥법을 근거로 농촌진흥청이 발족되었다.
③ 식량자급 달성을 위한 농촌지도체계를 확립하기 위해 상향식 농촌지도사업 계획 수립을 지양하고 하향식으로 변경하였으며, 모든 읍면 단위에 지도소, 지소를 신설하고, 지역별로 농촌지도를 책임지는 지역담당제도를 채택하였다.

30. 1997년 농촌지도공무원의 신분이 국가직에서 지방직으로 전환됨에 따른 변화로 옳지 않은 것은?

① 지방농촌지도기관의 인사, 재정, 감시권이 지방자치단체장에게 귀속되었다.
② 지역실정에 맞는 지도사업이 추진되고, 지방비 확보도 상대적으로 용이하게 되었으며, 시군간 인사이동 없이 안정적으로 근무할 수 있게 되었다.
③ 지방화 이후 도농업기술원과 시군농업기술센터는 지자체 통제에 놓이면서 농촌진흥청-도농업기술원-시군농업기술센터로 이어지는 수직적 구조를 갖추게 되었다.
④ 시장, 군수의 의지에 따라 지도사업이 좌우되고, 행정업무 과다로 지도사업 본래의 역할 수행이 어렵게 되어 지도사업 본연의 업무가 퇴보하였다는 인식이 높았다.

해설 1997년 농촌지도공무원의 신분이 국가직에서 지방직으로 전환되었다.
① 지방농촌지도기관의 인사, 재정, 감시권이 지방자치단체장에게 귀속되었고, 지방자치단체장의 의지에 따라 농촌지도조직과 농업행정조직이 통합되는 경우가 발생하였다.
② 지방화 이전의 농촌지도사업 추진체계는 중앙농촌진흥청, 지방 각 도농업기술원 및 시군의 농업기술센터가 수직적인 구조를 가지고 있었지만, 지방화 이후 도농업기술원과 시군농업기술센터는 지자체 통제에 놓이면서 농촌진흥청-도농업기술원-시군농업기술센터로 이어지는 연결고리는 거의 단절되었다.
③ 상하 기관간 정보, 전문지식의 교류와 의사소통이 없는 상태에서 160여개 농업기술센터의 폐쇄적인 지도사업은 인력과 자원의 비효율적 활용의 발생과 함께 농촌지도서비스의 수준을 저하시키게 되었다.
④ 지역실정에 맞는 지도사업이 추진되고, 지방비 확보도 상대적으로 용이하게 되었으며, 시군간 인사이동 없이 안정적으로 근무할 수 있게 되었다.
⑤ 시장, 군수의 의지에 따라 지도사업이 좌우되고, 행정업무 과다로 지도사업 본래의 역할 수행이 어렵게 되어 지도사업 본연의 업무가 퇴보하였다는 인식이 높았다.
⑥ 전국 농업기술센터 중 지역의 농업행정조직과 기능적으로 통합한 곳이 64개소에 이르며, 20개 농업기술센터에서는 지도업무가 농업행정조직으로 이관되었다(2012년).

31. 다음 중 농촌지도사의 지방직 전환 이후 나타난 경향으로 옳지 않은 것은?

① 국가 및 지역농업 발전 저해
② 유관기관간 연계의 강화
③ 농업행정과의 통폐합으로 위신 저하 및 예산 감소
④ 지도 조직 및 인력의 감소

정답 29. ① 30. ③

PART 03 농촌지도 조직

해설 지방화 이전의 농촌지도사업 추진체계는 중앙농촌진흥청, 지방 각 도농업기술원 및 시군의 농업기술센터가 수직적인 구조를 가지고 있었지만, 지방화 이후 도농업기술원과 시군농업기술센터는 지자체 통제에 놓이면서 농촌진흥청-도농업기술원-시군농업기술센터로 이어지는 연결고리는 거의 단절되었다.

32. 우리나라 농촌지도의 과제로 가장 거리가 먼 것은?

① 농촌주민의 경쟁력과 창의력을 개발해야 한다.
② 상업영농시대와 국제개방화시대에 알맞은 농촌지도체계를 확립해야 한다.
③ 자연 및 환경보존지도를 강화해야 한다.
④ 주체지향적, 상의하달적, 작목증산 중심으로 전개되어야 한다.

해설 우리나라 농촌지도의 과제
① 지금까지 농촌지도가 주체지향적, 상의하달적, 작목증산적이었다면, 앞으로는 객체지향적, 하의상달적, 대상자의 소득 증대와 삶의 질 향상 중심으로 전개되어야 한다.
② 농촌주민의 경쟁력과 창의력을 개발해야 한다.
③ 농촌주민을 농촌지도과정에 참여시켜야 한다.
④ 농촌지도 인력의 전문화가 필요하다.
⑤ 상업영농시대와 국제개방화시대에 알맞은 농촌지도체계를 확립해야 한다.
⑥ 자연 및 환경보존지도를 강화해야 한다.
⑦ 농촌지도기관은 학제적 접근으로 관련기관과 적극적으로 협동하여 사업을 추진해야 한다.

33. 농업경영지도의 개념과 제시한 학자의 연결이 올바르지 않은 것은?

① 윌리암스(Williams): 농업경영지도를 생산경제학의 범주로 생각하고 생산경제학의 배경을 농업경영지도의 출발점으로 보았다.
② 분(Boone): 농업경영지도는 농가의 사회문화적 배경과 환경을 반영하여 지도사업을 전개해야 한다고 보았다.
③ 버기(Buggie): 농장경영은 투입재와 산출물의 관계 하에서 농장의 현실적 목표와 환경적 여건을 반영하여야 한다고 보고 경영지도를 경영의 실질적 수행에 바탕을 두려 하였다.
④ 맥칼럼, 번스, 포터(MacCallum, Burns, Potter): 농업경영지도를 경영기술과 경제정보를 개발하고 이를 농가 경영개선을 위한 조언으로 보았다.

해설 학자별 농업경영지도의 개념
① 윌리암스(Williams): 농업경영지도를 생산경제학의 범주로 생각하고 생산경제학의 배경을 농업경영지도의 출발점으로 보았다.
② 맥칼럼, 번스, 포터(MacCallum, Burns, Potter): 농업경영지도를 경영기술과 경제정보를 개발하고 이를 농가 경영개선을 위한 조언으로 보았다.
③ 버기(Buggie): 농장경영은 투입재와 산출물의 관계 하에서 농장의 현실적 목표와 환경적 여건을 반영하여야 한다고 보고 경영지도를 경영의 실질적 수행에 바탕을 두려 하였다.

④ 분(Boone): 농업경영지도의 역할은 학습과정에서 농민의 독립적인 의사결정을 도와 사업수행을 효과적으로 하는데 있다. 경영자가 스스로 과제를 해결할 수 있도록 관련된 지식을 소개해 주는 것을 주된 과제로 보고 있다.
⑤ 자일스(Giles): 농업경영지도는 농가의 사회문화적 배경과 환경을 반영하여 지도사업을 전개해야 한다고 보았다.

34. 버기(Buggie)가 제시한 성공적인 농업경영지도를 위하여 강조할 점과 거리가 먼 것은?

① 국가본위
② 다문화적 접근
③ 전체적 접근
④ 인간요소

해설 성공적인 농업경영지도를 위하여 강조할 점: 버기(Buggie)
① 다문화적 접근: 농업경영지도는 여러 사회과학 학문에서 도움을 구해야 한다.
② 전체적 접근: 단순한 생물학과 경제학 등 자료의 접합보다는 종합적이고 체계적인 접근이 필요하다고 본다.
③ 고객본위: 농업경영지도의 내용이 학습자의 성격에 따라 구성되어져야 하며 농업경영과 경영기법 등이 농민들의 학습과 의사결정과정에 연관되어야 한다고 본다.
④ 인간요소: 농업경영지도는 인간과 기술의 상호관계, 구성원간의 상호관계 및 농정의 인적 체계를 포함하여야 한다.

35. 다음 중 전략적 의사결정과 가장 거리가 먼 것은?

① 전략적 의사결정의 책임과 집행 소재가 고위간부층에 있다.
② 통상 경영자의 직접 통제하에 있지 않은 조직 외부의 정보를 필요로 한다.
③ 중기성의 사업목표를 효과적으로 달성하기 위한 것이다.
④ 경영조직에 필요한 자원을 어떻게 조달할 것인가 하는 것이다.

해설 전략적 의사결정
㉠ 장기적이고 포괄적인 경영 전반에 관한 계획과 정책결정이다.
㉡ 경영조직에 필요한 자원을 어떻게 조달할 것인가 하는 것이다.
㉢ 통상 경영자의 직접 통제하에 있지 않은 조직 외부의 정보를 필요로 한다.
㉣ 전략적 의사결정의 책임과 집행 소재가 고위간부층에 있다.
㉤ 고위간부회의, 해외진출전략, 다각화 전략 등이 있다.

36. 농업경영에서의 의사결정의 유형에 대한 설명 중 옳지 않은 것은?

① 비정형적 문제의 의사결정에 필요한 지원은 인간의 판단능력이다.
② 정형적 문제의 전략적 결정은 업종의 선택이다.
③ 전술적 결정의 의사결정은 중간간부층이 한다.
④ 전략적 결정의 의사결정은 하위관리층에서 한다.

PART 03 농촌지도 조직

해설 경영에서의 의사결정의 유형

문제의 유형에 따른 분류	의사결정의 범위에 따른 분류			의사결정에 필요한 지원
	전략적 결정	전술적 결정	운영방법적 결정	
의사결정체계	고위간부층	중간간부층	하위관리층	
비정형적 (비구조적)	기업구조의 재편성	책임소재 결정	일손고용, 시간짜기	인간의 판단능력
반정형적 (반구조적)	기업의 확장	생산목표 결정	농가채무, 구조 재편성	의사결정시스템
정형적 (구조적)	업종의 선택	최소비용, 자원구성	재고정리, 사료배합, 장부와 기록작성	사무적

37. 농업경영에서의 의사결정의 유형 중 구조적인 문제의 유형이 아닌 것은?

① 재고정리
② 사료배합
③ 업종의 선택
④ 생산목표 결정

38. 존슨, 홀터(Johson, Halter)가 제시한 영농에서 농민이 직면하는 경영과정으로 옳은 것은?

① 과제의 정의 → 관측 → 분석 → 의사결정 → 사업수행 → 책임
② 과제의 정의 → 관측 → 분석 → 사업수행 → 의사결정 → 책임
③ 과제의 정의 → 관측 → 의사결정 → 분석 → 사업수행 → 책임
④ 과제의 정의 → 분석 → 관측 → 의사결정 → 사업수행 → 책임

해설 영농에서 농민이 직면하는 경영과정: 존슨, 홀터(Johson, Halter)
과제의 정의 → 관측 → 분석 → 의사결정 → 사업수행 → 책임

39. 경영분석 중 상황분석에 대한 설명으로 옳지 않은 것은?

① 경영의사 결정은 경영자의 입장에서 과제를 파악하는 것에서 시작하며, 경영지도활동은 농가의 경영조건을 파악하는 것에서 시작된다.
② 경영지도사는 농장의 수행기준치와 농장현황의 차이에 따라 과제를 설정하고 농장경영의 개선에 관한 결정을 내려야 하는데 이러한 과제분석을 포함하고 있다.
③ 적절히 계획된 기본적인 재무자료와 생산기록을 포함하는 기록체계도 경영분석을 위하여 반드시 필요하다.
④ 일정 시점에 농장 현황에 관한 자료를 제시하는 것(농가의 경영조건 파악)으로, 농장의 과제와 환경 및 성격을 파악한다.

CHAPTER 01 한국의 농촌지도 조직

해설 ②는 진단분석에 대한 설명이다.
　*경영분석: 상황분석
　① 경영의사 결정은 경영자의 입장에서 과제를 파악하는 것에서 시작하며, 경영지도활동은 농가의 경영조건을 파악하는 것에서 시작된다.
　② 상황분석은 실험실 혹은 인위적으로 설정된 상황에서가 아닌 자연적인 상황에서 볼 수 있는 행동을 분석하는 것이다.
　③ 일정 시점에 농장 현황에 관한 자료를 제시하는 것(농가의 경영조건 파악)으로, 농장의 과제와 환경 및 성격을 파악한다.
　④ 상황정보는 농장의 과제와 환경, 성격을 파악하여 주는 중요한 정보로서 상황정보를 파악하지 않고는 경영과정이 성립할 수 없고 경영지도로 농가에 도움을 줄 수도 없다.
　⑤ 특정 농가에 대한 상황분석은 농가가 처한 여러 가지 상황, 즉 농가의 유형 및 위치, 역사, 조직, 구성원, 물리적 자원, 작목구성, 생산정보, 재정, 경영자의 성격 등에 관한 정보를 판단하여 정보를 산출한다.
　⑥ 외부적 환경인 제도, 법률, 무역, 교육, 기술, 기상 등에 관한 상황분석도 중요하다.
　⑦ 적절히 계획된 기본적인 재무자료와 생산기록을 포함하는 기록체계도 경영분석을 위하여 반드시 필요하다.

40. 농업경영자의 의사결정을 돕는 농업경영지도 분석의 범주에 속하지 않는 것은?

① 상황분석
② 진단분석
③ 예측분석
④ 평가분석

해설 농업경영지도 분석: 상황분석, 진단분석, 예측분석, 처방분석

41. 농장의 현재 상태에 관한 자료를 제시하는 분석은?

① 상황분석
② 진단분석
③ 예측분석
④ 처방분석

42. 농장의 현황과 농장의 장단기 목표를 비교, 분석하여 농장의 장단기 과제를 파악하는 분석은?

① 상황분석
② 진단분석
③ 예측분석
④ 처방분석

정답 39. ② 40. ④ 41. ①

해설 진단분석
① 진단분석은 농장의 현황과 농장의 장단기 목표를 비교, 분석하여 농장의 장단기 과제를 파악하는 것이다.
  ㉠ 농장의 장단기 목표는 일정기간 동안 경영성적으로 분석(경향분석) 또는 같은 기간의 다른 농장의 경영성적과 비교(비교분석)하여 농업경영의 성적을 나타내는 가치화한 수행지표로 나타낸다.
  ㉡ 상황정보만으로는 농장의 과제를 파악할 수 없고 상황분석에 의해 파악된 농장현황을 농업경영의 수행도로 나타내는 가치나 기준치들과 비교하였을 때 과제가 파악될 수 있다.
  ㉢ 경영지도사는 농장의 수행기준치와 농장현황의 차이에 따라 과제를 설정하고 농장경영의 개선에 관한 결정을 내려야 하는데 이러한 과제분석을 포함하고 있다.
② 농장경영에 있어서의 가치
  ㉠ 가족에 대한 가치: 계층적 배경, 종교적 믿음, 사회적 가치체계 등에 영향을 받는다.
  ㉡ 기업에 대한 가치: 경영의 경험과 지식, 사업형태, 사업동기, 농장의 환경과 배경에 따라 서로 다른 가족가치와 사업가치 등에 영향을 받는다.
  ㉢ 지역사회에 대한 가치: 서로 다른 가족가치와 사업가치, 제도적 가치들이 어떤 공통분모를 가지는 의사법칙 등에 영향을 받는다.
  ㉣ 경영에 있어서 가치는 경영자가 가지고 있는 좋고 나쁨의 개념을 의미한다.
③ 기록과 자료정리
  ㉠ 자료를 전환시켜 의사결정을 위한 유용한 정보를 만드는 것이다.
    ⓐ 후진국에서는 차트, 그래프, 다이어그램 등의 시각자료를 많이 사용한다.
    ⓑ 선진국에서는 표, 매트릭스, 인과가지, 인과지도 등 복잡한 방법을 사용한다.
  ㉡ 자료정리 과정이 끝난 정보는 업무분석, 농장환경분석, 회계분석, 수익성 분석, 비교분석, 효율성 분석, 생산성 분석, 시차분석 등에 사용한다.

43. 농업경영지도에 컴퓨터 도입의 문제점으로 보기 어려운 것은?

① 지도사가 새로운 프로그램의 사용에 필요한 지식을 가져야 하고, 이에 따른 노력과 시간이 필요하다.
② 대부분 농민은 프로그램의 복잡성, 시간부족을 이유로 컴퓨터 사용을 주저하고 있다.
③ 지도사들이 컴퓨터 활용으로 보다 농장경영의 인적 요소에 시간을 할애할 수 있게 되었다.
④ 농장관리용 프로그램을 교육시키기 위한 노력이 먼저 이루어져야 한다.

해설 농업경영지도의 컴퓨터 도입의 문제점
㉠ 지도사가 새로운 프로그램의 사용에 필요한 지식을 가져야 하고, 이에 따른 노력과 시간이 필요하다.
㉡ 농민들이 농장관리에 컴퓨터 활용의 유용성을 인식하기까지 많은 시간이 필요하다.
㉢ 대부분 농민은 프로그램의 복잡성, 시간부족을 이유로 컴퓨터 사용을 주저하고 있다.
㉣ 농장관리용 프로그램을 교육시키기 위한 노력이 먼저 이루어져야 한다.

44. 농가구조의 양극화 극복방안으로 가장 거리가 먼 것은?

① 농가의 농업경영 이론들을 농장에 활용하여 소득과 생활수준의 향상을 지도하여야 한다.
② 소농의 경우 소농에 맞춤형 지도가 필요하고, 이에 관한 전문가가 지도하여야 한다.
③ 농업금융, 농장설계, 경영분석, 위기관리 등 농가에 필요한 정보를 제공하여야 한다.
④ 대농은 작목전환이나 기술습득 등에 어려움이 있으므로 노동, 토지, 자본 등에 최대한 이윤을 얻을 수 있도록 지도하여야 한다.

해설 농가구조의 양극화 극복방안
  ㉠ 기업예산법, 장기경영설계 등의 교육으로 농가의 농업경영 이론들을 농장에 활용하여 소득과 생활수준의 향상을 지도하여야 한다.
  ㉡ 농업금융, 농장설계, 경영분석, 위기관리 등 농가에 필요한 정보를 제공하여야 한다.
  ㉢ 소농의 경우 소농에 맞춤형 지도가 필요하고, 이에 관한 전문가가 지도하여야 한다.
  ㉣ 소농은 작목전환이나 기술습득 등에 어려움이 있으므로 노동, 토지, 자본 등에 최대한 이윤을 얻을 수 있도록 지도하여야 한다.

CHAPTER 02 외국의 농촌지도 조직

1 미국의 농촌지도

① 농촌지도 발달 및 특징

(1) 미국 농촌지도의 발달

1843	순회농업교사 활용(미국 뉴욕주 농업협회)
1847	아일랜드의 농업서비스 사업(농촌지도사업의 최초 형태)
1862	미국 모릴법 제정: 주립대학 설립, 미국 농무부 창설
1863	농민학원 개설
1873	확장교육 실시(영국 케임브리지 대학)
1874	차우타우콰 운동 시작(영국 확장교육에 영향 받음)
1886	농지전시사업 실시(Knapp)
1887	해치법 제정: 농업시험장 설립
1890	대학확장교육협의회 창립
1899	이동식 학교 운동(movable school)
1900	생활개선사업 실시, 청소년지도사업 실시
1914	스미스-레버법 제정: 농촌지도사업 법적 지위, 협동적 농촌지도사업

1) 미국 농촌지도의 역사적 배경

① 유럽 최초의 농촌지도사업

㉠ 1847년 아일랜드에서 실시된 농업서비스 사업이 유럽 최초의 농촌지도사업이다.

㉡ 당시 감자 기근이 심각한 농가와 지역을 순회하며 교육사업을 수행하였다.

② 1873년 현대적 농촌지도(extension)는 영국 케임브리지대학에서 일반 시민을 대상으로 한 교육사업에서 유래되었다.

2) 순회농업교사 활용

① 미국 농촌지도사업의 최초 형태이다.

② 1843년 뉴욕주 의회 농업위원회에서 주 농업협회(Agricultural Society)가 순회교사를 초빙

하여 주 전체를 순회하면서 농업지식, 기술을 강의할 수 있도록 법제화하였다. 이는 미국 최초로 농업교사들을 채용하여 순회지도를 실시한 것이다.

③ 1845년 오하이오주 농업협회도 순회교사를 채용하였고, 지역사회마다 한 달에 한 번씩 주민회의를 소집하여 강의를 듣고 결과를 보고하였다.

3) 모릴(Morrill)법 제정(1862년)

① 1862년 모릴법은 농업, 공업분야의 숙련기술자 육성을 목표로 제정되었다.
② 농업과 공업을 가르치는 대학을 각 주에 하나 이상 설립하고 정부가 대학에 국유지를 제공하였다.
③ 미국 산업인력을 양성하는 주립대학이 설립되었다.
④ 초창기 교육환경은 교외 농장에서 동식물에 대한 학습 또는 교수가 농장에서 직접 실험한 결과를 학생들에게 가르치는 수준이었다.

4) 농민학원(Farmer's Institutes) 개설(1863년)

① 메사추세츠주 암허스트(Amherst) 대학의 히트콕(Hitcock) 총장이 농민학원의 설립 필요성을 제기하였다.
② 농민학원은 주 농업위원회(the State Board of Agriculture)에 의해 1863년 메사추세츠주 스프링필드(Springfield)에 처음 설립되었고, 1899년까지 3개 주를 제외한 모든 주에 설립되었다.
③ 농민학원은 농민, 농가주부, 청소년을 대상으로 2~3일 동안 농업과 가정에 관한 주요 주제를 토의하는 지역농민의 개별집회였으며, 농촌지도사업이 정식으로 발족되기 이전에 여러 곳에 결성되어 농촌지도사업을 대행하였다.
④ 워싱턴은 농민학교에서 미국 농촌의 흑인을 대상으로 농촌지도사업을 실시하였다.
⑤ 1899년 카버(Carver)는 이동식 학교를 설립하였다.
⑥ 1890년대부터 20세기 초 농민학원을 통해 대학의 교육적 기능을 확대하였다.

5) 차우타우콰(Chautauqua) 운동

① 뉴욕주 차우타우콰 호숫가에서 1874년부터 여름철 10일 동안 다양한 주제로 강의, 토의를 중심으로 하면서 오락과 휴식도 겸하는 모임으로 시작하여 활동이 확대되어 정기집회 외에도 독서모임, 통신강의도 하였다.
② 코넬(Cornell)대학은 지역 포도 재배 농업인의 문제를 해결하기 위해 농업시험장에서 포도재배 연구와 지도를 위한 정보 제공용 유인물을 발간하고, 단기 강좌를 개설, 독서회뿐만 아니라 강사의 현장지도를 실시하였다.

6) 대학확장교육협회(American Society for the Extension of University Teaching)

① 코넬대학의 사례가 전국으로 확산되어 1890년 대학확장교육협회가 창립되었다.
② 1891년 뉴욕주립대학이 처음 대학확장교육을 대학의 공식사업으로 인정하고 예산을 투자하였으며, 후에 1892년 시카고대학, 위스콘신대학으로 확산되었다.

7) 농사전시사업(1886년)

① 냅(Knapp)에 의해 실시된 농사전시사업은 1886년 루이지애나에 거주하는 원주민과 이주민이 농사법에 관심이 없자 지도급 농부 몇 명을 선정하여 집중지도하고, 그 결과를 이웃 주민에게 보여줌으로써 새 농사법을 보급시켰다.

② 텍사스(Texas)의 목화농장에 병충해가 심해 농무부 곤충과에서 연구한 구제법을 전시포를 통해 농민들이 직접 볼 수 있게 하였다.

③ 청소년 옥수수 단체를 조직하고, 전시활동을 하게 하여 성인의 농업기술 수용에 영향을 주었다.

④ 냅의 농사전시법의 원리는 농민들에게 가장 먼저 실증한 사례이다.

8) 해치(Hatch)법 제정(1887년)

① 농업교육을 위한 연구와 실험의 필요성이 강조되면서 제정하게 되었다.

② 각 주 주립대학에 소속된 농업시험장(Agricultural Experiment Station)이 설립되었으며, 대학생 외에 농민학원의 농민에게도 보급되었다.

9) 청소년 지도사업

① 1900년대 공립학교에서 베일리(Baley), 그라함(Graham), 오트웰(Otwell), 냅(Knapp) 등에 의해 청소년을 대상으로 한 농업지도사업이 시작되었다.

② 베일리(Baley): 농촌학교에서 자연학습을 확대하기 위해 노력하였다.

③ 그라함(Graham): 교실 밖 학습에 대한 아이디어를 제시하고, 도시학교의 청소년을 위한 직업교육 모형을 개발하였으며, 농촌 청소년을 위한 농업 및 가정관리와 같은 교육에 관심을 가졌다.

④ 오트웰(Otwell): 농촌 청소년을 대상으로 한 옥수수 기르기 경연 등을 통해 농촌 청소년들에게 농업교육을 실시하였다.

⑤ 벤슨(Benson)의 4-H 사업은 1915년 전국 47개 주에 4-H 단체가 조직되었다.

⑥ 생활개선사업도 1900년대 코넬대학에서 시작되어 1914년 미국 대부분 지역에서 생활개선활동이 전개되었다.

10) 스미스-레버(Smith-Lever)법 제정(1914년)

① 현대적 미국 농촌지도사업의 가장 핵심적인 근거법이다.

② 1906년 미국 농과대학과 농촌지도위원회는 농업인을 위한 정보 제공과 교육에 대한 재정 지원과 기구의 설립을 위한 연방정부에 제도적 지원을 제안하여 1914년에 제정되었다.

③ 각 주립대학은 주요 기능의 하나로 협동적 농촌지도사업(CES)을 전개하였으며, 연방정부, 주정부에서 재정적 보조를 받게 되었다.

④ 군단위에서 농촌지도사업을 전개할 농촌지도사를 채용하게 되었다.

⑤ 스미스-레버법은 기존에 대학, 농무성, 기타 각종 정부기관에서 중복적으로 수행해오던 농촌지도사업을 해소하기 위해 농촌지도사업 주체의 책무에 대한 양해각서를 작성하였다.

⑥ 스미스-레버법
　㉠ 의의
　　ⓐ 이 법에 의하여 각 주립대학은 농촌지도사업을 전개하게 되었으며, 재정보조를 연방정부와 주정부로부터 받게 되었고, 군단위 농촌지도사업을 전개할 농촌지도사를 채용할 수 있게 되었다.
　　ⓑ 이 법은 미국 농촌지도사업을 법적으로 보장하였으며, 미국뿐만 아니라 세계 각 국의 농업발전을 위한 농촌지도사업 성장에 크게 기여하였다.
　㉡ 농촌지도사업의 범위
　　ⓐ 주립대학에 다니지 않는 모든 시민을 대상으로 하며, 나이, 성별, 종족, 직업의 제한을 받지 않는다.
　　ⓑ 지도 내용의 범위는 실질적으로 제한을 둘 수 없으며, 농업가정과 그에 관련된 분야의 교육을 하는 것이다.
　㉢ 특징
　　ⓐ 협동적 성격
　　　• 지도사업은 연방농무성의 지원으로 주립대학에서 실시하였다.
　　　• 연방농무성 장관과 주립대학이 상호 동의한 계획에 의해 수행된다.
　　ⓑ 교육적 성격
　　　• 지도사업은 주립대학이 가진 교수, 연구, 지도의 기능 중 하나이다.
　　　• 지도사업이 가르침을 주는 활동으로 구성되어야 한다.
　　ⓒ 전시법 강조
　　　• 지도사업은 실용적인 전시법을 활용하여야 한다.
　　　• 지도사업은 전시법을 통하여 정보를 전달하여야 한다.
　㉣ 지도사업의 예산
　　ⓐ 지도사업의 예산은 농촌 및 농업인구에 비례하여 할당한다.
　　ⓑ 예산은 건물의 구입, 신축, 수리, 토지 구입, 임대, 대학교육 등 본 법에 명시하지 않는 다른 지도사업 목적으로 사용될 수 없다.

(2) 협동적 농촌지도사업(Cooperative Extension System; CES)

1) 의의
① 공적인 재원을 바탕으로 농무성(USDA)-주립대학-지역행정조직 단위로 교육과 연구를 연계한 비형식적 교육활동이다.

② 연계 및 협조하는 파트너(3조직)
　㉠ **연방정부 파트너**: 미국 농무성의 협동연구교육지도청(Cooperative State Research, Education and Extension Service; CSREES), 2009년 CSREES는 NIFA(National Institute of Food and Agriculture; 국립식량농업연구소)로 개명되었다.
　㉡ **주정부 파트너**: 주립대학에서 수행하는 협동적 농촌지도사업
　㉢ **지역 파트너**: 지방 행정기관 또는 지역 농촌지도 프로그램 관장기관
③ 확장
　㉠ 농무부와 주립대학이 학교가 아닌 곳에서 민간인에게 지식과 자원을 확대하는 역할의 수행으로 파트너를 확대시키는 것이다.
　㉡ 프로그램은 지역사회와 가정에서 지역 고객들의 요구와 문제점, 이슈들을 반영하는 것이다.

2) 시스템
① 연구기관이 대학에서 연방-주-지역의 전문가들이 실제하고, 편향되지 않은 정보를 주민에게 제공하는 국가적 차원의 교육체계를 말한다.
② 비학점제 교육을 통해 제공되는 정보는 지역 주민의 일상에서의 문제점들을 진단, 해결하는 데 도움이 되도록 대학에서 제공하는 서비스이다.

3) 시버스(Seevers)가 제시한 미국 협동적 농촌지도사업 특징
① 농촌지도는 법률에 의해 정부기관에서 시행한다.
② 농촌지도는 연방-주-지역 정부간의 협력관계이다.
③ 농촌지도에서 연구와 지도조직은 동등한 파트너이다.
④ 정보의 제공은 연구에 기반하여야 한다.
⑤ 고객의 참여는 순수하게 자발적이다.
⑥ 고객에게 기술적 서비스를 제공한다.
⑦ 농촌지도는 헌신적이다.
⑧ 농촌지도요원이 매우 중요하며, 그 누구에게도 편향되지 않은 서비스를 제공한다.
⑨ 농촌지도의 현장은 주로 농업, 가정 경제 관련 영역이다.
⑩ 농촌지도프로그램은 농업인과 지역사회의 요구에 기반하고 있다.
⑪ 교육 프로그램은 계획-집행-평가에 자원지도자의 참여가 중요하다.
⑫ 농촌지도 프로그램은 유연하면서도 가치가 있다.
⑬ 농촌지도는 교육기관들의 보편적인 미션과는 매우 다른 교육기관이다.

(3) 미국 농촌지도 특징

1) 특징

① 농촌지도가 대학 중심으로 대학이 농촌주민들을 직접교육하고 있어서 새로이 연구 개발된 혁신사항이 신속하게 전달된다.
② 농촌지도사업에 행정적 권위가 개입되지 않고, 교육적 특성과 민주적 특성이 그대로 유지되는 농촌지도기구를 가지고 있다.
③ 농촌지도사의 대상 지역을 농촌지역에 한정하지 않고, 도시지역의 성인과 청소년까지도 포함하고 있으며, 특히 도시지역의 소외집단과 소수 종족집단의 생활향상 지도에 중요한 역할을 담당한다.
④ 농촌지도의 계획-실행-평가에 농촌지도사 외에 농민대표, 관계기관 대표 등이 참여하고 있다.
⑤ 농촌지도 대상자가 지도사업 계획에 참여함으로 그들의 필요와 문제점을 반영할 수 있다.

2) 미국 농촌지도의 구분

① 농업 및 연관기업에 대한 지도
   ㉠ 농업생산지도, 임업생산 및 시장지도, 토양 및 수자원 보호, 농산물시장과 가공 및 유통지도로 구분된다.
   ㉡ 농업생산지도는 약화되고 가공, 유통, 시장에 대한 지도가 강화되는 추세이다.

② 농업인의 사회경제적 발전을 위한 지도
   ㉠ 지역사회자원 개발지도, 공공사업교육, 자연자원 개발지도, 저소득 농가지도로 구분된다.
   ㉡ 저소득 농가지도는 1966년까지는 시행되지 않다가 1977년 점차 영역이 확대, 강화되어 사회경제적 발전을 위한 지도의 40%를 차지하게 되었다.
   ㉢ 지역사회 개발지도는 민주주의적 시민성을 가지고 능동적 참여를 조장하고, 경제, 사회, 문화, 교육, 보건 기구를 적절하게 이용할 수 있는 능력의 개발을 의미한다.
   ㉣ 공공사업 교육은 지역사회 공공 문제를 인식하고 분석하며 그 문제를 해결하는 지도를 의미한다.

③ 농촌주민 생활의 질 개선지도
   ㉠ 가정생활 개선, 농촌 청소년 지도, 합리적 의사결정 지도, 인간관계 조성 지도, 지역사회 봉사의 활용과 참여지도, 사회경제적 지위 향상 지도 등으로 구분된다.
   ㉡ 생활의 질적 개선지도의 대상은 주로 중산층 이상 농촌가정이었으나 1970년대 이후 도시를 포함한 농촌의 경제, 사회, 소수집단의 가정을 지도 대상으로 삼았다.

④ 국제농촌지도: 개발도상국을 대상으로 식량이나 경제원조보다 기술과 정보를 제공하기 위해 농촌지도와 관련된 인쇄물 보급, 전문가 파견, 외국훈련생 교육 등을 하는 사업이다.

② 미국 농촌지도 조직

(1) 지도체계

1) 협동지도사업(Cooperative Extension Work)
① 미국은 농촌지도사업을 협동적 농촌지도사업으로 말한다.
② 농촌지도사업이 주립농과대학, NIFA(National Institute of Food and Agriculture; 국립식품농업연구소) 연방정부사업과 주 중심 협동지도사업, 농민단체의 상호 협동을 통해 전개된다.
③ 지도사업을 각 주의 주립대학교 농과대학에서 주관하고 시행한다.
④ 계획 수립에 민간인 참여가 활성화되어 있어 민주적 특성이 잘 나타나고 있다.
⑤ 각 주와 군(county) 수준에서 농촌지도사업에 관계되는 민간인들로 자문위원회(advisory council)를 만들어 농촌지도의 계획, 전개, 평가에 적극 참여시키고 있다.
⑥ 지도사업의 주요 방향은 각 주가 연방농무부와 합의하여 설정한다.

2) 농촌지도 조직
① 미국은 농과대학 내 농촌지도국을 설치하여 농촌지도를 전담하고 있다.
② 국장과 지도국 간부는 대학교수로 임명되며, 그들이 주의 농촌지도를 계획하고 관장한다.
③ 시군 단위 지도사업은 주립대학이 NIFA와 협력하여 수행하며 주립대학 내 주정부의 지도국이 설치되어 있다.

3) 지도인력
① 최고관리자(director/assistant director), 관리자(supervisor), 지도행정가(administrative support), 전문지도사(specialist), 시군 단위 지도사(county agent/advisor/educators)로 구성되어 있다.
② 주립 농과대학 전문지도사는 대부분 박사급의 교수들로 교육, 연구, 지도업무 간의 일정 비율을 정하여 겸직하고, 매년 심사로 비율을 조정한다.

4) 농촌지도 예산
① 주 차원의 농촌지도가 활성화되어 있으나 농촌지도 예산의 1/5 정도는 연방농무부에서 지원한다.
② 연방정부에서 주정부로 배정되는 예산은 총인구수, 농업인수, 농업생산의 규모에 따라 주별로 차등 배분한다.
③ 지도사업의 주요 방향설정에 있어 각 주가 연방 농무부와 합의하여 설정하며, 각 주의 농촌지도계획은 연방농무부의 승인을 받아야 한다.
④ 2010년 기준 농촌지도 예산은 연방정부(21.2%), 주정부(48.4%), 군 단위(22.9%), 기타(7.5%)이다.

(2) 농촌지도 기관

1) 미국 농무부(United States Department of Agriculture; USDA)

① 자연자원 및 환경지원국(Natural Resources and Environment; NRE)
  ㉠ 국가 사유지 보존과 자연자원의 지속가능한 사용 증진, 국가 산림과 초원에 대한 공공수요 서비스와 재화 생산을 담당한다.
  ㉡ 교육, 기술, 금융지원을 통해 사유지에 있는 자연자원 보존 활동을 수행한다.
  ㉢ 여가나 기타 재화, 서비스 공급에 대한 국민의 요구에 부응한다.

② 농가 및 해외농업 지원국(Farm and Foreign Agricultural Service; FFAS)
  ㉠ 품목별 지원, 소득지지, 수출 진흥, 농가 신용, 위험 관리 등 각종 계획을 통해 농민들이 경제 및 무역기회를 확대할 수 있는 소득 안전망을 제공한다.
  ㉡ 소속기관으로 농업지원청, 해외농업국, 위험관리청 등이 있다.

③ 농촌개발국(Rural Development; RD)
  ㉠ 농촌주민, 사업자, 민간-공공기관에 재정적 지원과 기술을 지원하고 제공한다.
  ㉡ 농민 개개인, 지역사회 농업경영체를 대상으로 금융과 기술지원을 통해 쾌적한 주거환경 제공, 농업경영체 및 공공시설 구축, 현대식 수리시설 개발, 전기 및 통신서비스 설치 등을 지원한다.
  ㉢ 직접융자, 보증 대출, 보조금, 기술지원 및 기타 지불금 등의 형태로 금융을 지원한다.

④ 식량, 영양, 소비자 지원국(Food, Nutrition and Consumer Service; FNCS)
  ㉠ 저소득 계층에 대한 지원을 확대하고, 적절한 영양과 운동을 촉구해 미국인의 영양 수준을 개선하는 업무를 담당한다.
  ㉡ 미국 내 식료 지원, 아동급식 지원, 여성, 유아, 아동을 위한 영양공급을 보조한다.
  ㉢ 지속적으로 보충영양지원프로그램(SNAP)이 적합한 지원자에게 제공될 수 있도록 할 것이며, 고령층에게도 혜택을 확대해 운영한다.

⑤ 식품안전국(Food Safety; FS)
  ㉠ 미국 내 육류, 가금류, 가공 계란 제품이 안전하고, 위생적이며, 적절한 표시제와 포장으로 공급될 수 있도록 보장한다.
  ㉡ 식품 안전 분야는 식품안전검사국(FSIS)의 활동을 포함하고 있으며, 식품안전검사국은 살모넬라 감염 감소 노력 등 다양한 활동을 통해 공공보건 향상을 추진한다.
  ㉢ 국제식품규격위원회의 업무 중 하나인 국제 식품안전성기준 개발을 지원한다.
  ㉣ 식품 유래 질병을 예방해 식품의 안전성을 확보하기 위하여 식품위해요소중점관리기준(HACCP)에 대한 규정의 제정으로 병원균 발생빈도를 감소시킨다.
  ㉤ 위험성 병원균에 대한 식품기인성 질병을 감소시키기 위한 역할 및 소비자들에게 안전한 식품 처리 방법에 대한 공공교육을 진행한다.

⑥ 연구, 교육 및 경제 지원국(Research, Education Economics; REE): 농산물 및 식품연구, 경제 분석, 통계, 지도사업, 고등교육 등과 관련하여 생물과학, 물리과학, 사회과학에 이르는 다양한 정보를 구축하고 보급하여 환경친화적 지속가능한 영농기법을 확대한다.
⑦ 마케팅 및 규제 계획국(Marketing and Regulatory Programs; MRP)
　㉠ 미국 농산물의 국내외 유통을 확장하고, 동식물의 건강과 후생을 보호하는 업무를 수행한다.
　㉡ 농산물의 검역 활동이나 외래 동식물, 병충해 및 질병 유입에 대한 예방활동을 한다.
　㉢ 농산물 생산자의 무역기회 확대, 유통 및 판매체계의 효율성을 증진하는 업무를 한다.

2) 농업연구청(Agricultural Research Service; ARS)
① 특징
　㉠ 미국 농업 문제 해결을 목적으로 설립된 미국 농무부 산하기관이다.
　㉡ 농업문제를 해결하기 위한 연구 및 정보 제공 등에 중점을 두어 농업연구와 정보를 통한 국가 선진미래선도와 농업정책 지원을 위한 기술개발과 연구역할을 한다.
　㉢ 세계 최대 생물자원(식물, 미생물, 동물)을 유지와 보존 및 대학 및 민간연구원에 분양을 지원하는 등 생명공학 연구를 지원한다.
　㉣ 다양한 분야별 전문가가 각자의 연구영역을 유지, 발전시키고 있어 새로운 첨단기술 개발에 대한 요구가 발생할 경우, 대학, 민간연구소 연구원과 공동연구를 수행하는 시스템을 갖추고 있다.
　㉤ 23개 국가전략 프로그램을 선정하여 지속적, 체계적 국가주도의 농업연구를 추진한다.
　㉥ 미국 농무부로부터 인사, 예산에 대한 자율권을 보장받으며, 대부분 예산은 자율집행 예산으로 구성되어 있다.
② 연구와 활동 분야
　㉠ ARS는 4대 연구분야 17개 국가전략 연구 프로그램으로 기획되고 관리된다.
　　ⓐ ARS의 4대 연구분야: 영양과 식품안전성 및 품질, 가축생산 및 보호, 자연자원 및 지속농업 시스템, 작물 생산보호
　　ⓑ 4대 연구분야에 따른 17개 국가전략 연구 프로그램 구성
　　　• 영양, 식품안전성, 품질: 인체 영양, 농축산물 안전성, 농산물 품질 및 이용
　　　• 가축생산 및 보호: 가축생산, 가축건강, 수산양식, 수의와 의학 및 도시 곤충
　　　• 작물생산 및 보호: 식물병, 작물보호 및 검역, 작물생산, 유전자원과 유전체 및 유전적 개량
　　　• 자연자원 및 지속농업시스템: 수자원관리, 바이오에너지, 농산업 부산물 활용, 기후변화와 토양 및 온실가스, 목초지 관리, 농업시스템 경쟁력 및 지속성
　㉡ 활동분야
　　ⓐ 국가 농업 프로그램 분석
　　ⓑ 특정작목의 경쟁력 강화
　　ⓒ 농업정책관련 정보수집 및 자료분석

ⓓ 기후변화 대응, 식량 안정생산 등 공동관심 분야에 대한 국제공동연구과제 개발
ⓔ 농산물의 수량증대, 친환경적인 농업기술 개발 및 생산성 향상 기술 개발

③ 역할 및 기능
㉠ 국가 프로그램은 미국의 농업과 식품의 질에 영향을 미치는 농업 관련 문제의 조사와 해결, 국가의 과학적 지식 확장에 관여한다.
㉡ ARS 산하에는 국제연구프로그램 조정부, 기술이전부, 정보지원부, 과학적 품질평가부, 봉사와 인종 및 기회균등 지원부 등이 있다.
  ⓐ 국제연구프로그램 조정부: 연구 결과물과 권고사항에 관한 보고서 작성, 관련 정보 공지, 국제 연구에 관한 업무를 수행한다.
  ⓑ 기술이전부: 연구와 시장을 연결시켜주는 업무를 수행한다.
  ⓒ 과학적 품질평가부: 동료심사, 정책 및 과정, 절차 관리에 관한 업무를 수행한다.
  ⓓ 봉사와 인종 및 기회균등 지원부: 시민의 권리 보호, 동등한 고용 기회 제공, 각 농업연구소의 혜택 균등 분배 등의 업무를 수행한다.

④ ARS 농업연구과제 수행의 주요 특징
㉠ 농업문제 해결을 위한 국가적 우선순위가 높은 공통의 목표를 추구한다.
㉡ 연구비 재원이 안정적이므로 장기적이고 위험도가 높은 고비용의 기반기술 개발을 위한 연구과제 수행이 가능하다.
㉢ 기초연구와 응용연구의 균형을 유지한다.
㉣ 연구과제는 USDA의 정책목표와 항상 일치한다.
㉤ 워크숍 등을 통해 의회, 농무부, 고객, 협력자, 이해당사자, 과학자 그룹 및 ARS 내 연구원의 의견을 수렴하여 연구과제를 선정하는 고객중심적 특성이 있다.

3) 국립식품농업연구소(National Institute of Food and Agriculture; NIFA)
① 설립
㉠ 기존의 협동연구교육지도청(CSREES)를 해체하고 대체기관으로 NIFA를 설립하였다. NIFA는 연구와 지도의 연계를 강화하기 위하여 CSRS(Cooperative State Research Service)와 ES(Education and Extension service)를 통합하여 설립한 CSREES를 계승하는 기관이다.
㉡ NIFA는 미국 농업을 더 생산적이고 환경적으로 지속가능한 연구, 기술혁신에 자금지원하고 촉진하기 위하여 식품, 자연, 에너지법(Food, Conservation and Energy Act; 미 농업법-Farm Bill)에 의거하여 2009년 농무부 내에 설립되었다.
㉢ NIFA는 미국 농무부의 연구, 교육, 경제(Research, Education and Economics; REE)를 담당하는 4개 기관 중 하나이다.

② NIFA 미션
㉠ 주립대학시스템(Land-grant University system)이나 다른 파트너 기구에 있는 REE 프로그램을 지원함으로써 농업, 환경, 인간건강, 웰빙, 지역사회를 위한 지식을 증진한다.

ⓒ NIFA는 실제로 REE를 수행하지 않으며, 주 단위 또는 소지역 단위로 REE를 자금 지원하며, 리더십 프로그램을 제공한다.
ⓒ NIFA는 NPL(National Program Leaders)을 조직하여 자금을 운용한다.
② 국가 프로그램 리더(National Program Leaders; NPL)
 ⓐ NIFA의 미션을 수행하기 위하여 권한을 부여받은 전문가 그룹
 ⓑ 역할
  • 정부가 요구한 미션과 관계된 문제나 기회, 이슈 등에 대하여 조력자들과 협력
  • 과학을 기반으로 한 연구개발을 통해 발굴된 문제, 기회, 이슈 등을 프로그램화, 정형화
  • 과학과 지식을 응용, 발전시키기 위한 프로그램 관리
  • 프로그램에 대한 평가
ⓜ 미션달성을 위해 농업생산자, 소규모 자영업자, 청소년 및 가족, 기타 등을 대상으로 연구, 지도(기술보급), 교육을 할 수 있도록 주정부를 지원한다.
ⓗ 연방정부를 대행한다. 매년 정규적인 자금을 주립대학에 지원하며, 주립대학과 다른 대학에 공개경쟁을 통한 연구비를 지원한다.
ⓢ ARS와 NIFA 비교

	ARS	NIFA
차이점	연구를 직접 수행	*직접 연구수행보다 주 단위의 지역 농림수산식품연구원에 연구자금 배분, 관리 *공모과제를 모집하여 연구자금 지급
공통점	기초·응용연구, 식물과 동물, 식품과 영양, 자연자원 등에 관한 광범위한 농림수산식품의 현안을 다룬다.	

③ NIFA 조직
 ⊙ 농업, 자연자원과 식품, 지역사회지원 부문으로 조직이 이원화되어 있다.
 ⓒ 4개 연구소 설치: R&D 자금을 연구소와 기업에 배분하는 역할을 전략적으로 수행하기 위해 설치하였다.
  ⓐ 식량생산, 지속농업연구소(Institute of Food Production and Sustainability)
  ⓑ 바이오에너지, 기후, 환경연구소(Institute of Bioenergy, Climate and Environment)
  ⓒ 식품안전, 영양연구소(Institute of Safety and Nutrition)
  ⓓ 청소년, 가족, 사회공동체연구소(Institute of Youth, Family and Community)
 ⓒ NIFA는 자금 수혜자들에게 행정, 재정, 기술적 지원을 하기 위해 2개의 국이 설치되어 있다.
 ② 식량, 에너지공급 등 글로벌 이슈에 대한 국제프로그램 센터를 설치, 운영하고 있다.
 ⓜ 협동지도정보화시스템 구축
  ⓐ 연구, 지도사업의 노하우와 지식을 통합, 21세기 정보화시대를 대비하여 다양한 서비스를 제공한다.
  ⓑ 협동지도정보화시스템을 통해 1:1 질의 답변을 하며, 3,000여 명의 전문지도인력이 컨설팅하고, 모든 과학정보의 통로 역할을 한다.

④ NIFA 주요 기능
  ㉠ 농업과 자연자원 부문, 식품과 지역사회자원 부문별 연구개발 프로그램을 기획 및 총괄한다.
  ㉡ NIFA가 제공하는 프로그램에 적합한 지원자를 탐색하고 선정한다.
  ㉢ 기술정보 제공 및 연구자금 집행 현황을 관리한다.
  ㉣ 식량, 에너지 등 글로벌 이슈 관련 국제연구를 조직화하고 참여한다.
  ㉤ 기초·응용연구, 식물과 동물, 식품과 영양, 자연자원 등에 관한 광범위한 농림수산식품의 현안을 다룬다.

⑤ NIFA 자금의 지원형태
  ㉠ Formula Grants: 토지증여대학, 임업대학, 수의과대학 등에 대해 지역 인구, 농림업 인구 등의 기준에 따라 일정액의 연구 지원금을 제공한다.
  ㉡ Competitive Grants: 국가적 관심사가 되는 농업 이슈를 해결할 수 있는 능력을 지닌 여러 지원자들 중 최고의 연구수행 능력을 보유한 개인 혹은 기관을 경쟁을 통해 선발하여 연구자금을 지원한다.
  ㉢ Non Competitive Grants: 주나 지역의 주요 문제들을 해결하기 위해 의회의 주도하에 특정 연구기관 또는 연구그룹을 지정하여 연구자금은 지원한다.

4) 주립농과대학
① 지도사업 목표
  ㉠ 가정관리 강화, 아동과 청소년의 건강과 안전 및 지역사회 개발
  ㉡ 농업환경변화에 대응하여 농업의 생산성과 소득증대, 농업의 경쟁력 향상, 식품의 지속성 촉진
  ㉢ 자연자원과 지역환경의 지속성을 유지하는 책임
  ㉣ 농업인과 대화를 통해 복잡한 현안 문제해결과 세계화 시대에 농업인에게 도움을 줄 수 있는 선진기술 보급 및 경쟁력 제고

② 시군 농촌지도센터의 프로그램 유형: 4-H 및 청소년 개발, 농업기술 이전, 지역사회 자원과 경제개발, 가족개발 및 자원관리, 리더십 및 자원지도자 개발, 자연자원 및 환경관리, 영양, 다이어트 및 건강관리 등

③ 농촌지도 프로그램 위원회
  ㉠ 시군별 15~25명으로 구성하여 지역민과 지도사업을 연계하는 조직으로 활용한다.
  ㉡ 역할 및 기능
    ⓐ 프로그램 개발과정에 지역 주문의 참여 제공
    ⓑ 프로그램, 지도대상의 우선순위 부여
    ⓒ 프로그램의 보급 및 평가
    ⓓ 재정적 지원 및 자원지도자 확보

2 일본의 농촌지도

① 농촌지도 발달 과정

(1) 일본 근대 농촌지도사업

1) 우리나라와 같이 2차 대전 후 미국의 농촌지도가 소개되면서 시작되었다.

2) 1915년
  ① 최초의 농촌지도 사업시작
  ② 농민단체인 '농회'에서 기술지도요원을 두어 각 부락을 순회하면서 농사 시험장에서 개발한 품종과 농사법을 보급하기 시작하였다.

3) 2차 대전 직전(1939년)
  일본사회가 전시체제로 바뀌면서 농회의 지도사업도 식량증산을 위한 책임생산제와 강제 식량공급 등 일방적인 독려사업으로 변화하였다.

4) 1942년 식량관리법을 제정하여 전시체제에 기초해 식량의 정부 일괄 수매, 일괄 판매를 실시한 것이 특징이다.

5) 1948년 이후
  ① 2차 대전 직후
    ㉠ 일본식 농촌지도사업의 시작
    ㉡ 연합군 사령부의 지원으로 농민의 경제적 파탄을 복구한다.
    ㉢ 1948년 농업개량조장법을 제정하고 이 법을 근거로 농업개량 보급사업을 시행하였다.
  ② 1948~1955년: 주요 농산물의 증산에 주력
  ③ 1959~1961년: 채소, 과수, 축산 등 경제작목의 발전에 기여
  ④ 1962~1970년: 농업구조 개선에 주력
  ⑤ 1971~1990년: 시장유통, 가공 등의 지도를 통하여 생산조정과 농지이용률 증대
  ⑥ 1998년 지방분권화
    ㉠ 지방분권추진계획 조치사항을 통해 보급사업에 관한 지방(도도부현) 분권화가 추진되었다.
    ㉡ 세부내용: 지역농업개량보급 센터의 명칭 및 설치 형태, 설치기준, 보급직원의 배치, 보급직원의 전임규정, 교부금 신청양식의 간소화, 교부금 할당기준 개정, 개량보급수당 지급, 보급직원 자격시험 법 규정화 등

(2) 2차 대전 이후 농촌지도 흐름

1) 농촌지도조직은 농업행정기구 내에 설치되어 있지만 행정과 독립성을 유지하며 교육적 농촌지도사업으로 발전하였다.
2) 중앙정부와 지방정부가 공동으로 예산을 조달하고 사업을 관장하고 있으나, 농촌지도의 교육적 특성을 최대한 살려나가고 있다.
3) 농촌지도가 국가의 정책목표이기보다는 농민의 복지와 생활수준 향상에 가장 큰 목표를 두고 있다.

② 협동농업보급사업

(1) 체계

1) 일본의 농촌지도사업을 협동농업보급사업이라 한다.
   ① 협동이란 용어는 국가와 도도부현의 협동을 의미한다.
   ② 일본의 보급사업은 정부차원에서는 식량의 안정공급, 지방자치단체에서는 지역의 특성을 살린 농업, 농촌 진흥에 초점을 두고 상호 협력하여 지도사업을 추진한다.
   ③ **중앙정부**: 국가 차원의 농업생산력, 식량자급률 향상을 위하여 보급기관을 설치와 운영, 보급활동의 기본방침 제시
   ④ **지방기관**: 현장에서 활동주체로서 역할 수행, 지방기관간 지식과 기술 교환
2) 보급사업의 비용은 정부와 지방정부가 각각 반씩 부담한다.
3) 일본의 보급사업은 시험연구기관과 농민간 연결 역할을 한다.
   ① 도도현청의 전문기술원은 농민, 지역 수요를 바탕으로 시험연구기관에 기술 개발을 요청하고, 개발한 기술은 지역실정을 감안하여 개량보급원이 현지적응 실증시험을 거쳐 보급한다.
   ② 보급정보에 대한 네트워크를 형성하여 기술보급의 신속화를 도모하였다.

(2) 특징

1) 도도부현을 주축으로 광역적 보급사업을 추진하고 있다.
   ① 도도부현 소속의 '지역농업개량보급센터'를 설치하고 보급직원을 배치하여 시정촌(일본의 지방 자치 제도의 기초 자치 단체인 시, 정, 촌)에 대한 보급 활동을 직접 관리한다.
   ② 도도부현 직원과 시정촌 개량보급센터 직원간 원활한 인사교류가 있다.
   ③ 도도부현의 연구기관으로 지역실정을 감안한 '지역농업시험장'이 설치되어 있다.
   ④ 모든 도도부현에 농업대학교를 설치 해 농촌청소년 등 농업후계 인력에 대한 교육과 적극적, 체계적인 육성이 이루어지고 있다.

2) 농정과 보급사업간 확고한 연계체계를 통해 농정을 뒷받침하고 있다.
   ① 중앙단위의 보급기능은 농림수산성에 소속되어 농정업무와 유기적 협력체계를 유지한다.
   ② 도도부현 단위에서도 현청 농정부서에서 보급사업 계획을 담당한다.
   ③ 일부 도도부현에 '농업종합센터'를 설치하고 연구, 지도사업을 종합, 관리한다.

3) 보급인력의 전문능력 향상을 적극 추진하고 있다.
   ① 보급인력을 전문기술원과 개량보급원으로 구분하여 운영한다.
   ② 도도부현에서는 일정한 자격을 갖춘 전문기술원을 배치한다.
   ③ 전문기술원과 개량보급원의 관리는 자격시험 등을 통해 이루어진다.

4) 개량보급원은 현지기술지도 등 보급업무에만 전념하도록 하고 있다.
   ① 사업계획 수립 시에는 농정업무와 유기적 연계를 유지하되 기술보급 업무에만 전념한다.
   ② 현지지도에 관한 시간이 70%, 회의와 연수 등 기타 시간은 30% 정도이다.

5) 효율적인 '공익법인체' 운영을 통한 지도사업을 추진하고 있다.
   ① 농림수산성 보급과 소속의 전국농업개량보급협회 등 11개 법인에서 보급정보 네트워크를 운영한다.
   ② 보급사업의 조사연구, 간행물 편찬, 보급 직원 연수, 해외기술 협력, 강연회, 연찬회 개최 등을 한다.

6) 협동농업보급사업에 대한 특징이 명확히 규정되어 있다.
   ① 협동농업보급사업은 시험연구기관과 농업인의 연계자로서 기능을 수행한다. 시험연구기관에서 개발된 신기술을 지역실정에 맞게 가공하여 현지적용 실증 등을 통해 보급을 도모한다.
   ② 사람을 대상으로 한 사업이다.
      ㉠ 협동지도사업은 농업인 개인의 의욕과 기술력을 중요시하므로 직접 사람을 대상으로 실시한다.
      ㉡ 개량보급원과 농업인의 신뢰를 기초로 현장에서 직접 해결을 통한 기술경영개선을 도모해 나가는 농업인을 지원하는 것을 기본으로 후계농업을 담당할 청년 농업자에 대한 취농 정보의 제공, 단기연수 등 신규 취농 촉진을 위한 보급활동을 실시한다.
   ③ 농업과 농촌생활의 일체적 활동을 대상으로 한다. 농업생산과 농가, 농촌생활은 밀접한 관계가 있으므로 농업을 직업으로 선택하고 경영을 확립하기 위하여 농업생산과 농촌생활 개선을 동시에 추진한다.

(3) 관계 법령

1) 1948년 제정한 농업개량조장법에 근거하여 보급사업이 추진되고 있다.
   ① 47개 도도부현과 중앙정부가 협동으로 추진한다.

② 추진사업의 주요골자는 시험연구기관과의 연계에 의하여 농업자에게 원활한 기술 이전, 농민 개개인의 경영개선 지원, 농촌생활 개선에 관한 자문 등이다.

2) **식료, 농업, 농촌기본법(1999년 제정)**

① 기본이념
- ㉠ 식료의 안전공급 확보
- ㉡ 다면적 기능의 충분한 발휘
- ㉢ 농업의 지속적 발전과 농촌진흥

② 인력육성 및 확보와 기술개발 및 보급에서 보급사업의 내용
- ㉠ 효과적이고 안정적인 경영체 육성
- ㉡ 신규 취농자 육성
- ㉢ 첨단 농업경영을 위한 혁신적 기술보급
- ㉣ 소비자중심의 농업생산, 유통, 판매로 전환
- ㉤ 토지 이용형 농업의 확립
- ㉥ 환경과 조화로운 농업생산방식 도입
- ㉦ 중산간지역의 농업, 농촌진흥

(4) 보급사업의 체계

1) **협동농업보급사업**

① 시험연구기관과 농업자간 교량 역할: 협동농업보급사업은 농업인과 지역요구를 파악하여 중앙단위 독립행정법인 농연기구(National Agriculture and Food Research Organization; NARO)와 현 단위 시험연구기관에 기술개발을 요청하고, 개발된 기술에 대하여 지역적응 실증시험을 통하여 그 기술을 보급한다.

② 농연기구와 현 단위 시험연구기관의 역할 분담을 한다. 현 내 문제 해결은 현 단위 시험연구기관에서 하고, 현 단위에서 개발하기 어려운 기술개발은 농연기구에서 담당한다.

③ **중복 부분에 대한 조정**: 지역연구, 보급연락회의, 추진회의(농연기구에 설치) 등에서 담당한다.

2) **지도 체제**

① 협동농업보급사업은 농정기획과, 농업진흥과, 농업기술과, 농업경영과 등에서 담당하고 있기 때문에 부현마다 상황이 다르다.

② 일본 농촌지도사업은 농림수산성-도도부현-보급지도센터(구 농업개량보급센터) 체제로 운영하고 있다.

③ 농민에게 가장 중요한 역할은 도도부현과 각 지역 보급지도센터가 수행한다.

④ 중앙정부
  ㉠ 국가는 도도부현과 역할분담 하에 운영지침 책정, 교부금 교부, 자격시험, 연수, 연대체제 구축 등의 역할을 수행한다.
  ㉡ 농림수산성은 관계기관과의 일체적인 추진으로 지도요원을 시험연구기관에 파견하여 연수를 실시하고, 정보 네트워크를 정비하고 활용하여 신속한 기술보급을 한다.
⑤ **도도부현**: 보급지도원을 지도센터 및 시험연구기관, 연수교육시설(농업대학교) 등에 배치하여 관계기관의 연대 아래 시험연구기관에서 개발된 기술을 지역에서 실증과 매뉴얼을 작성하고, 강연회 개최를 통해 기술혁신을 지원한다.

③ 협동농업보급사업 조직

(1) 보급조직 일반

1) 일본의 협동농업보급사업 조직은 '보급지도센터'이다.(구 지역개량보급센터, 설치근거는 자율)
2) 전문기술원은 도도부현청의 시험장연구소나 현 본청에 배치되고, 개량보급원은 현 소속의 지역 농업개량보급센터에 배치된다.
3) 보급인력으로는 2004년 농업개량조장법 개정으로 전문기술원, 개량보급원을 보급지도원으로 일원화하였다.

(2) 보급지도원

1) 의의
  ① 농업인의 고도화, 다양화되는 기술요구에 대응하기 위하여 전문기술원과 개량보급원을 합하여 보급지도원으로 일원화하였다.
  ② 보급지도원은 농업인과 직접 접하고 농업기술 지도를 실시하거나 경영 상담에 응거나 농업정보를 제공해 농업인의 농업기술이나 경영 향상을 위한 지원 및 지도를 전문으로 하는 도도부현의 공무원이다.

2) 임용 및 자격
  ① 국가, 도도부현, 농협 등에서 선발한다.
  ② 농업 또는 가정에 관한 시험연구 업무에 종사한 자
  ③ 농업 또는 가정에 관한 교육에 종사한 자
  ④ 농업 또는 가정에 관한 기술에 대한 보급 지도에 종사하고 있던 기간이 대학원 수료자는 2년

이상, 대학 졸업자는 4년 이상, 단기 대학 졸업자는 6년 이상, 고등학교 졸업자는 10년 이상의 실무경험을 득한 자

3) 기능

① 보급지도원은 고도의 기술 및 지식의 보급지도를 위한 전문가 기능과 농업인, 내외관계기관과 연계하여 지역의 과제해결을 지원하는 코디네이터 기능을 수행한다.

② 전문가(Specilist) 기능: 전문가로서 농업인에게 지역 특성에 따라 농업 고도기술과 해당기술에 대한 지식을 보급지도하고, 현지 과제에 대처하는 기술을 지역 생산 조건에 맞게 보급하고, 경영진단 및 분석, 경영개선 계획의 책정 등을 지원한다.

③ 코디네이터(Coordinator) 기능: 선도 농업인과 지역 내외 관계기관의 연계체제를 구축하고, 장래 전망에 대한 제안, 대처방책의 책정과 실시를 지원, 기술을 주축으로 농업인과 소비자의 연결고리 구축, 지역농업 생산과 유통 측면에서 혁신을 종합적으로 지원한다.

4) 활동체제

① 보급지도원 상호간 밀접한 협력 아래 관할구역 내 농업과 농촌의 실태를 근간으로 보급지도센터의 종합지도력이 발휘될 수 있도록 체제를 구축한다.

② 시읍면에 보급지도원을 두어 중요시책이나 보급지도 활동에 대한 구체적 요청을 파악하고, 시읍면, 관계기관, 단체와 밀접한 제휴를 꾀하면서 지역과 밀착하여 활동을 추진한다.

5) 활동방식

① 지역분담 방식: 관할구역을 몇 개의 활동지구로 구분하고 각각의 활동지역마다 보급지도원 팀을 편성하여 보급 활동을 실시한다.

② 전문분담 방식: 보급지도원이 관할구역 전체를 대상으로 하여 전문분야마다 팀을 편성하여 보급 활동을 실시한다.

③ 병용 방식: 지역분담방식과 전문분담방식을 병행하여 편성한다.

④ 최근 보급활동체제는 지역분담방식이 감소하고 전문분담방식과 병용방식으로 전환되고 있다.

3 네덜란드의 농촌지도

① 농촌지도 발달 및 특징

(1) 발달

1) 네덜란드 농촌지도사업은 주로 농촌지도국(DLV, 농업수산자연관리성 내 기구)에서 실시하였고, 사회경제지도사업조직(SEV, 독립적인 농민조직)이 농업후계자육성, 농업경영, 농가문제 등을 무료로 지원해왔다.

2) 1980년대 후반
   ① 국가에서 지원해 온 농촌지도조직과 운영에 대한 검토가 시작되었다.
   ② 일부 농촌지도 비용을 농가가 부담할 수 있고, 규모가 크고 경쟁력 있는 소수 농장육성을 위한 새로운 시스템이 검토되었다.
   ③ 농촌지도국(DLV)에 대한 정부의 재정지원은 1991년 100%에서 매년 5%씩 삭감되어 2002년 50%로 감소되었으며, 나머지 50%는 농민과 수익자가 부담하는 계획이 추진되었다.

3) 1990년 이후
   ① 정보지식센터(IKC)를 설치
      ㉠ 농업연구와 민영화된 농촌지도조직과 유대강화를 유지했다.
      ㉡ IKC 주요 업무는 시험연구기관과 공적, 사적 지도사업을 연결하는 것으로, 연구와 지도의 이원화 시 정보교류의 단절 문제를 완화하려는 조치였다.
   ② 1992년: 농촌지도국은 국가조직체에서 재단법인으로 변경되었다.
   ③ 1993년: 본격적 민영화 단계로 필요 재원의 일부를 수요자 이용수수료로 충당하였다.

(2) 민영화 특징

1) 준민영화
   ① 네덜란드 농촌지도사업은 정부 주도도, 민간 주도도 아닌 중간단계 성격의 준민영화 단계이다.
   ② 네덜란드 농촌지도국은 일부 정부 재정지원을 받는 준민영화 단계로 농업보급위원회(농민조직대표와 정부대표로 구성)의 관리와 감독을 받았다.
   ③ 정부 재정지원을 받기 때문에 일부 무료로 제공되는 지도사업도 진행된다.

2) 문제점
① 농촌지도사들의 농촌지도 동기 결여
② 지도조직의 불안정성 등으로 유능한 직원의 손실과 전문성 약화
③ 복잡한 기술 보급에 있어 전문가 부족은 전체 위상을 저하시킨다.
④ 지도기관과 연구기관 사이 협력관계 약화
⑤ 정부 지원금 감소로 연구, 교육, 농민기관, 상담원과 공급·판매 대표자간 지식체계의 경쟁을 야기하게 되어 상호 유기적 협조가 어렵다.
⑥ 조직간, 직원간 지나친 경쟁구도가 형성되어 인력의 이직이 야기된다.

3) 긍정적 영향
① 지도영역과 고객범위가 확대되었다.
② 지도시장 확대와 상업화에 따른 수요자 중심의 지도강화로 농민을 포함한 모든 고객에 대한 서비스의 질이 제고되었다.

② 농촌지도체계

(1) 개요
1) 1990년 이전: 지도사업은 재정, 운영의 모든 측면에서 정부가 주도하였다.
2) 1990년 이후
① 농업정보지식센터(IKC) 창설: 정부조직으로 시험연구기관과 공적, 사적 농촌지도사업을 연결하는 기능을 하였다.
② 공적지도사업(DLV)
㉠ 농민에 대한 기술, 경제적 서비스를 담당하였다.
㉡ '변화하는 환경, 시장조건에 대한 대응'으로 농민 지원과 동시에 생산물 품질 안정성, 경쟁력을 확보하는 역할을 한다.
㉢ 1993년 민간화하여 농업인단체 주도형의 농촌지도사업을 수행하였다.
③ 농업연구: 와게닝겐 유알(Wageningen UR; WUR)을 설립하여 전담하고 있다.

(2) 농업정보지식센터(IKC)
1) 정부는 농업인 교육사업의 민간화를 위해 IKC 활동을 지원한다.
2) 시험연구와 지도의 연계를 위해 지도원 대부분을 시험장에 상주시키고, 연구자와 커뮤니케이션의 긴밀화를 도모하고 있다.

3) IKC 관리기능은 중앙에 있고, 주체는 농업시험장이다.

4) 지방 IKC팀은 보급과학, 정보기술, 경제분야를 중앙에서 지원받는다.

5) 경종·원예 IKC와 축산 IKC로 구분한다.

(3) 공적지도사업(DLV)

1) 구성과 역할
① **구성**: 팀당 15~20명으로 구성되어 있으며, 팀 리더, 선임전문가, 전문지도원, 작물전문지도원, 전 분야 전문가, 사무원 등으로 구분된다.
② **역할**: '변화하는 환경, 시장조건에 대한 대응'으로 농민 지원과 동시에 생산물의 품질 안전성, 경쟁력을 확보하는 것이다.

2) 민영화
① 1993년 농촌지도소가 민영화되면서 공적지도사업(DLV)로 개명되었다.
② 민간 컨설팅 회사로서 농업컨설팅을 전문적으로 수행한다.
③ 농업인 단체 주도형의 농촌지도사업을 수행하고, 농촌지도사업은 국내외의 DLV 지역사무소를 통해 실시한다.
④ 민영화 이후 정부 재정지원을 받고, 농업정책 대행 업무를 수행하고 있어 완전한 민간기관이라고 볼 수는 없다.
⑤ 모든 사무소는 독립채산제를 원칙으로 지방 분권화되어 있다.
⑥ 컨설팅 결과의 책임도 해당 사무소에 있다.

3) 운영
① DLV의 농촌지도사업은 전적으로 농민 요구에 기초하여 이루어진다.
② 팀 구성과 운영, 지역사무소의 위치 선정, 조직의 의사전달체계는 농민 요구에 맞춰 결정된다.
③ 농업부문별 컨설팅 팀의 마케팅 전략과 기획은 중앙단위 본부와 상관없이 독립적으로 이루어지며, 중앙본부는 단지 후방에서 지원한다.

4) 조직체계
① DLV의 각급 단위에는 위원회가 구성되어 있다.
  ㉠ 중앙농촌지도위원회(Board): 9명(회장 1, 농업위원회 대표 4, 농업자원관리수산부 4)으로 구성되어 DLV 방침을 결정하고 활동을 지시한다.
  ㉡ 부문별 평의회(Sector Councils): 8명으로 구성되어 부문별 지도과제를 검토하고 적절한 지도활동에 대하여 조언한다.

ⓒ **지도협의회(Guidance committee)**: 지역단위 농민조직 대표와 일반농민으로 구성되어 팀 사업에 대한 평가 및 피드백, 응용연구 및 교육과 관련된 조직과의 협력 등 팀의 활동에 관하여 조언한다.
② DLV는 농업교육기관, 연구기관, 대학 등과 밀접한 연관을 맺고, 농업 최신 연구 정보를 획득하여 유기적으로 농민에게 전달(연계)한다.

5) 후원조직

① 모든 DLV는 후원조직을 갖는다.
② **본부단위**: 농민조직연합회 대표, 농민노조 대표, 농림부 대표 3자로 구성된 농업 위원회의 후원을 받는다.
③ **농업부문별 부서**: 부문별 농민대표와 농림부 대표에 의한 자문위원단의 후원을 받는다.
④ **각 팀**: 지역농업 지도위원회의 후원을 받는다.

6) 업무내용

① 활동영역
ⓐ 농장경제, 작물생산, 병해충방제, 토양비료, 농장건축, 농업기계화, 영양 등 다양한 영역에 걸쳐 활동하고 있다.
ⓑ 장기적 농업 상담과 단기적 문제해결을 동시에 실시하고 있다.
② 지도수단
ⓐ 개별상담, 농가방문, 전화상담 등을 통한 컨설팅 관리와 그 외 그룹상담, 강의 및 단기 연수 코스 등도 실시한다.
ⓑ 정기적으로 잡지에 기사를 게재하기도 하며, 팜플릿을 발행하기도 한다.

(4) 사회경제지도사업(SEV)

1) 목적 및 구성

① 영농을 새롭게 시작할 때나 효율적인 농업경영 제고를 목적으로 한다.
② 5개 농민조직(가톨릭농민연합, 프로테스탄트농민연합, 왕립 네덜란드 농민위원회 등)이 지도 서비스를 수행한다.
③ 5개 단체 외에도 원예농업재단, 민간회사, 민간컨설턴트 등이 지도사업을 하기도 한다.

2) SEV의 농업인 지도서비스

① **특징**: 다른 지도사업과의 제휴를 중시하며 필요하면 다른 분야 전문가의 도움을 받기도 하고, 지역 및 지방은행, 농업관계 학교와 밀접한 협력관계를 유지한다.
② **지도원의 역할**: 회계, 재무, 보험, 경영계획, 법률, 규칙, 농업경제, 토지 차입, 사회보장, 가족문제, 컴퓨터 등 채용 후 상당히 광범위한 분야의 연수를 담당한다.

③ 활동방식
- ㉠ 일반적으로 농민 쪽에서 지도원에게 접촉을 요구하는 방식이다.
- ㉡ 문제에 따라 전화와 편지를 이용하기도 하고, 특수하고 개별적인 문제에 대해서는 지도원이 농가를 방문한다.
- ㉢ 일반적인 문제를 취급할 때는 그룹을 대상으로 지도활동을 수행한다.

④ 서비스 영역
- ㉠ 농장의 후계: 농장을 인수받을 때 가장 효과적인 방법에 대한 컨설팅을 제공한다.
- ㉡ 농업경영관리
  - ⓐ 농업경영을 어떠한 형태로 하는 것이 효과적인가에 대한 지도를 한다.
  - ⓑ 판매, 구매의 가장 현명한 계약방법과 재무 문제의 대응방법 등에 대한 조언을 한다.
- ㉢ 농업경영의 적용: 농장의 매매, 경작의 수와 위탁, 제3자와의 공동 경영 등
- ㉣ 농업의 폐업: 농업을 그만 둘 때 법률과 규칙문제, 전직문제, 경제적인 전망 등의 문제를 취급한다.
- ㉤ 가족문제: 농업소득과 가족의 수입, 결혼, 상속과의 관계 등의 문제

(5) 와게닝겐 유알(Wageningen UR; WUR)

1) 개요
① 농산업의 중요성이 감소하고, 우수인력 영입이 불가능하게 되었으며, 고객을 고려하지 않은 연구로 연구의 질이 저하되는 것 등의 원인으로 정부 연구조직(DLO) 및 소속기관을 통폐합하면서 규모를 확대하여 와게닝겐 유알(Wageningen UR; WUR)을 설립하였다.
② 와게닝겐 유알은 영역과 역할에 따른 복합적 매트릭스 조직구조를 갖추고 있어서 현안에 대하여 조직의 중요도와 우선순위에 따라 유연한 대처가 가능하다.
③ 각기 서로 다른 예산구조에도 불구하고 관련분야의 통합을 통해 기초연구부터 응용연구까지 동일한 관리 하에 효율적으로 업무를 추진한다.
④ 농업연구는 와게닝겐 유알에서 전담하고, 농촌지도사업은 DLV 지역사무소를 통해 실시하고 있다.

2) 와게닝겐 유알의 농업연구 특징
① 시장과 고객에 대한 철저한 분석을 바탕으로 연구활동을 실천한다.
- ㉠ 조직능력을 극대화하여 국가와 사회가 중요하다고 여기는 부분에 연구를 확대 또는 집중한다.
- ㉡ 사회과학분야 전문가 그룹(농경제 연구소)을 설치하여 시장과 고객을 분석한다.
- ㉢ 와게닝겐 유알의 연구결과에 대하여 대가(자원, 정책적 지원 등)를 지불할 의사가 있는 주체(정부, 농민조직, 산업체, 소비자, 외국 등)가 고객이 된다.

② 국내외 시장환경의 변화에 따른 현재 또는 잠재고객 분석, 고객의 대가 지불능력에 따라 중요성과 우선순위 결정, 우선순위에 따른 연구분야의 규모 조정, 선택과 집중을 추진한다.
② 와게닝겐 유알 연구는 지적재산권이나 연구결과물을 산업화로 연결한다.
  ㉠ 직접 벤처 형태의 회사를 설립, 운영하고 있다.
  ㉡ 지속적으로 연구와 연결하거나 성공한 형태의 농산업 관련 기업을 양성하여 외부에서 인수하도록 하는데 목적을 둔다.
③ 와게닝겐 유알은 합리적, 효율적, 일관성 있는 경영관리를 위해서 노력한다.
  ㉠ top-down: 철저한 중장기계획(4~5년)에 따른 경영을 위해 최고관리자는 구성원 모두가 공감할 수 있는 미래지향적 미션과 임무를 제공하고, 중간관리자는 그에 맞는 연구가 세부 조직에서 수행되는지 점검하고 문제점을 수정한다.
  ㉡ bottom-up: 연구자 수준에서의 연구비 수주 현황과 중요성에 대한 분석을 통하여 시장과 고객의 요구방향을 이해하고 다음 중장기 계획에 적용한다.
  ㉢ 모든 성과(연구비 수주, 논문, 산업화 지원 등)는 수입과 지출의 논리에 의해 조직별, 개인별로 분석되어 지원과 감축 기준으로 활용한다.
  ㉣ 모든 경영 원칙과 세부사항은 충분히 조직원에게 전달되고, 문제점은 항상 검토하여 원활한 의사소통이 이루어지도록 한다.

(6) 네덜란드 농촌지도체계의 변화

1) 농촌지도조직의 2차 조직개편(2005년 이후)
① 정부 소유 주식을 직원에게 양도하여 완전한 민간회사로 전환하였다.
② DLV를 DLV Animal, DLV Plant, DLV Belgium으로 분리, 재편하였다.
③ 공급자 중심에서 시장, 고객중심으로 조직문화를 변화시켰다.
④ 자문비용 지불의 정당성에 대해 농업인의 설득과 이해를 도출하였으며, 철저한 자원 분석을 실행하였다.
⑤ 인력의 전문성 강화를 위해 노력하고 있다. 민영화에 따른 훈련을 강화하고 신규인력 채용 시 커뮤니케이션 능력, 가치창조, 창의성, 주도 능력에 대한 평가를 강화하였다.

2) Agriconsult BV
① DLV의 자회사로 국제적 지도사업의 자문 역할을 한다.
② 주요사업
  ㉠ 시장지향적 농업지식체계(AKS) 내에서 지도사업 수행에 관한 전략 및 정책 조언
  ㉡ 농업지식체계의 커뮤니케이션 촉진
  ㉢ 정부 지도사업의 민간화

ⓔ 시장 및 고객지향의 전략 개발

ⓕ 농업 및 농촌개발 과제 모니터링 및 평가

ⓖ 농장 구조 및 운영설계, 온실 설계, 건설, 공학 등

3) 기타 농촌지도사업

① DLV와 함께 전국 농민연합(LTO), 농업자재공급사, 민간컨설턴트, 협동조합 등에서도 자체적인 지도서비스를 전개하여 자문서비스의 질적 경쟁을 추구하고 발전시켰다.

② **농업실습교육**(Practical Training Centre; PTC)

㉠ 전문교육훈련 프로그램을 운영하여 농업 및 자연환경부문의 효율적 역할을 수행하기 위해 지식의 개발, 확산 및 응용에 중점을 둔다.

㉡ 원예, 버섯, 축산, 식량작물, 농기계 등 5개 분야 실기 위주의 농업교육을 실시하고 있다.

㉢ 역할

ⓐ 새로운 첨단기술 전문가 재교육

ⓑ 농과계 학생들의 전문 현장실습 교육

ⓒ 농가 및 전문회사의 요청에 의한 전문가 양성교육

ⓓ 신선농산물 친환경 생산기술 전파

ⓔ 단위 면적당 수량증대 및 품질 향상 기술교육 등

외국의 농촌지도 조직 예상문제

01. 미국의 시대별 농촌지도 발달과정으로 옳지 않은 것은?

① 1862년 - 미국 모릴법 제정, 미국 농무부 창설
② 1874년 - 차우타우콰 운동 시작
③ 1890년 - 농지전시사업 실시
④ 1914년 - 스미스-레버법 제정

해설 미국 농촌지도의 발달

1843	순회농업교사 활용(미국 뉴욕주 농업협회)
1847	아일랜드의 농업서비스 사업(농촌지도사업의 최초 형태)
1862	미국 모릴법 제정: 주립대학 설립, 미국 농무부 창설
1863	농민학원 개설
1873	확장교육 실시(영국 케임브리지 대학)
1874	차우타우콰 운동 시작(영국 확장교육에 영향 받음)
1886	농지전시사업 실시(Knapp)
1887	해치법 제정: 농업시험장 설립
1890	대학확장교육협의회 창립
1899	이동식 학교 운동(movable school)
1900	생활개선사업 실시, 청소년지도사업 실시
1914	스미스-레버법 제정: 농촌지도사업 법적 지위, 협동적 농촌지도사업

02. 모릴(Morrill)법에 대한 설명으로 옳지 않은 것은?

① 1862년 모릴법은 농업분야만의 숙련기술자 육성을 목표로 제정되었다.
② 농업과 공업을 가르치는 대학을 각 주에 하나 이상 설립하고 정부가 대학에 국유지를 제공하였다.
③ 초창기 교육환경은 교외 농장에서 동식물에 대한 학습 또는 교수가 농장에서 직접 실험한 결과를 학생들에게 가르치는 수준이었다.
④ 미국 산업인력을 양성하는 주립대학이 설립되었다.

해설 모릴(Morrill)법 제정(1862년)
① 1862년 모릴법은 농업, 공업분야의 숙련기술자 육성을 목표로 제정되었다.
② 농업과 공업을 가르치는 대학을 각 주에 하나 이상 설립하고 정부가 대학에 국유지를 제공하였다.
③ 미국 산업인력을 양성하는 주립대학이 설립되었다.
④ 초창기 교육환경은 교외 농장에서 동식물에 대한 학습 또는 교수가 농장에서 직접 실험한 결과를 학생들에게 가르치는 수준이었다.

정답 01. ③ 02. ①

03. 미국의 농민학원(Farmer's Institutes)에 대한 설명으로 옳지 않은 것은?

① 농민학원은 농민, 농가주부, 청소년을 대상으로 2~3일 동안 농업과 가정에 관한 주요 주제를 토의하는 지역농민의 개별집회였다.
② 1890년대부터 20세기 초 농민학원을 통해 대학의 교육적 기능을 확대하였다.
③ 텍사스주 암허스트(Amherst) 대학의 히트콕(Hitcock) 총장이 농민학원의 설립 필요성을 제기하였다.
④ 워싱턴은 농민학교에서 미국 농촌의 흑인을 대상으로 농촌지도사업을 실시하였다.

해설 농민학원(Farmer's Institutes) 개설(1863년)
① 메사추세츠주 암허스트(Amherst) 대학의 히트콕(Hitcock) 총장이 농민학원의 설립 필요성을 제기하였다.
② 농민학원은 주 농업위원회(the State Board of Agriculture)에 의해 1863년 메사추세츠주 스프링필드(Springfield)에 처음 설립되었고, 1899년까지 3개 주를 제외한 모든 주에 설립되었다.
③ 농민학원은 농민, 농가주부, 청소년을 대상으로 2~3일 동안 농업과 가정에 관한 주요 주제를 토의하는 지역농민의 개별집회였으며, 농촌지도사업이 정식으로 발족되기 이전에 여러 곳에 결성되어 농촌지도사업을 대행하였다.
④ 워싱턴은 농민학교에서 미국 농촌의 흑인을 대상으로 농촌지도사업을 실시하였다.
⑤ 1899년 카버(Carver)는 이동식 학교를 설립하였다.
⑥ 1890년대부터 20세기 초 농민학원을 통해 대학의 교육적 기능을 확대하였다.

04. 다음 보기에서 설명하는 미국의 농촌지도활동은?

> 1874년부터 여름철 10일 동안 다양한 주제로 강의, 토의를 중심으로 하면서 오락과 휴식도 겸하는 모임으로 시작하여 활동이 확대되어 정기집회 외에도 독서모임, 통신강의도 하였다.

① 차우타우콰(Chautauqua) 운동
② 대학확장교육협회(American Society for the Extension of University Teaching)
③ 농민학원(Farmer's Institutes)
④ 농사전시사업

해설 차우타우콰(Chautauqua) 운동
① 뉴욕주 차우타우콰 호숫가에서 1874년부터 여름철 10일 동안 다양한 주제로 강의, 토의를 중심으로 하면서 오락과 휴식도 겸하는 모임으로 시작하여 활동이 확대되어 정기집회 외에도 독서모임, 통신강의도 하였다.
② 코넬(Cornell)대학은 지역 포도 재배 농업인의 문제를 해결하기 위해 농업시험장에서 포도 재배 연구와 지도를 위한 정보 제공용 유인물을 발간하고, 단기 강좌를 개설, 독서회뿐만 아니라 강사의 현장지도를 실시하였다.

CHAPTER 02 외국의 농촌지도 조직

05. 다음 중 미국 농촌지도의 발달에 대한 설명으로 옳지 않은 것은?

① 모릴법은 농업, 공업분야의 숙련기술자 육성을 목표로 제정되었다.
② Carver에 의한 농사전시사업이 실시되었다.
③ 순회농업교사는 미국 농촌지도사업의 최초 형태이다.
④ 워싱턴은 농민학교에서 미국 농촌의 흑인을 대상으로 농촌지도사업을 실시하였다.

해설 Knapp에 의해 실시된 농사전시사업은 1886년 루이지애나에 거주하는 원주민, 이주민이 농사법에 관심이 없자 지도급 농부 몇 명을 선정하여 집중적으로 지도하고, 그 결과를 이웃 주민에게 보여줌으로써 새로운 농사법을 보급시켰다.

06. 다음 중 스미스-레버(Smith-Lever)법에 대한 설명으로 옳지 않은 것은?

① 군단위에서 농촌지도사업을 전개할 농촌지도사를 채용하게 되었다.
② 현대적 미국 농촌지도사업의 가장 핵심적인 근거법이다.
③ 스미스-레버법은 기존에 대학, 농무성, 기타 각종 정부기관에서 중복적으로 수행해오던 농촌지도사업을 해소하기 위해 농촌지도사업 주체의 책무에 대한 양해각서를 작성하였다.
④ 예산은 건물의 구입, 신축, 수리, 토지 구입, 임대, 대학교육 등 본 법에 명시하지 않는 다른 지도사업 목적으로도 사용할 수 있다.

해설 스미스-레버(Smith-Lever)법 제정(1914년): 지도사업의 예산
ⓐ 지도사업의 예산은 농촌 및 농업인구에 비례하여 할당한다.
ⓑ 예산은 건물의 구입, 신축, 수리, 토지 구입, 임대, 대학교육 등 본 법에 명시하지 않는 다른 지도사업 목적으로 사용될 수 없다.

07. 스미스-레버(Smith-Lever)법이 갖는 성격적 특징으로 옳지 않은 것은?

① 협동적 성격
② 교육적 성격
③ 자주적 성격
④ 전시법 강조

해설 스미스-레버(Smith-Lever)법 특징
ⓐ 협동적 성격
 - 지도사업은 연방농무성의 지원으로 주립대학에서 실시하였다.
 - 연방농무성 장관과 주립대학이 상호 동의한 계획에 의해 수행된다.
ⓑ 교육적 성격
 - 지도사업은 주립대학이 가진 교수, 연구, 지도의 기능 중 하나이다.
 - 지도사업이 가르침을 주는 활동으로 구성되어야 한다.
ⓒ 전시법 강조
 - 지도사업은 실용적인 전시법을 활용하여야 한다.
 - 지도사업은 전시법을 통하여 정보를 전달하여야 한다.

정답 05. ② 06. ④ 07. ③

PART 03 농촌지도 조직

08. 시버스(Seevers)가 제시한 미국 협동적 농촌지도사업 특징으로 보기 어려운 것은?

① 농촌지도는 교육기관들의 보편적인 미션과는 같은 교육기관이다.
② 농촌지도는 연방-주-지역 정부간의 협력관계이다.
③ 농촌지도의 현장은 주로 농업, 가정 경제 관련 영역이다.
④ 교육 프로그램은 계획-집행-평가에 자원지도자의 참여가 중요하다.

해설 시버스(Seevers)가 제시한 미국 협동적 농촌지도사업 특징
① 농촌지도는 법률에 의해 정부기관에서 시행한다.
② 농촌지도는 연방-주-지역 정부간의 협력관계이다.
③ 농촌지도에서 연구와 지도조직은 동등한 파트너이다.
④ 정보의 제공은 연구에 기반하여야 한다.
⑤ 고객의 참여는 순수하게 자발적이다.
⑥ 고객에게 기술적 서비스를 제공한다.
⑦ 농촌지도는 헌신적이다.
⑧ 농촌지도요원이 매우 중요하며, 그 누구에게도 편향되지 않은 서비스를 제공한다.
⑨ 농촌지도의 현장은 주로 농업, 가정 경제 관련 영역이다.
⑩ 농촌지도 프로그램은 농업인과 지역사회의 요구에 기반하고 있다.
⑪ 교육 프로그램은 계획-집행-평가에 자원지도자의 참여가 중요하다.
⑫ 농촌지도 프로그램은 유연하면서도 가치 있다.
⑬ 농촌지도는 교육기관들의 보편적인 미션과는 매우 다른 교육기관이다.

09. 미국의 농촌지도 특징으로 보기 어려운 것은?

① 농촌지도가 대학 중심으로 대학이 농촌주민들을 직접교육하고 있어서 새로이 연구 개발된 혁신사항이 신속하게 전달된다.
② 농촌지도사업에 연방정부의 예산이 지원되면서 행정적 권위가 개입되나, 교육적 특성과 민주적 특성이 그대로 유지되는 농촌지도기구를 가지고 있다.
③ 농촌지도의 계획-실행-평가에 농촌지도사 외에 농민대표, 관계기관 대표 등이 참여하고 있다.
④ 농촌지도 대상자가 지도사업 계획에 참여함으로 그들의 필요와 문제점을 반영할 수 있다.

해설 미국 농촌지도 특징
① 농촌지도가 대학 중심으로 대학이 농촌주민들을 직접 교육하고 있어서 새로이 연구 개발된 혁신사항이 신속하게 전달된다.
② 농촌지도사업에 행정적 권위가 개입되지 않고, 교육적 특성과 민주적 특성이 그대로 유지되는 농촌지도기구를 가지고 있다.
③ 농촌지도사의 대상 지역을 농촌지역에 한정하지 않고, 도시지역의 성인과 청소년까지도 포함하고 있으며, 특히 도시지역의 소외집단과 소수 종족집단의 생활향상 지도에 중요한 역할을 담당한다.
④ 농촌지도의 계획-실행-평가에 농촌지도사 외에 농민대표, 관계기관 대표 등이 참여하고 있다.
⑤ 농촌지도 대상자가 지도사업 계획에 참여함으로 그들의 필요와 문제점을 반영할 수 있다.

CHAPTER 02 외국의 농촌지도 조직

10. 미국의 협동지도사업(Cooperative Extension Work)에 대한 설명으로 옳지 않은 것은?

① 농촌지도사업이 주립농과대학, NIFA 연방정부사업과 주 중심 협동지도사업, 농민단체의 상호 협동을 통해 전개된다.
② 지도사업을 각 주의 주립대학교 농과대학에서 주관하고 시행한다.
③ 계획 수립에 민간인 참여가 활성화되어 있어 민주적 특성이 잘 나타나고 있다.
④ 지도사업의 주요 방향은 군(county) 수준에서 연방농무부와 합의하여 설정한다.

해설 미국 농촌지도 조직: 협동지도사업(Cooperative Extension Work)
① 미국은 농촌지도사업을 협동적 농촌지도사업으로 말한다.
② 농촌지도사업이 주립농과대학, NIFA(National Institute of Food and Agriculture; 국립식품농업연구소) 연방정부사업과 주 중심 협동지도사업, 농민단체의 상호 협동을 통해 전개된다.
③ 지도사업을 각 주의 주립대학교 농과대학에서 주관하고 시행한다.
④ 계획 수립에 민간인 참여가 활성화되어 있어 민주적 특성이 잘 나타나고 있다.
⑤ 각 주와 군(county) 수준에서 농촌지도사업에 관계되는 민간인들로 자문위원회(advisory council)를 만들어 농촌지도의 계획, 전개, 평가에 적극 참여시키고 있다.
⑥ 지도사업의 주요 방향은 각 주가 연방농무부와 합의하여 설정한다.

11. 농업연구청(Agricultural Research Service; ARS)의 특징으로 옳지 않은 것은?

① 세계 최대 생물자원(식물, 미생물, 동물)을 유지와 보존 및 대학 및 민간연구원에 분양을 지원하는 등 생명공학 연구를 지원한다.
② 미국 농업 문제 해결을 목적으로 설립된 미국 주립대학 산하기관이다.
③ 미국 농무부로부터 인사, 예산에 대한 자율권을 보장받으며, 대부분 예산은 자율집행 예산으로 구성되어 있다.
④ 23개 국가전략 프로그램을 선정하여 지속적, 체계적 국가주도의 농업연구를 추진한다.

해설 농업연구청(Agricultural Research Service; ARS)의 특징
㉠ 미국 농업 문제 해결을 목적으로 설립된 미국 농무부 산하기관이다.
㉡ 농업문제를 해결하기 위한 연구 및 정보 제공 등에 중점을 두어 농업연구와 정보를 통한 국가 선진미래선도와 농업정책 지원을 위한 기술개발과 연구역할을 한다.
㉢ 세계 최대 생물자원(식물, 미생물, 동물)을 유지와 보존 및 대학 및 민간연구원에 분양을 지원하는 등 생명공학 연구를 지원한다.
㉣ 다양한 분야별 전문가가 각자의 연구영역을 유지, 발전시키고 있어 새로운 첨단기술 개발에 대한 요구가 발생할 경우, 대학, 민간연구소 연구원과 공동연구를 수행하는 시스템을 갖추고 있다.
㉤ 23개 국가전략 프로그램을 선정하여 지속적, 체계적 국가주도의 농업연구를 추진한다.
㉥ 미국 농무부로부터 인사, 예산에 대한 자율권을 보장받으며, 대부분 예산은 자율집행 예산으로 구성되어 있다.

정답 10. ④ 11. ②

12. 미국 농업연구청(Agricultural Research Service; ARS)의 4대 연구분야에 해당하지 않는 것은?

① 자연자원 및 지속농업시스템
② 영양, 식품안전성, 품질
③ 수산생산 및 보호
④ 작물생산 및 보호

해설 농업연구청(Agricultural Research Service; ARS) 연구와 활동 분야
㉠ ARS는 4대 연구분야 17개 국가전략 연구 프로그램으로 기획되고 관리된다.
ⓐ ARS의 4대 연구분야: 영양과 식품안전성 및 품질, 가축생산 및 보호, 자연자원 및 지속농업 시스템, 작물 생산보호
ⓑ 4대 연구분야에 따른 17개 국가전략 연구 프로그램 구성
- 영양, 식품안전성, 품질: 인체 영양, 농축산물 안전성, 농산물 품질 및 이용
- 가축생산 및 보호: 가축생산, 가축건강, 수산양식, 수의와 의학 및 도시 곤충
- 작물생산 및 보호: 식물병, 작물보호 및 검역, 작물생산, 유전자원과 유전체 및 유전적 개량
- 자연자원 및 지속농업시스템: 수자원관리, 바이오에너지, 농산업 부산물 활용, 기후변화와 토양 및 온실가스, 목초지 관리, 농업시스템 경쟁력 및 지속성

13. 미국 농업연구청(Agricultural Research Service; ARS)의 활동분야로 옳지 않은 것은?

① 국가 농업 프로그램 분석
② 기후변화 대응, 식량 안정생산 등 공동관심 분야에 대한 국제공동연구과제 개발
③ 농업정책관련 정보수집 및 자료분석
④ 고투입을 통한 수량증대를 위한 농업기술 개발 및 생산성 향상 기술 개발

해설 농업연구청(Agricultural Research Service; ARS) 활동분야
ⓐ 국가 농업 프로그램 분석
ⓑ 특정작목의 경쟁력 강화
ⓒ 농업정책관련 정보수집 및 자료분석
ⓓ 기후변화 대응, 식량 안정생산 등 공동관심 분야에 대한 국제공동연구과제 개발
ⓔ 농산물의 수량증대, 친환경적인 농업기술 개발 및 생산성 향상 기술 개발

14. 미국 농업연구청 농업연구과제 수행의 주요 특징으로 옳지 않은 것은?

① 연구비 재원이 안정적이므로 장기적이고 위험도가 높은 고비용의 기반기술 개발을 위한 연구과제 수행이 가능하다.
② 농업문제 해결을 위한 국가적 우선순위가 높은 공통의 목표를 추구한다.
③ 연구과제는 USDA의 정책목표와는 별개로 운영된다.
④ 기초연구와 응용연구의 균형을 유지한다.

정답 12. ③ 13. ④

CHAPTER 02 외국의 농촌지도 조직

해설 농업연구청(Agricultural Research Service; ARS) 농업연구과제 수행의 주요 특징
㉠ 농업문제 해결을 위한 국가적 우선순위가 높은 공통의 목표를 추구한다.
㉡ 연구비 재원이 안정적이므로 장기적이고 위험도가 높은 고비용의 기반기술 개발을 위한 연구과제 수행이 가능하다.
㉢ 기초연구와 응용연구의 균형을 유지한다.
㉣ 연구과제는 USDA의 정책목표와 항상 일치한다.
㉤ 워크숍 등을 통해 의회, 농무부, 고객, 협력자, 이해당사자, 과학자 그룹 및 ARS 내 연구원의 의견을 수렴하여 연구과제를 선정하는 고객중심적 특성이 있다.

15. NIFA(국립식품농업연구소)에 대한 설명으로 옳지 않은 것은?

① NIFA는 미국 농업을 더 생산적이고, 환경적으로 지속가능한 연구, 기술혁신에 자금을 지원하고 촉진시키기 위하여 식품, 자연, 에너지법에 의거하여 2009년 농무부 내에 설립하였다.
② 기존의 CSREES를 해체하고 대체기관으로 NIFA를 설립하였다.
③ 농업기초 및 응용연구를 직접 수행한다.
④ NIFA는 미국 농무부의 연구, 교육, 경제를 담당하는 4개 소속기관 중 하나이다.

해설 국립식품농업연구소(National Institute of Food and Agriculture; NIFA) 설립
㉠ 기존의 협동연구교육지도청(CSREES)를 해체하고 대체기관으로 NIFA를 설립하였다. NIFA는 연구와 지도의 연계를 강화하기 위하여 CSRS(Cooperative State Research Service)와 ES(Education and Extension service)를 통합하여 설립한 CSREES를 계승하는 기관이다.
㉡ NIFA는 미국 농업을 더 생산적이고 환경적으로 지속가능한 연구, 기술혁신에 자금지원하고 촉진하기 위하여 식품, 자연, 에너지법(Food, Conservation and Energy Act; 미 농업법-Farm Bill)에 의거하여 2009년 농무부 내에 설립되었다.
㉢ NIFA는 미국 농무부의 연구, 교육, 경제(Research, Education and Economics; REE)를 담당하는 4개 기관 중 하나이다.
㉣ NIFA는 실제로 REE(Research, Education and Economics)를 수행하지 않으며, 주 단위 또는 소지역 단위로 REE를 자금지원하고, 리더십 프로그램을 제공한다.

16. ARS와 NIFA에 대한 설명으로 옳지 않은 것은?

① ARS는 연구를 직접 수행한다.
② NIFA는 직접 연구수행보다 주 단위의 지역 농림수산식품연구원에 연구자금을 배분, 관리한다.
③ NIFA는 공모과제를 모집하여 연구자금을 지급한다.
④ ARS는 기초연구를 NIFA는 응용연구를 수행한다.

해설 ARS와 NIFA 비교

	ARS	NIFA
차이점	연구를 직접 수행	*직접 연구수행보다 주 단위의 지역 농림수산식품연구원에 연구자금 배분, 관리 *공모과제를 모집하여 연구자금 지급
공통점	기초·응용연구, 식물과 동물, 식품과 영양, 자연자원 등에 관한 광범위한 농림수산식품의 현안을 다룬다.	

정답 14. ③ 15. ③ 16. ④

17. NIFA에 설치된 4개 연구소에 해당되지 않는 것은?

① 식량생산, 지속농업연구소
② 가축생산, 축산사양연구소
③ 바이오에너지, 기후, 환경연구소
④ 청소년, 가족, 사회공동체연구소

해설 NIFA 4개 연구소 설치: R&D 자금을 연구소와 기업에 배분하는 역할을 전략적으로 수행하기 위해 설치하였다.
ⓐ 식량생산, 지속농업연구소(Institute of Food Production and Sustainability)
ⓑ 바이오에너지, 기후, 환경연구소(Institute of Bioenergy, Climate and Environment)
ⓒ 식품안전, 영양연구소(Institute of Safety and Nutrition)
ⓓ 청소년, 가족, 사회공동체연구소(Institute of Youth, Family and Community)

18. 최근 미국의 농촌지도사업은 지도대상과 지도방식에서 변화하고 있다. 다음 중 옳은 것은?

① 농촌지도의 대상을 기존 농업인에서 농촌지역사회에 거주하는 지역사회에 거주하는 주민으로 확대하였다.
② 품목별 조합을 육성한다.
③ 농업순회교사를 채용하여 지역을 순회하며 교육사업을 수행한다.
④ 농촌지도센터는 독립채산제를 원칙으로 지방 분권되었다.

해설 최근 미국의 농촌지도사업의 변화
① 지도대상: 기존 농업인에서 농촌지역사회에 거주하는 주민으로 확대하여 기존 사업영역 외에도 건강, 영양, 수질, 비만, 실내 환경, 공공정책, 직업능력개발 등 다양한 프로그램을 진행한다.
② 지도방식: 농촌지도의 정보화 사업이 본격적으로 추진되고 2008년부터 인터넷 기반의 농촌지도 정보시스템을 구축, 운영하여 연구에 기초한 정보와 학습기회를 제공한다.
㉠ 직접 연구 수행보다 주 단위 지역 농림수산식품연구원에 연구자금을 배분, 관리
㉡ 공모과제를 모집하여 연구자금 지원

19. 미국의 농촌지도 발달 과정과 관련이 없는 것은?

① 실질적인 농촌지도사업의 기원국이라 볼 수 있다.
② Morrill법에 의한 농과대학이 창설되었다.
③ Morrill법에 의한 농촌지도사업이 법률적으로 보장되었다.
④ 스미스-레버법에 의해 농과대학이 농촌지도기능을 수행하게 되었다.

해설 농촌지도사업이 법률적으로 보장된 것은 스미스-레버법에 의해서이다.

정답 17. ② 18. ① 19. ③

CHAPTER 02 외국의 농촌지도 조직

20. 미국, 일본, 네덜란드의 농업연구-지도 시스템의 비교로 옳지 않은 것은?

① 네덜란드는 동물, 식물, 환경, 사회과학 연구를 강조한다.
② 미국의 농촌지도는 기존 사업영역 외 다양한 프로그램을 수행한다.
③ 일본의 농업연구는 연구결과의 산업화를 추구한다.
④ 네덜란드의 농촌지도는 생산기술에서 유통, 경영, 가공까지 내용을 확대한다.

> **해설** *일본: 중앙기관은 기초연구 중심이며, 지방기관은 지역실정에 맞는 연구주제를 선정한다.
> *네덜란드: 철저한 시장 및 고객 분석을 바탕으로 한 연구활동을 하며 결과의 산업화를 추구한다.

21. 일본의 농사기술지도기관(농회)이 최초의 농촌지도사업을 시작한 시기는?

① 1894년　　　　　　　　② 1905년
③ 1910년　　　　　　　　④ 1915년

> **해설** 일본 근대 농촌지도사업: 1915년
> ① 최초의 농촌지도 사업시작
> ② 농민단체인 '농회'에서 기술지도요원을 두어 각 부락을 순회하면서 농사 시험장에서 개발한 품종과 농사법을 보급하기 시작하였다.

22. 1962~1970년에 주력했던 일본의 농촌지도사업은?

① 시장유통, 가공 등의 지도를 통하여 생산조정과 농지이용률 증대
② 농업구조 개선에 주력
③ 채소, 과수, 축산 등 경제작목의 발전에 기여
④ 주요 농산물의 증산에 주력

> **해설** 1948년 이후 일본의 농촌지도
> ① 2차 대전 직후
> 　㉠ 일본식 농촌지도사업의 시작
> 　㉡ 연합군 사령부의 지원으로 농민의 경제적 파탄을 복구한다.
> 　㉢ 1948년 농업개량조장법을 제정하고 이 법을 근거로 농업개량 보급사업을 시행하였다.
> ② 1948~1955년: 주요 농산물의 증산에 주력
> ③ 1959~1961년: 채소, 과수, 축산 등 경제작목의 발전에 기여
> ④ 1962~1970년: 농업구조 개선에 주력

정답 20. ③　21. ④　22. ②

⑤ 1971~1990년: 시장유통, 가공 등의 지도를 통하여 생산조정과 농지이용률 증대
⑥ 1998년 지방분권화
  ㉠ 지방분권추진계획 조치사항을 통해 보급사업에 관한 지방(도도부현) 분권화가 추진되었다.
  ㉡ 세부내용: 지역농업개량보급 센터의 명칭 및 설치 형태, 설치기준, 보급직원의 배치, 보급직원의 전임규정, 교부금 신청양식의 간소화, 교부금 할당기준 개정, 개량보급수당 지급, 보급직원 자격시험 법 규정화 등

23. 2차 대전 이후 일본의 농촌지도 흐름으로 옳지 않은 것은?

① 농촌지도조직은 농업행정기구 내에 설치되었다.
② 행정과 독립성을 유지하며 교육적 농촌지도사업으로 발전하였다.
③ 중앙정부와 지방정부가 공동으로 예산을 조달하고 사업을 관장하며, 농촌지도는 정부시책 추진이 중심이 되었다.
④ 농민의 복지와 생활수준 향상에 가장 큰 목표를 두고 있다.

해설 2차 대전 이후 농촌지도 흐름
  ① 농촌지도조직은 농업행정기구 내에 설치되어 있지만 행정과 독립성을 유지하며 교육적 농촌지도사업으로 발전하였다.
  ② 중앙정부와 지방정부가 공동으로 예산을 조달하고 사업을 관장하고 있으나, 농촌지도의 교육적 특성을 최대한 살려나가고 있다.
  ③ 농촌지도가 국가의 정책목표이기보다는 농민의 복지와 생활수준 향상에 가장 큰 목표를 두고 있다.

24. 일본의 협동농업보급사업에 대한 설명으로 옳지 않은 것은?

① 협동이란 용어는 농민들 스스로의 협동을 의미한다.
② 지방기관은 현장에서 활동주체로서 역할을 수행하고 지방기관간 지식과 기술 교환을 한다.
③ 일본의 보급사업은 정부차원에서는 식량의 안정공급, 지방자치단체에서는 지역의 특성을 살린 농업, 농촌 진흥에 초점을 두고 상호 협력하여 지도사업을 추진한다.
④ 중앙정부는 국가 차원의 농업생산력, 식량자급률 향상을 위하여 보급기관을 설치와 운영, 보급 활동의 기본방침을 제시한다.

해설 일본의 농촌지도사업을 협동농업보급사업이라 한다.
  ① 협동이란 용어는 국가와 도도부현의 협동을 의미한다.
  ② 일본의 보급사업은 정부차원에서는 식량의 안정공급, 지방자치단체에서는 지역의 특성을 살린 농업, 농촌 진흥에 초점을 두고 상호 협력하여 지도사업을 추진한다.
  ③ 중앙정부: 국가 차원의 농업생산력, 식량자급률 향상을 위하여 보급기관을 설치와 운영, 보급 활동의 기본방침 제시
  ④ 지방기관: 현장에서 활동주체로서 역할 수행, 지방기관간 지식과 기술 교환

CHAPTER 02 외국의 농촌지도 조직

25. 일본의 농촌지도사업 명칭은?

① 확장사업
② 협동농업보급사업
③ 농민교육사업
④ 추광사업

26. 일본 농촌지도기구의 특징으로 옳지 않은 것은?

① 중앙정부와 지방정부가 협동하여 농촌지도를 전개하고 있다.
② 일본의 농촌지도원은 전문기술원과 개량보급원으로 구성되어 있다.
③ 일본의 농촌지도는 농림수산성이 전담한다.
④ 농림수산성에 농업대학교가 있어 영농후계자 교육을 실시한다.

해설 일본의 보급사업은 정부 차원에서는 식량의 안정공급, 지방자치단체에서는 지역의 특성을 살린 농업, 농촌 진흥에 초점을 두고 상호 협력하여 지도사업을 추진하면서 도도부현 주축으로 광역적 보급사업을 추진하고 있다.

27. 일본의 농촌지도 발달에 대한 설명으로 옳지 않은 것은?

① 1948년 농업개량조장법을 제정하며 법적 근거가 마련되었다.
② 우리나라와 같이 2차 대전 후 미국의 농촌지도가 소개되면서 시작되었다.
③ 협동보급사업이라고 하며 협동이란 국가와 도도부현과의 협동을 의미한다.
④ 농촌지도가 농민의 복지와 생활수준 향상보다는 국가의 정책목표에 가장 큰 목표를 두고 있다.

해설 농촌지도가 국가의 정책목표이기보다는 농민의 복지와 생활수준 향상에 가장 큰 목표를 두고 있다.

28. 일본의 농촌지도 특색으로 옳지 않은 것은?

① 2차 대전 이후 미국의 농촌지도를 도입하여 시작되었다.
② 농업기술 지도 활동이 교육적 단계를 밟아서 농민의 행동적 변화를 유발한다.
③ 행정과의 독립성이 제도적으로는 이루어져 있지 않다.
④ 국가적 발전보다 농가나 농촌지역사회의 발전을 위해 많은 활동을 전개한다.

해설 농촌지도조직은 농업행정기구 내에 설치되어 있지만 행정과 독립성을 유지하며 교육적 농촌지도사업으로 발전하였다.

정답 25. ② 26. ③ 27. ④ 28. ③

29. 일본 농촌지도의 특징으로 옳은 것은?

① 대학교에서 농촌지도 기능을 수행한다.
② 국가기관에서 농촌지도사업을 시행한다.
③ 순수한 농민단체에서 농촌지도를 수행한다.
④ 일본 농회는 농민을 상대로 직접 농촌지도를 수행하고 있다.

해설 일본의 농촌지도는 최초의 농민단체인 농회에서 실시하였으나, 현재는 정부가 주도하고 있다.

30. 일본의 전문기술원에 대한 설명으로 옳지 않은 것은?

① 농민과 직접 대면하며 농업기술 지도를 실시한다.
② 일정기간 경험이 있는 지도원만 전문기술원이 될 수 있다.
③ 도도부현이나 농업시험장에 근무한다.
④ 지도사업을 계획, 평가하고 관계기관과 횡적으로 협동조정한다.

해설 *개량보급원: 농민과 직접 대면하여 농업기술 지도를 실시한다.
*전문기술원: 개량보급원에 대한 지도, 눈문분야와 관련한 조사 연구, 시험연구기관 등 관계기관과의 제휴, 필요에 따라 프로젝트 팀을 구성하여 과제해결을 한다.

31. 일본의 농촌지도요원에 대한 설명으로 옳지 않은 것은?

① 농촌지도요원은 전문기술원과 개량보급원으로 나누어진다.
② 개량보급원은 대학 또는 초급대학 졸업자나 경력 10년 이상인 자에 한한다.
③ 개량보급원은 개량보급소에 근무하면서 농민들과 직접 만나 농업, 생활개선, 청소년지도를 담당한다.
④ 전문기술원은 농업이나 청소년지도, 생활개선 등에 대한 전문기술을 개량보급원에게 지도한다.

해설 개량보급원은 지방정부가 대학졸업자 대상 개량보급원 자격시험 합격자 중에서 임용한다.

32. 일본 식료, 농업, 농촌기본법의 기본이념에 해당하지 않는 것은?

① 식료의 안전공급 확보
② 다면적 기능의 충분한 발휘
③ 농업생산의 증대로 식량 확보
④ 농업의 지속적 발전과 농촌진흥

정답 29. ② 30. ① 31. ②

CHAPTER 02 외국의 농촌지도 조직

해설 식료, 농업, 농촌기본법(1999년 제정) 기본이념
  ㉠ 식료의 안전공급 확보
  ㉡ 다면적 기능의 충분한 발휘
  ㉢ 농업의 지속적 발전과 농촌진흥

33. 일본의 식료, 농업, 농촌기본법 인력육성 및 확보와 기술개발 및 보급에서 보급사업의 내용으로 올바르지 않은 것은?

① 첨단 농업경영을 위한 혁신적 기술보급
② 효과적이고 안정적인 경영체 육성
③ 중산간지역의 농업, 농촌진흥
④ 생산자중심의 농업생산, 유통, 판매로 전환

해설 식료, 농업, 농촌기본법의 인력육성 및 확보와 기술개발 및 보급에서 보급사업의 내용
  ㉠ 효과적이고 안정적인 경영체 육성
  ㉡ 신규 취농자 육성
  ㉢ 첨단 농업경영을 위한 혁신적 기술보급
  ㉣ 소비자중심의 농업생산, 유통, 판매로 전환
  ㉤ 토지 이용형 농업의 확립
  ㉥ 환경과 조화로운 농업생산방식 도입
  ㉦ 중산간지역의 농업, 농촌진흥

34. 네덜란드의 농촌지도 발달에 대한 설명으로 옳지 않은 것은?

① 1990년 이후 농촌지도국은 완전히 민영화되었다.
② 민영화 과정에서 연구와 지도의 유대강화를 위해 정보지식센터(IKC)를 만들었다.
③ 1992년 농촌지도국은 국가조직체에서 재단법인으로 변경되었다.
④ 공적지도사업(DLV)은 농민에 대한 기술, 경제적 서비스를 담당하였다.

해설 네덜란드 농촌지도국은 일부 정부 재정지원을 받는 준민영화 단계로 농업보급위원회(농민조직대표와 정부대표로 구성)의 관리와 감독을 받았다.

정답 32. ③ 33. ④ 34. ①

PART 03 농촌지도 조직

35. 네덜란드 농촌지도 민영화의 문제점으로 옳지 않은 것은?

① 복잡한 기술 보급에 있어 전문가 부족은 전체 위상을 저하시킨다.
② 조직간, 직원간 지나친 경쟁구도가 형성되어 인력의 이직이 야기된다.
③ 농촌지도사들의 농촌지도 동기 결여
④ 지도기관과 연구기관 사이 협력관계가 강화된다.

해설 민영화의 문제점
① 농촌지도사들의 농촌지도 동기 결여
② 지도조직의 불안정성 등으로 유능한 직원의 손실과 전문성 약화
③ 복잡한 기술 보급에 있어 전문가 부족은 전체 위상을 저하시킨다.
④ 지도기관과 연구기관 사이 협력관계 약화
⑤ 정부 지원금 감소로 연구, 교육, 농민기관, 상담원과 공급·판매 대표자간 지식체계의 경쟁을 야기하게 되어 상호 유기적 협조가 어렵다.
⑥ 조직간, 직원간 지나친 경쟁구도가 형성되어 인력의 이직이 야기된다.

36. 네덜란드의 농업정보지식센터(IKC)에 대한 설명으로 옳지 않은 것은?

① 정부는 농업인 교육사업의 민간화를 위해 IKC 활동을 지원한다.
② 경종·원예 IKC와 축산 IKC로 구분한다.
③ 지방 IKC팀은 보급과학, 정보기술, 경제분야를 중앙에서 지원받는다.
④ 시험연구와 지도의 연계를 위해 연구자 대부분을 지도현장에 상주시켰다.

해설 농업정보지식센터(IKC)
① 정부는 농업인 교육사업의 민간화를 위해 IKC 활동을 지원한다.
② 시험연구와 지도의 연계를 위해 지도원 대부분을 시험장에 상주시키고, 연구자와 커뮤니케이션의 긴밀화를 도모하고 있다.
③ IKC 관리기능은 중앙에 있고, 주체는 농업시험장이다.
④ 지방 IKC팀은 보급과학, 정보기술, 경제분야를 중앙에서 지원받는다.
⑤ 경종·원예 IKC와 축산 IKC로 구분한다.

37. 네덜란드의 공적지도사업(DLV) 민영화에 대한 설명으로 옳지 않은 것은?

① 1993년 농촌지도소가 민영화되면서 공적지도사업(DLV)로 개명되었다.
② 민영화 이후 정부 재정지원을 받고, 농업정책 대행 업무를 수행하고 있어 완전한 민간기관이라고 볼 수는 없다.
③ 정부주도형의 농촌지도사업을 수행하고, 농촌지도사업은 국내외의 DLV 지역사무소를 통해 실시한다.
④ 모든 사무소는 독립채산제를 원칙으로 지방 분권화되어 있다.

정답 35. ④ 36. ④

CHAPTER 02 외국의 농촌지도 조직

해설 공적지도사업(DLV) 민영화
① 1993년 농촌지도소가 민영화되면서 공적지도사업(DLV)로 개명되었다.
② 민간 컨설팅 회사로서 농업컨설팅을 전문적으로 수행한다.
③ 농업인 단체 주도형의 농촌지도사업을 수행하고, 농촌지도사업은 국내외의 DLV 지역사무소를 통해 실시한다.
④ 민영화 이후 정부 재정지원을 받고, 농업정책 대행 업무를 수행하고 있어 완전한 민간기관이라고 볼 수는 없다.
⑤ 모든 사무소는 독립채산제를 원칙으로 지방 분권화되어 있다.
⑥ 컨설팅 결과의 책임도 해당 사무소에 있다.

38. 와게닝겐 유알(Wageningen UR; WUR)의 농업연구 특징으로 옳지 않은 것은?

① 시장과 고객에 대한 철저한 분석을 바탕으로 연구활동을 실천한다.
② 직접 벤처 형태의 회사를 설립, 운영하지는 않지만 고객을 지원하고 있다.
③ 와게닝겐 유알 연구는 지적재산권이나 연구결과물을 산업화로 연결한다.
④ 와게닝겐 유알은 합리적, 효율적, 일관성 있는 경영관리를 위해서 노력한다.

해설 와게닝겐 유알(Wageningen UR; WUR)의 농업연구 특징
① 시장과 고객에 대한 철저한 분석을 바탕으로 연구활동을 실천한다.
 ㉠ 조직능력을 극대화하여 국가와 사회가 중요하다고 여기는 부분에 연구를 확대 또는 집중한다.
 ㉡ 사회과학분야 전문가 그룹(농경제 연구소)을 설치하여 시장과 고객을 분석한다.
 ㉢ 와게닝겐 유알의 연구결과에 대하여 대가(자원, 정책적 지원 등)를 지불할 의사가 있는 주체(정부, 농민조직, 산업체, 소비자, 외국 등)가 고객이 된다.
 ㉣ 국내외 시장환경의 변화에 따른 현재 또는 잠재고객 분석, 고객의 대가 지불능력에 따라 중요성과 우선순위 결정, 우선순위에 따른 연구분야의 규모 조정, 선택과 집중을 추진한다.
② 와게닝겐 유알 연구는 지적재산권이나 연구결과물을 산업화로 연결한다.
 ㉠ 직접 벤처 형태의 회사를 설립, 운영하고 있다.
 ㉡ 지속적으로 연구와 연결하거나 성공한 형태의 농산업 관련 기업을 양성하여 외부에서 인수하도록 하는데 목적을 둔다.
③ 와게닝겐 유알은 합리적, 효율적, 일관성 있는 경영관리를 위해서 노력한다.
 ㉠ top-down: 철저한 중장기계획(4~5년)에 따른 경영을 위해 최고관리자는 구성원 모두가 공감할 수 있는 미래지향적 미션과 임무를 제공하고, 중간관리자는 그에 맞는 연구가 세부조직에서 수행되는지 점검하고 문제점을 수정한다.
 ㉡ bottom-up: 연구자 수준에서의 연구비 수주 현황과 중요성에 대한 분석을 통하여 시장과 고객의 요구방향을 이해하고 다음 중장기 계획에 적용한다.
 ㉢ 모든 성과(연구비 수주, 논문, 산업화 지원 등)는 수입과 지출의 논리에 의해 조직별, 개인별로 분석되어 지원과 감축 기준으로 활용한다.
 ㉣ 모든 경영 원칙과 세부사항은 충분히 조직원에게 전달되고, 문제점은 항상 검토하여 원활한 의사소통이 이루어지도록 한다.

정답 37. ③ 38. ②

PART 03 농촌지도 조직

39. 네덜란드 농업실습교육(Practical Training Centre; PTC)의 역할에 대한 설명으로 옳지 않은 것은?

① 농과계 학생들의 전문 현장실습 교육
② 신선농산물 고투입 대량 생산기술 전파
③ 새로운 첨단기술 전문가 재교육
④ 농가 및 전문회사의 요청에 의한 전문가 양성교육

[해설] 농업실습교육(Practical Training Centre; PTC)
　㉠ 전문교육훈련 프로그램을 운영하여 농업 및 자연환경부문의 효율적 역할을 수행하기 위해 지식의 개발, 확산 및 응용에 중점을 둔다.
　㉡ 원예, 버섯, 축산, 식량작물, 농기계 등 5개 분야 실기 위주의 농업교육을 실시하고 있다.
　㉢ 역할
　　ⓐ 새로운 첨단기술 전문가 재교육
　　ⓑ 농과계 학생들의 전문 현장실습 교육
　　ⓒ 농가 및 전문회사의 요청에 의한 전문가 양성교육
　　ⓓ 신선농산물 친환경 생산기술 전파
　　ⓔ 단위 면적당 수량증대 및 품질 향상 기술교육 등

40. 각국 농촌지도의 특성의 설명으로 옳지 않은 것은?

① 미국은 대학교에서 농촌지도를 전개한다.
② 일본은 영농후계자육성을 위해 중앙과 지방에 90여개의 농업자육성교육기관을 두고 있다.
③ 대만은 4-H클럽을 학교와 지역단위에 두고 있다.
④ 미국은 농촌지도 대상지역을 농촌지역으로 한정하고 있다.

[해설] 미국은 농촌지도 대상지역을 농촌지역으로 한정시키지 않고 도시지역의 성인과 청소년들도 포함시키고 있다.

PART 04

농촌지도요원과 인적자원개발

- CHAPTER 01. 농촌지도요원의 전문성
- CHAPTER 02. 농촌인적자원 개발(HRD)

01 CHAPTER 농촌지도요원의 전문성

1 지도공무원 선발과 교육

① 지도직 공무원

(1) 공무원의 분류

1) 공직분류의 의의

① 공직분류: 인사행정의 편의와 능률성, 공평성을 위해 공직을 일정한 기준에 따라 분류하는 것이다.

② 공직분류 기준은 경력직과 특수경력직, 국가직과 지방직, 개방형과 폐쇄형, 일반행정가와 전문행정가 등 다양한 분류기준이 있으나, 직위분류제와 계급제가 대표적인 기준이다.

③ 우리나라는 계급제에 직위분류제를 가미한 절충형이며 실정법상 국가공무원법에 따라 경력직과 특수경력직으로 구분한다.

2) 공직분류

① 경력직

㉠ 실적과 자격에 의해 임용되고 신분이 보장되는 공무원으로, 평생동안 공무원으로 근무할 것이 예정되는 공무원을 말하며, 그 종류는 일반직 공무원과 특정직 공무원이 있다(국가공무원법 제2조).

㉡ 일반직공무원

ⓐ 행정일반, 기술, 연구, 지도에 대한 업무를 담당하는 공무원으로 직군, 직렬로 분류되는 공무원이며 직업공무원의 주류를 형성한다.

ⓑ 연구직과 지도직, 고위공무원단에 속하는 공무원을 제외하고는 계급은 9급에서 1급으로 구분하고, 연구와 지도직은 2개 계급(연구사와 연구관, 지도사와 지도관)으로 구분한다.

㉢ 특정직 공무원: 법관, 검사, 외무공무원, 경찰공무원, 소방공무원, 교육공무원, 군인, 군무원, 헌법재판소, 헌법연구관, 국가정보원의 직원과 특수 분야의 업무를 담당하는 공무원으로서 다른 법률에서 특정직 공무원으로 지정하는 공무원이다.

② 특수경력직
  ㉠ 경력직 이외의 공무원으로, 국가공무원법이나 실적주의의 획일적 적용을 받지 않으며, 계급 구분이 없고 정치적 임용이 필요하거나 특수한 직무를 담당하는 공무원이다.
  ㉡ 정무직공무원
    ⓐ 선거로 취임하거나 임명할 때 국회의 동의가 필요한 공무원이다. 대통령, 국회의원, 자치단체장, 지방의회의원, 감사원장, 헌법재판소장, 헌법재판관 등이 이에 해당한다.
    ⓑ 고도의 정책결정 업무를 담당하거나 이러한 업무를 보조하는 공무원으로 법령에서 정무직으로 지정한 공무원이다. 국무총리, 국무위원(장관) 및 차관(급) 등이 이에 해당한다.
  ㉢ **별정직공무원**: 비서관, 비서 등 보좌업무 등을 수행하거나 특정한 업무 수행을 위하여 법령에서 별정직으로 지정하는 공무원

(2) 지도직공무원 선발

1) 농업연구사, 농촌지도사 공개채용공고

농촌진흥청 연구직 및 지도직공무원 공개경쟁채용시험 계획 공고

1. 선발예정인원 : 연구사 38명, 지도사 3명

계급	직렬	직류	선발예정인원		
			계	일반	장애인 구분모집
합계			41	40	1
연구사	농업연구	작물	10	9	1
		농업환경	5	5	
		작물보호	3	3	
		잠업곤충	2	2	
		생명유전	4	4	
		농식품개발	2	2	
		원예	5	5	
		축산	5	5	
		농공	2	2	
지도사	농촌지도	농업	3	3	

2. 시험과목 : 필수 7과목   ※ '영어'과목은 '영어능력검정시험'으로 대체됨.

계급	직렬	직류	1차 시험과목	2차 시험과목
농업연구		작물	국어(한문포함), 영어(영어능력검정시험 대체), 한국사	분자생물학, 재배학, 실험통계학, 작물생리학
		농업환경		식물영양학, 토양학, 농업환경화학, 실험통계학
		작물보호		식물병리학, 재배학, 작물보호학, 실험통계학
		잠업곤충		곤충학, 양잠학, 양봉학, 실험통계학
		생명유전		작물생리학, 유전학, 분자생물학, 생화학
		농식품개발		식품영양학, 식품위생학, 식품가공학, 실험통계학
		원예		작물생리학, 재배학, 원예학, 실험통계학
		축산		축산식품가공학, 가축사양학, 가축번식학, 가축육종학
		농공		물리학개론, 농업기계학, 농업시설공학, 응용역학
지도사		농업		생물학개론, 재배학, 작물생리학, 농촌지도론

3. 시험방법
가. 제1·2차시험(병합실시) : 선택형 필기(사지선다형, 각 과목당 20문항)
나. 제3차시험 : 면접

4. 응시자격
가. 응시결격사유 등 : 최종시험 시행예정일(면접시험 최종예정일) 현재를 기준으로 「국가공무원법」제33조의 결격사유에 해당하거나, 동법 제74조(정년)에 해당하는 자 또는 「공무원임용시험령」등 관계법령에 의하여 응시자격이 정지된 자는 응시 할 수 없습니다.

> ○ 국가공무원법 제33조(결격사유)
> - 피성년후견인 또는 피한정후견인
> - 파산선고를 받고 복권되지 아니한 자
> - 금고 이상의 실형을 선고받고 그 집행이 종료되거나 집행을 받지 아니하기로 확정된 후 5년이 지나지 아니한 자
> - 금고 이상의 형을 선고받고 그 집행유예 기간이 끝난 날부터 2년이 지나지 아니한 자
> - 금고 이상의 형의 선고유예를 받은 경우에 그 선고유예 기간 중에 있는 자
> - 법원의 판결 또는 다른 법률에 따라 자격이 상실되거나 정지된 자
> - 공무원으로 재직기간 중 직무와 관련하여 「형법」제355조 및 제356조에 규정된 죄를 범한 자로서 300만원 이상의 벌금형을 선고받고 그 형이 확정된 후 2년이 지나지 아니한 자
> - 「형법」제303조 또는 「성폭력범죄의 처벌 등에 관한 특례법」제10조에 규정된 죄를 범한 사람으로서 300만원 이상의 벌금형을 선고받고 그 형이 확정된 후 2년이 지나지 아니한 사람(2019.4.16. 이전에 발생한 행위에 적용)
> - 「성폭력범죄의 처벌 등에 관한 특례법」제2조에 규정된 죄를 범한 사람으로서 100만원 이상의 벌금형을 선고받고 그 형이 확정된 후 3년이 지나지 아니한 사람(2019.4.17. 이후에 발생한 행위에 적용)
> - 미성년자에 대하여 「성폭력범죄의 처벌 등에 관한 특례법」제2조에 따른 성폭력범죄, 「아동·청소년의 성보호에 관한 법률」제2조제2호에 따른 아동·청소년 대상 성범죄를 저질러 파면·해임되거나 형 또는 치료감호를 선고받아 그 형 또는 치료감호가 확정된 사람(집행유예를 선고받은 후 그 집행유예기간이 경과한 사람을 포함)
> (2019.4.17. 이후에 발생한 행위에 적용)
> - 징계로 파면처분을 받은 때부터 5년이 지나지 아니한 자
> - 징계로 해임처분을 받은 때부터 3년이 지나지 아니한 자
>
> ○ 국가공무원법 제74조(정년)
> - 공무원의 정년은 다른 법률에 특별한 규정이 있는 경우를 제외하고는 60세로 한다.
> - 공무원은 그 정년에 이른 날이 1월부터 6월 사이에 있으면 6월 30일에, 7월부터 12월 사이에 있으면 12월 31일에 각각 당연히 퇴직된다.

나. 응시연령 : 18세 이상 (2006. 12. 31. 이전 출생자)
다. 학력 및 경력 : 제한 없음
라. 장애인 구분모집 응시대상자 : 「장애인복지법시행령」제2조에 따른 장애인 및 「국가유공자 등 예우 및 지원에 관한 법률 시행령」제14조 제3항에 따른 상이등급기준에 해당하는 자
- 장애인 구분모집에 응시하고자 하는 자는 응시원서 접수마감일 현재까지 장애인으로 유효하게 등록되어 있거나, 상이등급기준에 해당되는 자로서 유효하게 등록·결정되어 있어야 합니다.
- 장애인은 장애인 구분모집에 응시하지 않고 일반모집에 비장애인과 동일한 조건으로 응시할 수도 있으므로 접수 시 응시원서 해당란에 정확하게 표시되었는지 반드시 확인하시기 바랍니다.
- 장애인 구분모집 응시자의 증빙서류(장애인복지카드 또는 장애인등록증, 국가 유공자증) 제출에 관한 사항은 필기시험 합격자 발표 시 안내하는 기간 내에 제출하여야 합니다.

5. 가산특전

가. 자격증 소지자

(1) 직렬 공통으로 적용되었던 통신·정보처리 및 사무관리분야 자격증 가산점은 2017년부터 폐지되었습니다.

(2) 직렬별로 적용되는 가산점
- 국가기술자격법령 또는 그 밖의 법령에서 정한 자격증 소지자가 해당 분야에 응시할 경우 필기시험의 각 과목 만점의 40% 이상 득점한 자에 한하여 각 과목별 득점에 각 과목별 만점의 일정비율(아래 표에서 정한 가산비율)에 해당하는 점수를 가산합니다. (채용분야별 가산대상 자격증의 종류는 「연구직 및 지도직 공무원의 임용 등에 관한 규정」별표7을 참조)

계 급	직 렬	1차 시험과목
가산비율	5%	3%

나. 가산특전과 관련한 유의사항
- 가산특전을 받고자 하는 자는 필기시험 시행 전일까지 해당 요건을 갖추어야 하며, 반드시 「필기시험 답안지의 가산표기란」에 표기하여야 합니다.
- 인정대상 자격증이 2개 이상인 경우 본인에게 유리한 것 하나만 표기 합니다.
- 또한, 필기시험 시행일을 포함한 5일 이내 (아래의 가산점 등록기간 참고) 농촌진흥청 온라인 원서접수 시스템(gongchae.rda.go.kr) 또는 농촌진흥청 홈페이지(www.rda.go.kr)에 접속하여 자격증의 종류 및 가산비율 등 관련사항을 입력하여야 합니다.

6. 영어능력검정시험 성적표 제출

가. 대상시험 및 기준점수

시험명		직 렬	토익 (TOEIC)	텝스(TEPS)		지텔프 (G-TELP)	플렉스 (FLEX)
기준점수	일반	530	71	700	625	340	65(level2)	625
	청각2·3급	352	–	350	375	204	–	375

※ 청각장애 2·3급 응시자의 경우, 해당 영어능력검정시험에서 듣기부분을 제외한 점수가 위 표에서 정한 기준점수 이상이면 응시할 수 있습니다.(해당자는 원서접수 마감일까지 청각장애 2·3급으로 유효하게 등록되어 있어야 하며, 증빙서류 제출에 관한 사항은 별도로 안내합니다.)

나. 영어능력검정시험 인정범위
- 2019.1.1. 이후 국내에서 실시된 시험으로서, 필기시험 시행예정일 전날까지 점수(등급)가 발표된 시험으로 한정하며 기준점수 이상으로 확인된 시험만 인정됩니다.
- 2019.1.1. 이후 외국에서 응시한 TOEFL, 일본에서 응시한 TOEIC, 미국에서 응시한 G-TELP는 필기시험 시행예정일 전날까지 점수(등급)가 발표된 시험으로 한정하며 기준점수 이상으로 확인된 시험만 인정됩니다.
- 다만, 자체 유효기간이 2년인 시험(TOEIC, TOEFL, TEPS, G-TELP)의 경우에는 유효기간이 경과되면 시행기관으로부터 성적을 조회할 수 없어 진위 여부가 확인되지 않습니다. 따라서, 해당 영어능력검정시험의 유효기간이 만료될 예정인 경우 반드시 유효기간 만료 전에 농촌진흥청 홈페이지(http://www.rda.go.kr)에 게시된 공고문을 확인하시고 별도 지정된 기간에 사전등록을 해야 합니다.
※ 사전등록을 하지 않고 유효기간이 경과되어 진위여부 확인이 불가능한 성적은 인정되지 않으니 유의하시기 바랍니다.
- 해당 검정시험기관의 정규(정기)시험 성적만을 인정하고, 정부기관·민간회사·학교 등에서 승진·연수·입사·입학(졸업) 등의 특정목적으로 실시하는 수시·특별시험 등은 인정하지 않습니다.

다. 성적 제출방법
- 응시자는 사전등록시 또는 응시원서 접수시에 해당 영어능력검정시험명, 등록번호, 시험일자 및 점수 등을 정확히 표기해야 하며, 외국에서 응시한 시험은 반드시 여권상의 영문성명을 사용해야 합니다.
- 응시원수 접수 후 필기시험 시행예정일 전날까지 발표된 성적은 농촌진흥청 온라인 원서접수 시스템(gongchae.rda.go.kr)을 통해 추가등록 해야 합니다.

7. 기타사항

가. 필기시험에서 과락(만점의 40% 미만) 과목이 있을 경우에는 불합격 처리되며, 그 밖의 합격자 결정방법 등 시험에 관한 구체적인 내용은 공무원임용시험령 및 관계법령을 참고하시기 바랍니다.

나. 응시자는 응시표, 답안지, 시험일시 및 장소 공고 등에서 정한 응시자 주의사항에 유의하여야 하며, 이를 준수하지 않을 경우에는 본인에게 불이익이 될 수 있습니다.

다. 인터넷 응시원서 등에 해당 영어능력검정시험 성적을 허위로 표기하는 경우에는 그 시험을 정지 또는 무효처리 할 수 있습니다.

라. 영어능력시험 성적 확인시 필요한 경우에는 증빙서류 제출 등을 통해 소명할 수 있어야 하며, 소명대상자는 농촌진흥청 홈페이지(http://www.rda.go.kr 행정정보/채용·인사정보)를 통해 공고합니다. 또한, 영어능력검정시험 성적 확인에 필요한 문서를 위·변조한 경우에는 그 시험을 정지 또는 무효로 하거나 합격 결정을 취소하고, 향후 5년간 각종 공무원채용시험의 응시자격이 정지됩니다.

마. 본 공고문의 내용은 농촌진흥청 홈페이지(http://www.rda.go.kr 행정정보/채용·인사정보)에서도 열람할 수 있습니다.

바. 기타 자세한 사항은 농촌진흥청 운영지원과(063-238-0235, 0236, 0234)로 문의하시기 바랍니다.

《참고 : 「연구직 및 지도직공무원의 임용 등에 관한규정」별표7》

연구직 및 지도직공무원 채용시험 가산대상 자격증

직 렬	직 류	「국가기술자격법」에 따른 자격증	그 밖의 법령에 따른 자격증
농업 연구	농식품 개발	기술사: 식품, 농화학, 축산 기 사: 식품, 생물공학, 축산 산업기사: 식품, 축산, 유기농업	산업기사 자격증 가산 비율 적용: 영양사, 위생사
	작 물	기술사: 종자, 시설원예, 농화학, 식품 기 사: 종자, 시설원예, 식물보호, 토양환경, 식품, 생물 　　　공학, 유기농업, 화훼장식 산업기사: 종자, 식물보호, 농림토양평가관리, 식품, 　　　유기농업	
	원예	기술사: 종자, 시설원예, 농화학, 조경, 식품 기 사: 종자, 시설원예, 식물보호, 토양환경, 조경, 식품, 　　　생물공학, 유기농업, 화훼장식 산업기사: 종자, 식물보호, 농림토양평가관리, 조경, 식품, 　　　유기농업	
	농업 환경	기술사: 시설원예, 농화학, 식품, 조경, 산림, 산업위생관리, 　　　대기관리, 수질관리, 폐기물처리, 방사선관리, 　　　기상예보 기 사: 시설원예, 식물보호, 토양환경, 식품, 생물공학, 　　　조경, 산업위생관리, 대기환경, 수질환경, 폐기 　　　물처리, 기상, 유기농업 산업기사: 식물보호, 농림토양평가관리, 식품, 조경, 산업 　　　위생관리, 대기환경, 수질환경, 폐기물처리, 　　　유기농업	
	잠업 곤충	기 사: 생물공학 생사기사 2급(1999. 3. 27. 이전 취득한 것을 말함)	
	작물 보호	기술사: 종자, 시설원예, 농화학, 식품 기 사: 종자, 시설원예, 식물보호, 토양환경, 식품, 생물 　　　공학, 유기농업, 화훼장식 산업기사: 종자, 식물보호, 농림토양평가관리, 식품, 　　　유기농업	
	생명 유전	기술사: 종자, 농화학, 식품 기 사: 종자, 식품, 생물공학 산업기사: 종자, 식품	기사자격증 가산비율적용: 방사성동위원소취급자 (일반), 방사선취급 감독자

직렬	직류	「국가기술자격법」에 따른 자격증	그 밖의 법령에 따른 자격증
농업연구	농공	기술사: 기계, 공조냉동기계, 차량, 건설기계, 용접, 금형, 금속제련, 비파괴검사, 수자원개발, 농어업토목, 조경, 기계안전, 화공안전, 전기안전, 건설안전, 소방, 가스, 품질관리, 인간공학, 소음진동, 금속재료, 토질 및 기초, 토목시공, 측량 및 지형공간정보 기 사: 일반기계, 메카트로닉스, 공조냉동기계, 건설기계설비, 건설기계정비, 궤도장비정비, 용접, 프레스금형설계, 사출금형설계, 농업기계, 방사선비파괴검사, 초음파비파괴검사, 자기비파괴검사, 침투비파괴검사, 와전류비파괴검사, 누설비파괴검사, 토목, 조경, 산업안전, 건설안전, 소방설비, 가스, 품질경영, 인간공학, 소음진동, 에너지관리, 자동차정비, 기계설계, 건설재료시험, 측량 및 지형공간정보 산업기사: 생산자동화, 공조냉동기계, 건설기계설비, 건설기계정비, 궤도장비정비, 정밀측정, 프레스금형, 사출금형, 농업기계, 방사선비파괴검사, 초음파비파괴검사, 자기비파괴검사, 침투비파괴검사, 토목, 조경, 산업안전, 건설안전, 소방설비, 가스, 품질경영, 소음진동, 에너지관리, 기계설계, 자동차정비, 건설재료시험, 측량 및 지형공간정보	기사자격증 가산비율 적용: 방사성동위원소 취급자(일반), 방사선취급감독자
	축산	기술사: 축산, 식품 기 사: 축산, 식품 산업기사: 축산, 식품	기사 자격증 가산비율적용: 수의사, 방사성동위원소취급자(일반), 방사선취급감독자 산업기사 자격증 가산비율 적용: 가축인공수정사
농촌지도	농업	기술사: 종자, 시설원예, 농화학, 식품 기 사: 종자, 시설원예, 식물보호, 토양환경, 식품, 생물공학, 유기농업, 화훼장식 산업기사: 종자, 식물보호, 농림토양평가관리, 식품, 유기농업	

비고: 폐지된 자격증이 국가기술자격법령 등에 따라 그 자격이 계속 인정되는 경우에는 가산 대상 자격증으로 인정한다.

② 전문성 개발을 위한 교육훈련

(1) 채용 전 교육(직전훈련, pre-service training)

1) 지도공무원 직전교육 담당
① 농촌지도요원으로 채용되기 이전에 받는 전문적인 훈련이다.
② 농과계 고등학교, 전문대학 및 대학에서 담당한다.

2) 농촌지도론 교육기관 변천
① 1965년: 대통령훈령으로 농촌지도론 또는 관련된 과목이 처음 개설되었다.
② 1970년
   ㉠ 농업산학협동을 강화한 이후 지도직공무원이 학교에 출강하여 농촌지도론을 강의하였다.
   ㉡ 각종 지도교재 배부와 실습교육을 통해 지도직공무원의 채용 전 교육이 확대되었다.
③ 1970년대
   ㉠ 서울대학교 농과대학(농생명과학대학 전신) 농업교육과에 농촌지도전공이 개설(지도사업 발전에 획기적)과 농업전문대학에 농촌지도학과가 설치되었다.
   ㉡ 농업분야에 대한 전문지식은 물론 농촌지도사업의 이념, 정책, 기구에 대한 지식과 사업계획의 개발, 집단활동, 인간관계에 대한 지식, 커뮤니케이션, 평가 등을 교육과정에 포함하였다.
④ 1980년 중반: 세계적으로 농촌지도사업이 전환기를 맞는 시기이다.
⑤ 1990년: 서울대학교 농과대학 농촌지도전공이 농촌사회교육전공으로 개명되면서 학문영역이 확장되었다.
⑥ 1997년: 농촌사회교육전공에서 농경제사회학부 지역사회개발학전공으로 변경되었다.
⑦ 2007년: 지역정보전공으로 변경되면서 지도직공무원을 양성하는 대학의 학과나 전공은 사라지게 된다.
⑧ 현재: 순천대학교 농업교육과, 전남대학교 농업경제학과의 '농촌지도론'과 서울대학교 대학원 농산업교육과의 '농촌지도와 개발'이 교과목으로 채택되어 있다.

(2) 신규채용자 교육(신규훈련, 보수훈련, 수습훈련)

1) 개념
① 신규훈련의 의의: 농촌지도요원으로 채용된 새 요원이 그에게 특정업무가 할당되기 전에 주어지는 훈련으로 수습훈련이라고도 한다.

② 수습을 받아야 할 내용
　㉠ 농촌지도의 이념, 역사, 목적, 범위, 기구, 시책
　㉡ 전문직으로서 농촌지도직의 장·단점, 지도요원으로서 가져야 할 자세와 신념, 이행해야 할 책임과 역할
　㉢ 담당해야 할 지도영역, 지도방법, 교재 작성 등에 대한 실용적 능력의 훈련
　㉣ 주어진 사무 업무의 수행능력
　㉤ 직장인으로서의 규범과 기대
　㉥ 근무 지역의 환경과 실태 및 주민 특성

2) 신규훈련의 변천
　① 1957년
　　㉠ 농사원 발족 후부터 실시하였다.
　　㉡ 지역사회개발요원에 대한 교육도 농촌지도자훈련원에서 담당하였다.
　② 1962년
　　㉠ 농촌진흥청 발족 후 지도직공무원의 기초교육은 단기화 되었으며, 1차 기초훈련은 대부분 농촌진흥청 농민훈련과(현재 역량개발과)와 농업공무원교육원에서 4주~20주까지 실시하였다.
　　㉡ 실습교육: 농촌진흥청 시험연구기관 해당 연구관들이 교관이 되어 실시하였다.
　　㉢ 교육내용: 정부시책과 소양 중심으로 지도사업 전 분야를 총망라하였다.
　③ 1987년: 농촌지도직이 생활지도직으로 전직
　④ 1991년: 농촌지도직이 연구직으로 전직
　⑤ 1997년: 지방직 전환 이후 신규채용자 교육을 지방자치단체 교육기관에서 담당하였다.
　⑥ 1999~2000년: 농촌진흥청이 주관한 교육이 잠시 중단되었다.
　⑦ 2003년
　　㉠ 교육기간을 2주에서 4주로 확대하였다.
　　㉡ 공직가치, 기초 농업기술, 기초 직무역량, 리더십 등 다양한 내용의 교육을 실시하였다.
　　㉢ 지도직뿐만 아니라 연구직 신규채용자에 대한 교육도 처음 실시하였다.
　⑧ 2007년: 본격 연구직 신규채용자 교육 실시

(3) 재직자 직무교육(재훈련)

1) 개념
　① 의의: 정규 농촌지도요원에게 주어지는 모든 종류의 교육훈련이다.
　② 목적
　　㉠ 자기가 전공하고 담당하는 업무에서 새로 연구·개발된 지식, 정보, 기술을 교육받기 위함이다.
　　㉡ 과거 알고 있었던 지식을 잊지 않도록 환기시키기 위함이다.

③ 재직자 직무교육은 1974년까지는 기본교육과 전문교육을 구분하지 않았으나, 1975년부터 구분하여 실시하였다.

2) 지도직공무원 전문능력 개발 지원
① **현직훈련**: 근무하고 있는 현지의 직장에서 필요한 지식이나 기술을 상위직 지도요원이 계획적 또는 그때그때 훈련시키는 것
② **단기과정훈련**: 1주~2주일 또는 1개월 이상 근무지, 학교, 훈련기관에서 한 가지 특수한 주제에 대하여 깊이 있게 훈련받는 것이다.
③ **멘토링과 코칭**
  ㉠ 새로운 지도요원이 자연스럽게 직업에 적응하도록 하기 위한 방법이다.
  ㉡ 숙련된 요원이 멘토로 지정되어 안내자 역할을 한다.
  ㉢ 새로운 요원인 멘티는 멘토의 경험과 지혜를 학습하게 된다.
  ㉣ 멘티의 역량과 자신감이 늘어나면서 멘토의 영향은 점점 감소하게 된다.
④ **위탁훈련과정**: 근무지에서 일정기간 농촌지도 계통의 기관이 아닌 타 기관 즉, 수련기관이나 대학에 위탁해서 훈련시키는 과정이다.
⑤ **외국파견훈련**: 선진 외국의 농촌지도기관이나 대학에 파견시켜 장·단기훈련을 받거나, 정규학위 과정을 이수하는 외국에서의 훈련이다.
⑥ **연찬회**(workshops)
  ㉠ 함께 공부하고 연구하는 회의이다.
  ㉡ 참석자와 강사가 1주~3주 가량 한 장소에서 같이 생활하면서 특정 주제에 대하여 의문점과 문제점을 함께 토의하면서 배우는 훈련과정이다.
⑦ **세미나(연구발표회)**: 지도요원이 어떤 특정 주제에 대한 연구발표 내용을 듣고 각자 의견과 연구결과를 상호 토의과정을 거치는 동안 많은 학습을 하게 되는 모임이다.
⑧ **전문지도연구회**
  ㉠ 농촌지도공무원의 자율적인 연구모임체로서 학습조직의 기능을 한다.
  ㉡ 신규 지도공무원에게 가입을 권장하고 해당 연구회 작목을 체험하도록 다양한 교육기회를 제공함으로써 전문지도연구회를 활성화하고 전문능력을 개발한다.
⑨ **개인적 독서**: 특정 관심 분야에 대한 기술 잡지와 농촌지도에 관한 잡지 등을 읽어서 최신 정보를 습득하는 것으로 미국의 '농촌지도학회지(Journal of Extension)'가 대표적이다.
⑩ **보충훈련**(refresher course)
  ㉠ 훈련기간은 4주~6주간 정도로 일반적으로 농촌지도방법, 양계법, 과수재배법 등과 같이 그 주제가 넓고, 여러 가지 주제에 대하여 같은 기간 동안에 실시한다.
  ㉡ 과수에 대한 것이면 전반적으로 과수재배에 대한 모든 지식, 기술 및 그 경영에 관하여 훈련을 받는다.

⑪ 진학과정 훈련

　㉠ 농촌지도요원으로 근무하다 보면 승진이나 업무수행상 학력을 더 높일 필요와 기회가 주어진다.

　㉡ 근무를 하면서 야간을 이용해 대학이나 대학원을 다니는 경우도 있고, 또는 방송통신대학에 등록하는 방법도 있다.

　㉢ 계절대학원에서 학위를 받을 수도 있으며, 근무하면서 또는 휴직을 하고 대학원 과정을 이수하는 경우도 있다.

⑫ 각종 정기직원회의

　㉠ 중앙에서 혹은 도 단위에서 각종 직급의 지도요원들이 정기회의에서 행정과 시책 등에 관한 회의와 더불어 훈련을 실시한다.

　㉡ 행정지시, 시책소개 등

　㉢ 지도요원의 정신교육, 사기진작, 지도사업의 중요성 인식 등의 절차

　㉣ 각종 영역에 대한 교육과 훈련

　㉤ 근무지역에서 체험한 훌륭한 업적과 지도사례를 소개하고 토의한다.

⑬ 일선지역 훈련회의

　㉠ 특수작물재배나 가축사육지역에서 작목생산과 경영 관련 혁신사항을 일선 농촌지도요원에게 훈련하기 위하여 모이는 반나절 혹은 일주일 가량의 모임이다.

　㉡ 일선 농촌지도요원이 강사가 되는 수도 있고, 중앙이나 도에서 강사를 초빙할 수도 있다.

3) 농촌진흥청 지도직공무원 전문능력 배양을 위한 프로그램 개발

① 1980년대 지도직공무원 전문 특기화 규정 시행부터 추진되어, 전문지도사와 특기지도사 제도를 운영하였고, 시험을 통해 자격을 인정하였다. 이 제도는 보직, 전보 등에 반영하는 효과가 있었으나 자격시험에 따른 제도적 미비점 때문에 중단되었다.

② 1997년 지도직공무원의 지방직 전환 이후 지도직공무원의 전문능력을 향상시키기 위하여 전 지도직공무원에게 1개 특기, 1개 부특기 소지를 의무화하면서 12개 분야 42개 전공으로 분류 운영하였다.

③ 전문지도연구회 운영: 조직학습의 중요성이 대두되고, 지식기반 사회가 도래함에 따라 전문능력 향상에 실천공동체의 중요성을 인식하여 지도직공무원의 자율적 학습조직을 구성하고, 효율적 운영을 위해 단위연구회 회장단으로 구성된 한국농업전문지도연구협의회가 결성되었다.

2. 농촌지도공무원의 역량 및 경력단계

① 농촌지도요원의 역할

(1) 해브락(Havelock)의 변화촉진자로서 개발요원의 역할

1) **촉매자(catalyst)로서의 역할**: 자극을 통하여 문제상황의 인식과 개발욕구를 불러일으키는 역할을 한다.
2) **해결방안 제시자(solution giver)로서의 역할**: 문제상황에 적절한 해결방안의 제시와 그것을 수용하게 하는 역할을 한다.
3) **진행협조자(process helper)로서의 역할**: 모든 개발단계에 따른 문제해결활동을 측면지원하고 그 활동의 성과 제고를 유도하는 역할을 한다.
4) **자원동원자(resource mobilizer)로서의 역할**: 활동에 필요한 자원을 발견하고 동원하는 역할을 한다.

(2) 리피트(R. Lippitt, 1958)가 제시한 역할

농촌지도요원의 변화촉진자로서 역할을 보다 구체적으로 분류하여 시계열(時系列, time series) 순서에 의하여 설명하고 있다.

1) **행동변화 필요 인지**: 변화촉진자는 그의 고객이 스스로 행동변화의 필요를 인지하도록 도와주어야 한다. 이와 같은 변화적 필요의 인지는 전통적 사회에서 더 필요하다.
2) **상호신뢰적 관계의 조정**: 변화적 필요가 창출되면 변화촉진자는 그의 고객과 상호신뢰 관계를 발전, 수립시켜야 한다. 농민의 필요, 문제와 관련에서 신뢰성, 확실성, 감정이입 등의 깊은 상호관계적인 분위기를 조성해야 한다.
3) **문제의 진단**: 변화촉진자는 그의 고객이 문제상황을 분석하여, 왜 현실적인 대안이 그들의 필요를 충족시켜주지 못하는지를 이해시켜야 한다. 이와 같은 진단적 결론은 감정이입적으로 베풀어져야만 한다.
4) **고객의 동기유발 촉진**: 농민의 목적을 달성하기 위하여 가능한 모든 행동사항을 모색결정한 후 변화촉진자는 고객의 변화의지 즉, 혁신하려는 동기유발을 촉진시켜야 하는데, 이는 어디까지나 고객위주의 것이 되어야 한다.
5) **변화의지의 행동화**: 변화촉진자는 농민의 필요에 입각하여 작성한 권장사항에 따라서 고객의 행동을 변화하도록 촉진시켜야 한다. 단순한 합의나 의사가 아니라 행동과 실천을 촉구시키는 것이다.

6) 변화의 고정과 중단 방지: 혁신을 수용한 고객에게 보충적 메시지를 전달함으로 새로운 행동을 효과적으로 고정, 동결시키도록 배려하여야 한다.

7) 종결적 상호관계 수립: 변화촉진자의 최종적 목적은 농민이 내면화된 행동을 발전시키는데 있으므로 변화촉진자에게 의지하지 않고 자기 스스로 자발적으로 의지하도록 만들어야 한다.

(3) 농촌지도자들에게 요구되는 자질: 쿠색(Cusack)

1) 집단지도능력
2) 인간관계조정능력
3) 의사소통능력
4) 새 기술의 전시능력
5) 선택한 연구결과와 정보의 변용능력
6) 지도대상자의 습관, 가치관, 사고방식의 이해
7) 사회 변화에 따른 적절한 대안을 설정할 수 있는 능력
8) 지도대상자들에게 유용한 연구결과와 정보의 선택능력
9) 자기의 전공영역과 관련된 사회 및 자연과학분야의 각종 연구결과와 정보의 이해 능력

(4) 농촌지도요원의 역할: 김진모 외

1) 농촌지도사업의 성공을 위해서 농촌지도공무원의 역할이 가장 중요하다.
   ① 촉매자 역할: 농촌지도사가 주민들의 개발욕구를 자극하고 실천에 옮기도록 격려하는 역할
   ② 제시자 역할: 농촌주민 생활을 개선하는데 필요한 정보, 지식, 기술 등을 제공하는 역할
   ③ 자문가 역할: 농민이 의사결정을 할 때나 자원을 동원할 때 도와주는 역할
   ④ 변화촉진자 역할: 주민들간 모임을 활성화시켜 변화를 촉진하는 역할
   ⑤ 의사소통자 역할: 효과적인 의사소통을 통해 주민들을 서로 이해시키고 단합시키는 역할
   ⑥ 혁신자 역할: 바람직한 변화를 이끌어내기 위해 주민들과 창조적인 일을 계획하는 역할
   ⑦ 조직자 역할: 지역 발전 목표와 비전을 제시하고 주민들을 조직화하는 역할

2) 지도사의 역할은 인적자원개발 담당자의 역할과 유사하다.
   ① 농촌지도사업은 교육적 성격이 강하다.
   ② 우리나라 지도기관은 단순한 농업기술보급 기능뿐만 아니라 정부정책 전달자, 지역사회개발자, 지역인적자원개발자 등 다양한 역할을 수행한다.

3) 생산부터 소비의 전 과정에 다양한 능력이 요구된다.
   ① 과거 지도공무원은 선진농업기술 보급, 지원의 전통적 역할이었다면, 최근에는 생산부터 소비까지 전과정에 전문능력, 지역특화 농업기술, 컨설팅 능력 등 다양한 능력이 요구된다.
   ② 지도사는 농업분야 인전자원개발자로서의 전통적 역할을 수행했다면, 농업환경의 다각적 변화는 지도사 스스로의 인적자원개발이 중요해진다.

4) 농촌지도사가 평가한 인력개발의 중요 역할
   ① 개인개발 상담자로서의 역할
   ② 매체 전문가로서의 역할
   ③ 요구분석가로서의 역할

5) 조직 수준에 따른 역할의 중요도

순위	1위	2위	3위
중앙 단위	전략가	전문가	평가자
도 단위	전략가	전문가	네트워커/메신저
시군 단위	자문가/상담자/코치	전문가	네트워커/메신저

6) 우리나라 전문지도인력의 역할과 활동
   ① 전문가(Subject matter expert)
      ㉠ 담당 전문분야에 대한 깊이 있고 실용적 지식과 기술을 가지고 이를 활용한다.
      ㉡ 응용연구에 참여하거나 연구에서 나온 지식을 이해한다.
      ㉢ 다양한 출처를 통해 필요한 정보를 수집하고 고객에게 유용한 형태로 가공하여 전달한다.
   ② 자문가/상담자/코치(advisor/counselor/coach)
      ㉠ 고객의 의사결정과 성과개선에 대한 조언과 후원을 한다.
      ㉡ 대화를 통해 고객이 문제점을 이해하고 새롭게 인식할 수 있도록 돕고 스스로 의사결정을 할 수 있도록 돕는다.
   ③ 전략가(strategist)
      ㉠ 조직이나 고객의 요구와 자원을 분석한다.
      ㉡ 바람직한 상태와 현재 성과간의 차이와 원인을 밝힌다.
      ㉢ 지도조직이나 고객이 장기적으로 성공하고 부가가치를 창출할 수 있는 방법을 찾는다.
      ㉣ 조직이나 고객의 전략적 방향을 뒷받침하는 전략의 기획과 수행을 이끈다.
   ④ 네트워커/메신저(networker/messenger)
      ㉠ 바람직한 성과를 이루기 위해 필요한 사람들과 자원을 찾아 연계하며, 이들이 함께 일할 수 있도록 촉진한다.
      ㉡ 수집·가공된 유용한 정보를 내·외부 고객에게 전달한다.

⑤ 변화촉진자(change agent)
  ㉠ 고객이 변화에 적응하고 일하는 방식, 절차, 전략 등을 바꿀 수 있도록 돕는다.
  ㉡ 고객이 새로운 기술의 가치와 이점을 알고 이에 적응할 수 있도록 돕는다.
  ㉢ 고객이 어떻게 변화해야 할지 제안하고, 변화 절차를 따르도록 돕는다.
⑥ 평가자(evaluator)
  ㉠ 지도사업 프로그램의 결과 및 성과를 진단한다.
  ㉡ 평가결과를 홍보하여 지도사업 프로그램 개선을 위해 활용한다.
⑦ 파트너(partner)
  ㉠ 고객의 문제해결이나 성과 개선을 위해 부족한 점을 보완하고 협력한다.
  ㉡ 고객이 문제의 원인과 해결책에 영향을 미치는 실제적인 요인을 찾도록 돕는다.
  ㉢ 고객이 여러 대안을 비교하고 그 대안에 영향을 미치는 중요한 인과관계를 구분하도록 돕는다.
⑧ 교육자(educator)
  ㉠ 고객이 지식과 기술을 습득할 수 있도록 형식, 비형식 교육이나 다양한 학습경험을 제공한다.
  ㉡ 기술적 특허용어를 쉬운 용어로 바꾸고 흥미롭고 이해하기 쉽게 강의한다.
  ㉢ 고객이 가진 현재의 인식에 도전을 줄 수 있는 새로운 요소와 아이디어를 소개한다.
⑨ 관리자(manager)
  ㉠ 효과적인 지도사업 프로그램의 추진을 위해 계획을 세우고, 필요한 자원을 조달하며, 진행을 감독한다.
  ㉡ 사업 목적을 홍보하고 실행계획이 효과적으로 추진되도록 지원하며, 장애요인을 제거하고, 필요한 후원을 확보하며 사후관리를 한다.

② 농촌지도요원의 역량

(1) 개념

1) 지도공무원의 역량은 종합적 전문성으로 인식한다.
   ① 농촌지도공무원은 농업기술자이면서 교육자이기 때문에 농업기술 지식뿐만 아니라 교육자의 자질을 갖고, 다양한 활동을 하고 각자 자기 분야의 전문성을 가질 때 지도사업의 발전을 기대할 수 있다.
   ② 종합적 전문성이란 기술보급, 생활개선, 농촌여성 및 청소년 지도 등 전공영역 외에도 교육자적 자질, 사업계획 및 평가, 연구수행 등에 대한 전문성도 확보해야 한다.
2) 농촌지도공무원의 전문성은 지도공무원이 지도활동을 수행하는데 필요한 능력, 자질로 보거나, 각기 분야에 전문 활동을 수행할 수 있는 제반 능력을 의미한다.
3) 지도공무원의 전문성은 지도사업의 내적·외적 상황에 따라 다양하게 정의되고 변화된다.

(2) 우리나라 농촌지도사 유형에 따른 전문 능력

농촌지도조직관리자, 전문지도사, 일반농촌지도사로 구분(유영철)

유형		요구되는 전문능력
농촌지도 조직관리자	전문능력	*농업에 대한 지식 *기본훈련 및 선진기술훈련 능력 *지도사업에 대한 전략적 기획 능력 *보고서, 통계, 기타 서류 작성 능력 *전문지도사의 사업영역 조정 능력 *예산 및 행정처리 능력 *인력배치능력 *평가능력
전문지도사	자질	*일반농촌지도사가 갖추어야 할 자질 *성공적인 일반농촌지도사로 적어도 1년간 근무 경험 *일반농촌지도사에 대한 기본적, 전문적 훈련 능력
	품성	*일반농촌지도사가 갖추어야 할 품성 *협동능력 *관리능력
	전문능력	*일반농촌지도사가 기술적으로 능력이 부족할 때 조언하는 능력 *일반농촌지도사를 대상으로 한 적정한 기술 및 기법 사용 능력 *문제해결 접근 원리를 가지고 가능한 해결책과 장애를 인지하는 능력 *일반농촌지도사를 대상으로 기본 및 전문교육을 할 수 있는 능력 *연구기관과 일반농촌지도사간의 교량 역할을 수행할 수 있는 능력
일반 농촌지도사	자질	*지역 언어 *수혜집단과의 친밀성 *농업에 대한 경험 *최소한의 학력 *농업기술에 대한 훈련
	품성	*동기 *배우려는 태도 *새로운 기술습득을 위한 커뮤니케이션 능력 *신체적인 건강 *건전한 품성 *독립심
	전문능력	*지도사업에서 실천할 내용 결정 능력 *지도사업의 실행 능력 *관리와 통제 능력

(3) 역량모델

1) 역량모델의 필요성

① 지도업무의 최우선 과제는 농업연구기관에서 개발된 농업 신기술을 농업인에게 효과적으로 전파, 보급하는 것으로, 농촌지도요원의 전반적 역량에 관한 논의보다 지도사의 직업적 전문성 개발·강화하는데 치중하였다.

② 농업기술 보급이나 주요 업무영역 대부분 지도공무원으로서의 역할 및 업무수행 표준이 제시되어 있지 않아 고성과자를 판단할 근거가 미흡하다.

③ 향후 농업환경 변화에 대응할 농촌지도사업의 발전을 위해서 농촌지도공무원의 전반적 역량 개발 및 강화가 요구된다.
④ 전반적 역량 개발과 강화를 위해 지도공무원의 현재 역량 수준을 체계적, 구체적으로 파악할 수 있는 역량진단이 이루어져야 한다.
⑤ 역량중심의 인적자원개발 시스템은 역량모델에서 출발하며, 이는 직원 채용과 교육훈련, 수행평가, 보상 등 인적자원관리를 효율적으로 수행하기 위해 먼저 직원에게 필요한 역량이 무엇인지 결정해야 하기 때문이다.

2) 농촌지도공무원의 역량모델링(심미옥, 2006)
① 기초역량
  ㉠ 기초역량은 전문지도인력의 성공적 업무수행을 위한 기본역량에 해당된다.
  ㉡ 모든 역할을 수행하는데 필요하고 전문분야와 관계없이 일반적으로 적용된다.
  ㉢ 일부 기초역량은 매니저, 전략가로서 역할을 수행하는데 필요하며, 그 역량은 지도사업 추진을 위한 기반으로 작용한다.

② 직무역량
  ㉠ 기초역량보다 전문지도인력의 업무 수행에 직접적으로 연관되는 역량이다.
  ㉡ 업무의 성공적 수행을 위해 보다 특정한 지식과 기술이 요구된다.

(4) 농촌지도공무원의 역량모델(김진모, 2006)

1) 국내외 농촌지도 역량 선행연구를 바탕으로 듀보이스(Dubois)의 5가지 직무역량모델을 수정하여 사용하였다.
2) 농촌지도공무원의 역량모델을 3개 역량군, 28개 역량, 80개 행동으로 분류하였다.
  ① **기초직무 역량군**: 외국어 능력, 아이디어 창출, 문제해결, 컴퓨터 활용능력, 네트워크 형성, 조사분석능력의 6개 역량과 16개 주요행동으로 구성
  ② **전문직무 역량군**: 전략적 지도사업계획, 지도사업 지원관리, 예산 및 회계관리, 지도인력관리, 지도사업 프로세스 관리, 현장지도, 지도사업 평가, 지도사업 홍보, 기술/주제 전문성, 농업·농촌이해, 농촌지도조직 및 사업이해, 고객지향성의 12개 역량과 34개 주요행동으로 구성
  ③ **리더십 역량군**: 자기개발, 책무성, 의사소통, 협상, 팀워크, 동기부여, 갈등관리, 변화지향과 촉진, 비전 설정 및 공유, 구성원 육성의 10개 역량과 10개 주요행동으로 구성
3) 현재 가장 높은 역량은 리더십 역량군의 책무성이고, 그 다음이 전문직무 역량군의 고객지향성이며, 가장 낮은 역량은 기초직무 역량군의 외국어 능력이었다.

3 지도공무원의 교육체계

(1) 농촌지도공무원의 계층별 육성방안(김진모, 2006)

구분	계층	육성의 초점	육성방법		
			중앙단위	도 단위	센터 단위
일반지도사	1계층 (3년 미만)	*지도사업 및 농업전반 이해 *기초적 지도행정능력 개발	*집합교육 *오리엔테이션	집합교육	*멘토링/코칭 *부서별 OJT *자기주도학습 유도
	2계층 (3~10년)	기초적 농업상담 및 기술지도 능력개발	*집합교육 *연구기관 연수 *전문지도연구회 참여	집합교육	*멘토링/코칭 *과제수행 *자율탐구 *영농체험 *시험장 파견 *직무순환 *자체 세미나 참여
	3계층 (10~20년)	*특정 작물에 대한 전문성 확보 *전업농 상담 및 경영지도 능력개발	*집합교육 *전문지도연구회 참여 *국내외 학회 참여	집합교육	*과제수행 *자율탐구 *시험장 파견 *직무순환 *자체 세미나 참여
	4계층 (20년 이상)	*특정 작물에 대한 전문성 유지 *농업경영체 상담 및 경영지도 능력개발	*집합교육 *전문지도연구회 참여 *국내외 학회 참여	집합교육	*현장영농컨설팅 *농업기술강의 기회 제공 *자체 세미나 참여
관리자	5계층 (담당)	개별지도사업을 효과적으로 이끌 수 있는 리더십 개발	*집합교육 *성과평가 *국내외 학회 참여	집합교육	과제수행
	6계층 (과장)	조직 비전달성을 위한 전략과제를 효과적으로 이끌 수 있는 리더십 개발	*집합교육 *성과교육	집합교육 연찬회	과제수행
	7계층 (소장, 국장, 원장)	조직비전과 방향을 제시할 수 있는 리더십 개발	*집합교육 *성과평가 *리더십 평가 센터	집합교육 연찬회	

※ OJT(On the Job Training; 직장 내 훈련)

(2) 교육체계에 따른 교육과정 개발

1) 계층교육체계의 필요성

① 기업: 직원의 경력에 따라 신입사원 교육과정, 일반사원 교육과정, 관리자 교육과정, 경영자 교육과정 등의 계층교육체계를 수립하여 각 직급에 요구되는 전문성 개발을 지원한다.

② 지도조직
    ㉠ 각 계층의 지도직공무원 육성을 위한 교육체계가 필요하다.
    ㉡ 교육체계를 통해 계층교육과정을 실시할 경우 각 계층 지도직공무원이 자신의 위치에 요구되는 역량과 전문성의 효과적, 체계적인 개발이 가능하다.

2) 지도직공무원의 수준별 프로그램 개요

교육과정 수준에 따른 인재상에 기반하여 각 프로그램명을 설정하고, 교육대상자를 확인한 후 이에 부합하는 프로그램의 목적을 수행한다.

프로그램명	지도 입문 프로그램	지도 실무 프로그램
교육목적	*농업 및 농촌에 대한 애정과 농촌지도사업과 실무에 대한 기본지식 *농촌지도직공무원으로서 사명의식과 열정을 갖춘 초급 실무자 육성	*고객지향적 현장지도 능력 *농촌지도 실무(행정)능력을 갖춘 자기개발형 현장지도전문가 양성
교육대상자	입직 후 1년 이내 농촌지도직공무원	3~7년 미만 농촌지도직공무원
중점교육역량 (교육내용)	농업 및 농촌 이해 농촌지도조직, 사업 이해 조사분석능력1 지도사업 자원관리1 예산, 회계관리1 현장지도1 책무성	조사분석능력2 지도사업 자원관리2 예산, 회계관리2 현장지도2 지도사업홍보1
교수학습전략	강의, 실습, 견학, 체험, 역할연기	강의, 실습, 문제해결능력, 사례연구, 역할연기
교육평가	반응평가, 학습평가	반응평가, 학습평가
교육기간	30일	21일

3) 역량-모듈 매트릭스

① 계층별 역량의 중요도 값을 설문조사와 전문가 인터뷰 결과를 비교, 분석하여 계층별 역량의 우선순위를 선정한다.
② 각 프로그램을 구성하는 모듈에 대하여 각 모듈에서 교육내용을 어떤 순서로 가르칠 것인가를 결정하고, 모듈별 실행목표를 개발한다.
③ 모듈의 주요 내용과 실행목표를 바탕으로 교수설계 원리를 선정하고, 이를 통해서 학습활동과 평가방법을 선정한다.
④ 모듈 수행에 소요되는 시간을 산정한다.

④ 농촌지도요원의 경력단계(김진모, 주대진 외 2006)

〈농촌지도직공무원의 바람직한 경력단계 설정〉

육성단계	소요기간	정의
입직	1~2년	
일반지도 단계 (1단계)	3~5년	농촌지도사업의 특성을 이해하고 농업 전반에 대한 기초적 지식을 획득한다. 농업인을 대상으로 기초적인 농업상담 및 기술지도가 가능하다. 지도행정을 처리할 수 있는 사무능력을 갖춘 농촌지도직공무원이다.
전문지도 단계 (2단계)	5~8년	농업에 대한 이해 및 특정작물에 대한 전반적인 지식을 바탕으로 특정 품목에 대한 전문적인 지식을 소유한다. 특정품목 전업농에 대한 상담 및 경영지도가 가능한 농촌지도직공무원이다.
농업기술 컨설팅 단계 (3단계)	계속	특정작물에 대한 전반적인 지식 및 다품목 또는 특정품목에 대한 전문적인 지식을 지속적으로 유지·개발한다. 특정품목 전업농 수준 이상의 농업경영체에 대한 상담 및 경영지도가 가능한 농촌지도직공무원이다.

(1) 일반지도 단계(1단계)

1) 신규지도사

① 의의

㉠ 입직해서 1~2년 이내에 체계적 직무경험과 일정기간의 집합교육을 통해 농촌지도사업의 특성을 이해한다.

㉡ 농업 전반에 대한 기초지식을 습득하여 지도행정을 처리할 수 있는 사무능력을 갖추는 단계이다.

② 채용

㉠ 우리나라는 일반공채, 제한공채, 특채 형식을 통해 지도직공무원을 채용한다.

㉡ 최신 신규지도사의 대부분은 일반공채를 통해 입직하며, 비농업 전공자 비율이 높아지고 있는 추세이다.

㉢ 입직 후 바로 실무에 투입되므로 지도업무를 수행하는데 어려움이 있어 일정기간 중앙단위나 광역단위에서 집합교육이 필요하다.

③ 교육과정

㉠ 공통전문교육 외에 농업, 농업인에 대한 이해, 지도조직과 업무에 대한 이해, 대표 작목기술에 대한 기초이해를 위해 보다 장기적인 최소한 2~3개월 정도의 집합교육이 필요하다.

㉡ 부서별 OJT, 멘토링, Self-study(이론/지식, e-Learning 포함) 등의 방법이 유용하다.

2) 실무지도사

① 의의

㉠ 신규지도사의 자질과 소양을 갖춘 후 다양한 작목(품목)에 대한 경험과 지식을 접할 수 있는 체계적 직무경험을 제도적 차원에서 제공받아 농업인을 대상으로 기초 농업상담 및 기술지도가 가능할 정도의 지도사이다.

㉡ 육성목표에 따라 체계적 직무경험과 교육기회를 제공하여 전공분야를 선택하게 하고, 그 분야 최고전문가로 성장해갈 수 있는 기회와 조직 차원의 지원이 필요하다.

② 교육과정

㉠ 멘토링에서의 멘티 역할, 자체 세미나 참여, 현장 영농체험, 시험장 파견, 전문지도연구회 참여, 직무순환 등이 유용하다.

㉡ e-Learning 프로그램을 도입하여 기술적 교육이 가능하고, 사이버코칭도 가능하다.

㉢ 자체 세미나는 주 1회 또는 격주 1회 정도 해당 품목에 대해서 세미나를 하면 효과가 높다.

㉣ 현장 영농체험도 효과가 높다.

(2) 전문지도 단계(2단계): 책임지도사

1) 의의

① 실무지도사를 거쳐 특정 작물 내 특정 품목에 대한 전문적인 지식을 갖추어 특정 품목 전업농에 대한 상담 및 경영지도가 가능한 농촌지도공무원이다.

② 지도직공무원이 지역 특성과 지도 환경을 고려하여 전략적으로 집중 육성해야 할 작목(품목)을 선정하여, 지도직공무원이 그 분야 전문가로 성장할 수 있도록 충분한 교육경험과 직무경험을 조직적 차원에서 제공해야 한다.

③ 작목(품목)전문가로서 생산기술, 포장, 유통, 판매에 이르는 전 과정에 대한 농업인 상담 및 경영지도가 가능한 작목 컨설턴트로 성장할 수 있도록 제도적 지원이 필요하다.

2) 육성방법

① **멘토링**: 지도사 선배와 멘토링 체제를 구축하여 현장실무능력을 배양한다.

② **전문지도연구회**: 제도적 차원에서 전공분야를 선택하게 되면 전문지도연구회 활동으로 해당 작목의 기술적 능력 및 자기개발을 유도한다.

③ **학회참여**: 세미나도 필요하나 학회참여를 권장할 필요가 있는데, 관련 학회에 참석하여 기술적 전문성을 강화시킬 수 있다.

④ **자율탐구(project assignment)**: 현장의 요구와 현장애로기술을 직접 개발, 시험할 수 있고, 전공분야에 대한 심층 연구 기반이 제공된다.

⑤ 작목(품목)에 대한 중앙지도기관의 교육기회, 경험을 제공한다.

(3) 농업기술컨설팅 단계(3단계): 수석지도사

1) 의의
① 농촌지도직공무원으로 최고 수준의 농업전문가이다.
② 특정 작물에 대한 전반적 지식 및 다품목(또는 특정 품목)에 대한 전문적 지식을 지속적으로 유지·개발하여, 특정 품목 전업농 수준 이상의 농업경영체에 대한 상담 및 경영지도가 가능한 농촌지도직공무원이다.
③ 직무경험 및 교육기회의 제공보다 작목(품목)에 대한 개인별 연구기능을 지원하고, 지속적 자기개발을 통하여 농업 부문별 최고수준의 전문가로서 특정 작목(품목)에 대한 생산, 가공, 유통, 판매의 전 과정을 관리할 수 있는 컨설턴트이다.
④ 개인 노력에 따라 작목(품목)을 확대하여 다품목전문가로 성장한다.
⑤ 입직에서 20여년의 기간이 소요되고, 이후 지도사업 관리자가 되거나 퇴직하게 된다.

2) 육성방법
① 농업기술 강사로 활동, 자체 세미나 주관, 멘토링(멘토 역할), 국내외 학회 발표, 현장 영농컨설팅, 집합교육 등의 방법을 이용한다.
② 농업기술강사: 가르치는 것만큼 내용을 확실하게 자기 것으로 만드는 방법은 없다.
③ 현장농업컨설팅을 집중적으로 하게 하는 방법
④ 관련학회에 발표를 할 수 있도록 조직적 지원이 필요하다.

3) 퇴직 이후의 노력
① 작목(품목)별로 10여년 이상의 기간이 소요되고 개인의 노력과 의지, 조직적 차원의 전략적 육성 노력이 수반되는 전문지도사로서의 노하우와 기술을 사장시키지 않도록 국가적 차원에서 노력이 필요하다.
② 농촌지도직공무원은 농업행정과 달리 퇴직 후에도 농업부문 전문가로서 활동이 가능하며, 퇴직 후 재취업과정 프로그램을 마련하여 전문지식과 노하우를 지속적으로 유지·개발하는 작업이 필요하다.

3 농촌리더십

① 리더십 이론

(1) 리더십의 개념

1) 정의
① 집단의 목표 달성과 유지 발전을 위하여 집단성원의 자발적인 지지와 참여를 바탕으로 그들 간의 상호작용을 유도하고 집단 내외적 상황을 변화시키는 리더의 행동이다.
② 단순한 힘이나 영향력이라기보다 의도성과 방향성을 지닌 행동이다.
③ 피고르(Pigor): 다른 사람을 이끌고 다니는 인성이라고 하여 지도와 인성을 강조하였다.
④ 알포드와 비틀리(Alford & Beatley): 집단성원의 자발적 행동을 유도하는 인물의 영향력 또는 행동이다.
⑤ 깁(Gibb): 집단성원의 상호작용을 위한 조정과 통제이다.
⑥ 올포트(Allport): 집단의 내외적 상황에 대한 영향력을 강조하여 리더와 성원간의 인간관계를 통해서 집단상황에 크게 변화를 가져오는 활동이다.

2) 특징
① 리더십은 선천성이 아니라 후천적 특성이 강하기 때문에 누구나 수련하면 소유할 수 있다.
② 리더십은 모든 집단성원이 가질 수 있는 것이며, 리더십을 가장 많이 지닌 사람이 그 집단의 리더가 된다.

3) 리더십 이론의 변천
① 특성론(1920~1950년): 리더 개인의 특성, 속성 및 자질에 초점을 둔 고전적 연구이다.
② 행태론(1950~1960년): 리더와 부하간의 관계를 중심으로 리더십 행태(행동)의 다양한 유형을 연구한 이론으로 행동유형론이 있다.
③ 상황론(1970년대): 리더십의 효율성에 영향을 미치는 상황(환경)적 조건을 연구한 이론으로 자질론과 상황론을 종합한 상호작용이론이나 3차원이론도 이에 속한다.
④ 신속성론(1980~1990년): 리더의 카리스마나 신념, 가치관 등 개인적 특성을 리더십의 중요한 인자로 재차 강조하는 현대적 리더십 연구이다.
  ㉠ 카리스마적(위광적) 리더십: 리더가 난관을 극복하고 현재 상태에 대한 각성을 확고하게 표명하고 수범을 보여 부하들에게 존경심, 자긍심과 신념 및 강한 헌신, 일체감을 심어주고 부하들로부터 존경과 신뢰를 얻는다.
  ㉡ 영감적 리더십: 리더가 부하로 하여금 도전적 목표와 임무, 미래에 대한 비전을 열정적으로 받아들이고 계속 추구하도록 격려한다. 미래에 대한 구상이 핵심이다.

ⓒ **지적 자극**: 부하로 하여금 형식적 관행을 타파하고 창조적 사고(혁신적 아이디어)와 학습의지, 새로운 관념을 촉발시킨다.

ⓔ **개별적 배려**: 개인의 특성을 파악하여 이를 적합하게 격려하고 개인의 존재가치(자긍심)을 인정하며, 개개인의 특성과 다양성에 따라 코치하고 충고한다.

(2) 농촌 리더십 이론

1) 특성이론(Traits theory)
① 리더십 초기 연구는 리더가 지니고 있는 천부적인 특성에 초점을 두었다.
② 스미스와 크루커(Smith & Kruger): 리더란 천부적인 것으로 그들은 다른 사람들에 비해서 정신적, 물리적, 개인적으로 우월하여 어떤 상황에서도 변질될 수 없는 것이기에 이런 특성을 지닌 사람만이 진정한 리더가 될 수 있다고 주장하였다.
③ 만(Mann): 실증연구 결과 자질이란 천부적인 것이 아니고 인간의 어떤 자질이 바람직한 리더상이 될 수 있는지 예측하기 어렵다고 주장하였다.
④ 어떤 개인적 자질(특성)은 리더가 리더십을 행사하기 위하여 구비해야 할 요건 중 하나라고 보았다.

2) 성원이론(Follower theory)
① **배경**: 특성이론이 리더와 피지도집단간의 기능관계라는 점을 간과했다고 비판하며 자질론을 반박하였다.(상황이론에 포함시키기도 함)
② **특징**
  ㉠ 지도적 권위는 리더 개인적 자질에도 물론 내재하지만, 그보다 공통적인 조직목표에 대한 광범위한 충성에서 기인하는 구성원의 동의적 잠재력에 내재한다고 보고 있다.
  ㉡ 동의적 잠재력에 구성원의 리더에 대한 인지, 구성원의 성격과 습관, 문화적 배경 등이 포함된다.
③ **장점**: 사람들은 자신의 개인적 욕망을 충족시켜 주는 사람을 추종하는 경향이 있다는 것을 밝혀냈다.
④ **비판**: 리더와 성원들의 상호작용에 관계하는 환경이나 상황을 간과하였다.

3) 상황이론(Situation theory)
① 집단에 관련된 어떤 요소가 리더십 기능에 영향을 미친다면 그 어떤 요소는 상황적 요인의 범주에 포함된다.
② 로스와 핸드리(Ross & Hendry): 리더십을 특정 개인이 갖고 있는 자질요소나 종속자들의 태도보다는 그 조직의 목적 또는 기능을 파악하고, 그것과 지도자와의 관계를 규명하고자 하는 이론이다. 신앙, 사교, 학술 등 각각 그 조직의 목적과 기능이 다른 경우 상이한 리더를 요구하며, 같은 조직에서도 상황이 변화하면 다른 리더가 요구된다고 주장하였다.

③ 카트라이트와 잔더(Cartwright & Zander): 집단목표의 성격, 집단의 구조, 집단 구성원의 태도와 요구, 외부환경에서 오는 기대라고 주장하였다.

④ 깁(Gibb): 집단을 둘러싼 사회적, 물리적 환경의 성격, 집단 임무의 성격, 집단 구성원의 개인적 특성을 의미한다.

4) 상호작용이론(Interaction theory)

① 배경: 상호작용이론은 전통적 리더십 이론들이 리더의 행동에 따른 결과만을 연구하고 있다는데에 대한 반론으로 제기되었다.

② 의미

  ㉠ 조직지도자, 조직구성원, 조직상황의 3가지 요인을 동시에 고려하여야 한다는 이론이다.

  ㉡ 리더의 행동결과가 그 이후의 리더의 행동에 영향을 미칠 수 있다.

  ㉢ 리더의 행동에 의해 바람직한 결과가 나왔다면 그러한 행동은 반복되고, 반대라면 반복되지 않는다.

(3) 동기부여 이론

1) 내용동기

매슬로우(Maslow)	생리적 욕구	안전 욕구	사회적 욕구	존경 욕구	자아실현 욕구
알더퍼(Alderfer)	E: 생존욕구		R: 관계욕구		G: 성장욕구
맥그리거(McGregor)	X이론			Y이론	
허즈버그(Herzberg)	위생요인(불만족요인)			동기요인(만족요인)	
아지리스(Argyris)	미성숙 이론			성숙이론	
러커트(Likert)	체제1, 체제2			체제3, 체제4	

① 매슬로우(Maslow)의 욕구계층이론

  ㉠ 5계층적 욕구: 생리적 → 안전 → 사회적 → 존경 → 자아실현 욕구

  ㉡ 순차적 진행: 하위욕구 충족 시(100%가 아닌 어느 정도) 상위욕구로 진행

  ㉢ 충족된 하위욕구는 동기유발을 못한다.

② 알더퍼(Alderfer) ERG이론

  ㉠ 2개 이상의 욕구가 복합적으로 작용하여 동기를 유발한다.

  ㉡ 미충족 시 좌절-퇴행한다.

③ 맥그리거(McGregor) X-Y이론

  ㉠ X이론은 통제지향적이므로 부적합하다.

  ㉡ Y이론은 동기유발시키는 미래지향적 관리이다.

④ 허즈버그(Herzberg) 위생-동기이론

  ㉠ 만족과 불만족은 별개의 차원(만족의 반대≠불만족, 불만족의 반대≠만족)이다.

ⓒ 위생요인(불만족요인, 만족을 위한 필요조건): 정책과 관리, 지위, 임금, 감독, 기술, 작업조건, 안전, 조직 방침과 관행, 개인 상호간의 관계
　　　ⓒ 동기요인(만족요인, 만족을 위한 충분조건): 성취감(자아개발), 안정감, 직무 그 자체의 보람, 직무충실, 책임감, 승진, 심리적 요인
　　　ⓔ 장기적으로 동기요인을 충족시켜야 하며(동기화 전략) 직무확충의 대안을 제시
　　⑤ 아지리스(Argyris) 미성숙 – 성숙
　　　㉠ 개인은 미성숙(수동적, 의존적) 상태에서 성숙(능동적, 독립적) 상태를 지향한다.
　　　ⓒ 관료제는 이를 억제하므로 인간중심적 민주적 가치세계를 지닌 관료제 제시
　　　ⓒ 조직발전, 조직학습을 대안으로 제시
　　⑥ 맥클리랜드(McClelland) 성취동기이론
　　　㉠ 권력욕구 → 친교욕구 → 성취욕구 순으로 발달한다.
　　　ⓒ 성취욕구가 높을수록 근무성과가 높고 경제적 번영을 달성한다.
　　⑦ 핵크만과 올덤(Hackman & Oldham) 직무특성이론
　　　㉠ 직무의 특성이 개인의 심리상태와 결합되어 성장욕구에 부합되면 동기유발(개인차이를 고려)
　　　ⓒ 직무특성 = {(기술의 다양성+직무의 정체성+직무의 중요성)/3}×자율성

2) 과정이론

　　① 브룸(Vroom, VIE이론) 선호 – 기대 이론

[노력]→	[성과]→	[보상]→	[선호]
E(기대감)	I(수단성)	V(유의성)	

　　　㉠ 기대감(E): 노력이 성과(1차 결과)를 가져올 것이라는 신념, 주관적 확률. (0~+1)
　　　ⓒ 수단성(I): 성과(1차 결과)가 보상(2차 결과)을 가져올 것이라는 믿음의 강도. (-1~+1)
　　　ⓒ 유의성(V): 주관적인 선호의 강도. (-n~+n)
　　　ⓔ 동기유발 = E×I×V
　　　ⓜ 성과에 영향을 주는 요인: 노력, 능력, 환경
　　② 스키너(Skinner) 학습이론
　　　㉠ 학습이론 = 강화이론 = 순차이론: 외적자극에 의해 학습된 행동이 유발되는 과정을 설명
　　　ⓒ 자극→ 반응→ 결과(손다이크의 결과의 법칙에 근거: 결과에 따라 행동이 달라짐)
　　　ⓒ 유인기제
　　　　ⓐ 강화(반복확률 증가)
　　　　　• 적극적 강화: 원하는 것을 부여(승진, 봉급인상, 칭찬)
　　　　　• 소극적 강화: 원하지 않는 것을 제거(징계 제거)
　　　　ⓑ 처벌(반복확률 감소): 원하지 않는 것을 부여(징계)
　　　　ⓒ 중단(반복확률 감소): 원하는 것을 중단(성과금 폐지, 칭찬 중단)

② 농촌 리더

(1) 농촌 리더의 유형

1) 농촌 리더의 의미
① 농촌 주민들로 구성된 집단의 목적달성과 유지, 존속을 위해 집단 성원의 자발적 참여를 중심으로 집단 내외적인 상호작용을 농촌 사회규범에서 비교적 많이 주도, 조정, 통제하는 업무를 이행하는 농촌주민이다.
② 농촌 리더는 민간 리더이며, 집단을 지도하는 사람, 농촌사회조직에서 영향력을 가진 사람이다.
③ 농촌 리더는 다른 농촌주민이나 집단구성원보다 모든 면에서 훌륭한 자질을 가지고, 누구보다 많은 구성원을 이끌고 깨우치며, 때로는 위로하고 협동을 호소하는 역할을 담당한다.
④ 농촌 리더들은 다른 농촌주민들의 영농을 돕기도 하고 다른 사람들의 모범이 되기도 하며, 농촌에 필요한 변화를 이끄는 주도적인 사람이 된다.
⑤ 일부 국가의 경우 농촌지도사의 역할을 보조해 주기 위해 농촌주민을 임명하는 경우도 있다.

2) 특성에 따른 농촌 리더의 종류
① 전통적 리더
  ㉠ 나이, 학식, 경력, 신분 등으로 그 사회의 관습에 의해서 존경을 받고 있어서 영향력을 행사하는 리더이다.
  ㉡ 전통사회에서 사회 여론을 조성하여 지도해 나가는데 큰 힘을 가진 지도자이다.
② 카리스마적 리더
  ㉠ 그 사람의 매력적인 특성에 의해 타인에게 존경 받고 리더로 추앙 받는다.
  ㉡ 초인적인 인간성이나 능력을 가진 위대한 위인들이 카리스마적 리더이다.
  ㉢ 권위는 리더의 매력적인 특성에서 발생한다.
③ 관료적 리더
  ㉠ 어떤 조직의 목적을 달성하기 위해서 제도나 규칙으로 규정된 역할을 착실히 수행하는 사람으로서 행정적 책임자들이 관료적 리더이다.
  ㉡ 인간성이나 융통성을 배제하고 법과 질서를 지나치게 강조하는 리더의 유형이다.
  ㉢ 관료적 리더의 권위는 법과 제도에서 발생한다.
④ 민주적 리더
  ㉠ 구성원의 의견과 인격을 존중하고 그들의 참여를 강조하며 집단의견을 합리적으로 조정하여 집단을 협력적으로 이끌어가는 리더이다.
  ㉡ 민주적 리더의 권위는 집단성원의 위임에서 발생하며 가장 바람직하다.

⑤ 전제적 리더
- ㉠ 권력과 지배를 강조하고 복종을 요구하는 리더
- ㉡ 독재주의자가 여기에 속한다.

3) 형식과 선출방법에 따른 농촌 리더의 유형

① 공식적 리더
- ㉠ 의의: 선거나 임명에 의하여 공식적으로 알려진 리더이다.
- ㉡ 선출된 리더: 집단이 민주적 방식에 의해 선출한 리더로 영농회장, 부녀회장 등이 있다.
- ㉢ 임명된 리더: 정부기관이나 공공단체에서 하향적으로 임명한 지도자로 이장, 새마을 지도자 등이 있다.

② 비공식적 리더
- ㉠ 의의: 선거나 임명이 없어도 집단이나 부락에서 커다란 영향력을 지닌 사람
- ㉡ 유형
  - ⓐ 오피니언(여론) 리더: 공식적인 직책과는 아무런 관련 없이 다른 사람의 의견이나 여론에 영향력을 끼치는 개인이다.
  - ⓑ 자원지도자: 경제적 보수 없이 자원해서 자신의 시간과 노력을 보람 있고 가치 있는 일에 희생적으로 봉사하는 사람이다.
  - ⓒ 전통적 리더: 그가 갖고 있는 학식, 경력, 연령 등에 의해 영향력을 행사하는 유지급의 인사이다.

(2) 농촌환경 변화에 따른 리더의 변화

1) 시대별 농촌 리더의 변화

① 일제 강점기
- ㉠ 일제의 식민정책 전달 창구 역할을 하는 교량적 성격의 리더로 이장이 대표적이다.
- ㉡ 이장은 행정력의 바탕으로 일제 정책의 수용과 집행, 자원의 배분, 인력동원 등 권한을 행사하여 실질적으로 농촌을 이끌어가는 개념보다는 식민정부의 역할을 수행하였다.

② 해방 이후: 정부주도의 농촌 근대화를 위한 지도사업 집행을 위해 들어선 여러 사회조직을 통해 공식적인 리더십이 형성되었다.

③ 1960년대
- ㉠ 직·간접적으로 정치적 색채를 띠었으며, 촌락 내부의 유지 등의 영향력이 매우 컸다.
- ㉡ 리더에는 이장, 반장, 친목회장, 면장, 유지 등이 있다.

④ 1970년대
- ㉠ 새마을 운동 과정에서 농촌개발에 적극적인 추진력을 보였다.
- ㉡ 계획 수립이나 집행에 주민의 이해를 충분히 전달하지 못하였다는 한계점을 보였다.

⑤ 1980년대
　㉠ 다원적이고 민주적인 리더가 출현하였다.
　㉡ 이장이 선출직으로 전환되었고, 생산자 조직, 작목반이 등장하였다.
⑥ 1990년대
　㉠ 농업관련 조직의 리더나 핵심인력이 변화를 이끄는 리더로 등장하였다.
　㉡ 이장은 행정보조역할로 부수적인 리더로, 새마을 지도자는 명목상으로만 존재하는 등 역할이 모호해졌다.

2) 환경변화에 따른 농촌 리더의 변화

① 농촌사회와 농업정책의 변화

구분	과거	현재
농촌사회	자족적인 지역사회 혈연, 지연의 강조 농업 위주의 농민구조 분업적 협동	개방적 사회 평등주의적 관계 겸업, 혼주화, 고령화 조직적 협동
농업정책	농촌근대화, 농업발전 농업발전과 농촌발전의 동일시 하향식, 평균적 시책 정부의 시장개입	농업, 농촌 유지/소득 복지 향상 농업정책과 농촌정책 구분 상향식, 선택과 집중 농가의 직접 시장 대응

② 농촌 리더의 변화

구분	과거	현재
형태	공식적, 형식적 형태	공식, 비공식, 실질적 형태
영향력 범위	주로 마을 단위로 영향력이 미침	지역, 작목 등 다양
리더선출	관선적 선출	지지와 선출
리더역할	국가 정책실현을 위한 지시 전달자	지역의 자발적 계획을 실천하는 조직가, 실천가
기타	덕망에 의한 대표 상황과 현실 순응 수동적, 하향식, 권위적	전문성과 교섭력 동기부여, 변화 촉진자 자발적, 상향식, 민주적

(3) 농촌 리더의 특징

1) 오피니언 리더

① 의의: 오피니언 리더는 공식적 집단보다 비공식적이며, 광범위한 집단을 대상으로 하기보다는 대면적 작용을 하고, 직접 행동을 이끄는 것보다 의견, 변화를 인도한다.(한형수, 1981)

② 특성
  ㉠ 교육수준이 일반농민보다 일반적으로 높으나 월등히 높은 것은 아니다.
  ㉡ 일반농민보다 광역지향적으로 농촌지도원, 대량전달매체, 외부사람들과의 접촉이 많다.
  ㉢ 전통적인 규범체제 하에서는 사회규범에 의해 그 지위가 결정되지만, 도시화 사회에서는 대부분 개인의 능력이나 공식적 직책에 의해 결정된다.
  ㉣ 보다 많은 사회참여를 하고 높은 사회적 지위에 있다.

③ 성원들과의 관계로 본 오피니언 리더의 특성(한형수, 1981)
  ㉠ 오피니언 리더는 매스미디어를 통해 추종자보다 외부세계와 접촉이 활발하여 변화주도자와 더 많이 교류함에 따라 외부와 네트워크를 가졌다.
  ㉡ 추종자(성원, Followers)보다 매스미디어에 더 많은 주의를 기울이며 더 많이 노출되어 있다.
  ㉢ 오피니언 리더는 개혁에 대한 개인 메시지를 전달하기 위해서 추종자와 직접 대화하며 사회참여가 더 많다.
  ㉣ 보통 추종자들보다 사회적 지위가 높다. 추종자는 자신보다 사회적 지위가 높은 사람을 리더로 여긴다.
  ㉤ 오피니언 리더가 유능한 전문가로 인정을 받으려면 새 아이디어를 채택해야 한다는 점에서 추종자보다 더 개혁적이다. 개혁성은 사회규범의 성격에 따라 달라지는데 규범이 사회변동에 유연하게 반응할 때 더 적극적으로 추진될 수 있다.

2) 자원지도자

① 의의
  ㉠ 농촌사회 구성원으로서 타인에 비하여 영향력을 비교적 많이 행사하는 사람이다.
  ㉡ 자원지도자를 농촌민간리더, 농촌지역리더(rural local leader)라고도 한다.
  ㉢ 선거로 선출된 리더, 기관이나 단체에서 지명하는 리더가 아닌 먼저 자원하는 것이 전제가 된다.

② 자원의 의미를 강조하는 이유
  ㉠ 농촌지도사업에 참여하여 자신의 명예, 경제적 이익에 도움을 받는 것이 아니라, 시간, 경제적 희생, 봉사가 수반되는 일을 무보수로 하기 때문이다.
  ㉡ 자원지도자는 사람들이 하기 싫어하는 일(노약자, 부모 없는 어린이, 장애 청소년 등에게 정신적, 교육적 봉사)을 한다. 그러나 민간단체(친목단체, 동창회 등)의 리더는 보수가 없지만 다소의 명예와 지배욕구(지시, 명령, 감독 등)를 충족시켜 준다.

ⓒ 자원지도자는 리더보다는 자원봉사자의 의미가 더 강하나 자원봉사자 존중 차원에서 리더라는 명칭을 부여하였으며, 자원봉사자가 다소의 리더십이 있어야 그 역할을 훌륭하게 수행하기 때문이다.

③ 자원지도자의 지도사업 참여 동기
- ㉠ 핸더슨(Henderson): 권력동기 → 친애동기 → 성취동기로 구분한다.
    - ⓐ 권력동기: 타인에게 어떤 영향을 행사할 수 있기를 기대하는 욕구
    - ⓑ 친애동기: 타인과 사귀고 싶고 애정을 교환하고 싶어하는 욕구
    - ⓒ 성취동기
        - 매슬로우(Maslow)의 자아실현 욕구와 유사한 개념으로 자기 이상을 실현하여 자기 존중과 만족감을 느끼려고 하는 동기이다.
        - 자기가 하고자 하는 일, 어려운 일, 사회적으로 보람있는 일 등을 성공적으로 이룩하려고 하는 욕구
- ㉡ 앤더슨과 로더데일(Anderson & Lauderdale)의 참여 동기요소: 소속, 교육요구 성취, 전문적 훈련 이수, 팀의 구성원 되기, 문제해결에 참여, 평가받은 일과 경험의 수용, 새로운 관계 형성, 지루함과 단조로움의 탈피, 재미와 베풂, 인정받는 것, 새로운 기술의 습득, 새로운 관심의 개발, 진로 가능성의 검증, 창의적이 되는 것, 기존의 기술 활용, 개인적 리더십 능력의 개발 등

(4) 자원지도자의 관리

1) 자원지도자의 필요성

① 필요성: 미국에서 인적서비스에 대한 요구, 수요는 계속 증가하고 있지만, 정부는 이런 요구를 충족시킬 수 있는 자원이 없기 때문에 시민사회의 자원봉사활동이 하나의 해결 전략이 되었다.

② 자원봉사 활동
- ㉠ 자원봉사 기준: 적극적 참여, 자발적인 행동, 금전적 보상 비지급, 공공의 선
- ㉡ 자원봉사자원관리(volunteer resource management)가 등장하였고 자원봉사 관련 협회, 회의, 국제학회지 등이 생겼다.
- ㉢ 자원봉사자원관리 역량모델이 개발되었다.(샤프리트와 슈미싱)
    - ⓐ 성공적으로 자원봉사활동에 참여하도록 준비하는데 필요한 역량 11개
    - ⓑ 목적에 따라 자원봉사자들을 모집, 선발, 훈련, 배치, 관리하는데 필요한 역량 32개
    - ⓒ 자원봉사활동이 지속적으로 이루어질 수 있도록 자원을 확보하고 프로그램을 운영하는데 필요한 역량 20개

2) 농촌지도자의 역할

① 과거의 상의하달식 지도방법에서 벗어나 하의상달은 물론 수평적 의사전달자로서의 역할을 수행함으로써 정부 말단행정체계와 농민간의 심리적 거리를 좁혀 준다.

② 지역사회의 협조자, 농촌지도자의 제안과 발상은 지도사업 계획수립부터 사업 실시 단계까지 새로운 영농기술을 보급하는데 기여한다.

③ 농촌지도자가 지도사업 참여를 통하여 쌓은 성과는 지도자 개인발전, 지역발전, 국가시책의 실행에도 기여한다.

④ 학습단체의 조직과 운영, 단체 구성원의 협동영농활동을 통하여 각종 시범사업을 주도함으로써 지역사회 발전에 기여한다.

3) 자원지도자 관리 모형(volunteer management model)

① 펜로드(Penrod)의 LOOP 모형
 ㉠ 찾기(Location: selection, recruitment)
 ㉡ 오리엔테이션(Orienting: informal, formal)
 ㉢ 운영하기(Operating: education, accomplishment)
 ㉣ 지속화하기(Perpetuating: evaluation, recognition)

② 보이스(Boyce)의 ISOTURE 모형: 효과적 자원지도자의 조직을 구성, 유지하기 위해 확인 → 선발 → 오리엔테이션 → 교육훈련 → 활용 → 인정 → 평가요소로 모형화 하였고, 각 요소는 서로 독립적으로 분리되어 있지만 상호 관련성이 있다.

 ㉠ 확인(Identification)
  ⓐ 조직 내 자발적 참여 기회를 확인하고, 자원자를 위해 적절한 직무기술서를 개발하는 활동을 하며, 직무기술서는 중요 커뮤니케이션 도구로 활용된다.
  ⓑ 직무기술서 개발 목적: 직무에 대해 예측하고 수행해야 하는 과업을 기술하기 위한 것이다.
  ⓒ 직무기술서 내용: 직무명, 일반적 설명, 요구되는 능력, 구체적인 책무, 인적 및 물적 자원, 감독 또는 자문자, 직무수행 지역, 소요시간 등

 ㉡ 선발(Selection)
  ⓐ 자원지도자 선발
   • 자원자 중 해당 직무를 가장 잘 수행할 수 있는 사람을 선택하지만, 많은 자원지도자가 모집을 통해 임명된다.
   • 선발에 가장 좋은 방법으로 개인적 계약(personal contact)이 있다.
   • 자원지도자와 계약 또는 고용할 때 그들이 해야 하는 일이 무엇이고, 언제까지 해야 하며, 해야 할 일의 목적이 무엇이고, 누구에게 도움이 되는지를 명확히 고지해야 한다.
  ⓑ 선발도구: 직무기술서이며, 요구가 명확히 정의되어 있기 때문에 적절한 자격을 갖춘 자를 선발할 수 있다.

ⓒ 선발방법: 인터뷰. 인터뷰가 지원자의 능력 및 자질에 관한 정보를 가장 잘 확보할 수 있기 때문이다.
ⓓ 잠재적인 자원지도자 유형
- 사업에 직접 관련된 사람 또는 그러한 사람들을 잘 아는 사람
- 특정 기술을 다른 사람들과 공유하고자 하는 사람
- 사업에 관계없이 기꺼이 남을 돕고자하는 사람

ⓒ 오리엔테이션(Orientation)
ⓐ 목적: 자원지도자가 전체 조직 및 부여된 특정 직무에 대해 익숙해지도록 하기 위해 실시한다.
ⓑ 오리엔테이션의 방법은 회의, 면대면 방식, 자기주도학습(질문, 매뉴얼 탐독) 등이 있다.
ⓒ 신규 자원지도자 오리엔테이션 내용
- 사업 내용 및 역사
- 조직구조 및 주요 직원 소개, 시설 소개
- 감독 체계(보고체계, 불만 또는 관심사항 처리 절차)
- 사업 정책 및 절차에 대한 검토
- 자원지도자 기록관리, 긴급절차
- 자원지도자에 대한 혜택
- 직무에 대한 기대 사항 및 책무
- 일정 변경 또는 결근 요청 절차 등

ⓔ 교육훈련(Training)
ⓐ 선발된 자원지도자에게 직무를 보다 훌륭하게 수행하도록 추가적인 지식, 기술, 태도를 개발하기 위한 교육훈련을 제공해야 한다.
ⓑ 교육훈련 수준
- 자원지도자가 직무를 실제로 수행하기 전에 제공되는 직전 교육훈련
- 직무를 실제로 수행하면서 자신의 지식과 기술을 개선하기 위한 OJT
- 기관 또는 개인 스스로 하는 계속교육

ⓜ 활용(Utilization)
ⓐ 자원자도자의 지식, 기술, 태도를 활용하는 것으로 사람을 일에 투입하는 것이다.
ⓑ 감독자는 자원지도자가 직무를 잘 수행할 수 있게 해 주는 사람으로 감독자가 일을 잘 했느냐는 그가 맡은 자원지도자가 일을 잘 수행하였느냐에 달려 있다.
ⓒ 효과적인 활용
- 직무에 적합한 사람을 잘 준비시켜 배치하는 것(placement)
- 일을 하는데 필요한 권한과 지침을 제공해 주는 것(delegation)
- 규칙적인 훈련이 뒤따르도록 하는 것(follow-up)
- 자원지도자와 농촌지도 직원간의 지속적, 쌍방향적 의사소통이 이루어지는 것(communication)

ⓑ 인정(Recognition)
　　ⓐ 농촌지도사업에 공헌한 자원지도자에 대한 보상의 하나로 인정은 자원지도자의 가치를 존중하고 공개적으로 표현하는 방식이다.
　　ⓑ 인정방식
　　　• 공식적 방법: 대개 실질적인 것을 제공하는 것으로 자격증 부여, 감사편지 발송, 생활에 필요한 것을 주는 것 등이 있다.
　　　• 비공식 방법: 실질적이지는 않지만 보다 자연스럽게 일어나는 것으로 감사의 표현, 특별한 기회에 대한 고려(추가적 역할 부여, 특별한 훈련에 참가할 수 있는 기회 제공, 농촌지도사를 대신하는 일 등)가 있다.

ⓢ 평가(Evaluation)
　　ⓐ 자원지도자에 대한 수행뿐만 아니라 자원지도자 개발 프로그램에 대한 평가이다.
　　ⓑ 농촌지도사와 동일하게 자원지도자도 자신의 업무수행에 대한 피드백을 받는다.
　　ⓒ 자원지도자의 열정에 감사를 표현하는 인정은 자원지도자의 수행내용에 대한 평가행위와는 다른 것이다.
　　ⓓ 성공적인 농촌지도를 위해 자원지도자의 수행평가를 통해 개선해 나간다.
　　ⓔ 자원지도자 평가
　　　• 비공식적 평가: 주로 활용하며, 토론, 간단한 인터뷰 등이 있다.
　　　• 공식적 기법: 자가평점 체크리스트, 감독자의 평가, 동료 및 고객의 의견, 심층 인터뷰 등이 있다.

(5) 농촌 리더의 발굴

1) 농촌 리더의 발굴
① 지역사회개발사업이나 농촌지도사업에서 지역주민의 리더십은 매우 중요하다.
② 농촌 리더와 관련하여 대부분 자원지도자를 다루기 때문에 그들을 발굴하는 것이 중요하다.
③ 농촌 리더로서 오피니언 리더를 발굴하는 방법은 사회관계 측정방식, 정보제공자의 평가, 자기추천 방식, 관찰 등이 있다.

2) 사회관계 측정방식(sociometric techniques)
① 의의
　㉠ 모레노(Moreno)가 1934년에 창안하였으며, 가장 널리 알려진 방법이다.
　㉡ 집단을 성원 상호의 견인, 반발의 긴장체계로 보고, 이것을 측정하여 집단 구조, 인간관계, 집단성원의 지위 등을 측정하는 이론이다.
　㉢ 응답자들이 특정 혁신에 대한 정보와 충고를 얻기 위해 누구를 찾는지를 알아보는 방법이다.
② 특징
　㉠ 대면 접촉을 통해 서로의 존재를 심리적으로 인식하고 있는 사람들에게 적용할 수 있는 것

으로 오피니언 리더를 찾는데 대단히 효과적이다.
ⓒ 직접적인 인지자료에 근거하여 측정하므로 리더십 측정에 매우 합당한 방법이다.
ⓒ 오피니언 리더는 집단성원이 정보원으로 가장 많이 선택하는 사람들이므로 다수의 네트워크 연결고리에 속해 있어 사회체계(적은 수)의 표본보다는 모집단 전체의 네트워크 자료를 확보할 때 가장 효과적이다.

③ **방법**
ⓐ 집단성원에게 어떤 선택 상황을 제시하는 질문을 하고 응답의 비밀을 보장하는 약속을 한 후, 각 응답자 본인과 그가 선택하는 사람을 셋으로 제한하고, 그 세 사람에 대한 선호 순위를 표시하게 한다.
ⓑ 응답의 결과를 감정지도로 도식화하여 집단 내 선호관계를 한 눈에 볼 수 있게 한다.

④ **한계**
ⓐ 소수의 오피니언 리더를 발견하기 위해서 상당히 많은 응답자에게 질문을 해야 하는 번거로움이 있다.
ⓑ 사회관계 측정 질문은 응답자가 네트워크를 통한 동료, 지인을 모두 열거할 수 있도록 고안될 필요가 있다.

⑤ **다른 접근법: 명단 조사(roster study)**
ⓐ 응답자는 한 체계의 모든 구성원의 리스트를 제공받고 명단에 있는 다른 사람들과 교류를 하는지, 얼마나 자주하는지 대답을 한다.
ⓑ 강한 네트워크뿐만 아니라 약한 네트워크 연결고리를 측정할 수 있다.

3) 정보제공자의 평가(informants ratings)

① **의의**
ⓐ 지식이 많은 주요 정보제공자들에게 질의하는 방법이다.
ⓑ 소규모의 체계에서 특정 정보제공자가 많은 정보를 가지고 있는 경우, 그들을 대상으로 조사하는 것만으로도 사회관계 측정방식 이상으로 효과적일 수 있다.

② **불러(Buller)의 연구사례**: 뉴멕시코의 타오스 카운티(Taos County)에서 종교지도자들, 공무원들, 교직원들, 그 지역 장기 거주자 등의 주요 정보제공자에게 질문을 했는데, 그들이 두 번 이상 언급한 사람들이 오피니언 리더이다.

4) 자기추천 방식(self designating techniques)

① **의의**: 응답자들로 하여금 체계 내에서 다른 사람들이 응답자들을 얼마나 영향력 있는 사람으로 평가하는지 질문하는 방식이다.

② **예시**: '당신은 사람들이 정보나 충고를 얻기 위해서 다른 사람보다 당신을 찾는다고 생각하십니까?'라는 질문 등을 한다.

③ 응답자들이 자신의 이미지를 얼마나 잘 지각하고 있느냐에 따라 정확성이 결정된다.

④ 한 체계 내에서 임의의 표본 응답자들에게 질의할 때 적절한 방법으로, 사회관계 측정방식을 적용할 수 없을 때 사용한다.

5) 관찰(observation)

① 의의
　㉠ 사람들을 관찰함으로써 피관찰자의 리더십을 측정하는 방법이다.
　㉡ 연구자가 체계 구성원의 커뮤니케이션 행동을 확인하고 기록함으로써 리더십을 확인한다.

② 장점
　㉠ 자료의 타당도가 매우 높다.
　㉡ 소규모 사회체계에서 가장 효과적이다. 대인적 교류가 일어날 때 관찰자가 실제적으로 관찰하고 기록하기 쉽기 때문이다.

③ 한계
　㉠ 소규모 체계에서의 관찰은 피관찰자에게 개입할 수 있는데, 사람들은 자신이 관찰되고 있다는 것을 알기 때문에 실제와 다르게 행동할 수 있다.
　㉡ 연구자가 관심을 갖는 어떤 사회적 행위가 일어날 때까지 인내심 있게 행동해야 한다.

4 외국 농촌지도공무원 인적자원개발

① 미국 HRD(Human Resource Development; 인적자원개발)

(1) 미국의 지도요원

1) 미국 농촌지도 계층
① 구성: 최고관리자(director/assistant director), 관리자(supervisor), 지도행정가(administrative support), 지도전문가(specialist), 시군단위 지도사(county agent / advisors / educators)로 구성되어 있다.

② 지도사의 경력 수준에 따라 계층을 구분하며, 계층별로 육성 목적이 달라 계층별 다른 교육 내용과 육성방안을 제공한다.

2) 지도전문가(specialist)
① 주립대학 내에 주정부의 지도국(Extension Office)이 설치되어 있다.

② 주립 농과대학의 지도전문가는 대부분 박사급 교수이며, 교육, 연구, 지도업무간의 비율을 정하여 겸직하고, 매년 심사에 의하여 비율을 조정한다.

3) 시군지도사(county agent)
① 시·군 단위의 농촌지도사업은 주립대학이 NIFA와 협력하여 수행하며, 주립대학 소속의 농촌지도센터가 설치되어 있다.

② 시·군 농촌지도사는 대부분 학사, 석사이고, 일부 박사도 포함된다.

③ 시군지도사 선발
  ㉠ 주별로 자체 선발, 사전에 대학에서 농촌지도요원 분야별 과목을 이수해야 한다.
  ㉡ 미국 농촌지도요원 이수과목
    ⓐ 4-H 청소년 육성: 사회학, 심리학, 커뮤니케이션론, 청소년 육성, 가족관계와 인적자원개발, 동물·낙농·가금과학, 교육학(농업, 초등, 중등, 가족·소비자과학, 물리), 레크리에이션, 기타 관련학문
    ⓑ 지역사회 개발: 농산업 및 응용경제학, 농업교육학, 지역사회보건교육, 지도 및 토지정보과학, 공원·레크리에이션·관광영어
    ⓒ 가족 및 소비자과학: 지역사회보건교육, 가족자원개발, 아동개발, 가족관계와 인적자원개발, 식품과학과 영양, 가정경제교육, 영양 및 식품관리, 섬유 및 의류
    ⓓ 농업 및 자연자원: 농산업 및 응용경제학, 농업교육학, 농업 커뮤니케이션, 농업시스템관리, 환경 커뮤니케이션 또는 교육·수질관리

(2) 켄터키주 HRD

1) County Extension Agent Development System을 갖춰 농촌지도사의 입직부터 전문성을 완성하기까지 체계적으로 육성하고 있다.

2) 켄터키주 농촌지도요원 육성체계

공통교육 과정	1단계 오리엔테이션	신입지도사의 지도조직 및 지도사업에 대한 이해와 지도사업의 절차, 방법 등 기초지식과 기술을 익히기 위한 과정 *3일간의 오리엔테이션 *멘토링 프로그램 *현장학습
	2단계 기본훈련	입직 1년 후 지도업무 수행에 요구되는 공통적인 직무능력 및 리더십, 관리능력함양 *개인개발 및 조직개발 *관리기술 *지도사업개발
전문능력 개발과정	3단계 프로그램영역 훈련	각 지역 프로그램별 요구되는 차별적 능력을 함양하는 단계 *지역별 지도사업 프로그램 *최고관리자가 각 지도사의 임무 부여
	4단계 전문성 개발	지도사가 지역 및 개인의 요구에 부합할 수 있도록 전문성 배양 *현직 교육 *전문성 향상

(3) 오하이오주 HRD

오하이오 주립대학 농촌지도센터(Ohio State University Extension)의 달톤(Dalton)은 농촌지도사의 경력단계를 3단계로 구분하고, 각 단계별 전문능력 개발을 동기부여하기 위한 유인책과 조직적 전략을 제시한다.

1) 진입단계

① 조직에 대한 이해, 조직의 구조 및 문화, 직무 수행을 위한 필수 기술을 습득해야 한다.
② 오하이오 주립대학 지도센터(OSU)는 동료 멘토링 프로그램, 전문성 개발 지원팀, 리더십 코칭, 오리엔테이션/직무훈련 같은 방법을 개발했다.

2) 동료단계

① 지도사는 전문적 지식과 독립성을 갖추어야 한다.
② 현직교육, 전문성 개발 예산 확충 등의 방안이 활용된다.

3) 카운슬러 및 어드바이저 단계

① 조직에 대한 지도사 개인의 기여를 넘어 다른 지도사와 협업할 수 있는 능력을 개발해야 한다.
② 지도사는 자기학습을 통하여 지식과 기술을 갱신하고, 강사로서의 기회도 갖으며, 특별한 프로젝트에 임시로 참여하기도 한다.

③ 자신의 삶을 되돌아보고 갱신할 수 있는 수련회, 멘토링과 훈련가로서의 역할 수행, 리더십 진단센터, 조직 내 전문가 협의체 등의 조직적 전략 등을 활용한다.

경력단계	강조점	조직적 전략
진입단계	지도조직, 구조, 문화의 이해 직무수행에 필요한 필수 기술 획득 지도기관 내 동료들과의 관계형성 이니셔티브(새로운 계획)와 창조성 발휘	동료 멘토링 프로그램 전문성 개발 지원팀 리더십 코칭 오리엔테이션/직무훈련
동료단계	전문성 영역 개발 전문성 개발을 위한 예산 확보 독자적인 문제해결이 가능한 수준 전문가로서의 자격과 의식 갖기 혁신과 창조성 발휘 의존적 활동에서 독립적 활동으로 변화	현직교육 전문성 개발 예산 확충 전문가 협회 참가 지원 정규교육
카운슬러 및 어드바이저 단계	광범위한 전문성 획득 리더십 발휘 조직적 문제해결에 관여 전문가로서의 상담/코칭 자기개발 강화 타인에게 영향력을 미칠 수 있는 지위 획득	수련회 멘토링과 훈련가로서의 역할 수행 리더십 진단센터 조직 내 전문가 협의체

(4) 텍사스주 HRD

신규지도사(New employees), 실무지도사(Agents), 전문지도사(Specialists), 관리자(Supervisors)로 구분한다.

1) 신규지도사 육성 방법

① 전체적으로 지도조직, 지도사업에 대한 이해와 전반 업무에 대한 기초 지식, 기술을 함양하기 위한 과정이다.

② 오리엔테이션(4일): 텍사스 농촌지도사업의 비전과 미션, 시행하고 있는 지도사업 프로그램에 대한 정보를 제공하고, 프로그램 개발 및 지도사업의 영역에 대한 기본 지식을 교육한다.

③ 온라인 세미나와 교육훈련
   ㉠ 온라인 세미나: 신규지도사와 전문지도사가 웹을 통하여 지도사업 기초 주제로 1회당 3시간씩 5회에 걸쳐 세미나를 실시한다. 신규지도사는 질문과 의견을 제시할 수 있으며, 전문지도사에게 피드백을 받는다.
   ㉡ 정규교육: 4회 실시하고, 각 지역의 지도사업 관련 환경 및 이해관계자에 대한 이해와 전반적인 지도사업 프로그램에 관한 지식을 교육 받는다.

④ 스스로 학습할 수 있는 가이드를 제공한다.

⑤ 선배 지도사와 연계를 통해 멘토링과 코칭 프로그램을 제공한다.

2) 실무지도사 육성방법

① 지역사회의 요구를 반영할 수 있는 현실적인 지도사업 프로그램을 실행하기 위한 전문성을 함양할 수 있는 다양한 육성방법이 활용된다.

② 지도사업 관련 학회, 워크숍, 자격 프로그램, 학위코스, 세미나 등 다양한 학습기회에 대한 정보를 제공하고, 지도사업과 관련된 협회 및 도서에 대한 정보를 제공한다.

③ 멘토링 프로그램을 실시한다.

3) 전문지도사 육성방법

① 실무지도사의 육성방법과 거의 동일한 방법으로 전문성을 함양한다.

② 학습내용이 보다 전문적이다.

③ 실무지도사와 달리 멘토링 프로그램은 실시하지 않는다.

4) 관리자 육성방법

① 대부분 리더십 및 관리 역량을 함양하기 위한 교육을 실시한다.

② 남부 지도사업 리더십 개발(Southern Extension Leadership Development) 프로그램을 통해 리더십 이론 및 적용을 학습한다.

③ 주지사 경영 개발센터(Governor's Center for Management Development) 프로그램을 통해 지도사업 프로그램 개발 및 실행에 필요한 자원(시간, 예산, 인력)을 관리하는 능력을 배양한다.

④ 관련 대학 및 협회와 네트워크 형성을 통해 다양한 학습 자원을 제공한다.

② 일본 HRD

(1) 최근 일본 HRD의 변천

1) 2000년: 일본의 지도사업은 국가 단위에서 도 단위로 이관되었다.

2) 2004년

① 농업개량조장법 개정으로 전문기술원 및 개량보급원을 보급지도원으로 일원화되었다.

② 보급협력위원을 보급지도협력위원으로 명칭을 변경했다.

③ 지역보급개량센터를 보급지도센터로 개칭하고 설치근거를 자율화시켰다.

④ 보급지도원의 전문성 함양을 농림수산성의 기본지침으로 정했다.

3) 2005년~: 지도사의 전문자격시험이 폐지되고 지도역량이 점차 떨어지면서 역량개발에 중점을 두었다.

(2) 보급지도원 자기연수지원체계 정비

1) 보급지도원은 고도의 전문기술 지식을 갖추고, 현장의 과제해결능력이나 조사연구능력을 갖추어야 한다.
2) 능력향상을 위하여 현지 조사연구 활동이나 연구회 활동을 통한 자기 연구 등 자발적 학습이 중요하다.
3) 보급지도원의 자발적 연구를 향상할 수 있도록 보급사업, 농업교육 등에 관한 자료 및 문헌의 제공이나 연수거점 정비, 연수환경 정비 등의 필요성을 강조한다.

(3) 보급지도원의 자질 향상을 위한 연수

보급지도원이 농업인 요구에 부응하고 새로운 기술체계를 도입하며, 경영관리의 고도화에 의한 지역농업의 기술혁신을 추진할 수 있도록 정부와 도도부현이 역할분담을 하여 계획적 연수를 실시하고 있다.

1) 연수체계 4단계

① 실천지도력 강화 연수
  ㉠ 보급지도원의 역할 및 목적의식 함양
  ㉡ 기초적인 지도방법의 습득과 실천적 지도력 향상에 관한 연수

② 전문지도력 강화 연수
  ㉠ 전문분야를 중심으로 문제해결능력 향상에 관한 연수
  ㉡ 마케팅, 운영 관리 등 경영적 관점을 중시한 지도력 향상에 관한 연수
  ㉢ 지적재산의 창조, 보호, 활용의 지원에 관한 지도력 향상에 관한 연수

③ 종합지도력 강화 연수: 농촌지역의 종합적 과제에 대한 해결능력을 향상하기 위한 보급지도방법의 고도화 등에 관한 연수

④ 기획, 운영능력 강화 연수
  ㉠ 보급지도활동의 총체로서의 기능을 발휘하기 위해 보급 활동의 종합적인 기획, 조정 연수
  ㉡ 보급지도원의 양성 및 자질 향상, 보급지도 활동의 관리운영에 관한 연수

2) 보급지도원의 발전단계에 따른 연수 내용

① 기초적인 지도력 확립(신임기, 제1기): 실천적 지도를 실행하기 위해 필요한 보급방법이나 기술, 경영에 관한 기초적인 지도력과 커뮤니케이션 능력을 갖추기 위한 연수
② 스페셜리스트(전문) 기능(양성기, 제2기): 개별 경영이나 법인 경영 등의 농업경영체나 생산조직, 학습, 연구, 실천집단 등이 안고 있는 기술적인 문제나 경영관리기법에 대해 지도할 수 있는 능력을 갖추기 위한 연수

③ 코디네이터(통합) 기능(충실기, 제3기): 전문기술을 보다 고도화하고, 지역의 통합적인 과제해결을 위한 효과적인 제안이나 지도를 실행할 수 있는 능력을 갖추기 위한 연수

④ 기획관리력의 기능(제4기): 보급지도원의 조직적인 활동이나 효과적인 연수의 실시, 관계기관 및 단체와의 연계 강화, 시험연구 행정 분야 성과기법의 종합적인 활용 등을 실행할 수 있는 능력을 갖추기 위한 연수

3) 연수방법

① 연수목적에 따라 집합연수, OJT, 파견연수, e-러닝, 전문가에 의한 개별지도 등이 활용된다.

② 집합연수를 통해 강의뿐만 아니라 토의, 연습, 실습 등으로 연수효과를 향상시키고, OJT는 신임 보급지도원의 능력재고에 효과적이며, 파견연수 비중도 증가하고 있다.

③ 보급지도원의 파견연수

파견하는 곳	습득하고자 하는 지식 및 기술
지역의 선도적인 역할을 하는 농업인	농업생산, 농업경영 및 농촌생활에 관한 실천적 지식, 농업인과의 커뮤니케이션
대학, 대학원, 시험연구기관	농업에 관한 고도의 지식과 선도적 기술 등
소매업자, 식품사업자	마케팅, 식품가공에 관한 지식 및 지원 방법
민간 전문가 등	생산기술 및 경영 등에 관한 고도의 지식과 지원 방법 등

농촌지도요원의 전문성 예상문제

01. 신규채용자 교육에서 수습을 받아야 할 내용에 해당되지 않는 것은?

① 전문직으로서 농촌지도직의 장·단점, 지도요원으로서 가져야 할 자세와 신념, 이행해야 할 책임과 역할
② 근무 지역의 환경과 실태 및 주민 특성
③ 전공하고 담당하는 업무에서 새로 연구·개발된 지식, 정보, 기술을 교육
④ 담당해야 할 지도영역, 지도방법, 교재 작성 등에 대한 실용적 능력의 훈련

해설 ③은 재직자 직무교육(재훈련)의 목적에 해당된다.
  *신규채용자 교육(신규훈련, 보수훈련, 수습훈련): 수습을 받아야 할 내용
  ㉠ 농촌지도의 이념, 역사, 목적, 범위, 기구, 시책
  ㉡ 전문직으로서 농촌지도직의 장·단점, 지도요원으로서 가져야 할 자세와 신념, 이행해야 할 책임과 역할
  ㉢ 담당해야 할 지도영역, 지도방법, 교재 작성 등에 대한 실용적 능력의 훈련
  ㉣ 주어진 사무 업무의 수행능력
  ㉤ 직장인으로서의 규범과 기대
  ㉥ 근무 지역의 환경과 실태 및 주민 특성

02. 농촌지도직 공무원 양성을 위한 서울대학교 전공 변천을 바르게 나열한 것은?

① 지역정보전공 → 농촌사회교육전공 → 지역사회개발학전공 → 농촌지도전공
② 농촌지도전공 → 지역사회개발학전공 → 지역정보전공 → 농촌사회교육전공
③ 지역정보전공 → 지역사회개발학전공 → 농촌사회교육전공 → 농촌지도전공
④ 농촌지도전공 → 농촌사회교육전공 → 지역사회개발학전공 → 지역정보전공

해설 1970년대: 서울대학교 농과대학 농업교육과에 '농촌지도전공' 개설
  1990년: 서울대학교 농과대학 '농촌지도전공'이 '농촌사회교육전공'으로 개명
  1997년: '농촌사회교육전공'에서 농경제사회학부 '지역사회개발학전공'으로 변경
  2007년: '지역사회개발학전공'에서 '지역정보전공'으로 변경

정답 01. ③ 02. ④

03. 멘토링과 코칭에 대한 설명으로 옳지 않은 것은?

① 새로운 요원인 멘티는 멘토의 경험과 지혜를 학습하게 된다.
② 멘티의 역량과 자신감이 늘어나면서 멘토의 영향은 점점 증가하게 된다.
③ 숙련된 요원이 멘토로 지정되어 안내자 역할을 한다.
④ 새로운 요원인 멘티는 멘토의 경험과 지혜를 학습하게 된다.

해설 멘토링과 코칭
㉠ 새로운 지도요원이 자연스럽게 직업에 적응하도록 하기 위한 방법이다.
㉡ 숙련된 요원이 멘토로 지정되어 안내자 역할을 한다.
㉢ 새로운 요원인 멘티는 멘토의 경험과 지혜를 학습하게 된다.
㉣ 멘티의 역량과 자신감이 늘어나면서 멘토의 영향은 점점 감소하게 된다.

04. 보기에서 설명하는 교육훈련은?

> 참석자와 강사가 1주~3주 가량 한 장소에서 같이 생활하면서 특정 주제에 대하여 의문점과 문제점을 함께 토의하면서 배우는 훈련과정이다.

① 세미나
② 현직훈련
③ 연찬회
④ 전문지도연구회

해설 ① 세미나(연구발표회): 지도요원이 어떤 특정 주제에 대한 연구발표 내용을 듣고 각자 의견과 연구결과를 상호 토의과정을 거치는 동안 많은 학습을 하게 되는 모임이다.
② 현직훈련: 근무하고 있는 현지의 직장에서 필요한 지식이나 기술을 상위직 지도요원이 계획적 또는 그때그때 훈련시키는 것
③ 연찬회(workshops)
㉠ 함께 공부하고 연구하는 회의이다.
㉡ 참석자와 강사가 1주~3주 가량 한 장소에서 같이 생활하면서 특정 주제에 대하여 의문점과 문제점을 함께 토의하면서 배우는 훈련과정이다.
④ 전문지도연구회
㉠ 농촌지도공무원의 자율적인 연구모임체로서 학습조직의 기능을 한다.
㉡ 신규 지도공무원에게 가입을 권장하고 해당 연구회 작목을 체험하도록 다양한 교육기회를 제공함으로써 전문지도연구회를 활성화하고 전문능력을 개발한다.

05. 다음 중 농촌지도요원의 해브락(Havelock)이 제시한 변화촉진자로서 개발요원의 역할이 아닌 것은?

① 촉매자
② 해결방안제시자
③ 진행협조자
④ 정책집행자

CHAPTER 01 농촌지도요원의 전문성

해설 농촌지도요원의 역할: 해브락(Havelock)의 변화촉진자로서 개발요원의 역할
1) 촉매자(catalyst)로서의 역할: 자극을 통하여 문제상황의 인식과 개발욕구를 불러일으키는 역할을 한다.
2) 해결방안 제시자(solution giver)로서의 역할: 문제상황에 적절한 해결방안의 제시와 그것을 수용하게 하는 역할을 한다.
3) 진행협조자(process helper)로서의 역할: 모든 개발단계에 따른 문제해결활동을 측면지원하고 그 활동의 성과 제고를 유도하는 역할을 한다.
4) 자원동원자(resource mobilizer)로서의 역할: 활동에 필요한 자원을 발견하고 동원하는 역할을 한다.

06. 문제상황에 적절한 해결방안의 제시와 그것을 수용하게 하는 농촌지도요원의 역할은?

① 촉매자로서의 역할
② 해결방안제시자로서의 역할
③ 진행협조자로서의 역할
④ 자원동원자로서의 역할

07. 쿠색(Cusack)이 제시한 농촌지도자들에게 요구되는 자질에 해당되지 않는 것은?

① 지도대상자의 습관, 가치관, 사고방식의 이해
② 개인지도능력
③ 선택한 연구결과와 정보의 변용능력
④ 새 기술의 전시능력

해설 농촌지도자들에게 요구되는 자질: 쿠색(Cusack)
1) 집단지도능력
2) 인간관계조정능력
3) 의사소통능력
4) 새 기술의 전시능력
5) 선택한 연구결과와 정보의 변용능력
6) 지도대상자의 습관, 가치관, 사고방식의 이해
7) 사회 변화에 따른 적절한 대안을 설정할 수 있는 능력
8) 지도대상자들에게 유용한 연구결과와 정보의 선택능력
9) 자기의 전공영역과 관련된 사회 및 자연과학분야의 각종 연구결과와 정보의 이해 능력

정답 05. ④ 06. ② 07. ②

08. 농촌지도요원의 역량에 대한 설명으로 옳지 않은 것은?

① 농촌지도요원의 전문성 지도사업은 내외적 상황에 따라 다양하게 정의되고 변화된다.
② 농촌지도공무원의 전문성은 지도공무원이 지도활동을 수행하는데 필요한 능력, 자질로 보거나, 각기 분야에서 전문 활동을 수행할 수 있는 제반 능력을 말한다.
③ 우리나라 농촌지도요원의 인력 구조는 상류층이 부족한 피라미드형이다.
④ 리더십 역량보다 특정 작목 품목에 대한 지식기술수준으로 한정한 경향이 강하다.

해설 우리나라 농촌지도요원의 인력구조는 중간층이 부족한 모래시계형이다.

09. 다음 중 전달자로서의 농촌지도사의 모습에 대한 설명으로 거리가 먼 것은?

① 전달자로서의 필요에 따른 차별의식
② 전달내용의 뚜렷한 목적
③ 대상자들의 교육 및 심리적 배경
④ 상황에 대한 정확한 판단

해설 ① 전달자로서의 필요에 따른 차별의식은 전달자로서의 농촌지도사의 모습으로 보기는 어렵다.

10. 다음 농촌지도자에 대한 설명이 바르게 된 것은?

① 전통적 지도자 : 어떤 조직의 목적을 달성하기 위하여 제도나 규칙으로 규정된 역할을 수행하는 지도자
② 카리스마적 지도자 : 연령, 학식, 경력, 신분 등으로 영향력을 행사하는 지도자
③ 관료적 지도자 : 초인적인 인간성이나 능력을 가진 지도자
④ 전제적 지도자 : 권력과 지배를 강조하고 복종을 요구하는 지도자

해설 농촌지도자의 유형
  ㉠ 전통적 지도자: 연령, 학식, 경력, 신분 등으로 그 사회의 관습에 의해서 존경을 받고 있어서 영향력을 행사하는 지도자를 말한다.
  ㉡ 카리스마적 지도자: 그가 갖고 있는 매력적 특성에 의하여 타인에게 존경을 받고 지도자로 추앙받게 된다.
  ㉢ 관료적 지도자: 어떤 조직의 목적을 달성하기 위하여 제도나 규칙으로 규정된 역할을 착실히 수행하는 사람을 말한다.
  ㉣ 전제적 지도자: 권력과 지배를 강조하고 복종을 요구하는 지도자로서, 흔히 말하는 독재자가 여기에 속한다.
  ㉤ 민주적 지도자: 구성원의 의견과 인격을 존중하고, 그들의 참여를 강조하며, 집단의견을 합리적으로 조정하여 집단을 협동적으로 이끌어가는 지도자를 말한다.

11. 농촌지도사의 자질로 적당하지 않은 것은?

① 내향성
② 성실성
③ 교육성
④ 적극성

해설 농촌지도자의 자질
　㉠ 적극성
　㉡ 성실성
　㉢ 교육성
　㉣ 사명감
　㉤ 신뢰와 존경을 받을 수 있는 인간성

12. 다음 지도자의 자질 중 사명감에 해당되는 것은?

① 성실성, 신념
② 이해력, 설득력
③ 용기, 지구력
④ 농민에 대한 애착

해설 지도자의 자질
　㉠ 향토애: 가장 필요한 조건
　㉡ 성실성, 신념: 사명감
　㉢ 교육적 자질
　㉣ 지성과 주도력
　㉤ 애향정신
　㉥ 외향성

13. 다음 중 농촌지도사 훈련 중 부적당한 것은?

① 경마훈련
② 선지지견학
③ 농장견학
④ 회의

해설 농촌지도사의 훈련에는 가장 보편적인 분류법인 목적을 기준으로 직전훈련(채용 전에 받는 전문적인 훈련), 신규훈련(견학 등), 재훈련(회의 등) 등으로 나누어진다.
　①의 경마훈련은 농촌지도사의 훈련에 포함되지 않는다.

정답 11. ① 12. ① 13. ①

PART 04 농촌지도요원과 인적자원개발

14. 다음 보기에 해당되는 농촌지도요원의 역할은?

- 농민 스스로 행동변화의 필요를 인지하도록 도와주어야 한다.
- 농민의 필요와 문제와의 관련에서 신뢰성, 확실성, 감정이입 등의 깊은 상호관계적인 분위기를 조성해야 한다.
- 농민의 문제상황을 분석하여 왜 현실적인 대안이 그들의 필요를 충족시켜주지 못하는지 이해시켜야 한다.

① 해결방안제시자　　　　　　　　② 진행협조자
③ 자원동원자　　　　　　　　　　④ 변화촉진자

15. 다음 중 농촌의 발전을 위해 활동하는 농촌지도자의 역할로 가장 적절하지 않은 것은?

① 주민들간의 모임을 활성화시켜 변화를 촉진하는 변화촉진자로서의 역할
② 효과적인 의사소통을 통해 주민들을 서로 이해시키고, 단합시키는 의사소통자로서의 역할
③ 주민들의 경제적 능력과 학벌, 사회적 지위 등을 종합적으로 판단하여 역할을 분담시키는 판단자로서의 역할
④ 바람직한 변화를 이끌어내기 위해 주민들과의 창조적인 일을 계획하는 혁신자로서의 역할

해설　농촌지도자는 촉매자, 제시자, 자문가, 의사소통자, 혁신자, 정책전달자, 지역사회개발자, 지역인적자원개발자 등 다양한 역할을 하지만, 판단자로서의 역할은 하지 않아야 한다.

16. 리피트(R. Lippitt)는 변화촉진자적 역할을 보다 구체적으로 분류하여 시계열 순서에 의해 설명하고 있다. 농촌지도요원의 역할이 아닌 것은?

① 문제의 진단　　　　　　　　　② 상호신뢰적 관계의 조정
③ 고객의 동기유발 촉진　　　　　④ 의사소통능력

해설　리피트(R. Lippitt, 1958)가 제시한 역할
농촌지도요원의 변화촉진자로서 역할을 보다 구체적으로 분류하여 시계열(時系列, time series) 순서에 의하여 설명하고 있다.
　1) 행동변화 필요 인지: 변화촉진자는 그의 고객이 스스로 행동변화의 필요를 인지하도록 도와주어야 한다. 이와 같은 변화적 필요의 인지는 전통적 사회에서 더 필요하다.
　2) 상호신뢰적 관계의 조정: 변화적 필요가 창출되면 변화촉진자는 그의 고객과 상호신뢰 관계를 발전·수립시켜야 한다. 농민의 필요, 문제와 관련에서 신뢰성, 확실성, 감정이입 등의 깊은 상호관계적인 분위기를 조성해야 한다.
　3) 문제의 진단: 변화촉진자는 그의 고객이 문제상황을 분석하여, 왜 현실적인 대안이 그들의 필요를 충족시켜주지 못하는지를 이해시켜야 한다. 이와 같은 진단적 결론은 감정이입적으로 베풀어져야만 한다.
　4) 고객의 동기유발 촉진: 농민의 목적을 달성하기 위하여 가능한 모든 행동사항을 모색결정한 후 변화촉진자는 고객의

변화의지 즉, 혁신하려는 동기유발을 촉진시켜야 하는데, 이는 어디까지나 고객위주의 것이 되어야 한다.
5) 변화의지의 행동화: 변화촉진자는 농민의 필요에 입각하여 작성한 권장사항에 따라서 고객의 행동을 변화하도록 촉진시켜야 한다. 단순한 합의나 의사가 아니라 행동과 실천을 촉구시키는 것이다.
6) 변화의 고정과 중단 방지: 혁신을 수용한 고객에게 보충적 메시지를 전달함으로 새로운 행동을 효과적으로 고정, 동결시키도록 배려하여야 한다.
7) 종결적 상호관계 수립: 변화촉진자의 최종적 목적은 농민의 내면화된 행동을 발전시키는데 있으므로 변화촉진자에게 의지하지 않고 자기 스스로 자발적으로 의지하도록 만들어야 한다.

17. 일반농촌지도사에 요구되는 품성으로 가장 거리가 먼 것은?

① 농업에 대한 경험
② 배우려는 태도
③ 독립심
④ 동기

해설

유형		요구되는 전문능력
농촌지도 조직관리자	전문능력	*농업에 대한 지식 *기본훈련 및 선진기술훈련 능력 *지도사업에 대한 전략적 기획 능력 *보고서, 통계, 기타 서류 작성 능력 *전문지도사의 사업영역 조정 능력 *예산 및 행정처리 능력 *인력배치능력 *평가능력
전문지도사	자질	*일반농촌지도사가 갖추어야 할 자질 *성공적인 일반농촌지도사로 적어도 1년간 근무 경험 *일반농촌지도사에 대한 기본적, 전문적 훈련 능력
	품성	*일반농촌지도사가 갖추어야 할 품성 *협동능력 *관리능력
	전문능력	*일반농촌지도사가 기술적으로 능력이 부족할 때 조언하는 능력 *일반농촌지도사를 대상으로 한 적정한 기술 및 기법 사용 능력 *문제해결 접근 원리를 가지고 가능한 해결책과 장애를 인지하는 능력 *일반농촌지도사를 대상으로 기본 및 전문교육을 할 수 있는 능력 *연구기관과 일반농촌지도사간의 교량 역할을 수행할 수 있는 능력
일반 농촌지도사	자질	*지역 언어 *수혜집단과의 친밀성 *농업에 대한 경험 *최소한의 학력 *농업기술에 대한 훈련
	품성	*동기 *배우려는 태도 *새로운 기술습득을 위한 커뮤니케이션 능력 *신체적인 건강 *건전한 품성 *독립심
	전문능력	*지도사업에서 실천할 내용 결정 능력 *지도사업의 실행 능력 *관리와 통제 능력

정답 17. ①

PART 04 농촌지도요원과 인적자원개발

18. 농촌지도 조직관리자에게 요구되는 전문능력이 아닌 것은?

① 전문지도사의 사업영역 조정능력
② 기본훈련 및 선진기술 훈련능력
③ 지도사업에 대한 전략적 기획 능력
④ 일반 농촌지도사가 기술적으로 능력이 부족할 때 조언하는 능력

19. 농촌지도요원 역량 모델의 필요성으로 옳지 않은 것은?

① 역량중심의 인적자원개발 시스템은 역량모델에서 출발한다.
② 향후 농업환경 변화에 대응할 농촌지도사업의 발전을 위해서 농촌지도공무원의 전반적 역량 개발 및 강화가 요구된다.
③ 농촌지도요원의 직업적 전문성 개발과 강화보다 지도사의 전반적 역량에 관한 논의에 치중하였다.
④ 농업기술 보급이나 주요 업무영역 대부분 지도공무원으로서의 역할 및 업무수행 표준이 제시되어 있지 않아 고성과자를 판단할 근거가 미흡하다.

해설 역량모델의 필요성
① 지도업무의 최우선 과제는 농업연구기관에서 개발된 농업 신기술을 농업인에게 효과적으로 전파, 보급하는 것으로, 농촌지도요원의 전반적 역량에 관한 논의보다 지도사의 직업적 전문성 개발과 강화에는데 치중하였다.
② 농업기술 보급이나 주요 업무영역 대부분 지도공무원으로서의 역할 및 업무수행 표준이 제시되어 있지 않아 고성과자를 판단할 근거가 미흡하다.
③ 향후 농업환경 변화에 대응할 농촌지도사업의 발전을 위해서 농촌지도공무원의 전반적 역량 개발 및 강화가 요구된다.
④ 전반적 역량 개발과 강화를 위해 지도공무원의 현재 역량 수준을 체계적, 구체적으로 파악할 수 있는 역량진단이 이루어져야 한다.
⑤ 역량중심의 인적자원개발 시스템은 역량모델에서 출발하며, 이는 직원 채용과 교육훈련, 수행평가, 보상 등 인적자원관리를 효율적으로 수행하기 위해 먼저 직원에게 필요한 역량이 무엇인지 결정해야 하기 때문이다.

20. 심미옥이 제시한 농촌지도공무원의 역량모델링에서 기초역량과 가장 거리가 먼 것은?

① 업무의 성공적 수행을 위해 보다 특정한 지식과 기술이 요구된다.
② 전문지도인력의 성공적 업무수행을 위한 기본역량에 해당된다.
③ 모든 역할을 수행하는데 필요하고 전문분야와 관계없이 일반적으로 적용된다.
④ 지도사업 추진을 위한 기반으로 작용한다.

CHAPTER 01 농촌지도요원의 전문성

해설 농촌지도공무원의 역량모델링(심미옥, 2006)
① 기초역량
  ㉠ 기초역량은 전문지도인력의 성공적 업무수행을 위한 기본역량에 해당된다.
  ㉡ 모든 역할을 수행하는데 필요하고 전문분야와 관계없이 일반적으로 적용된다.
  ㉢ 일부 기초역량은 매니저, 전략가로서 역할을 수행하는데 필요하며, 그 역량은 지도사업 추진을 위한 기반으로 작용한다.
② 직무역량
  ㉠ 기초역량보다 전문지도인력의 업무 수행에 직접적으로 연관되는 역량이다.
  ㉡ 업무의 성공적 수행을 위해 보다 특정한 지식과 기술이 요구된다.

21. 김진모가 제시한 농촌지도공무원의 역량모델 중 현재 가장 높은 역량부터 낮은 역량의 순서로 옳은 것은?

① 리더십 역량군의 책무성 → 전문직무 역량군의 고객지향성 → 기초직무 역량군의 외국어 능력
② 전문직무 역량군의 고객지향성 → 리더십 역량군의 책무성 → 기초직무 역량군의 외국어 능력
③ 전문직무 역량군의 고객지향성 → 기초직무 역량군의 외국어 능력 → 리더십 역량군의 책무성
④ 기초직무 역량군의 외국어 능력 → 리더십 역량군의 책무성 → 전문직무 역량군의 고객지향성

해설 농촌지도공무원의 역량모델(김진모, 2006)
1) 국내외 농촌지도 역량 선행연구를 바탕으로 듀보이스(Dubois)의 5가지 직무역량모델을 수정하여 사용하였다.
2) 농촌지도공무원의 역량모델을 3개 역량군, 28개 역량, 80개 행동으로 분류하였다.
  ① 기초직무 역량군: 외국어 능력, 아이디어 창출, 문제해결, 컴퓨터활용능력, 네트워크 형성, 조사분석능력의 6개 역량과 16개 주요행동으로 구성
  ② 전문직무 역량군: 전략적 지도사업계획, 지도사업 지원관리, 예산 및 회계관리, 지도인력관리, 지도사업스프로세스 관리, 현장지도, 지도사업 평가, 지도사업 홍보, 기술/주제 전문성, 농업·농촌이해, 농촌지도조직 및 사업이해, 고객지향성의 12개 역량과 34개 주요행동으로 구성
  ③ 리더십 역량군: 자기개발, 책무성, 의사소통, 협상, 팀워크, 동기부여, 갈등관리, 변화지향과 촉진, 비전 설정 및 공유, 구성원 육성의 10개 역량과 10개 주요행동으로 구성
3) 현재 가장 높은 역량은 리더십 역량군의 책무성이고, 그 다음이 전문직무 역량군의 고객지향성이며, 가장 낮은 역량은 기초직무 역량군의 외국어 능력이었다.

22. 우리나라 농촌지도직 공무원을 계층에 따라 분류한 내용으로 옳지 않은 것은?

① 2계층: 지도사업관리, 현장지도 등 역량에 대한 요구도가 상대적으로 높게 나타난다.
② 3계층: 특정 작물에 대한 기술적 전문성을 함양할 수 있는 방안이 필요하다.
③ 4계층: 기술/주제전문성, 현장지도에 대한 교육요구도가 매우 높게 나타난다.
④ 5~7계층: 관리자 계층으로 리더십 역량군에 대한 교육이 상대적으로 높게 나타난다.

정답 20. ① 21. ①

PART 04 농촌지도요원과 인적자원개발

해설 기술/주제전문성, 현장지도에 대한 교육요구도는 3계층에서 매우 높게 나타나며, 4계층에서는 나타나기는 하나 그 요구도가 전체적으로 낮다.

*농촌지도공무원의 계층별 육성방안(김진모, 2006)

구분	계층	육성의 초점	육성방법		
			중앙단위	도 단위	센터 단위
일반지도사	1계층 (3년 미만)	*지도사업 및 농업전반 이해 *기초적 지도행정능력 개발	*집합교육 *오리엔테이션	집합교육	*멘토링/코칭 *부서별 OJT *자기주도학습 유도
	2계층 (3~10년)	기초적 농업상담 및 기술지도 능력개발	*집합교육 *연구기관 연수 *전문지도연구회 참여	집합교육	*멘토링/코칭 *과제수행 *자율탐구 *영농체험 *시험장 파견 *직무순환 *자체 세미나 참여
	3계층 (10~20년)	*특정 작물에 대한 전문성 확보 *전업농 상담 및 경영지도 능력 개발	*집합교육 *전문지도연구회 참여 *국내외 학회 참여	집합교육	*과제수행 *자율탐구 *시험장 파견 *직무순환 *자체 세미나 참여
	4계층 (20년 이상)	*특정 작물에 대한 전문성 유지 *농업경영체 상담 및 경영지도 능력개발	*집합교육 *전문지도연구회 참여 *국내외 학회 참여	집합교육	*현장영농컨설팅 *농업기술강의 기회 제공 *자체 세미나 참여
관리자	5계층 (담당)	개별지도사업을 효과적으로 이끌 수 있는 리더십 개발	*집합교육 *성과평가 *국내외 학회 참여	집합교육	과제수행
	6계층 (과장)	조직 비전달성을 위한 전략과제를 효과적으로 이끌 수 있는 리더십 개발	*집합교육 *성과교육	집합교육 연찬회	과제수행
	7계층 (소장, 국장, 원장)	조직비전과 방향을 제시할 수 있는 리더십 개발	*집합교육 *성과평가 *리더십 평가 센터	집합교육 연찬회	

23. 책임지도사에 대한 설명으로 옳지 않은 것은?

① 특정 작물 내 특정 품목에 대한 전문적인 지식을 갖추어 특정 품목 전업농에 대한 상담 및 경영지도가 가능한 농촌지도공무원이다.
② 농촌지도직공무원으로 최고 수준의 농업전문가이다.
③ 현장애로 기술을 직접 개발, 시험할 수 있는 연구기능까지 수행하도록 기반을 제공해야 한다.
④ 세미나보다는 학회참여를 권장한다.

CHAPTER 01 농촌지도요원의 전문성

해설 ② 농업기술컨설팅 단계(3단계): 수석지도사에 대한 설명이다.
* 전문지도 단계(2단계): 책임지도사
  1) 의의
     ① 실무지도사를 거쳐 특정 작물 내 특정 품목에 대한 전문적인 지식을 갖추어 특정 품목 전업농에 대한 상담 및 경영지도가 가능한 농촌지도공무원이다.
     ② 지도직공무원이 지역 특성과 지도 환경을 고려하여 전략적으로 집중 육성해야 할 작목(품목)을 선정하여, 지도직공무원이 그 분야 전문가로 성장할 수 있도록 충분한 교육경험과 직무경험을 조직적 차원에서 제공해야 한다.
     ③ 작목(품목)전문가로서 생산기술, 포장, 유통, 판매에 이르는 전 과정에 대한 농업인 상담 및 경영지도가 가능한 작목 컨설턴트로 성장할 수 있도록 제도적 지원이 필요하다.
  2) 육성방법
     ① 멘토링: 지도사 선배와 멘토링 체제를 구축하여 현장실무능력을 배양한다.
     ② 전문지도연구회: 제도적 차원에서 전공분야를 선택하게 되면 전문지도연구회 활동으로 해당 작목의 기술적 능력 및 자기개발을 유도한다.
     ③ 학회참여: 세미나도 필요하나 학회참여를 권장할 필요가 있는데, 관련 학회에 참석하여 기술적 전문성을 강화시킬 수 있다.
     ④ 자율탐구(project assignment): 현장의 요구와 현장애로기술을 직접 개발, 시험할 수 있고, 전공분야에 대한 심층 연구 기반이 제공된다.
     ⑤ 작목(품목)에 대한 중앙지도기관의 교육기회, 경험을 제공한다.

24. 다음 중 리더십의 개념을 가장 잘 설명한 것은?

① 같은 목표를 가진 사람들의 모임
② 특정 개인이 다른 사람에 대하여 영향을 끼치는 능력
③ 특정 단체가 어떤 개인에 대하여 영향을 끼치는 능력
④ 어떤 단체에서 토의 능력을 함양하는 것

해설 지도력(leadership)이란 집단의 목표달성과 유지발전을 위하여 집단성원의 자발적 참여를 바탕으로 특정 개인이 다른 사람에 대하여 영향을 끼치는 능력으로 정의할 수 있다.

25. 다음 보기에서 설명하는 리더십 이론은?

조직지도자, 조직구성원, 조직상황의 3가지 요인을 동시에 고려하여야 한다는 이론으로서 리더의 행동결과가 그 이후의 리더의 행동에 영향을 미칠 수 있다.

① 상호작용이론   ② 상황이론
③ 성원이론   ④ 특성이론

해설 상호작용이론(Interaction theory)
① 배경: 상호작용이론은 전통적 리더십 이론들이 리더의 행동에 따른 결과만을 연구하고 있다는데에 대한 반론으로 제기되었다.
② 의미
  ㉠ 조직지도자, 조직구성원, 조직상황의 3가지 요인을 동시에 고려하여야 한다는 이론이다.
  ㉡ 리더의 행동결과가 그 이후의 리더의 행동에 영향을 미칠 수 있다.
  ㉢ 리더의 행동에 의해 바람직한 결과가 나왔다면 그러한 행동은 반복되고, 반대라면 반복되지 않는다.

26. 조직의 목적이나 기능을 파악하여 그것과 리더와의 관계를 규명하고자 하는 이론은?

① 상황이론
② 상호작용이론
③ 성원이론
④ 특성이론

해설 상황이론(Situation theory)
① 집단에 관련된 어떤 요소가 리더십 기능에 영향을 미친다면 그 어떤 요소는 상황적 요인의 범주에 포함된다.
② 로스와 핸드리(Ross & Hendry): 리더십을 특정 개인이 갖고 있는 자질요소나 종속자들의 태도보다는 그 조직의 목적 또는 기능을 파악하고, 그것과 지도자와의 관계를 규명하고자 하는 이론이다. 신앙, 사교, 학술 등 각각 그 조직의 목적과 기능이 다른 경우 상이한 리더를 요구하며, 같은 조직에서도 상황이 변화하면 다른 리더가 요구된다고 주장하였다.
③ 카트라이트와 잔더(Cartwright & Zander): 집단목표의 성격, 집단의 구조, 집단 구성원의 태도와 요구, 외부환경에서 오는 기대라고 주장하였다.
④ 깁(Gibb): 집단을 둘러싼 사회적, 물리적 환경의 성격, 집단 임무의 성격, 집단 구성원의 개인적 특성을 의미한다.

27. 리더십 이론 중 카리스마적 리더는 어느 유형에 해당되는가?

① 특성이론
② 성원이론
③ 상황이론
④ 상호작용이론

해설 특성이론(Traits theory)
① 리더십 초기 연구는 리더가 지니고 있는 천부적인 특성에 초점을 두었다.
② 스미스와 크루커(Smith & Kruger): 리더란 천부적인 것으로 그들은 다른 사람들에 비해서 정신적, 물리적, 개인적으로 우월하여 어떤 상황에서도 변질될 수 없는 것이기에 이런 특성을 지닌 사람만이 진정한 리더가 될 수 있다고 주장하였다.
③ 만(Mann): 실증연구 결과 자질이란 천부적인 것이 아니고 인간의 어떤 자질이 바람직한 리더상이 될 수 있는지 예측하기 어렵다고 주장하였다.
④ 어떤 개인적 자질(특성)은 리더가 리더십을 행사하기 위하여 구비해야 할 요건 중 하나라고 보았다.

CHAPTER 01 농촌지도요원의 전문성

28. 지도자의 형태로 볼 때 가장 초인적인 인간성이나 능력을 가진 지도자는?

① 카리스마적 지도자 ② 관료적 지도자
③ 전제적 지도자 ④ 민주적 지도자

해설 카리스마적(위광적) 리더십: 리더가 난관을 극복하고 현재 상태에 대한 각성을 확고하게 표명하고 수범을 보여 부하들에게 존경심, 자긍심과 신념 및 강한 헌신, 일체감을 심어주고 부하들로부터 존경과 신뢰를 얻는다.

29. 다음 중 농촌지도력에 대한 설명으로 옳지 않은 것은?

① 특성이론은 지도자란 천부적인 것으로서 그들은 다른 사람들에 비해서 정신적, 물질적, 개인적으로 우월하여 이런 특성은 어떤 상황에서도 변질될 수 없는 것이기에 이런 특성들을 소유하는 사람들만이 진정한 지도자가 될 수 있다는 것이다.
② 성원이론은 지도적 권위는 지도자의 개인적 자질에도 물론 내재하지만 그보다 오히려 공통적인 조직 목표에 대한 광범위한 충성에서 기인하는 피지도자의 '동의의 잠재력'에 내재한다고 보고 있다.
③ 상황이론은 지도력을 특정 개인이 갖고 있는 자질요소나 종속자들의 태도보다 오히려 그 조직의 목적 내지 기능을 파악하고, 그것과 지도자와의 관계를 규명하고자 하는 이론이다.
④ 농촌지역사회 주민들을 강제성과 반강제성을 동원하여 농촌생활의 개선을 이끄는 농촌지도사의 행동을 농촌지도력이라 한다.

해설 농촌이라는 지역사회 또는 그 지역사회 주민으로 구성된 특수집단들의 유지 발전을 위해 농촌지역사회 주민이 자발적, 상호역동적으로 노력하도록 유도하고 조정하여 이끄는 농촌 리더의 행동을 농촌지도력이라고 한다.

30. 나이, 학식, 경력, 신분 등으로 그 사회의 관습에 의해서 존경을 받고 있어서 영향력을 행사하는 지도자의 형태는?

① 전통적 지도자 ② 공식적 지도자
③ 관료적 지도자 ④ 카리스마적 지도자

해설 전통적 리더
㉠ 나이, 학식, 경력, 신분 등으로 그 사회의 관습에 의해서 존경을 받고 있어서 영향력을 행사하는 리더이다.
㉡ 전통사회에서 사회 여론을 조성하여 지도해 나가는데 큰 힘을 가진 지도자이다.

정답 28. ① 29. ④ 30. ①

31. 다음 중 규칙과 제도에 따른 역할에 충실한 지도자의 유형으로 옳은 것은?

① 민주적 지도자
② 관료적 지도자
③ 전제적 지도자
④ 카리스마적 지도자

해설 관료적 리더
㉠ 어떤 조직의 목적을 달성하기 위해서 제도나 규칙으로 규정된 역할을 착실히 수행하는 사람으로서 행정적 책임자들이 관료적 리더이다.
㉡ 인간성이나 융통성을 배제하고 법과 질서를 지나치게 강조하는 리더의 유형이다.
㉢ 관료적 리더의 권위는 법과 제도에서 발생한다.

32. 농촌지도자의 유형 중 참여를 강조하며 집단 의견을 합리적으로 조정하여 집단을 협동적으로 이끌어가는 지도자 유형은?

① 관료적 지도자
② 민주적 지도자
③ 방임적 지도자
④ 카리스마적 지도자

해설 민주적 리더
㉠ 구성원의 의견과 인격을 존중하고 그들의 참여를 강조하며 집단의견을 합리적으로 조정하여 집단을 협력적으로 이끌어 가는 리더이다.
㉡ 민주적 리더의 권위는 집단성원의 위임에서 발생하며 가장 바람직하다.

33. 다음 중 성격유형이 다른 농촌지도자는?

① 이장
② 영농회장
③ 부녀회장
④ 작목반장

해설 형식과 선출방법에 따른 농촌 리더의 유형
① 공식적 리더
　㉠ 의의: 선거나 임명에 의하여 공식적으로 알려진 리더이다.
　㉡ 선출된 리더: 집단이 민주적 방식에 의해 선출한 리더로 영농회장, 부녀회장 등이 있다.
　㉢ 임명된 리더: 정부기관이나 공공단체에서 하향적으로 임명한 지도자로 이장, 새마을 지도자 등이 있다.
② 비공식적 리더
　㉠ 의의: 선거나 임명이 없어도 집단이나 부락에서 커다란 영향력을 지닌 사람
　㉡ 유형
　　ⓐ 오피니언(여론) 리더: 공식적인 직책과는 아무런 관련 없이 다른 사람의 의견이나 여론에 영향력을 끼치는 개인이다.
　　ⓑ 자원지도자: 경제적 보수 없이 자원해서 자신의 시간과 노력을 보람있고 가치있는 일에 희생적으로 봉사하는 사람이다
　　ⓒ 전통적 리더: 그가 갖고 있는 학식, 경력, 연령 등에 의해 영향력을 행사하는 유지급의 인사이다.

정답 31. ② 32. ② 33. ①

34. 농촌리더의 유형 중 비공식적 리더가 아닌 것은?

① 전통적 리더
② 오피니언 리더
③ 새마을 지도자
④ 자원지도자

35. 다음 중 리더의 설명으로 옳지 않은 것은?

① 관료적 리더: 권력과 지배를 강조하고 복종을 요구한다.
② 전통적 지도자: 연령, 학식, 신분 등으로 존경을 받는다.
③ 카리스마적 지도자: 그가 가진 매력적 특성에 의해 타인에게 존경받는다.
④ 민주적 지도자: 구성원들의 의견과 인격을 존중하고 그들의 참여를 강조한다.

해설 ① 전제적 리더: 권력과 지배를 강조하고 복종을 요구한다.

36. 자원지도자에 대한 설명으로 옳지 않은 것은?

① 자원지도자는 지명을 통해 임명한다.
② 수평적 의사전달자로서의 역할을 수행한다.
③ 각종 시범사업을 주도함으로써 지역사회 발전에 기여한다.
④ 농민과 지도공무원간 고리를 연결하는 역할을 수행한다.

해설 많은 자원지도자가 모집을 통해 임명된다.

37. 오피니언 리더에 대한 설명으로 옳지 않은 것은?

① 비공식적이며 광범위한 집단을 대상으로 작용하고, 직접 행동을 이끌기보다는 변화를 인도한다.
② 일반농민보다 광역지향적으로 농촌지도원, 대량전달매체, 외부사람들과의 접촉이 많다.
③ 전통적인 규범체제 하에서는 사회규범에 의해 그 지위가 결정되지만, 도시화 사회에서는 대부분 개인의 능력이나 공식적 직책에 의해 결정된다.
④ 교육수준이 일반농민보다 일반적으로 높으나 월등히 높은 것은 아니다.

해설 오피니언 리더
① 의의: 오피니언 리더는 공식적 집단보다 비공식적이며, 광범위한 집단을 대상으로 하기보다는 대면적 작용을 하고, 직접 행동을 이끄는 것보다 의견, 변화를 인도한다.(한형수, 1981)
② 특성
  ㉠ 교육수준이 일반농민보다 일반적으로 높으나 월등히 높은 것은 아니다.
  ㉡ 일반농민보다 광역지향적으로 농촌지도원, 대량전달매체, 외부사람들과의 접촉이 많다.
  ㉢ 전통적인 규범체제 하에서는 사회규범에 의해 그 지위가 결정되지만, 도시화 사회에서는 대부분 개인의 능력이나 공식적 직책에 의해 결정된다.
  ㉣ 보다 많은 사회참여를 하고 높은 사회적 지위에 있다.

38. 핸더슨(Henderson)이 제시한 자원지도자의 지도사업 참여 동기의 순서로 옳은 것은?

① 권력동기 → 성취동기 → 친애동기
② 친애동기 → 권력동기 → 성취동기
③ 성취동기 → 친애동기 → 권력동기
④ 권력동기 → 친애동기 → 성취동기

해설 핸더슨(Henderson)의 자원지도자의 지도사업 참여 동기: 권력동기 → 친애동기 → 성취동기로 구분한다.

39. 다음 자원지도자에 대한 설명 중 옳지 않은 것은?

① 비전문적 지도부문에 활용이 가능하다.
② 지도력이 없어도 가능하다.
③ 심리적 욕구는 성취동기, 친애동기, 권력동기가 있다.
④ 무보수이다.

해설 자원의 의미를 강조하는 이유
  ㉠ 농촌지도사업에 참여하여 자신의 명예, 경제적 이익에 도움을 받는 것이 아니라, 시간·경제적 희생, 봉사가 수반되는 일을 무보수로 하기 때문이다.
  ㉡ 자원지도자는 사람들이 하기 싫어하는 일(노약자, 부모 없는 어린이, 장애 청소년 등에게 정신적, 교육적 봉사)를 한다. 그러나 민간단체(친목단체, 동창회 등)의 리더는 보수가 없지만 다소의 명예와 지배욕구(지시, 명령, 감독 등)를 충족시켜 준다.
  ㉢ 자원지도자는 리더보다는 자원봉사자의 의미가 더 강하나 자원봉사자 존중 차원에서 리더라는 명칭을 부여하였으며, 자원봉사자가 다소의 리더십이 있어야 그 역할을 훌륭하게 수행하기 때문이다.

CHAPTER 01 농촌지도요원의 전문성

40. 지도사업에서 농촌지도자에 대한 설명이 아닌 것은?

① 직업적 지도자의 감화력이 농촌지도자보다 훨씬 효과가 크다.
② 상의하달식 지도방법에서 벗어나 하의상달은 물론 수평적 의사전달자로서의 역할을 수행한다.
③ 농민과 지도공무원간의 고리를 이어 주는 역할을 한다.
④ 농촌지도자의 제안과 발상은 지도사업 계획수립부터 사업 실시 단계까지 새로운 영농기술을 보급하는데 기여한다.

[해설] 농촌지도자의 역할
① 과거의 상의하달식 지도방법에서 벗어나 하의상달은 물론 수평적 의사전달자로서의 역할을 수행함으로써 정부 말단행정체계와 농민간의 심리적 거리를 좁혀 준다.
② 지역사회의 협조자, 농촌지도자의 제안과 발상은 지도사업 계획수립부터 사업 실시 단계까지 새로운 영농기술을 보급하는데 기여한다.
③ 농촌지도자가 지도사업 참여를 통하여 쌓은 성과는 지도자 개인발전, 지역발전, 국가시책의 실행에도 기여한다.
④ 학습단체의 조직과 운영, 단체 구성원의 협동영농활동을 통하여 각종 시범사업을 주도함으로써 지역사회 발전에 기여한다.

41. 자원지도자 관리 모형 중 펜로드(Penrod)의 LOOP 모형에 해당하지 않는 것은?

① 찾기
② 오리엔테이션
③ 지속화하기
④ 교육훈련

[해설] 자원지도자 관리 모형(volunteer management model): 펜로드(Penrod)의 LOOP 모형
㉠ 찾기(Location: selection, recruitment)
㉡ 오리엔테이션(Orienting: informal, formal)
㉢ 운영하기(Operating: education, accomplishment)
㉣ 지속화하기(Perpetuating: evaluation, recognition)

42. 사회관계 측정방법에 대한 설명으로 옳지 않은 것은?

① 응답의 결과를 감정지도로 도식화하여 집단 내의 선호관계를 한눈에 볼 수 있다.
② 사회체계의 모집단 전체보다는 표본의 네트워크 자료를 확보할 때 가장 효과적이다.
③ 응답자들이 특정 혁신에 대한 정보와 충고를 얻기 위해 누구를 찾는지를 알아보는 방법이다.
④ 직접적인 인지자료에 근거해 측정하므로 리더십 측정에 매우 합당하다.

[해설] 사회체계의 표본보다는 모집단 전체의 네트워크 자료를 확보할 때 가장 효과적이다.

정답 40. ① 41. ④ 42. ②

43. 일반적인 오피니언 리더 발굴 방법으로 가장 거리가 먼 것은?

① 사회관계측정방식
② 관찰
③ 리더십평가방식
④ 자기추천방식

해설 오피니언 리더 발굴 방법: 사회관계측정방식, 정보제공자의 평가, 자기추천방식, 관찰 등의 방법이 이용된다.

44. 오피니언 리더를 발굴하는 사회관계측정방식으로 옳지 않은 것은?

① 직접적인 인지자료에 근거하여 측정하는 것이다.
② 사회체계의 표본을 대상으로 할 경우 부적합하다.
③ 타당도가 높다.
④ 소규모사회체계에서 가장 효과적인 방법이다.

해설 사회관계측정방식
① 장점
  ㉠ 사회관계 측정질문은 질의하기 쉽고, 상이한 상황과 주제에 대해 적용하기 쉽다.
  ㉡ 타당도가 높다.
② 한계
  ㉠ 사회관계 측정자료를 분석하는 것이 복잡하다.
  ㉡ 소수의 오피니언 리더를 식별하기 위해 많은 응답자가 필요하다.
  ㉢ 사회체계의 표본을 대상으로 할 경우 부적합하다.

45. 오피니언 리더를 발굴하는 방법 중 관찰에 대한 설명으로 옳지 않은 것은?

① 사람들을 관찰함으로써 피관찰자의 리더십을 측정하는 방법이다.
② 연구자가 관심을 갖는 어떤 사회적 행위가 일어날 때까지 인내심 있게 행동해야 한다.
③ 자료의 타당도가 낮다.
④ 소규모 사회체계에서 가장 효과적이다.

해설 관찰(observation)
① 의의
  ㉠ 사람들을 관찰함으로써 피관찰자의 리더십을 측정하는 방법이다.
  ㉡ 연구자가 체계 구성원의 커뮤니케이션 행동을 확인하고 기록함으로써 리더십을 확인한다.

② 장점
　㉠ 자료의 타당도가 매우 높다.
　㉡ 소규모 사회체계에서 가장 효과적이다. 대인적 교류가 일어날 때 관찰자가 실제적으로 관찰하고 기록하기 쉽기 때문이다.
③ 한계
　㉠ 소규모 체계에서의 관찰은 피관찰자에게 개입할 수 있는데, 사람들은 자신이 관찰되고 있다는 것을 알기 때문에 실제와 다르게 행동할 수 있다.
　㉡ 연구자가 관심을 갖는 어떤 사회적 행위가 일어날 때까지 인내심 있게 행동해야 한다.

46. 다음 중 사회관계측정법에 대한 설명으로 옳은 것은?

① 오피니언 리더를 찾는데 효과적이다.
② 소규모의 체계에서 오피니언 리더를 조사하는데 적합하다.
③ 응답자가 자신을 어떻게 인식하고 있는지 잘 보여준다.
④ 커뮤니케이션 네트워크 연결고리들을 식별하고 기록하는 방법이다.

해설 대면 접촉을 통해 서로의 존재를 심리적으로 인식하고 있는 사람들에게 적용할 수 있는 것으로 오피니언 리더를 찾는데 대단히 효과적이다.

47. 여론지도자의 발견을 위해 사용하는 방법 중 가장 널리 알려진 방법은?

① 사회관계측정방식
② 자기추천방식
③ 관찰
④ 정보제공자의 평가

해설 사회관계측정방식은 집단을 성원 상호의 견인, 반발의 긴장체계로 보고, 이것을 측정하여 집단 구조, 인간관계, 집단성원의 지위 등을 측정하는 이론으로 가장 널리 알려진 방법이다.

48. 오피니언 리더의 발굴 방법 중 강한 네트워크 연결고리뿐만 아니라 약한 네트워크 연결고리를 측정할 수 있다는 장점을 가진 방법은?

① 정보제공자의 평가
② 자기추천방식
③ 명단조사
④ 관찰

정답 46. ① 47. ①

PART 04 농촌지도요원과 인적자원개발

해설 명단 조사(roster study)
㉠ 응답자는 한 체계의 모든 구성원의 리스트를 제공받고 명단에 있는 다른 사람들과 교류를 하는지, 얼마나 자주하는지 대답을 한다.
㉡ 강한 네트워크뿐만 아니라 약한 네트워크 연결고리를 측정할 수 있다.

49. 미국의 농촌지도 계층에 포함되지 않는 것은?

① 최고관리자
② 지도행정가
③ 연방단위 지도사
④ 지도전문가

해설 미국 농촌지도 계층
① 구성: 최고관리자(director/assistant director), 관리자(supervisor), 지도행정가(administrative support), 지도전문가(specialist), 시군단위 지도사(county agent / advisors / educators)로 구성되어 있다.
② 지도사의 경력 수준에 따라 계층을 구분하며, 계층별로 육성 목적이 달라 계층별 다른 교육 내용과 육성방안을 제공한다.

50. 미국 농촌지도의 특징으로 옳지 않은 것은?

① 주립대학 중심으로 활동하며 주별 지도요원 육성체계가 통일되어 있다.
② 각 주립대학 내에 주정부 지도국이 설치되어 있다.
③ 지도사의 경력수준에 따라 계층을 구분한다.
④ 지도인력은 최고관리자, 관리자, 지도행정가, 지도전문가, 시군단위 지도사로 구성되어 있다.

해설 주립대학 중심으로 이루어지나 지도요원 육성체계는 주별로 다르다.

51. 오하이오주 HRD의 각 단계별 전문능력 개발을 동기부여하기 위한 조직적 전략 중 진입단계에 속하지 않는 것은?

① 리더십 코칭
② 오리엔테이션
③ 수련회
④ 동료 멘토링 프로그램

CHAPTER 01 농촌지도요원의 전문성

해설 오하이오주 HRD
오하이오 주립대학 농촌지도센터(Ohio State University Extension)의 달톤(Dalton)은 농촌지도사의 경력단계를 3단계로 구분하고, 각 단계별 전문능력 개발을 동기부여하기 위한 유인책과 조직적 전략을 제시한다.
1) 진입단계
  ① 조직에 대한 이해, 조직의 구조 및 문화, 직무 수행을 위한 필수 기술을 습득해야 한다.
  ② 오하이오 주립대학 지도센터(OSU)는 동료 멘토링 프로그램, 전문성 개발 지원팀, 리더십 코칭, 오리엔테이션/직무훈련 같은 방법을 개발했다.
2) 동료단계
  ① 지도사는 전문적 지식과 독립성을 갖추어야 한다.
  ② 현직교육, 전문성 개발 예산 확충 등의 방안이 활용된다.
3) 카운슬러 및 어드바이저 단계
  ① 조직에 대한 지도사 개인의 기여를 넘어 다른 지도사와 협업할 수 있는 능력을 개발해야 한다.
  ② 지도사는 자기학습을 통하여 지식과 기술을 갱신하고, 강사로서의 기회도 가지며, 특별한 프로젝트에 임시로 참여하기도 한다.
  ③ 자신의 삶을 되돌아보고 갱신할 수 있는 수련회, 멘토링과 훈련가로서의 역할 수행, 리더십 진단센터, 조직 내 전문가 협의체 등의 조직적 전략 등을 활용한다.

52. 오하이오 주립대학 농촌지도센터(Ohio State University Extension)의 달톤(Dalton)은 농촌지도사의 경력단계를 3단계로 구분하였는데 경력단계에 포함되지 않는 것은?

① 진입단계
② 교육단계
③ 동료단계
④ 카운슬러 및 어드바이저 단계

53. 텍사스주 HRD 중 관리자 육성방법으로 옳지 않은 것은?

① 관련 대학 및 협회와 네트워크 형성을 통해 다양한 학습 자원을 제공한다.
② 주지사 경영 개발센터(Governor's Center for Management Development) 프로그램을 통해 지도사업 프로그램 개발 및 실행에 필요한 자원(시간, 예산, 인력)을 관리하는 능력을 배양한다.
③ 대부분 전문성을 함양할 수 있는 다양한 육성방법이 활용된다.
④ 남부 지도사업 리더십 개발(Southern Extension Leadership Development) 프로그램을 통해 리더십 이론 및 적용을 학습한다.

해설 텍사스주 HRD
신규지도사(New employees), 실무지도사(Agents), 전문지도사(Specialists), 관리자(Supervisors)로 구분한다.
*관리자 육성방법
① 대부분 리더십 및 관리 역량을 함양하기 위한 교육을 실시한다.
② 남부 지도사업 리더십 개발(Southern Extension Leadership Development) 프로그램을 통해 리더십 이론 및 적용을 학습한다.
③ 주지사 경영 개발센터(Governor's Center for Management Development) 프로그램을 통해 지도사업 프로그램 개발 및 실행에 필요한 자원(시간, 예산, 인력)을 관리하는 능력을 배양한다.
④ 관련 대학 및 협회와 네트워크 형성을 통해 다양한 학습 자원을 제공한다.

정답 51. ③ 52. ② 53. ③

PART 04 농촌지도요원과 인적자원개발

54. 일본의 보급지도원의 자질 향상을 위한 연수체계 4단계에 해당되지 않는 것은?

① 실천지도력 강화 연수
② 전문지도력 강화 연수
③ 종합지도력 강화 연수
④ 리더십 강화 연수

[해설] 보급지도원의 자질 향상을 위한 연수체계 4단계
① 실천지도력 강화 연수
  ㉠ 보급지도원의 역할 및 목적의식 함양
  ㉡ 기초적인 지도방법의 습득과 실천적 지도력 향상에 관한 연수
② 전문지도력 강화 연수
  ㉠ 전문분야를 중심으로 문제해결능력 향상에 관한 연수
  ㉡ 마케팅, 운영 관리 등 경영적 관점을 중시한 지도력 향상에 관한 연수
  ㉢ 지적재산의 창조, 보호, 활용의 지원에 관한 지도력 향상에 관한 연수
③ 종합지도력 강화 연수: 농촌지역의 종합적 과제에 대한 해결능력을 향상하기 위한 보급지도방법의 고도화 등에 관한 연수
④ 기획, 운영능력 강화 연수
  ㉠ 보급지도활동의 총체로서의 기능을 발휘하기 위해 보급 활동의 종합적인 기획, 조정 연수
  ㉡ 보급지도원의 양성 및 자질 향상, 보급지도 활동의 관리운영에 관한 연수

55. 일본의 보급지도원의 발전단계에 대한 설명으로 옳지 않은 것은?

① 기초적 지도력 확립: 기초적인 지도력과 커뮤니케이션 능력
② 스페셜리스트 기능: 농업경영체의 기술적인 문제지도
③ 종합지도력: 시험연구 행정 분야 성과기법의 종합적인 활용
④ 기획관리력: 관계기관 및 단체와의 연계 강화

[해설] 보급지도원의 발전단계에 따른 연수 내용
① 기초적인 지도력 확립(신임기, 제1기): 실천적 지도를 실행하기 위해 필요한 보급방법이나 기술, 경영에 관한 기초적인 지도력과 커뮤니케이션 능력을 갖추기 위한 연수
② 스페셜리스트(전문) 기능(양성기, 제2기): 개별 경영이나 법인 경영 등의 농업경영체나 생산조직, 학습, 연구, 실천집단 등이 안고 있는 기술적인 문제나 경영관리기법에 대해 지도할 수 있는 능력을 갖추기 위한 연수
③ 코디네이터(통합) 기능(충실기, 제3기): 전문기술을 보다 고도화하고, 지역의 통합적인 과제해결을 위한 효과적인 제안이나 지도를 실행할 수 있는 능력을 갖추기 위한 연수
④ 기획관리력의 기능(제4기): 보급지도원의 조직적인 활동이나 효과적인 연수의 실시, 관계기관 및 단체와의 연계 강화, 시험연구 행정 분야 성과기법의 종합적인 활용 등을 실행할 수 있는 능력을 갖추기 위한 연수

농촌 인적자원개발(HRD)

1. 농업인 지도 및 소농 중심 농촌지도

 농업인 지도

(1) 품목별 신기술 보급과 지원

1) 채소 시범사업(농촌진흥청 50년사)

① **시범사업**: 시범농가로 하여금 혁신기술을 선도적으로 실천하도록 하여 새 기술이 인근에 파급되도록 하는 사업으로, 기술보급으로 가장 효율적인 지도방법에 해당된다.

② 1960년대
  ㉠ 우량품종과 비료효과 전시사업
  ㉡ 복합요인 투입 채소 시범사업
  ㉢ 지역유망채소재배 기술지도

③ 1970년대
  ㉠ 고추 비닐멀칭 재배시범
  ㉡ 농특사업지구와 주산지, 시군 고추 등 전시시범
  ㉢ 지역소득작목 시범사업
  ㉣ 시설채소 재배기술 시범

④ 1980년대
  ㉠ 마늘, 양파 비닐멀칭 시범
  ㉡ 간이저장고와 건조기 시범사업
  ㉢ 표준화하우스 시범
  ㉣ 양채류 기술보급 시범

⑤ 1990년대
  ㉠ 백색혁명 성취
  ㉡ 농가보급형 하우스 시범
  ㉢ 시설원예 환경개선 시범

　　　　ⓡ 시설원예 에너지절감 시범
　　　　ⓜ 채소 기계화 촉진 시범
　　　　ⓑ 채소 수경재배 시범
　　⑥ 2000년대
　　　　㉠ 마늘 주아재배 시범
　　　　㉡ 성페르몬 이용 해충방제 시범
　　　　㉢ 딸기 우량묘 보급 시범
　　　　㉣ 내재해형 하우스 보급
　　　　㉤ 환경친화형 채소생산 시범

2) 과수 시범사업

　　① 1960년대
　　　　㉠ 과수 집단부락 전시사업
　　　　㉡ 농어민 소득증대 사업 - 주산단지 조성 시범
　　② 1970년대
　　　　㉠ 왜성사과 재배 시범 - 조기결실과 단위당 수량 제고
　　　　㉡ 과수재배단지 조성과 사과 왜성재배
　　　　㉢ 산지과수원 조성 시범
　　③ 1980년대
　　　　㉠ 왜성대목묘 보급
　　　　㉡ 점적관수시설 보급
　　　　㉢ 생산비 절감 기술지도
　　　　㉣ 토양 및 엽 분석에 의한 시비 지도
　　　　㉤ 감귤 시설재배
　　④ 1990년대
　　　　㉠ 과수 품질향상 및 출하조정
　　　　㉡ 고품질 과실 안정생산 시범
　　　　㉢ 수출전문단지 육성 시범
　　　　㉣ 과수 토양수분감응 자동관수 시범
　　　　㉤ 축열물주머니 이용 에너지 절감 시범
　　　　㉥ 사과 저수고 밀식재배 시범
　　　　㉦ 배 Y자 재배 시범

⑤ 2000년대
- ㉠ 성페르몬 이용 해충방제 시범
- ㉡ 저온저장고 환경관리 자동화 시범
- ㉢ 포도 덕 및 비가림 복합모델 시범
- ㉣ 과원구조 생력화, 초생재배
- ㉤ 야생조수류 피해방지 시범
- ㉥ 미세살수장치 이용 늦서리 피해방지 시범
- ㉦ 꽃가루 은행, 영양진단실, 바이러스, 바이로이드 진단
- ㉧ 탑프루트 프로젝트 시범

3) 화훼 시범사업

① 1960년대
- ㉠ 절화류 재배 시작
- ㉡ 독농가를 중심으로 화훼단지 형성

② 1970년대
- ㉠ 양란 조직배양 시작
- ㉡ 구근류 생산 시작

③ 1980년대
- ㉠ 무궁화 신품종 보급 시범
- ㉡ 농업기술센터에 조직배양실 설치
- ㉢ 구근류 재배기술보급 시범
- ㉣ 절화류 표준출하 규격집 발간

④ 1990년대
- ㉠ 우량꽃 생산 시범
- ㉡ 구근류 종구 생산 시범
- ㉢ 국화 연3기작 시범
- ㉣ 지역특성화 기술개발

⑤ 2000년대
- ㉠ 국화 비가림 재배
- ㉡ 백합 상자 재배기술 보급
- ㉢ 화훼 벤처농 육성
- ㉣ 소형분화생산 저면관수
- ㉤ 장미 보광처리 시범

ⓑ 생활원예 가꾸기 시범
ⓢ 화훼 직무육성, 품종 보급

4) 축산 시범사업
① 1960년대
  ㉠ 한우 생산과 합리적 배합사료 급여
  ㉡ 비닐이용 토굴 사이로 담근먹이 제조 이용
② 1970년대
  ㉠ 한우, 샤로레 교잡종과 돼지 3원 교잡종 사육
  ㉡ 섬바디 및 서강 사료용 고구마 재배
③ 1980년대
  ㉠ 한-독, 한-영, 한-뉴 축산분야 국제협력사업
  ㉡ 유휴지, 산지 개발 초지 조성
④ 1990년대
  ㉠ 비육촉진을 위한 비육제 활용소 비육과 고급육 생산
  ㉡ 돼지 분뇨로 인한 환경오염 방지
⑤ 2000년대
  ㉠ 안전 고품질 축산물 생산 사육단계 HACCP 적용
  ㉡ 유용미생물을 활용한 친환경축산 기반 구축
  ㉢ 가축분뇨 퇴액비 자원화 이용

5) 생활자원 시범사업
① 1960년대
  ㉠ 식생활 개선, 식량소비전략 및 분식 장려
  ㉡ 개량메주 만들기, 아궁이 개량
② 1970년대
  ㉠ 농번기 탁아소 운영, 농번기 공동 취사장 운영
  ㉡ 응용 영양사업, 부업 및 메탄가스 이용지도
③ 1980년대
  ㉠ 농가주거환경 개선, 부엌 개량 지도
  ㉡ 생활개선 종합시범마을
④ 1990년대
  ㉠ 농촌여성 일감 갖기
  ㉡ 농업인 건강관리실, 농촌노인 생활지도
  ㉢ 농산물 가공기술 보급

⑤ 2000년대
  ㉠ 농촌전통테마마을
  ㉡ 농산물 종합가공센터 설치
  ㉢ 농촌체험교육농장
  ㉣ 농촌건강장수마을
  ㉤ 농작업 재해예방

(2) 우리나라 50대 농업기술

1) 1960, 70년대 녹색혁명기(전통적 농업 기반)
  1. 통일벼 개발로 전 국민의 배고픔을 해결
  2. 우리나라 최초의 일대잡종 배추 품종 육성
  3. 농업기계화 도입 및 식량 증산을 위한 농지개량 기술개발
  4. 양잠, 우리나라 근대화를 뒷받침
  5. 우리가 즐겨먹는 교잡종 옥수수 시대를 열다.

2) 1980년대 백색혁명기(안정적 농업 기반)
  6. 비닐하우스 도입(백색혁명) 도입으로 우리 농촌과 식탁이 풍성해졌다.
  7. 벼 도열병 극복으로 식량 안정생산이 가능해졌다.
  8. 벼 기계이앙으로 고된 벼농사가 쉽고 편리해짐
  9. 쇠고기 품질고급화를 향한 과학적 유통거래 제도 도입
  10. 과실 품질 향상을 위한 과수봉지재배 및 비가림재배

3) 1990년대 품질혁명기(고품질 농업 기반)
  11. 통일형 벼 품종에서 일반형 품종으로 성공적 교체
  12. 우리나라 토양의 족보 '한국토양총설' 발간
  13. 농산물 생산의 새로운 패러다임 병해충종합관리(IPM) 사업 시행
  14. 다수확 과수 재배시스템 확립
  15. 한국형 씨돼지, MADE IN KOREA
  16. 쪼개거나 자르지 않고도 맛을 알아낸다. '비파괴 품질판정기술'
  17. 농가보급형 비닐하우스, 시설원예에 날개를 달다.
  18. 다양한 버섯 신품종 시대 진입 및 현장 실용화 성공
  19. 일 년 내내 균일한 채소를 다량 생산하는 공정육묘기술
  20. 국제경쟁력이 높은 과수 신품종 육성
  21. 세계 최첨단 무병 씨감자 생산 기술
  22. 천적활용 시대를 열다.
  23. 한국형 순환식 수경재배 기술
  24. FTA 대응 화훼 신품종 개발 토대 마련

4) 2000년대 지식혁명기(융복합 농업 기반)
   25. 전국 토양정보가 한눈에 보이는 국가 농경지 관리체계 '흙토람' 구축
   26. 로열티 파동을 극복한 국산 딸기 품종 개발
   27. 누에와 꿀벌은 기능성 소재의 보배
   28. 풀사료 자급 달성을 위한 사료작물 품종 육성
   29. 백마, 화훼품종 국산화의 비전을 제시
   30. 쫄깃한 육질과 맛, 토종 '우리맛닭' 복원
   31. 우수한 신토불이 한우 복제소 생산기술
   32. 농촌 어메니티 자원, 농촌에 활력을 불어 넣다.
   33. 한국형 가축사양표준 제정으로 생산비를 절감
   34. 농촌 인력 육성의 요람, 농업인대학
   35. 탑라이스 생산으로 수입 쌀 개방화에 대응
   36. 석유대체 저탄소 친환경 시설원예 난방기술 개발
   37. 설갱벼를 이용한 전통주 개발
   38. 농식품 가공, 창업 지원으로 여성농업인 CEO 육성

5) 2010년대 가치혁명기(친환경 농업 기반)
   39. 해외농업기술개발센터(KOPIA) 설립 및 운영
   40. 바이오장기 생산용 형질전환 복제돼지 생산기술
   41. 배추 유전체 해독
   42. 식물바이러스 종류 모두 알 수 있다.
   43. 가축분뇨를 에너지 자원으로 활용
   44. 난치병 신약개발에 불을 당기다!
   45. 최고품질의 맛있고 안전한 과실(탑프루트) 생산
   46. 굳지 않는 떡을 아시나요?
   47. 환경오염 제로에 도전한다. 벼 부산물 이용 생분해성 비닐 개발
   48. 도시민도 농사를 짓는다. 도시농업 기반기술
   49. 온실가스 감축 및 탄소성적 평가기술 개발
   50. 안전 농산물 생산을 위한 유용미생물 이용 작물보호제 개발

② 소농중심 농촌지도

(1) 의의

1) 소농중심 농촌지도의 의의
① 소농은 가족단위 경영이며, 가족 구성원의 노동력 공급에 의해 영위되고 세대적 계승에 기초한다는 점에서 생산경제적 경영단위이며 가계단위이다.
② 소농중심적 농촌지도에 대한 특별한 관심은 과거 대농중심적 농촌지도가 본래의 이념과는 달리 오히려 계층간 사회, 경제적 격차를 심화시키고, 농업인구의 다수를 차지하는 소농이 어려운 생계수준에 시달리고 있다는 점에서 기인한다.
③ 소농중심적 농촌지도의 개념은 본질적으로 일반 농촌지도와 동일한 의미를 갖는다.
④ 과거는 농업소득, 생산성 증대에 역점을 두었다면, 앞으로 모든 발전지향적 활동은 빈곤 제거, 실업 감소, 불평등 개선이라는 3측면에서 재검토되어야 한다.

2) 소농의 특징
① 소농은 일반적으로 영세한 토지규모와 낮은 소득수준으로 특징 지을 수 있다.
② 소농은 대부분 농업경영의 후진성과 빈약성을 면치 못하며, 낮은 기술과 자본투입, 불완전 고용, 잠재적 실업, 불합리한 토지 소유, 미래지향적 의식이 부족한 것이 일반적이다.
③ 소농은 자신의 문제와 환경을 해결, 개선하려는 노력보다는 비관적 운명주의에 사로잡혀 외부 또는 자기환경의 압력과 영향에 그대로 순응한다.

3) 농촌사회발전에 있어 소농과 같은 비편익집단을 위한 교육, 지도: 굴렛(Goulet)
① 식량, 주택, 건강, 취업 등의 측면에서 기본생계유지 능력의 향상
② 자아가치, 인간존엄성, 인간평등 등에 대한 자아존중감의 향상
③ 외부로부터의 물질가치관, 경제적 압력, 교조주의적 신념, 자신의 무지 등에 예속상태로부터 탈피 능력 향상

4) 소농중심 농촌지도의 정의
농촌사회의 비편익적 주민을 대상으로 그들의 빈곤, 실업, 불평등한 분배 등에 의한 한계적 생계수준을 탈피시키고, 그들의 불리한 사회, 경제적 지위를 향상시킴은 물론, 인간으로서 자아존중과 행복한 삶을 추구할 수 있는 자질과 소양을 배양하고 향상시키는 과정이다.

(2) 소농 중심 농촌지도의 필요성
1) 공공사업으로서 농촌지도는 민주적 원리에 입각하여 농촌주민 모두에게 평등하게 실시될 의무가 있다.

2) 종래 소수 대농이나 진보적 농민만을 대상으로 농촌지도가 이루어진 이유

① 과거의 농촌지도는 혁신전파이론을 지나치게 강조하였다. 농촌지도는 혁신전파 방법으로 다단계 의사전달방법에 지나치게 의존함으로써 혁신사항을 직접 농민에게 전파하는 것이 아니고, 여론지도자나 선진농가를 통해 단계적으로 전파하여 실제로는 소수 이론지도자나 대농민을 중심으로 실시되는 결과가 되었다.
② 농촌지도가 일반농민에게 장려하려던 혁신사항들이 대부분 농민들의 현실에 부합하지 못했다.

3) 과거 농촌지도와 농촌개발의 문제점

① 가난한 농민들의 다수가 농촌지도나 농촌개발로부터 혜택을 받지 못하고 있다.
② 소농의 대부분은 지역사회 내의 농촌지도 또는 농촌개발에 대한 유용한 정보를 갖고 있지 못하며, 가지고 있더라도 자신들은 활용할 여건이 구비되어 있지 않다고 생각하여 자신들과 무관한 사업이라고 느끼고 있었다.
③ 소농들은 공동구판장, 협동조합, 관심집단 등과 같은 부락단체에 거의 회원가입을 하지 않아 지역사회 단체활동 참여가 거의 이루어지지 않고 있다.
④ 소농의 대부분은 자금을 필요로 할 때 주로 부락의 고리대금업자나 부유한 친척에게 의존하고 있고, 제도적 신용의 이용은 자신들이 무식하고 사회적 지위가 낮아 자신들과는 무관하다고 생각하고 있으며, 은행 측에서도 그들에 대한 융자를 기피하고 있다.
⑤ 대부분의 농촌지도요원은 개량된 농업기술을 선진농가로부터 소농으로 전파시키는 낙수적 개발이론을 따르고 있다.
⑥ 영세부락을 위한 실험농촌개발사업은 초창기에는 성공적이었으나 농촌지도요원의 성급한 철수로 인해 실패로 끝났고, 지나치게 하향적인 개발방식은 주민의 자율성 신장을 저해하였다.
⑦ 농촌지도는 임금노동자, 소농, 빈농의 부녀자나 청소년 등의 비편익적 소수집단을 위한 사업을 개발하지 못하고 있었다.
⑧ 대부분의 농촌개발은 상부로부터 하부로의 하향식 계획에 의존하고 있으며, 특히 계획수립과 실천과정에 소농의 참여는 거의 무시되었다.
⑨ 농촌지도 및 개발사업은 의식적, 무의식적으로 다수인 저소득층의 필요욕구를 무시하여 왔으며, 오히려 대농과 소농의 상대적 빈부 격차를 가중시키고 있다.

(3) 소농의 일반적 특성

1) 경제적 특성

① 영농규모의 영세
 ㉠ 소농은 영세한 규모의 토지를 소유하고 있어 농업생산성과 농업소득이 낮다.
 ㉡ 생활비 지출에 어려움을 겪는 것은 물론 대외신용력을 얻기 어렵다.

② 노동집약적 생산방식
  ㉠ 소농은 수입을 주로 농업생산에 의존하고 있어 영세한 토지 이외에 노동력을 투입할 대상이 없다.
  ㉡ 기계화와 같은 자본집약적 생산방식보다는 노동집약적 생산방식이 일반적이며, 생산 능률도 낮다.
③ 낮은 노동생산성
  ㉠ 소농은 가족노동에 의존하여 농업생산을 영위하고 있다.
  ㉡ 노동력이 부족할 경우에는 '품앗이'와 같은 형태의 공동노동력도 사용하나, 영세한 경지규모는 유휴가족노동력을 발생시킨다.
④ 낮은 상품화 비율: 소농은 생계유지를 위한 자급자족적 농업생산을 유지하고 있으므로 생산 농산물의 상품화 비율이 매우 낮다.
⑤ 비능률적 농업경영
  ㉠ 소농은 농업경영의 측면에서 토지, 노동, 자본의 생산성 등이 대농에 비하여 낮고, 유휴노동력의 활용이 제대로 이루어지고 있지 않다.
  ㉡ 농산물 유통에 있어서도 생산가격이 판매가격보다 더 높은 것이 일반적이다.

2) 소농의 사회심리적 특성
① 상호불신적 성격
  ㉠ 소농은 대인관계에 있어 상호불신적 특성이 강하다.
  ㉡ 전형적인 형태의 소농들은 개인주의적이고 특수 외부인에 대하여 의혹적이고 회피적인 경향을 나타내며, 그들과 어떤 사회경제적 도움을 주고받거나 상호 협동하기를 기피한다.
② 제한된 선의 지각
  ㉠ 소농은 대개 자신의 세계는 바람직한 일들이 매우 한정되어 있는 것으로 자각하는 경향이 강하다.
  ㉡ 토지, 부, 건강, 애정, 권력, 안전 등 생활에 있어 바람직하다고 생각될 수 있는 모든 것들이 부족하고, 그것의 취득기회가 매우 제한되어 있는 것으로 생각한다.
③ 정부권위에 대한 의존성과 배타성
  ㉠ 정부나 외부인의 권위에 대하여 의존적이며, 동시에 적대적인 경향이 두드러진다.
  ㉡ 전통적으로 농촌인들, 특히 소농들은 정부기관의 사람들에 대하여 뿌리 깊은 불신감을 가지고 있다.
④ 가족주의적 성격
  ㉠ 특히 가족주의적 경향이 강하다.
  ㉡ 전통적 농업사회의 특성과 마찬가지로 소농들은 특히 강한 가족적 유대를 지니고 있다.

⑤ 혁신성의 결여
  ㉠ 많은 경우에 새로운 변화나 혁신사항에 긍정적으로 반응하지 않는다.
  ㉡ 빈약한 사회경제적 상황의 부적합 또는 혁신기술의 출처나 방법에 대한 지식이 없다는데 기인한다.

⑥ 운명주의
  ㉠ 자신들의 미래를 조정할 능력이 없다는 생각, 즉 운명주의에 젖어 있는 경향이 강하다.
  ㉡ 자신들에게 일어나는 행·불행을 모두 운명의 탓으로 돌리고 합리적인 상황의 개선을 시도하지 않는다.

⑦ 낮은 포부
  ㉠ 생계 수준, 사회적 지위, 교육, 직업 등에 대하여 낮은 포부를 가지고 있다.
  ㉡ 생활이 향상되어도 성취욕구는 낮은 수준에 머문다.

⑧ 현재지향주의
  ㉠ 소농은 일반적으로 생활양식에 있어 현재지향주의적 성격이 강하게 나타난다.
  ㉡ 사회이동도 꾸준한 향상보다는 순간적 도약에 의존하는 것이 보통이다.

⑨ 제한된 세계관
  ㉠ 소농은 지리적 이동성, 대중매체 노출성 등에 있어 지역성이 강하다.
  ㉡ 가치관이나 생활양식이 외부지향적이 아닌 내부지향적 특성이 강하다.

⑩ 낮은 감정이입
  ㉠ 자신을 타인, 특히 자신보다 사회경제적 지위가 높은 사람의 역할에 투사할 수 있는 감정이입 능력이 결여되어 있다.
  ㉡ 도시문화 접촉기회나 대중매체 접촉기회가 제한되어 있는 등 지역성이 강한 소농의 세계는 현대문화나 도시 엘리트들과는 매우 다르다.

3) 소농의 경제, 사회, 심리적 특성의 상호작용

① 토다로(Todaro, 1977)는 개발도상국에 있어서 분배의 불공평과 인간의 불평등을 심화시키고 있는 종래의 경제발전을 비판하고, 질적 성장과 인간평등을 기본이념으로 새로운 경제발전이론을 제시하였다.

② 농업부문의 저개발 상태는 낮은 생계 수준, 낮은 자아존중감, 외부종속과 제한된 선택자유가 경제, 사회, 심리적 기본요인의 상호작용에 의하여 규제된다고 하였다.

③ 근본적으로 저소득에서 기인하는 낮은 생계 수준은 낮은 자아존중감, 외부종속과 제한된 선택자유에 시발적 영향을 미친다.

④ 소농의 경제, 사회, 심리적 요인들의 상호 역동적인 작용은 결국 소농의 영속적 저개발과 빈곤의 악순환을 불러일으키게 되는데, 그 근본 원인은 소농의 낮은 생계 수준에서부터 비롯된다.

(4) 소농 중심 농촌지도의 접근방법

1) 의식화 접근

① 의식화의 의미

㉠ 앎(knowing)과 행위(doing)에 대한 통찰 과정에서 이론과 실제를 결합시키는 것이다.

㉡ 정치적, 경제적, 사회적 여러 모순을 인식하고 현실의 압제요인들에 항거하는 행동을 취하기 위한 학습이다.

㉢ 사람들이 수용자가 아니라 지식습득의 주체로서 자신의 삶을 형성하는 사회문화적 현실과 그 현실을 변화시키는 능력의 심화를 달성하는 과정이다.

㉣ 프레이레(Freire)가 제시한 의식화: 주민들의 고정관념을 일깨워 새로운 인식을 갖게 하고, 자신들의 삶을 조정할 수 있는 사람은 자기 자신이라는 것을 일깨우고, 자신의 역량을 넘어서는 것으로 여겼던 압박감을 해소시켜 주는 것이다.

② 프레이레(Freire)의 의식화 교육의 적용

㉠ 농촌사회 문제의 주체적 해결을 위해 농촌주민들이 직접 사회의 정치, 경제적 영역과 의사결정과정에 적극적으로 참여하여 더 많은 권력과 권리를 농촌주민이 갖도록 돕는 것이다.

㉡ 자신의 열악한 사회환경 구조를 변화시키는 의식을 고양하고, 실천력을 기르는데 도움을 주는 인간지향적 교육과정이다.

㉢ 의식화 교육의 전략

ⓐ 문제해결방법으로 급진적 개혁보다는 점진적 개혁으로 민주적 방식을 취한다.

ⓑ 의식화 교육의 실천적 방법으로서 참여연구가 중요한 전략이다.

2) 집단적 접근

① 집단적 접근의 의의

㉠ 소농의 집단화를 위한 효과적 농촌지도전략을 모색하는 것이다.

㉡ 소농의 만성적 저개발 생태는 낮은 소득에 기인하는 저위 생계 수준, 부정적, 사회심리적 특성, 외부와 사회 및 경제적 불리한 종속관계의 상호 복합적 작용으로 인하여 나타나는 현상으로, 이에 대처할 수 있는 방안으로 협동조직체 육성과 자조적 집단활동이 있다.

② 소농 협동조직체와 자조적 집단활동이 필요한 이유

㉠ 소농은 자본구조와 영농규모가 취약하므로 개별 농가 단위보다는 협동조직체를 통하여 생산과 판매, 영농자재구입 등의 생산능력과 자원의 관리, 활용능력을 제고시킬 수 있다.

㉡ 자조적 집단활동의 통합을 통하여 대농이나 외부상품 교환체제에 대비하는 등 자신들의 권익과 요구를 주장할 수 있는 정치적 압력집단을 형성함으로써 외부와의 불리한 위치에서 탈피할 수 있다.

㉢ 생활 전반에 걸친 자조적 협동활동을 통하여 자신들의 문제와 필요에 대해서 자율적 의사결정을 하게 함으로써 생의 성취의욕 및 집단활동 참여의식을 고취시킬 수 있다.

③ 소농의 자조적 집단활동 육성 방안

　㉠ 소농의 소규모 기초집단들을 공통된 이해와 관심사를 바탕으로 10~15명을 단위로 조직되는 것이 바람직하다.

　㉡ 기초집단들은 회원들의 지도력과 협동심 및 참여의식을 개발, 함양시키기 위하여 회장, 서기, 회계 등 집단지도자를 선출하여 집단의 자율적 조직을 갖추어야 한다.

　㉢ 회원들간의 공통된 관심사, 즉 소득 및 생산증대, 능력개발, 생활개선 등에 관계된 자신들의 문제와 필요를 규명하고 토의하기 위한 정기적 모임이 개최되어야 하며, 집단은 사업의 자율적인 운영능력과 의사결정능력이 신장되어야 한다.

　㉣ 기초적 소집단들의 자조적 협동활동이 신장됨에 따라 공통관심사의 이해를 바탕으로 그것들의 기능을 통합하는 하나의 협동조직체가 형성되어야 한다.

　㉤ 소농의 모든 자조적 집단활동은 궁극적으로 자신의 생활 전반에 걸친 관리능력과 자아존중감 및 신뢰감의 고취와 함양에 기여할 수 있어야 한다.

　㉥ 자조적 집단활동의 육성방법으로는 집단역학에 전문성이 있는 지도요원이 채용되어야 하고, 충실한 현장연구를 통하여 소농의 필요와 문제를 정확히 파악하여야 하며, 그들의 참여를 전제로 한 상향식 사업계획이 수립되어야 한다.

3) 농촌지도기관의 전략

① 소농 중심 농촌지도 전략으로 소농의 의식화, 집단활동의 효과적 육성을 위하여 농촌지도체제도 변화가 필요하다.

② 농촌지도기관 또는 유관기관들이 대농이나 중농보다는 소농들이 농촌지도나 개발사업으로부터 도움을 훨씬 필요로 하고 있다는 사실을 인식하는 것이 선행되어야 한다.

③ 종래의 소득증대와 농업생산성 증대에만 중점을 두었던 농촌지도의 양적 평가지표가 수정되어 평등과 분배가 강조되는 질적 평가지표가 채택됨으로써 비편익적 소농집단들의 이익과 생활향상에 우선순위를 둔 보다 많은 지도사업들이 개발·보급되어야 한다.

④ 소농들이 필요로 하는 지식이나 기술, 생활개선, 기초소양 등에 대하여 보다 다양한 교육훈련 프로그램을 개발·실시하여야 한다.

⑤ 공동생산활동, 공동판매 및 구매 활동, 공동농산물저장, 기계화 영농 등 소농의 자조적 협동 활동에 대한 지도를 강화하여야 한다.

⑥ 소농들의 불리한 사회경제적 여건에 부합할 수 있는 규모의 적정기술과 소득증대 사업을 개발·보급시켜야 한다.

⑦ 경제적 협동활동을 위한 소농의 자조적 집단활동을 효과적으로 지원하기 위해서는 공동생산과 판매 및 구매 등 원활한 사업들이 개발되어야 한다.

⑧ 소농들 중 특히 임금노동자나 소작자를 위하여 취업기회 확대를 위한 농가부업, 농외취업 등에 대한 사업의 개발과 지도가 강화되어야 한다.

⑨ 소농의 기초적 생산기반 및 생활환경개선을 위해서 농로, 상하수도, 토지정리 등 농촌의 하부구조개선에 도움이 되는 사업이 보다 많이 전개되어야 한다.

⑩ 농촌지도요원들이 소농을 보다 잘 이해하고, 그들의 문제와 필요에 대한 상담을 효과적으로 지도할 수 있는 소농지도의 전문적 자질과 능력이 개발·함양되어야 한다.

4) 우리나라 소농의 개발전략

① 농촌주민들의 경쟁력과 창의력을 개발하여 나가야 한다.

② 농촌지도인력의 전문화가 필요하다.

③ 농촌주민을 농촌지도과정에 참여시켜 나아가야 한다.

④ 소농의 질적 생활개선을 위한 사회사업, 특히 보건, 위생, 영양, 주택, 육아, 의복 등을 개선 및 향상시킬 수 있는 사업들이 보다 풍부하게 이루어져야 한다.

2. 농촌청소년지도

① 농촌청소년지도의 개념

(1) 청소년의 특징

1) 청소년의 심리적 특성
   ① 자아의식의 형성
   ② 독립심과 소속감
   ③ 청소년 문화에 대한 욕구
   ④ 이성에 대한 욕구
   ⑤ 논리적 사고능력의 소유
   ⑥ 정서적 불안

2) 농촌청소년의 특성
   ① 자아개념이 상대적으로 낮으며, 긍정적인 자아를 가지고 있지 못하다.
   ② 도시로 떠난 청소년들로 인해 남아 있는 청소년들의 마음에 동요가 있다.
   ③ 이상실현이 불가능하다는 무력감과 생활의 무의미함을 느낀다.
   ④ 사회적 고립감과 심리적 소외현상을 나타내는 경향이 있다.
   ⑤ 그들의 직업에 대하여 긍정적인 태도를 갖지 못하고 있다.

(2) 농촌청소년지도

1) 필요성
   ① 이촌현상에 대처
   ② 영농후계자 양성의 필요성
   ③ 비진학 농촌청소년지도
   ④ 학교교육의 보완
   ⑤ 사회교육기회의 확대
   ⑥ 기술혁신의 촉매자

2) 농촌청소년지도의 목표
   ① 농촌지역사회 청소년으로서 긍정적 자아개념을 확립하게 한다.
   ② 건전한 시민성, 지도력을 함양시킨다.
   ③ 직업선택능력과 준비성을 배양한다.

④ 영농생활에 대한 가치를 인식하게 한다.
⑤ 행복한 가정생활능력을 함양한다.
⑥ 집단생활에 적극적으로 참여할 수 있는 능력을 갖게 한다.
⑦ 여가선용능력을 갖게 한다.
⑧ 자연자원의 보호능력을 배양한다.
⑨ 국제적 안목을 증진시킨다.

3) 농촌청소년지도의 원리
① 청소년의 심리적 특성을 감안하여 지도한다.
② 자원지도자를 확보하고 그들의 지도력을 활용하여야 한다.
③ 가정과 지역사회의 지원을 확보하여야 한다.
④ 개인지도를 중심으로 스스로 해결하도록 도와야 한다.
⑤ 계획과 평가에 모든 청소년을 참여시켜야 한다.
⑥ 발표와 봉사의 기회를 자주 부여하는 것이 필요하다.
⑦ 강화를 시켜주어야 한다.
⑧ 집단활동에 흥미를 부여하여야 한다.
⑨ 어떤 행동에 대한 보상을 주어야 한다.

(3) 농촌청소년 활동의 분류

지도대상자 수에 따른 분류	개별활동	과제활동, 상담활동, 체육활동, 현장연수활동, 현장참가
	집단활동	과제활동, 경진활동, 체육활동, 야영활동, 오락활동, 협동활동, 집단운영, 회의진행활동, 지역봉사활동
활동내용에 따른 분류	교양활동	독서, 산술, 예절, 일반상식
	여가선용 활동	체육, 오락, 야영
	가정관련 활동	의식주 개선, 가사 돕기, 절약, 저축
	지역사회 활동	시민성, 지도력, 지역봉사, 회의참가, 자연자원보호
활동성격에 따른 분류		과제활동, 경진활동, 연수활동, 봉사활동, 집단활동, 회의활동, 오락활동, 야외활동 등

(4) 4-H운동

1) 4-H의 의미
① 농촌청소년에게 장차 농촌을 지키고 가꾸어나갈 훌륭한 농민으로서, 더 나은 민주시민으로서 갖추어야 할 기본 소양을 쌓아 변화하는 시대에 적응할 수 있는 유능한 제2세 국민을 육성하기 위한 사회교육 과정이며 사회개발 운동이다.
② 1900년대 초 미국에서 처음 시작된 운동이다.

2) 목표

자기가 살고 있는 지역에서 작은 모임을 만들어 어려서부터 새로운 영농기술의 지식을 배우고 생활을 개선하며 사회적인 협동생활의 훈련을 쌓도록 함으로써 보다 잘사는 영농인이 되고 훌륭한 민주시민이 되어 지역사회개발에 중추적 역할을 담당할 수 있는 유능한 역군으로 성장하는 것이다.

3) 실천이념

① 지육(智育, Head): 머리를 명석하게 하여 올바른 판단과 계획능력을 배양
② 덕육(德育, Heart): 덕성을 함양하고 진실과 겸손으로 인격을 도야하여 더불어 살아감
③ 노육(勞育, Hands): 근로와 봉사를 통해 쓸모 있는 기능을 기르며 밝은 사회건설에 이바지함
④ 체육(體育, Health): 건강을 증진하여 질병을 물리치고 능률을 증진하며 생활을 즐겁게 함

4) 4-H운동의 변천

① 1947~1951년
  ㉠ 해방 전후 농촌부흥을 위한 중견농업인 양성을 목표로 경기도 지역에서 처음 시작되었다.
  ㉡ **명칭**: 농촌청년구락부
  ㉢ 자격은 30세 이하의 농촌청소년으로 5만여 회원이 있었다.

② 1952~1961년
  ㉠ 전후 농촌재건을 촉진하기 위해 정부사업으로 채택되었다.
  ㉡ **명칭**: 새마을 4-H구락부
  ㉢ 자격은 10~20세의 미혼남녀 청소년으로 15~30만여 회원이 있었다.

③ 1962~1973년
  ㉠ 후계영농주 육성을 목표로 자격연령을 13~24세로 조정했다.
  ㉡ 전국 리동단위로 확대 조직되었다.

④ 1974~1979년
  ㉠ 후계 새마을지도자 육성을 목표로 새마을 운동과 연계 추진되었다.
  ㉡ **명칭**: 새마을4-H구락부를 1979년 새마을청소년회로 개명하였다.
  ㉢ 자격을 13~26세로 조정하고, 55만여 회원이 있었다.

⑤ 1980~1990년
  ㉠ 농촌을 이끌어갈 영농후계세대 육성에 중점을 두고 사업을 추진하였다.
  ㉡ 1988년 명칭을 4-H회로 개칭하였다.
  ㉢ 읍면회원의 자격연령을 29세로 조정하였으며, 60~100만여 회원이 있었다.

⑥ 1991~2007년
  ㉠ 건전하고 생산적 농촌청소년 육성에 목표를 두고 직능별 조직으로 개편하였다.
  ㉡ **영농 4-H회**: 첨단농업기술지도로 후계영농주 육성
  ㉢ **학생 4-H회**: 초급영농과제이수로 농심 함양

⑦ 2008년~
　㉠ 민간추진 청소년운동으로의 전환을 위한 사업이 추진되었다.
　㉡ 한국 4-H활동 지원법 제정(2007.12.21.)
　㉢ 한국 4-H활동 지원 기본시책 수립

5) 영농 4-H 발전과정
① 1947년: 경기도에서 4-H구락부가 처음 조직
② 1948년: 경기도 농촌청소년구락부연합회 발족
③ 1949년: 사단법인으로 등록되고 농업기술원이 설치됨
④ 1953년: 법인단체로 결성
⑤ 1954년: 제1회 4-H구락부 중앙경진대회 개최
⑥ 1957년: 경북과 인천에서 4-H구락부연합회 발족
⑦ 1979년: 명칭을 새마을청소년회로 개칭
⑧ 1988년: 명칭을 4-H회로 개칭
⑨ 2001년: 민간총괄기구로 한국 4-H본부 발족
⑩ 2007년: 한국 4-H활동 지원법 제정

② 농촌 4-H 주요 활동

(1) 회의 및 의식 활동

1) 회의 활동
① 회원들이 회의 생활에 잘 참여하여 친숙하게 하고, 회의를 통해 자제력을 갖게 되며, 민주주의의 기본 원칙과 절차를 익히고 실천한다.
② 주요 회의로는 월례회의와 정례회의가 있다. 정례회의에는 연시, 연말총회, 4-H 신입회원 가입식, 4-H 임원 임명식 및 취임식, 분과별 임원회 등이 있다.

2) 의식 활동
① 봉화식과 촛불의식이 있다.
② 각종 4-H 행사에서 자신을 태워 불을 밝히는 촛불을 보여 4-H 정신과 이념을 다시 생각하고 각오를 다지는 것이다.

(2) 과제활동

1) 개념
① 과제는 생활 속에서 스스로 경험해서 배우는 실천적 학습활동이다.
② 과제활동의 3요소는 청소년, 부모, 지도자이다.
③ 4-H 활동은 대부분 과제활동으로 이루어진다.
④ 과제란 개량·개선에 목표를 두고 무엇이든 관찰과 실천을 통해 체득하게 하는 일이다.

2) 목적
① 흥미와 적성의 개발
② 실천적 학습기회 부여
③ 사업적 경영능력 개발
④ 자주성과 창의성 개발
⑤ 미래자산의 확보

3) 과제활동의 종류
① 이수 목적에 따라: 생산과제(주과제), 개량과제, 보조과제
② 이수자 수에 따라: 개인과제, 공통과제, 단체과제
③ 내용에 따라: 흥미, 희망, 필요 등에 따라 다양하다.

4) 과제활동지도에서 고려되어야 할 사항
① 경력별 지도: 처음 초기년도에는 비교적 쉽고 단순하며 흥미로운 과제가 좋다.
② 계속적 확대지도: 자기에게 흥미롭고 관심이 가는 과제가 발견되면 연차적으로 규모를 확대하여 사업적 규모로 발전시켜 나가는 것이 바람직하다.
③ 청소년 스스로에 의한 활동: 청소년의 자발성과 자주적 노력을 강조하므로 부모나 지도자의 지나친 간섭과 지도는 삼가고, 시행착오과정을 거쳐 스스로 깨닫도록 지도한다.
④ 철저한 기록: 과제활동은 계획과정부터 철저하게 기록하는 습관을 길러야 한다.
⑤ 과제이수 발표회: 이수한 과제활동의 업적을 발표할 수 있는 기회를 준다.

(3) 과제활동의 종류: 과제 이수 목적에 의한 분류

1) 생산과제
① 개념
　㉠ 무엇을 만들거나 생산하는 활동이다.
　㉡ 생산과제(소유권 과제라고도 부름)는 과제이수자가 책임을 지고 생산하여야 하며, 생산물은 과제이수자에게 소속되어야 한다.

© 하몬즈와 빙클리(Harmonds & Binkley)는 생산물이 과제이수자에게 소속되지 않으면 그 것은 엄격한 의미에서 생산과제가 아니며 개량과제라고 하였다.
② 생산과제의 의의: 이수자의 책임 하에 생산하고 관리하게 할 때, 생산품의 소유가 이수자에게 있을 때, 시장유통에 관한 경험도 해볼 때 의의가 있다.
③ 분류
㉠ 주과제: 한 사람이 여러 가지 생산과제를 이수할 때 가장 규모가 크고 소득이 높은 과제
㉡ 부과제: 주과제 다음으로 비중이 있는 과제
㉢ 조과제: 목초나 녹비작물 재배와 같이 주과제나 부과제의 이수에 필요로 사용되는 생산과제

2) 개량과제
① 개념
㉠ 가정생활이나 지역사회생활, 영농이나 기타 사업경영에 있어서 편리와 효율을 도모하거나 재산상의 가치를 증진시키는 활동을 말한다.
㉡ 병충해방제, 지력증진, 농로개수, 가축사육, 축사수선, 가정청소, 의복수선, 마을청소, 기금조성 등이 있다.
② 특징
㉠ 개량과제는 생산과제와는 달리 그 소유권이 이수자에게 속하지 아니한다.
㉡ 가축을 사육하는 경우 그 가축이 이수자 소유라면 생산과제에 속하고, 집안 소유라면 개량과제에 속한다.
㉢ 생산과제와 개량과제는 그 소유권이 누구에게 속하느냐에 따라 구별될 수 있다.

3) 보조과제
① 생산과제나 개량과제를 이수하는데 필요한 하나하나의 기능을 배우고 익히며 숙련하는 활동이다.
② 전정법, 사료배합법, 종자소독법, 땜질, 칼갈이 등이 해당된다.

(4) 교육행사 및 훈련

1) 개념
① 단체학습이나 활동을 통해 새로운 기술을 습득하고, 협동심, 극기력, 적극성 등을 함양하며, 더불어 살아가는 사회인으로 심성을 키우기 위한 행사이다.
② 경진대회, 문화탐방, 야영훈련, 청소년의 달 행사 등이 있다.

2) 목적
① 과제이수능력 향상
② 인간관계가 넓어진다.
③ 사회성 향상

④ 집단 전체의 발전을 위한 친목과 단합
⑤ 협동, 봉사정신 및 공동체 의식 함양
⑥ 심신을 단련하면서 호연지기 함양
⑦ 선진 영농기술 습득과 견문 확장

(5) 4-H 운동의 성과와 발전과제

1) 성과

① 의식개혁 운동의 주도적 역할
  ㉠ 건전한 시민정신을 갖춘 후계농업인의 자질을 형성한다.
  ㉡ 4-H클럽의 집단활동은 이웃을 배려하는 협동정신을 익히게 하였으며, 능숙한 자기표현과 남의 의견을 폭넓게 수용할 줄 아는 도량을 갖추어 사회적 지도자를 양성한다.

② 농촌청소년의 건전한 성장과 산업화의 인적 기반의 형성
  ㉠ 4-H는 청소년들에게 조직 활동을 통하여 자유민주주의 기본이념과 철학을 가르친다. 민주적 절차를 통해 조직을 만들고 민주방식에 의하여 조직성원이 의사결정을 하도록 한다.
  ㉡ 1970년대 새마을운동의 성공 요인은 4-H활동으로 훈련된 인적자원이 다수의 의견을 민주적 방법으로 목표를 설정하고 추진하였기 때문이다.
  ㉢ 4-H 과제활동을 통하여 과학적 사고, 분석할 수 있는 인력이 산업현장 곳곳에 핵심인물이 되어 산업발달의 원동력이 된다.

③ 농업기술혁신을 통한 소득 증대
  ㉠ 4-H 과제활동은 새로 개발·보급되는 영농기술을 포장에서 실천을 통해 체득하고, 농가소득증대에 기여하는 과학영농기술훈련으로 이웃농민에게 전파·보급시키는 촉매적 역할도 수행한다.
  ㉡ 4-H 회원은 새 품종과 새 기술에 대해 진취적이며, 농업경영인회와 성공한 농업지도자의 상당수가 4-H 회원 출신이다.

④ 농촌의 기간 농업인과 지역지도자 배출
  ㉠ 4-H운동은 농촌건설을 위한 지도력 형성에 크게 기여하였다.
  ㉡ 4-H회는 독립 후 우리나라 농촌부흥운동의 전위부대 역할을 수행하였다.
  ㉢ 농촌계몽과 농업개량에 힘쓰고, 조직 활동을 통해 근대적 시민의식과 과학적 지식을 갖춘 수많은 지도자를 배출하였다.

⑤ 농촌지도력 배양과 농업 개발
  ㉠ 1950년대 하반기 농촌자원지도자의 집단활동은 1986년 100만이 넘는 4-H 회원을 갖는 3만개의 4-H회로 확대되었고 농업생산력을 높이고 농촌 생활여건을 개선하여 농촌의 사회 경제적 지위 향상과 생활문화의 수준을 높였다.
  ㉡ 4-H활동의 지도자들이 시도 의원, 시장, 군수, 도지사, 국회의원들이 되었다.

2) 과제

① **변화시대에 적응할 수 있는 4-H 교육**: 지식·기술도 중요하나 여러가지 미래사회의 문제에 대비하는 체계적인 교육이 필요하다.

② **농촌청소년의 진로지도 확대**: 앞으로 4-H 회원에 대한 교육은 농업을 직업으로 삼을 청소년과 다양한 분야에 진출해도 농업·농촌을 이해하고 지지할 청소년을 고려해야 한다.

③ **4-H 연소회원 및 여회원의 참여 확대**: 앞으로 연소회원, 중고교학생회원, 여회원들의 참여를 더 높일 방안을 강구하여야 하며, 프로그램을 다양하게 개발·추진해야 한다.

④ **전문지도자의 확보와 지원 기능의 강화**: 농업·농촌의 급격한 변화에 따라 농촌청소년들에 대한 지도와 과제 내용도 다양해지고 전문성을 요구하는 추세이다. 농촌청소년의 효과적인 진로지도를 위해 여러 분야 지식과 기술은 물론 지도내용과 기법까지 수준 높은 자질을 갖춘 전문지도자를 대폭 확보해야 하며, 지도기관에서 청소년지도를 담당하는 지도사를 늘려 전문적 지도능력을 체계적으로 배양해야 한다.

③ 영농후계자의 육성

(1) 영농후계자 육성의 개념

1) 영농후계자의 의의

영농에 종사하기를 결심하여, 영농정착과 발전을 위한 교육과 훈련을 쌓고 있는 청소년은 물론 독립적인 영농정착을 위하여 이미 부분적으로 영농에 참여하고 있는 청소년을 말한다.

2) 농업관련직의 분류

① **영농직**: 전업영농직, 겸업영농직

② **영농노동직**: 목동직, 농기계운전직, 농장관리직, 노임노동직

③ **농업산업직**: 유통시장업체, 가공공장, 농기계공장, 농화학공장직

④ **농업전문직**: 농업공무원직, 농업관계협동조합직, 공공 및 사설농업단체

3) 영농후계자 육성단계

① 1단계

㉠ 청소년들로 하여금 영농분야에 취업하도록 결심하게 하는 단계의 과정이 주어져야 한다.

㉡ 이 과정에서는 청소년들에게 영농에 대한 흥미와 관심, 그들에게 영농에 대한 적성을 개발하여 나아가야 그들의 영농정착에 대한 의사결정을 확고히 할 것이다.

② 2단계

㉠ 청소년들이 취업 전 농업분야 취업을 위한 준비활동이 되어야 한다.

㉡ 교육과 훈련을 철저히 하여 영농에 대한 가치를 그들 스스로 부여하게 지도해 나가는 단계이다.

③ 3단계

견습생이며 실습생으로 또는 부모의 감독 아래서 부모와 함께 영농에 종사하도록 계획적으로 지도하여 독립적인 영농정착을 위한 기술적인 측면은 물론 자산적인 측면까지 충실하게 준비시켜 나가야 한다.

4) 영농후계자 육성의 목적

① 청소년들에게 영농에 대한 흥미와 적성을 갖게 한다.
② 영농후계자들에게 영농생활에 대한 긍지와 자신감을 갖게 한다.
③ 영농후계자들에게 향토발전에 대한 책임의식과 봉사 자세를 배양한다.
④ 영농후계자들에게 이상에 맞는 배우자를 선택하여 행복한 가정생활을 조성할 수 있는 태도와 능력을 배양하게 한다.
⑤ 영농후계자들이 영농정착에 필요한 각종 자산을 장기적으로 구축하여 나가도록 한다.
⑥ 영농후계자들에게 개별적 또는 협동적으로 효율적 농업경영을 통하여 영농소득을 증대시킬 수 있는 과학적인 영농능력을 함양하도록 한다.
⑦ 영농후계자들이 그들 주위에 있는 가용자원과 외부환경을 효과적으로 활용할 수 있는 능력을 개발하도록 한다.
⑧ 영농후계자들에게 닥쳐올 수 있는 시련과 위험을 극복할 수 있는 정신과 인내력을 기른다.
⑨ 영농후계자들이 세계적인 안목에서 정보를 입수하고, 현대사회의 변화에 대처할 수 있는 합리적인 의사결정력을 기르게 한다.

(2) 영농정착

1) 영농정착의 관련 요인

① 직업선택의 과정에 영향을 미치는 요인: 능력, 직업적 흥미, 인성, 학력, 가정배경, 직업세계의 구조와 변화, 신체적 조건 등
② 직업발달의 단계
  ㉠ 환상적 단계: 11세 이전의 어린이들이 자신의 흥미, 능력, 적성 등을 고려하지 않고 무조건 상위직에 대한 호기심을 갖는 단계
  ㉡ 시험적 단계: 11~17세의 청소년들이 흥미, 능력, 가치의 요인을 기초로 직업을 선택하려고 하는 단계
  ㉢ 현실적 단계: 18세 이상의 청소년들이 흥미, 능력, 가치 이외의 현실적 요인, 즉 직업의 요구조건, 부모의 기대, 가정 사정 등과 타협하여 직업을 결정하는 단계
③ 우리나라 농촌청소년의 직업 결정에 영향을 주는 요인
  ㉠ 개인 의사결정 요인: 직업선택의 기회, 개인의 특성, 부모의 기대, 이주의사 등
  ㉡ 주변 요인: 가족구조, 가정의 농업형태, 청소년단체의 효과, 도시와 농촌의 사회적 환경, 도농격차, 농업정책, 대중매체, 학교교육 등

2) 영농정착의 발달단계

① **진로인식단계(초등학교 과정의 나이 6~12세)**: 다양한 직업세계를 소개하고, 일에 대한 가치를 인식시키며, 자신과 직업세계를 연관시켜 보는 경험을 갖게 한다.

② **진로탐색단계(중학교 과정의 나이 12~15세)**: 각자의 흥미와 능력에 맞는 직업분야에 관련되는 과제활동을 하게 하고, 그러한 과정에 익숙해지면 적성이 개발된다. 따라서 기회가 있는 대로 이들이 영농과 관련된 과제활동을 하게 하여 흥미와 능력, 적성을 개발한다.

③ **진로준비단계(고등학교 과정의 나이 16~18세)**: 한 분야의 직업을 선택하게 한 후, 직업에 필요한 기술을 익히고 그 직업에 대한 가치를 부여하여 건전한 직업관을 갖게 한다.

④ **진로전문화단계(대학과정 이상의 나이)**: 선택한 직업에 필요한 전문적 지식과 기술을 확보하게 하고, 직업인으로서 건전한 인간관계의 조성능력을 갖게 하며, 그 직업발전에 공헌할 수 있음은 물론 자신의 승진을 도모할 수 있는 능력도 갖게 한다.

(3) 부자협약영농(父子協約營農)

1) 개념

① 진로전문화단계에서 영농정착을 지도하는 활동은 여러 가지가 있으나 그 중 가장 중요한 지도활동은 부자협약영농활동이다.

② 영농후계자는 대부분이 부친의 영농을 후계하는 경우가 많은데, 이러한 경우 부자간에 영농책임, 소득분배, 영농이양 등에 있어서 부자간 상호협약하여 영농하는 것이다.

③ 부자를 중심으로 가족간 화합에 의하여 영농경영과 농가생활에서 가족 각자의 분담을 결정하고, 일정한 약속하에서 노동보수를 나누는 가족 상호간 새로운 인간관계를 결성하는 것이다.

2) 목적

① 자녀에게 영농후계를 성공적으로 이양하는데 있다.
② 부자간 상호협약을 통해서 자녀가 영농에 보다 적극적이고 체계적으로 보람을 가지고 참여할 수 있는 바탕을 마련한다.
③ 영농후계자로 자질과 결심을 확고하게 한다.
④ 직접적으로 영농자산을 부모로부터 원활히 확보할 수 있도록 한다.

3) 형태

① **시안협약**: 자녀에게 영농을 후계시킬 목적으로 가축이나 농장의 일부를 경작시키는 협약
② **경영부문협약**: 경영의 일부분에 대한 책임을 주고 경영하게 한다.
③ **임금협약**: 노동에 대한 책임협약이다.
④ **임금 및 소득분배협약**: 임금을 지불하고, 잉여소득을 배분하는 협약이다.
⑤ **임대차협약**: 부모의 농지와 가축 등에 대하여 임차하는 소작경영협약이다.
⑥ **공동경영협약**: 부자간에 공동출자하여 동업협약으로 조합협약과 회사협약을 한다.
⑦ **농장양도협약**: 자녀에게 소유권을 이전하는 협약으로 연금, 연부지불, 부양계약에 의한 인수 등이 있다.

3 농촌여성지도

① 여성의 특성

(1) 신체적 특성

1) 생식관계적 특성

아이를 잉태하고 분만하고 수유하여 양육하는 일은 가장 중요한 여성의 성적 특성이라 할 수 있다.

2) 생화학적 특성

여성호르몬, 생식호르몬, 남성호르몬 등과 같은 신체 호르몬 구성은 남녀간 상대적 차이로 이러한 특성은 여성의 생식관계적 특성과 신체규모에 영향을 미친다.

3) 신체규모

개인의 성숙과정에서 남성은 보다 완력적인 활동에, 여성은 비완력적인 활동에 종사하게 한다.

4) 감각기관적 특성

일반적으로 여성은 오감적 감각기관이 남성보다 더 잘 발달되어 있다고 한다.

5) 생물학적 강인성

대부분 외모적으로 남성은 여성보다 더 힘이 세고 건장하지만, 생물학적 측면에서는 남성이 여성보다 더 취약한 경향을 보인다.

(2) 심리적 특성

1) 공격성

대부분 연구 결과에 의하면 어느 사회에서나 여성이 남성보다 비공격적 행위를 보여주는 경향이 있다.

2) 독립성과 수동성

여성은 보통 사회화 과정에서 정치, 사업, 종교, 교육 등 많은 분야에서 수동적이도록 교육·훈련되어왔다는 점에서 그러한 여성의 특성은 여성의 생득적 특성으로 보기는 어렵다.

3) 양육성과 표현성

전통적으로 여성은 육아의 양육적 역할을 수행하고 있으며, 정서적 표현이 능하다. 사회심리학자들은 인간행동을 표출적 행동과 도구적 행동으로 구분하는데 표출적 행동은 여성에게, 도구적 행동은 남성에게서 보다 더 많이 관찰된다고 한다.

(3) 적성적 특성

1) 언어능력
   ① 여성은 남성보다 언어적 능력이 탁월한데, 10대에 들어서면서 차이가 두드러진다.
   ② 남성보다 일찍 언어를 습득하고 언어 구사, 쓰기, 읽기 등에 있어 남성보다 빨리 발달한다.
   ③ 여성의 언어적 능력의 발달은 신체와 정신 성숙이 남성보다 빠르다는 사실과 관계가 있다.

2) 공간적 지각
   ① 공간지각이나 공간구성에 관한 능력은 일반적으로 남성이 여성보다 우월하다.
   ② 종합적 이해와 상호조정을 필요로 하는 공간작업에서 남성이 여성보다 우수하다.
   ③ 근육적 능력을 요하는 작업들이 공간상 사물의 상호조정이나 사물의 공간관리추리를 요하는 일이기 때문에 남성의 공간지각분야의 능력이 여성보다 더 숙달될 수 있기 때문이다.

3) 지능
   ① 지능검사의 결과는 여성보다 남성이 높은 것으로 나타난다.
   ② 정규교육이 시작되기 이전의 연령에서는 여성의 지능이 높게 나타나지만, 정규교육이 계속됨에 따라 남성의 지능지수가 더 높아지는 경향이 있다.

4) 분석적 능력
   ① 어떤 물체들을 공통된 특성으로 모으거나 분류하는 일, 수학 등에 있어서 분석적 능력은 남성이 여성보다 우월하다고 한다.
   ② 사회에서 분석적 또는 해부적 능력을 요하는 일들이 대부분 근육적 능력을 요하는 일이어서 남성이 자연히 성장과정에서 분석적 능력이 잘 발달되기 때문이다.

2 농촌여성지도의 개념

(1) 농촌여성의 개념

농촌여성이라는 용어는 농가여성, 여성농민, 여성농업인 등과 혼용되고 있다.

1) 농촌여성
   ① 행정구역상 읍이나 면의 농촌에 거주하고 있는 여성으로 경제적으로 열악한 농촌에 거주하면서 농업생산 활동과 가사노동을 병행하는 사회적인 약자이다.
   ② 농촌여성이라는 용어는 여성농업인이라는 용어에 비해 농촌에 거주하는 여성을 총칭하는 편의적인 말로서 여성을 수동적이고 우연히 모여 살게 된 집단으로 보는 경향이 강하다.
   ③ 농림업 이외 부문 취업여성과 비취업여성을 포함하고자 하기 때문에 농촌여성이라는 용어를 사용한다.
   ④ 농촌여성은 학계와 정책전문가들 사이에서 널리 쓰인다.

2) 농가여성

농업을 경영하거나 농업에 종사하는 가구에 거주하는 여성으로 특히 주부를 의미한다.

3) 여성농민, 여성농업인

① 직업인으로서의 여성의 역할을 강조하는 용어로 농산업 분야에서 경제활동을 수행하는 여성을 의미한다.
② 여성농업인은 권익운동의 성격이 강한 단체에서 많이 사용한다.

(2) 농촌여성의 역할

1) 개념

① 일반적으로 여성의 다양한 활동은 농업노동과 같은 가치생산적 활동, 육아나 의식주 생활관리 같은 노동력 재생산적 활동으로 구분될 수 있다.
② 기능적 측면에서 농촌여성의 역할은 의식주 생활관리, 영농참여, 자녀 양육과 교육, 보건위생관리, 소비생활 및 금전관리, 지역사회활동의 참여, 출산과 가족계획 등으로 구분한다.

2) 역할

① **의식주 생활관리**: 급격한 농업발전과 농촌사회개발이 이루어졌다고는 하지만 여성의 과중한 가사업무를 경감시켜 줄 시설이나 기구의 수용, 가족구성원간 합리적 역할분담이 아직 이루어지고 있지 않기 때문에 농촌여성의 가사역할 내용과 수행방법은 여전히 전통적으로 불리한 점이 많다.

② **영농참여**
  ㉠ 농촌여성의 영농참여는 앞으로 농촌남성의 농외취업기회 증가와 아울러 더욱 확대될 것으로 전망된다.
  ㉡ 영농참여의 문제점
    ⓐ 여성의 육체적 노동이 가사노동과 함께 더욱 가중된다.
    ⓑ 과중한 육체노동에 대한 사회, 경제적 보상이 주어지지 못함으로써 오히려 충분히 개발·활용되지 못하고 있다.
    ⓒ 농촌여성에 대한 영농지도와 교육훈련의 부족으로 여성의 영농능력이 충분히 개발·활용되지 못하고 있다.

③ **자녀 양육과 교육**
  ㉠ 농촌사회에서 가장인 남편은 주로 농사일에만 열중하는 경향이 있어 전통적으로 자녀 양육과 교육에 대한 책임은 주로 가정주부에게 주어지는 것이 일반적이다.
  ㉡ 농촌아동의 건전한 성장과 발육을 위해서는 농촌여성의 자녀 양육과 교육능력의 배양이 대단히 필요하다.
  ㉢ 농번기 탁아소나 유아원과 같은 유아 및 아동의 교육시설 확대가 시급하다.

④ 보건위생관리
　㉠ 자녀를 비롯한 가족성원 전체의 건강과 위생은 특히 가정주부의 손에 달려 있다고 볼 수 있다.
　㉡ 주부들이 관장하고 있는 식생활의 영양학적 측면과 위생적 측면, 생활환경의 위생여부는 가족성원의 건강과 위생에 직접적인 영향을 미친다.
⑤ 가정경제관리
⑥ 지역사회활동의 참여
⑦ 출산과 가족관계

(3) 농촌여성지도의 목표

1) 농촌여성들에게 의사결정능력과 이행능력을 배양한다.
2) 농촌여성들에게 건전한 인간관계를 조성할 수 있는 능력을 배양한다.
3) 농촌여성들에게 개인적으로, 지역사회활동에 능동적, 효과적으로 참여할 수 있는 능력을 배양한다.
4) 인생의 가치와 가정역할에 대한 중요성을 이해시킨다.
5) 농촌여성들에게 가정이나 사회에서 여성의 지위를 스스로 향상시킬 수 있는 능력을 함양한다.
6) 농촌자녀를 건전하게 육성할 수 있는 능력을 배양한다.
7) 합리적으로 현금과 재산을 관리할 수 있는 능력을 배양한다.
8) 의식주 생활을 합리적으로 이행할 수 있는 능력을 배양한다.
9) 영농직과 타 직업의 고용기회에 대한 철저한 준비능력을 배양한다.

(4) 농촌여성지도의 중요성

1) 과거 농업노동력 부족과 노령화, 농업후계자 단절 등의 문제를 여성 농업인력이 대신할 수 있다.
2) 농업분야는 다른 산업과 달리 여성 농업인력의 비중이 높으므로 여성의 노동력을 적극 이용할 필요가 있다.
3) 우리나라 농촌여성의 교육수준이 도시에 비해, 농촌남성과 비교해 낮은 경향이 있으므로 농촌여성에게 충분한 사회교육 기회를 부여함으로써 농촌여성의 잠재적 능력의 개발과 농가생활 전반의 질적 향상을 추구해야 한다.
4) 농촌여성의 역할은 점점 늘어나는데 합당한 사회적 지위를 부여받지 못하면서 가사, 농사 병행, 육아문제 등으로 도시여성이 받는 사회적 배려 수준보다 낮은 대우를 받고 있다.
5) 농촌여성의 지위향상을 통한 남녀평등화는 농촌여성의 잠재능력 개발의 전제조건이 되며, 농촌여성이 주어진 역할을 효과적으로 수행할 수 있다.

(5) 농촌여성지도의 의미

1) **의의**
   ① 농촌여성지도란 농촌여성을 대상으로 하는 모든 지도사업을 말한다.
   ② 농촌여성지도와 농촌생활개선지도를 동일시 하는 경향이 있는데, 이들은 지도대상과 내용에 있어 서로 같은 개념이 아니다.

2) **농촌생활개선 지도**
   ① 의미: 농촌여성만을 대상으로 하지 않고, 농촌생활개선과 관계되는 사회·경제적 모든 활동이다.
   ② 지도대상: 모든 농촌주민이다. 그러나 농촌사회에서 남성은 직업사회가, 여성은 가정생활이 주된 활동영역이므로 지도의 대상이 주로 여성이 되는 경향이 있다.
   ③ 지도 내용
      ㉠ 생활의 질 개선사업과 비슷한 의미이다.
      ㉡ 의식주 등 물질적 개선뿐만 아니라 교육과 보건기회의 증대, 청소년의 농촌이탈 문제, 농촌인력의 질적 빈곤, 영농 외의 취업문제, 여가 비용, 교통, 통신문제 등 광범위한 영역을 포함한다.
   ④ 농촌생활개선사업: 농촌주민 생활의 개선을 위하여 농촌여성을 중심으로 하는 모든 농촌주민이 그들의 가정이나 지역사회에서 농촌 생활의 질적 향상에 관계되는 경제, 사회, 문화적 활동에 참여하고 스스로 개선을 추구할 수 있는 인격과 능력을 함양하고, 그들에게 필요한 혁신과 정보를 제공하는 사업이다.

3) **농촌여성지도**
   ① 의의: 남녀를 동등한 입장에서 보고 성을 기준으로 구분하는 개념이다.
   ② 지도대상: 농촌에 거주하고 있는 모든 여성
   ③ 기본이념: 농촌여성의 불평등한 실태에 관심을 갖고, 농촌여성의 인간성 회복과 지위 향상을 통한 농촌사회의 질적 향상을 추구한다.
   ④ 지도 내용
      ㉠ 소득증대지도
         ⓐ 농업생산의 부농을 위한 생산자재 구입 및 판매
         ⓑ 부녀자 농기계훈련, 영농기술교육
         ⓒ 부업단지의 조성 및 부업기술지도
      ㉡ 가정관리지도: 가계부 정리, 소비생활, 현금관리, 가정의례, 농가생활 진단, 보험 등 재해대책, 생활기기 구입과 관리 등

4) 농촌여성 유관기관

① 전국여성농민회총연합(약칭 전여농): 1989년 발족, 전국여성농민의 권익을 대변하며, 넓게는 농업인의 권익을 대변

② 한국여성농업인중앙연합회
  ㉠ 1996년 설립, 여성농업인연합회
  ㉡ 목적: 전국 후계자 부인과 여성 후계자의 자주적인 협동체이고 회원 상호간 친목을 도모하여 농업경영의 합리화, 과학화, 여성농업인의 권익보호와 지위 향상을 도모하고 농촌의 제반 문제해결 및 향토문화의 계승발전을 도모하여 복지 농촌건설에 기여함

3 농촌여성지도의 접근방법

(1) 농촌여성지도의 장애요인

1) 문화적 요인
농촌여성의 지도활동에 대한 참여를 막는 장애요인으로 남녀 차별적 관습, 종교의식, 사고방식 등과 같은 농촌사회의 문화, 가치규범 등이 있다.

2) 가정적 요인
농촌여성의 다중적 역할과 과중한 노동부담은 농촌여성 자신을 위하여 필요한 지도활동이나 사회교육 기회에 참여하는 것을 어렵게 한다.

3) 사회적 요인
농업사회에서 여성은 전통적으로 남성보다 낮은 사회·경제적 지위를 점하여 왔기 때문에 농촌지도활동이나 여타의 사회활동에 있어 남성보다 활동적이고 적극적인 역할을 하는 것은 사실상 배제되어 왔다.

4) 농촌지도기관적 요인
농촌지도기관이 농촌여성지도의 필요성을 인식하고 있지 못하였고, 여성들에게 필요한 적합한 기술과 교육방법을 개발하지 못하였기 때문에 자연히 여성지도를 소홀히 해왔다.

(2) 농촌여성지도의 내용

1) 기초 및 교양지도
농촌여성으로서 건전한 시민생활을 영위하고 보람있는 삶을 추구할 수 있는 기초적 능력과 교양을 함양시키는 지도활동이다.

2) 가정관리지도

① 의의: 여성에게 가정의 경제적 자산과 자본 및 노동시간을 과학적이고 합리적으로 관리하도록 하며, 가족구성원간에 합리적으로 가사 역할을 분담시킬 수 있는 능력을 개발·함양하는 지도사업이다.

② 지도활동: 가계부정리, 소비생활, 현금관리, 가정의례, 농가생활진단, 보험 등 재해대책, 생활기기 구입과 관리 등에 관한 여성지도활동이다.

3) 의식주 생활개선지도

① 의의: 농촌의 의식주 생활 개선과 향상을 위해 여성들에게 합리적이고 과학적인 의식주 생활 관리능력을 배양시키는 것이다.

② 지도활동: 작업복 만들기, 간편한 일상복 만들기, 피복의 구입 및 보관관리 등 의생활지도, 식품요리, 영양개선, 식품의 저장가공, 부엌개량, 단체급식, 공동 취사 등 식생활지도, 주택개량, 정원관리, 실내장식 등의 주생활지도 등이 있다.

4) 자녀교육지도

① 의의: 자녀교육, 특히 취학 전 아동교육과 유아보육 등의 능력을 개발하고 지도하는 활동이다.

② 지도활동: 농번기 탁아소(새마을 유치원) 설치, 운영, 부모교육, 자녀의 가정학습지도, 자녀의 여가선용지도, 자녀 진학지도, 청소년문제지도 등이 있다.

5) 보건위생지도

① 의의: 농촌의 보건위생을 개선·향상시키기 위해 여성을 대상으로 보건위생에 관하여 실시하는 지도활동이다.

② 지도활동: 오물처리, 우물소독, 상하수도개량, 예방접종, 모자보건, 의료보험, 의료생활, 농약중독예방 등이 있다.

6) 소득증대지도

① 의의: 농촌가정의 경제생활 향상을 위하여 농촌여성을 대상으로 영농 및 부업에 대한 지식과 기술을 개발, 함양시키는 지도이다.

② 지도활동: 영농기술교육, 부녀자 농기계훈련, 부업단지의 조성 및 부업기술지도, 농업생산의 부농을 위한 생산자재 구입, 판매 등이 있다.

7) 가족계획지도

① 의의: 농촌의 고출산력을 억제하기 위하여 농촌여성을 대상으로 하는 가족계획의 필요성과 실천방법 등에 관한 지식을 보급, 전파하는 지도활동이다.

② 지도활동: 가족계획사업을 통하여 전개되며, 피임지식과 도구의 보급, 가족계획 홍보, 계몽, 피임시술, 산전, 산후 관리방법 등에 관한 교육이다.

8) 사회참여지도

① 의의: 농촌사회발전에 따라 증대하고 있는 농촌여성의 사회참여활동을 농촌여성들이 건전하고 바람직하게 수행할 수 있도록 기초적 자질과 소양을 계발·함양하는 지도활동이다.

② 지도활동: 지도력 개발, 집단활동참여, 인간관계조성, 의사소통방법, 지역사회 개발활동 참여 등에 대한 다양한 사회교육 활동이 있다.

(3) 농촌여성지도의 방법

마운더(Maunder, 1972)가 여성들이 선호하는 지도방법을 제시하고 있다.

1) 여성은 전시를 좋아한다.

여성은 여러 가지 전시과정을 보고 싶어 하며, 그러한 전시과정을 스스로 돕고 참여하는데 즐거움을 느낀다.

2) 여성은 견학과 여행을 좋아한다.

여성은 다른 가정이나 선진지를 방문하여 부엌개량, 새로운 취사도구와 취사방법, 영농기술 등을 보기 좋아하며, 자신들의 그러한 것을 남에게 보여주고 싶어 한다.

3) 여성은 지도요원들이 자신의 집을 직접 방문하는 것을 좋아한다.

여성은 누가 자신에게 관심을 보여주는 것을 좋아하며, 자신의 문제를 개인적으로 토론할 기회를 갖고 싶어 한다.

4) 여성은 자신이 직접 실습하는 것을 좋아한다.

여성의 생활은 줄곧 무엇인가 하는 것이 습관화되어 있어 실습을 요하는 경우에는 그것을 직접 실습하기를 좋아한다.

5) 여성은 조직을 좋아한다.

일반적으로 여성은 조직화되어 있을 때 남성보다 더 많은 열성을 갖는다. 농촌여성은 주로 집단활동을 통하여 새로운 생활양식, 사고유형, 협동정신, 책임감 등을 배울 수 있으며, 또 그 조직 자체가 농촌여성에게 체계적 교육을 제공할 수 있다.

(4) 농촌여성지도의 집단적 접근(최민호)

1) 농촌여성조직 육성의 장애요인

① 농촌사회의 남성우위적인 사회·문화적 규범은 농촌여성의 집단조직과 집단활동에 매우 저항적이다. 그러나 일반적으로 조직의 설립이 소득증대를 위한 경제활동, 신기술보급, 문맹퇴치나 보건향상 등과 같은 명확한 사회·경제적 효과를 목표로 하는 경우에는 그러한 저항은 경감될 수 있다.

② 농촌여성은 자신의 운명이 달려 있는 가정의 한 구성원으로서의 역할을 최우선적으로 받아들이고 수행하는 경향이 있어 농촌사회발전에 대한 자신들의 역할과 공헌을 인지하지 못하므로, 자연히 자신들의 능력개발이나 사회활동을 위한 집단조직이나 집단활동에 무관심하다.

③ 농촌의 전통적 여성집단활동이나 지도력을 찾아내어 그것을 효과적으로 활용하는 문제이다. 흔히 농촌여성지도활동에 있어 그러한 점들이 간과됨으로써 농촌여성의 효율적인 집단활동이 침체되는 경우가 많다. 어느 지역사회에서나 여성에게는 전통적으로 공식적 · 비공식적 집단활동과 여성여론지도자가 존재하는데, 그것을 활용하는 것이 여성의 조직체를 육성하는데 매우 중요하다.

④ 일반적으로 여성은 어떤 동질성을 바탕으로 한 보편적 집단을 형성하는 것이 매우 힘들다는 점이다. 모든 가정은 생활주기나 세대구성, 사회 · 경제적 지위 등에 있어서도 차이가 있으며, 그에 따라 농촌여성들의 가정 외 활동, 즉 집단활동참여에 대한 제약요인도 상이하다. 이러한 사실은 여성조직체 형성에 어려움을 가져다 줄 뿐만 아니라 기존의 조직체들이 강한 통합성을 유지하지 못하게 한다.

⑤ 농촌여성조직체의 경우 집단활동이 쉽게 와해되거나 중단되는 경향이 있다. 전통적 자생집단을 제외한 외부주도적 비자생집단의 경우, 대부분 처음 집단목표가 성취되면 그 집단활동은 더 이상 존속하지 않고 기존목표가 새로운 목표로 전환과 대치가 쉽게 이루어지지 못하는 것이 보통이다.

2) 농촌여성조직체를 육성하기 위한 고려사항

① 농촌여성조직체는 여성들 스스로의 선택에 의한 독립적이고 자발적인 조직으로 형성되어야 한다.

② 농촌여성의 집단활동은 취업기회획득, 의식주에 관한 기본욕구충족, 인간존엄성 회복 등 여성의 합리적 역할수행과 지위향상에 도움이 될 수 있도록 전개되어야 한다.

③ 농촌여성은 농업노동력의 상당부분을 차지하고 있으므로 농촌여성들의 정부, 협동조합, 농촌지도기관, 지역의 생산업체나 고용자 등과 자신들의 문제와 취업에 관하여 서로 상의하고 그들의 사업에 능동적으로 참여할 수 있도록 해야 한다.

④ 농촌여성들 중 특히 하위계층의 여성들을 위한 기초조직을 적절하게 형성하여 그들의 사회적 무능력을 극복하고, 나아가 상위조직활동 참여를 활성화시킬 수 있도록 해야 한다.

(5) 농촌여성지도의 종합적 접근

1) 농촌지도기관이나 유관기관의 입장에서 농촌여성의 역할과 지위에 대한 전통적 관념이 불식되고, 농촌사회발전을 위한 여성의 공헌이 충분히 인정될 수 있어야 하며, 동시에 농촌여성지도의 필요성이 충분히 인식되어야 한다.

2) 농촌여성을 위한 보다 다양한 교육 프로그램과 소득증대사업이 개발되어야 하고, 농업 또는 비농업적 활동, 영양과 건강관리, 육아, 가정생활 등 농촌여성의 역할 전반에 관한 지도활동이 더욱 강화되어야 한다.

3) 농촌여성조직을 보다 많이 육성하고 그들의 활동을 강화함으로써 농촌여성들이 필요로 하는 지식, 정보, 교양, 기술 등을 스스로 배우고 학습할 수 있도록 하고, 그것을 이끌어 갈 자발적 여성지도력을 계발 · 함양시켜야 한다.

4) 농촌여성의 사회, 경제적 활동참여를 활성화시키기 위해서 과중한 농업노동과 가사노동을 경감시키고 다중적 역할을 덜어 줄 수 있는 적절한 방안과 기술개발이 이루어져야 한다.
5) 농촌지도기관에서는 보다 많은 여성농촌지도사를 양성하여야 하며, 그들의 활동도 생활개선분야 외에 영농지도, 청소년지도, 농업공보 등 농촌지도의 모든 분야에 균형적으로 배속될 수 있도록 해야 한다.
6) 협동조합, 신용조합, 부락개발위원회 등 모든 농민단체의 활동에 여성도 참여할 수 있도록 하여야 하며, 남녀간의 동등한 투표권 행사나 회원참여가 보장되어야 한다.

④ 농촌여성지도 내용

(1) 농촌생활개선사업으로서의 지도

1) 농촌생활개선사업의 중점지도 내용과 방법

① 1960년대
  ㉠ 시대적 배경
    ⓐ 6.25 전쟁 후 경제적 불안정
    ⓑ 국민재건운동의 개시
    ⓒ 식량부족과 잠재실업의 가중
  ㉡ 중점지도내용
    ⓐ 간편한 농작업복 입기
    ⓑ 개량메주 만들기
    ⓒ 식량 소비 절약 및 분식 장려
    ⓓ 아궁이 개량
  ㉢ 지도방법: 생활개선구락부 육성을 통한 집단지도

② 1970년대
  ㉠ 시대적 배경
    ⓐ 경제 급성장 시기
    ⓑ 석유파동
    ⓒ 새마을 운동 전개
    ⓓ 식량증산에 총력을 기울여 성공적 녹색혁명 성취
  ㉡ 중점지도내용
    ⓐ 농번기 공동취사장 운영
    ⓑ 농번기 탁아소 운영

- ⓒ 식생활 개선
- ⓓ 부업 및 메탄가스 이용 지도
ⓒ 지도방법: 생활개선구락부와 새마을부녀회 조직을 통한 집단지도
③ 1980년대
  ㉠ 시대적 배경
    ⓐ 경제성장 지속
    ⓑ 농산물 수출
    ⓒ 쌀 자급생산 달성
    ⓓ 여성 역할의 다양화
  ㉡ 중점지도내용
    ⓐ 아동영양 지도
    ⓑ 농민건강유지 지도
    ⓒ 부엌개량 지도
    ⓓ 농촌여성 역할확대 대응지도
  ㉢ 지도방법
    ⓐ 생활개선실천요원 위촉
    ⓑ 생활개선종합시범마을 운영
④ 1990년대
  ㉠ 시대적 배경
    ⓐ 농촌사회 여건 변화 가속
    ⓑ 농가소득 증대 및 영농구조 다변화
    ⓒ 도농간 상대적 격차 심화
    ⓓ 농민의 생활 향상 요구 증가
    ⓔ 개방화, 지방화 시대 대응 요구
  ㉡ 중점지도내용
    ⓐ 농가 주거환경 개선
    ⓑ 농작업 환경 개선과 노동관리
    ⓒ 농민 건강증진
    ⓓ 우리농산물 애용 및 한국형 식생활 정착 지도
    ⓔ 농촌여성 일감 갖기 사업
    ⓕ 농가 가계관리
    ⓖ 농촌노인생활 지도
    ⓗ 생활문화지도
  ㉢ 지도방법
    ⓐ 생활개선시범마을 육성
    ⓑ 생활문화 지도

⑤ 2000년대
  ㉠ 시대적 배경
    ⓐ 지식정보화 사회
    ⓑ 농업인의 요구와 기술수용의 다양화
    ⓒ 농촌경제 주체로서 여성의 역할과 기여도 증가
    ⓓ 농업·농촌의 공익적 기능과 가치 증대
    ⓔ 농업·농촌의 정책방향이 농촌지역 개발, 복지인프라 확충 중시
  ㉡ 중점지도내용
    ⓐ 농특산물 가공상품화로 농가소득 증대
    ⓑ 농촌 어매니티 자원 활용
    ⓒ 농업인 건강관리와 농촌환경 조성
    ⓓ 쌀 중심 한국형 식생활 정착 지도
    ⓔ 여성과 노인의 생산적 복지 향상
    ⓕ 농촌전통문화 보전
    ⓖ 친환경주거모델 시범 및 화장실 설치
    ⓗ 향토음식 자원화 및 전통식문화 계승
    ⓘ 농촌여성 평생학습 센터 운영
  ㉢ 지도방법
    ⓐ 생활개선회 조직을 통한 집단지도
    ⓑ 인터넷, e-mail 등 사이버를 통한 네트워크화 도입

2) 지도방법
  ① 모든 시대에 걸쳐 생활개선회를 통한 집단지도 방법을 사용하였다.
  ② 생활개선회 사업은 농촌생활개선지도 내용과 거의 일치하는데, 생활개선회가 농촌생활개선사업의 중추적인 역할을 담당하고, 농촌여성 지도에도 많은 영향을 끼쳤다.

(2) 생활개선회(사단법인 생활개선중앙회) 활동

1) 목적
  ① 농촌가정을 건전하게 육성하고, 회원간의 친목을 도모하며, 지역사회 발전에 자발적으로 참여하여 밝은 지역사회를 만드는 것
  ② 농촌여성의 지위 및 권익 향상, 농촌을 지켜나갈 여성 후계세대 육성 및 지원하는 것
  ③ 농촌사회가 다각도로 급변하면서 농촌여성의 역할은 점차 확대되어 가정적 역할은 물론 농업생산 및 농업 외 소득활동 역할이 증대되고 있으며, 단순히 농업의 보조자가 아닌 영농주체이면서 선진농촌을 이끌어가는 파수꾼 역할을 수행한다.
  ④ 지역사회에서 생활개선과제 및 각종 학습 활동을 선도 실천하고, 그 결과를 주변에 파급하는 농촌여성지도자로서 농촌여성의 권익 향상을 위하여 조직활동에 참여한다.

2) 역할과 과제

① 건전한 가정육성 및 활력 있는 농촌사회의 형성, 회원간 친목도모를 위한 교육행사
② 농가소득 향상을 위한 농축산물의 생산, 저장, 가공식품의 개발 및 상품화와 판매
③ 농촌생활환경 가꾸기 및 환경보전 활동
④ 전통문화 계승 및 효의 실천
⑤ 농촌과 도시회원간 교류 및 도농연대 농촌현장체험 교육
⑥ 의식개발 및 리더십 배양과 회원의 복지증진을 위한 활동
⑦ 여성농업인의 전문인력화와 여성후계세대 육성을 위한 과제 활동
⑧ 농업정보화기술능력 향상을 위한 정보화사업
⑨ 농업생산활동 주체로의 역할 및 경영능력 전문기술 교육이수

(3) 여성농업인 육성계획에서 농촌여성지도

1) 기본전략

① 여성농업인의 경영능력 강화
　㉠ 신기술, 신지식 농업으로 이행과 친환경 농업의 확산, 유통 및 식품안전을 비롯한 농업관련 산업의 발달 등 급속하게 변화하는 농업환경에 대응능력을 강화하는 것이다.
　㉡ 세부사업은 전문인력화와 영농활동 지원이다.
　㉢ 전문인력화
　　ⓐ 영농에 필요한 정보 활용을 위한 정보화 교육
　　ⓑ 전문영농기술이나 농기계조작과 같은 영농기술교육
　　ⓒ 농업경영과 마케팅 등 지식과 기술습득을 위한 전문농업경영교육 실시
　　ⓓ 전문교육시스템 구축
　　ⓔ 여성농업인의 해외선진농업연수 실시
　㉣ 영농활동 지원: 후계여성농업인 육성과 여성농작업의 기계화 추진

② 여성농업인 지위 향상 촉진
　㉠ 농업노동, 가사노동 및 지역사회의 활동 등 농업, 농촌에서 여성농업인 역할에 대한 위상의 재정립과 양성평등 실현을 통한 경제·사회적 지위 향상을 촉진한다.
　㉡ 각종 위원회와 협동조합에 여성 참여를 확대한다.
　㉢ 여성단체위탁사업 활성화로 다양한 식생활 개선 프로그램을 개발하고 국민 안전식생활 교육과 홍보가 이루어져야 한다.
　㉣ 농업·농촌에 대한 이해와 사회적 공감대 형성을 위하여 농촌, 도시간 교류사업을 추진한다.
　㉤ 다양한 세미나, 여성농업인 대회 등 단체행사를 지원하고 여성농업인을 시상하는 등 전문 직업의식을 고양해야 한다.

ⓑ 자녀 보육이나 학습지도, 교양 및 문화 활동 공간, 다용도 학습 공간, 여성농업인종합상담 사업 등 지역특성과 여성농업인의 여건을 고려한 프로그램 운영을 위해 여성농업인센터 운영을 지원한다.

③ 여성농업인의 삶의 질 제고
  ㉠ 유능한 여성세대의 안정적인 농촌 정주를 위한 농가도우미제도 등 농촌지역 복지서비스 향상을 목표로 한다.
  ㉡ 자녀 학자금 지원, 농가도우미제도, 영유아 양육비 지원 등이 필요하다.

④ 여성농업인 정책시스템 구축: 여성농업인 육성정책의 체계적 추진을 위한 인프라 확충을 목표로 성인지적 정책개발과 주요 정책과제에 대한 연구 등을 통해 여성농업인 정책의 효율적 추진을 위한 기반을 구축하는 것이다.

2) 여성농업인 육성 성과와 한계

① 성과
  ㉠ 여성농업인 경영능력 향상을 위한 정책관심도가 높아지고, 경영주체로서의 자각이 확산되었다.
  ㉡ 지위향상 및 삶의 질 제고를 위한 지원이 확대되었다.
  ㉢ 여성농업인센터 운영은 농촌생활에서 실질적 도움이 되는 사업으로 호응이 높다.
  ㉣ 농업인 자녀 학자금 제도는 농촌주민의 경제적 어려움을 완화시켰다.
  ㉤ 농가도우미의 경우 인지도와 이용률이 낮지만, 적용대상의 확대와 국가 지원액 확대가 필요하다.

② 한계
  ㉠ 사업량이 적어 종합복지기능의 확산이 어렵고, 각종 사회보장제도의 수혜 대상자가 적었고, 양방향 정책 시스템이 부족하다.
  ㉡ 소수의 엘리트 여성농업인만 교육을 받았다거나, 여성농업인에 대한 역할 증가로 노동에 대한 부담이 증가하였다.
  ㉢ 여성농업인이 사회활동에 참여한다고 해도 의사결정에 영향력을 행사할 수 없다.

⑤ 이주여성농업인 지도

(1) 농촌다문화가정

1) 개념
① 우리나라는 최근 개방과 교류의 확대, 결혼이민, 외국 노동력 유입 등으로 다문화사회로 진입하고 있다.
② 1990년대부터 지방자치단체 중심으로 '농촌총각 장가보내기 운동'이 적극추진되면서 농촌지역의 다문화가 시작되었다.

③ 이주민에 의해 새로운 문화와 생활양식이 도입된 국가와 지역사회에서 일어나는 사회현상, 문화의 다양성을 상징한다.
④ 농촌에서는 국제결혼이 증가함에 따라 우리나라 다문화를 선도하는 지역과 새로운 일자리가 나타나고 있다.

2) 다문화가족의 문제점
① 생활수준은 대체적으로 국내 농가에 비해 낮은 편이며, 사회적 편견과 차별이 있다.
② 다문화 부부의 문화적 갈등은 부모 부양 방식, 식문화와 가사 분담 순으로 크게 나타난다.
③ 적응 과정을 도와줄 내국인이 없다거나 집안 분위기나 고향 등의 이야기를 주고받을 사람이 없다.

3) 다문화의 가치: 'MULTI'로 표현(양순미, 안옥선, 2012)
① 농촌 유지와 발전의 원동력(Maintenance): 농촌사회의 고령화 추세를 지연시키고 출산율을 높임으로써 농촌공동체를 유지하는 견인체 역할
② 우리 농촌 속의 세계문화(Universal): 에스닉푸드(ethnic food)와 다문화가 만드는 축제의 장을 통해, 우리 농촌의 세계화를 촉진하는 촉매 기능
③ 다문화를 통한 신문화 동맹(Linkage): 지구촌시대를 맞이하여 미래의 문화 동맹을 형성하여 국제관계 활성화
④ 사회문제 해결의 시험장(Testbad): 다문화로 인한 각종 사회문제를 해결하기 위한 단서를 찾을 수 있는 시험장
⑤ 마을 분위기와 소득향상(Improvement): 기존 마을의 분위기를 개선하고, 새로운 작목을 재배함으로써 농가소득을 향상시키는 동력원

4) 다문화의 가치를 실현을 위한 과제(양순미, 안옥선, 2012)
① 세계화 시대에 걸맞는 성숙한 시민의식의 함양이 필요하다.
② 다문화가족의 인적·문화 자원적 가치를 활용하는 '두 갈래 전략'을 이용하는 한국형 다문화 사회 모델 개발이 필요하다.
③ 정책 시행은 다문화로 이행되는 속도가 상대적으로 빠른 농촌에 우선하여 시행되어야 한다.
④ 다양한 문화적 배경을 지닌 역할 모델과 서비스를 개발하기 위한 연구가 필요하다.

(2) 이주여성 농업인의 1:1 맞춤 농업교육

1) 목적
농업종사를 희망하는 이주여성농업인과 전문여성농업인을 연계하여 1:1 맞춤 농업교육을 통한 우수 여성농업인력 양성 및 농촌정착을 유도하기 위한 사업이다.

2) 대상

이주여성농업인으로 한국어 소통이 가능하고, 신청일로부터 1년 이상 실제 농업에 종사하고 있는 자

3) 농업교육후견인제도

농촌 이주여성을 우수한 농업, 농촌의 농업인력으로 양성할 수 있는 의지가 있고, 5년 이상 농업에 종사하고 있는 전문여성농업인을 대상으로 한다.

4) 교육장소

이주여성농업인과 농업교육후견인을 1:1로 연결시켜, 이주여성농업인의 농장이나 농업교육후견인의 농장에서 교육을 실시한다.

(3) 이주농업여성 기초농업교육

1) 목적

농업종사 의지가 있는 농촌 여성결혼이민자의 안정적인 농촌정착 지원과 과소화·고령화된 농가 인구구조에서 농촌의 젊은 여성결혼이민자를 농업인력으로 자원화하는데 있다.

2) 대상

이주농촌여성 중 기초농업을 희망하는 이민 초기 여성으로 세부지원 조건은 한국어로 의사소통이 가능해야 하고, 영농정착 의지와 실천능력이 있는 자, 남편 등 가족이 동의한 자에 한한다.

3) 교육기간

연간 500명 정도 선발하여 지방자치단체, 농업기술센터, 다문화가족지원센터 등이 협조하여 강의지원, 교육자료, 기타 업무를 실행하고 이들을 교육시킨다. 한국어교육은 다문화지원센터나 시군 평생교육센터에서 이루어진다.

4. 우리나라 농촌지도사업 성과 및 과제

1 농촌지도사업의 문제점과 개선방안

(1) 농촌지도 환경의 변화와 방향설정

농촌지도 변화와 도전은 전 세계적으로 발생하는 현상으로 농업정책의 방향은 지식기반사회가 내포되어 있다.

1) 지식기반사회의 농업기조

개방과 시장원리에 입각한 신자유주의 경쟁체제에 토대를 두고, 공급자 중심에서 수요자 중심으로, 노동집약적 형태에서 저비용, 고효율 체제의 지식집약적 형태로, 식량의 절대공급이라는 양 중심에서 품질과 안전 농산물이라는 질 중심으로 변화하였다.

2) 전 세계적 농촌지도사업의 2가지 도전: 페더(Feder)

① 농업분야 정보, 조직의 중요성을 인정받아야 한다.
② 농촌지도사업의 본질적 성격으로 재원확보에 어려움이 있다.
③ 농촌지도의 본질적 요소
  ㉠ 과업의 광범위성
  ㉡ 타 기관의 정책 및 기능에 의존성
  ㉢ 정치적, 재정적 지원 획득 이유와 효과 확보의 어려움
  ㉣ 농업지식 및 정보를 전달하는 기능을 넘어선 공공서비스 기능으로서 책임성
  ㉤ 재정 지속성
  ㉥ 지식 창출과 상호작용 등

3) 농촌지도사업의 패러다임 변화(임상봉, 1995; 이용환, 2000)

① **농촌산업에서 삶의 공간으로**: 농업을 직업으로 하는 사람들이 소득을 높이고 행복한 삶을 살 수 있는 농촌으로 만들어야 한다.
② **국가목표 중심에서 농업인 중심으로**: 국가목표 달성을 위한 하향식 농촌지도사업이 아닌 농가 또는 농민 중심의 사업으로 전환해야 한다.
③ **농업기술 중심에서 문화복지 중심으로**: 전통적인 농업기술 중심의 농촌지도가 아닌 농업인의 풍요로운 삶을 보장할 수 있는 문화복지적 차원을 강조해야 한다.
④ **중앙정부 중심에서 지방정부 중심으로**: 지역의 특색과 지역주민의 요구를 반영한 농촌지도가 이루어져야 한다.

4) 농촌지도사업의 기본방향
① 지식기술지향적 농업과 소비자 농업을 함께 육성해야 한다.
② 농업기술지도(농촌지도사업의 본질적 기능)뿐만 아니라 농촌구조 개선에 관련된 비농업분야의 지식, 정보 등을 제공하는 기능을 강화해야 한다.
③ 지도사업의 정체성을 재정립하고, 새로운 시대에 맞는 농촌지도사업을 새롭게 정의하는 것이 필요하다.
④ 농업지식정보사업으로 전환, 농촌지도사업의 대상 확대, 농촌지도사업 추진 방법의 전환이 필요하다.

5) 농촌지도사업이 수행해야 할 정책과제(조용철, 송용섭, 2003)
① 소비자 농업(consumers driven agriculture) 육성
② 친환경농업 실천, 감시 기능 수행
③ 농촌지도기관의 농산물 품질관리를 통한 농산물 통합 브랜드화
④ 농업, 농촌의 다원적 기능 활용
⑤ 농업기술, 경영컨설팅 강화
⑥ 품목별 농업인조직 육성
⑦ 사이버 농업지식정보 제공
⑧ 수출지향 농업 육성
⑨ 수확 후 관리 및 가공기술 중점 보급
⑩ 종자생산보급기능 확대
⑪ 시군농업기술센터 연구개발 기능 확충

6) 농촌지도사업이 앞으로 강조해야 할 지향점(이용환 등, 2004)
① **기관의 변화 방향**: 정부기관과 비정부기관의 연계 및 학교교육과 사회교육의 연계
② **대상의 변화 방향**: 농촌주민에서 도시주민으로 확대, 성인중심에서 전 연령층으로 확대
③ **내용의 변화 방향**: 농업기술과 농촌 관련 사업과의 연계 및 직업농업교육과 교양농업교육의 연계
④ **방법의 변화 방향**: 온라인 교육과 오프라인 교육의 연계 및 교수학습방법의 다양화

7) 농촌진흥청의 농촌지도사업 활성화 방안 모색
① 농촌진흥청에서 제시한 농촌지도사업의 새 정의
  ㉠ 농업 및 농촌생활과 관련된 기술과 정보를 농업인과 소비자에게 보급하는 지식기반사업이다.
  ㉡ 농업, 농촌의 유지, 발전과 이와 관련된 기술혁신, 문제해결, 의사결정 능력을 지원하기 위하여 농업인, 소비자, 연구자 등이 생성하거나 필요한 기술 및 정보를 체계적으로 수집, 종합, 분산, 연계하는 공공서비스이다.

② 농업정책의 방향설정
  ㉠ 21세기 농업의 성격에 맞도록 농업 경쟁력 강화를 위한 기반 구축
  ㉡ 소비자 중심의 생산과 유통 실현
  ㉢ 지속농업의 정책과 안전한 농식품 공급체계 구축
  ㉣ 농촌복지 확충과 지역사회 활성화

③ 농촌지도사업의 방향
  ㉠ 농업인과 소비자를 위한 지식, 정보 기술지원사업으로 정하였다.
  ㉡ 21세기 지식정보사회에 맞는 지식기반 농업의 실현을 위한 기술보급 교육, 인력육성을 담당한다.
  ㉢ 개방화에 대응한 농업·농촌의 유지·발전을 위한 농업인, 소비자 등 고객 중심의 공공서비스 사업으로 전환

④ 농촌진흥조직 활력화를 위한 7대 개혁과제
  ㉠ 농촌진흥기관의 정체성 재정립
  ㉡ 조직 활력화를 위한 제도개선
  ㉢ 고객중심의 새로운 농촌진흥사업 확충
  ㉣ 영농현장중심의 기술개발역량 확충
  ㉤ 중앙과 지방의 업무 연계 활성화
  ㉥ 전문 인력육성 프로그램 혁신
  ㉦ 창조적 조직혁신 문화 기반 확충

(2) 농촌지도사업 발전방안

1997년 농촌지도공무원의 지방직화를 전후로 제시한 발전방향

농업연구	① 센터의 연구개발 기능 강화 ② 연구-지도 연계와 연구개발 공유 및 유관기관과 공동연구
기술보급 및 지도	① 농업의 공익성 및 농촌지도사업의 필요성에 대한 국민적 인식 제고와 공감대 확산 ② 농촌지도사업의 지도대상, 지도방법, 지도영역 등에 관한 정체성 확립 ③ 안전 및 정밀영농기술 확대 보급 ④ 농작물 재해예방 및 병해충 종합관리 방법 정착 등 환경친화적 주곡 안정생산 및 기술보급 ⑤ 수출농업 육성 및 국제경쟁력 강화를 위한 첨단농업기술 개발 ⑥ 고객중심 농촌지도사업 전개 및 소비자농업 육성 ⑦ 선도 시범사업 및 고부가가치 지역특화 전략품목 선정 등 지역특성화개발 사업 지원 ⑧ 영농실태조사, 기술경연 컨설팅 체계 구축 등 현장중심 기술, 정보 지원체제 강화 ⑨ 사이버(디지털) 기술 정보지원 ⑩ 생산물 저장, 가공, 유통 등 수확 후 관리기술 보급 및 통합브랜드 운영 ⑪ 농촌지도사업 성과평가제 도입 ⑫ 품목별 농산물 품질관리 모니터링
교육 및 육성	① 농업인의 지식사회 자율대응 능력 함양을 위한 농업인 정보화기술 향상 ② 농업인의 집단화, 전문화 및 학습조직화 가속화 ③ 요구분석을 통한 다양한 프로그램 개발 등 수요자 중심교육 ④ 수혜자 경비부담제 및 모니터 제도를 통한 과정 참여 확대와 질적 수준 향상
농촌자원 개발	① 농촌생활환경, 농촌관광 및 전통테마마을 조성 등 농업, 농촌의 다원적 기능 활용 ② 농작업환경개선 ③ 농촌여성 가정경영, 영농기술능력 배양 ④ 노후생활지원
수행체제	① 시군 센터의 광역자치단체 소속기관화 ② 유관기관간 기능특성화, 유사사업 통합, 효율적 역할분담 및 상호연계 ③ 대화의 장 상설화(한지리 종합상담) ④ 지도공무원 업무 단순화 및 명확화 등을 통한 전문능력 향상 ⑤ 전국단위 기술전문가 네트워크 구축 ⑥ 처우 개선을 통한 사기진작 ⑦ 연구직과 지도직의 상호 교환근무 및 센터간 인력활용
기타	농촌지도사업 명칭 변경

(3) 우리나라 지도사업의 문제점과 개선방안

1) 기술보급 및 지도

문제점	개선방안
① 21세기 유망 생명산업으로의 농업에 대한 인식 부족 ② 농촌지도사업 홍보 부족으로 사업 필요성에 대한 인식 저하 ③ 지식정보화 시대, 농촌지도직 공무원의 지방직화 등 사업 패러다임 변화에 대응 미흡	① 농업의 공익성 및 농촌지도사업의 필요성에 대한 국민적 인식제고와 공감대 확산 ② 농촌지도사업의 지도대상, 지도방법, 지도영역 등에 관한 정체성 확립 ③ 최적 농자재와 재배기술의 적기, 적량투입에 의한 안전, 정밀영농기술 확대 보급
① 안전농산물에 대한 소비자 불신풍조 ② 그린라운드에 따른 선진국의 환경규제 강화	① 농작물 재해예방 및 병해충종합관리방법 정착 등 환경친화적 주곡 안정생산 및 기술보급 ② 품목별 안전농산물 기준 마련 등 농산물 품질관리 모니터링
농산물 교역 증대에 대한 국제경쟁력 미흡	수출농업(전략품목) 육성 및 국제경쟁력 강화를 위한 첨단농업기술 개발, 보급
고객 및 내용에 따른 차별적 기술보급 및 지도 미흡	고객 중심 농촌지도사업 전개 및 소비자농업 육성
① 중앙지원 시범사업과 도·시·군 자체 추진 시범사업 내용의 일부 중복 등 실증효과 검증 미비 ② 지방화 등에 따른 브랜드 품목 및 차별화된 지역특화 전략품목에 집중 부족	새 기술, 정보에 대한 실증효과가 높은 시범사업 및 고부가가치 지역특화 전략품목 선정 등 지역특성화 개발사업추진
농업전문화 및 정보화 진전에 따른 체계적 컨설팅 수요충족 미비	영농실태조사, 기관별 농업기술경영 컨설팅 체제구축 등 현장중심 기술, 정보관리 및 지원체제 강화
면대면 현장지도 형태의 높은 비중에 따른 시간 부족 및 대상 농업수 제한	농업인 컴퓨터 지원 및 영역별 동영상 컨텐츠 제작 등을 통한 사이버(디지털) 기술, 정보 지원
시설기자재 투입사업 치중으로 생산, 유통 등 종합적 지도 부족	생산물 저장, 가공, 유통 등 수확 후 관리기술 보급 및 통합브랜드 운영
현재 기관평가 중심의 농촌지도사업 평가와 사업물량 달성 중심의 개별 사업 평가	① 농촌지도사업 평가단-성과지향 계량평가 확대, 평가결과 활용 ② 농촌지도사업 성과평가제 도입-농업인 중심 사업평가
공공기관의 무료시스템에 의한 사업추진으로 농업인의 자발적 참여 유도 부족	

2) 교육 및 육성

문제점	개선방안
도시(민)에 비해 상대적으로 낮은 컴퓨터 보급률과 인터넷 등 정보화기술 활용률	지식정보사회 자율대응능력 함양을 위해 농업인 정보화기술 향상
현 농업인 집단의 전문성 부족 • 4-H: 지나치게 넓은 회원연령의 폭(만 9~29세), 경진대회, 야영교육 등 행사위주 과제활동, 지도교사에 대한 비가점 • 농촌지도자회: 노령화에 따른 생산적, 발전적 활동 미약 • 생활개선회: 농촌생활 여건 향상에 따른 명칭 부적절 및 활동내용 홍보 부족	농업인 집단의 전문성 및 학습조직화 가속화 • 4-H, 품목별 학습조직, 농촌지도자회, 생활개선회 육성
공공기관의 무료 운영체제에 따른 참여의식 부족	① 요구분석을 통해 지역 상황에 적합한 다양한 프로그램 개발 및 운영 등 수요자중심 교육 ② 수혜자 경비부담제 및 모니터 제도 등을 통한 참여확대와 질적 수준 향상
전업화 및 소득원 다양화에 따른 교육대상자 사전요구조사 체제 미흡	정기적 요구분석을 통한 수요자중심 주문식 교육

3) 자원개발

문제점	개선방안
① 농업·농촌영역의 경제적 비중 감소 및 경제 외적 역할 확대에 따른 농업·농촌의 다원적 기능 활용 부족 ② 각종 농촌개발사업의 종합적 연계, 조정 조직 체계 부족	① 농촌생활환경, 농촌관광 및 전통테마마을 조성 등 농업, 농촌의 다원적 기능 활용 • 도시민 생활문화 체험기회 확대 및 소득자원화 ② 농작업환경 개선 및 농작업 휴식, 운동방법 등 개발보급 ③ 농촌여성 소득증대 및 영농기술 능력 배양 • 농촌여성중심 향토음식연구회 육성 • 지역특산물 가공기술 및 부업기술 습득 훈련 ④ 전통기술보유자 발굴 및 명품화를 통한 노후생활 지원

4) 농업연구

문제점	개선방안
지역농업발전을 위한 실용화 연구 부족	센터의 연구개발 기능 강화: 농업인 개발과제 참여 및 지역농산물 가공 연구 확대
연구사업에 현장애로기술 반영 미흡 및 연구 결과의 신속한 농가보급 곤란으로 농업인이 필요한 전문기술지원 제한	연구-지도사업 협의체 정기회의 제도화 등 영농현장 애로기술의 연구-지도 연계
농업인구 관련 정보 교류 취약: 기술개발 정보 공유 및 D/B구축 미흡	센터 연구개발 결과에 대한 중앙단위 종합발표회를 통한 정보교류
유관기관간 협력 부재	센터, 연구기관, 대학, 농가와의 공동연구

5) 수행체제

문제점	개선방안
① 지도기관은 권한 없는 기술지도와 사후관리를 과도하게 책임(농정기관은 대상자 선정, 자금지원 권한 보유) ② 행정업무 우선 추진에 따른 영농현장 지도가 약화되어 현장성 및 전문기술특성 감소	시군 센터의 광역자치단체 소속기관화 • 농업행정과 분리하여 전문 농촌지도사업 수행 • 센터의 지역특화 시험장 흡수통합 및 연계
유관기관간 사업추진방향 연계 부족에 따른 지도사업 중복 경우 발생	농촌지도 공급자 다양화(중앙, 지방농촌진흥기관, 농협 등 농민단체, 민간 컨설팅 회사 등)에 따른 기능특성화, 유사사업 통합, 효율적 역할분담 및 상호협조
연구 및 지도기관간 상이한 가치에 따른 커뮤니케이션 부족	대화의 장 상설화(한자리 종합상담)
지방직화 이후 지도인력 감소에 따라 확대되고 불분명해진 직무범위, 영농진단, 영농설계, 소득분석 등 영역별 기술전문가 부족, 선도농가에 앞설만한 기술 정보지원 미흡	농촌지도공무원 업무 단순화 및 명확화를 통한 전문능력 향상 • 단계별 전문화 전략수립 • 중앙/일선 지도공무원간 전문기능 차별화
기술전문가간 연계 채널 부족	전국 단위 기술전문가 네트워크 구축
전공과 일치하지 않는 잦은 보직변경 등 비전문적 인사와 인사 침체, 연구직이나 행정직보다 상대적으로 낮다고 생각하는 처우	처우개선을 통한 사기진작 • 우수공무원 해외연수 및 학위 취득 보장 • 지도직 특성에 부합되는 보수 및 수당체계 • 선별포상범위 확대
연구/지도기관간 상이한 가치에 따른 커뮤니케이션 부족 및 센터간 인력교환 미흡	연구직과 지도직 상호 교환근무 및 센터간 인력활용
① 농촌: 도시화와 농업에 대한 소비자 수요, 다원적 기능 등을 포괄 못함 ② 지도: 지식정보의 일방적 전달의 권위적 의미를 내포하여 수평적 연계, 협력중시 현 상황에 부적절	행정기관과 지도기관의 분리 및 기술 정보보급의 특성 등을 반영한 농촌지도사업 명칭 변경

② 농촌지도사업 성과와 과제

(1) 농촌지도사업 성과

1) 1990년 이전까지는 한국의 농업연구와 농촌지도사업 조직은 농촌진흥청이라는 단일기구로 통합하여 국가주도의 농촌지도사업을 수행함으로써 세계적으로 성공적인 연구-지도의 연계체제를 갖추고 있다고 평가받았다.
2) 1997년 이후 한국의 농촌지도사업은 지도공무원의 신분이 지방직으로 전환되면서 어려운 상황이었으나, 외형적으로는 다양한 사업을 꾸준히 전개하였다.
3) **우리나라 농업기술보급사업 주요 성과**
    ① 1970년대
        ㉠ 녹색혁명: 식량증산, 지도 보급 강화
        ㉡ 통일벼 보급, 농촌생활개선지도(주거, 식생활 개선)

② 1980년대
　㉠ 백색혁명: 농업의 계절성 극복, 생력화
　㉡ 수리시설 개선, 비닐하우스 설치기술 보급으로 사계절 신선채소 공급

③ 1990년대
　㉠ 품질혁명: 고품질, 저비용 생산기술
　㉡ UR(1993년), WTO(1995년) 대응, 고품질 원예 품종 개발과 보급, 축산 자동화, 규모화

④ 2000년대
　㉠ 지식혁명: BT(bio technology), IT(information technology), NT(nano technology) 등 융복합 녹색기술(전 분야)
　㉡ BT, IT, NT, ET(environmenttechnology) 등 첨단과학기술 접목으로 국가 신성장 동력원으로 부상

⑤ 2010년대
　㉠ 가치혁명: 강소농 육성, 친환경, 건강기능성 고부가가치
　㉡ 약식동원(藥食同原)시대: 고부가가치 창출, 식의약 소재 산업, 수출농업

(2) 농촌지도사업 과제

1) 농촌지도사업의 패러다임 전환

구분	과거의 농촌지도사업	현재의 농촌지도사업
개념	새로운 기술 교육 또는 시범사업을 통하여 보급하는 사업	농업, 농촌의 유지발전과 이와 관련된 기술, 정보를 수집, 가공, 분산, 연계하는 공공서비스
대상	농업인	소비자 + 농업인
기능	생산기술보급 학습단체육성 농촌생활개선 시범농가 전시지도	생산부터 소비까지 일괄 기술보급 품목별 조직 및 후계인력 육성 농촌지역사회개발 기술, 경영 컨설팅
방법	대면접촉 상담	사이버 상담
지원	지역 내 지도사 활용	전국 기술전문가 네트워크

2) 전략과제의 도출

① 농업환경변화에 대응하는 전략
　㉠ 대응전략(reactive strategy): 단기적 전략, 이미 일어난 농업환경 변화에 적응하는 것
　㉡ 선도전략(proactive strategy): 장기적 전략, 앞으로 일어날 농업환경 변화를 유리한 방향으로 이끌어가는 것. 바람직한 방향을 사전에 설정하고 농업환경과 조건을 그 방향으로 만들어 나가는 전략

② 바람직한 전략과제
  ㉠ **전략과제**: 지도사업을 비전 및 미션을 달성하는데 직결되는 중요한 일
  ㉡ 전략과제가 농촌지도사업의 궁극적인 목적인 농업인의 소득향상, 삶의 질 향상, 복지 농촌사회 건설에 직접 기여할 수 있어야 한다.
  ㉢ 농업인의 지식, 기술, 태도와 같은 행동변화뿐만 아니라 실천성과까지 목적을 확장해야 한다.
  ㉣ 전략과제가 농촌지도사업의 수요자인 농업인과 소비자가 진정으로 원하는 것을 반영해야 한다. 한-미 FTA 등 상황은 고객인 소비자의 요구에 부합하는 마케팅과 상품화가 요구된다.
  ㉤ 전략과제가 국가, 지역 수준의 농업정책을 구현하는데 직접 연계되어야 한다.
  ㉥ 농업정책 구현에 도움이 되는 지도기능이 되려면 반드시 정책과 연계성을 충분히 검토해야 한다.

③ 경쟁력 있는 조직구축을 위한 인적자원의 역할 모델(김진모, 2003)
  ㉠ 농촌지도사의 역할을 규명하기 위해 미시간대학 교수인 울리히(Ulrich)의 경쟁력 있는 조직구축을 위한 인적자원의 역할 모델을 벤치마킹 하였다.
  ㉡ X축: 활동을 나타냄. 사람 관리 활동과 프로세스(도구 시스템) 관리 활동으로 구분한다.
  ㉢ Y축: 활동의 성격을 나타냄. 활동을 전략적, 미래지향적, 장기적, 일상적, 운영적, 단기적으로 구분한다.

미래/전략에 초점(장기적)

2사분면〈전략적 인적자원 관리〉	1사분면〈변화와 혁신 관리〉
* 전략적이고 프로세스 관리 성격의 활동 * 결과가 전략의 실행이고, 활동은 조직 전체의 전략달성과 직접 연계된 활동 * 전략적 파트너(strategic partner) 역할	* 전략적이고 사람 관리 성격의 활동 * 결과가 새로워진 조직의 창출 * 변화촉진자(change agent) 역할
3사분면〈확고한 하부구조 관리〉	4사분면〈조직구성원 기여 관리〉
* 일상적이고 프로세스 관리 성격의 활동 * 결과가 효율적 하부구조 구축이고, 활동은 조직 프로세스를 지속적으로 개선하는 활동 * 관리전문가(administrative expert) 역할	* 일상적이고 사람 관리 성격의 활동 * 결과가 조직구성원 참여와 역량 증대이고, 활동은 조직구성원의 소리에 반응하는 활동 * 조직구성원을 관리하는 리더(employee champion) 역할

프로세스 ← → 사람

일상/운영에 초점(단기적)

미래/전략에 초점(장기적)

	〈전략적 농촌지도사업 관리〉	〈전략적 인적자원 관리〉	
프로세스	* 고품질, 적정생산 기술 * 수확 후 관리 및 가공기술 중점 * 수출지향 농업 * 지속가능한 친환경농법 * 종합적 기술, 경영 컨설팅 * 농업, 농촌의 다원적 기능 * 지역특성에 맞는 과제 중점 → 전문화된 기술 지도	* 4-H 육성 * 영농후계자 육성 * 품목별 농업인조직 육성 * 생활개선회 육성 → 농업인조직 육성	사람
	〈지도사업 시스템 효율화〉	〈고객 관리〉	
	* 지도사업 계획 프로세스 * 지도사업 운영 프로세스 * 지도사업 평가 프로세스 → 지도사업 기반 구축	* 소비자 농업 육성 * 지역농업인의 일반적 기술상담 * 농업연구 및 행정 등과 연계(현장 피드백, 농정 교육, 홍보) * 농촌여성과 노인에 대한 건강 지원 → 농업복지 및 위상 제고	

일상/운영에 초점(단기적)

2) 지도조직 구조 변화

① 조직구조개편의 이유

㉠ 농촌지도사의 지방직화 이후 시군 농업기술센터 기능이 약화되고, 농업인의 기대에 미치지 못한다.

㉡ 농업기술센터의 조직 구조상 농업행정과 통합되어 운영되거나 시장, 군수의 농업적 인식이 취약하여 농촌지도 본연의 업무를 수행하지 못한다.

② 농업행정과 통합된 농업기술센터의 농촌지도 기능을 분리, 독립적 기능을 수행해야 한다.

③ 농촌지도공무원의 신분을 지방직에서 국가직으로 환원 또는 도원 소속으로 전환해야 한다.

④ 농촌지도기능과 시험연구 기능의 연계를 보다 실질적으로 강화해야 한다.

⑤ 지역적 특성(농업인구, 품목 등)을 고려하여 전략적으로 조직구조를 설계할 필요가 있다.

3) 지도사업 방식 및 시스템 변화

① 현장의 고객인 농업인과 및 소비자와 밀착된 지도사업방식을 강화해 나가야 한다.

② 농업기술, 경영컨설팅, 사이버 상담을 확대 강화해야 한다.

③ 개별농가 중심이 아니라 집단(조직) 중심의 농촌지도를 강화해야 한다.

④ 농촌지도사업 고객(수요자)의 요구를 신속·정확하게 파악할 수 있고, 결과 평가에 고객 참여 방식을 도입할 필요가 있다.

⑤ 지도사업의 요구분석과 평가에 고객인 농업인과 소비자의 참여를 반드시 보장해야 한다.

4) 지도사업 담당자 변화와 역할

① 지도공무원의 능력과 의식의 변화

㉠ 새로운 패러다임에 부합할 수 있는 농촌지도공무원의 역할을 규정하고, 역량을 개발할 수 있도록 지원해야 한다.

㉡ 각 역량을 지도공무원 단계별로 구분하고, 체계적으로 지원하기 위한 프로그램을 제공하여야 한다.

㉢ 지도공무원 스스로 자신의 전문성을 개발할 수 있는 방안을 마련하여 적극 활용하도록 장려한다.

㉣ 농촌지도사업은 현장지도 능력이 중요하기 때문에 현장의 실제 과제를 프로젝트 형식으로 수행할 수 있도록 하고, 시험연구기능과 협력하여 일할 수 있는 기회를 제공한다.

㉤ 지도공무원은 중앙의 지시가 아니라 지역 농업인의 필요를 직접 해결할 수 있는 방향으로 사고를 전환해야 하며, 세계화, 선진화, 분업화, 전문화, 여가 공간화라는 변화의 흐름을 반영한 지도사업에 힘쓸 필요가 있다.

② 농촌지도공무원의 역할

인적자원 개발자 능력 (Ulrich모델의 1사분면)	개인, 조직의 잠재적 능력을 개발하는 일과 관련된 것으로서, 농업인의 리더십 개발에 필요한 능력
고객지원자 능력 (4사분면)	고객의 다양한 문제에 대응하는 것뿐만 아니라 필요를 발굴, 제시하여 고객만족 차원을 넘어 고객감동 단계까지 도달하도록 하는 고객만족 능력
전략적 컨설턴트 능력 (2사분면)	농업의 성격과 사업적 가능성에 대한 이해를 바탕으로 농업인 문제를 정확히 발견하고 적합한 전문적 해결방안(기술)을 제공하는 수행 컨설팅과 관련됨
관리전문가 능력 (3사분면)	지도사업의 효율성을 진단하고 개선하는 일과 관련된 것으로서, 지도사업 자체의 수행 개선 능력

③ 농촌지도사의 역할 수행에 요구되는 능력

역할	필요능력
인적자원 개발자	① 개인 및 집단의 요구에 맞는 프로그램을 개발할 수 있는 능력 ② 집단의 분위기를 조절하고, 촉진할 수 있는 능력 ③ 조직(시스템)의 문제를 확인하기 위해 진단할 수 있는 능력 ④ 개인의 문제를 발견하고, 효과적으로 상담할 수 있는 능력 ⑤ 변화를 관리할 수 있는 능력
고객지원자	① 고객의 작업환경을 진단할 수 있는 능력 ② 고객의 능력을 개발할 수 있는 능력 ③ 고객의 수행을 관리할 수 있는 능력 ④ 고객에게 필요한 정보나 자원을 찾아 적시에 제공할 수 있는 능력
전략적 컨설턴트	① 핵심 사업전략을 선정하고 수립할 수 있는 능력 ② 농업인의 수행 문제를 찾아낼 수 있는 능력 ③ 품목별 전문지식 및 기술을 활용할 수 있는 능력 ④ 농업인을 비롯한 관련 이해당사자들에게 영향력을 행사할 수 있는 능력
관리전문가	① 지도사업 프로세스와 시스템에 대한 전문지식 ② 지도사업 프로세스 개선 능력 ③ 정보기술을 활용할 수 있는 능력 ④ 고객과의 관계를 관리할 수 있는 능력 ⑤ 지도사업 서비스에 대한 요구분석 능력

④ 지도사업 영역별 지도대상과 역할 설정

포괄적 역할	업무영역	지도대상	세부역할
인적자원 개발자	개인, 조직의 변화역량 관리	*4-H *영농후계자 *품목별 농업인조직	*교육프로그램개발자 *강사(전달자) *그룹촉진자 *상담자
고객지원자	고객관리	*농업인 *소비자 *농업연구 *농업행정	*고객요구분석가 *정보제공자 *지역사회 자원동원자 *마케터
전략적 컨설턴트	전략적 지도사업 관리	*농업인(전업농가) (농업연구/행정과의 파트너십 중요)	*수행전문가 *기술내용전문가 *조정자
관리전문가	지도사업 시스템 효율화	*지도사업의 모든 수혜자	*업무시스템 분석가 *조직, 시스템 설계자 *조정자

농촌 인적자원개발(HRD) 예상문제

01. 우리나라 농업의 역사를 새로 쓴 「50대 농업기술과 사업」 중 다음 내용은 어떤 시기인가?

> ⊙ 통일벼 개발로 전 국민의 배고픔 해결
> ⓒ 우리나라 최초의 일대잡종 배추 품종 육성
> ⓒ 농업기계화 도입 및 식량 증산을 위한 농지개량 기술 개발

① 녹색혁명기 ② 백색혁명기
③ 품질혁명기 ④ 지식혁명기

해설 우리나라 50대 농업기술: 1960, 70년대 녹색혁명기(전통적 농업 기반)
1. 통일벼 개발로 전 국민의 배고픔을 해결
2. 우리나라 최초의 일대잡종 배추 품종 육성
3. 농업기계화 도입 및 식량 증산을 위한 농지개량 기술개발
4. 양잠, 우리나라 근대화를 뒷받침
5. 우리가 즐겨먹는 교잡종 옥수수 시대를 열다.

02. 우리나라 농업의 역사를 새로 쓴 「50대 농업기술과 사업」 중 다음 내용은 어떤 시기인가?

> ⊙ 풀사료 자급 달성을 위한 사료작물 품종 육성
> ⓒ 전국 토양정보가 한눈에 보이는 국가 농경지 관리체계 '흙토람' 구축
> ⓒ 로열티 파동을 극복한 국산 딸기 품종 개발
> ⓔ 우수한 신토불이 한우 복제소 생산기술

① 녹색혁명기 ② 백색혁명기
③ 품질혁명기 ④ 지식혁명기

해설 우리나라 50대 농업기술: 2000년대 지식혁명기(융복합 농업 기반)
25. 전국 토양정보가 한눈에 보이는 국가 농경지 관리체계 '흙토람' 구축
26. 로열티 파동을 극복한 국산 딸기 품종 개발
27. 누에와 꿀벌은 기능성 소재의 보배
28. 풀사료 자급 달성을 위한 사료작물 품종 육성
29. 백마, 화훼품종 국산화의 비전을 제시
30. 쫄깃한 육질과 맛, 토종 '우리맛닭' 복원
31. 우수한 신토불이 한우 복제소 생산기술
32. 농촌 어메니티 자원, 농촌에 활력을 불어 넣다.
33. 한국형 가축사양표준 제정으로 생산비를 절감
34. 농촌 인력 육성의 요람, 농업인대학

35. 탑라이스 생산으로 수입 쌀 개방화에 대응
36. 석유대체 저탄소 친환경 시설원예 난방기술 개발
37. 설갱벼를 이용한 전통주 개발
38. 농식품 가공, 창업 지원으로 여성농업인 CEO 육성

03. 우리나라 농업의 역사를 새로 쓴 「50대 농업기술과 사업」 중 다음 내용은 어떤 시기인가?

⊙ 해외농업기술개발센터(KOPIA) 설립 및 운영
ⓒ 바이오장기 생산용 형질전환 복제돼지 생산기술
ⓒ 안전 농산물 생산을 위한 유용미생물 이용 작물보호제 개발
ⓔ 배추 유전체 해독

① 녹색혁명기
② 백색혁명기
③ 품질혁명기
④ 가치혁명기

해설 우리나라 50대 농업기술: 2010년대 가치혁명기(친환경 농업 기반)
39. 해외농업기술개발센터(KOPIA) 설립 및 운영
40. 바이오 장기 생산용 형질전환 복제돼지 생산기술
41. 배추 유전체 해독
42. 식물바이러스 종류 모두 알 수 있다.
43. 가축분뇨를 에너지 자원으로 활용
44. 난치병 신약개발에 불을 당기다!
45. 최고품질의 맛있고 안전한 과실(탑프루트) 생산
46. 굳지 않는 떡을 아시나요?
47. 환경오염 제로에 도전한다. 벼 부산물 이용 생분해성 비닐 개발
48. 도시민도 농사를 짓는다. 도시농업 기반기술
49. 온실가스 감축 및 탄소성적 평가기술 개발
50. 안전 농산물 생산을 위한 유용미생물 이용 작물보호제 개발

04. 소농중심 농촌지도에 대한 설명으로 옳지 않은 것은?

① 소농중심적 농촌지도의 개념은 본질적으로 일반 농촌지도와는 의미가 다른 새로운 농촌지도의 개념이다.
② 과거는 농업소득, 생산성 증대에 역점을 두었다면, 앞으로 모든 발전지향적 활동은 빈곤 제거, 실업 감소, 불평등 개선이라는 3측면에서 재검토되어야 한다.
③ 소농은 가족단위 경영으로 가족 구성원이 생산경제적 경영단위이며 가계단위이다.
④ 소농중심적 농촌지도에 대한 특별한 관심은 과거 대농중심적 농촌지도가 본래의 이념과는 달리 오히려 계층간 사회, 경제적 격차를 심화시키고, 농업인구의 다수를 차지하는 소농이 어려운 생계수준에 시달리고 있다는 점에서 기인한다.

PART 04 농촌지도요원과 인적자원개발

해설 소농중심 농촌지도의 의의
① 소농은 가족단위 경영이며, 가족 구성원의 노동력 공급에 의해 영위되고 세대적 계승에 기초한다는 점에서 생산경제적 경영단위이며 가계단위이다.
② 소농중심적 농촌지도에 대한 특별한 관심은 과거 대농중심적 농촌지도가 본래의 이념과는 달리 오히려 계층간 사회, 경제적 격차를 심화시키고, 농업인구의 다수를 차지하는 소농이 어려운 생계수준에 시달리고 있다는 점에서 기인한다.
③ 소농중심적 농촌지도의 개념은 본질적으로 일반 농촌지도와 동일한 의미를 갖는다.
④ 과거는 농업소득, 생산성 증대에 역점을 두었다면, 앞으로 모든 발전지향적 활동은 빈곤 제거, 실업 감소, 불평등 개선이라는 3측면에서 재검토되어야 한다.

05. 소농의 경제적 특성으로 옳은 것으로 묶인 것은?

⊙ 자본집약적 생산 방식	ⓒ 높은 노동생산성
ⓒ 낮은 상품화 비율	ⓔ 비능률적 농업 경영

① ⊙, ⓒ
② ⓒ, ⓔ
③ ⊙, ⓒ
④ ⓒ, ⓔ

해설 소농의 일반적 특성 중 경제적 특성
① 영농규모의 영세
　⊙ 소농은 영세한 규모의 토지를 소유하고 있어 농업생산성과 농업소득이 낮다.
　ⓒ 생활비 지출에 어려움을 겪는 것은 물론 대외신용력을 얻기 어렵다.
② 노동집약적 생산방식
　⊙ 소농은 수입을 주로 농업생산에 의존하고 있어 영세한 토지 이외에 노동력을 투입할 대상이 없다.
　ⓒ 기계화와 같은 자본집약적 생산방식보다는 노동집약적 생산방식이 일반적이며, 생산 능률도 낮다.
③ 낮은 노동생산성
　⊙ 소농은 가족노동에 의존하여 농업생산을 영위하고 있다.
　ⓒ 노동력이 부족할 경우에는 '품앗이'와 같은 형태의 공동노동력도 사용하나, 영세한 경지규모는 유휴가족노동력을 발생시킨다.
④ 낮은 상품화 비율: 소농은 생계유지를 위한 자급자족적 농업생산을 유지하고 있으므로 생산농산물의 상품화 비율이 매우 낮다.
⑤ 비능률적 농업경영
　⊙ 소농은 농업경영의 측면에서 토지, 노동, 자본의 생산성 등이 대농에 비하여 낮고, 유휴노동력의 활용이 제대로 이루어지고 있지 않다.
　ⓒ 농산물 유통에 있어서도 생산가격이 판매가격보다 더 높은 것이 일반적이다.

06. 소농의 일반적 특성으로 옳지 않은 것은?

① 제한된 세계관
② 가족주의적 성격
③ 낮은 감정이입
④ 미래지향주의

정답 04. ① 05. ④

CHAPTER 02 농촌 인적자원개발(HRD)

해설 소농의 사회심리적 특성
① 상호불신적 성격
② 제한된 선의 지각
③ 정부권위에 대한 의존성과 배타성
④ 가족주의적 성격
⑤ 혁신성의 결여
⑥ 운명주의
⑦ 낮은 포부
⑧ 현재지향주의
⑨ 제한된 세계관
⑩ 낮은 감정이입

07. 소농중심 농촌지도의 정의로 옳지 않은 것은?

① 한계적 생계수준 탈피
② 농촌의 편익적 주민을 대상으로 한다.
③ 불리한 사회·경제적 지위 향상
④ 인간으로서 자아존중과 행복한 삶의 추구

해설 농촌의 비편익적 주민을 대상으로 한다.

08. 소농의 경제, 사회, 심리적 특성의 상호작용에 대한 설명으로 옳지 않은 것은?

① 토다로(Todaro)는 빈곤의 제거, 실업의 감소, 불평등 개선이라는 세 측면에서 재검토되어야 한다고 하였다.
② 소농의 경제, 사회, 심리적 요인들의 상호 역동적인 작용은 결국 소농의 영속적 저개발과 빈곤의 악순환을 불러일으키게 되는데, 그 근본 동인은 소농의 낮은 생계 수준에서부터 비롯된다.
③ 근본적으로 저소득에서 기인하는 낮은 생계 수준은 낮은 자아존중감, 외부종속과 제한된 선택자유에 시발적 영향을 미친다.
④ 농업부문의 저개발 상태는 낮은 생계 수준, 낮은 자아존중감, 외부종속과 제한된 선택자유가 경제, 사회, 심리적 기본요인의 상호작용에 의하여 규제된다고 하였다.

해설 ①은 시어스(Seers)의 주장이다.
  *소농의 경제, 사회, 심리적 특성의 상호작용
  ① 토다로(Todaro, 1977)는 개발도상국에 있어서 분배의 불공평과 인간의 불평등을 심화시키고 있는 종래의 경제발전을 비판하고, 질적 성장과 인간평등을 기본이념으로 새로운 경제발전이론을 제시하였다.
  ② 농업부문의 저개발 상태는 낮은 생계 수준, 낮은 자아존중감, 외부종속과 제한된 선택자유가 경제, 사회, 심리적 기본요인의 상호작용에 의하여 규제된다고 하였다.
  ③ 근본적으로 저소득에서 기인하는 낮은 생계 수준은 낮은 자아존중감, 외부종속과 제한된 선택자유에 시발적 영향을 미친다.
  ④ 소농의 경제, 사회, 심리적 요인들의 상호 역동적인 작용은 결국 소농의 영속적 저개발과 빈곤의 악순환을 불러일으키게 되는데, 그 근본 동인은 소농의 낮은 생계 수준에서부터 비롯된다.

정답 06. ④ 07. ② 08. ①

09. 프레이레(Freire)가 제시한 의식화 교육의 적용에 대한 설명으로 옳지 않은 것은?

① 문제해결방법으로 급진적 개혁보다는 점진적 개혁으로 민주적 방식을 취한다.
② 농촌사회 문제의 주체적 해결을 위해 농촌주민들이 직접 사회의 정치, 경제적 영역과 의사결정과정에 적극적으로 참여하여 더 많은 권력과 권리를 농촌주민이 갖도록 돕는 것이다.
③ 자신의 열악한 사회환경 구조를 변화시키는 의식을 고양하고, 실천력을 기르는데 도움을 주는 사회지향적 교육과정이다.
④ 의식화 교육의 실천적 방법으로서 참여연구가 중요한 전략이다.

해설 프레이레(Freire)의 의식화 교육의 적용
  ㉠ 농촌사회 문제의 주체적 해결을 위해 농촌주민들이 직접 사회의 정치, 경제적 영역과 의사결정과정에 적극적으로 참여하여 더 많은 권력과 권리를 농촌주민이 갖도록 돕는 것이다.
  ㉡ 자신의 열악한 사회환경 구조를 변화시키는 의식을 고양하고, 실천력을 기르는데 도움을 주는 인간지향적 교육과정이다.
  ㉢ 의식화 교육의 전략
    ⓐ 문제해결방법으로 급진적 개혁보다는 점진적 개혁으로 민주적 방식을 취한다.
    ⓑ 의식화 교육의 실천적 방법으로서 참여연구가 중요한 전략이다.

10. 소농의 자조적 집단활동 육성 방안으로 바람직하지 않은 것은?

① 회원들간의 공통된 관심사를 규명하고 토의하기 위한 정기적 모임이 개최되어야 한다.
② 소농의 모든 자조적 집단활동은 궁극적으로 자신의 생활 전반에 걸친 관리능력과 자아존중감 및 신뢰감의 고취와 함양에 기여할 수 있어야 한다.
③ 소농의 소규모 기초집단들을 공통된 이해와 관심사를 바탕으로 100명 이상의 대규모 단위로 조직되는 것이 바람직하다.
④ 기초적 소집단들의 자조적 협동활동이 신장됨에 따라 공통관심사의 이해를 바탕으로 그것들의 기능을 통합하는 하나의 협동조직체가 형성되어야 한다.

해설 소농의 자조적 집단활동 육성 방안
  ㉠ 소농의 소규모 기초집단들을 공통된 이해와 관심사를 바탕으로 10~15명을 단위로 조직되는 것이 바람직하다.
  ㉡ 기초집단들은 회원들의 지도력과 협동심 및 참여의식을 개발·함양시키기 위하여 회장, 서기, 회계 등 집단지도자를 선출하여 집단의 자율적 조직을 갖추어야 한다.
  ㉢ 회원들간의 공통된 관심사, 즉 소득 및 생산증대, 능력개발, 생활개선 등에 관계된 자신들의 문제와 필요를 규명하고 토의하기 위한 정기적 모임이 개최되어야 하며, 집단은 사업의 자율적인 운영능력과 의사결정능력이 신장되어야 한다.
  ㉣ 기초적 소집단들의 자조적 협동활동이 신장됨에 따라 공통관심사의 이해를 바탕으로 그것들의 기능을 통합하는 하나의 협동조직체가 형성되어야 한다.
  ㉤ 소농의 모든 자조적 집단활동은 궁극적으로 자신의 생활 전반에 걸친 관리능력과 자아존중감 및 신뢰감의 고취와 함양에 기여할 수 있어야 한다.
  ㉥ 자조적 집단활동의 육성방법으로는 집단역학에 전문성이 있는 지도요원이 채용되어야 하고, 충실한 현장연구를 통하여 소농의 필요와 문제를 정확히 파악하여야 하며, 그들의 참여를 전제로 한 상향식 사업계획이 수립되어야 한다.

CHAPTER 02 농촌 인적자원개발(HRD)

11. 소농중심의 농촌지도를 위한 농촌지도기관의 전략으로 보기 어려운 것은?

① 소농의 기초적 생산기반 및 생활환경개선을 위해서 농로, 상하수도, 토지정리 등 농촌의 하부구조개선에 도움이 되는 사업이 보다 많이 전개되어야 한다.
② 경제적 협동활동을 위한 소농의 자조적 집단활동을 효과적으로 지원하기 위해서는 공동생산과 판매 및 구매 등 원활한 사업들이 개발되어야 한다.
③ 소농들이 필요로 하는 지식이나 기술, 생활개선, 기초소양 등에 대하여 보다 다양한 교육훈련 프로그램을 개발, 실시하여야 한다.
④ 소농들 중 특히 임금노동자나 소작자를 위하여 취업이나 농외소득 보다는 농업기술의 전수로 농업소득을 올릴 수 있는 사업의 개발과 지도가 강화되어야 한다.

해설 농촌지도기관의 전략
① 소농 중심 농촌지도 전략으로 소농의 의식화, 집단활동의 효과적 육성을 위하여 농촌지도체제도 변화가 필요하다.
② 농촌지도기관 또는 유관기관들이 대농이나 중농보다는 소농들이 농촌지도나 개발사업으로부터 도움을 훨씬 필요로 하고 있다는 사실을 인식하는 것이 선행되어야 한다.
③ 종래의 소득증대와 농업생산성 증대에만 중점을 두었던 농촌지도의 양적 평가지표가 수정되어 평등과 분배가 강조되는 질적 평가지표가 채택됨으로써 비편익적 소농집단들의 이익과 생활향상에 우선순위를 둔 보다 많은 지도사업들이 개발, 보급되어야 한다.
④ 소농들이 필요로 하는 지식이나 기술, 생활개선, 기초소양 등에 대하여 보다 다양한 교육훈련 프로그램을 개발, 실시하여야 한다.
⑤ 공동생산활동, 공동판매 및 구매 활동, 공동농산물저장, 기계화 영농 등 소농의 자조적 협동활동에 대한 지도를 강화하여야 한다.
⑥ 소농들의 불리한 사회경제적 여건에 부합할 수 있는 규모의 적정기술과 소득증대 사업을 개발·보급시켜야 한다.
⑦ 경제적 협동활동을 위한 소농의 자조적 집단활동을 효과적으로 지원하기 위해서는 공동생산과 판매 및 구매 등 원활한 사업들이 개발되어야 한다.
⑧ 소농들 중 특히 임금노동자나 소작자를 위하여 취업기회 확대를 위한 농가부업, 농외취업 등에 대한 사업의 개발과 지도가 강화되어야 한다.
⑨ 소농의 기초적 생산기반 및 생활환경개선을 위해서 농로, 상하수도, 토지정리 등 농촌의 하부구조개선에 도움이 되는 사업이 보다 많이 전개되어야 한다.
⑩ 농촌지도요원들이 소농을 보다 잘 이해하고, 그들의 문제와 필요에 대한 상담을 효과적으로 지도할 수 있는 소농지도의 전문적 자질과 능력이 개발·함양되어야 한다.

12. 우리나라 소농의 개발전략으로 바람직하지 않은 것은?

① 농촌주민들의 경쟁력과 창의력을 개발하여 나가야 한다.
② 강력한 정부주도의 지도교육이 중심이 되어야 한다.
③ 농촌주민을 농촌지도과정에 참여시켜 나가야 한다.
④ 농촌지도인력의 전문화가 필요하다.

정답 11. ④

해설 우리나라 소농의 개발전략
① 농촌주민들의 경쟁력과 창의력을 개발하여 나가야 한다.
② 농촌지도인력의 전문화가 필요하다.
③ 농촌주민을 농촌지도과정에 참여시켜 나가야 한다.
④ 소농의 질적 생활개선을 위한 사회사업, 특히 보건, 위생, 영양, 주택, 육아, 의복 등을 개선 및 향상시킬 수 있는 사업들이 보다 풍부하게 이루어져야 한다.

13. 시어스가 주장한 발전지향적 사업이나 활동의 세 측면이 아닌 것은?

① 빈곤의 제거
② 불평등의 개선
③ 실업의 감소
④ 낮은 기술수준

해설 시어스는 모든 발전지향적 사업이나 활동은 빈곤의 제거, 실업의 감소, 불평등의 개선이라는 세 측면에서 재검토되어야 한다고 하였다.

14. 과거의 농촌지도는 소수의 대농이나 진보적 농민만을 대상으로 이루어져 왔다는 비판이 있다. 소농중심의 농촌지도가 필요한 이유로 가장 관계가 없는 것은?

① 과거의 농촌지도는 혁신전파이론을 지나치게 강조하였다.
② 농촌지도가 강조하였던 혁신사항들이 대부분 농민들의 현실과 맞지 않는다.
③ 가난한 농민들의 다수는 농촌지도나 농촌개발의 혜택을 받지 못하고 있다.
④ 낙수적 개발이론이 농촌지도의 지배적인 형태였다.

해설 대부분의 농촌지도요원은 개량된 농업기술을 선진농가로부터 소농으로 전파시키는 낙수적 개발이론을 따르고 있다. 또 자본구조와 영농규모가 영세한 소농은 대농과는 지도내용이 달라야 함에도 불구하고 대농 위주의 획일적 사업만을 전개하고 있었다.

15. 다음 중 농촌청소년의 특성으로 보기 어려운 것은?

① 사회적 고립감과 심리적 소외현상을 나타내는 경향이 있다.
② 직업에 대하여 긍정적인 태도를 갖지 못하고 있다.
③ 자아개념이 상대적으로 높아 긍정적인 자아를 가지고 있다.
④ 이상실현이 불가능하다는 무력감과 생활의 무의미함을 느낀다.

해설 농촌청소년의 특성
① 자아개념이 상대적으로 낮으며, 긍정적인 자아를 가지고 있지 못하다.
② 도시로 떠난 청소년들로 인해 남아 있는 청소년들의 마음에 동요가 있다.
③ 이상실현이 불가능하다는 무력감과 생활의 무의미함을 느낀다.
④ 사회적 고립감과 심리적 소외현상을 나타내는 경향이 있다.
⑤ 그들의 직업에 대하여 긍정적인 태도를 갖지 못하고 있다.

16. 다음 중 청소년의 심리적 특성에 포함되지 않는 것은?

① 자아의식의 결핍
② 문화의 욕구
③ 감정적 동요
④ 독립심과 소속감

해설 청소년의 심리적 특성
㉠ 자아의식의 소유
㉡ 독립심과 소속감
㉢ 청소년문화에 대한 욕구
㉣ 이성에 대한 욕구
㉤ 정서적 불안

17. 다음 중 농촌청소년 지도목표의 내용과 거리가 먼 것은?

① 주요목표는 영농후계자 육성
② 건전한 시민성 함양
③ 여가선용능력 배양
④ 직업선택능력 배양

해설 농촌청소년의 지도목표
㉠ 국가관을 확립
㉡ 건전한 시민성 함양
㉢ 직업선택능력과 준비성을 배양
㉣ 영농생활에 대한 가치를 인식
㉤ 행복한 가정생활능력 함양
㉥ 향토개발의욕과 책임을 인식
㉦ 여가선용능력을 배양
㉧ 자연자원의 보호능력을 배양
㉨ 국제적 안목을 증진

18. 농촌청소년지도의 원리와 가장 거리가 먼 것은?

① 강화를 시켜주어야 한다.
② 집단지도를 중심으로 스스로 해결하도록 도와야 한다.
③ 계획과 평가에 모든 청소년을 참여시켜야 한다.
④ 자원지도자를 확보하고 그들의 지도력을 활용하여야 한다.

해설 농촌청소년지도의 원리
① 청소년의 심리적 특성을 감안하여 지도한다.
② 자원지도자를 확보하고 그들의 지도력을 활용하여야 한다.
③ 가정과 지역사회의 지원을 확보하여야 한다.
④ 개인지도를 중심으로 스스로 해결하도록 도와야 한다.
⑤ 계획과 평가에 모든 청소년을 참여시켜야 한다.
⑥ 발표와 봉사의 기회를 자주 부여하는 것이 필요하다.
⑦ 강화를 시켜주어야 한다.
⑧ 집단활동에 흥미를 부여하여야 한다.

19. 4-H 모임의 실용적 목표에 해당되는 것은?

① 지육(智育)
② 노육(勞育)
③ 덕육(德育)
④ 체육(體育)

해설 새마을청소년회 모임의 실용적 목적은 농촌청소년들이 급변하는 사회·경제적 환경에 적응하여 잘 살 수 있는 유용한 기술과 생활방법을 배우는데 있다.
*실천이념
① 지육(智育, Head): 머리를 명석하게 하여 올바른 판단과 계획능력을 배양
② 덕육(德育, Heart): 덕성을 함양하고 진실과 겸손으로 인격을 도야하여 더불어 살아감
③ 노육(勞育, Hands): 근로와 봉사를 통해 쓸모 있는 기능을 기르며 밝은 사회건설에 이바지함
④ 체육(體育, Health): 건강을 증진하여 질병을 물리치고 능률을 증진하며 생활을 즐겁게 함

20. 다음 중 농촌청소년들이 과제를 이수하는 목적으로 적당하지 않은 내용은?

① 자주성과 흥미의 개발
② 실천적 학습기회의 부여
③ 사업적 경영능력의 개발
④ 자신의 운명승패의 경험부여

정답 18. ② 19. ②

CHAPTER 02 농촌 인적자원개발(HRD)

해설 농촌청소년의 과제활동의 목적
㉠ 흥미와 적성의 개발
㉡ 실천적 학습기회의 부여
㉢ 사업적 경영능력의 개발
㉣ 자주성과 창의성의 개발
㉤ 미래자산의 확보

21. 다음 중 농촌청소년의 과제활동에 대한 설명으로 적합한 것은?

① 농업흥미유발을 위해 실시하는 교과활동
② 실천적 학습내용중심의 학습경험
③ 가정학습
④ 연구 활동에 따른 포장실습

해설 농촌청소년의 과제활동이란 농촌청소년들이 그들의 일상생활에서나 부모의 일을 도와주기 위해서, 혹은 앞으로의 직업에 관련하여 필요한 지식·기술 등을 학습시킬 목적으로 실천적인 학습내용을 중심으로 취사선택하여 조직한 학습경험을 말한다.

22. 다음 중 가장 이익과 규모가 큰 과제로 옳은 것은?

① 부과제
② 주과제
③ 보조과제
④ 개량과제

해설 과제의 분류
㉠ 주과제: 한 사람이 여러 가지 생산과제를 이수할 때 가장 규모가 크고 소득이 높은 과제
㉡ 부과제: 주과제 다음으로 비중이 있는 과제
㉢ 보조과제: 목초나 녹비작물 재배와 같이 주과제나 부과제의 이수에 필요로 사용되는 생산과제

23. 다음 중 새마을청소년회의 활동내용에 속하지 않는 것은?

① 소득증대
② 봉사활동
③ 영리추구활동
④ 자연보호

해설 새마을청소년회는 소득증대, 봉사활동, 자연보호, 취미활동, 전통문화의 학습, 건전오락 등의 활동을 하고 있으나 영리추구의 활동단체로 보기는 어렵다.

정답 20. ④ 21. ② 22. ② 23. ③

PART 04 농촌지도요원과 인적자원개발

24. 다음 중 새마을청소년회의 교육행사를 개최하는 목적이 아닌 것은?

① 심신단련
② 과제이수능력 향상
③ 발표력향상 결과발표
④ 과제활동 촉진

해설 새마을청소년회의 교육행사로는 경진대회(과제이수능력 향상), 야영교육(심신을 단련하고 협동정신과 봉사정신), 청소년의 달 행사, 과제활동, 문화탐방 등 다양한 프로그램을 실시하고 있다.

25. 4-H 운동의 성과로 보기 어려운 것은?

① 농업기술혁신을 통한 소득 증대
② 농촌지도력 배양과 농업 개발
③ 농촌의 기간 농업인과 지역지도자 배출
④ 농촌청소년의 건전한 성장과 농업 개발만을 위한 인적 기반의 형성

해설 4-H 운동의 성과
① 의식개혁 운동의 주도적 역할
② 농촌청소년의 건전한 성장과 산업화의 인적 기반의 형성
③ 농업기술혁신을 통한 소득 증대
④ 농촌의 기간 농업인과 지역지도자 배출
⑤ 농촌지도력 배양과 농업 개발

26. 영농후계자 육성의 목적과 가장 거리가 먼 것은?

① 영농후계자들에게 이상에 맞는 배우자를 선택하여 행복한 가정생활을 조성할 수 있는 태도와 능력을 배양하게 한다.
② 영농후계자들이 영농정착에 필요한 각종 자산을 장기적으로 구축하여 나가도록 한다.
③ 영농후계자들에게 개별적 또는 협동적으로 효율적 농업경영을 통하여 영농소득을 증대시킬 수 있는 과학적인 영농능력을 함양하도록 한다.
④ 영농후계자들에게 닥쳐올 수 있는 시련과 위험을 회피하도록 한다.

정답 24. ③ 25. ④

해설 영농후계자 육성의 목적
① 청소년들에게 영농에 대한 흥미와 적성을 갖게 한다.
② 영농후계자들에게 영농생활에 대한 긍지와 자신감을 갖게 한다.
③ 영농후계자들에게 향토발전에 대한 책임의식과 봉사 자세를 배양한다.
④ 영농후계자들에게 이상에 맞는 배우자를 선택하여 행복한 가정생활을 조성할 수 있는 태도와 능력을 배양하게 한다.
⑤ 영농후계자들이 영농정착에 필요한 각종 자산을 장기적으로 구축하여 나가도록 한다.
⑥ 영농후계자들에게 개별적 또는 협동적으로 효율적 농업경영을 통하여 영농소득을 증대시킬 수 있는 과학적인 영농능력을 함양하도록 한다.
⑦ 영농후계자들이 그들 주위에 있는 가용자원과 외부환경을 효과적으로 활용할 수 있는 능력을 개발하도록 한다.
⑧ 영농후계자들에게 닥쳐올 수 있는 시련과 위험을 극복할 수 있는 정신과 인내력을 기른다.
⑨ 영농후계자들이 세계적인 안목에서 정보를 입수하고, 현대사회의 변화에 대처할 수 있는 합리적인 의사결정력을 기르게 한다.

27. 영농정착의 발달단계를 순서대로 나열한 것은?

① 진로준비단계 → 진로인식단계 → 진로전문화단계 → 진로탐색단계
② 진로인식단계 → 진로준비단계 → 진로탐색단계 → 진로전문화단계
③ 진로준비단계 → 진로전문화단계 → 진로인식단계 → 진로탐색단계
④ 진로인식단계 → 진로탐색단계 → 진로준비단계 → 진로전문화단계

해설 영농정착의 발달단계
① 진로인식단계(초등학교 과정의 나이 6~12세): 다양한 직업세계를 소개하고, 일에 대한 가치를 인식시키며, 자신과 직업세계를 연관시켜 보는 경험을 갖게 한다.
② 진로탐색단계(중학교 과정의 나이 12~15세): 각자의 흥미와 능력에 맞는 직업분야에 관련되는 과제활동을 하게 하고, 그러한 과정에 익숙해지면 적성이 개발된다. 따라서 기회가 있는 대로 이들이 영농과 관련된 과제활동을 하게 하여 흥미와 능력, 적성을 개발한다.
③ 진로준비단계(고등학교 과정의 나이 16~18세): 한 분야의 직업을 선택하게 한 후, 직업에 필요한 기술을 익히고 그 직업에 대한 가치를 부여하여 건전한 직업관을 갖게 한다.
④ 진로전문화단계(대학과정 이상의 나이): 선택한 직업에 필요한 전문적 지식과 기술을 확보하게 하고, 직업인으로서 건전한 인간관계의 조성능력을 갖게 하며, 그 직업발전에 공헌할 수 있음은 물론 자신의 승진을 도모할 수 있는 능력도 갖게 한다.

28. 부자협약영농(父子協約營農)의 목적으로 보기 어려운 것은?

① 직접적으로 영농자산을 부모로부터 원활히 확보할 수 있도록 한다.
② 자녀가 영농기술을 조기에 익혀 농업기술을 확보하도록 한다.
③ 영농후계자로 자질과 결심을 확고하게 한다.
④ 자녀에게 영농후계를 성공적으로 이양하는데 있다.

[해설] 부자협약영농(父子協約營農) 목적
① 자녀에게 영농후계를 성공적으로 이양하는데 있다.
② 부자간 상호협약을 통해서 자녀가 영농에 보다 적극적이고 체계적으로 보람을 가지고 참여할 수 있는 바탕을 마련한다.
③ 영농후계자로 자질과 결심을 확고하게 한다.
④ 직접적으로 영농자산을 부모로부터 원활히 확보할 수 있도록 한다.

29. 부자협약영농(父子協約營農) 형태 중 시안협약에 대한 설명은?

① 자녀에게 영농을 후계시킬 목적으로 가축이나 농장의 일부를 경작시키는 협약이다.
② 임금을 지불하고, 잉여소득을 배분하는 협약이다.
③ 자녀에게 소유권을 이전하는 협약으로 연금, 연부지불, 부양계약에 의한 인수 등이 있다.
④ 부자간에 공동출자하여 동업협약으로 조합협약과 회사협약을 한다.

[해설] 부자협약영농(父子協約營農) 형태
① 시안협약: 자녀에게 영농을 후계시킬 목적으로 가축이나 농장의 일부를 경작시키는 협약이다.
② 경영부문협약: 경영의 일부분에 대한 책임을 주고 경영하게 한다.
③ 임금협약: 노동에 대한 책임협약이다.
④ 임금 및 소득분배협약: 임금을 지불하고, 잉여소득을 배분하는 협약이다.
⑤ 임대차협약: 부모의 농지와 가축 등에 대하여 임차하는 소작경영협약이다.
⑥ 공동경영협약: 부자간에 공동출자하여 동업협약으로 조합협약과 회사협약을 한다.
⑦ 농장양도협약: 자녀에게 소유권을 이전하는 협약으로 연금, 연부지불, 부양계약에 의한 인수 등이 있다.

30. 농촌여성지도의 목표와 가장 거리가 먼 것은?

① 인생의 가치와 가정역할의 중요성을 이해시킨다.
② 농촌여성들에게 의사결정능력과 이행능력을 배양한다.
③ 의식주 생활을 합리적으로 이행할 수 있는 능력을 배양한다.
④ 여성의 지위를 스스로 향상시켜 농촌사회의 남녀평등과 육아로부터 해방시킨다.

[해설] 농촌여성지도의 목표
1) 농촌여성들에게 의사결정능력과 이행능력을 배양한다.
2) 농촌여성들에게 건전한 인간관계를 조성할 수 있는 능력을 배양한다.
3) 농촌여성들에게 개인적으로, 지역사회활동에 능동적, 효과적으로 참여할 수 있는 능력을 배양한다.
4) 인생의 가치와 가정역할의 대한 중요성을 이해시킨다.
5) 농촌여성들에게 가정이나 사회에서 여성의 지위를 스스로 향상시킬 수 있는 능력을 함양한다.
6) 농촌자녀를 건전하게 육성할 수 있는 능력을 배양한다.
7) 합리적으로 현금과 재산을 관리할 수 있는 능력을 배양한다.
8) 의식주 생활을 합리적으로 이행할 수 있는 능력을 배양한다.
9) 영농직과 타 직업의 고용기회에 대한 철저한 준비능력을 배양한다.

CHAPTER 02 농촌 인적자원개발(HRD)

31. 농촌여성지도의 중요성으로 보기 어려운 것은?

① 과거 농업노동력 부족과 노령화, 농업후계자 단절 등의 문제를 여성 농업인력이 대신할 수 있다.
② 농촌여성의 지위향상을 통한 남녀평등화는 농촌여성의 잠재능력 개발의 전제조건이 되며, 농촌여성이 주어진 역할을 효과적으로 수행할 수 있다.
③ 농촌여성의 역할이 점점 감소하면서 사회적 배려 수준보다 낮은 대우를 받고 있다.
④ 농업분야는 다른 산업과 달리 여성 농업인력의 비중이 높으므로 여성의 노동력을 적극 이용할 필요가 있다.

해설 농촌여성지도의 중요성
1) 과거 농업노동력 부족과 노령화, 농업후계자 단절 등의 문제를 여성 농업인력이 대신할 수 있다.
2) 농업분야는 다른 산업과 달리 여성 농업인력의 비중이 높으므로 여성의 노동력을 적극 이용할 필요가 있다.
3) 우리나라 농촌여성의 교육수준이 도시에 비해, 농촌남성과 비교해 낮은 경향이 있으므로 농촌여성에게 충분한 사회교육 기회를 부여함으로써 농촌여성의 잠재적 능력의 개발과 농가생활 전반의 질적 향상을 추구해야 한다.
4) 농촌여성의 역할은 점점 늘어나는데 합당한 사회적 지위를 부여받지 못하면서 가사, 농사 병행, 육아문제 등으로 도시여성이 받는 사회적 배려 수준보다 낮은 대우를 받고 있다.
5) 농촌여성의 지위향상을 통한 남녀평등화는 농촌여성의 잠재능력 개발의 전제조건이 되며, 농촌여성이 주어진 역할을 효과적으로 수행할 수 있다.

32. 다음 중 농업여성지도의 내용에 부적합한 것은?

① 소득증대지도 ② 가정관리지도
③ 사회참여지도 ④ 문화활동지도

해설 농촌여성지도의 내용
㉠ 기초 및 교양지도
㉡ 가정관리지도
㉢ 의식주 생활개선지도
㉣ 자녀교육지도
㉤ 보건위생지도
㉥ 소득증대지도
㉦ 가족계획지도
㉧ 사회참여지도

33. 다음 중 농촌생활개선을 위한 우선적 실시사업은?

① 부업장려 ② 농촌의 전화통신사업
③ 노동력 절감 ④ 소득증대

정답 31. ③ 32. ④

PART 04 농촌지도요원과 인적자원개발

해설 농촌생활개선의 의미는 영농·사회활동·소비활동 등 농촌사회 내에서, 경우에 따라서는 도시사회에서의 모든 사회·경제적 활동에 대한 개선을 의미하기 때문에 농촌생활개선을 위해 우선적으로 실시해야 할 사업은 노동력 절감으로 볼 수 있다.

34. 다음 중 농촌생활개선지도 목표의 성격으로 거리가 먼 것은?

① 가정에 대한 중요성 인식
② 관혼상제의 간소화
③ 농촌통신개발사업
④ 의식주생활 기술함양

해설 농촌생활개선지도는 농촌주민생활의 개선을 위하여 농촌주민들이 그들의 가정이나 지역사회에서 농촌생활의 질 향상에 관계되는 경제·사회·문화적 활동에 참여하는 사업이기 때문에, ③의 농촌통신개발사업은 농촌생활개선지도의 성격으로 보기는 어렵다.

35. 다음 중 농촌생활지도의 목표가 아닌 것은?

① 주도적 가치 확인 및 가정의 중요성 획득
② 사회참여의식의 함양
③ 합리적인 경제생활 관리능력의 배양
④ 의사결정능력의 배양

해설 농촌생활지도의 목표에는 가정의 중요성 인식, 사회참여의식의 함양, 합리적인 경제생활 관리능력의 배양, 의사결정능력의 배양 등이 있다.

36. 농촌생활개선의 필요성의 배경으로 가장 거리가 먼 것은?

① 농민가족간의 시간적 개념의 해소
② 영농노동력의 부족
③ 여성의 활동영역확대
④ 현대사회의 전문적 분화

해설 농촌생활개선 필요성의 배경
㉠ 여성의 활동영역확대
㉡ 영농노동력의 부족
㉢ 현대사회의 전문적 분화
㉣ 농민가족간의 공간적 개념의 해소

정답 33. ③ 34. ③ 35. ① 36. ①

CHAPTER 02 농촌 인적자원개발(HRD)

37. 농촌전환사업에 의한 문화생활의 개선, 부엌개량 등 의식주 개선을 통한 생활의 편리, 노동절약 및 건강의 향상, 사회참여에 대단한 위치를 차지하는 영역은?

① 의식주 생활개선
② 공동사회교육
③ 지역사회개발
④ 보건위생지도

[해설] 의식주 생활개선지도
농촌의 의식주 생활의 개선·향상을 위하여 여성들에게 합리적이고 과학적인 의식주 생활관리능력을 배양시키는 지도활동이다.

38. 다음 중 농촌여성지도의 장애요인과 거리가 먼 것은?

① 가정적 요인
② 신체적 요인
③ 문화적 요인
④ 사회적 요인

[해설] 농촌여성지도의 장애요인
1) 문화적 요인
 농촌여성의 지도활동에 대한 참여를 막는 장애요인으로 남녀 차별적 관습, 종교의식, 사고방식 등과 같은 농촌사회의 문화, 가치규범 등이 있다.
2) 가정적 요인
 농촌여성의 다중적 역할과 과중한 노동부담은 농촌여성 자신을 위하여 필요한 지도활동이나 사회교육 기회에 참여하는 것을 어렵게 한다.
3) 사회적 요인
 농업사회에서 여성은 전통적으로 남성보다 낮은 사회, 경제적 지위를 점하여 왔기 때문에 농촌지도활동이나 여타의 사회활동에 있어 남성보다 활동적이고 적극적인 역할을 하는 것은 사실상 배제되어 왔다.
4) 농촌지도기관적 요인
 농촌지도기관이 농촌여성지도의 필요성을 인식하고 있지 못하였고, 여성들에게 필요한 적합한 기술과 교육방법을 개발하지 못하였기 때문에 자연히 여성지도를 소홀히 해왔다.

39. 마운더(Maunder)가 제시한 여성들이 선호하는 지도방법에 해당되지 않는 것은?

① 여성은 견학과 여행을 좋아한다.
② 여성은 자신의 집을 직접 방문하는 것을 꺼려하여 외부에서 교육받는 것을 좋아한다.
③ 여성은 조직을 좋아한다.
④ 여성은 자신이 직접 실습하는 것을 좋아한다.

정답 37. ① 38. ②

PART 04 농촌지도요원과 인적자원개발

해설 농촌여성지도의 방법: 마운더(Maunder, 1972)가 여성들이 선호하는 지도방법을 제시하고 있다.
1) 여성은 전시를 좋아한다.
2) 여성은 견학과 여행을 좋아한다.
3) 여성은 지도요원들이 자신의 집을 직접 방문하는 것을 좋아한다.
4) 여성은 자신이 직접 실습하는 것을 좋아한다.
5) 여성은 조직을 좋아한다.

40. 농촌생활개선 중 가정관리의 지도내용으로 옳지 못한 것은?

① 사회적으로는 가족구성원의 역할분담과 책임이행을 잘 할 수 있도록 하는 것이다.
② 가정의 일은 가족구성원들의 자유로운 토의를 통해서 해결하는 것이다.
③ 경제적으로는 가정의 자산을 잘 관리하여 나가는 것을 의미한다.
④ 자녀교육은 학교교육이 가정교육보다 더 중요하다.

해설 자녀교육은 학교교육 뿐만 아니라 가정교육도 매우 중요하다.

41. 농촌여성조직체를 육성하기 위해서 고려해야 할 사항이 아닌 것은?

① 농촌여성조직체는 여성들 스스로의 선택에 의한 독립적이고 자발적인 조직으로 형성되어야 한다.
② 농촌여성들 중 특히 상위계층의 여성들을 위한 상위조직을 적절하게 형성하여야 한다.
③ 농촌여성들이 정부, 협동조합, 농촌지도기관 등과 자신들의 문제와 취업에 관하여 서로 상의하고 그들의 사업에 능동적으로 참여할 수 있도록 해야 한다.
④ 농촌여성의 집단활동은 취업기회취득, 의식주에 관한 기본욕구충족, 인간존엄성의 회복 등 여성의 합리적 역할수행과 지위향상에 도움이 될 수 있도록 전개되어야 한다.

해설 농촌여성들 중 특히 하위계층의 여성들을 위한 하위조직을 적절하게 형성하여 그들의 사회적 무능력을 극복하고 나아가 상위조직활동의 참여를 활성화시킬 수 있도록 해야한다.

42. 농업기술원에서 실시하는 여성농업인을 위한 기초 농기계훈련은 어느 항목에 해당하는가?

① 기초 및 교양 　　　　　　　　② 의식주 생활개선
③ 농업소득 증대 　　　　　　　　④ 사회참여

572　정답　39. ②　40. ④　41. ②

CHAPTER 02 농촌 인적자원개발(HRD)

해설 소득증대지도
① 의의: 농촌가정의 경제생활 향상을 위하여 농촌여성을 대상으로 영농 및 부업에 대한 지식과 기술을 개발·함양시키는 지도이다.
② 지도활동: 영농기술교육, 부녀자 농기계훈련, 부업단지의 조성 및 부업기술지도, 농업생산의 부농을 위한 생산자재 구입, 판매 등이 있다.

43. 여성농업인 육성계획에서 농촌여성지도 기본전략에 해당하지 않는 것은?

① 여성농업인 소득증대
② 여성농업인 정책시스템 구축
③ 여성농업인 지위 향상 촉진
④ 여성농업인의 경영능력 강화

해설 여성농업인 육성계획에서 농촌여성지도 기본전략
① 여성농업인의 경영능력 강화
② 여성농업인 지위 향상 촉진
③ 여성농업인의 삶의 질 제고
④ 여성농업인 정책시스템 구축

44. 여성농업인 육성 성과로 보기 어려운 것은?

① 여성농업인 경영능력 향상을 위한 정책관심도가 높아졌다.
② 농가도우미의 인지도와 이용률이 높아져 적용대상과 국가 지원액 확대가 필요하다.
③ 지위향상 및 삶의 질 제고를 위한 지원이 확대되었다.
④ 농업인 자녀 학자금 제도는 농촌주민의 경제적 어려움을 완화시켰다.

해설 여성농업인 육성 성과
㉠ 여성농업인 경영능력 향상을 위한 정책관심도가 높아지고, 경영주체로서의 자각이 확산되었다.
㉡ 지위향상 및 삶의 질 제고를 위한 지원이 확대되었다.
㉢ 여성농업인센터 운영은 농촌생활에서 실질적 도움이 되는 사업으로 호응이 높다.
㉣ 농업인 자녀 학자금 제도는 농촌주민의 경제적 어려움을 완화시켰다.
㉤ 농가도우미의 경우 인지도와 이용률이 낮지만, 적용대상의 확대와 국가 지원액 확대가 필요하다.

45. 다문화가족의 특성에 대한 설명으로 옳지 않은 것은?

① 적응 과정을 도와줄 내국인이 없다거나 집안 분위기나 고향 등의 이야기를 주고받을 사람이 없다.
② 다문화 부부의 문화적 갈등은 부모 부양 방식, 식문화와 가사 분담 순으로 크게 나타난다.
③ 생활수준은 대체적으로 국내 농가에 비해 높은 편이다.
④ 사회적 편견과 차별이 있다.

정답 42. ③ 43. ① 44. ②

[해설] 다문화가족의 문제점
① 생활수준은 대체적으로 국내 농가에 비해 낮은 편이며, 사회적 편견과 차별이 있다.
② 다문화 부부의 문화적 갈등은 부모 부양 방식, 식문화와 가사 분담 순으로 크게 나타난다.
③ 적응 과정을 도와줄 내국인이 없다거나 집안 분위기나 고향 등의 이야기를 주고받을 사람이 없다.

46. 'MULTI'로 표현되는 다문화의 가치에 해당되지 않는 것은?

① 농촌 유지와 발전의 원동력
② 사회문제 해결의 시험장
③ 우리 농촌 속의 세계문화
④ 다문화를 통한 해외 진출

[해설] 다문화의 가치: 'MULTI'로 표현(양순미, 안옥선, 2012)
① 농촌 유지와 발전의 원동력(Maintenance): 농촌사회의 고령화 추세를 지연시키고 출산율을 높임으로써 농촌공동체를 유지하는 견인체 역할
② 우리 농촌 속의 세계문화(Universal): 에스닉푸드(ethnic food)와 다문화가 만드는 축제의 장을 통해, 우리 농촌의 세계화를 촉진하는 촉매 기능
③ 다문화를 통한 신문화 동맹(Linkage): 지구촌시대를 맞이하여 미래의 문화 동맹을 형성하여 국제관계 활성화
④ 사회문제 해결의 시험장(Testbad): 다문화로 인한 각종 사회문제를 해결하기 위한 단서를 찾을 수 있는 시험장
⑤ 마을 분위기와 소득향상(Improvement): 기존 마을의 분위기를 개선하고, 새로운 작목을 재배함으로써 농가소득을 향상시키는 동력원

47. 다문화의 가치를 실현을 위한 과제로 옳지 않은 것은?

① 다양한 문화적 배경을 지닌 역할 모델과 서비스를 개발하기 위한 연구가 필요하다.
② 다문화가족의 인적·문화 자원적 가치를 활용하는 '두 갈래 전략'을 이용하는 한국형 다문화사회 모델 개발이 필요하다.
③ 정책 시행은 다문화로 이행되는 속도가 상대적으로 빠른 도시지역에 우선하여 시행되어야 한다.
④ 세계화 시대에 걸맞는 성숙한 시민의식의 함양이 필요하다.

[해설] 다문화의 가치를 실현을 위한 과제(양순미, 안옥선, 2012)
① 세계화 시대에 걸맞는 성숙한 시민의식의 함양이 필요하다.
② 다문화가족의 인적·문화 자원적 가치를 활용하는 '두 갈래 전략'을 이용하는 한국형 다문화사회 모델 개발이 필요하다.
③ 정책 시행은 다문화로 이행되는 속도가 상대적으로 빠른 농촌에 우선하여 시행되어야 한다.
④ 다양한 문화적 배경을 지닌 역할 모델과 서비스를 개발하기 위한 연구가 필요하다.

CHAPTER 02 농촌 인적자원개발(HRD)

48. 페더(Feder)가 제시한 농촌지도의 본질적 요소와 거리가 가장 먼 것은?

① 재정 지속성
② 타 기관의 정책 및 기능에 독립성
③ 과업의 광범위성
④ 정치적, 재정적 지원 획득 이유와 효과 확보의 어려움

[해설] 전 세계적 농촌지도사업의 2가지 도전: 페더(Feder)
① 농업분야 정보, 조직의 중요성을 인정받아야 한다.
② 농촌지도사업의 본질적 성격으로 재원확보에 어려움이 있다.
③ 농촌지도의 본질적 요소
  ㉠ 과업의 광범위성
  ㉡ 타 기관의 정책 및 기능에 의존성
  ㉢ 정치적, 재정적 지원 획득 이유와 효과 확보의 어려움
  ㉣ 농업지식 및 정보를 전달하는 기능을 넘어선 공공서비스 기능으로서 책임성
  ㉤ 재정 지속성
  ㉥ 지식 창출과 상호작용 등

49. 농촌지도사업의 패러다임 변화에 대한 설명으로 옳지 않은 것은?

① 농촌산업에서 삶의 공간으로
② 국가목표 중심에서 농업인 중심으로
③ 농업기술 중심에서 문화복지 중심으로
④ 지방정부 중심에서 중앙정부 중심으로

[해설] 농촌지도사업의 패러다임 변화(임상봉, 1995; 이용환, 2000)
① 농촌산업에서 삶의 공간으로: 농업을 직업으로 하는 사람들이 소득을 높이고 행복한 삶을 살 수 있는 농촌으로 만들어야 한다.
② 국가목표 중심에서 농업인 중심으로: 국가목표 달성을 위한 하향식 농촌지도사업이 아닌 농가 또는 농민 중심의 사업으로 전환해야 한다.
③ 농업기술 중심에서 문화복지 중심으로: 전통적인 농업기술 중심의 농촌지도가 아닌 농업인의 풍요로운 삶을 보장할 수 있는 문화복지적 차원을 강조해야 한다.
④ 중앙정부 중심에서 지방정부 중심으로: 지역의 특색과 지역주민의 요구를 반영한 농촌지도가 이루어져야 한다.

50. 농촌지도사업이 수행해야 할 정책과제로 거리가 먼 것은?

① 내수지향 농업 육성을 통한 식량자원의 자립화
② 농업, 농촌의 다원적 기능 활용
③ 소비자 농업 육성
④ 친환경농업 실천, 감시 기능 수행

정답 48. ② 49. ④

PART 04 농촌지도요원과 인적자원개발

해설 농촌지도사업이 수행해야 할 정책과제(조용철, 송용섭, 2003)
① 소비자 농업(consumers driven agriculture) 육성
② 친환경농업 실천, 감시 기능 수행
③ 농촌지도기관의 농산물 품질관리를 통한 농산물 통합 브랜드화
④ 농업, 농촌의 다원적 기능 활용
⑤ 농업기술, 경영컨설팅 강화
⑥ 품목별 농업인조직 육성
⑦ 사이버 농업지식정보 제공
⑧ 수출지향 농업 육성
⑨ 수확 후 관리 및 가공기술 중점 보급
⑩ 종자생산보급기능 확대
⑪ 시군농업기술센터 연구개발 기능 확충

51. 농촌지도사업이 앞으로 강조해야 할 지향점으로 보기 어려운 것은?

① 방법의 변화 방향: 온라인 교육과 오프라인 교육의 연계 및 교수학습방법의 다양화
② 내용의 변화 방향: 농업기술과 농촌 관련 사업과의 연계 및 직업농업교육과 교양농업교육의 연계
③ 대상의 변화 방향: 전국민 중심에서 농업, 농촌 발전에 기여할 수 있는 연령층의 농업인 중심으로 변화
④ 기관의 변화 방향: 정부기관과 비정부기관의 연계 및 학교교육과 사회교육의 연계

해설 농촌지도사업이 앞으로 강조해야 할 지향점(이용환 등, 2004)
① 기관의 변화 방향: 정부기관과 비정부기관의 연계 및 학교교육과 사회교육의 연계
② 대상의 변화 방향: 농촌주민에서 도시주민으로 확대, 성인중심에서 전 연령층으로 확대
③ 내용의 변화 방향: 농업기술과 농촌 관련 사업과의 연계 및 직업농업교육과 교양농업교육의 연계
④ 방법의 변화 방향: 온라인 교육과 오프라인 교육의 연계 및 교수학습방법의 다양화

52. 농촌진흥조직 활력화를 위한 7대 개혁과제에 해당되지 않는 것은?

① 농촌진흥기관의 정체성 재정립
② 전문 인력육성 프로그램 혁신
③ 고객중심의 새로운 농촌진흥사업 확충
④ 친환경농업의 육성과 지원

해설 농촌진흥조직 활력화를 위한 7대 개혁과제
㉠ 농촌진흥기관의 정체성 재정립
㉡ 조직 활력화를 위한 제도개선
㉢ 고객중심의 새로운 농촌진흥사업 확충
㉣ 영농현장중심의 기술개발역량 확충
㉤ 중앙과 지방의 업무 연계 활성화
㉥ 전문 인력육성 프로그램 혁신
㉦ 창조적 조직혁신 문화 기반 확충

정답 50. ① 51. ③ 52. ④

CHAPTER 02 농촌 인적자원개발(HRD)

53. 우리나라 농업 혁명기를 시대별로 잘못 연결한 것은?

① 1970년대: 녹색혁명기
② 1980년대: 백색혁명기
③ 1990년대: 지식혁명기
④ 2010년대: 가치혁명기

해설 우리나라 농업기술보급사업 주요 성과
① 1970년대
  ㉠ 녹색혁명: 식량증산, 지도 보급 강화
  ㉡ 통일벼 보급, 농촌생활개선지도(주거, 식생활 개선)
② 1980년대
  ㉠ 백색혁명: 농업의 계절성 극복, 생력화
  ㉡ 수리시설 개선, 비닐하우스 설치기술 보급으로 사계절 신선채소 공급
③ 1990년대
  ㉠ 품질혁명: 고품질, 저비용 생산기술
  ㉡ UR(1993년), WTO(1995년) 대응, 고품질 원예 품종 개발과 보급, 축산 자동화, 규모화
④ 2000년대
  ㉠ 지식혁명: BT(bio technology), IT(information technology), NT(nano technology) 등 융복합 녹색기술(전 분야)
  ㉡ BT, IT, NT, ET(environment technology) 등 첨단과학기술 접목으로 국가 신성장 동력원으로 부상
⑤ 2010년대
  ㉠ 가치혁명: 강소농 육성, 친환경, 건강기능성 고부가가치
  ㉡ 약식동원(藥食同原)시대: 고부가가치 창출, 식의약 소재 산업, 수출농업

54. 농촌지도사업의 패러다임 전환에서 과거, 현재의 농촌지도사업에 대한 설명 중 옳지 않은 것은?

① 대상이 농업인에서 소비자, 농업인으로 전환되었다.
② 현재의 방법은 사이버 상담으로 전환되었다.
③ 기능 중 농촌지역사회개발은 농촌생활개선으로 전환되었다.
④ 과거 시범농가 전시지도는 현재 기술, 경영 컨설팅으로 변화되었다.

해설 농촌지도사업의 패러다임 전환

구분	과거의 농촌지도사업	현재의 농촌지도사업
개념	새로운 기술 교육 또는 시범사업을 통하여 보급하는 사업	농업, 농촌의 유지발전과 이와 관련된 기술, 정보를 수집, 가공, 분산, 연계하는 공공서비스
대상	농업인	소비자+농업인
기능	생산기술보급 학습단체육성 농촌생활개선 시범농가 전시지도	생산부터 소비까지 일괄 기술보급 품목별 조직 및 후계인력 육성 농촌지역사회개발 기술, 경영 컨설팅
방법	대면접촉 상담	사이버 상담
지원	지역 내 지도사 활용	전국 기술전문가 네트워크

정답 53. ③ 54. ③

55. 울리히(Ulrich)의 경쟁력 있는 조직구축을 위한 인적자원의 역할 모델에서 일상적이고 프로세스 관리 성격의 활동에 해당하는 역할은?

① 변화촉진자 역할
② 전략적파트너 역할
③ 관리전문가 역할
④ 리더 역할

해설 경쟁력 있는 조직구축을 위한 인적자원의 역할 모델(김진모, 2003)
㉠ 농촌지도사의 역할을 규명하기 위해 미시간대학 교수인 울리히(Ulrich)의 경쟁력 있는 조직구축을 위한 인적자원의 역할 모델을 벤치마킹 하였다.
㉡ X축: 활동을 나타냄. 사람 관리 활동과 프로세스(도구 시스템) 관리 활동으로 구분한다.
㉢ Y축: 활동의 성격을 나타냄. 활동을 전략적, 미래지향적, 장기적, 일상적, 운영적, 단기적으로 구분한다.

미래/전략에 초점(장기적)

	2사분면〈전략적 인적자원 관리〉	1사분면〈변화와 혁신 관리〉	
프로세스	* 전략적이고 프로세스 관리 성격의 활동 * 결과가 전략의 실행이고, 활동은 조직 전체의 전략 달성과 직접 연계된 활동 * 전략적 파트너(strategic partner) 역할	* 전략적이고 사람 관리 성격의 활동 * 결과가 새로워진 조직의 창출 * 변화촉진자(change agent) 역할	사람
	3사분면〈확고한 하부구조 관리〉	4사분면〈조직구성원 기여 관리〉	
	* 일상적이고 프로세스 관리 성격의 활동 * 결과가 효율적 하부구조 구축이고, 활동은 조직 프로세스를 지속적으로 개선하는 활동 * 관리전문가(administrative expert) 역할	* 일상적이고 사람 관리 성격의 활동 * 결과가 조직구성원 참여와 역량 증대이고, 활동은 조직구성원의 소리에 반응하는 활동 * 조직구성원을 관리하는 리더(employee champion) 역할	

일상/운영에 초점(단기적)

56. 농촌지도사의 역할 수행에 요구되는 능력 중 관리전문가에게 필요한 능력이 아닌 것은?

① 지도사업 프로세스 개선 능력
② 개인 및 집단의 요구에 맞는 프로그램을 개발할 수 있는 능력
③ 정보기술을 활용할 수 있는 능력
④ 지도사업 프로세스와 시스템에 대한 전문지식

정답 55. ③

CHAPTER 02 농촌 인적자원개발(HRD)

해설 농촌지도사의 역할 수행에 요구되는 능력

역할	필요능력
인적자원 개발자	① 개인 및 집단의 요구에 맞는 프로그램을 개발할 수 있는 능력 ② 집단의 분위기를 조절하고, 촉진할 수 있는 능력 ③ 조직(시스템)의 문제를 확인하기 위해 진단할 수 있는 능력 ④ 개인의 문제를 발견하고, 효과적으로 상담할 수 있는 능력 ⑤ 변화를 관리할 수 있는 능력
고객지원자	① 고객의 작업환경을 진단할 수 있는 능력 ② 고객의 능력을 개발할 수 있는 능력 ③ 고객의 수행을 관리할 수 있는 능력 ④ 고객에게 필요한 정보나 자원을 찾아 적시에 제공할 수 있는 능력
전략적 컨설턴트	① 핵심 사업전략을 선정하고 수립할 수 있는 능력 ② 농업인의 수행 문제를 찾아낼 수 있는 능력 ③ 품목별 전문지식 및 기술을 활용할 수 있는 능력 ④ 농업인을 비롯한 관련 이해당사자들에게 영향력을 행사할 수 있는 능력
관리전문가	① 지도사업 프로세스와 시스템에 대한 전문지식 ② 지도사업 프로세스 개선 능력 ③ 정보기술을 활용할 수 있는 능력 ④ 고객과의 관계를 관리할 수 있는 능력 ⑤ 지도사업 서비스에 대한 요구분석 능력

57. 농촌지도사의 역할 수행에 요구되는 능력 중 전략적 컨설턴트에게 필요한 능력이 아닌 것은?

① 핵심 사업전략을 선정하고 수립할 수 있는 능력
② 변화를 관리할 수 있는 능력
③ 품목별 전문지식 및 기술을 활용할 수 있는 능력
④ 농업인을 비롯한 관련 이해당사자들에게 영향력을 행사할 수 있는 능력

58. 농촌지도사업 영역별 역할 중 전략적 컨설턴트의 세부역할이 아닌 것은?

① 수행전문가
② 조직, 시스템 설계자
③ 조정자
④ 기술내용전문가

해설 지도사업 영역별 지도대상과 역할 설정

포괄적 역할	업무영역	지도대상	세부역할
인적자원 개발자	개인, 조직의 변화역량 관리	* 4-H * 영농후계자 * 품목별 농업인조직	* 교육프로그램개발자 * 강사(전달자) * 그룹촉진자 * 상담자
고객지원자	고객관리	* 농업인 * 소비자 * 농업연구 * 농업행정	* 고객요구분석가 * 정보제공자 * 지역사회 자원동원자 * 마케터
전략적 컨설턴트	전략적 지도사업 관리	* 농업인(전업농가) (농업연구/행정과의 파트너십 중요)	* 수행전문가 * 기술내용전문가 * 조정자
관리전문가	지도사업 시스템 효율화	지도사업의 모든 수혜자	* 업무시스템 분석가 * 조직, 시스템 설계자 * 조정자

PART

부록

농촌진흥법

- 농촌진흥법
- 농촌진흥법 시행령
- 농촌진흥법 시행규칙

농촌진흥법

제1장 총칙

제1조(목적) 이 법은 국가의 기본 산업인 농업의 발전과 농업인의 복지 향상 및 농촌자원의 효율적 활용을 도모하기 위하여 농업·농업인·농촌과 관련된 과학기술의 연구개발·보급, 농촌지도, 교육훈련 및 국제협력에 관한 사항을 규정함으로써 농촌지역의 진흥과 국가발전에 기여함을 목적으로 한다.

제2조(정의) 이 법에서 사용하는 용어의 뜻은 다음과 같다.
1. "농촌진흥사업"이란 농촌진흥청장과 지방자치단체의 장이 수행하는 농업·농업인·농촌과 관련된 과학기술의 연구개발, 농촌지도, 교육훈련 및 국제협력사업을 말한다.
2. "연구개발사업"이란 농업·농업인·농촌과 관련된 과학기술을 연구·개발하여 새로운 이론과 지식 등 성과를 창출하는 사업으로서 다음 각 목의 업무를 수행하는 사업을 말한다.
   가. 식량자원의 안정적 확보를 위한 조사·연구
   나. 품종개발 및 농업유전자원의 수집·보존·활용과 이에 관련된 조사·연구
   다. 농축산물·농식품의 생산성 향상, 안전성, 수확 후 관리, 가공·이용, 부가가치 제고 등에 관한 조사·연구
   라. 농업 및 농업환경의 유지·보전에 관한 조사·연구
   마. 농업·농촌 생활환경, 문화의 보존 및 여성 농업인의 실태에 관한 조사·연구
   바. 농업생물자원의 활용을 위한 첨단기술 연구개발
   사. 농기계·농약·비료 등 농자재의 표준규격 설정 및 품질관리에 관한 조사·연구
   아. 그 밖에 연구개발에 관하여 대통령령으로 정하는 업무
3. "농촌지도사업"이란 연구개발 성과의 보급과 농업경영체의 경영혁신을 통하여 농업의 경쟁력을 높이고 농촌자원을 효율적으로 활용하는 사업으로서 다음 각 목의 업무를 수행하는 사업을 말한다.
   가. 연구개발 성과의 보급
   나. 농업경영체의 경영 진단 및 지원
   다. 농촌자원의 소득화 및 생활 개선 지원
   라. 농업후계인력, 농촌지도자 및 농업인 조직의 육성
   마. 농작물 병해충의 과학적인 예찰, 방제정보의 확산 및 기상재해에 대비한 기술 지도
   바. 가축질병 예방을 위한 방역 기술 지도
   사. 그 밖에 농촌지도에 관하여 대통령령으로 정하는 업무
4. "교육훈련사업"이란 농촌진흥사업에 종사하는 공무원과 농업인 등의 역량개발을 지원하여 경쟁력 있는 전문 인력으로 양성하는 사업으로서 다음 각 목의 업무를 수행하는 사업을 말한다.

가. 농촌진흥사업에 종사하는 공무원 등에 대한 교육훈련
나. 농업인, 청소년 및 이와 관련된 단체의 구성원에 대한 교육훈련
다. 농업관련 학교의 교원 및 학생에 대한 교육훈련
라. 그 밖에 교육훈련에 관하여 대통령령으로 정하는 업무
5. "국제협력사업"이란 농업·농업인·농촌과 관련된 과학기술을 국제적으로 교류하고 확산하기 위하여 국제기구, 국제연구기관 및 외국 등과 협력하는 사업으로서 다음 각 목의 업무를 수행하는 사업을 말한다.
가. 국제기구 및 국제연구기관 등과의 농업기술에 관한 공동연구개발·보급사업
나. 외국의 정부, 대학, 민간기구 등과의 농업기술에 관한 공동연구개발·보급사업
다. 그 밖에 국제협력에 관하여 대통령령으로 정하는 업무
6. "지방농촌진흥기관"이란 지방자치단체의 직속기관으로서 다음 각 목의 어느 하나에 해당하는 기관을 말한다.
가. 도, 특별자치도: 농업기술원
나. 특별시, 광역시, 특별자치시, 시, 군: 농업기술센터

제3조(지방농촌진흥기관) 지방자치단체는 해당 지역의 농촌진흥사업을 수행하기 위하여 「지방자치법」 제126조에 따른 직속기관으로 지방농촌진흥기관을 둘 수 있다.

제4조(다른 법률과의 관계) 농촌진흥사업에 관하여 다른 법률에 특별한 규정이 있는 경우를 제외하고는 이 법에서 정하는 바에 따른다.

제2장 | 농촌진흥사업

제1절 농촌진흥사업 기본계획 수립 등

제5조(농촌진흥사업 기본계획 등) ① 농촌진흥청장은 농촌진흥사업의 체계적인 수행을 위하여 제6조에 따른 농촌진흥사업심의위원회의 심의를 거쳐 5년 단위의 농촌진흥사업 기본계획(이하 "기본계획"이라 한다)과 연도별 시행계획(이하 "시행계획"이라 한다)을 수립하고 추진하여야 한다.
② 기본계획에는 다음 각 호의 사항이 포함되어야 한다.
1. 농촌진흥사업의 기본 방향과 중장기 목표
2. 농촌진흥사업별 중점 추진전략
3. 농촌진흥사업의 기반 조성과 재원 조달방안
4. 그 밖에 농촌진흥청장이 필요하다고 인정하는 사항

③ 농촌진흥청장은 기본계획과 시행계획이 확정되면 관계 중앙행정기관의 장과 지방자치단체의 장에게 알려주어야 한다.
④ 지방자치단체의 장은 제3항에 따른 기본계획과 시행계획을 통보받은 때에는 지역여건에 맞는 농촌진흥사업 실시계획을 수립하고 추진하여야 한다.
⑤ 농촌진흥청장은 기본계획 및 시행계획을 수립한 때에는 지체 없이, 추진 실적 등에 관한 연차보고서는 매년 정기국회 개회 전까지 국회 소관 상임위원회에 보고하거나 제출하여야 한다. 〈신설 2020. 5. 26.〉
⑥ 제5항에 따른 연차보고서에는 다음 각 호의 내용이 포함되어야 한다. 〈신설 2020. 5. 26.〉
  1. 기본계획의 주요 내용
  2. 해당 연도 시행계획의 주요 내용
  3. 전년도 시행계획에 따른 추진 실적 및 그 평가 결과
  4. 그 밖에 농촌진흥사업에 관한 중요 사항
⑦ 기본계획과 시행계획의 수립 등에 필요한 사항은 대통령령으로 정한다. 〈개정 2020. 5. 26.〉

제6조(농촌진흥사업심의위원회) ① 농촌진흥사업에 관한 다음 각 호의 사항을 심의하기 위하여 농촌진흥청에 농촌진흥사업심의위원회를 둔다.
  1. 기본계획과 시행계획에 관한 사항
  2. 농촌진흥사업 육성을 위한 주요 정책 수립과 조정에 관한 사항
  3. 농촌진흥사업의 평가와 성과관리에 관한 사항
  4. 그 밖에 위원장이 필요하다고 인정하여 회의에 부치는 사항
② 농촌진흥사업심의위원회의 구성과 운영에 필요한 사항은 대통령령으로 정한다.

제2절 연구개발사업

제7조(연구개발사업의 실시) ① 농촌진흥청장은 연구개발사업을 효율적으로 추진하기 위하여 고유연구사업 이외에 공동연구사업 등을 실시할 수 있다.
② 제1항에 따른 공동연구사업은 분야별 연구개발과제를 선정하여 「국가연구개발혁신법」 제2조제3호에 따른 연구개발기관과 협약을 맺어 실시한다.
③ 농촌진흥청장은 공동연구사업 추진에 필요한 비용의 전부 또는 일부를 지원하기 위하여 제2항의 연구개발기관에 출연할 수 있다.

제8조(부정행위 등에 대한 제재처분) 연구개발사업에 참여한 연구개발기관, 연구책임자, 연구원 또는 연구개발기관 소속 임직원의 부정행위 등에 대한 제재처분에 관하여는 「국가연구개발혁신법」 제31조부터 제34조까지를 준용한다.

제9조(현장 수요조사) 농촌진흥청장은 현장에 필요한 농업과학기술을 발굴하고 이를 개발·보급하기 위하여 현장 수요조사를 할 수 있다. 〈개정 2020. 3. 24.〉

제10조(연구개발사업의 심의·조정) 농촌진흥청장은 연구개발사업의 중복을 방지하고 효율성을 높이기 위하여 필요한 때에는 소속 기관 및 지방농촌진흥기관이 수행하는 다음 각 호의 업무를 심의·조정할 수 있다.
  1. 연구개발기관의 지원과 육성에 관한 사항
  2. 연구개발과제의 선정과 연구수행에 관한 사항
  3. 연구 인력의 양성·확보에 관한 사항
  4. 그 밖에 농촌진흥청장이 필요하다고 인정하는 사항

제11조(연구개발사업의 평가) 농촌진흥청장은 연구개발사업을 효과적으로 추진하기 위하여 이에 대한 평가와 성과관리를 실시하고 그 결과를 기본계획 또는 시행계획에 반영하여야 한다.

제12조(연구개발 성과의 확산) ① 농촌진흥청장은 매년도 연구개발 성과 중 농업인 등에게 기술보급과 지원 등이 필요한 사항에 대하여는 농촌지도사업에 반영하고 관계 중앙행정기관의 장에게 정책을 건의하여야 한다.
② 지방자치단체의 장은 자체적으로 실시한 연구개발사업의 성과를 농촌지도사업에 반영할 필요가 있는 경우에는 농촌진흥청장에게 반영하여 줄 것을 요청할 수 있으며, 농촌진흥청장의 의견을 들어 관계 중앙행정기관의 장에게 기술보급과 지원에 관한 정책을 건의할 수 있다.
③ 제1항과 제2항에 따라 정책 건의를 받은 중앙행정기관의 장은 이에 대한 정책을 마련하여 개발된 기술 등이 신속히 보급되도록 조치하여야 한다.

제13조(연구개발 성과의 이전) ① 농촌진흥청장은 연구개발 성과를 소유한 연구개발기관(이하 "연구개발성과소유기관"이라 한다)이 연구개발성과 실시계약을 통하여 기술료를 징수하거나 소유하고 있는 연구개발 성과를 직접 실시하여 수익이 발생한 경우 기술료의 일부 또는 수익의 일부에 대하여 납부를 요청하여야 한다. 다만, 농업인단체가 연구개발성과소유기관인 경우 등 대통령령으로 정하는 경우에는 납부액의 전부 또는 일부를 감면할 수 있다.
② 제1항에 따른 기술료 또는 수익의 납부대상, 납부방법 및 절차 등에 필요한 사항은 대통령령으로 정한다.
③ 농촌진흥청장은 소속 공무원이 직무와 관련하여 연구개발한 기술을 특허(실용신안을 포함한다) 출원하는 경우 특허 등록 전이라도 그 기술을 조기에 산업화하는 것이 공익 증진에 기여할 수 있다고 판단할 때에는 특허청장과 협의하여 특허 등록 전까지 이를 산업화하려는 자에게 그 기술을 산업화하게 할 수 있다. 〈개정 2015. 3. 27.〉

제14조(북한 농업 연구개발사업 등) 농촌진흥청장은 관계 중앙행정기관의 장과 협의를 거쳐 북한 농업을 지원하거나 남·북한 농업과학기술의 발전을 위한 연구개발사업 등을 추진할 수 있다.

제3절   농촌지도사업

제15조(농촌지도사업의 조정) ① 농촌진흥청장은 지역농업의 균형적인 발전을 도모하고 효율적인 농촌지도사업을 추진하기 위하여 지방자치단체가 실시하는 농촌지도사업을 조정할 수 있으며, 지방자치단체의 장은 지역특성에 맞는 농촌지도사업을 개발하여 추진하여야 한다.
② 농촌진흥청장은 특정 지방자치단체가 개발한 농업과학기술을 전국이나 다른 지방자치단체의 관할지역으로 확산하는 것이 국가 전체의 이익을 위하여 필요한 경우 그 개발기술의 사용을 요청할 수 있다.

제16조(시범사업의 실시) 농촌진흥청장과 지방자치단체의 장은 농촌지도사업을 효율적으로 시행하기 위하여 시범사업을 실시하고 이에 참여하는 농업인 또는 단체 등에 대하여 재정적·기술적 지원을 할 수 있다.

제17조(농촌지도사업의 평가) 농촌진흥청장 및 지방자치단체의 장은 농촌지도사업과 교육훈련사업을 효과적으로 추진하기 위하여 이에 대한 평가를 실시하고 그 결과를 기본계획 또는 시행계획에 반영하여야 한다.

제18조(농업인 조직의 육성) 농촌진흥청장 및 지방자치단체의 장은 농촌지도사업과 교육훈련사업을 촉진하기 위하여 농업인, 청소년 및 이와 관련된 단체를 육성할 수 있다.

제4절   교육훈련사업

제19조(교육훈련사업의 실시) ① 농촌진흥청장 및 지방자치단체의 장은 교육훈련사업을 지속적으로 실시하여야 한다. 〈개정 2015. 3. 27.〉
② 지방자치단체의 장은 제2조제4호가목의 농촌진흥사업에 종사하는 소속 공무원에 대한 교육훈련을 「공무원 인재개발법」 제4조제1항에 따라 농촌진흥청장 소속으로 설치한 전문교육훈련기관에 위탁할 수 있다.

제20조(교육훈련과정 등 연구·개선) 농촌진흥청장 및 지방자치단체의 장은 교육훈련의 성과를 높일 수 있도록 교육담당 공무원의 전문능력향상을 위하여 노력하여야 하며, 교과내용 및 교육방법이 농업인 등의 역량개발에 적합하도록 연구·개선하여야 한다.

제21조(평생교육진흥사업 지원) 농촌진흥청장은 농업인 등에게 평생교육 기회를 부여하기 위하여 지방농촌진흥기관에서 실시하는 평생교육진흥사업을 지원할 수 있다.

농촌진흥법

제5절　국제협력사업

제22조(국제기구 등과의 협력) ① 농촌진흥청장은 농업과학기술을 향상시키고 국제사회에 기여하기 위하여 국제기구나 국제연구기관 등과 협력사업을 추진하여야 한다.
② 제1항에 따른 협력사업의 범위와 내용 등에 필요한 사항은 농림축산식품부령으로 정한다.

제23조(외국 등과의 협력) ① 농촌진흥청장은 농업·농촌의 발전과 농업과학기술의 향상을 위하여 선진 농업기술의 도입 등 외국과의 협력사업을 추진하고, 개발도상국의 농업생산성 향상 등을 위한 협력사업에 대하여 필요한 재정적·기술적 지원을 할 수 있다.
② 농촌진흥청장은 개발도상국의 농업생산성 향상 등을 위한 협력사업을 효율적으로 추진하기 위하여 협력 상대국에 협력 상대국과 공동으로 해외농업기술센터를 운영할 수 있다.
③ 농촌진흥청장은 다수 국가와의 협력사업의 효율적 추진과 상호이익을 도모하기 위하여 해당 국가들과 협의하여 국제협력협의체를 구성할 수 있다.
④ 제1항부터 제3항까지에 따른 사업의 추진방법과 운영 등에 필요한 사항은 농림축산식품부령으로 정한다.

제24조(농업기술 연수 등) ① 농촌진흥청장은 외국과의 협력사업을 촉진하고 농업기술을 보급하기 위하여 해당 국가의 농업 관련자에 대하여 농업기술 연수를 제공할 수 있다.
② 농촌진흥청장은 국제협력사업을 지원하기 위하여 전문가로서의 능력을 갖춘 농업 관련자를 선발하여 교육하여야 한다.

제6절　농촌진흥사업 지원

제25조(정부의 재정적 지원) ① 정부는 농촌진흥사업을 위하여 설립된 비영리법인, 학교, 단체 또는 개인에 대하여 보조금 지급 등 재정적 지원을 할 수 있다.
② 정부는 해당 지역의 농촌진흥사업을 하는 지방자치단체에 대하여 그 사업비의 전부 또는 일부를 보조할 수 있다.

제26조(농촌진흥사업 연구·조사) ① 농촌진흥청장은 농촌진흥사업의 실시를 위하여 필요하다고 인정하는 경우에는 지방자치단체의 장으로 하여금 연구 또는 조사 업무를 하게 할 수 있다.
② 지방자치단체의 장은 제1항에 따른 연구 또는 조사와 관련하여 농촌진흥청장으로부터 필요한 자료의 제출 등을 요청받은 경우 특별한 사유가 없으면 이에 따라야 한다.

제27조(농촌진흥사업 협조) ① 다른 법률에 따라 농촌진흥사업을 할 수 있는 공공단체는 농촌진흥청 및 지방농촌진흥기관과 긴밀히 협조하여야 한다.

② 지방자치단체의 장은 지역농업의 균형적인 발전을 도모하기 위하여 농촌진흥사업의 실시에 필요한 행정적·재정적 조치를 하여야 한다.

제28조(학술교류 활동 지원) 농촌진흥청장은 농촌진흥사업 종사 공무원이 농촌진흥사업과 관련된 국내외 연구자, 대학, 국제기구 및 국제연구기관 등과의 다양한 학술 교류와 협력 활동을 할 수 있도록 이를 촉진하고 장려하여야 한다.

제29조(시상) 농촌진흥청장은 농촌진흥사업에 관한 업적이 탁월하거나 기여한 공로가 뚜렷한 개인 및 단체 등을 선정하여 시상할 수 있다.

제30조(농업 산·학협동사업의 추진 및 지원) ① 농촌진흥청장은 농촌진흥사업을 촉진하기 위하여 농업 관련 산업계·학계·관계 및 연구기관과의 협동사업(이하 "농업 산·학협동사업"이라 한다)을 추진할 수 있다.
② 정부는 농업 산·학협동사업을 원활하게 추진하기 위하여 매년 예산에서 지방농촌진흥기관, 농업관련 학교, 농업단체, 연구기관, 기업, 농업인에게 농업 산·학협동사업을 수행하는 데에 필요한 재정적 지원을 할 수 있다.

제3장 농촌진흥사업 종사 공무원

제31조(연구직·지도직 공무원 등) ① 농촌진흥사업에 종사하게 하기 위하여 연구직공무원과 지도직공무원을 둔다.
② 삭제 〈2015. 3. 27.〉
③ 농촌진흥청장은 퇴직한 연구직·지도직 공무원으로서 그 재직 중 업적이 우수한 사람이 경험과 전문성을 활용하여 농촌진흥사업에 기여할 수 있도록 관련 제도를 마련할 수 있다.
④ 제3항에 따라 마련한 퇴직한 연구직·지도직 공무원 활용제도의 수립·운영 등에 필요한 사항은 대통령령으로 정한다.
[제목개정 2015. 3. 27.]

제32조(연구직·지도직 공무원의 복무) 연구직 공무원과 지도직 공무원은 이 법에서 정한 사업 외의 사무에 관여하지 못한다.

제4장 농업기술실용화재단

제33조(농업기술실용화재단의 설립·운영) ① 농촌진흥청장은 정부, 정부출연 연구기관과 민간 등의 농업과학기술 분야 연구개발 성과의 산업적 진흥을 위하여 한국농업기술진흥원(이하 "진흥원"이라 한다)을 설립한다.
② 진흥원은 법인으로 한다.
③ 진흥원은 다음 각 호의 사업을 수행한다. 〈개정 2019. 8. 20.〉
  1. 연구개발 성과의 실용화를 위한 중개와 알선
  2. 연구개발 성과의 실용화를 위한 조사와 연구
  3. 영농 현장에서의 연구개발 성과 활용 지원
  4. 연구개발 성과의 사업화
  5. 특허 등 지식재산권의 위탁관리 업무
  6. 농가와 농업생산자 단체 등의 연구개발 성과 사업화 지원
  7. 농식품 벤처·창업 활성화 지원
  8. 농식품 온실가스 감축 관련 정책·사업 지원
  9. 연구개발 성과의 실용화 촉진을 위하여 국가 또는 지방자치단체가 위탁하거나 대행하게 하는 사업
  10. 그 밖에 연구개발 성과의 실용화를 위하여 대통령령으로 정하는 사업

제34조(진흥원에 대한 예산 지원 등) ① 다음 각 호의 어느 하나에 해당하는 자는 실용화재단의 설립·운영에 사용되는 경비의 일부를 출연하거나 지원할 수 있다.
  1. 정부
  2. 「공공기관의 운영에 관한 법률」 제4조에 따른 공공기관 중 대통령령으로 정하는 기관
  3. 「민법」에 따라 설립된 비영리법인
  4. 사업자단체
  5. 농업·식품 관련 법인 또는 단체로서 대통령령으로 정하는 자
② 진흥원은 제33조제1항의 설립목적 달성에 필요한 경비를 조달하기 위하여 대통령령으로 정하는 바에 따라 수익사업을 할 수 있다.
③ 국가와 지방자치단체는 제33조제3항 각 호의 사업을 진흥원에 위탁하여 추진하려는 경우에는 그 사업에 사용되는 비용의 전부 또는 일부를 지원할 수 있다.
④ 국가와 지방자치단체는 진흥원의 설립·운영을 위하여 필요하다고 인정하는 때에는 「국유재산법」, 「물품관리법」, 「공유재산 및 물품 관리법」에도 불구하고 국유·공유 재산 및 물품을 진흥원에 무상으로 양여 또는 대부하거나 사용·수익하게 할 수 있다.
⑤ 제1항 및 제3항에 따른 출연 또는 지원에 관한 사항과 제4항에 따른 양여, 대부 및 사용·수익의 내용·조건 및 절차에 관한 사항은 대통령령으로 정한다.

제35조(진흥원 업무의 지도·감독 등) ① 농촌진흥청장은 다음 각 호의 사항에 대하여 진흥원을 지도·감독하고, 필요하다고 인정하는 때에는 그 업무·회계 및 재산에 관한 사항을 보고하게 하거나 소속 공무원으로 하여금 진흥원의 장부·서류·시설과 그 밖의 물건을 검사하게 할 수 있다.
  1. 제33조제3항 각 호와 관련하여 농촌진흥청장이 위탁한 사업이나 농촌진흥청 소관 업무와 직접 관련되는 사업의 적정한 수행에 관한 사항
  2. 「공공기관의 운영에 관한 법률」 제50조에 따른 경영지침 이행에 관한 사항
  3. 각 회계연도의 사업계획 수립·집행 및 예산편성·결산에 관한 사항
  4. 그 밖에 농촌진흥청장이 필요하다고 인정하는 사항
② 진흥원은 제33조에 따른 목적을 달성하기 위하여 특히 필요한 경우에는 농촌진흥청장과 협의하여 국가기관 및 지방자치단체 소속 공무원의 파견을 요청할 수 있다. 이 경우 파견 요청을 받은 기관의 장은 그 소속 직원을 진흥원에 파견할 수 있다.
③ 진흥원에 관하여 이 법에서 규정하지 아니한 사항은 「민법」 중 재단법인에 관한 규정을 준용한다.

제5장 보칙

제36조(권한 등의 위임·위탁) ① 농촌진흥청장은 대통령령으로 정하는 바에 따라 이 법에 따른 권한의 일부를 소속 기관의 장 및 특별시장·광역시장·특별자치시장·도지사·특별자치도지사에게 위임할 수 있다.
② 제13조제3항에 따른 연구개발 성과의 이전, 제19조에 따른 교육훈련사업 등에 관한 농촌진흥청장의 업무는 대통령령으로 정하는 바에 따라 전문기관 또는 관련 단체에 위탁할 수 있다. 이 경우 수탁 기관 또는 단체에 대한 지원에 필요한 사항은 대통령령으로 정한다. 〈개정 2015. 3. 27.〉

제37조(벌칙 적용 시의 공무원 의제) 제33조제3항 각 호의 사업을 수행하는 진흥원의 임직원은 「형법」 제127조 및 제129조부터 제132조까지의 벌칙을 적용할 때에는 공무원으로 본다.

농촌진흥법 시행령

제1조(목적) 이 영은 「농촌진흥법」에서 위임된 사항과 그 시행에 필요한 사항을 규정함을 목적으로 한다.

제2조(농촌진흥사업의 범위) ① 「농촌진흥법」(이하 "법"이라 한다) 제2조제2호아목에서 "연구개발에 관하여 대통령령으로 정하는 업무"란 다음 각 호의 업무를 말한다. 〈개정 2019. 7. 9.〉
  1. 농업 분야 기후변화의 적응과 영향 평가, 기후변화에 대한 취약성 평가 및 온실가스 감축과 에너지 절감에 관한 연구
  2. 농업경영, 농산물 유통·마케팅, 농업 정보화 및 농업인 복지에 관한 연구
  3. 농업인·농촌의 현장애로 기술 및 농작업 안전관리에 관한 연구
  4. 「도시농업의 육성 및 지원에 관한 법률」 제2조제1호에 따른 도시농업(이하 이 조에서 "도시농업"이라 한다) 관련 연구
  5. 농업 기초 과학기술 및 기초 농산물, 수출 유망 작목(作目)에 관한 연구
  6. 그 밖에 농촌진흥청장이 농업·농업인·농촌과 관련된 새로운 과학기술의 연구개발을 위하여 필요하다고 인정하여 고시하는 업무

② 법 제2조제3호사목에서 "농촌지도에 관하여 대통령령으로 정하는 업무"란 다음 각 호의 업무를 말한다. 〈개정 2019. 7. 9., 2020. 1. 29.〉
  1. 도시농업 등 농촌 외 지역 농업의 활성화 지원
  2. 농작업 안전사고 예방 및 고령 농업인 생활 안전 관련 기술 지원
  3. 친환경농업 등 안전한 농산물 생산을 위한 기술 지원
  4. 지역 특색에 맞는 농업 개발을 위한 지원
  5. 농업인·농촌의 현장애로 해결을 위한 지원
  6. 첨단기술의 확산을 위한 과학영농기술기반의 조성 및 지원
  7. 그 밖에 농촌진흥청장이 새로운 연구개발 성과의 보급과 농업경영체의 경영혁신을 위하여 필요하다고 인정하여 고시하는 업무

③ 법 제2조제4호라목에서 "교육훈련에 관하여 대통령령으로 정하는 업무"란 다음 각 호의 업무를 말한다. 〈개정 2019. 7. 9.〉
  1. 신규 농업인 등 농업에 종사하려는 사람을 대상으로 하는 교육훈련
  2. 도시 등 농촌 외 지역의 사람을 대상으로 하는 농업 관련 교육훈련
  3. 농업기계의 수리·정비 및 안전사용에 관한 교육훈련
  4. 그 밖에 농촌진흥청장이 새로운 농촌진흥사업에 종사하는 공무원과 농업인 등의 역량개발을 위하여 필요하다고 인정하여 고시하는 업무

④ 법 제2조제5호다목에서 "국제협력에 관하여 대통령령으로 정하는 업무"란 다음 각 호의 업무를 말한다.
  1. 농업기술 관련 국제규범에 대한 국제협력사업 추진

    2. 농업기술 분야 국제회의에 관한 업무
    3. 그 밖에 농림축산식품부령으로 정하는 업무

제3조(농촌진흥사업 기본계획 등 수립) ① 농촌진흥청장은 법 제5조제1항에 따른 농촌진흥사업 기본계획(이하 "기본계획"이라 한다)과 연도별 시행계획(이하 "시행계획"이라 한다)을 해당 사업연도가 시작되기 전에 법 제6조제1항에 따른 농촌진흥사업심의위원회의 심의를 거쳐 수립하여야 한다. 이 경우 필요하면 관계 중앙행정기관의 장 및 지방자치단체의 장에게 소관 분야의 기술 현황과 예측 자료 등을 요청할 수 있다.
② 기본계획과 시행계획 중 연구개발사업 분야에 관하여는 법 제6조제1항에 따른 농촌진흥사업심의위원회의 심의를 거친 후 「국가과학기술자문회의법」에 따른 국가과학기술자문회의의 심의를 거쳐야 한다. 〈신설 2020. 1. 29.〉
③ 시행계획에는 다음 각 호의 사항이 포함되어야 한다. 〈개정 2020. 1. 29.〉
    1. 농촌진흥사업의 추진 방향
    2. 농촌진흥사업의 분야별 세부계획 및 투자계획
    3. 그 밖에 농촌진흥사업의 추진을 위하여 농촌진흥청장이 필요하다고 인정하는 사항
④ 제1항부터 제3항까지에서 규정한 사항 외에 기본계획 및 시행계획의 수립 및 변경 등에 필요한 사항은 농촌진흥청장이 정한다. 〈개정 2020. 1. 29.〉

제4조(농촌진흥사업심의위원회의 구성 및 운영) ① 법 제6조제1항에 따른 농촌진흥사업심의위원회(이하 이 조에서 "위원회"라 한다)는 위원장 1명을 포함한 20명 이내의 위원으로 구성한다.
② 위원회의 위원장(이하 이 조에서 "위원장"이라 한다)은 농촌진흥청 차장이 되고, 위원은 다음 각 호의 사람이 된다. 〈개정 2015. 9. 23.〉
    1. 당연직위원: 농촌진흥청 소속 고위공무원단에 속하는 공무원 중에서 농촌진흥청장이 지정하는 직위에 있는 사람 4명
    2. 민간위원: 농업, 농촌 및 농촌진흥사업에 관한 전문지식과 경험이 풍부한 사람으로서 성별을 고려하여 농촌진흥청장이 위촉하는 사람
③ 제2항제2호에 따른 민간위원의 임기는 2년으로 하며, 한 차례만 연임할 수 있다.
④ 위원장은 위원회를 대표하고, 위원회의 업무를 총괄한다.
⑤ 위원장이 부득이한 사유로 그 직무를 수행할 수 없을 때에는 위원장이 미리 지명한 위원이 그 직무를 대행한다.
⑥ 위원장은 위원회의 회의를 소집하고 그 의장이 된다.
⑦ 위원회 회의는 재적위원 과반수의 출석으로 개회(開會)하고, 출석위원 과반수의 찬성으로 의결한다.
⑧ 위원회의 사무를 처리하기 위하여 위원회에 간사 1명을 두며, 간사는 농촌진흥청 소속 공무원 중에서 농촌진흥청장이 지명한다.
⑨ 위원회에 출석하는 위원 또는 전문가 등에게 예산의 범위에서 수당과 여비를 지급할 수 있다. 다만, 공무원인 위원 또는 관계 공무원이 소관 업무와 직접적으로 관련되어 위원회에 출석하는 경우에는 그러하지 아니하다.

⑩ 제1항부터 제9항까지에서 규정한 사항 외에 위원회의 운영에 필요한 사항은 위원회의 의결을 거쳐 위원장이 정한다.

제4조의2(위원의 해촉) 농촌진흥청장은 제4조제2항제2호에 따른 위원이 다음 각 호의 어느 하나에 해당하는 경우에는 해당 위원을 해촉(解囑)할 수 있다.
1. 심신장애로 인하여 직무를 수행할 수 없게 된 경우
2. 직무와 관련된 비위사실이 있는 경우
3. 직무태만, 품위손상이나 그 밖의 사유로 인하여 위원으로 적합하지 아니하다고 인정되는 경우
4. 위원 스스로 직무를 수행하는 것이 곤란하다고 의사를 밝히는 경우

[본조신설 2015. 12. 31.]

제5조(공동연구사업의 분야별 연구과제 선정 등) ① 농촌진흥청장은 법 제7조제1항에 따른 공동연구사업을 실시하기 위하여 농림축산식품부령으로 정하는 바에 따라 매년 공동연구사업계획을 수립하여야 한다. 이 경우 공동연구사업계획에는 공동연구사업 또는 공동연구과제의 내용 및 그 밖에 농림축산식품부령으로 정하는 사항이 포함되어야 한다.
② 농촌진흥청장은 법 제7조제2항에 따라 분야별 연구개발과제 및 이를 수행하는 연구개발기관을 선정할 때에는 「국가연구개발혁신법」 제9조제4항에 따라 선정한다.

제6조(공동연구사업 협약 등) ① 법 제7조제2항에 따른 협약의 체결·변경·해약 등에 관하여는 「국가연구개발혁신법」 제11조에 따른다.
② 법 제7조제2항에 따라 협약을 맺은 연구개발기관의 장의 연구개발비 사용내역 보고 및 그 정산에 관하여는 「국가연구개발혁신법 시행령」 제25조 및 제26조에 따른다.
③ 법 제7조제3항에 따라 출연하는 출연금의 지급방법 및 관리 등에 필요한 사항은 농림축산식품부령으로 정한다.

제7조(연구개발사업의 심의·조정) ① 농촌진흥청장은 법 제10조 각 호의 업무를 심의·조정하기 위한 기본지침을 수립하고, 그 기본지침을 기준으로 심의·조정 업무를 수행한다.
② 농촌진흥청장은 제1항에 따라 기본지침을 수립하면 각 소속 기관의 장 및 법 제3조에 따른 지방농촌진흥기관(「지방자치단체의 행정기구와 정원기준 등에 관한 규정」 제16조에 따른 지방농촌진흥기구를 말하며, 이하 "지방농촌진흥기관"이라 한다)의 장에게 통보하여야 한다.

제8조(연구개발 성과의 이전 등) ① 법 제13조제1항 본문에 따른 기술료의 일부 또는 수익의 일부에 대한 납부에 관하여는 「국가연구개발혁신법 시행령」 제38조 또는 제39조에 따른다.
② 농촌진흥청장이 법 제13조제1항 단서에 따라 연구개발 성과(이하 이 항에서 "성과"라 한다)의 실시 등에 대한 납부액 전부 또는 일부를 감면할 수 있는 경우는 다음 각 호와 같다. 〈개정 2015. 9. 23.〉
1. 농업인의 소득 증대를 위하여 전국적으로 신속하게 성과를 보급할 필요가 있는 경우

2. 수출 진흥이나 수입 대체 등 국내 산업 발전을 위하여 성과의 보급이 필요한 경우
3. 농업환경 보전을 위하여 전국적으로 성과를 보급할 필요가 있는 경우
4. 중소기업 지원·육성 등 정부시책 추진을 위하여 성과의 보급이 필요한 경우
5. 성과를 소유한 연구개발기관이 다음 각 목의 어느 하나에 해당하는 경우
   가. 「농업·농촌 및 식품산업 기본법」 제3조제4호에 따른 생산자단체
   나. 「농어업경영체 육성 및 지원에 관한 법률」 제16조에 따른 영농조합법인과 같은 법 제19조에 따른 농업회사법인
6. 그 밖에 농촌진흥청장이 농업의 경쟁력 강화를 위하여 특별히 성과의 보급이 필요하다고 인정하는 경우

제9조(특허 출원 중인 직무발명의 사용) 농촌진흥청장은 소속 공무원이 직무와 관련하여 연구개발한 기술(이하 "직무발명"이라 한다)로서 특허(실용신안을 포함한다. 이하 같다) 출원 중인 직무발명을 법 제13조제3항에 따라 산업화하게 하려는 경우에는 산업화하려는 자와 농림축산식품부령으로 정하는 바에 따라 그 사용에 관한 계약을 체결하고 기술료를 징수해야 한다. 다만, 제8조제2항제1호부터 제4호까지 및 제6호에 해당하는 경우에는 기술료의 전부 또는 일부를 감면할 수 있다.

제10조(고유식별정보의 처리) 농촌진흥청장은 법 제13조제3항에 따른 특허 출원 중인 직무발명의 사용과 관련하여 제9조제1항에 따른 계약 체결 사무를 수행하기 위하여 불가피한 경우 「개인정보 보호법 시행령」 제19조제1호에 따른 주민등록번호가 포함된 자료를 처리할 수 있다. 〈개정 2015. 9. 23.〉

제11조(시범사업의 요건) 법 제16조에 따른 시범사업은 다음 각 호의 어느 하나의 요건을 갖추어야 한다.
1. 연구개발 성과를 농업현장에 조기에 보급할 필요가 있을 것
2. 농업·농촌 발전을 위하여 시급히 추진할 필요가 있을 것
3. 지방농촌진흥기관, 대학, 농업인 등이 제안한 농업기술 중에서 농촌진흥청장이 시범사업의 효과가 클 것으로 인정하는 농업기술일 것

제12조 삭제 〈2015. 9. 23.〉

제13조(다른 교육훈련기관의 협조) 공공단체는 법 제27조에 따라 농촌진흥사업 중 교육훈련사업을 하는 경우 다음 각 호의 사항에 대하여 농촌진흥청 및 지방농촌진흥기관과 협조하여야 한다.
1. 교육훈련계획의 수립 및 실시
2. 교육훈련 교재 편찬
3. 교육훈련시설과 기자재 및 실습포장(實習圃場)의 공동이용
4. 교육훈련 강사 지원
5. 교육훈련 이수자의 사후관리
6. 교육훈련 실시에 필요한 자금 지원

제14조(퇴직한 연구직·지도직 공무원의 활용) ① 법 제31조제3항 및 제4항에 따른 퇴직한 연구직·지도직 공무원 활용제도(이하 "활용제도"라 한다)에는 다음 각 호의 사항이 포함되어야 한다.
  1. 활용분야 및 업무
  2. 활용인원 및 자격
  3. 채용방식 및 절차
  4. 채용인원에 대한 복무·관리
  5. 그 밖에 퇴직한 연구직·지도직 공무원의 효율적 활용을 위해 농촌진흥청장이 필요하다고 인정하는 사항
② 농촌진흥청장은 활용제도를 수립하거나 변경한 경우에는 관보 또는 농촌진흥청 인터넷 홈페이지 등을 통해 공고해야 한다.
③ 제1항 및 제2항에서 정한 사항 외에 활용제도의 수립·운영에 필요한 세부사항은 농촌진흥청장이 정한다.

제15조 삭제 〈2024. 3. 26.〉

제16조 삭제 〈2024. 3. 26.〉

제17조 삭제 〈2024. 3. 26.〉

제18조(한국농업기술진흥원의 사업 범위) 법 제33조제3항제9호에서 "대통령령으로 정하는 사업"이란 다음 각 호의 사업을 말한다.
  1. 연구개발 성과를 실용화하기 위한 제품, 기술 등과 관련한 시험·분석·평가 사업
  2. 국가나 지방자치단체가 육성하여 긴급하게 보급하려는 종자·종묘의 증식·보급 사업

제19조(한국농업기술진흥원에 대한 출연 및 지원) 법 제34조제1항 또는 제3항에 따라 경비 또는 비용을 출연하거나 지원하려는 자는 출연 또는 지원 금액·시기 및 방법 등에 관하여 법 제33조제1항에 따른 한국농업기술진흥원(이하 "진흥원"이라 한다)과 협약을 맺을 수 있다.

제20조(경비의 출연 또는 지원 기관) ① 법 제34조제1항제2호에서 "대통령령으로 정하는 기관"이란 다음 각 호의 기관을 말한다.
  1. 「한국마사회법」에 따른 한국마사회
  2. 「과학기술분야 정부출연연구기관 등의 설립·운영 및 육성에 관한 법률」에 따른 한국식품연구원
② 법 제34조제1항제5호에서 "대통령령으로 정하는 자"란 다음 각 호의 자를 말한다. 〈개정 2015. 12. 22.〉
  1. 「농업·농촌 및 식품산업 기본법」 제3조제4호에 따른 생산자단체
  2. 「농어업경영체 육성 및 지원에 관한 법률」 제16조에 따른 영농조합법인 및 같은 법 제19조에 따른 농업회사법인
  3. 농업·식품 관련 「상법」상의 회사

제21조(진흥원의 수익사업) ① 진흥원은 법 제34조제2항에 따라 수익사업을 하려는 경우에는 수익사업계획서를 농촌진흥청장에게 제출하여 승인을 받아야 한다. 승인받은 수익사업계획서를 변경하는 경우에도 또한 같다.
② 진흥원은 해당 사업연도 종료 후 3개월 이내에 제1항에 따라 승인받은 수익사업의 실적서 및 결산서를 농촌진흥청장에게 제출해야 한다.

제22조(국유·공유 재산의 무상양여 등) ① 법 제34조제4항에 따른 국유·공유 재산 및 물품의 사용허가기간 또는 대부기간은 5년 이내로 하고, 5년을 초과하지 아니하는 범위에서 사용허가 또는 대부계약을 갱신할 수 있다. 〈개정 2015. 9. 23.〉
② 제1항에 따라 사용허가 또는 대부계약을 갱신하려는 자는 허가기간 또는 대부기간이 끝나기 1개월 전까지 해당 국유·공유 재산 및 물품의 관리청에 갱신을 신청하여야 한다. 〈개정 2015. 9. 23.〉
③ 제1항 및 제2항에서 규정한 사항 외에 법 제34조에 따른 국유·공유 재산 및 물품의 양여, 대부, 사용·수익 허가의 내용·조건 및 절차는 해당 재산 또는 물품의 관리청과 진흥원 간의 계약으로 정한다. 〈신설 2015. 9. 23.〉

제23조(권한 등의 위임·위탁 등) ① 농촌진흥청장은 법 제36조제1항에 따라 이 영 제9조제1항에 따른 특허 출원 중인 직무발명의 사용에 따른 계약 체결에 관한 권한(계약 상대방 선정 및 기술료 결정·감면에 관한 사항만 해당한다)을 소속 기관의 장에게 위임한다.
② 농촌진흥청장은 법 제36조제2항 전단에 따라 이 영 제9조제1항에 따른 특허 출원 중인 직무발명의 사용에 따른 계약 체결(계약 상대방 선정 및 기술료 결정·감면에 관한 사항은 제외한다) 및 그에 따른 기술료 징수에 관한 업무를 진흥원에 위탁한다.
③ 농촌진흥청장은 진흥원이 제2항에 따라 징수한 기술료의 1000분의 175에 해당하는 금액을 진흥원에 지급해야 한다.
④ 농촌진흥청장은 법 제36조제2항 전단에 따라 법 제19조에 따른 교육훈련사업을 다음 각 호에 해당하는 기관 또는 단체로서 농촌진흥청장이 정하는 시설·인력 등에 관한 기준에 적합한 기관 또는 단체에 위탁할 수 있다. 〈신설 2015. 9. 23.〉
  1. 교육훈련 관련 기관
  2. 농업과 농촌의 지속가능한 발전을 도모하기 위한 농업인, 청소년과 관련된 단체
⑤ 농촌진흥청장은 제4항에 따라 업무를 위탁한 경우에는 그 수탁기관을 고시하여야 한다. 〈신설 2015. 9. 23.〉
⑥ 농촌진흥청장은 제4항에 따라 교육훈련사업을 위탁한 경우에는 교육 운영과 시설 개선에 필요한 경비를 지원할 수 있다. 〈신설 2015. 9. 23.〉

농촌진흥법 시행규칙

제1조(목적) 이 규칙은 「농촌진흥법」 및 같은 법 시행령에서 위임된 사항과 그 시행에 필요한 사항을 규정함을 목적으로 한다.

제2조(국제협력사업의 범위) 「농촌진흥법 시행령」(이하 "영"이라 한다) 제2조제4항제3호에서 "농림축산식품부령으로 정하는 업무"란 다음 각 호의 업무를 말한다.
  1. 국외상주연구원 파견 등을 통한 농업기술정보 및 인적자원 교류
  2. 농업기술 분야 양자 또는 다자간 협력에 관한 업무

제3조(공동연구사업계획의 수립) 농촌진흥청장은 영 제5조제1항 전단에 따라 공동연구사업계획을 수립할 때에는 「농촌진흥법」(이하 "법"이라 한다) 제9조부터 제13조까지의 규정에 따른 수요조사 결과, 연구개발사업의 심의·조정 결과, 연구개발사업의 평가 결과, 연구개발 성과의 확산 및 이전과 연구비 총액 등을 종합적으로 고려하여야 한다.

제4조(공동연구사업계획에 포함되어야 하는 사항) 영 제5조제1항 후단에서 "농림축산식품부령으로 정하는 사항"이란 다음 각 호의 사항을 말한다.
  1. 공동연구사업의 목적
  2. 공동연구사업별 연구개발비 및 사업기간
  3. 공동연구사업 결과의 활용방안
  4. 그 밖에 농촌진흥청장이 공동연구사업에 관하여 필요하다고 인정하는 사항

제5조(출연금의 지급방법 및 관리) ① 농촌진흥청장은 법 제7조제3항 및 영 제6조제3항에 따라 공동연구사업에 출연하는 경우에는 출연금을 여러 번 나누어서 지급한다. 다만, 공동연구사업의 규모·착수시기 및 예산사정 등을 고려하여 필요하다고 인정할 때에는 출연금 전액을 한 번에 지급할 수 있다.
② 제1항에 따라 출연금을 받은 자는 별도의 계정을 설정하여 출연금을 관리하여야 하며, 출연금의 사용내용에 대한 증명자료를 갖추어야 한다.

제6조 삭제 〈2024. 4. 26.〉

제7조(납부액의 감면) 법 제13조제1항 단서 및 영 제8조제2항에 따라 납부액의 전부 또는 일부를 감면받으려는 자는 납부액 감면 신청서에 다음 각 호의 서류를 첨부하여 농촌진흥청장에게 제출해야 한다.
  1. 법 제13조제1항 본문에 따른 연구개발성과소유기관임을 증명하는 서류

2. 영 제8조제2항 각 호의 어느 하나에 해당함을 증명하는 서류
3. 기업 규모를 증명하는 서류(기업인 경우에만 제출한다)

제8조(특허 출원 중인 직무발명 사용계약 등) ① 법 제13조제3항 및 영 제9조제1항에 따라 특허(실용신안을 포함한다) 출원 중인 연구개발 기술(이하 "직무발명"이라 한다)을 산업화하려는 자는 별지 제3호서식의 직무발명 사용계약 신청서에 다음 각 호의 서류를 첨부하여 법 제33조제1항에 따른 한국농업기술진흥원(이하 이 조에서 "진흥원"이라 한다)의 장에게 제출해야 하며, 진흥원의 장은 그 신청 현황을 농촌진흥청 소속 기관의 장에게 보고해야 한다
1. 직무발명의 산업화 계획서
2. 직무발명 기술료 예정가격 견적서
3. 영 제8조제2항제1호부터 제4호까지 및 제6호의 어느 하나에 해당함을 증명하는 서류(직무발명 기술료의 감면을 신청하는 경우에만 제출한다)
4. 기업 규모를 증명하는 서류(기업이 직무발명 기술료의 감면을 신청하는 경우에만 제출한다)

② 농촌진흥청 소속 기관의 장은 제1항에 따른 신청 내용을 검토하여 그 내용이 적합한 경우에는 직무발명 사용계약 상대방으로 선정한다. 이 경우 농촌진흥청 소속 기관의 장은 그 기술료 예정가격 및 감면 여부를 결정해야 한다.
③ 진흥원의 장은 농촌진흥청 소속 기관의 장이 선정한 직무발명 사용계약 상대방과 직무발명 사용계약을 체결해야 한다. 이 경우 그 계약에는 다음 각 호의 사항을 포함하여야 한다.
1. 직무발명의 내용 및 사용기간
2. 지식재산권에 대하여 농촌진흥청이 가지는 지분율(농촌진흥청 소속 공무원과 농촌진흥청 소속 공무원이 아닌 자가 같이 직무발명을 하여 그 지식재산권의 지분을 서로 나누어 가지고 있는 경우에만 해당한다)
3. 직무발명 기술료 예정가격의 금액, 납부시기, 납부방법 및 정산에 관한 사항
4. 계약 위반에 따른 계약 해지에 관한 사항
④ 진흥원의 장은 제3항에 따라 직무발명 사용계약을 체결한 경우에는 30일 이내에 그 사실을 농촌진흥청장에게 보고해야 한다.
⑤ 제1항 또는 제3항에 따른 직무발명 기술료 예정가격의 산정기준은 별표와 같다.

제9조(협력사업의 추진방법 및 운영) ① 농촌진흥청장은 다음 각 호의 협력사업을 하려는 경우에는 미리 협력 상대국과 사전 협의를 통해 해당 국가와 약정을 체결해야 한다. 이 경우 그 약정에는 목적, 협력 분야 및 구성원의 역할 등에 관한 내용이 포함되어야 한다.
1. 법 제23조제1항에 따른 외국과의 협력사업의 추진
2. 법 제23조제2항에 따른 해외농업기술센터(이하 "해외농업기술센터"라 한다)의 설치·운영
3. 법 제23조제3항에 따른 국제협의체의 구성·운영
② 농촌진흥청장은 법 제23조제2항에 따른 협력사업을 효율적으로 추진하기 위하여 필요하다고 인정하는 경우에는 해외농업기술센터에 농업 관련 전문가를 파견할 수 있다.
③ 제1항 및 제2항에서 규정한 사항 외에 외국과의 협력사업 추진에 필요한 사항은 농촌진흥청장이 정한다.

제10조(보조금의 지급 절차 및 방법) ① 법 제25조제1항에 따라 보조금을 받으려는 비영리법인, 학교, 단체 또는 개인은 별지 제4호서식의 보조금 지급신청서에 다음 각 호의 서류를 첨부하여 매년 1월 30일까지 농촌진흥청장에게 제출하여야 한다.
 1. 사업계획서
 2. 직제, 규약 또는 정관(개인인 경우는 제외한다)
 3. 시설의 설계서, 설계 명세서 및 설계도면[기성(旣成) 시설이 아닌 시설에 대한 보조금을 신청하는 경우에만 해당한다]
 4. 매매계약서(장비나 기성 시설에 대한 보조금을 신청하는 경우에만 해당한다)
 5. 그 밖에 농촌진흥청장이 정하는 서류
② 농촌진흥청장은 제1항에 따라 보조금 지급신청을 받은 경우 보조금 지급 여부를 결정하기 위하여 필요하다고 인정할 때에는 보조금 신청인의 동의를 받아 해당 사업장에 대한 현장조사를 할 수 있다.
③ 농촌진흥청장은 제1항에 따른 보조금을 분기별로 나누어서 지급한다. 다만, 보조할 사업·시설 또는 장비의 원활한 운영·사용을 위하여 필요하다고 인정할 때에는 한 번에 지급할 수 있다.

PART

기출문제

과년도 기출문제

◉ 2020년도 서울시 기출문제

◉ 2023년도 서울시 기출문제

2020년 서울시 농촌지도사 농촌지도론

01. 성인교육의 교수학습 전략 중 액션러닝(Action Learning)에 대한 설명으로 가장 옳지 않은 것은?

① 액션러닝은 적절한 답변보다 적절한 질문에 더 큰 비중을 둔다.
② 액션러닝은 학습한 내용을 전 조직과 개인의 삶에 적용하는 것에 의미를 둔다.
③ 액션러닝 그룹은 문제에 관심이 있는 사람, 문제에 대한 지식이 있는 사람, 그룹의 결정사항을 실행할 권한이 있는 사람 등으로 구성된다.
④ 액션러닝은 문제해결을 통해 즉각적 이익을 얻는 것에 목적이 있다.

> **해설** 액션러닝(Action Learning; AL)
> ① 교육참가자들이 소집단을 구성하여 조직, 그룹, 개인이 직면하고 있는 실질적인 문제와 원인을 규명하고 이를 해결하기 위한 방법을 모색하여 대안을 현장에 적용하며 이러한 과정에 대한 성찰을 통한 학습방법이다.
> ② 집단구성원 개개인의 목적과 조직 전체의 요구를 동시에 충족시킬 수 있는 학습형태이다.
> ③ 적절한 답변보다 적절한 질문에 더 큰 비중을 둔다.
> ④ 액션러닝 그룹은 아이디어를 제안하는 그룹이 아니라 직접 실행하는 그룹이어야 한다.
> ⑤ 즉각적 단기적 이익을 얻는 것이 목적이 아니라, 학습한 내용을 전 조직과 개인의 삶에 적용하는 것이다.
> ⑥ 액션러닝의 문제는 기술적인 문제가 아닌 조직적인 특성과 관련된 문제이다.
> ⑦ 액션러닝의 최초 사용한 사람은 영국 케임브리지 대학의 심리학자 레그 레반스(Reg Revans)이다.

02. 농촌 리더십 이론에 대한 설명으로 가장 옳지 않은 것은?

① 특성이론(traits theory)에서 어떤 개인적 자질은 리더가 리더십을 발휘하기 위하여 구비해야 할 요건 중 하나라고 본다.
② 상호작용이론(interaction theory)은 조직지도자, 조직구성원, 조직상황의 세 가지 요인을 동시에 고려해야 한다는 이론이다.
③ 상황이론(situation theory)은 특정 개인이 갖고 있는 자질보다는 조직의 목적 및 기능을 파악하고, 그것과 리더와의 관계를 규명하고자 하는 이론이다.
④ 성원이론(follower theory)에서 지도적 권위는 개인적 자질에 대부분 내재한다고 본다.

> **해설** 성원이론(Follower theory)
> ① 배경: 특성이론이 리더와 피지도집단간의 기능관계라는 점을 간과했다고 비판하며 자질론을 반박하였다.(상황이론에 포함시키기도 함)
> ② 특징
> ㉠ 지도적 권위는 리더 개인적 자질에도 물론 내재하지만, 그보다 공통적인 조직목표에 대한 광범위한 충성에서 기인하

는 구성원의 동의적 잠재력에 내재한다고 보고 있다.
ⓒ 동의적 잠재력에 구성원의 리더에 대한 인지, 구성원의 성격과 습관, 문화적 배경 등이 포함된다.
③ 장점: 사람들은 자신의 개인적 욕망을 충족시켜 주는 사람을 추종하는 경향이 있다는 것을 밝혀냈다.
④ 비판: 리더와 성원들의 상호작용에 관계하는 환경이나 상황을 간과하였다.

03. 전략적 기획에 대한 설명으로 가장 옳지 않은 것은?

① 전략적 기획은 조직의 비전과 사명, 또는 가치를 확인하고, 이를 수정 또는 보완하는 과정이 중요하다.
② 전략적 기획은 기본적으로 환경 변화에 대응하기 위한 기획이지만, 사후 상황 극복뿐만 아니라 선도적 변화를 추구한다.
③ 과거에서 현재까지의 추세에 기초해 가장 높은 미래를 가정하여 목표 달성을 추구하는 경향이 강하다.
④ 정책집행 측면에서 법령이나 지침의 제약을 상대적으로 덜 받는다.

해설 전통적 기획과 전략적 기획
1) 전통적 기획
  ① 주어진 목표를 예산이나 사업으로 구체화하기 위해 활용되는 것이다.
  ② 기존의 조직 역할에 초점을 둔다.
  ③ 과거에는 현재까지의 추세에 기초하여 가장 높은 미래를 가정하여 목표 달성을 추구하는 경향이 강하기 때문에 장래의 환경변화에 따른 대처능력이 부족하다.
  ④ 법규 및 기획부서의 지위 등에 따라 많은 제약을 받는다.
2) 전략적 기획
  ① 전략적 이슈의 확인 및 해결을 위하여 사용되는 것으로, 조직 내 환경에 대한 평가를 통해 비전을 추구하면서 조직의 미래 모습을 구체적으로 제시한다.
  ② 정책결정 측면에서 조직의 모든 실제적, 잠재적 역할을 고려하게 되어 정치적 상황에 보다 탄력적으로 대응할 수 있다.
  ③ 정책집행 측면에서 법령, 지침의 제약을 상대적으로 덜 받아 재량의 범위가 넓고, 계획 내용에서도 주요 이해관계를 종합적으로 고려하기 때문에 실제적 유용성이 높다.
  ④ 전통적 기획과 전략적 기획 비교

구분	전통적 기획	전략적 기획
기간	단기 또는 중기(1~5년)	장기(5~10년)
사용목적	정책(목표)의 구체적 수단	관리도구
재량범위	최소화	최대화(복잡한 문제를 다루기 위함)
방향성	주로 물리적 개발, 토지 이용	기능을 위한 전략
포괄성	포괄적	선택적
형식성	획일	다양
목표	전제	전제되지 않음
방법	추세연장법에 의한 미래예측에 기초	불연속성 전제
과정	변경이 어려움	변경 수용

기출문제 농촌지도사 농촌지도론

04. 혁신을 창조하는 사람들의 특성 중 내외의 여러 가지 끊임없는 자극과 행동에 대하여 반응하고 적응하고자 하는 과정을 나타내는 욕구는?

① 자아규정의 욕구
② 기피의 욕구
③ 긴장해소의 욕구
④ 보상적 욕구

해설 혁신을 창조하는 사람들의 특성
① 명예욕: 비범한 인간이 되고 싶다는 욕망, 새로운 아이디어에 대한 독점욕, 타인의 모방대상이 되고 싶은 욕망 등이 혁신자에게서 나타난다.
② 긴장해소의 욕구: 사람은 내외의 여러 가지 끊임없는 자극과 충동에 대하여 반응하고 적응하는데, 이런 반응과 적응의 과정 중에 혁신이 발생한다.
③ 자아규정의 욕구: 자아규정이란 자기를 하나의 지속적이며 통합된 실체로 유지하려는 욕구인데, 이 욕구가 강할수록 새로운 사항을 많이 창출한다.
④ 창작욕구: 새로운 것을 만들어 내는 행위 그 자체, 즉 창작욕구가 강한 사람일수록 혁신창출의 가능성이 높다.
⑤ 기피의 욕구: 주어진 생활양식에 불만을 품은 사람일수록 현실조건의 변경으로써 새로운 사항을 창출하고자 한다.
⑥ 보상적 욕구: 원래 목적하던 바를 실패하여 욕구좌절을 당했을 때, 그 보상작용의 형태에는 여러 가지가 있는데, 혁신과 관련되는 반응형식에는 우회, 공격과 새로운 욕구 등이 있다.

05. 영농구조가 단순하고 영농소득을 생산에만 의존하는 농촌사회에 적용되던 농촌지도계획 방식은?

① 주체 중심 사업계획
② 객체 중심 사업계획
③ 사실 중심 사업계획
④ 종합 중심 사업계획

해설 미국농촌지도 계획의 수립방식: 켈시와 헌(Kelsey and Hearne, 1967)
① 주체 중심 사업계획: 영농 소득이 생산에만 좌우되는 구조가 단순하던 시대의 농촌사회에서는 농촌지도사들이 쉽게 농민들의 문제를 파악하고 일방적으로 계획은 수립할 수 있었는데 이러한 지도계획을 말한다.
② 객체 중심 사업계획: 농촌사회가 발전함에 따라 작목과 농민들의 관심과 욕구도 다양해져 농촌지도사가 일방적으로 농촌지도계획을 수립하지 않고 농민과 함께 계획하는 농촌지도계획을 말한다.
③ 사실 중심 사업계획
  ㉠ 사회가 더욱 발전하고 신속해짐에 따라 객체 중심 사업계획 수립도 여러 가지 모순과 부작용이 발생하게 되었다.
  ㉡ 농민의 필요와 관심에 중심을 두었으므로 계획에 일관성이 없고, 그 지역사회에서 가장 중요한 사업에 대하여 집중적으로 자원과 노력을 투자할 수 없게 되었으며, 지역사회 밖의 사회경제적 변화에 신속하게 대처할 수 없게 되었다.
  ㉢ 지역사회 내는 물론 지역외적 사실과 농업외적 사실까지도 조사, 분석하여 그것을 기초로 지도사, 농민대표, 관계기관 대표 및 전문가가 함께 사업을 계획하는 농촌지도계획이다.

2020년도 서울시 기출문제

06. 농촌지도사업의 세계적 흐름에 대한 설명으로 가장 옳지 않은 것은?

① 1950년대 농촌지도사업은 국가 차원에서 농촌지도가 제도화되고 중·단기 발전계획이 수립되어 추진되기 시작하였다.
② 1970년대 농촌지도사업은 통합적 농촌개발이며 이 때 농촌지도 방법으로 훈련·방문 시스템(Training& Visiting System)이 등장하였다.
③ 1980년대 농촌지도사업은 전환기로서 참여접근법이 강조되었고 여성의 생산성 증대와 생태계 보전에 대한 관심이 부각되었다.
④ 1990년대 농촌지도사업은 개별 농가에 대한 관심보다는 농촌지역을 하나의 사업단위로 고려하는 지역사회개발에 초점이 맞추어졌다.

해설 시대별 농촌지도의 세계적 동향
㉠ 초기식민지: 개발도상국가에서 추진되었던 농촌지도사업은 검모디티프로그램이 강조
㉡ 1950년대: 국가차원에서 농촌지도가 제도화, 중단기의 발전계획의 수립추진
㉢ 1960년대 ~
  ⓐ 이전시기 농촌지도사업의 선진농업기술 이전목적과 전략이 지속
  ⓑ 지도자와 농업인의 대인커뮤니케이션이 중요한 방법으로 제시
  ⓒ 개별농가에 대한 관심보다는 농촌지역을 하나의 사업단위로 간주하는 "지역사회개발"
  ⓓ 농산물을 대량생산하는 녹색혁명이 시작된 시기
㉣ 1970년대 : 60년대 중반부터 공공부문이 확대 식량자급을 위한 농업기술적인 문제에 대한 지도와 자문이 보다 체계적으로 추진
㉤ 1980년
  ⓐ 전환기 시기 "참여접근법"이 급속히 강조
  ⓑ 여성생산성 증대와 생태계 보전에 관심부각
㉥ 1990년대
  ⓐ 새로운 접근법이 시도되는 전환 시기
  ⓑ 사회교육, 지역개발, 커뮤니케이션 기술혁신 이외 인적개발까지 다양한 학문영역이 체계적으로 진행

07. Kaufman과 English의 지역요구 분석방법 중 Alpha 요구분석에 대한 설명으로 가장 옳지 않은 것은?

① 지역실정 분석에 대한 아무런 제약조건 없이 전면적 개혁을 목적으로 한다.
② 가장 큰 변화를 초래할 수 있지만 위험부담이 높다.
③ 현행 지도사업은 수행상 큰 문제가 없다는 전제조건 하에 현재상황과 바람직한 상황의 차이를 분석한다.
④ 요구분석의 가장 기본적인 형태이다.

정답 06. ④ 07. ③

기출문제 농촌지도사 농촌지도론

해설 카프먼과 잉글리시(Kaufman & English)의 지역요구를 분석하는 방법

> **참고**
> * 요구(need) : 현재의 산출과 기대 산출 간의 격차
> * 요구분석(needs assessment) : 현재의 산출과 기대 산출 간의 격차를 측정하여 우선순위별로 배열하고 그 격차를 해소할 수 있는 방법을 모색하는 공식적인 과정
> * 필요격차(need gap) : 농촌지도계획에서 현재 주민의 지식, 기술, 태도의 정도와 목표하는 바람직한 수준의 지식, 기술, 태도의 정도 차이

ⓐ Alpha 요구분석
 - 지역실정의 분석에 대한 아무런 제약조건 없이 전면적인 개혁을 목적으로 실시된다.
 - 요구분석의 가장 기본적인 형태이며 가장 큰 변화를 초래할 수 있지만 위험부담이 크다.
 - 농촌지도사업의 현행정책이나 방법 등이 지역에서 필요로 하는 것과 일치하느냐의 여부를 아무 제약 없이 분석하여, 그에 따른 결과대로 새로이 계획을 수립하는 방법이다.
ⓑ Beta 요구분석
 - 현행 지도사업은 그 수행상 큰 문제가 없다는 전제조건 하에서 단순히 현재상황과 바람직한 상황만의 차이(필요격차)를 분석하는 방법
 - Alpha 요구분석만큼 큰 변화를 가져오지 않지만, 지도사업의 방법과 결과를 모두 개선한다는 측면에서 다른 요구분석보다는 범위가 넓다.
ⓒ Gamma 요구분석
 - Alpha와 Beta 분석을 한 결과 현재상황과 바람직한 상황에서 차이가 있음이 발견되었을 때, 지도사업목표의 우선순위를 결정하기 위하여 사용된다.
 - 지도사업은 한 가지 사업을 수행하는 것이 아니라 여러 사업을 수행하는데, 이런 여러 사업은 그 필요격차가 서로 다르며, 어떤 사업에 우선순위를 두어야 하는가를 분석하는 것이다.
ⓓ Epsilon 요구분석
 - Gamma 분석 결과, 사업별 목표에 대한 우선순위가 결정된 후 그 목표가 달성되었는지 여부를 분석하는 방법이다.
 - 총괄평가와 그 성질이 비슷하다.
ⓔ Zeta 요구분석
 - 결과보다는 결과를 수행하기 위한 방법이나 과정이 제대로 이행되었는가를 분석하는 방법으로 과정평가와 비슷하다.
 - 사업 수행 도중 여러 차례 분석하여 사업의 궤도를 수정할 수 있다.

08. 경영범위에 따른 의사결정 유형 중 전술적 의사결정에 대한 설명으로 가장 옳은 것은?

① 주어진 자원 내에서 효율적인 배분을 찾는다.
② 통상 경영자의 직접 통제하에 있지 않은 조직 외부의 정보를 필요로 한다.
③ 설정된 계획을 수행하는 데 필요한 작업결정을 말한다.
④ 단기적이고 직접적인 행위의 개선을 위주로 한다.

해설 경영범위에 따른 의사결정 유형
 ① 전략적 의사결정
  ㉠ 장기적이고 포괄적인 경영 전반에 관한 계획과 정책결정이다.
  ㉡ 경영조직에 필요한 자원을 어떻게 조달할 것인가 하는 것이다.
  ㉢ 통상 경영자의 직접 통제하에 있지 않은 조직 외부의 정보를 필요로 한다.

ⓔ 전략적 의사결정의 책임과 집행 소재가 고위간부층에 있다.
ⓜ 고위간부회의, 해외진출전략, 다각화 전략 등이 있다.
② 전술적 의사결정
㉠ 중기성의 사업목표를 효과적으로 달성하기 위한 것이다.
㉡ 주어진 자원 내에서 효율적인 배분을 찾는 것이다.
㉢ 조직 내부의 정보를 필요로 한다.
㉣ 전술적 의사결정의 책임과 집행 소재가 중간경영층에 있다.
㉤ 중간관리자회의, 해외진출에 따른 최선의 대안 등이 있다.
③ 운영적 의사결정
㉠ 단기적이고 빈번한 직접적인 행위의 개선 위주이다.
㉡ 설정된 계획을 수행하는데 필요한 작업결정을 말하는 것이다.
㉢ 결과는 단시일에 나타나며, 이를 위한 정보는 성문화되어 있고 찾기 쉬우며, 만들어진 전략적 결정으로부터 도출되는 경우가 많다.
㉣ 운영적 의사결정의 책임과 집행 소재가 하위관리감독층에 있다.

09. 성인학습자의 특성에 따른 교수 방향에 대한 설명으로 가장 옳지 않은 것은?

① 교육의 출발점을 다양하게 제시한다.
② 내재적 동기부여보다 외재적 동기부여에 초점을 둔다.
③ 학습에 대한 강화는 부적 강화보다 정적 강화가 더 효과적이다.
④ 학습의 극대화를 위해 정보를 조직적으로 제시한다.

해설 성인학습자의 교수 방향
① 교육의 출발점을 다양하게 제시
② 내재적 동기부여와 능동적 참여분위기 조성
③ 학습에 대한 강화는 정적 강화가 더 효과적이다.
④ 환경의 극대화를 위해 정보를 조직적으로 제시
⑤ 환경요인 고려
⑥ 의미 있는 학습과제 제시
⑦ 체계적인 반복의 필요

10. 농촌지도 실천에 적용해야 할 원리로 가장 옳지 않은 것은?

① 실용적 학습내용을 중심으로 해야 한다.
② 농촌 지역사회 내에서의 가시적 결과로써 지도해야 한다.
③ 획일적이고 주입식의 지도방법을 활용해야 한다.
④ 성인들의 자아의식을 상하게 해서는 안된다.

기출문제 농촌지도사 농촌지도론

[해설] 농촌지도실천에서 적용되어야 할 원리
① 실용적 학습내용을 중심으로 하여야 한다.
② 농촌지역사회 내에서 가시적 결과를 가지고 지도하여야 한다.
③ 다양한 지도방법을 활용하여야 한다.
④ 지도 장소의 교육환경은 불편이 없도록 정비되어야 한다.
⑤ 교육대상자로 하여금 그들의 경험과 의견을 표현하도록 유도하여야 한다.
⑥ 지도대상자가 근거리에서 접할 수 있는 사례를 들어 설명하는 것이 좋다.
⑦ 성인의 자아의식을 다치게 하거나 불편하게 해서는 안 된다.
⑧ 지도 후에 서로 교제할 수 있는 기회를 제공하는 것이 좋다.
⑨ 성인은 학습을 즐기므로 흥미 있게 지도하여야 한다.

11. 국가별 농촌지도 유형을 옳게 짝지은 것은?

① 민간주도형 – 뉴질랜드
② 학교외연 교육형 – 덴마크
③ 정부조직형 – 타이완
④ 농민조합기구형 – 네덜란드

[해설] 민간주도형 : 영국, 네덜란드, 뉴질랜드 등
정부조직형 : 한국, 일본, 태국 등
학교외연교육형 : 미국과 스위스 등
농민조합기구형 : 영국, 프랑스, 독일, 덴마크 등 서구의 농민조합이 전문지도원을 채용하여 새로운 농업기술에 대해 지도하는 형태이며, 대만과 일본의 농회의 지도가 유사한 유형에 속한다.

12. 우리나라의 근대 농촌지도사업에 대한 설명으로 가장 옳은 것은?

① 미국을 시찰하고 돌아온 보빙사의 제안으로 1884년경에 내무부 농사부 소속의 농무목축시험장이 만들어졌다.
② 1900년에 서울 필동에 설립된 잠사시험장은 정부에 의한 최초의 근대적 기술보급기관이다.
③ 1906년에 일본의 작물품종 및 기술의 적응을 시험하고, 이를 보급하기 위하여 농사시험장인 권업모범장을 뚝섬에 설치하였다.
④ 1907년에 조선농회에서 양잠강습소를 개설하여 양잠에 대한 전반적인 기술을 강의하고 실습하였다.

[해설] ① 농무목축시험장은 궁중과 직접 관련되어 독립기관으로 운영되었으나, 관리관 최경석이 사망한 후 내무부 농무사에 속하게 되면서 농목국으로 개명되었다.
③ 1906년 일본 통감부에서 농업기술 개량 보급을 위하여 농사시험장은 권업모범장을 수원에 설치하고 목포에 출장소를 설치하였다. 1905년 농상공학교 부속 농사시험장관제를 공포하고 서울 뚝섬에 농업시험장을 설치하였고, 1906년 농업시험장을 뚝섬 원예모범장으로 개칭하고 농과를 분리하여 수원에 농림학교(서울대 농생대의 모태이다)를 세워 농과와

임과를 두었다.(본과 2년, 연구과 1년 과정)
④ 1907년에 대한부인회에서 양잠강습소를 개설

13. 국가농촌지도 접근방법으로 가장 옳지 않은 것은?

① 훈련·방문지도(Training & Visit Extension)
② 영농체계개발지도(Farming Systems Development Extension)
③ 전략적 지도 캠페인(Strategic Extension Campaign)
④ 교육기관에 의한 지도(Educational Institution)

해설 알렉스, 지프, 바이어리(Alex, Zip & Byerlee, 2002)의 농촌지도접근법
① 국가농촌지도접근: 공공영역 주도로 현장의 농업인에게 무상으로 자문을 제공하는 표준형 접근방식
  ㉠ 일반적 농촌지도: 1980년 이전까지 지배적으로 이루어지던 전통적인 농촌지도의 유형
  ㉡ 훈련방문지도: 비효율적이던 일반적 농촌지도의 개선방안으로 1970년대 후반에 나타남
  ㉢ 전략적 지도 캠페인: 국가농촌지도사업에 사람들의 참여를 결합시키는 방법. FAO에서 개발함
  ㉣ 교육기관에 의한 지도: 교육기관, 주로 농과대학이 국가농촌지도를 수행함
  ㉤ 공공기관 계약지도: 정부와 계약한 민간회사 또는 비정부조직(NGO)이 지도사업 수행
② 생산자주도 농촌지도: 지도과정에 지식과 자원을 생산하도록 농업인을 관여시킴
  ㉠ 농촌활성화: 하향식 패턴의 개발프로그램을 타파하기 위한 전략으로 아프리카 프랑코폰에서 최초로 적용된 방식
  ㉡ 참여적 농촌지도: 집단회의를 조성하고 요구와 우선순위를 구명하고 지도활동을 계획하거나 생산체계를 개선하도록 고유 지식을 활용하는 농업인의 역량 제고
  ㉢ 영농체계 개발지도: 지도, 연구자와 지역 농업인 또는 농업인 단체 간의 파트너십 필요
  ㉣ 생산자조직 지도방식: 전적으로 생산자들에 의해 계획되고 관리되는 방식
③ 목적집단 지도방식: 주로 전문가, 고객, 지역 또는 시간에 초점을 두고 고비용을 회피하려는 지도접근방식
  ㉠ 특성화 지도방식: 특정 생산물 또는 영농방식(관개, 비료, 산림관리 등)의 생산성 개선을 위한 노력에 초점을 둠
  ㉡ 프로젝트 지도방식: 특정기간 동안 한정된 장소에서 농촌지도 자원의 증가에 초점을 둠
  ㉢ 고객집단 지도방식: 영세농, 여성, 소농, 소수인종과 같이 특정 유형의 농업인 집단에 초점을 둠
④ 상업화된 농촌지도: 주로 농촌지도서비스의 상업화에 의존함
  ㉠ 비용분담 농촌지도: 농업인에게 사업비 분담을 요구하는 농촌지도방식
  ㉡ 상업화된 농촌지도 자문서비스: 무료 공공지도사업의 한계와 농업인이 신뢰할 수 있는 전문적인 서비스를 추구함에 따라 향후 더욱 보편화될 것임
  ㉢ 농산업지도: 농가의 생산과 관리를 지원하는 바람직한 농촌지도사업의 제공을 요구하거나 혜택을 받는 제품 구매자와 투입요소 제공자의 상업적 관심 지원
⑤ 매체를 통한 지도: 일반 대중에게 지도기관 외 차원의 노력에 대한 지원 또는 정보서비스 제공
  ㉠ 대중매체를 통한 지도: 대중에게 맞춤형 순수 정보서비스 제공
  ㉡ 대중매체를 활용한 지도: 이슈에 대한 이해와 논의를 촉진하기 위해 대중매체 정보서비스와 현장의 지도요원 또는 자원자와의 연계
  ㉢ 의사소통기법: 유선 또는 인터넷을 통해 농촌주민이 전문가 또는 전문적인 정보원과 접촉하게 함

정답 13. ②

기출문제 농촌지도사 농촌지도론

14. 성인학습자의 학습이론 중 사회학습이론에 따른 인지적 과정(학습)의 4단계를 순서대로 바르게 나열한 것은?

① 주의집중 → 동기화 → 운동재생산 → 파지
② 주의집중 → 파지 → 운동재생산 → 동기화
③ 동기화집중 → 파지 → 운동재생산 → 주의집중
④ 파지 → 주의집중 → 운동재생산 → 동기화

[해설] 사회학습이론에 따른 인지적 과정(학습) 4단계: 주의집중과정 ⇒ 파지과정 ⇒ 운동재생산과정 ⇒ 동기화과정

15. 합의수준의 농촌지도이념에 대한 설명으로 가장 옳지 않은 것은?

① 농촌주민과 함께 인간 개개인의 발전과 행복을 추구한다.
② 농업과 농촌발전을 통한 국가발전을 지향한다.
③ 세계와 인류의 발전을 지향한다.
④ 농촌지역사회의 희생을 바탕으로 국가발전을 추구한다.

[해설] 농촌지도사업이 지향하는 이념
① 농촌주민 개개인의 발전과 행복의 추구
② 농촌주민의 소득증대와 복지의 증진
③ 농업과 농촌발전을 통한 국가발전과 복지사회 건설
④ 세계와 인류의 발전 지향

16. 혁신의 의사결정과정 및 수용자 범위에 대한 설명으로 가장 옳지 않은 것은?

① 혁신의 의사결정과정 중 관심단계는 혁신사항에 대한 설득기능을 담당한다.
② 혁신의 의사결정과정에 참여하는 사람이 많을수록 수용률은 감소하게 된다.
③ 혁신에 대한 조기수용자의 지배적 가치관은 존경이라 할 수 있으며, 지역적인 성격을 가진다.
④ 혁신에 대한 조기수용자는 후기수용자에 비해 소규모 조직에 속해서 일하는 경우가 많다.

[해설] 조기수용자는 후기수용자보다 공식적 교육을 더 많이 받았고, 더 지적이며, 사회적 지위가 높고, 높은 신분으로의 사회적 이동 정도가 크고, 대규모의 단위(농장, 회사, 학교 등)에 소속되어 있다.

정답 14. ② 15. ④ 16. ④

2020년도 서울시 기출문제

17. 농촌지도의 기본성격 중 교육적 성격에 대한 설명으로 가장 옳은 것은?

① 지도대상자가 학습경험을 가질 때 비로소 농촌지도목표에 도달할 수 있다.
② 모든 의사결정은 지도대상자에게 달려 있으며, 그 책임도 지도대상에게 있다.
③ 농촌주민, 지역사회 및 국가의 목적들은 상호 간 상보적 관계를 유지해야 한다.
④ 농촌지도기구가 독자적으로 농촌지도(교육)사업을 전개할 수 없는 것은 아니다.

해설 * 교육적 성격
   ㉠ 농촌지도는 인간의 행동과 자질의 함양을 직접목표로 하는 사업으로 농업생산 또는 농가소득 등 물질 증대를 직접목표로 하는 사업이 아니다.
   ㉡ 사회교육의 일환으로 실용적이며 현재지향적이다.
   ㉢ 행동적 변화를 통해 경제적, 사회적 개선을 도모하는 사업이다.
   ㉣ 객체지향적 교육으로 객체의 자발성과 자원성이 더욱 강조되며 행정독려적 성격을 가장 경계해야 한다.
   ㉤ 농촌지역주민의 잠재성과 창의성을 개발하여 농업생산과 생활향상을 도모할 수 있도록 필요한 정보와 지식을 제공하고 필요시 함께 토의, 상의, 격려, 조언하는 사업이다.
   ㉥ 농촌지도는 학교교육과는 다른 사회교육(비형식)적 성격을 갖는다.
   ㉦ 사회교육(비형식)적 교육의 교육자는 모든 분야에 대해 폭넓게 알고 있어야 한다.
   ㉧ 농촌지도는 행정적 과정과는 다른 교육적 과정으로 추진된다.

18. 협동자조 농촌지도 접근법에 대한 설명으로 가장 옳은 것은?

① 교육과 정보를 하향식으로 전달하며, 농가소득 증진을 최우선으로 한다.
② 교육 및 기술이 단독으로 전파되어서는 아무런 효과가 없다고 강조한다.
③ 경제적인 측면의 양적 발전보다는 인간적인 측면의 질적 발전을 더 강조한다.
④ 수혜자가 비용의 일부분을 담당해야 그 지도의 효과가 크다고 강조한다.

해설 ① 일반적 농촌지도접근, ② 종합농촌개발접근 ④ 비용분담접근
[일반적 농촌지도접근, 종합농촌개발접근, 협동자조접근 비교]

구분	일반적농촌지도접근	종합농촌개발접근	협동자조접근
배경	*사회는 균형에 바탕 *농업인에게 기술이나 교육을 전달하면 농업은 개선 가능함	*사회는 균형에 바탕 *농촌개발은 농촌개발에 관여하는 모든 기능이나 기관의 상호협동에 의해서만 가능함	*사회를 갈등적 측면에서 파악 *농촌지도는 불이익을 받는 농촌이나 소농의 이익을 반영해주어야 함
목적	생산성 향상을 통한 농가소득 증진	농업개발에 필요한 지식, 교육뿐만 아니라 운동, 신용, 영농자재 구입, 영농구조 개선 등을 균형 있게 조달할 수 있는 제도, 하부조 설립	교육적 수단을 통해 전통적 농촌의식을 개발하여 사회빈곤층인 농민에게 생의 의욕, 자신감을 고취시킴
교육방법	주로 전시를 통해 생산기술을 교육(하향식)	농업을 포함한 다양한 내용을 다양한 방법으로 교육	농촌사회 전반의 경제, 사회, 문화적 측면을 학습단체나 방송망 활용을 통해 교육(상향식)

정답 17. ① 18. ③

지도자 역할	교육자적 변화촉진자, 설득자, 독려자	변화촉진자, 조정자	상호협조자적, 상담자적 교육자
장점	*농촌지도를 교육적 사업으로 확립 *정책을 농촌에 전달하기 용이	*농촌개발을 광의적으로 이해 *경제적 발전 중심의 사고에서 탈피	새로운 시각 제시
단점	*농촌개발에 대한 협의적 이해 *쌍방적 정보흐름의 결여	방법론적 문제 제시 부족	자체적 노력에 너무 크게 의존

19. 우리나라 4-H 운동에 대한 설명으로 가장 옳은 것은?

① 1990년 이후 4-H 운동은 농촌개발을 위한 중견농업인 양성에 목표를 두고 있다.
② 영농 4-H회는 첨단농업기술지도로 후계영농주를 육성하는 데 목표를 두고 있다.
③ 일반 4-H는 초급영농과제이수로 농심을 함양하는 데 목표를 두고 있다.
④ 정부 추진 청소년 운동으로의 전환을 위하여 2007년에 「한국4에이치활동 지원법」이 제정되었다.

해설 ① 1947~1951년 해방 전후 농촌부흥을 위한 중견농업인 양성을 목표로 경기도 지역에서 처음 시작되었다.
③ 학생 4-H는 초급영농과제이수로 농심을 함양하는 데 목표를 두고 있다.
④ 민간 추진 청소년 운동으로의 전환을 위하여 2007년에 「한국4에이치활동 지원법」이 제정되었다.

20. 농촌지도자(농촌 리더) 및 여론지도자(오피니언 리더)에 대한 설명으로 가장 옳지 않은 것은?

① 농촌지도자는 공식적 지도자일 수도 있고, 비공식적 지도자일 수도 있다.
② 여론지도자는 일반농민에 비해 광역지향적이며, 높은 사회적 지위를 가지고 있다.
③ 집단구성원들에 의해 선출된 농촌지도자와 존경받는 전통적 지도자는 공식적 지도자에 해당된다.
④ 사회관계 측정법은 농촌집단에서 여론지도자를 발굴하는 효과적인 방법으로 알려져 있다.

해설 형식과 선출방법에 따른 농촌 리더의 유형
① 공식적 리더
  ㉠ 의의: 선거나 임명에 의하여 공식적으로 알려진 리더이다.
  ㉡ 선출된 리더: 집단이 민주적 방식에 의해 선출한 리더로 영농회장, 부녀회장 등이 있다.
  ㉢ 임명된 리더: 정부기관이나 공공단체에서 하향적으로 임명한 지도자로 이장, 새마을 지도자 등이 있다.
② 비공식적 리더
  ㉠ 의의: 선거나 임명이 없어도 집단이나 부락에서 커다란 영향력을 지닌 사람
  ㉡ 유형
    ⓐ 오피니언(여론) 리더: 공식적인 직책과는 아무런 관련 없이 다른 사람의 의견이나 여론에 영향력을 끼치는 개인이다.
    ⓑ 자원지도자: 경제적 보수 없이 자원해서 자신의 시간과 노력을 보람 있고 가치 있는 일에 희생적으로 봉사하는 사람이다.
    ⓒ 전통적 리더: 그가 갖고 있는 학식, 경력, 연령 등에 의해 영향력을 행사하는 유지급의 인사이다.

2023년 서울시 농촌지도사 농촌지도론

01. <보기>에서 농촌지도의 기능에 대한 설명으로 옳은 것을 모두 고른 것은?

> [보기]
> ㉠ 농촌지도는 농산물의 생산, 가공, 유통을 위해 다양한 방향에서 관련 기술을 보급하는 기능을 수행한다.
> ㉡ 농촌지도는 농장, 농촌조직, 지역사회를 동원하고 조직하는 기능을 수행한다.
> ㉢ 농촌지도는 교육을 통해 잠재역량과 인적자원을 개발하고 개인과 지역의 역량을 향상시키는 기능을 수행한다.
> ㉣ 농촌지도는 농업 및 농촌개발을 포함하여 광범위한 영역에서 농업인의 역량을 향상시키는 기능을 수행한다.

① ㉡, ㉢
② ㉢, ㉣
③ ㉠, ㉡, ㉣
④ ㉠, ㉡, ㉢, ㉣

[해설] 기능으로서 농촌지도
㉠ 지속가능한 농산물의 생산, 가공, 유통을 위해 다양한 방향에서 관련 기술을 보호하는 기능의 수행
㉡ 농장, 농촌집단, 지역사회를 동원하고 조직하는 기능의 수행
㉢ 교육을 통하여 잠재역량과 인적자원을 개발하고 개인과 지역의 역량을 향상시키는 기능
㉣ 농촌지도는 농업 및 농촌개발을 포함하여 광범위한 영역에서 농업인의 역량을 향상시키는 기능을 수행한다.

02. <보기>의 문제를 해결할 수 있는 농촌여성 지도의 내용으로 가장 옳은 것은?

> [보기]
> 청소년 자녀를 둔 다문화가족이 늘고 있지만 다문화 가족 자녀의 취학률은 전체 국민에 비해 낮은 수준으로 나타났다. 특히 도시지역의 다문화가족 청소년보다 농촌 지역의 다문화가족 청소년은 한국어 교육 등 정책 이용률도 낮아 더욱 소외되고 있다는 지적이다. 이에 농촌에 사는 다문화가족 청소년을 위한 한국어 교육 확대 등 농촌의 특성을 반영한 정책이 마련돼야 한다는 목소리가 나온다.

① 기초 및 교양 지도
② 자녀교육 지도
③ 의식주 생활개선 지도
④ 보건위생 지도

정답 01. ④ 02. ②

해설 농촌여성지도의 내용
1) 기초 및 교양지도
   농촌여성으로서 건전한 시민생활을 영위하고 보람 있는 삶을 추구할 수 있는 기초적 능력과 교양을 함양시키는 지도활동이다.
2) 가정관리지도
   ① 의의: 여성에게 가정의 경제적 자산과 자본 및 노동시간을 과학적이고 합리적으로 관리하도록 하며, 가족구성원간에 합리적으로 가사 역할을 분담시킬 수 있는 능력을 개발, 함양하는 지도사업이다.
   ② 지도활동: 가계부정리, 소비생활, 현금관리, 가정의례, 농가생활진단, 보험 등 재해대책, 생활기기 구입과 관리 등에 관한 여성지도활동이다.
3) 의식주 생활개선지도
   ① 의의: 농촌의 의식주 생활 개선과 향상을 위해 여성들에게 합리적이고 과학적인 의식주 생활관리능력을 배양시키는 것이다.
   ② 지도활동: 작업복 만들기, 간편한 일상복 만들기, 피복의 구입 및 보관관리 등 의생활지도, 식품요리, 영양개선, 식품의 저장가공, 부엌개량, 단체급식, 공동 취사 등 식생활지도, 주택개량, 정원관리, 실내장식 등의 주생활지도 등이 있다.
4) 자녀교육지도
   ① 의의: 자녀교육, 특히 취학 전 아동교육과 유아보육 등의 능력을 개발하고 지도하는 활동이다.
   ② 지도활동: 농번기 탁아소(새마을 유치원) 설치, 운영, 부모교육, 자녀의 가정학습지도, 자녀의 여가선용지도, 자녀진학지도, 청소년문제지도 등이 있다.
5) 보건위생지도
   ① 의의: 농촌의 보건위생을 개선, 향상시키기 위해 여성을 대상으로 보건위생에 관하여 실시하는 지도활동이다.
   ② 지도활동: 오물처리, 우물소독, 상하수도개량, 예방접종, 모자보건, 의료보험, 의료생활, 농약중독예방 등이 있다.
6) 소득증대지도
   ① 의의: 농촌가정의 경제생활 향상을 위하여 농촌여성을 대상으로 영농 및 부업에 대한 지식과 기술을 개발, 함양시키는 지도이다.
   ② 지도활동: 영농기술교육, 부녀자 농기계훈련, 부업단지의 조성 및 부업기술지도, 농업생산의 부농을 위한 생산자재 구입, 판매 등이 있다.
7) 가족계획지도
   ① 의의: 농촌의 고출산력을 억제하기 위하여 농촌여성을 대상으로 하는 가족계획의 필요성과 실천방법 등에 관한 지식을 보급, 전파하는 지도활동이다.
   ② 지도활동: 가족계획사업을 통하여 전개되며, 피임지식과 도구의 보급, 가족계획 홍보, 계몽, 피임시술, 산전, 산후 관리방법 등에 관한 교육이다.
8) 사회참여지도
   ① 의의: 농촌사회발전에 따라 증대하고 있는 농촌여성의 사회참여활동을 농촌여성들이 건전하고 바람직하게 수행할 수 있도록 기초적 자질과 소양을 계발, 함양하는 지도활동이다.
   ② 지도활동: 지도력 개발, 집단활동참여, 인간관계조성, 의사소통방법, 지역사회 개발활동 참여 등에 대한 다양한 사회교육 활동이 있다.

03. <보기>의 로저스(Rogers)가 제시한 혁신-의사결정과정의 단계를 순서대로 바르게 나열한 것은?

보기

㉠ 관심 단계(interest stage)
㉡ 인지 단계(awareness stage)
㉢ 수용 단계(adoption stage)
㉣ 시행 단계(trial stage)
㉤ 평가 단계(evaluation stage)

① ㉠-㉡-㉢-㉣-㉤
② ㉠-㉡-㉣-㉢-㉤
③ ㉡-㉠-㉤-㉣-㉢
④ ㉡-㉠-㉣-㉤-㉢

해설 로저스(Rosers)의 의사결정과정
1) 인지단계(awareness stage)
   전달사항에 대하여 수신자가 의식을 하는 단계로서 혁신 사항에 대하여 지식기능을 하는 단계이다.
2) 관심단계(interest stage)
   ① 전달사항에 관심과 흥미를 가져 그것에 대하여 관심을 가지고 알아보는 단계
   ② 어떤 신품종이나 새로 개발된 기술 등 혁신사항에 대하여 수신자로 하여금 심리적 충동이 발동되도록 설득기능을 하는 단계
   ③ 예: 성공사례, 선진지 견학 등
3) 평가단계(evaluation stage)
   ① 전달사항의 특성과 장단점을 조사하고 자신의 여러 가지 사정과 결부시켜 전달된 사항을 수용 혹은 배척을 결정하고 선택하는 사고의 마지막 단계이다.
   ② 의사결정기능을 의미한다.
4) 시행단계(trial stage)
   ① 마음으로 결정한 사항을 실제의 행동으로 시험적으로 소규모로 실천해보는 단계이다.
   ② 실제상황에서 실행의 결과가 예상 밖의 결과로 나타나 배척하는 경우도 있다.
5) 수용단계(adoption stage)
   ① 시행의 결과가 만족스러울 때 전달사항 혹은 의사결정사항을 본격적으로 받아들이고 적용하는 단계이다.
   ② 농민이 새로운 기술을 받아들이는 기술수용의 단계: 인지 ⇒ 관심 ⇒ 평가 ⇒ 시행 ⇒ 수용
      ㉠ 인지단계: 수신자가 의식을 하는 단계
      ㉡ 관심단계: 설득기능을 하는 단계로 성공사례나 선진지 견학 등이 이에 해당한다.
      ㉢ 평가단계: 의사결정의 기능
      ㉣ 시행단계: 실제의 행동으로 소규모로 실천하는 단계
      ㉤ 수용단계: 적응단계

기출문제 농촌지도사 농촌지도론

04. 영농체계연구 지도접근(Farming Systems Research and Extension)에 대한 설명으로 가장 옳지 않은 것은?

① 사업의 계획 단계에서 개별 농가의 참여가 배제되어 있다.
② 공공기관의 프로그램인 것에 비추어 그 결과는 반드시 농가뿐만 아니라 사회에 대한 수용성도 고려하여 설계된다.
③ 학문적인 연구보다는 직접 농가에서 부딪히는 문제를 파악하여 농가의 주어진 조건하에서 해결책을 모색한다.
④ 연구와 지도 및 수용의 시간이 길어 당면한 문제해결에 시의적절하게 대응할 수 없다.

해설 영농체계 연구지도 접근(Farming System Research and Extension; FSR&E)
 1) 의의
  한 농가의 여러 영농과제보다는 개별농가 전체의 물리적, 생물적, 사회경제적 조건과 목표, 특성, 자원, 생산활동, 경영활동을 종합적 체제로 보고 연구, 지도함으로써 정책개선, 생산지원, 농가 복리증진, 생산성 제고 등을 이루려는 사업체계이다.

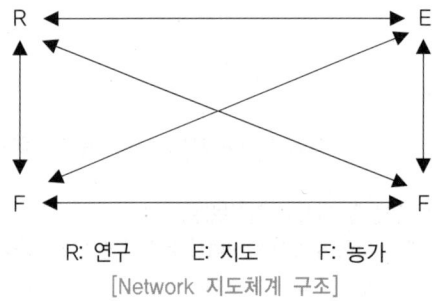

R: 연구   E: 지도   F: 농가
[Network 지도체계 구조]

 2) 특징
  ① 전통 연구지도체계가 연구-지도-농민의 선형구조를 보이지만 FSR&E는 지식망(network) 구조를 보인다.
  ② 지도사업의 주체와 객체가 같은 영역에서 구성원 간 상호작용이 쉽고 사업목적이 일치되어 사업 조정이 용이하다.
  ③ 소규모 농가 위주로 사업이 시작되어 연구하고 평가를 받는다.
  ④ 학문적 연구보다 직접적 문제해결에 초점을 맞추며 한 농가의 총체적 문제들을 파악하고 그 결과의 수용가능성을 평가한다.
  ⑤ 분야 간 연계와 상호작용이 잘 이루어져야 하며 자연과학의 실증적 지식과 사회과학의 가치판단까지 포함하는 종합적 지식이 필요하다.
  ⑥ 사적인 농가의 연구, 지도에서 시작하는 공공 프로그램이지만 그 결과는 농가뿐만 아니라 사회에 대한 수용성도 고려해야 한다.
  ⑦ FSR&E 수행단계: 대상농가 및 지역선정 → 과제파악 및 기초자료 분석 → 현장 연구계획 → 현장 연구 및 분석 → 시험 및 평가 → 결과 보급 및 지도
 3) 장점
  ① 농가의 현장 연구를 통하여 농가 중심의 기술개발과 수용을 가속화한다.
  ② 농민과 연구, 지도와의 상호연계를 증진시켜 직접적인 과제해결에 도움이 된다.
  ③ 연구, 지도 대상 간의 목적이 일치하며 사업의 효율성을 증진시킨다.
  ④ 특정 영농체계에 대한 전체적 접근을 통하여 전문성을 확보할 수 있다.
 4) 단점
  ① 다학문적 접근을 추구하고 있어 FSR&E팀의 목표와 전략 결정과정에서 학문 분야 간 다양한 견해가 나타날 수

있어 조정에 많은 시간과 노력이 필요하다.
② 정부나 유관기관의 사업에 대한 이해가 다르지 않을 경우 연구사나 지도사가 과다한 업무로 사업을 수행하기 어렵다.
③ 특정작목이나 영농체계에 대한 전문적 팀 접근으로 영농체계의 목표나 환경변화가 잦은 경우 사업 자체가 재구성되어 지속성이 낮고 비경제적이다.
④ 연구, 지도, 수용까지 시간이 오래 걸려 당면문제해결에 시의적절하게 대응하지 못한다.

05. 농촌지도사업의 SWOT 분석에 대한 설명으로 가장 옳지 않은 것은?

① 조직 역량에 대한 검토에 있어서는 강점과 약점에 대한 명확한 인식이 쉽지 않다.
② SWOT 분석을 이용한 전략과제를 개발하기 위한 전략의 유형 중 시장의 위협을 회피하기 위해 강점을 사용하는 전략은 WO 전략이다.
③ 조직과 환경 분석을 통해 강점과 약점, 기회와 위협요인을 규정하고 이를 토대로 전략을 수립하는 기법이다.
④ 환경 인식의 기법이나 예측, 분석 방법이 제대로 갖춰지지 않을 경우 환경에 대한 자의적인 선별과 해석으로 중요한 환경 요소들이 간과될 수 있다.

해설 SWOT 분석을 이용한 전략과제를 개발하기 위한 전략 유형
① SO전략(강점-기회전략): 시장의 기회를 활용하기 위해 강점을 사용하는 전략
② ST전략(강점-위협전략): 시장의 위협을 회피하기 위하여 강점을 사용하는 전략
③ WO전략(약점-기회전략): 약점을 극복하여 시장의 기회를 활용하는 전략
④ WT전략(약점-위협전략): 시장의 위협을 회피하고 약점을 최소화하는 전략

06. 〈보기〉에서 농촌지도평가의 원리에 대한 설명으로 옳지 않은 것을 모두 고른 것은?

보기
㉠ 농촌지도는 투자와 산출의 관계에서 검토되어야 한다.
㉡ 농촌지도평가는 항상 모집단을 대상으로 평가하여야 한다.
㉢ 농촌지도의 평가는 어떤 사업이 마감된 직후에 하여야 한다.
㉣ 농촌지도의 계획과 목표의 달성정도가 평가의 기준이 되어야 한다.

① ㉠, ㉡
② ㉠, ㉣
③ ㉡, ㉢
④ ㉢, ㉣

해설 농촌지도 평가의 원리
1) 농촌지도의 계획과 목표의 달성정도(성취도)가 평가의 기준이 되어야 한다.
2) 농촌지도목표의 달성 여부에 대한 배경과 원인이 밝혀져야 한다.
3) 평가는 특정 기간의 판단이 아닌 연속적인 과정이어야 한다.
4) 평가는 위원회 같은 조직체를 만들어 시행하여야 한다.
5) 지도대상의 인격이 존중되도록 자료를 수집하여야 한다.
6) 농촌지도는 투자와 산출의 관계에서 검토되어야 한다.
7) 농촌지도평가는 표본을 대상으로 평가하여야 한다.

07. 〈보기〉에서 농촌청소년지도의 원리에 대한 설명으로 옳은 것을 모두 고른 것은?

보기
㉠ 어떤 행동에 대한 보상을 주어야 한다.
㉡ 발표와 봉사의 기회를 자주 부여하는 것이 필요하다.
㉢ 또래문화를 고려하여 청소년을 개인보다는 집단으로 지도하여야 한다.
㉣ 과제나 계획수립을 청소년 스스로 하도록 하여야 한다.

① ㉠, ㉡
② ㉢, ㉣
③ ㉠, ㉡, ㉣
④ ㉡, ㉢, ㉣

해설 농촌청소년지도의 원리
① 청소년의 심리적 특성을 감안하여 지도한다.
② 자원지도자를 확보하고 그들의 지도력을 활용하여야 한다.
③ 가정과 지역사회의 지원을 확보하여야 한다.
④ 개인지도를 중심으로 스스로 해결하도록 도와야 한다.
⑤ 계획과 평가에 모든 청소년을 참여시켜야 한다.
⑥ 발표와 봉사의 기회를 자주 부여하는 것이 필요하다.
⑦ 강화를 시켜주어야 한다.
⑧ 집단활동에 흥미를 부여하여야 한다.
⑨ 어떤 행동에 대한 보상을 주어야 한다.

2023년도 서울시 기출문제

08. 〈보기〉에 제시된 우리나라 역대 농촌지도조직(기구)의 발전과정을 시간순으로 바르게 나열한 것은?

보기

㉠ 농사원 ㉡ 농업기술원
㉢ 중앙농업기술원 ㉣ 농사개량원
㉤ 농촌진흥청

① ㉠-㉡-㉢-㉣-㉤
② ㉠-㉢-㉣-㉡-㉤
③ ㉣-㉡-㉠-㉢-㉤
④ ㉣-㉡-㉢-㉠-㉤

해설 기구의 변천

기구	특징
농사개량원 47.12 ~ 48.12(1년)	* 미국식 대학외연교육형 체계 도입 　- 농과대학+시험장+교도국 　- 도 및 시군 기구를 지방행정과 분리 * 인력, 예산 등 여건 불비로 성과 없이 개편되었다.
농업기술원 49.1 ~ 56.2(7년)	* 정부수립 후 농과대학을 문교부로 이관 * 6.25 전쟁으로 지도사업 부진
중앙농업기술원 56.3 ~ 57.5(1년)	* 6.25 전쟁 후 농촌 재건이 시급, 교도사업 재개 　- 지방농촌지도기구를 행정에 통합(강력한 농사행정 지원) * 교도사업의 이원화: 농업기술원과 농림부 농촌지도국
농사원 57.6 ~ 62.3(5년)	* Macy 보고서를 기초로 '농사교도법' 제정 　- 지방기구를 행정과 분리, 국가체계로 일원화 * 훈련된 전문 인력 확보 　- 상향식 교육적 지도활동 전개
농촌진흥청 62.4 ~ 현재	* 1962~96: 지도사업의 중앙집권 시기 　- 농촌개발에 관련된 유사기능의 통합 * 농촌진흥청을 유일한 농촌지도기관으로 지정 　- 지방기구를 자치단체의 장 소속 외청 기관화 * 국가와 지방자치단체가 협동사업화 　- 읍면지소의 지도소로 통폐합 * 1997년: 지도사업의 지방분권화 시대 * 지방자치단체 소속 지도공무원을 지방직(6,696명)으로 전환함에 따라 국가직은 179명만 남음 * 지방농촌진흥기구를 지방자치단체로 이관 * 1998년: 1단계 구조조정 * 지방농촌진흥기구 명칭 변경 　- 도 농촌진흥원: 농업기술원 　- 시군 농촌지도소: 농업기술센터 * 1999년: 지방기구 2단계 구조조정

정답 08. ④

09. 조선 후기 실학자 박지원이 우리나라의 농학과 중국의 농학을 비교·연구하여 편찬한 농업서는?

① 『농사직설』　　　　　　　　② 『농상집요』
③ 『과농소초』　　　　　　　　④ 『양화소록』

해설　농업 서적을 통한 농촌지도
① 고려말: 중국농서의 번역본 '농상집요'
② 세종: 최초의 농서로 정초와 변효문의 '농사직설'은 우리나라 풍토에 맞는 농법으로 1429년 간행
③ 세조: 강희안의 '양화소록'(최초의 원예서적으로 채소, 과수, 약초 등을 다루고 있다), 강희맹의 '사시찬요'
④ 중종: 김안국의 '농사언해' '잠서언해'(1518)
⑤ 효종 6년: 신속의 '농가집성'(1655), 농업서 중 가장 중요한 농서로 농사직설, 사시찬요, 금양잡록, 권농문(주자)을 종합하여 편찬하였다.
⑥ 영·정조: 박세당 '색경', 박지원 '과농소초', 박제가 '북학의', 서유구 '임원경제지'. 이익 '성호사설', 유형원 '반계수록' 정약용 '목민심서'

10. 농업연구와 지도의 접근방법에 대한 설명으로 가장 옳지 않은 것은?

① 훈련 및 방문 접근법(T & V)과 농민우선 접근법(farmer first)은 시스템 모형 접근법이다.
② 기술보급 모형은 농촌지도요원의 행동 특성, 동기, 자질, 사기 등을 중심으로 설명하는 이론이다.
③ 혁신전파 이론에 기반한 행위자 모형은 기술보급 모형이라고도 한다.
④ 현장연구(on-farm research)와 참여연구(participatory action research)는 행위자 모형과 시스템 모형을 결합한 접근법이다.

해설　농업연구-지도의 이론적 모형
1) 전통적 기술보급모델의 발전과정
① T&V(Training and Visit Extension)법 → 영농체계연구지도(Farming Systems Research and Extension; PSR&E) → 농민우선 → 참여연구
② 점차 농민이 수동적 역할에서 적극적 역할로 참여가 확대되어 간다.
2) 기술보급 모형(행위자 모형)
① 혁신전파이론에 기반한 행위자 모형이다.
② 농업연구사와 농촌지도사의 행동 특성, 동기, 자질, 사기 등을 중심으로 설명하는 이론이다.
③ 관련이론: 훈련, 방문(T&V), 농민우선
④ 농업연구기관에서 개발한 신기술 이전을 위한 지도사업을 활용한다.
⑤ 기술보급은 일련의 방법이라기보다는 기술보급 체계를 의미한다.
⑥ 농가를 농업연구기관에서 개발한 신기술의 수용자로만 여기는 개발 시각으로 인해 선형적이고 하향식 방식을 취한다.
⑦ 우리나라 농촌지도사업은 농업기술보급모델에 기반한 지도사업을 수행해 왔다.
⑧ 농촌지도사업은 시험연구결과(자연과학 지식)를 농업인 활용기술로 가공하여 부가가치를 높여주는 고도의 전문성과 창의성을 필요로하는 활동이다.
⑨ 전통적인 기술보급모델은 농민이 수동적으로 연구사나 지도사의 기술을 수용하도록 하는 방법인데 점차 농민이 수동적 역할에서 적극적 역할로 참여를 확대해 왔다.

3) 시스템 모형
    ① 조직간의 연계, 정보흐름도, 조직역할 업무진단, 업무분석, 연구지도 연계 등을 중심으로 설명하는 이론이다.
    ② 관련접근법: 영농체계연구지도, 농업지식체계, 투입산출모형(input-output model, 미국 위스콘신 주립대학교에서 개발)
    ③ 행위자 모형과 시스템 모형이 복합적용된 접근법에는 현장연구, 참여연구가 있다.
4) 참여연구 접근
    ① 1975년 이후 성인교육 운동과 함께 1980년대 후반 농민우선과 'Participatory Technology Development(기술개발참여)'라는 개념으로 등장하였다.
    ② FAO나 세계은행에서 농업연구와 지도를 개발하여 운용하였다.
    ③ 특징은 지속가능한 농업과 자연자원 개발을 위한 접근방법이다.
    ④ 참여연구는 연구, 지도과정에 농민참여를 중시하는데 농업연구, 개발, 농촌지도과정에서 농민역할을 중요하게 고려하는 것이다.
    ⑤ 주로 농촌평가를 위한 접근법으로 사용되었다.
        ㉠ 신속한 농촌평가보다 참여적 농촌평가방법이 더 발전되어 나타난 접근법이다.
        ㉡ 신속한 농촌평가법: 여전히 상의하달식 접근법으로 외부인의 관점에 중심을 둔다.
        ㉢ 참여적 농촌평가법: 지역주민 스스로 주체가 되어 평가하는 접근법이다.

11. 농촌 리더(오피니언 리더)를 발굴하는 방법에 대한 설명으로 가장 옳지 않은 것은?

① 사회관계 측정방식은 사회체계의 일부인 표본을 대상으로 할 경우에 적합하지 않다는 한계점을 가지고 있다.
② 정보제공자의 평가방식은 사회관계 측정방식에 비해서 시간과 비용이 절약되는 장점이 있다.
③ 자기추천 방식은 응답자가 자신을 오피니언 리더로서 어느 정도로 인식하는지를 알아보기 위해 일련의 질문을 하는 방법이다.
④ 관찰 방식은 커뮤니케이션 네트워크 연결고리들을 식별하고 기록하는 방법으로 타당도가 낮다는 한계점을 가지고 있다.

해설 농촌 리더의 발굴
1) 농촌 리더의 발굴
    ① 지역사회개발사업이나 농촌지도사업에서 지역주민의 리더십은 매우 중요하다.
    ② 농촌 리더와 관련하여 대부분 자원지도자를 다루기 때문에 그들을 발굴하는 것이 중요하다.
    ③ 농촌 리더로서 오피니언 리더를 발굴하는 방법은 사회관계 측정방식, 정보제공자의 평가, 자기추천 방식, 관찰 등이 있다.
2) 사회관계 측정방식(sociometric techniques)
    ① 의의
        ㉠ 모레노(Moreno)가 1934년에 창안하였으며, 가장 널리 알려진 방법이다.
        ㉡ 집단을 성원 상호의 견인, 반발의 긴장체계로 보고, 이것을 측정하여 집단 구조, 인간관계, 집단성원의 지위 등을 측정하는 이론이다.
        ㉢ 응답자들이 특정 혁신에 대한 정보와 충고를 얻기 위해 누구를 찾는지를 알아보는 방법이다.
    ② 특징
        ㉠ 대면 접촉을 통해 서로의 존재를 심리적으로 인식하고 있는 사람들에게 적용할 수 있는 것으로 오피니언 리더를 찾는데 대단히 효과적이다.

ⓛ 직접적인 인지자료에 근거하여 측정하므로 리더십 측정에 매우 합당한 방법이다.
　　　　　ⓒ 오피니언 리더는 집단성원이 정보원으로 가장 많이 선택하는 사람들이므로 다수의 네트워크 연결고리에 속해 있어 사회체계(적은 수)의 표본보다는 모집단 전체의 네트워크 자료를 확보할 때 가장 효과적이다.
　　　③ 방법
　　　　　ⓛ 집단성원에게 어떤 선택 상황을 제시하는 질문을 하고 응답의 비밀을 보장하는 약속을 한 후, 각 응답자 본인과 그가 선택하는 사람을 셋으로 제한하고, 그 세 사람에 대한 선호 순위를 표시하게 한다.
　　　　　ⓒ 응답의 결과를 감정지도로 도식화하여 집단 내 선호관계를 한 눈에 볼 수 있게 한다.
　　　④ 한계
　　　　　ⓛ 소수의 오피니언 리더를 발견하기 위해서 상당히 많은 응답자에게 질문을 해야 하는 번거로움이 있다.
　　　　　ⓒ 사회관계 측정 질문은 응답자가 네트워크를 통한 동료, 지인을 모두 열거할 수 있도록 고안될 필요가 있다.
　　　⑤ 다른 접근법: 명단 조사(roster study)
　　　　　ⓛ 응답자는 한 체계의 모든 구성원의 리스트를 제공받고 명단에 있는 다른 사람들과 교류를 하는지, 얼마나 자주하는지 대답을 한다.
　　　　　ⓒ 강한 네트워크뿐만 아니라 약한 네트워크 연결고리를 측정할 수 있다.
　2) 정보제공자의 평가(informants ratings)
　　　① 의의
　　　　　ⓛ 지식이 많은 주요 정보제공자들에게 질의하는 방법이다.
　　　　　ⓒ 소규모의 체계에서 특정 정보제공자가 많은 정보를 가지고 있는 경우, 그들을 대상으로 조사하는 것만으로도 사회관계 측정방식 이상으로 효과적일 수 있다.
　　　② 불러(Buller)의 연구사례: 뉴멕시코의 타오스 카운티(Taos County)에서 종교지도자들, 공무원들, 교직원들, 그 지역 장기 거주자 등의 주요 정보제공자에게 질문을 했는데, 그들이 두 번 이상 언급한 사람들이 오피니언 리더이다.
　3) 자기추천 방식(self designating techniques)
　　　① 의의: 응답자들로 하여금 체계 내에서 다른 사람들이 응답자들을 얼마나 영향력 있는 사람으로 평가하는지 질문하는 방식이다.
　　　② 예시: '당신은 사람들이 정보나 충고를 얻기 위해서 다른 사람보다 당신을 찾는다고 생각하십니까?'라는 질문 등을 한다.
　　　③ 응답자들이 자신의 이미지를 얼마나 잘 지각하고 있느냐에 따라 정확성이 결정된다.
　　　④ 한 체계 내에서 임의의 표본 응답자들에게 질의할 때 적절한 방법으로, 사회관계 측정방식을 적용할 수 없을 때 사용한다.
　4) 관찰(observation)
　　　① 의의
　　　　　ⓛ 사람들을 관찰함으로써 피관찰자의 리더십을 측정하는 방법이다.
　　　　　ⓒ 연구자가 체계 구성원의 커뮤니케이션 행동을 확인하고 기록함으로써 리더십을 확인한다.
　　　② 장점
　　　　　ⓛ 자료의 타당도가 매우 높다.
　　　　　ⓒ 소규모 사회체계에서 가장 효과적이다. 대인적 교류가 일어날 때 관찰자가 실제적으로 관찰하고 기록하기 쉽기 때문이다.
　　　③ 한계
　　　　　ⓛ 소규모 체계에서의 관찰은 피관찰자에게 개입할 수 있는데, 사람들은 자신이 관찰되고 있다는 것을 알기 때문에 실제와 다르게 행동할 수 있다.
　　　　　ⓒ 연구자가 관심을 갖는 어떤 사회적 행위가 일어날 때까지 인내심 있게 행동해야 한다.

12. 자원지도자에 대한 설명으로 가장 옳은 것은?

① 선거에 의해 피선되거나 기관이나 단체에서 일방적으로 지명한 지도자(리더)이다.
② 성취동기, 친애동기, 권력동기에 의하여 자원봉사에 참여한다.
③ 자원봉사에 참여하는 이유는 정신적 보상뿐 아니라 경제적·물질적 보상 때문이다.
④ 봉사의 의미보다는 명예나 지배욕구의 충족으로 보상이 된다.

해설 자원지도자
① 의의
  ㉠ 농촌사회 구성원으로서 타인에 비하여 영향력을 비교적 많이 행사하는 사람이다.
  ㉡ 자원지도자를 농촌민간리더, 농촌지역리더(rural local leader)라고도 한다.
  ㉢ 선거로 선출된 리더, 기관이나 단체에서 지명하는 리더가 아닌 먼저 자원하는 것이 전제가 된다.
② 자원의 의미를 강조하는 이유
  ㉠ 농촌지도사업에 참여하여 자신의 명예, 경제적 이익에 도움을 받는 것이 아니라, 시간, 경제적 희생, 봉사가 수반되는 일을 무보수로 하기 때문이다.
  ㉡ 자원지도자는 사람들이 하기 싫어하는 일(노약자, 부모 없는 어린이, 장애 청소년 등에게 정신적, 교육적 봉사)을 한다. 그러나 민간단체(친목단체, 동창회 등)의 리더는 보수가 없지만 다소의 명예와 지배욕구(지시, 명령, 감독 등)를 충족시켜 준다.
  ㉢ 자원지도자는 리더보다는 자원봉사자의 의미가 더 강하나 자원봉사자 존중 차원에서 리더라는 명칭을 부여하였으며, 자원봉사자가 다소의 리더십이 있어야 그 역할을 훌륭하게 수행하기 때문이다.
③ 자원지도자의 지도사업 참여 동기
  ㉠ 핸더슨(Henderson): 권력동기 → 친애동기 → 성취동기로 구분한다.
    ⓐ 권력동기: 타인에게 어떤 영향을 행사할 수 있기를 기대하는 욕구
    ⓑ 친애동기: 타인과 사귀고 싶고 애정을 교환하고 싶어하는 욕구
    ⓒ 성취동기
      • 매슬로우(Maslow)의 자아실현욕구와 유사한 개념으로 자기 이상을 실현하여 자기존중과 만족감을 느끼려고 하는 동기이다.
      • 자기가 하고자 하는 일, 어려운 일, 사회적으로 보람있는 일 등을 성공적으로 이룩하려고 하는 욕구
  ㉡ 앤더슨과 로더데일(Anderson & Lauderdale)의 참여 동기요소: 소속, 교육요구 성취, 전문적 훈련 이수, 팀의 구성원 되기, 문제해결에 참여, 평가받은 일과 경험의 수용, 새로운 관계 형성, 지루함과 단조로움의 탈피, 재미와 베풂, 인정받는 것, 새로운 기술의 습득, 새로운 관심의 개발, 진로 가능성의 검증, 창의적이 되는 것, 기존의 기술 활용, 개인적 리더십 능력의 개발 등

13. 농촌지도방법 중에서 전시(demonstration)에 대한 설명으로 가장 옳지 않은 것은?

① 결과 전시(result demonstration)는 기술 또는 기법을 가르치거나 수행방법을 단계별로 보여주기 위한 지도 방법이다.
② 방법 전시(methods demonstration)는 어떤 기술에 대하여 이미 사용하길 원한다고 확신하고 있는 농업인들에게 적용하는 지도방법이다.
③ 결과 전시(result demonstration)는 전시 포장이나 전시 농장에서 이루어지는 지도 방법이다.
④ 농업인들 스스로 혁신을 시도해 보도록 자극하거나 농업인들에게 혁신의 시험을 대신하는 지도 방법이다.

해설 전시 종류: 결과전시, 방법전시, 행동전시
ⓐ 결과전시(result demonstration)
- 농촌지도의 중심적인 지도방법으로 미국의 내프(Knapp)가 최초로 개발한 지도방법이다.
- 혁신의 효과를 지도대상자에게 실제로 관찰하게 하는 장기적인 방법이다.
- 지도대상자들이 생활하고 있는 현장에서 그들 중에 대표격이 되는 사람이 직접 새로운 품종을 재배하거나 새로운 기술을 영농에 적용하여, 그 효과를 지도대상자들의 눈으로 직접 보게 하여 지도대상자 스스로 혁신사항을 수용하게 하는 지도방법이다.
- 영농혁신의 효과를 새롭게 인식시키기 위하여 주로 사용하는 방법으로, 신품종의 효과, 비료사용의 효과, 잡초 및 병충해 방제의 효과 등을 실증하여 보일 때 효과적이다.
ⓑ 방법전시(methods demonstration, 연시)
- 새로운 기술을 실제로 어떻게 사용하는가를 시범하여 보임으로써 혁신을 사용하게 하는 단기적 전시법이다.
- 지도사나 기타 연시자가 직접 행동과 언어, 필요 시에는 자료나 유인물을 이용하여 실질적 상황에서 어떻게 하는지를 시범적으로 보여주는 지도방법이다.
- 농사기술이나 농기계 운전 등을 지도할 때 가장 많이 사용하는 효과적인 지도방법이다.
- 비교적 짧은 시간 내에 끝낼 수 있고 비용이 많이 들지 않으며 실제적 상황에서 행동으로 지도하기 때문에 쉽게 이해한다는 장점이 있다.
- 훌륭한 연시자를 구하기 쉽지 않다는 단점이 있다.
ⓒ 행동전시(action demonstration)
- 정부정책이나 사회에서 대부분 사람들이 바라는 변화를 보여주려고 노력하는 것이다.
- 농촌지도요원이 거의 사용하지 않는 방법이다.

14. 〈보기〉에서 「한국4에이치활동 지원법」상 4에이치활동에 해당하는 것을 모두 고른 것은? (단, 〈보기〉의 활동은 모두 4에이치 이념에 근거를 두고 있는 활동이다.)

보기
㉠ 4에이치 이념을 실천하기 위한 수련활동·문화활동, 그 밖의 교육훈련활동
㉡ 4에이치 이념을 확산·발전시키기 위한 홍보출판 및 연구활동
㉢ 국가간 4에이치 교환훈련 등 국제교류 활동

정답 13. ①

① ㉠　　　　　　　　　　② ㉠, ㉢
③ ㉡, ㉢　　　　　　　　④ ㉠, ㉡, ㉢

> [해설] 농촌 4-H 주요 활동
> (1) 회의 및 의식 활동
>   1) 회의 활동
>   ① 회원들이 회의 생활에 잘 참여하여 친숙하게 하고, 회의를 통해 자제력을 갖게 되며, 민주주의 기본 원칙과 절차를 익히고 실천한다.
>   ② 주요 회의로는 월례회의와 정례회의가 있다. 정례회의에는 연시, 연말총회, 4-H 신입회원 가입식, 4-H 임원 임명식 및 취임식, 분과별 임원회 등이 있다.
>   2) 의식 활동
>   ① 봉화식과 촛불의식이 있다.
>   ② 각종 4-H 행사에서 자신을 태워 불을 밝히는 촛불을 보여 4-H 정신과 이념을 다시 생각하고 각오를 다지는 것이다.
> (2) 과제활동
>   1) 개념
>   ① 과제는 생활 속에서 스스로 경험해서 배우는 실천적 학습활동이다.
>   ② 과제활동의 3요소는 청소년, 부모, 지도자이다.
>   ③ 4-H 활동은 대부분 과제활동으로 이루어진다.
>   ④ 과제란 개량, 개선에 목표를 두고 무엇이든 관찰과 실천을 통해 체득하게 하는 일이다.
>   2) 목적
>   ① 흥미와 적성의 개발
>   ② 실천적 학습기회 부여
>   ③ 사업적 경영능력 개발
>   ④ 자주성과 창의성 개발
>   ⑤ 미래자산의 확보
> (3) 교육행사 및 훈련
>   1) 개념
>   ① 단체학습이나 활동을 통해 새로운 기술을 습득하고, 협동심, 극기력, 적극성 등을 함양하며, 더불어 살아가는 사회인으로 심성을 키우기 위한 행사이다.
>   ② 경진대회, 문화탐방, 야영훈련, 청소년의 달 행사 등이 있다.
>   2) 목적
>   ① 과제이수능력 향상
>   ② 인간관계가 넓어진다.
>   ③ 사회성 향상
>   ④ 집단 전체의 발전을 위한 친목과 단합
>   ⑤ 협동, 봉사정신 및 공동체 의식 함양
>   ⑥ 심신을 단련하면서 호연지기 함양
>   ⑦ 선진 영농기술 습득과 견문 확장

정답 14. ④

기출문제 농촌지도사 농촌지도론

15. 농촌지도사업과 공공서비스에 대한 설명으로 가장 옳지 않은 것은?

① 농업인과 소비자 등 공공의 이익을 위해 추진된다면 농촌지도사업은 공공서비스의 일종으로 볼 수 있다.
② 공공서비스는 사회공동체의 편익을 위하여 제공되는 재화와 용역을 포괄하는 개념이다.
③ 공공서비스는 비배제성과 비경합성의 특성 때문에 정부의 개입이 불필요하다.
④ 비경합성이란 한 사람의 소비가 다른 사람의 소비량을 감소시키지 않는 것을 말한다.

해설 농촌지도사업의 유형
농촌지도사업은 농업인과 소비자 등 공공의 이익을 위하여 추진되기 때문에 공공서비스에 해당된다.
1) 일반적 공공서비스의 의미
   ① 사회공동체의 편익을 위하여 제공되는 재화와 용역이다.
   ② 사회공공이 이용할 수 있게 제공되는 서비스이다.
   ③ 공공기관뿐만 아니라 민간부문에서 제공되는 비경합성, 비배제성을 지닌 서비스이다.
   ④ 공공서비스는 공공기관이 시민(국민)들의 공적인 수요를 충족시키기 위해 생산, 공급하는 서비스이며 공공기관이 국민에게 공급하는 유·무형의 생산물이다.
2) 공공서비스의 특징
   ① 비경합성: 공공서비스는 여러 명이 공동으로 소비할 때 한 사람의 소비가 다른 사람의 소비량을 감소시키지 않는 것
   ② 비배제성: 서비스에서 얻어지는 효용이 어느 특정인에게만 한정되지 않는 것
   ③ 큰 외부효과(exterrality): 외부효과란 하나의 서비스 공급이 그로 인해 막대한 다른 파급효과를 불러오는 것
   ④ 많은 무임승차자(free riders): 공공서비스는 누구나 집단적으로 소비할 수 있으므로 그 서비스에 소요되는 비용을 부담하지 않고 서비스 혜택을 받는 것
3) 배제성(excludability), 경합성(rivalry)(소비특성) 유무에 따른 구분
   ① 공공재(public goods): 시간과 무관한 제품, 광범위한 적용의 마케팅 및 경영정보
   ② 요금재(toll goods): 시간에 민감한 제품, 마케팅 및 경영정보
   ③ 공유재(common pool goods): 지역에서 활용가능한 자원 또는 투입요소로 표현되는 정보, 조직개발에 관한 정보
   ④ 민간재(private goods): 고객에 맞춘 정보 또는 조언, 상업화 가능한 투입요소로 표현되는 정보
   ⑤ 공공서비스 유형

		소비특성	
		집단적	개별적
배제성	배제 불가능	집합재	공유재
	배제 가능	요금재	민간재

4) 배제성(excludability), 경합성(rivalry) 정도에 따른 농업정보기술 유형

		경합성	
		저	고
배제성	저	공공재	공유재
	고	요금재	민간재

5) 편익의 귀속성과 시민편의에 따른 구분
   ① 공공서비스의 편익 귀속에 따른 구분
      ㉠ 공익적 서비스: 시민 전체에 귀속됨
      ㉡ 사익적 서비스: 개인에게 귀속됨

정답 15. ③

② 시민생활에 꼭 필요한 필수적 서비스, 선택적 서비스로 구분

		편익의 귀속성	
		공익적	사익적
시민생활 편의	필수적	공익적, 필수적	사익적, 필수적
	선택적	공익적, 선택적	사익적, 선택적

㉠ 공익적, 필수적 서비스: 공익성이 높고 시민 생활을 영위하는데 기초적, 필수적 서비스 분야
㉡ 사익적 필수적 서비스: 사익성이 높지만 주민생활에 기초적, 필수적 서비스 분야. 편익의 개인적 귀속이라는 특성으로 공공부문의 공급에 한정하지 않고 다양한 공급 주체가 존재한다.
㉢ 공익적, 선택적 서비스: 공익성이 높지만 주민생활을 영위하는데 2차적 이상의 선택적 서비스 분야. 편익이 특정지역에 귀속되는 경우가 많으며 납세자 이익 원칙이 적용된다.(시민회관, 노인정 운영 등)
㉣ 사익적, 선택적 서비스: 사익성이 높고 주민생활의 영위에서 2차적 이상의 선택적 서비스 분야. 편익의 개인적 귀속이라는 특성으로 민간부문이 공급하고 개인이 서비스 비용을 부담한다.

16. 사회학습이론에 따른 인지적 과정(학습)의 4단계 중 〈보기〉에서 설명하는 단계로 가장 옳은 것은?

> 보기
>
> • 모델이 받았던 것과 동일한 강화를 받게 되는지 확인하기 위해서 학습자가 관찰한 행동을 시도하는 것과 밀접하게 관련되어 있다.
> • 사회학습이론에 따른 인지적 과정(학습)의 4단계 중에서 3번째 단계에 해당한다.

① 파지 과정
② 주의집중 과정
③ 동기화 과정
④ 운동재생산 과정

해설 사회학습이론에 따른 인지적 과정(학습) 4단계

주의집중과정 ⇒ 파지과정 ⇒ 운동재생산과정 ⇒ 동기화과정

1) 1단계: 주의집중과정
   ① 학습자는 모델을 관찰할 수 있는 물리적 역량(감각적 능력)을 가지고 있다.
   ② 학습자가 모델 관찰을 통하여 다른 기술과 행동을 성공적으로 학습해 왔다면 더욱 그 모델에 주의하게 된다.
   ③ 모델의 행동에 주의를 기울이는 것이 중요하다.
   ④ 모델에 대한 주의집중을 끌어내는 가장 중요한 요인은 모델과 관찰자간의 유사성 정도이며 모델이 연령, 성별이 관찰자와 비슷할 때 또는 매력적이거나 존경받거나 지위가 높고 유능할 때 특히 주의집중을 받는다.
   ⑤ 학습자의 주의집중 과정에 영향을 주는 요인
      ㉠ 관찰자의 흥미, 개인적인 과거의 경험 등 관찰자의 특성
      ㉡ 관찰자와의 동질성, 모델 자체의 매력 등과 관련한 모델의 특성
      ㉢ 자신에게 이익이 되는지의 여부에 관련된 모델 자극의 특성
      ㉣ 좋아하거나 자주 접하는 집단 구성원의 행동을 더 많이 관찰하고 모방하는 것과 관련한 교제 유형
2) 2단계: 파지과정(기억과정)
   ① 관찰자는 모델을 관찰한 후 일정 시간이 지난 후 행동을 모방하기 때문에 모델의 행동을 시각적 또는 언어적인 형태의 상징적 부호로 저장한다.

정답 16. ④

② 만일 관찰자가 모델이 행한 것을 기억할 수 없다면 모델의 행동을 관찰해서 크게 영향을 받을 수 없을 뿐만 아니라 어떠한 지속적인 행동도 나타날 수 없을 것이다.
③ 파지과정에서 시연이 중요하다.
   ㉠ 내적시연: 개인이 행동하는 것을 마음속으로 상상해보는 것
   ㉡ 외적시연: 실제로 행동으로 나타내 보는 것
   ㉢ 학습자는 내적시연 뒤 외적시연에 들어가면 보다 잘 할 수 있다.
   ㉣ 시연은 학습자의 수준에 의해 영향을 받는다.

3) 3단계: 운동재생산과정
   ① 모델이 받았던 것과 동일한 강화를 받게 되는지 확인하기 위하여 학습자가 관찰한 행동을 시도하는 것을 말한다.
   ② 모방하려고 하는 행동을 잘 기억하고, 그것을 실제 실행에 옮겨봄으로 학습의 효과를 높일 수 있다.
   ③ 재생산 능력은 학습자가 행동 또는 기술을 회상해 낼 수 있는 정도에 따라 결정되며, 학습자는 행동을 수행하거나 기술을 재연할 수 있는 물리적 역량이 있어야 한다.
   ④ 학습자가 행동의 정확한 표현을 위해서는 운동 기능을 갖추어야 하며 개개인의 발달 수준에 의해 영향을 받는다.
   ⑤ 관찰자가 새로 획득한 행동을 실제 행동으로 재연하는 과정에서 관찰자의 기억 속에 담긴 심상이나 언어적 부호들이 중요한 기능을 발휘한다.
   ⑥ 관찰한 행동은 많은 연습을 통해서만 잘 재생할 수 있고, 자신의 행동을 관찰하고 자신의 행동과 기억하고 있는 모델의 행동을 비교하면서 계속 자기의 행동을 수정하여 모델의 행동을 재생할 수 있게 해주는 교정적 피드백이 필요하다.

4) 4단계: 동기화과정
   ① 개인의 재생산능력이 아무리 뛰어나도 충분한 유인가치 및 동기가 없으면 행동을 수행하지 않는다.
   ② 관찰을 통해 학습된 행동은 그 행동이 강화를 받을 때에만 지속적으로 일어날 것이며 학습자는 긍정적 결과를 유도하는 모델행동을 더욱 선호하며, 사회학습이론은 강화된 행동이 계속 반복될 것이다.
   ③ 직접 강화, 대리 강화, 자기 강화 등의 강화 가능성에 따라 실제 수행 여부가 좌우된다.
   ④ 행동 모델링 교육훈련, 멀티미디어 교육훈련 프로그램 등은 사회학습이론에 의해 영향을 받은 훈련방법에 해당된다.

17. 농촌지도의 기원에 대한 설명으로 가장 옳지 않은 것은?

① 농민학원(farmer's institutes)을 유럽과 북미주 농촌 지도사업의 기원으로 보고 있다.
② 1797년 설립된 조지콘 아카데미(Georgicon Academy)는 유럽 농업대학의 모델이 되었다.
③ 농업교육의 기원은 16~17세기 유럽의 르네상스시기까지 거슬러 올라갈 수 있다.
④ 농촌지도사업의 원시적 형태는 순회농업교사를 활용하는 방법에서 비롯되었다.

해설 * 미국 농촌지도의 역사적 배경
① 유럽 최초의 농촌지도사업
   ㉠ 1847년 아일랜드에서 실시된 농업서비스 사업이 유럽 최초의 농촌지도사업이다.
   ㉡ 당시 감자 기근이 심각한 농가와 지역을 순회하며 교육사업을 수행하였다.
② 1873년 현대적 농촌지도(extension)는 영국 케임브리지대학에서 일반 시민을 대상으로 한 교육사업에서 유래되었다.
* **농민학원(Farmer's Institutes) 개설(1863년)**
① 메사추세츠주 암허스트(Amherst) 대학의 히트콕(Hitcock) 총장이 농민학원의 설립 필요성을 제기하였다.
② 농민학원은 주 농업위원회(the State Board of Agriculture)에 의해 1863년 메사추세츠주 스프링필드(Springfield)에 처음 설립되었고, 1899년까지 3개 주를 제외한 모든 주에 설립되었다.

③ 농민학원은 농민, 농가주부, 청소년을 대상으로 2~3일 동안 농업과 가정에 관한 주요 주제를 토의하는 지역농민의 개별집회였으며, 농촌지도사업이 정식으로 발족되기 이전에 여러 곳에 결성되어 농촌지도사업을 대행하였다.
④ 워싱턴은 농민학교에서 미국 농촌의 흑인을 대상으로 농촌지도사업을 실시하였다.
⑤ 1899년 카버(Carver)는 이동식 학교를 설립하였다.
⑥ 1890년대부터 20세기 초 농민학원을 통해 대학의 교육적 기능을 확대하였다.

18. 농촌지도와 지역사회개발을 비교하여 설명한 내용으로 가장 옳지 않은 것은?

① 농촌지도 전문인력은 지도사와 지도요원이며, 지역사회개발 전문인력은 촉진자와 교사이다.
② 농촌지도의 주민접근전략은 농장 및 가정 방문이고, 지역사회개발은 주로 집단 접근방식이다.
③ 사업수행에 있어서 대상자의 참여를 강조한다는 공통점이 있다.
④ 농촌지도의 주요 관련 학문분야는 농업기술, 생활과학이며, 지역사회개발의 주요 관련 학문분야는 교육학, 사회학, 행정학 등이다.

해설 농촌지도학, 농촌사회교육, 지역사회개발 비교
  1) 공통점
    ① 일정한 지역의 성인 남녀를 위한 비형식적 사회교육에 역점을 두고 있다.
      미국에서 농촌지도를 지도교육(Extension education)이라 하고, 교육학에서 지역사회교육(Community education)이나 학습공동체활동(Community of practice; COP) 등이 지역사회개발과 사회교육의 불가분의 관계로 인정하고 있다.
    ② 도시지역보다 농촌지역사회에 더 큰 비중을 두고 있다.
    ③ 연구과정이나 실제 사업수행에서 대상자의 참여를 강조한다.
    ④ 어떤 학문적 계보를 가지고 발전된 것이 아니라 다문학적 또는 종합학문적 접근의 특성을 가진다.
  2) 차이점
    ① 관련학문적 측면
      ㉠ 농촌지도: 농업기술과 생활과학이 강조된다.
      ㉡ 농촌사회교육: 사회교육학의 한 범위로 농촌지역에서 전개되는 사회교육을 넓게 다룬다.
      ㉢ 지역사회개발: 농업기술과 생활과학 이외에도 교육학, 사회학, 사회복지학, 경제학, 행정학, 보건학, 커뮤니케이션학 등이 긴밀한 관계를 가진다.
    ② 주민접근 전략 측면
      ㉠ 농촌지도: 농장 및 가정방문과 같은 개인접촉을 주로 활용한다.
      ㉡ 농촌사회교육: 개인적, 집단적, 대중적 접촉을 때와 장소에 따라 탄력적으로 사용한다.
      ㉢ 지역사회개발: 주로 집단적 접촉이나 조직적 접근방법을 더 많이 활용한다.
      ㉣ 농촌지도가 집단적 접근, 대중 홍보 방법을 전혀 사용하지 않는 것은 아니며, 지역사회개발도 집단적 결정 전에 설득을 위한 개인적 접촉이 중시되기도 한다.
    ③ 대상의 범위
      ㉠ 농촌지도: 농민, 농가주부, 농촌청소년
      ㉡ 농촌사회교육: 농민, 농가주부, 농촌청소년
      ㉢ 지역사회개발: 지역사회 및 사업추진체로서의 주민으로 대상의 범위가 도시까지 확장되었다.
    ④ 전문인력
      ㉠ 농촌지도: 지도 전문인력을 지도사, 지도요원을 호칭
      ㉡ 농촌사회교육: 담당자를 교사라고도 하나 학습도우미, 촉진자라고 호칭하며 민주적 학습 촉진자의 역할을 강조한다.

기출문제 농촌지도사 농촌지도론

ⓒ 지역사회개발요원, 사업조정관으로 호칭하며 개발요원은 사업 수행 책임과 조정 역할을 강조한다.
⑤ 농촌지도, 농촌사회교육, 지역사회개발 비교

구분	농촌지도	농촌사회교육	지역사회개발
주요 관련 학문 분야	농업기술, 생활과학	사회교육학	교육학, 사회학, 사회복지학, 경제학, 행정학, 지리학 등
주민접근 전략	농장 및 가정방문	개인, 집단, 대중접촉의 혼합	주로 집단 및 조직 접근
교육대상	농민, 농가주부, 농촌청소년	농민, 농가주부, 농촌청소년	지역사회 및 사업추진 주체로서의 주민
전문요원	지도자, 지도요원	학습도우미, 촉진자, 교사	지역사회개발요원, 사업조정관
대상의 범위	농촌, 농업, 농민	농촌, 농업, 농민	도시까지 확장

19. 보편적 농촌지도방법 중 집단접촉방법에 대한 설명으로 가장 옳은 것은?

① 지역문제 해결에 최우선의 지식을 제공한다.
② 효과를 발휘하기 위해서는 여러 가지 교수기법에 관한 지식이 필요하다.
③ 농촌지도 활동에서 접촉하기 어려운 개인들과의 관계 형성이 가능하다.
④ 지원에 대한 지속적인 요구를 처리하기 위한 시간관리 능력이 필요하다.

해설 집단접촉방법(group method) 개념 및 특징
① 의의: 농촌지도요원과 농업인의 1대1 대면방법이 아닌 2명 이상의 농업인 집단을 대상으로 하는 방법이다.
② 특징
  ㉠ 개인접촉방법의 한계인 시간, 노력, 경비를 절감할 수 있고, 대중매체보다 적은 비용으로 변화를 달성할 수 있다.
  ㉡ 농촌지도요원을 위한 피드백이나 목표 성취를 위하여 농민 사이의 상호작용이 필요할 때 사용된다.
  ㉢ 농촌지도에 많은 관심을 갖는 농민이나 농민조직의 구성원만 미팅에 참여하기 때문에 선택된 사람에게만 전달된다.
③ 장점
  ㉠ 다수의 사람들에 대한 학습방식에 적합하다.
  ㉡ 학습자로서 집단학습 과정에서 보고, 듣고, 토의하고, 참여하는데 관련되는 행위가 축적된다.
  ㉢ 교육이 기술적으로 수행되었을 경우 지도요원과의 신뢰가 형성된다.
  ㉣ 지역사회 리더를 통해 반복 활용 또는 전시가 가능하다.
  ㉤ 다수의 사람들과 접촉할 수 있다.
  ㉥ 실제 모든 주제에 적용 가능하다.
  ㉦ 사회적 접촉에 대한 개인의 기초요구가 실현된다.
  ㉧ 상대적으로 적은 비용이 소요된다.
④ 단점
  ㉠ 적정 조직과 미팅 장소까지 교재와 도구의 이송이 필요하다.
  ㉡ 성공하는데 약간의 쇼맨십과 장비에 대한 투자가 필요하다.
  ㉢ 효과를 얻기 위해서는 말하기와 프레젠테이션 스킬에서 전문성이 필요하다.
  ㉣ 여러 가지 교수기법에 관한 지식이 필요하다.
  ㉤ 청중 수에 따라 미팅이 제한적이다.

ⓗ 고객의 요구와 접근을 수용할 수 있는 유연한 스케줄이 필요하다.
ⓘ 다양한 고객의 관심과 흥미를 고려한 다양한 교수 상황이 제시되어야 한다.

20. 농촌지도평가에서 평가항목의 기준과 그에 대한 설명을 옳게 짝지은 것이 아닌 것은?

① 효율성 – 평가활동은 평가대상의 입장에서 고려되어야 한다.
② 대표성 – 평가대상의 모든 활동은 동일한 수준에서 고려되어야 한다.
③ 관리가능성 – 평가항목은 평가대상을 변화시킬 수 있는 것이어야 한다.
④ 측정가능성 – 평가항목은 정량적 방법과 정성적 방법으로 측정이 가능해야 한다.

해설 평가영역과 평가항목
1) 의의
  ① 평가하고자 하는 대상 또는 대상의 속성을 분류하는 것이다.
  ② 평가영역의 특성에 따라 최소 1개 이상의 평가항목이 포함되어야 한다.
2) 평가항목 기준
  ① 효율성
    ㉠ 평가활동은 평가대상 입장에서 고려되어야 한다.
    ㉡ 평가활동은 쉽게 이해되고, 평가대상의 활동에 도움이 되어야 한다.
  ② 대표성
    ㉠ 평가항목은 평가대상의 활동을 대표할 수 있어야 한다.
    ㉡ 평가대상은 다양한 활동을 수행하지만, 모든 활동을 동일한 수준에서 고려하지 않는다.
    ㉢ 평가대상의 특성, 기대 역할 측면에서 평가대상을 대표하는 활동으로 평가항목이 개발되어야 한다.
    ㉣ 평가대상의 활동 중 중요하지 않은 활동은 평가항목에서 제외한다.
  ③ 비교가능성
    ㉠ 평가대상을 비교할 수 있어야 한다.
    ㉡ 평가활동은 다수를 대상으로 행해지며, 평가항목은 평가대상을 차별화할 수 있어야 한다.
    ㉢ 평가 자체는 의미가 없고, 평가활동으로 얻어진 결과를 활용했을 때만 의미가 있다.
  ④ 개선가능성
    ㉠ 평가활동은 이상적 준거가 있으며, 이를 평가항목으로 전환시켜 측정할 수 있도록 해야 한다.
    ㉡ 평가목적을 달성할 수 있는 내용들이 평가항목에 포함되어야 한다.
    ㉢ 평가기능 중 하나는 현재 상태를 더 나은 방향으로 변화시키고자 하는 것이다.
  ⑤ 관리가능성
    ㉠ 평가항목이 평가대상의 통제범위에 있어야 한다.
    ㉡ 평가활동은 자연상태에 있는 대상을 평가하는 것이 아니라, 평가대상의 자의적 활동을 대상으로 한다.
    ㉢ 평가항목은 평가대상을 변화시킬 수 있는 것이어야 한다.
  ⑥ 측정가능성
    ㉠ 평가대상이 달성하고 있는 정도를 측정할 수 있어야 한다.
    ㉡ 평가항목은 우열을 가릴 수 있도록 측정되어야 한다.
    ㉢ 평가항목은 정량적 방법, 정성적 방법으로 측정이 가능해야 한다.

참고문헌

* 박태식 외, 신제 농촌지도론, 향문사, 1997
* 최민호, 농촌지도록, 서울대학교 출판부, 1995
* 김진모, 일본, 미국, 네덜란드 농촌지도사업의 동향과 시사점, 한국농업교육학회, 2008
* 김진모, 주대진, 전략적농촌지도론, 서울대학교출판문화원, 2014
* 김성수, 김진모, 주대진, 미국·일본·네덜란드의 농업연구와 지도체계 고찰, 한국농촌지도학회, 2010
* 정철영, 이용환, 나승일, 21세기 지식기반 농업을 위한 농업인력 육성 방안, 서울대학교 농업생명과학대학, 2002
* 정준용, 미국의 농촌지도사업 추진체계 및 활용방안 조사, 농촌진흥청, 2004
* 농림축산부, 농업전문인력 육성 기본계획, 2014
* 지방농촌진흥기관 발전기획단, 일본의 농촌지도사업, 농촌진흥청, 2006
* 최정섭, 해외 농업 시리즈2; 농업강국 네덜란드의 농업교육, 한국농촌경제연구원, 2007
* 마상진, 선진 농업국의 농업교육 정책동향 및 우수사례 분석, 농촌경제연구원, 2008
* 장사원, 컨셉 농촌지도론, 서울고시각, 2019
* SD공무원시험연구소, 농촌지도론, ㈜시대고시기획, 2020